Chemieunterricht in der NS-Zeit

Eva-Maria Stoya

CHEMIEUNTERRICHT IN DER NS-ZEIT

PETER LANG
Frankfurt am Main · Berlin · Bern · Bruxelles · New York · Oxford · Wien

Die Deutsche Bibliothek - CIP-Einheitsaufnahme

Stoya, Eva-Maria:

Chemieunterricht in der NS-Zeit / Eva-Maria Stoya. - Frankfurt am Main ; Berlin ; Bern ; Bruxelles ; New York ; Oxford ; Wien : Lang, 2002
Zugl.: Mainz, Univ., Diss., 2001
ISBN 3-631-38130-1

Gedruckt auf alterungsbeständigem,
säurefreiem Papier.

D 77
ISBN 3-631-38130-1

Printed in Germany 1 2 3 4 6 7

www.peterlang.de

INHALTSVERZEICHNIS

Vorwort

Die vorliegende Dissertation will über die Situation, Konzeption und Entwicklung des Chemieunterrichts im Nationalsozialismus aufklären.
Bisher lag das Augenmerk von Pädagogik-Untersuchungen in der NS-Zeit lediglich auf allgemeinen erzieherischen Analysen, bei den Schulfächern noch auf stark ideologiegeprägten Disziplinen, wie Deutschkunde und Geschichte, sowie im naturwissenschaftlichen Bereich der Biologie und Erdkunde. Weitgehend ausgeblendet bei derartigen Untersuchungen blieb bisher, ob und in welcher Form der von Natur aus weniger ideologisch beeinflußbare Chemieunterricht auf die Schüler Einfluß nahm. Diese Forschungslücke wird jetzt geschlossen.
Anhand von Inhaltsanalysen der relevanten fachdidaktischen Zeitschriften, der amtlichen Richtlinien und Lehrpläne, der Erkenntnisse aus unveröffentlichten Archivmaterialien wie Schriftwechseln und Gutachten, v.a. auch der kritischen Textanalyse von Schulbüchern wird ein dichtes Bild der Geschichte des Chemieunterrichts im Dritten Reich nachgezeichnet. Es wird aufgedeckt, auf welche Art und Weise, mit welchem Engagement, mit welchen Komponenten der Chemieunterricht im Nationalsozialismus umgebaut werden sollte und welche vermeintlich neuen Inhalte hierfür verantwortlich waren. Zwischen den einzelnen Schulformen wird differenziert – insbesondere bei Lehrplänen, Richtlinien und Schulbüchern –, um die verschiedenen Schattierungen und Nuancen der Disziplin und das Aufkommen bzw. Verblühen einzelner Komponenten zu erkennen. Der politische Aspekt von Wissenschaft und Schule wird dabei beachtet und die Frage nach der Kontinuität gestellt. Dies ermöglicht auch weitergehende vergleichende Forschungen.
Der Aufbau der Untersuchung folgt im wesentlichen dem historischen zeitlichen Verlauf. Zur leichteren Rekonstruktion werden die Ergebnisse vorangegangener Kapitel, falls zum direkten Verständnis notwendig, kurz wiederholt bzw. angemerkt. Ein Gesamtbild über den Chemieunterricht wird dann am Ende geformt, indem die jeweils verschiedenen Betrachtungsebenen zusammen gesehen werden. Dadurch soll eine abschließende Einordnung des Chemieunterrichts in den Gesamtzusammenhang der naturwissenschaftlichen Fächer der Schule innerhalb der NS-Zeit ermöglicht werden.
Einblick in den wirklichen Schulalltag mittels aussagewilliger Chemielehrer und -schüler als Zeitzeugen zu erhalten, war nicht möglich. Die führenden Chemiedidaktiker der NS-Zeit waren zu Beginn der Untersuchung bereits verstorben. Ungeachtet dessen hätte auch hier das Bemühen um persönliche Rehabilitierung und ein im Laufe von sechs Jahrzehnten geschwächtes Erinnerungsvermögen den Wert der Aussage stark herabgesetzt und kaum zu nennenswerten Ergebnissen geführt. Die verwendeten Schulbücher und Ergänzungshefte, die deshalb sehr eingehend analysiert wurden, dürften da schon eher den tatsächlichen Schulalltag widerspiegeln.

Die vorliegende Arbeit entstand auf Anregung und unter Leitung von Prof. Dr. Dr. Änne Bäumer-Schleinkofer als Dissertation am Institut für Geschichte der Naturwissenschaften der Johannes-Gutenberg-Universität Mainz. Für die Unterstützung bei fachlichen Problemen und die hervorragende Betreuung während der Entstehungszeit dieser Dissertation möchte ich ihr an dieser Stelle herzlich danken.

Den Mitarbeitern des Bundesarchivs in Koblenz und der Abteilung Potsdam, später des Bundesarchivs Berlin (ehemals BA Potsdam, BA Berlin-Zehlendorf), der Deutschen Bibliothek in Leipzig, der Bayerischen Staatsbibliothek in München, der Staatsbibliothek Preußischer Kulturbesitz, der Bibliothek für Bildungsgeschichtliche Forschung in Berlin, einzelnen Schulbibliotheken, insbesondere der Bibliothek des Gymnasiums am Kaiserdom in Speyer und des Staatlichen Göttenbach-Gymnasiums in Idar-Oberstein, sowie der Gesellschaft Deutscher Naturforscher und Ärzte danke ich für ihre Hinweise und die freundliche Mithilfe bei der Beschaffung von Quellenmaterial. Dr. Thomas Locken danke ich für die hilfreiche Mitsuche von in Bibliotheken kaum auffindbaren Chemie-Schulbüchern auf Flohmärkten. Mein innigster Dank aber gilt meinem Mann Thomas Leitner, der mit viel Geduld und Verständnis diese Arbeit begleitet hat.

Ihm sei deshalb auch dieses Werk gewidmet.

1. Der Schulunterricht in Chemie vor der Machtergreifung Hitlers 1933

Über den Chemieunterricht vor 1933 existieren bisher nur für wenige eng begrenzte Zeitabschnitte eigenständige Analysen[1]. So wurde hier für die Zeit von 1925-1933 der Weimarer Republik zur Untersuchung vor allem auf Primärquellen fachdidaktischer Zeitschriften, explizit die „Unterrichtsblätter für Mathematik und Naturwissenschaften", die „Zeitschrift für den physikalischen und chemischen Unterricht", einige Aufsätze der „Monatsschrift für höhere Schulen" sowie das „Zentralblatt für die gesamte Unterrichtsverwaltung" – jeweils in den entsprechenden Jahrgängen – zurückgegriffen. Ergänzt wurde dies durch die „Richtlinien für die Lehrpläne der höheren Schulen Preußens". Daneben konnten wenige existierende, naturwissenschaftlich übergreifende Analysen sowie allgemein schulpolitische Untersuchungen der Zeit zu Rate gezogen werden.

Auf diesem Hintergrund wurde ein eigenständiges Bild des chemischen Schulablaufs entworfen, das in vieler Hinsicht die relevanten Tendenzen widerspiegelt. Zwangsweise ergibt die Zeitschriften-Auswahl primär Einblick in das Gebiet der höheren Schule. Aspekte der Mittel- und Volksschule wurden jedoch – wo notwendig bzw. sinnvoll – eingeflochten. Zudem liegen Schwerpunkt und Aufgabe dieser Auswertung nicht in der Differenzierung der einzelnen Schulstufen, sondern in der Hinführung zum Thema NS-Zeit. Der Gedanke der Einheitsschule, eines umfassenden, die Gleichheit der Bildungschancen garantierenden Schulsystems, der u.a. schon in der Weimarer Reichsverfassung verankert ist und in Bemühungen nach 1918 um eine reichseinheitliche Ordnung des Schulwesens gipfelt, spielt demzufolge bei der Betrachtung des Chemieunterrichts keine Rolle. Es wird vielmehr der Blickwinkel geöffnet, indem vor 1933 existierende Problemfelder aufgedeckt werden, die ihre Auswirkungen bis in die Zeit der nationalsozialistischen Machtübernahme erstrecken.

1.1. Die Schulreformen Anfang des 20. Jahrhunderts und das Fach Chemie

Wehrkrafterziehung und fortgeschrittene Kriegstechnik erforderten Ende des 19. Jahrhunderts, Anfang des 20. Jahrhunderts eine Stärkung der naturwissenschaftlichen Kenntnisse[2]. Dies führte bald zu einer „nationalpolitischen Anhebung" der Naturwissenschaften, zu einer „naturwissenschaftlichen Reform". 1905 übergab eine von der Gesellschaft Deutscher Naturforscher und Ärzte (GDNÄ) eingesetzte zwölfköpfige Unterrichtskommission der 77. Naturforscherversammlung in Meran ihre Vorschläge zur Neugestaltung des mathematischen und naturwissenschaftlichen Unterrichts. Diese

---

1 Vgl. hierzu Halasik, A. M.: Der Chemieunterricht während des 19. Jahrhunderts im Rheinland. Beiträge zur Geschichte des Chemieunterrichts im 19. Jahrhundert. Witterschlieck / Bonn 1988. Haupt, B.: Deutschsprachige Chemielehrbücher 1775-1850. Stuttgart 1987. Conrad, W.: J. v. Liebig und sein Einfluß auf die Entwicklung des Chemiestudiums und des Chemieunterrichtes an Hochschulen und Schulen. Darmstadt 1985. Da die Betrachtungen alle im 18. / 19. Jahrhundert verharren, sind untersuchungsrelevante Einflüsse auf den Chemieunterricht der Weimarer Republik und des Dritten Reiches hier nicht auszumachen.

2 Siehe Brämer, R. / Kremer, A.: Der unaufhaltsame Aufstieg des naturwissenschaftlichen Unterrichts. Soznat Blätter für soz. Aspekte des naturwissenschaftlichen Unterrichtes (1980), Teil 2, Heft 4, S. 6-15; hier S. 7 f.

„Meraner Reformpläne“[3] fanden in Bayern schon 1907, in Sachsen 1908 Eingang in die Lehrpläne der Oberrealschule. Wie Brämer / Kremer ausführen, währte der erste Naturwissenschaftsboom in der Deutschen Schulgeschichte jedoch nur bis zur Weimarer Republik. „Nicht zuletzt, weil sich die naturwissenschaftlichen Fachvertreter allzu stark mit den imperialen Zielen des Kaiserreichs identifiziert und den natur- in einen regelrechten kriegswissenschaftlichen Unterricht umfunktioniert hatten, wurde ihr didaktischer Siegeszug mit Beendigung des Krieges partiell gebremst“[4].
Ein gesamtdeutsches Schulwesen existierte weder im Kaiserreich, im Krieg noch zur Zeit der Weimarer Republik. Die Weimarer Reichsverfassung legte auf der Grundlage des Gedankens der Volkssouveränität und der föderalistischen Struktur allerdings den Grundstock für eine Neuregelung im Schulbereich. Ein einheitliches Reichsschulgesetz – wie vorgesehen – wurde aufgrund der divergierenden Länderinteressen jedoch nicht verwirklicht. So konnte das jeweils zuständige Ministerium bzw. Landesamt für Bildungswesen weiter eigene Lehr- und Stoffverteilungspläne herausgeben und eigene Vorgaben für Unterrichtsmethodik und Prüfungsdurchführung erstellen. Das Land Preußen führte 1924/1925
seine Lehrplan- und Schulreform eigenständig durch[5]. Preußen kam allerdings aufgrund seiner Rückwirkung auf die anderen Länder eine gewisse Sonderstellung zu[6].

---

3 Vgl. hierzu Gutzmer, A.: Tätigkeitsbericht der Unterrichtskommission der Gesellschaft Deutscher Naturforscher und Aerzte. Leipzig, Berlin 1908. Vgl. hierzu auch: 25 Jahre Meraner Reform und die heutige Lage des mathematischen und naturwissenschaftlichen Unterrichts. In: Unterrichtsblätter für Mathematik und Naturwissenschaften 37 (1931), S. 161-191. Die Impulse Merans für den Chemieunterricht laut Oberstudienrat Eugen Mannheimer: 1.) Stundenverzicht zugunsten des vernachlässigten Faches Biologie; 2.) keine neuen Lehrziele wurden aufgestellt, statt dessen bleibt eine rein fachliche Einstellung. „Man fordert weder einen historischen, noch einen philosophischen, noch einen staatsbürgerlichen „Einschlag“; 3.) wesentlich neue Zielsetzung in der Unterrichtsmethodik.

4 Siehe Brämer / Kremer (siehe Anm. 2), S. 10 f.

5 Vgl. hierzu Dithmar, R. (Hrsg.): Schule und Unterricht in der Endphase der Weimarer Republik. Auf dem Weg in die Diktatur. Neuwied, Kriftel, Berlin 1993. Die staatsbürgerliche Erziehung sowie religionsdidaktische Grundströmungen werden untersucht, ebenso wird auf einzelne Unterrichtsfächer (Deutsch, Geschichte, „Englandkunde“, Musik und Turnen), im naturwissenschaftlichen Bereich speziell Geographie, Biologie und Physik eingegangen. Das Unterrichtsfach Chemie ist hingegen nicht vertreten. Vgl. hierzu auch Müller, S.F.: Die Höhere Schule Preußens in der Weimarer Republik. Weinheim, Basel 1977. Müllers Schwerpunkt liegt auf der Darstellung der Rolle der Verwaltung an der Reform, insbesondere des Einflusses von Ministerialrat Hans Richert, ebenso werden die Funktionen von Parteien und Verbänden beleuchtet.
Beide Werke machen deutlich, wie kontrovers die Preußische Schulreform und insbesondere die Leistungen Hans Richerts gesehen werden: Die häufiger angewandte Formulierung „Richertsche Schulreform“ für die 1925er-Schulreform sieht Müller als keinesfalls gerechtfertigt an (S. 7). Dieser Darstellung widerspricht Benno Schmoldt im Aufsatz „Schule und Unterricht im allgemeinbildenden Schulwesen der Weimarer Republik unter besonderer Berücksichtigung der Entwicklung in Berlin“ (S. 72-79) im von Dithmar herausgegebenen Buch auf S. 77 f. Er verweist hierzu auf eine Denkschrift des Kultusministeriums zum 60. Geburtstag Richerts, in der die Reform direkt mit der Person Richerts identifiziert wird.

6 Kerst, B.: Bericht von der 28. Hauptversammlung in Dresden. In: Unterrichtsblätter für Mathematik und Naturwissenschaften 32 (1926), S. 131-141; hier S. 139.

1.1.1. Chemie und die Neuordnung des höheren Schulwesens Preußens 1925[7]

1924/25 wurde das preußische höhere Schulwesen einer grundlegenden Reform unterzogen. Für den Chemieunterricht lassen sich aus den „Richtlinien für die Lehrpläne der höheren Schulen Preußens“[8] fünf besonders relevante Punkte herauskristallisieren:
1.) Lehrziel: Der Chemieunterricht, der zusätzlich Mineralogie und Geologie umfaßte, sollte die hohe wirtschaftliche Bedeutung der Chemie, ihre Bodenständigkeit und Praxisnähe und das damit einhergehende Wohlergehen des deutschen Volkes betonen. Die Forderung der Nationalisierung der Schule ist beim Chemieunterricht schon deutlich erkennbar[9]:

„Allgemeines Lehrziel: Kenntnis der wichtigsten chemischen Erscheinungen, soweit sie für das Verständnis der unbelebten und belebten Natur oder für den Haushalt oder die Volkswirtschaft Bedeutung haben.
... Der Mineralogie ist im Chemieunterricht ein breiter Spielraum zu gewähren. Ihr wirtschaftlicher Wert ist eingehend zu würdigen.
... Lehrausflüge sollen Verständnis vermitteln dafür, wie die im Unterricht nur im kleinen Maßstabe ausgeführten Versuche in den technischen Betrieben zu der großartigen Entwicklung unserer chemischen Industrie geführt haben. Neben Hinweisen auf die Bedeutung eines engen Zusammenwirkens von Wissenschaft und Technik ist eine auf Anschauung gegründete Einsicht in den hohen Wert der Chemie für Handel, Volksgesundheit und die moderne Kulturentwicklung anzubahnen.
Der Unterricht in der Chemie ist für die Heimaterziehung nutzbar zu machen. ... Auf die Betonung der praktischen Anwendung der Chemie im täglichen Leben ist besonderes Gewicht zu legen.“

2.) Methodisch wurde die hohe Bedeutung des Arbeitsunterrichts hervorgehoben[10]:

„Die natürliche Spannung zwischen dem Erwerb sicheren Wissens, ohne das höhere geistige Tätigkeit nicht möglich ist, und dem Erwerb der Fähigkeit selbständigen Arbeitens, ohne die bloßes Wissen unfruchtbar bleibt, zu überbrücken, ist die ernste und große Aufgabe des Arbeitsunterrichts.“

Der Bildungsprozeß sollte zum Lernprozeß, die enzyklopädische Stoffdarbietung demzufolge aufgegeben werden. Für den Chemieunterricht bedeutete dies faktisch, das Experiment als Schüler- und Lehrerversuch sollte den Mittelpunkt des Unterrichts gestellt werden, aber keine aus dem inhaltlichen Zusammenhang losgelöste Betrachtung erfahren.
Schwerpunkt der Reform stellten die sogenannten humanistischen „Kernfächern“ dar, die „das deutsche Bildungsgut überliefern“[11]. Ihnen werden als „charakteristische“ Fächer u.a. Mathematik und Naturwissenschaften unterstützend zur Seite gestellt. Als Folge dieses Grundgerüstes resultieren:
3.) Quervernetzungen der Fächer untereinander: Die neuen Lehrpläne betonten stark, daß Verbindungen der einzelnen Unterrichtsfächer untereinander zur Erzielung einer

---

7 Auch die Mittelschulen wurden 1925 einer grundlegenden Reform unterzogen. Siehe hierzu: Bestimmungen über die Mittelschulen in Preußen. In: Beilage zum „Zentralblatt für die gesamte Unterrichtsverwaltung“ 1925, Heft 12. Zur geringen Stundenzahl im Fach „Naturkunde“ (Physik, Chemie) sowie zur Methodik gilt im Wesentlichen das für die höhere Schule hier weiter ausgeführte.

8 Richtlinien für die Lehrpläne der höheren Schulen Preußens. Teil 1. Allgemeine Richtlinien. In: Beilage zum „Zentralblatt für die gesamte Unterrichtsverwaltung“ 1925, Heft 8, S. 1-95.

9 Richtlinien (siehe Anm. 8), S. 36.

10 Richtlinien Teil 1 (siehe Anm. 8), S. 2 „Allgemeine Richtlinien“. Müller (siehe Anm. 5) sieht in der Einführung des Arbeitsprinzips sogar das zentrale Motiv der Unterrichtsreform (S.80).

11 Richtlinien Teil 1 (siehe Anm. 8), S. 1 „Allgemeine Richtlinien“.

hohen humanistischen Bildungseinheit unbedingt notwendig sind. Dies führte auch zu einer innigen Verquickung von „Chemie und Kultur"[12], die in den Richtlinien ihre Verankerung fand:

„Durch Aufzeigen der Zusammenhänge zwischen den Naturwissenschaften und der Geschichte der allgemeinen Kultur werden die Naturwissenschaften in ihrer kulturwissenschaftlichen Bedeutung zum Verständnis gebracht."

4.) Stoffauslese: Durch „Rahmenlehrpläne"[13] wurden zwar für alle Schulen verbindliche Jahresziele vorgeschrieben. Den einzelnen Lehranstalten stand in der Stoffauswahl jedoch weitgehend „Bewegungsfreiheit" zu. Für Chemie bedeutete dies konkret in den methodischen Bemerkungen der „Richtlinien"[14]:

„Der Grundsatz der Stoffauslese ist in der Chemie durch Kürzung oder völlige Streichung einzelner Zweige des chemischen Unterrichts durchzuführen."

Bei insgesamt nur einjähriger Durchführung des Chemieunterrichtes in U II am ganz auf humanistische Bildungsideale ausgerichteten Gymnasium konnte praktisch nur Basiswissen auf dem „Rahmenlehrplan" stehen[15]:

„Erarbeitung der Grundbegriffe (Gemenge und Verbindung, Grundstoff, chemischer Vorgang, Zerlegung, Aufbau, wechselseitige Umsetzung von Stoffen, Oxydation und Reduktion, Säure, Base, Salz) an der Hand einfacher chemischer Vorgänge. Einblick in die durchgreifende Gesetzmäßigkeit chemischer Vorgänge. Einführung in die chemische Zeichensprache. Ständige Berücksichtigung der Chemie des täglichen Lebens und der Bedeutung der chemischen Technik für Wirtschaft und Kultur.
Zur Behandlung werden beispielsweise empfohlen, ohne Bindung an die Reihenfolge oder Auswahl: Schwefel, Wasser, Luft, Kohlensäure; Oxydation (Verbrennung, Heizung, Atmung, Rösten) und Oxydationsstufen. Stickstoff und Düngemittel. Steinkohle, Leuchtgas. Eisengewinnung. Kalk- und Baumaterialien. Aluminium."

Die Inhalte des Chemieunterrichtes gemäß der gesetzten Jahresziele sollen daneben noch am Beispiel der gerade mit besonderer Schwerpunktlegung auf die realen Fächer konzipierten Oberrealschule wiedergegeben werden[16]:

„U II: Wie am Gymnasium, mit eingehenderen Betrachtungen nach der physikalisch-chemischen Seite hin und Erweiterungen in biochemischer Richtung. Eingebaute praktische Übungen.
O II: Einführung in die quantitativen Verhältnisse bei chemischen Umsetzungen. Atomtheorie und ihre geschichtliche Entwicklung. Eingehende Behandlung der chemischen Zeichensprache. Valenzbegriff. Mineralogische und geologische Betrachtungen im Zusammenhang mit den chemischen Verbindungen. Technische Prozesse, die für das Wirtschaftsleben von Bedeutung sind, wie Verarbeitung

---

12 Vgl. hierzu Winderlich, R.: Chemie und Kultur. Leipzig 1927. Die „Zeitschrift für den Physikalischen und Chemischen Unterricht" 41 (1928), S. 198 f. empfiehlt das Werk ausdrücklich: „Für Chemielehrer ausgezeichnetes Hilfsmittel zur Belebung und Vertiefung seines Unterrichtes..." (S. 198).
13 Die Schwierigkeit bei insgesamt über 42 verschiedenen Schultypen in Deutschland Lehrpläne aufzustellen, wurde von den Unterrichtsbehörden vielfach durch Erstellen eines „Rahmenlehrplans" bewältigt. Danach hatten die einzelnen Schulen die Aufgabe, innerhalb dieses Rahmens die eigentlichen Anstalts-Lehrpläne auszuarbeiten. Die Gefahr der Lehrplan-Heterogenität selbst innerhalb eines Schultyps – mit all seinen Konsequenzen für Schulwechsel und Hochschulreife – ist nicht zu übersehen.
14 Richtlinien Teil 1 (siehe Anm. 8), S. 36.
15 Richtlinien für die Lehrpläne der höheren Schulen Preußens. Teil 2. Lehraufgaben. Berlin [8]1931, S. 445.
16 Richtlinien. Teil 2 (siehe Anm.15), S. 499.

der Kohle, Schwefelsäuregewinnung, Verwertung des Luftstickstoffes, Eisenverhüttung; Glas, Tonwaren, Zement, Porzellan in Rücksicht auf örtliche Verhältnisse.
I: Erweiterung einzelner Gebiete. Familieneigenschaften der Elemente. Übersicht über das periodische System. Ionen- und Dissoziationstheorie. Aufbau und Eigenschaften der für die Technik und das Wirtschaftsleben, für die Volksernährung und die Volksgesundheit wichtigsten organischen Verbindungen."

5.) Stundentafeln: In den einzelnen Schularten wurde zur Erreichung der erhobenen Bildungsziele folgende Stundenverteilung vorgenommen[17]:

Übersicht über die Stundenverteilung in den Naturwissenschaften

			VI	V	IV	U III	O III	U II		O II		U I		O I	
								1. Halbjahr	2. Halbjahr	1. Halbjahr	2. Halbjahr	1. Halbjahr	2. Halbjahr	1. Halbjahr	2. Halbjahr
1	Gymnasium	Physik				2	2				2	2		2	
		Chemie						2							
		Biologie	2	2	2					2					
2	Realgymnasium	Physik				2	2	2			3	2		2	
		Chemie						2				2		2	
		Biologie	2	2	2				2	3					
3	Reformrealgymnasium	Physik				2	3				3		3		3
		Chemie						3				3		3	
		Biologie	2	2	2				3	3					
4	Oberrealschule	Physik				2	3	3		3		3		3	
		Chemie						3		3			3		3
		Biologie	2	2	2				3			3		3	
5	Lyzeum und Oberlyzeum	Physik				2	3				3		3		3
		Chemie						3				3			
		Biologie	2	2	2				3	3				3	
6	Oberlyzeum der Oberrealschulrichtung	Physik				2	3			2		2		3	
		Chemie						3		2			3		2
		Biologie	2	2	2				3			3		2	
7	Realgymnasiale Studienanstalt	Physik				2	2				3		3		3
		Chemie						2		3		3			
		Biologie	2	2	2				2					3	
8	Gymnasiale Studienanstalt	Physik				2	2			2			2		2
		Chemie						2				2			
		Biologie	2	2	2				2					2	

Diese aufgeführten Chemie-spezifischen Elemente sind wiederum eingebettet in den bildungspolitischen Zusammenhang zu sehen. Allgemeines Erziehungsziel der Weimarer Republik, das über jegliches Fachwissen gehoben wurde, war, den Schüler gei-

17 Richtlinien Teil 1 (siehe Anm. 8), S. 95. 1924 wurden schon „Richtlinien für einen Lehrplan der Deutschen Oberschulen und der Aufbauschulen" herausgegeben. Auch hier gilt in den wesentlichen Reformzügen, das für die Höhere Schule 1925 Gesagte. Siehe hierzu Schulz, K.: Die Stundentafeln für Mathematik und Naturwissenschaften an der Deutschen Oberschule. In: Unterrichtsblätter für Mathematik und Naturwissenschaften 33 (1927), S. 155-157. Müller (siehe Anm. 5), S. 246-248.

stig und sittlich heranzubilden und zum selbständigen Denken zu erziehen. Die hohen unterrichtlichen Anforderungen wie Arbeitsunterricht und die essentielle Herstellung eines Bezugs zu Nachbardisziplinen sollten dabei wahre Bildung und einen bleibenden Bildungswert vermitteln. Der hohe bildende Wert historischer Bezüge sowie der Vermittlung der kulturwissenschaftlichen Bedeutung wurden in den „Vorbemerkungen" zum naturwissenschaftlichen Unterricht zusätzlich hervorgehoben. Auch ein philosophischer Charakter wurde an gleicher Stelle den Naturwissenschaften zugeschrieben.
Die preußische Schulreform hatte sich damit in ihren neuen Lehrplänen und Richtlinien für die Chemie im wesentlichen den Vorschlägen des Deutschen Ausschusses für mathematischen und naturwissenschaftlichen Unterricht (DAMNU), der die Meraner Reformpläne aufgegriffen hatte, angeschlossen. Aber sie hatte – entgegen den Forderungen der DAMNU – die für Chemie zur Verfügung stehende Stundenzahl an allen Schulen – mit Ausnahme der ohnehin auf ein Minimum reduzierten Stunden an Gymnasien – gekürzt. Vielfach sollte Chemie im Wechselunterricht mit Biologie bzw. Physik und dadurch bedingten jeweils halb-, teilweise auch ganzjährigen Pausen durchgeführt werden. So ist die von Brämer / Kremer gezogene Folgerung nachvollziehbar[18]: „Die naturwissenschaftlichen Interessengruppen im Deutschen Ausschuß für mathematischen und naturwissenschaftlichen Unterricht (DAMNU) waren zwar noch nach dem ersten Weltkrieg an der Reform des naturwissenschaftlichen Unterrichts beteiligt, die von Ihnen geforderte Erweiterung des naturwissenschaftlichen Stundenanteils wurde ihnen aber nicht zugestanden."

1.1.2. Chemie und die Schulreformen der anderen deutschen Länder im Spiegel der Unterrichtsblätter

Auch in den anderen deutschen Ländern wurden – großteils nach preußischem Vorbild – Schulreformen durchgeführt. Die genaue Stundenverteilung für Mathematik und Naturwissenschaften in den einzelnen Ländern ist zahlreichen Aufsätzen mit aufschlüsselnden Tabellen zu entnehmen[19].

---

18 Siehe Brämer / Kremer (siehe Anm. 2), S. 10 f.

19 Mannheimer, E.: Die neuen hessischen Lehrpläne. In: Unterrichtsblätter für Mathematik und Naturwissenschaften 32 (1926), S. 54-56. Doermer, L.: Die Naturwissenschaften in den neuen Stundentafeln für die höheren Schulen Hamburgs. In: Unterrichtsblätter für Mathematik und Naturwissenschaften 32 (1926), S. 56 f. Kießling, H. und Fladt K.: Die Einführung neuer Stundentafeln an den höheren Schulen Württembergs. In: Unterrichtsblätter für Mathematik und Naturwissenschaften 32 (1926), S. 123-125. Kolb, R.: Die württembergischen Stundentafeln und die Chemie. In: Unterrichtsblätter für Mathematik und Naturwissenschaften 32 (1926), S. 188-190. Küspert, F.: Zur Lage des chemisch-naturkundlichen Unterrichts in Bayern. In: Unterrichtsblätter für Mathematik und Naturwissenschaften 32 (1926), S. 208 f. Wagner, P.: Über die Stellung Sachsens zur Unterrichtsreform. In: Unterrichtsblätter für Mathematik und Naturwissenschaften 32 (1926), S. 300-303. Küspert, F.: Die neuen bayerischen Lehrpläne für Chemie. In: Unterrichtsblätter für Mathematik und Naturwissenschaften 33 (1927), S. 51-55. Bässler, F.: Biologie und Chemie in der Denkschrift des Sächsischen Volksbildungsministeriums. In: Unterrichtsblätter für Mathematik und Naturwissenschaften 33 (1927), S. 113-117. Kießling, H.: Die Chemie, Naturgeschichte und Erdkunde im Lehrplan der höheren Schulen Württembergs. In: Unterrichtsblätter für Mathematik und Naturwissenschaften 34 (1928), S. 287 f. Müller, H.: Die neuen braunschweigischen Lehrpläne für Mathematik, Naturwissenschaften und Erdkunde. In: Unterrichtsblätter für Mathematik und Naturwissenschaften 34 (1928), S. 320-323. Wolff, G.: Deutsche Reformen und unsere Fächer. In: Unterrichtsblätter für Mathematik und Naturwissen-

In Württemberg ist noch stärker als in Preußen ein Rückschritt der Naturwissenschaften im Unterrichtsplan zu verzeichnen. Eine Differenzierung in die einzelnen naturwissenschaftlichen Fächer fand von offizieller Seite erst einmal nicht statt, so daß die Chemielehrer in der Beurteilung der Zukunft ihres Faches lange nur bittere Vermutungen anstellen konnten.

In Sachsen beurteilen Chemielehrerkreise die angestrebte Reform sehr differenziert. Noch 1926 auf Grundlage der Rohfassung der Sächsischen Denkschrift zur Unterrichtsreform meint Paul Wagner, den naturwissenschaftlichen Fächern werde hinreichend Lebensraum gewährt[20]: „Und Sachsen dürfte auch künftig neben Hamburg auf diesem Gebiet des Unterrichts die Führung behalten." Bässler ließt die schönen Worte der Denkschrift „Die höheren Schulen haben sich den Forderungen der Naturwissenschaften nicht verschließen können..." angesichts jahrelanger Pausen des Faches Chemie in fast allen Schularten hingegen als bloßen Hohn[21]. Mit Erscheinen des sächsischen Landeslehrplans – erst im Jahre 1932 – wird dann auch ersichtlich, daß auf naturwissenschaftlichem Sektor von Behördenseite im Vergleich zur Preußischen Reform keine Einstellungsänderung erfolgte. Stundentafeln und schriftliche Arbeiten wurden zugunsten des sprachlichen Zweigs stark gekürzt.

In den Lehrplänen Braunschweigs ist die Zerrissenheit des Stundenplans Preußens weitgehend vermieden worden. Dennoch hat die Chemie nach Ansicht Hans Müllers im Vergleich zur preußischen Reform weiteren Boden verloren.

Bayern, Hessen und Hamburg werden in den Unterrichtsblättern als rühmliche Ausnahmen dargestellt.

In Hessen wurde zumindest in der Prima des Gymnasiums zusätzlich Chemie unterrichtet. Auf der Oberrealschule wurde auf das Zerreißen der Einzelfächer durch lange Jahrespausen verzichtet. Die Lehrpläne traten probeweise ab Ostern 1926 bis 1. Mai 1928 in Kraft und fanden anschließend Verlängerung.

Bayern stellte mit der am 18./30. Dezember 1926 erlassene Ministerialverordnung „Ueber den Unterricht in Chemie an den hoeheren Lehranstalten" nicht nur gegenüber Preußen einen inhaltlich weit differenzierteren Lehrplan auf. Auch in der Stundenzahl wurde dem Chemieunterricht v.a. in der Oberrealschule mehr Raum zugestanden.

Nur Hamburg – so wird aus den die Reformen vergleichenden Artikeln deutlich – machte tatsächlich die Stundenzahlreduktion der preußischen Schulreform nicht mit. Oberstudienrat Ludwig Doermer, – 1931 zum Landesschulrat ernannt – erreichte, daß in der Oberrealschule Physik, Chemie und Biologie ununterbrochen bis zur Oberprima mit mindestens je zwei Wochenstunden durchgeführt wurden. Halbjährige Unterbrechungen in den naturwissenschaftlichen Fächern wurden ganz vermieden.

In einem 1929 vorläufig gezogenen Vergleich „Deutsche Reformen und unsere Fächer" gelangte der Verfasser Georg Wolff, Schriftleiter der Unterrichtsblätter, bei Betrachtung des Wechselunterrichts demzufolge auch zu folgender Schlußfolgerung[22]:

„Zunächst zeigt die Übersicht, daß die außerpreußischen Länder weniger Pausen haben als Preußen... Das zeigt deutlich, daß anscheinend alle anderen Länder die Unterbrechungen als untunlich ansehen,

---

schaften 35 (1929), S. 57-59. Günther, E. und Kerst, B.: Der neue Landeslehrplan für die höheren Schulen Sachsens 37 (1932), S. 273-278.

20 Wagner (siehe Anm. 19), S. 303.

21 Bässler (siehe Anm. 19), S. 114.

22 Wolff (siehe Anm. 19), S. 58.

und daß sie mit Erfolg versucht haben, sie entweder auf ein Minimum zu reduzieren oder sie ganz fallen zu lassen."

Insgesamt betrachtet, hat die aus dem Lager der Chemielehrer geäußerte scharfe Kritik[23] an den preußischen Plänen in den anderen deutschen Ländern jedoch auf Behördenseite nur geringfügige Abweichungen vom preußischen Weg bewirkt.

1.2. Der Chemieunterricht: Die Diskrepanz zwischen Planung und Ausführung

Das Manko des Chemieunterrichtes in den ab 1925/1926 in Kraft tretenden Schulreformen offenbart sich wesentlich in zwei Punkten: Eine deutliche Kluft herrscht zwischen Worten der „Richtlinien" und den Taten in Form der in den Stundentafeln zur Verfügung gestellten Unterrichtsstunden[24]. Daraus ergibt sich unmittelbar die Diskrepanz zwischen theoretisch geplanten Unterrichtsinhalten und ihrer praktischen Durchführbarkeit. Als äußerer Einflußfaktor kam die heraufziehende Wirtschafts- und Staatskrise mit ihrer Finanzknappheit hinzu, die insbesondere auch den kostenintensiven Chemieunterricht traf. Um Verständnis für den Chemieunterricht der Weimarer Republik zu geben, sollen hier einzelne Punkte etwas näher ausgeführt werden.

1.2.1. Die vielschichtige öffentliche Kritik an der preußischen Schulreform

Öffentlich Kritik an der starken Zurückdrängung der Chemie in den preußischen Lehrplänen wird in den Unterrichtsblättern in zahlreichen Vorträgen und Aufsätzen geäußert.
In ihrer Verzweiflung ob des schlechten Ansehens der Chemie, der geringen Stundenzahl, die ihrer Ansicht nach eine ordentliche Lehre des Schülers unmöglich macht, verstieg sich so mancher Lehrer in sarkastisch geübter öffentlicher Kritik[25]:

„Fast wie ein Scherz wirkt jedoch die Stundentafel für Biologie und Chemie. Ihre ‚Betonung' gegenüber den bisherigen Lehrplänen kommt darin zum Ausdruck, daß man ihnen einen erheblichen Teil der Unterrichtsstunden hinweg genommen hat und ihre Lehrpläne mehrfach unterbricht, so daß die Stundentafel auf Halbjahre zugeschnitten werden mußte und Ähnlichkeiten mit einem Schachbrett aus schwarzen und weißen Feldern gewonnen hat."

Auf der 28. Hauptversammlung des Deutschen Vereins zur Förderung des mathematischen und naturwissenschaftlichen Unterrichts vom 5. bis 9. April 1926 in Dresden fand angesichts dieser Tatsache folgende Entschließung einstimmig Annahme[26]:

„Die 28. Hauptversammlung des Deutschen Vereins zur Förderung des mathematischen und naturwissenschaftlichen Unterrichts bringt einmütig zum Ausdruck, daß sie durch die Behandlung, die die mathematisch-naturwissenschaftlichen Fächer in den preußischen Richtlinien erfahren haben, schwer enttäuscht ist. Dringend wird gefordert, daß die starre Stundenverteilung und der Wechselbetrieb für die

---

23 Siehe Kapitel 1.2.1.
24 Kühn, W.: Die Beeinträchtigung der Oberrealschule durch die „Richtlinien". In: Unterrichtsblätter für Mathematik und Naturwissenschaften 34 (1928), S. 72-75.
25 Kühn (siehe Anm. 24), S. 73.
26 Zur Lage. In: Unterrichtsblätter für Mathematik und Naturwissenschaften 32 (1926), S. 130.

Naturwissenschaften, die aus den verschiedensten Gründen unzweckmäßig erscheinen, alsbald fallen gelassen werden.“

Die schon mit nationalistischen Tendenzen angehauchte wirtschaftliche Relevanz für das Volkswohl beleuchtet Ludwig Doermer[27]:

„Selbst an der Oberrealschule, an dem ‚mathematisch-naturwissenschaftlichen Gymnasium‘ hat man der Chemie das Rückgrat gebrochen. Und das hat man in dem Lande fertiggebracht, das die höchst entwickelte chemische Wissenschaft und Industrie besitzt und dessen Bestand zum guten Teil davon abhängt, ob es ihm gelingt, durch Veredelung von Rohstoffen und deren Umwandlung in hochwertige der Auslandskonkurrenz überlegene Produkte seinen Wohlstand wieder zu erlangen und seine Bevölkerung zu ernähren.“

Vertreter des Deutschen Ausschusses für mathematischen und naturwissenschaftlichen Unterrichts (DAMNU) sprachen wegen der Mißstände im Ministerium vor[28]. Und die ebenfalls einstimmig angenommene Entschließung der Versammlung der Deutschen Naturforscher und Ärzte auf der 89. Naturforschertagung vom 19. bis 26. September in Düsseldorf hob wiederum auf die Stellung im Bildungswesen ab[29]:

„Die Gesellschaft Deutscher Naturforscher und Ärzte hat mit Sorge bemerkt, daß bei der Neuordnung des Unterrichtswesens in verschiedenen Staaten des Deutschen Reiches eine Zurückdrängung der Naturwissenschaften und der Mathematik stattgefunden hat, durch die wesentliche Teile der Stellung verloren gegangen sind, die sich diese Wissenschaften im Bildungswesen des Deutschen Volkes mit Recht erworben hatten.“
Mit Nachdruck weist die Gesellschaft Deutscher Naturforscher und Ärzte darauf hin, daß die Ausbildung der Mediziner, Naturwissenschaftler, Techniker und Wirtschaftsführer ohne einen gegenüber dem jetzigen Zustand vermehrten Anteil der Mathematik und der Naturwissenschaft an der Unterrichtszeit aller Schulgattungen gefährdet wird, daß aber auch in der Bildung des gesamten Volkes die Naturwissenschaften und die Mathematik als Kulturfächer ersten Ranges ihren gebührenden Platz beanspruchen.“

Die meist-geäußerten Kritikpunkte – zum Teil sogar Ergebnis staatlicher Lehrgänge für die Chemielehrer zur Einstellung auf die Richtlinien – sind wie im einleitenden Satz schon kurz erwähnt:

1.) organisatorischer Natur: Sie betreffen Stundenzahl und die Verteilung der Chemiestunden auf die einzelnen Klassenstufen.
2.) pädagogischer Natur: Sie betreffen Lehrinhalte und die gegebenen Möglichkeiten zur Durchführung und Verwirklichung des chemischen Arbeitsunterrichtes.

Beide Punkte nehmen wechselseitig aufeinander Einfluß.

27 Doermer, L.: Der Arbeitsunterricht in Chemie und die Reifeprüfung. In: Unterrichtsblätter für Mathematik und Naturwissenschaften 32 (1926), S. 116.
28 Kerst (siehe Anm 6), S. 136.
29 Versammlungsbericht. 89. Naturforschertagung. In: Unterrichtsblätter für Mathematik und Naturwissenschaften 32 (1926), S. 306-313; hier S. 309.

1.2.2. Die Praxis: Die Probleme der Ausführung

Ein zusammenfassender Einblick in die geäußerten Klagen offenbart die schlechte Stellung der Chemie[30]. Die aus der Praxis hergeleiteten Vorwürfe griffen zum einen die schon aus der Planung ersichtlichen Mängel – zu niedrige Stundenzahl um ausreichend chemischen Lehrinhalt zu vermitteln und teilweise halb- bis ganzjährige Pausen im Fach Chemie die zu einer Zerissenheit des Unterrichts führen – auf. Die Lehrer beklagten daneben zusätzlich die durch den „Saisonbetrieb" entstehende hohe Vergeßlichkeit der Schüler sowie deren mangelndes chemisches Verständnis[31]. Physiklehrer verwendeten partiell, da sie Chemie im Nebenfach unterrichteten, die Zeit für Physik[32]. Aus Zeitmangel führten viele Lehrer keinen chemischen Arbeitsunterricht – wie in den Richtlinien gefordert – durch. Der angestrebte Arbeitsunterricht könne vielfach nur in freiwilligen Arbeitsgemeinschaften annähernd durchgeführt werden. Andererseits fehlten auch vielfach noch die für seine Durchführung nötigen Übungsräumlichkeiten und chemischen Laborgeräte in hinreichender Anzahl. Die Schülerzahl ist für Unterrichtsversuche meist zu groß, die Klassen müssen geteilt werden, was zusätzlichen Zeitaufwand kostet. Werde der zeitraubende Arbeitsunterricht konsequent durchgeführt, existiere für die schriftliche Reifeprüfung zu wenig Stoff, um – wie gefordert – drei unterschiedliche Themen der Prüfungskommission als Vorschläge einzureichen. Eine experimentelle Prüfungsarbeit mit zusätzlichen theoretischen Elementen sei aus Zeitmangel und fehlender Übung durch die Schüler kaum realisierbar[33]. Auch über die Sinnhaftigkeit, Quervernetzungen zwischen den einzelnen Unterrichtsfächern – gerade im Rahmen der naturwissenschaftlichen Fächer – von Anbeginn an zu betonen, ohne vorab die Eigenart jedes Faches für den Schüler herausgearbeitet zu haben, gehen die Meinungen auseinander. Weitere Einflußfaktoren wie die wirtschaftliche Lage der Weimarer Republik und die mangelhafte Ausbildung der Chemielehrer werden ebenfalls angeprangert.

Das Hauptdilemma, unter dem der Chemieunterricht in der Weimarer Republik litt, offenbart sich somit in folgendem Punkt: Die reformpädagogische Idee des Arbeitsunterrichts wird in den Richtlinien schriftlich fixiert und damit konkret gefordert. Die Stundentafeln behindern jedoch die Verwirklichung. Will man nicht Gedächtniswissen, sondern den Erziehungszielen entsprechend Erkenntniswissen vermitteln, wird mehr Zeit benötigt. Die Realität führt mangels zugestandener Zeit für Lehrer wie Schüler zu nicht erfüllbaren konträren Anforderungen:

1.) Soll annähernd ausreichend chemischer Unterrichtstoff vermittelt werden, ist die Methodik des Arbeitsunterrichts für Chemie kaum realisierbar. Maximal kommt es zu

30 Hückel, W.: Über den Chemieunterricht in der Schule. In: Unterrichtsblätter für Mathematik und Naturwissenschaften 34 (1928), S. 6-11. Weisweiler, W.: Wie kann die Chemie am Realgymnasium vor dem vollständigen Untergang gerettet werden? In: Unterrichtsblätter für Mathematik und Naturwissenschaften 38 (1932), S. 213.

31 Schauss, R.: Bericht über den chemischen Arbeitsunterricht in den Primen der Oberrealschule des Evang. Pädagogiums Bad Godesberg / Rhein. In: Unterrichtsblätter für Mathematik und Naturwissenschaften 34 (1928), S. 186-189.

32 Kühn, W.: Über den Chemieunterricht in der Schule. In: Unterrichtsblätter für Mathematik und Naturwissenschaften 34 (1928), S. 6-11; hier S. 6.

33 Eine Ausnahme macht Hamburg. Vgl. hierzu Doermer, L.: Der Arbeitsunterricht in der Chemie und die Reifeprüfung. In: Unterrichtsblätter für Mathematik und Naturwissenschaften 32 (1926), S. 116-120.

einem mit wenigen Übungen angereicherten Demonstrationsunterricht. Zusammenhänge mit Nachbardisziplinen werden eher dozierend vermittelt, denn auf selbständiger Erarbeitung beruhend. Der Bildungswert im mit der Reform vorgeschriebenen „humanistischen“ Sinn bleibt vergleichsweise niedrig.
2.) Wird die gewünschte Methodik des Arbeitsunterrichts angewandt, kann nur eine verhältnismäßig geringe Stoffmenge durchgenommen werden. Dies ist zwar mit dem ausdrücklich in den Richtlinien für Chemie hervorgehobenen „Grundsatz der Stoffauslese“ – der von Chemielehrerseite[34] verständlicherweise ebenfalls kritisiert wurde – vereinbar. Das nur ausschnittsweise vorhandene Fachwissen der Schüler bedingt aber wiederum, daß auch hier nur eingeschränkt das angestrebte Bildungsziel erreicht werden kann.
Resümee: Das theoretisch mit den „Richtlinien“ vorgegebene, durchaus fortschrittlich-moderne Bildungsziel ist praktisch nicht umsetzbar, wie viele Aufsätze widerspiegeln. Dennoch bemühten sich engagierte Lehrer mit den begrenzten zur Verfügung stehenden Zeit-, Raum[35]- und Geldmitteln die entwickelnde Unterrichtsform, den Forschungs- und Erkenntnisunterricht umzusetzen. Den Problemen der Methodik und Didaktik wurde – um noch ein akzeptables Unterrichtsergebnis zu erzielen – breiter Raum gewidmet. Bücher, Aufsätze und Stellungnahmen zur Unterrichtsmethodik in Chemie sind in der Weimarer Zeit reichlich zu finden[36]. Über Rationalisierungsgedanken, die Möglichkeit der Nutzung von Synergieeffekten zwischen Fächern zwecks Zeitersparnis, die Konzentration des Lehrstoffs existieren ausführliche Streitgespräche. Nur in Einzelfällen wurde eine Verbesserung des Unterrichtsgefüges – wie Anhebung der Stundenzahl pro Woche und Verzicht auf halbjährige Unterbrechungen – für das Fach Chemie von Chemielehrern durch die Unterstützung der Anstaltsleitung mit Erlaubnis der vorgesetzten Behörde erreicht[37].
Eine Bestätigung all dieser Punkte erhielt der Deutsche Verein zur Förderung des mathematischen und naturwissenschaftlichen Unterrichts durch eine im Herbst 1928

---

34 Doermer (siehe Anm. 33), S. 117.
35 Hess, O.: Zur Einrichtung der chemischen Arbeitsräume. In: Unterrichtsblätter für Mathematik und Naturwissenschaften 35 (1929), S. 51-53. Neff, O.: Grundsätzliches zur Einrichtung chemischer Arbeitsräume. In: Unterrichtsblätter für Mathematik und Naturwissenschaften 35 (1929), S. 55-57. Schindehütte, G.: Grundsätzliches zur Einrichtung der chemischen Arbeitsräume. In: Unterrichtsblätter für Mathematik und Naturwissenschaften 34 (1928), S. 346-349. Zapfe, J.: Die Einrichtung der chemischen Arbeitsräume. In: Unterrichtsblätter für Mathematik und Naturwissenschaften 35 (1929), S. 49-51. Rabbow, H.: Grundsätzliches zur Einrichtung der chemischen Arbeitsräume. In: Unterrichtsblätter für Mathematik und Naturwissenschaften 35 (1929), S. 53-55. Neff, O.: Eine Erwiderung zur Abhandlung G. Schindehüttes: Grundsätzliches zur Einrichtung der chemischen Arbeitsräume. In: Unterrichtsblätter für Mathematik und Naturwissenschaften 35 (1929), S. 55-57. Giers, R.: Zur Arbeitsraumfrage im Chemieunterricht. In: Unterrichtsblätter für Mathematik und Naturwissenschaften 35 (1929), S. 328- 331. Siehe hierzu auch Kapitel 6.2.
36 Einige Quellen zur Methodik des Chemieunterrichts: Vgl. Scheid, K.: Methodik des chemischen Unterrichts. Leipzig ^{2}1927. Breusch, F.: Der Unterricht in Chemie. Aus der Sammlung Wissen und Wirken. Bd. 36. Karlsruhe 1927. Winderlich, R.: Chemie. Bd. 15 des „Handbuch des Unterrichts an höheren Schulen“ Hrsg. v. K. Roller, H. Weinstock und P. Zühlke. Frankfurt / Main 1928. Mannheimer, E.: Bemerkungen zur Methodik des Chemie-Unterrichts. In: Unterrichtsblätter für Mathematik und Naturwissenschaften 34 (1928), S. 239-242. Morgner, W.: Die Formen des physikalischen-chemischen Unterrichtes. Leipzig 1928. Weiss, G., A.: Aus der Praxis des chemischen Arbeitsunterrichtes im Lehrsaal. Heft 13 der „Abhandlungen zur Didaktik und Philosophie des Naturwissenschaft (Sonderheft der Zeitschrift für physikalischen und chemischen Unterricht). Berlin 1928.
37 Schauss (siehe Anm. 31), S. 186.

durchgeführte umfangreiche Fragebogenaktion[38] unter seinen Mitgliedern. Die geäußerte Kritik wurde damit auf eine breite Basis gestellt. Die Auswertung im Teilgebiet Chemie, die u.a. auf der Hauptversammlung Ostern 1929 vorgelegt[39] wurde, gibt ein differenziertes Zeugnis über die in den einzelnen Staaten und Schulgattungen zutage getretenen Mängel und zeigt geäußerte Änderungswünsche sowie partiell Lösungsansätze auf[40]. Das formulierte Ergebnis aus der versuchten Umsetzung der „amtlichen Richtlinien“ ist[41]:

„1. An allen Schulen, an denen der naturwissenschaftliche Unterricht zeitweise Unterbrechungen erleidet, wird er dadurch in seiner erziehlichen und bildenden Wirkung auf das schwerste beeinträchtigt.
2. Die ernstesten Schädigungen erfährt durch diese Unterbrechungen der naturwissenschaftliche Unterricht am Reform-Realgymnasium, an der realgymnasialen Studienanstalt und am Oberlyzeum. Die Unterbrechungen des Unterrichtes sind somit unter allen Umständen zu beseitigen.
3. An der preußischen Oberrealschule sind Chemie und Biologie aus der Reihe der eigentlichen Bildungsfächer verdrängt worden, denn der Bildungswert eines Unterrichtsfaches beruht ganz wesentlich auf der Kontinuität des Lehrgutes und der ununterbrochenen Steigerung der Anforderungen an die Leistungsfähigkeit der Schüler. Die Geschlossenheit der Oberrealschulbildung ist dadurch in Frage gestellt. Die ununterbrochene Durchführung von Chemie und Biologie ohne Beeinträchtigung der Physik muß daher dringend gefordert werden.“

Eine Nachbesserung durch das zuständige Ministerium für Wissenschaft, Bildung und Kunst in Preußen fand jedoch trotz des Sturmlaufs der Kritik nicht statt. Auf der 33. Hauptversammlung des Deutschen Fördervereins kam es 1931 anläßlich eines Rückblicks auf 25 Jahre Meraner Reform erneut zu folgender Entschließung, der sich der DAMNU anschloß[42]:

„Der deutsche Verein zur Förderung des mathematischen und naturwissenschaftlichen Unterrichts hat auf seiner 33. Hauptversammlung über die Meraner Lehrpläne und die heutige Lage des mathematischen und naturwissenschaftlichen Unterrichts verhandelt. Dabei ist dankbar anerkannt worden, daß das preußische Ministerium für Wissenschaft, Kunst und Volksbildung den höheren Schulen die Gelegenheit gegeben hat, im mathematischen und physikalischen Unterricht die Meraner Entwürfe zu erproben, und daß in den amtlichen Lehrplänen für Mathematik und Naturwissenschaften von 1925 die Meraner Leitsätze berücksichtigt worden sind.
Die Versammlung stellte jedoch fest, daß weder der biologische noch der chemische Unterricht bei dem gegenwärtigen Stundenausmaß die Aufgabe erfüllen kann, die ihm dabei durch die Richtlinien gestellt werden. Unerträglich ist vor allem die Unterbrechung des biologischen Unterrichts auf mehreren Klassenstufen und der Wechselunterricht in den Naturwissenschaften auf der Oberstufe. Unmöglich ist es weiter in der von den Richtlinien angesetzten Unterrichtszeit die Naturwissenschaften nach dem Verfahren des Arbeitsunterrichts zu behandeln.“

---

38 Ein Abdruck des Fragebogens ist zu finden unter: Vereinsmitteilungen. In: Unterrichtsblätter für Mathematik und Naturwissenschaften 34 (1928), S. 305-308.
39 Unsere 31. Hauptversammlung in Breslau. In: Unterrichtsblätter für Mathematik und Naturwissenschaften 35 (1929), S. 121-123. Und: Berichte über die Lage des naturwissenschaftlichen Unterrichts auf Grund der Umfrage des Deutschen Vereins zur Förderung des mathematischen und naturwissenschatlichen Unterrichts erstattet auf der 31. Hauptversammlung des Vereins in Breslau zu Ostern 1929. In: Unterrichtsblätter für Mathematik und Naturwissenschaften 35 (1929), S. 131-148; hier Chemie S. 133-138.
40 Im Grundsätzlichen spiegelt die Untersuchung die schon angesprochenen Mängel wider. Eine genaue Analyse, die Differenzierung nach Bundesstaaten und Schultyp ist im Rahmen dieser Arbeit nicht möglich.
41 Unsere 31. Hauptversammlung in Breslau (siehe Anm. 39), S. 122.
42 25 Jahre Meraner Reform (siehe Anm. 3), S. 162.

Und Eugen Mannheimer, Oberstudienrat in Mainz, zog an gleicher Stelle für die Chemie als verbittertes Resümee, das gleichzeitig Einblick in die gegen Ende der Weimarer Republik dahinter stehenden Weltanschauungs- und Erziehungsprobleme liefert[43]:

„Neue erzieherische Ideen und Ideale tauchen auf und verändern von Grund auf Struktur, Geistigkeit und Ziel der höheren Schulen. Es erhebt sich der Gegensatz zwischen den sogenannten geisteswissenschaftlich-kulturellen Fächern und den unsrigen, die auf den meisten Schultypen unverkennbar in eine ‚Randstellung' gedrängt werden. Das Ende des naturwissenschaftlichen, materialistisch-intellektualistischen Zeitalters ist – um in der Sprache moderner Ideologien zu reden – heraufgedämmert, und Meran erscheint als die letzte, nun vergebliche Bemühung, eine verlorene Position in der neuen erziehlichen Aufgabe der „Persönlichkeitsbildung" zu halten. – Dies alles in einem Zeitabschnitt, der den Naturwissenschaften, vorab Physik und Chemie, einen unerhört neuen Inhalt und neue Denkformen gegeben hat!"

1.2.3. Einfluß der wirtschaftspolitischen Lage

Die stiefmütterliche Behandlung der Naturwissenschaften im Stundenplan fand in den zur Verfügung stehenden Geldmitteln ihre Fortsetzung. Dies veranlaßte den deutschen Verein zur Förderung des mathematisch-naturwissenschaftlichen Unterrichts 1928 zu einer Resolution an das preußische Kultusministerium und die außerpreußischen Kultusministerien[44]:

„Eine Reform des mathematisch-naturwissenschaftlichen Unterrichts an den höheren Schulen ist im Sinne der neueren Richtlinien nur dann mit Erfolg durchzuführen, wenn neben ausreichenden Mitteln für die Beschaffung der Einrichtungen und Lehrmittel größere Summen als bisher für die Fortbildung der Lehrer der Mathematik und Naturwissenschaften zur Verfügung gestellt werden. Durch den Besuch von Fortbildungskursen, durch die Gewährung von Studienurlaub, durch Besuch von Kongressen sowie durch Reisen im In- und Auslande müssen sich die Lehrer der Mathematik und Naturwissenschaften an den höheren Schulen dauernd mit den Fortschritten ihrer Wissenschaften, der Technik und der Pädagogik vertraut machen, wenn ihre Bildungs- und Erziehungsarbeit nicht erstarren und die Frische und Lebensnähe nicht verlieren soll. Der deutsche Verein zur Förderung des mathematisch-naturwissenschaftlichen Unterrichts richtet daher an den Herrn Minister der Wissenschaft, Kunst und Volksbildung die Bitte, dieser Frage seine besondere Aufmerksamkeit zuwenden und größere Mittel für diese Zwecke einsetzen zu wollen."

Die sich immer stärker anspannende wirtschaftspolitische Lage führte zu einer weiteren Verschärfung der Kluft. Wurde 1925 bis 1929 mit Nachdruck für die Einführung der neuen Lehrbücher eingetreten, wandelt sich dieses Bild ab 1930 mit der Zunahme der wirtschaftlichen Krise (Rezession) zusehends[45]. Ab 1930 wurde der zunehmenden

43 25 Jahre Meraner Reform (siehe Anm. 3), S. 176 f.

44 Von den allgemeinen Beratungen. In: Unterrichtsblätter für Mathematik und Naturwissenschaften 34 (1928), S. 143 f.

45 Siehe Zentralblatt für die gesamte Unterrichtsverwaltung in Preußen, jährliche Erlasse zur „Einführung neuer Lehrbücher". Es wird allerdings ausdrücklich in „186. Genehmigte Schulbücher", Bekanntmachung U II 16231 des Zentralblattes 1926 (S. 179 f.) darauf hingewiesen, daß „selbstverständlich auch die früheren, vor der Herausgabe dieser Ordnung genehmigten Lehrbücher im Schulunterricht gebraucht werden dürfen, sofern nicht der Gebrauch von Büchern für einzelne Fächer durch besondere Bestimmung untersagt worden ist". Eine Liste der aufgrund der Reform zugelassenen Lehrbücher wurde im Anhang zusammengestellt. Die Zahl der Neuerscheinungen ist verständlicherweise in den ersten Jahren nach der Schulreform am größten. Dennoch ist eine klare Korrelation zwischen der Anzahl der Bücher und der wirtschaftlichen Lage in der Weimarer Republik zu erkennen.

Finanzknappheit in den öffentlichen Haushalten mit Notverordnungen und angeschlossenen Sparerlassen[46] begegnet. Auf der Suche nach Einsparmöglichkeiten stand die Beibehaltung und Weiterbenutzung alter Lehrbücher – auch in unterschiedlichen Auflagen – bzw. die Benutzung von gekürzten Einheitsausgaben im Mittelpunkt[47]. In Preußen wurden die Stundentafeln auch auf naturwissenschaftlichem Sektor weiter gekürzt[48]. Weitere Maßnahmen, die zum Teil kombiniert in den verschiedenen Ländern Durchführung fanden: Erhöhung der Pflichtstundenzahl der Lehrer, Einschränkung der Arbeitsgemeinschaften und des wahlfreien Unterrichts, Heraufsetzung der Klassenfrequenzen sowie Erhöhung des Schulgeldes. Arbeitsräume und chemische Sammlungen erhielten nur noch spärliche Ausstattung. Teilweise mußte auf die Beschaffung wichtiger Unterrichtshilfsmittel ganz verzichtet werden, da die im Haushaltsplan den Schulen zur Verfügung stehenden Mittel drastisch gekürzt wurden. Daß diese einschneidenden Maßnahmen zu massiven Protesten der Lehrerschaft und wissenschaftlicher Verbände führte, die darin einen Verrat an Leistungshöhe und Bildungsidee der Schulen sahen, ist nicht verwunderlich[49].
Die gesetzten Ziele der Schulreformen mußten sich den entgegenlaufenden wirtschaftlichen Sparzwängen beugen. Die These der besonderen Affinität zwischen naturwissenschaftlichem Unterricht und Wirtschaft, der ideologische Zusammenhang zwischen naturunterrichtlichem und wirtschaftlichem Aufschwung wird übrigens auch Vaerting[50] schon 1930 erhoben und durch Stundentafeluntersuchungen von Brämer / Kremer[51] 1980 bestätigt.

1.2.4. Diskussion über den Ausbildungsstand der Chemielehrer

Daß Kritik auch an der Hochschulausbildung der Chemielehrer geübt wurde und entsprechende Verbesserungsvorschläge Raum fanden, kann angesichts des neuen methodischen Ansatzes (Arbeitsunterricht) nicht verwundern. Auf der 29. Hauptversammlung des Fördervereins 1927 wurde durch einen Vortrag von Hans Wolf (Chem. Inst. der Univ. Frankfurt), der inhaltlich detailliert „die praktische Ausbildung der Be-

---

46 Insgesamt wurden vier Notverordnungen auf Reichsebene herausgegeben. Zusätzlich auf Länderebene weitere Sparverordnungen, wie: Zentralblatt für die gesamte Unterrichtsverwaltung in Preußen, Erlaß vom 23. Mai 1930 - U II 16040 U III D und Zentralblatt für die gesamte Unterrichtsverwaltung in Preußen, Erlaß vom 12. Januar 1932 - U II 16751/31 U III D.1. Zentralblatt für die gesamte Unterrichtsverwaltung in Preußen, Erlaß vom 21. Januar 1932, U III A 2026.1.
47 Zentralblatt für die gesamte Unterrichtsverwaltung in Preußen Jg. 72 (1930), Erlaß zur „Einschränkung der Lehrbücher" vom 23.5.1930, U II 16040.1. U III D und Jg. 74 (1932), U II 16751/31 U III D.1.
48 Zur Schulreform. Die neuen Stundentafeln in Preußen. In: Unterrichtsblätter für Mathematik und Naturwissenschaften (37) 1931, S. 349 f.
49 Vereinsmitteilungen. An unsere Mitglieder. In: Unterrichtsblätter für Mathematik und Naturwissenschaften (37) 1931, S. 353 f.
50 Vaerting, M.: Machtsoziologische Einflüsse auf die Stellung von Mathematik und Naturwissenschaften im Unterricht. In: Unterrichtsblätter für Mathematik und Naturwissenschaften 36 (1930), S. 1-5.
51 Brämer, R. / Kremer, A.: Der unaufhaltsame Aufstieg des naturwissenschaftlichen Unterrichts. Soznat Blätter für soz. Aspekte des naturwissenschaftlichen Unterrichtes (1980), Teil 1 in Heft 2, S. 3-23.

werber für das höhere Lehramt in Chemie“ zum Thema hatte, aus den Reihen der Hochschullehrer die Diskussion angeregt. Sein Resümee[52]:

„Wenn auch vom Lehrer ein größeres Maß von Kenntnissen über den Schulstoffen hinaus verlangt werden muß, darf die Hochschulausbildung die besonderen Interessen der Schulchemie nicht unbeachtet lassen.“

Diese Erkenntnis deckt sich mit den Erfahrungen des Chemielehrers Walter Hückels[53]:

„Bis vor kurzem schenkte man jedoch auf nur sehr wenigen Hochschulen der besonderen Ausbildung der Lehramtskandidaten im chemischen Praktikum Beachtung. Hier ist ein Hauptgrund dafür zu suchen, daß es an den Schulen so häufig unfähige Chemielehrer gibt, zumal solche, die Chemie nur im Nebenamt lehren, und denen die Chemie gegenüber der Physik z. B. als minderwertige Wissenschaft erscheint.“

Hückels Verbesserungsvorschläge bewegen sich im Bereich der Vermehrung der Laborausbildung, weg von der Analytik hin zu praktischen Schülerübungen, der Forderung einer praktischen Staatsexamensarbeit und der Vereinheitlichung der Ausbildung an den Hochschulen.
Mangel an wissenschaftsgeschichtlichem Wissen, das gemäß den neuen Lehrplänen in fast allen deutschen Bundesstaaten auch im Fach Chemie gefordert, an den Hochschulen jedoch seltenst Studieninhalt sei, prangerte Rudolph Winderlich[54] an.
Auch wurde gefordert, daß „der Unterricht in Chemie auf der Schule und damit auch die Ausbildung der Lehrkräfte auf den Hochschulen der modernen Entwicklung von chemischer Wissenschaft und Technik sich anpaßt“[55].
Hauptkritikpunkte waren somit die mangelnde Vorbereitung des heranreifenden Lehrernachwuchses auf den Arbeitsunterricht, fehlendes wissenschaftsgeschichtliches Wissen und mangelnder Einbau chemisch-technischer Fortschritte. Erwartet wurde, daß in Zukunft mehr als bisher die Hochschule auf die Bedürfnisse des späteren praktischen Lehrberufs Rücksicht nimmt. Auch eine Vermehrung der Lehraufträge für Didaktik wurde als wünschenswert erachtet[56].
Unter diesem Voraussetzungen wird verständlich, daß der Deutsche Ausschuß für den mathematischen und naturwissenschaftlichen Unterricht sich 1930 den vom Deutschen Philologenverband formulierten Leitsätzen für die Neuordnung des Studiums sofort anschloß, unter der Prämisse, daß „für die naturwissenschaftlichen Fächer (Physik,

52 29. Hauptversammlung des Förderungsvereins in Frankfurt / Main. In: Unterrichtsblätter für Mathematik und Naturwissenschaften 33 (1927), S. 129-135; hier S. 133.
53 Hückel (siehe Anm. 30), S. 8.
54 Winderlich, R.: Sinn und Nutzen der Geschichte der Naturwissenschaften. In: Unterrichtsblätter für Mathematik und Naturwissenschaften 35 (1929), S.7-11; hier S. 10.
55 Vereinsmitteilungen. Die chemisch-geologische Fachsitzung. In: Unterrichtsblätter für Mathematik und Naturwissenschaften 34 (1928), S. 151.
56 Auch die Gesellschaft Deutscher Naturforscher und Ärzte beriet 1928 auf ihrer 90. Versammlung in Hamburg eingehend über die Hochschulausbildung der Chemielehrer der höheren Schulen. Die Ausbildungsdiskussion betraf auch die akademische Hochschulbildung allgemein, aufgrund der in der Weimarer Verfassung geforderten Vereinheitlichung der Lehrerausbildung. Die Abgrenzungsversuche der Lehrer der höheren Schulen gegenüber den Akademisierungsbestrebungen der Volksschullehrer sind offensichtlich.

Chemie, Biologie) neben der theoretischen eine gründliche experimentelle Ausbildung sichergestellt wird...“[57].

Auch die Referendariatsausbildung stand in der Kritik: Direkt im Anschluß an die 27. Hauptversammlung des „Deutschen Vereins zur Förderung des mathematischen und naturwissenschaftlichen Unterrichts“ in Hannover fand schon 1925 mit Blick auf die preußische Reform eine Sitzung mit Vorträgen und anschließender Diskussion statt zum Thema: „Zur Frage der Ausbildung der Lehrer der Mathematik und der Naturwissenschaften.“ Wegen der Bedeutung, die der Austausch der Meinungen über die Lehrerbildung durch die Neuordnung des höheren Schulwesens in Preußen erhielt, wurde das gesamte Verhandlungsmaterial anschließend in einem 94seitigen Beiheft der Unterrichtsblätter veröffentlicht[58]. Der Schilderung der pädagogisch-didaktischen Ausbildung in Norddeutschland sowie des Auslands (u.a. Frankreich, Tschechoslowakei, Österreich) wurde die pädagogisch-didaktisch-praktisch-technische Ausbildung in Süddeutschland (Württemberg, Bayern) gegenübergestellt. Dies mündete in einer Resolution, die forderte, daß (S. 94)

„a) alle Referendare der Mathematik und der Naturwissenschaften nach dem Muster Süddeutschlands eine praktisch-technische Werkstatts- und Laboratoriumsausbildung erhalten,
b) für diese Zwecke und ebenso für die Ausgestaltung der Seminarbibliotheken wirklich ausreichend Geldmittel bereit gestellt werden.“

Angesichts der sich weiter zuspitzenden Lage wurden auf der 31. Hauptversammlung in Breslau 1929 die Inhalte in verschärfter und ausgeweiterter Form wiederholt[59]. Eine praxisorientierte, aber ökonomische Reform der Referendarausbildung wurde angestrebt. Das preußische Ministerium für Wissenschaft, Kunst und Volksbildung reagierte und arbeitete im Einklang mit diesen Forderungen an einer neuen Ausbildung der Studienreferendare. Erste positive Ansätze der geplanten Umstrukturierung sind im Ministerialerlaß über die „Richtlinien für die Ausbildung der Studienreferendare“ zu erkennen[60]. Da der Schwerpunkt auf einer organisatorischen Neustrukturierung in Form von Bezirks-Seminaren lag, seien die besonderen inhaltlichen Probleme der Naturwissenschaftler allerdings weniger berücksichtigt worden, meinte hierzu das Vorstandsmitglied des Deutschen Fördervereins Philipp Depdolla[61]. Insbesondere die chemisch-experimentelle Unterrichtsvorbereitung sowie die schwierige gedankliche Einarbeitung in die für die Pädagogik notwendigen Philosophien, – ein vielfach bei

---

57 Unsere 32. Hauptversammlung. In: Unterrichtsblätter für Mathematik und Naturwissenschaften 36 (1930), S. 129-140; hier S. 130. Die Leitsätze wurden auch schon 1929 auf einer DAMNU-Sitzung befürwortet.

58 Vgl. hierzu Wolff, G. (Hrsg.): Beihefte der Unterrichtsblätter für Mathematik und Naturwissenschaften. Heft 2. Zur Frage der Ausbildung der Lehrer der Mathematik und der Naturwissenschaften. Berlin 1925.

59 Unsere 31. Hauptversammlung in Breslau. (siehe Anm. 39), S. 121-123. Vgl. auch Hahn, W.: Die 31. Hauptversammlung des Deutschen Vereins zur Förderung des mathematischen und naturwissenschaftlichen Unterrichts. In: Monatschrift für höhere Schulen 28 (1929), S. 414-418. Erläuterungen zur Referendariatsausbildung, ihrer Struktur, ihren Inhalten samt Verbesserungsvorschlägen für den naturwissenschaftlichen Sektor – insbesondere die Chemie – macht auch Hess, O.: Aus dem Erfahrungskreis des Bezirks-Seminars. In: Unterrichtsblätter für Mathematik und Naturwissenschaften (37) 1931, S. 375-378.

60 Zentralblatt für die gesamte Unterrichtsverwaltung in Preußen, Jg. 73 (1931), U II 15361.1.

61 Depdolla, P.: Erfahrungen bei der Ausbildung von Referendaren der „Fachgruppe VI“. In: Unterrichtsblätter für Mathematik und Naturwissenschaften (38) 1932, S. 166-169.

Naturwissenschaftlern vorzufindendes Phänomen – wie Debdolla ausführt, seien zu kurz gekommen. Nach dem Ausbruch der Finanzkrise allerdings war der Spielraum für kostenverursachende Umsetzungen der Reformvorschläge ohnehin sehr begrenzt[62]. Daß die angespannte wirtschaftliche Lage und die allgemeine Bevorzugung der Geisteswissenschaften auch die Fortbildung der schon im Beruf stehenden Chemielehrer hemmte, kam hinzu[63]. Die angebotenen Lehrerfortbildungsseminare, Ferienkurse und Lehrgänge der staatlichen Hauptstelle für den naturwissenschaftlichen Unterricht zur Durchführung der Unterrichtsreform reichten bei weitem nicht aus und offenbarten – wie zahlreiche Kritiken in den Unterrichtsblättern preisgeben – die Unzulänglichkeiten der Schulreform.

1.3. Die Situation der Erzieher mit besonderem Blick auf den Status der Chemielehrer

„mathematicus non est collega“[64] war im 19. Jahrhundert ein geflügeltes Wort innerhalb der Lehrerschaft, das stellvertretend auch für die Chemie galt. Auch nach der preußischen und den außerpreußischen Reformen haftete den philologischen Fächern noch eine starke Vorherrschaft an. Dies offenbarte sich insbesondere im schlechteren Status der den naturwissenschaftlichen Lehrern – und damit auch den Chemielehrern – zuerkannt wurde. Diese Lage hatte sich zwar angesichts der schon existierenden Gleichberechtigungsbestrebungen zwischen den humanistischen und den realen Fächern etwas verbessert, so daß Vaerting 1930 schreiben konnte[65]:

> „Alle Gleichberechtigungsbewegungen bringen einen starken Zug zu Mathematik und Naturwissenschaften hervor. Da unsere Zeit im Zeichen dieser Bewegungen steht, haben beide Fächer einen außerordentlichen Aufschwung genommen.“

Dies deckt sich auch mit Hinweisen in einem Bericht der Unterrichtsblätter[66], in denen ein zumindest mengenmäßiger Aufschwung an Lehrkräften für das Fach Chemie Erwähnung findet. Allerdings bekannte Vaerting nach entsprechender Untersuchung in der gleichen Quelle auch (S. 3):

> „Noch heute werden die Mathematiker und Naturwissenschaftler bei Besetzung der leitenden Stellen zurückgesetzt.“

---

62 Vgl. hierzu Erger, J.: Lehrer- und Schulpolitik in der Finanz- und Staatskrise der Weimarer Republik 1929-1933. In: Engelhardt/Sellin/Stuke: Soziale Bewegung und politische Verfassung. Stuttgart 1975, S. 233-259; hier S. 249 f.
63 Die Problematik der Akademisierung der Volksschullehrer ist für den Chemieunterricht weniger relevant. Vgl. hierzu: Bölling, R.: Volksschullehrer und Politik. Göttingen 1978. Die Lehrerbildungsreform zwischen Reich und Ländern (1924-1928), S. 179-187. Bölling, R.: Lehrerbildungsreform und Standespolitik, S. 269- 279. In: Heinemann, M. (Hrsg.): Sozialisation und Bildungswesen in der Weimarer Republik. Stuttgart 1976.
64 Zitiert nach Vaerting (siehe Anm. 50), S. 3.
65 Vaerting (siehe Anm. 50), S. 3 f.
66 Bericht über die Tätigkeit der Ortsgruppe Frankfurt / Main im Jahre 1928. In: Unterrichtsblätter für Mathematik und Naturwissenschaften 34 (1928), S. 123 f.

Der Status der Chemielehrer innerhalb der Lehrerschaft war im Verlaufe der Weimarer Republik zwar schwach gestiegen, der gesellschaftliche Status des Lehrers seit Beginn des Jahrhunderts jedoch beständig gesunken.
Die Hoffnung auf Besserung der Situation der Lehrer Ende der 20er, Anfang der 30er Jahre stellte sich aufgrund der wirtschafts-, staats- und schulpolitischen Lage als falsch heraus[67]. Die ständigen pädagogischen Neuerungen führten zu einer Entfremdung und Vertrauenskrise und damit zu einer geistigen Gegenbewegung. Wiederholte Kürzungen der Aufwendungen für das Schulwesen führte zusätzlich für die meisten Lehrer zu einer Verschlechterung ihrer Arbeitsbedingungen. Gerade der auf entsprechende Unterrichtshilfsmittel wie gut ausgerüstete Arbeitsräume angewiesene Chemieunterricht, hatte besonders hierunter zu leiden. Die Klassenstärken wuchsen auf bis zu 60 Schüler, die Betreuung zweier Klassen durch einen Lehrer wurde keine Seltenheit. Hinzu kamen für alle Lehrer durch die Not- und Sparverordnungen auf Reichs- und Länderebene empfindliche Besoldungskürzungen – insgesamt um durchschnittlich 25 Prozent. Proteste des Deutschen Lehrervereins, dem als Standesverband 70 Prozent aller Lehrer angehörten, und der um die Wahrung des Status bemüht war, verhallten ungehört[68]. In Preußen kamen ein allgemeiner Einstellungs- und Beförderungsstopp, umfangreicher Stellenabbau („Abbauerlaß“, 30. Sept. 1931) und Zwangspensionierungen hinzu. Besonders die ohnehin schlecht bezahlten Volksschullehrer sowie die Junglehrerschaft wurden hierdurch hart getroffen. Die psychologischen Folgen der durchaus anzweifelbaren Gerechtigkeit dieser staatlichen Eingriffe mit zunehmender Radikalisierung und Vertrauensschwund gegenüber dem demokratischen System der Weimarer Republik, klingen auch in den Jahrgängen 1931/32 der Unterrichtsblätter verstärkt an. Der offiziell am 21. April 1929 in Hof / Saale von dem Bayreuther Lehrer Hans Schemm gegründete Nationalsozialistische Lehrerbund erhielt angesichts dieses Spannungsverhältnisses verstärkten Zulauf[69].

1.4. Die Rolle der Berufs- bzw. Fachverbände

1.4.1. Die Gesellschaft Deutscher Naturforscher und Ärzte (GDNÄ)

Am 18. September 1822 gründeten 21 Naturforscher und Ärzte, die entsprechenden Aufrufen Lorenz Okens in seiner Zeitschrift „Isis“ gefolgt waren, in Leipzig die Gesellschaft Deutscher Naturforscher und Ärzte e.V. In einer Zeit politischer Zersplitterung und Restauration wurde damit der Aufbruch zu einer neuen geistigen Einheit in der Wissenschaft gesucht. Ziel war in akademischen Versammlungen mit Vorträgen, gemeinsamen Gesprächen und biederer Geselligkeit, unter dem tiefen Gefühl der Ein-

---

67 Vgl. hierzu Erger (siehe Anm. 62), S. 233-259. Vgl. auch Bölling 1978, (siehe Anm. 63), S. 26-29 (Daten zur sozialen Situation der Lehrer in der Weimarer Republik). Ebenso Erger, J.: Lehrer und Nationalsozialismus. Von den traditionellen Lehrerverbänden zum Nationalsozialistischen Lehrerbund (NSLB). In: Heinemann, M. (Hrsg.): Erziehung und Schulung im Dritten Reich. Teil 2: Hochschule, Erwachsenenbildung. (Veröffentlichungen der Historischen Kommission der Deutschen Gesellschaft für Erziehungswissenschaft). Stuttgart 1980, S. 206-231. Feiten, W.: Der nationalsozialistische Lehrerbund. Weinheim, Basel 1981, S. 21-39.

68 Bölling 1978 (siehe Anm. 63), S. 188-203 (Hier: Schulpolitik und Lehrerbewußtsein am Ende der zwanziger Jahre) und S. 125 (Nationalsozialistischer Lehrerbund).

69 Siehe hierzu Kapitel 2.5.1.

heit der Natur, den Gedankenaustausch in Naturforschung und Medizin zu fördern. Auf Vorschlag des Gründungsmitglieds und Geschäftsführers Alexander von Humboldt wurde allerdings bereits 1828 der „Einheitsgedanke“ der Gesellschaft modifiziert, indem Abteilungen – später Sektionen genannt – eingerichtet wurden. Damit fand der „Einheitsgedanke“ der Gesellschaft eine deutliche Modifizierung, ein Prozeß der Spezialisierung begann und die Tagungen der Gesellschaft wurden allmählich zu Stätten wissenschaftlicher Arbeit und Präsentation. Den allgemeinverständlichen Charakter galt es gleichzeitig zu bewahren. In den 60er Jahren des 19. Jahrhunderts setzte sich die materialistische Auffassung von den Naturprozessen mehr und mehr durch. 1858 sprach etwa Rudolph Virchow, der in den folgenden vier Jahrzehnten entscheidenden Einfluß auf die Versammlungen ausübte, auf der Karlsruher Jahresversammlung „Über die mechanische Auffassung der Lebensvorgänge“. Auch gesellschafts- und bildungspolitische Diskussionen wurden geführt. So wies Hermann Helmholtz 1869 auf die Gefahren von Utilitarismus und einer übertriebenen Praxisorientierung hin. Der Stellenwert naturwissenschaftlicher Bildung wurde gerade im Umbruch zum 20. Jahrhundert mit der Schaffung eines „neuen Weltbildes“ (Max Planck) verstärkt diskutiert. Die existierenden Versammlungsberichte spiegeln Entwicklung, Fortschritt, auch Um- und Neubewertung als ein Stück Wissenschaftsgeschichte wieder[70]. Offizielles Organ der GDNÄ wurde die Zeitschrift „Die Naturwissenschaften“.

Anstoß zur stärkeren Stellungnahme der Naturforschergesellschaft zu Unterrichtsbelangen gab das 1882 erhobene Verbot des Biologieunterrichtes in der Oberstufe der Höheren Schule. Auch in die Lehrpläne von 1901 war Biologie noch nicht wieder aufgenommen worden. Die existierenden Auseinandersetzungen um die realen Fächer führten dazu, daß 1904 eine zwölfgliedrige Unterrichtskommission eingesetzt wurde – von dieser gehörten sechs Mitglieder zugleich dem „Verein zur Förderung des mathematischen und naturwissenschaftlichen Unterrichts“ an –, die 1905 ihre Beratungen in den „Meraner Reformvorschlägen“ vorlegten. Diese bildeten ihrerseits die Grundlage der Forderungen der Naturforschergesellschaft für die Lehrplanrevision 1925. Daß das preußische Unterrichtsministerium die Neuordnung des höheren Schulwesens begonnen und zum Teil schon umgesetzt hatte, ohne sich „der Mitwirkung und des Rates der an diesen Fragen beteiligten Kreise zu bedienen“, stieß bei der GDNÄ auf entschiedenen Widerspruch[71]. Insbesondere wurde die Gleichstellung des sprachlich-geschichtlichen mit der mathematisch-naturwissenschaftlichen Bildung sowie die experimentelle beobachtende Behandlung der Naturwissenschaften, also das methodisch induktive Vorgehen von der GDNÄ gefordert[72]. Fragen des mathematisch-naturwissenschaftlichen Unterrichts wurden regelmäßig in Sitzungen über Schulfragen angesprochen und gipfelten meist in Entschließungen contra Zurückdrängung der Naturwissenschaften[73]. Insgesamt betrachtet konnte die GDNÄ, die sich auch weiterhin

70 Vgl. hierzu Pfannenstiel, M.: Kleines Quellenbuch zur Geschichte der GDNÄ. Berlin 1958. Sudhoff, K.: Hundert Jahre Deutsche Naturforscher-Versammlungen. Leipzig 1922. Engelhardt, D. v.: Wissenschaftsgeschichte auf den Versammlungen der Gesellschaft Deutscher Naturforscher und Ärzte 1822-1972. Stuttgart 1987, hier S. 7. Querner, H.: 150 Jahre Gesellschaft Deutscher Naturforscher und Ärzte. In: Die Naturwissenschaften 59 (1972), S. 377 f.

71 Mitteilungen der Gesellschaft Deutscher Naturforscher und Aerzte. Erster Jahrgang. November 1924, S. 33.

72 Vgl. hierzu Müller (siehe Anm. 5), S. 131-133.

73 Siehe auch Anm. 29. Tiefergehende Quellen-Unterlagen zur Rolle der GDNÄ bei den Schulreformen, auch im weiteren Hinblick auf die NS-Zeit waren nicht zu erhalten. Mein Schriftwechsel mit

thematisch mit Nationalpolitischem, der Bedeutung der Wissenschaft für die Wirtschaft, dem Verhältnis zur Technik, dem Spezialisierungsdrang und dem naturwissenschaftlichen Unterricht widmete, nach dem Ersten Weltkrieg allerdings nicht mehr ihre zuvor einflußreiche Stellung zurückgewinnen.

1.4.2. Der Deutsche Verein zur Förderung des mathematischen und naturwissenschaftlichen Unterrichtes[74]

144 Lehrer höherer Schulen bzw. Professoren Technischer Hochschulen und Universitäten gründeten am 5./6. Oktober 1891 in Braunschweig als Gegenstück zum schon seit 1837 existierenden Philologenverband den „Verein zur Förderung des mathematischen und naturwissenschaftlichen Unterrichts", der sich 1919 in „Deutscher Verein zur Förderung des mathematischen und naturwissenschaftlichen Unterrichts" umbenannte. Seine Aufgabe war es, Mathematik und den Naturwissenschaften den ihnen gebührenden Stellenwert in den Lehrplänen der höheren Schulen zu verschaffen und das mathematisch-naturwissenschaftliche Unterrichtswesen voranzutreiben. Die Fortschritte der Wissenschaft und Technik sollten für den Unterricht verwertet werden. 1895 wurde hierzu als Vereinszeitschrift die „Unterrichtsblätter für Mathematik und Naturwissenschaften" ins Leben gerufen. Strukturiert wurde der Förderverein in Landesgruppen und Ortsverbände. Einmal jährlich fand in jeweils wechselnden deutschen Städten eine Hauptversammlung statt, auf der in Fach- und Allgemeinen Sitzungen alle relevanten schulpolitischen und fachinhaltlichen Belange in Vorträgen, Diskussionen und Exkursionen angesprochen und diskutiert wurden. Den ersten Vortrag zum Lehrfach Chemie hielt hierbei 1898 auf der Leipziger Hauptversammlung Emil Löwenhardt. Ab 1901 lassen sich erste Hinweise auf eine heuristische Methode und Schülerübungen im Chemieunterricht ausmachen. Die GDNÄ-Bemühungen zur Hebung des mathematischen und naturwissenschafltichen Unterrichts (Meraner Reformvorschläge, die u.a. für Chemie mit Mineralogie von der Untersekunda an durchgehend zwei Wochenstunden forderten) wurden vom Förderverein begrüßt und unterstützt. Schon früh (7. Oktober 1916) wurde mit den „Leitsätzen über die Stellung und Aufgabe des mathematisch-naturwissenschaftlichen Unterrichtes" in die Schulreformdiskussion eingetreten[75]. 1919 erfolgte mit der Forderung nach stärkerer Betonung von Anwendungen im naturwissenschaftlichen Sektor nach der technischen und wirtschaftlichen Seite hin, eine leichte Modifizierung und Erweiterung des Meraner Lehrplans. Herbe Kritik an den Schulreformen der einzelnen Länder, v.a. an der Konstruktion der Stundentafeln, die in so mancher Resolution mit Verbesserungsvorschlägen mündeten, gingen deshalb auch vom Deutschen Förderverein aus.

---

dem Deutschen Museum in München, in dessen Bestand das Archiv der GDNÄ sich befindet, dokumentiert (Rückschreiben vom 7.08.1997): „Die Archivakten der GDNÄ vor 1945 gelten als verschollen, es liegen uns für diesen Zeitraum nur einzelne Schriftstücke vor. Leider enthielten Sie bezüglich der Unterrichtskommission (um 1905) nur den Bericht, der den Zeitungsredaktionen zum Abdruck zur Verfügung gestellt wurde und eine Auflistung der vorgesehenen anzuschreibenden Redaktionen." Bis heute ist wenig darüber bekannt, wie sich die Gesellschaft im Dritten Reich verhalten hat.

74 Lorey, W.: Der Deutsche Verein zur Förderung des mathematischen und naturwissenschaftlichen Unterrichts e.V. 1891-1938. Frankfurt / Main 1938, S. 1-103.

75 Vgl. hierzu Müller (siehe Anm. 5), S. 240-252.

1929 verwiesen die Vereinsmitteilungen darauf, „daß sich auch in der Außenwelt der Verein die ihm zukommende Stellung erworben hat, daß er heute der berufene Vertreter der Interessen des mathematischen und naturwissenschaftlichen Unterrichts ist“[76]. Gegen Ende der Weimarer Republik sind in einer Reihe von Einzelaufsätzen schon stark nationalistische Tendenzen zu finden[77].

1.4.3. Der Deutsche Ausschuß für den mathematischen und naturwissenschaftlichen Unterricht (DAMNU)

An die Stelle der Unterrichtskommission der GDNÄ, welche die Meraner Reformvorschläge konzipiert hatte, trat 1908 der „Deutsche Ausschuß für den mathematischen und naturwissenschaftlichen Unterricht“ (DAMNU). Jedes Mitglied vertrat eine von zunächst 16, später 19 Interessengruppen, u.a. die Gesellschaft Deutscher Naturforscher und Ärzte, die Deutsche Mathematikervereinigung, die Deutsche physikalische Gesellschaft, den Verein deutscher Chemiker und den Deutschen Verein zur Förderung des mathematischen und naturwissenschaftlichen Unterrichts. In diesem Ausschuß kam demzufolge die schulpolitische Interessenvertretung aller mathematisch-naturwissenschaftlichen Verbände zur Geltung. Die Ziele des Meraner Reformprogramms wurden von diesem Ausschuß in einer Reihe von Werbeschriften aufgegriffen. Später griff der Ausschuß auch die Frage der Ausbildung der Lehramtsreferendare auf und erkannte es als notwendig an, daß amtliche Stellen geschaffen wurden, die den Schulen fach- und sachgemäßen Rat erteilten. 1923 veröffentlichte der DAMNU die „Neuen Lehrpläne für den mathematischen und naturwissenschaftlichen Unterricht“, in denen die seither gesammelten Erfahrungen verwertet wurden. Um die Stellung der Naturwissenschaften bei der bevorstehenden Schulreform zu sichern, forderte der Ausschuß für die Chemie und die anderen naturwissenschaftlichen Fächer mehr Stunden[78]. Damit auch an den Gymnasien, die traditionsgemäß dem sprachlichen Zweig streng verpflichtet waren, in der Oberstufe biologischer und chemischer Unterricht stattfinden konnte, wurde von der DAMNU der Vorschlag des Wechselunterrichts geboren[79]. Diese Idee wurde in der preußischen Schulreform 1925 bei gleichzeitiger Stundenreduzierung in Chemie dann auch für die anderen Schularten aufgegriffen.

---

76 Vgl. dazu die Vereinsmitteilungen. In: Unterrichtsblätter für Mathematik und Naturwissenschaften 35 (1929), S. 166.

77 Der Deutsche Verein zur Förderung des mathematischen und naturwissenschaftlichen Unterrichts war auch einer der ersten, der sich direkt nach der Machtergreifung den Zeichen der Zeit beugte und seine Regierungsloyalität bezeugte. Siehe auch Kapitel 2.5.2.1.

78 Daß der DAMNU in seinen Ausführungen dem vermehrten literarisch orientierten Deutschunterricht ablehnend gegenüberstand, könnte mit ein Grund dafür gewesen sein, daß der äußerst deutschverpflichtete Hans Richert in der Reform stundenzahlmäßig den Naturwissenschaften nur geringen Raum zugestand. Vgl. hierzu Müller (siehe Anm. 5), S. 285.

79 25 Jahre Meraner Reform (siehe Anm. 3), S. 163, S. 173, S. 186 f. Müller (siehe Anm. 5), S. 127-142, S. 240-252 und S. 283-286.

1.5. Rechtfertigungspolitik: Sinn und Zweck des Chemieunterrichtes

Das Hauptaugenmerk der Argumentationen in der Nachfolge der Preußischen Reform war auf die benachteiligte Stellung der Chemie im Vergleich zu den geisteswissenschaftlichen Fächern gerichtet. Die falsche Alternative Humanismus versus Realismus wurde angeprangert, der allgemeinbildende Wert der Chemie im Sinne des humanistisch-idealistischen Bildungsanspruchs immer wieder hervorgehoben[80].
Dies wird anhand einiger Beispiele sehr deutlich. Daß nur eine angemessene naturwissenschaftliche Ausbildung Defizite im Bildungsbereich beseitigen könne, führt schon Oberstudiendirektor Paetz aus Dortmund auf der 28. Hauptversammlung des „Deutschen Vereins zur Förderung des mathematischen und naturwissenschaftlichen Unterrichts aus[81]:

„Die in der Reform stark betonten Fächer (Musik, Geschichte) sichern nicht die für die höheren Schulen zu fordernde aktive schöpferische Intelligenz. Die Gegenwartsschule muß sich um die beiden Brennpunkte ‚Natur und Schule' schlingen. Nur wenn den mathematischen und naturwissenschaftlichen Fächern der ihrem Werte gebührende Platz in den höheren Schulen gewährt wird, wird sie eine Eliteschule des Geistes werden."

Wesentlichen Anteil haben hierbei auch die in der Weimarer Republik geltenden „Allgemeinen Erziehungsziele", vom bayerischen Ministerialrat Hugo Freitag folgendermaßen definiert[82]:

„Wissen zu geben kann nie die Hauptaufgabe der Schule sein. Mit dem werdenden Menschen, der erst denken lernen muß, hat es die Schule zu tun. Geistig und sittlich heranzubilden hat die Schule den Menschen. Richtig denken, abstrakt denken, durch Überlegung Wesentliches von Unwesentlichem zu scheiden, Gedankenmassen zu sichten und zu gliedern, selbständig denken, selbständig suchen und Fragen stellen, Probleme sehen, über Gesehenes nachzudenken, dies alles muß gelernt sein."

Es geht nicht mehr nur um die Vermittlung von Fachwissen, sondern betont wird im humanistischen Sinn die erziehende Komponente. Diese Argumentationsweise wurde von der Lehrerschaft aufgegriffen. So brachte Eugen Mannheimer im Gleichklang mit den allgemein für die naturwissenschaftlichen Fächer erhobenen Forderungen in den „Richtlinien" die Erziehungsziele des Chemieunterrichts folgendermaßen auf den Punkt[83]:

„Auch der Chemieunterricht ist in die Richtung dieser, ich möchte sagen, humanistischen Zielsetzung hineinzustellen. Ihm kann die besondere Aufgabe, ‚den jungen Geist an Klarheit, Folgerichtigkeit, Sachlichkeit und strenge Wahrheitsgesinnung zu gewöhnen' mit vollster Berechtigung anvertraut werden. Gerade der Chemieunterricht kann den Heranreifenden mit der Denkmethode des induktiven Ver-

80 Vgl. hierzu Müller (siehe Anm. 5), S. 128. Müller untersucht zwar primär die Schul- und Lehrplanreform im Zeitraum bis 1925. Es wird jedoch im Vergleich deutlich, daß sich infolge der benachteiligten Stellung der Chemie, die bis zur Schulreform herrschende schulpolitische Diskussion weiter fortsetzt. Auch versucht Müller gleichzeitig nachzuweisen, daß Ministerialrat Hans Richert den realistischen Fächern äußerst kontrovers gegenüberstand. Mittels zahlreicher Zitate führt er vor Augen, daß dieser die Naturwissenschaften in ihrem Bildungswert auf einen Teil der philosophischen Propädeutik (S. 249-252) reduziert.

81 Kerst (siehe Anm. 6), S. 138.

82 Freitag, H.: Zur Schulreform. In: Unterrichtsblätter für Mathematik und Naturwissenschaften 32 (1926), S. 178-186; hier S. 180.

83 25 Jahre Meraner Reform (siehe Anm. 3), S. 180 f.

fahrens, deren Anwendung weit über das eigene Fachgebiet hinausgreift, vertraut machen wie kaum ein anderes Schulfach. Vom Chemieunterricht können zwanglos die Verbindungsgleise zu den Nachbarfächern Physik, Biologie und Geologie gelegt werden. Er kann den gegebenen Mittelpunkt einer allgemeinen Naturgeschichte, den Kristallisationskeim eines Konzentrates bilden, das wir am Ende des Schulganges aus den einzelnen naturwissenschaftlichen Disziplinen gewinnen müssen, wenn wir unsere Schüler wenigstens an die Schwelle ihrer Probleme heranführen wollen. Die Schulchemie kann schließlich, um auch von der prinzipiellen methodischen Einstellung des preußischen Reformwerkes zu sprechen, dankbarstes und ergiebiges Feld des Arbeitsunterrichts sein. Der Chemieunterricht kann das alles! Aber wir erheben die peinlich-entscheidenden Fragen: Ist ihm in der Stellung, die ihm die preußischen Richtlinien zuweisen, die Möglichkeit zur Entfaltung dieser immanenten pädagogischen Energien gegeben?“

Hückel betont hingegen mehr die Besonderheit der chemischen Forschungsmethode[84]:

„Die Art der Forschung und die Denkweise ist nun in jedem Fach eine andere und eine höhere Schule darf daher keines der Fächer vernachlässigen, die geeignet sind, besondere Fähigkeiten zur Entfaltung zu bringen... Der besondere Wert eines Unterrichts in Chemie ergibt sich aus der Grenzstellung dieser Wissenschaft zwischen den exakten und beschreibenden Naturwissenschaften. Die naturwissenschaftlichen Forschungsmethoden der Chemie bilden eine wertvolle Ergänzung zu den meist mehr oder weniger abstrakten oder messenden Methoden der Physik... Es mag genügen, wenn hier eindringlich auf den großen erzieherischen Wert der praktischen Uebungen hingewiesen wird, ohne die gerade das wertvollste am chemischen Unterricht, das andere Fächer nicht geben können, ungenutzt bliebe.“

Daneben zielte Hückel noch auf die Stellung der Chemie im Wirtschaftsleben ab, ein Punkt der im Verlauf des wirtschaftlichen Niedergangs am Ende der Weimarer Republik immer stärkere Erwähnung fand (S. 7):

„Daß auch abgesehen von den ihr eigenen Forschungsmethoden die Chemie im Schulunterricht von allgemeiner Bedeutung ist, ergibt sich von selbst aus der Stellung der Chemie in der heutigen Technik und im Wirtschaftsleben.“

1932 zum 100. Todesjahr Goethes wurden die Leistungen Goethes in der Chemie und die Bedeutung, die er der Chemie – v.a. auch den technisch-praktischen Anwendungen der Chemie – beimaß, herangezogen, um für den Chemieunterricht den Bildungswert der Naturwissenschaften und die Methodik des Arbeitsunterrichts noch einmal argumentativ zu heben[85].

Argumentationsgrundlage für die Bedeutung des Chemieunterrichts bildeten somit primär:

1. der humanistische und kulturelle Wert, die Notwendigkeit zur Erreichung des allgemeinen Bildungsziels
2. die besondere Stellung der Arbeitsmethodik
3. die technisch-wirtschaftliche Komponente, inklusive der Bedeutung für die Landwirtschaft.

Erst gegen Ende der Weimarer Republik tauchten stärker auch

4. nationalsozialistische Tendenzen wie historische Bezüge auf große Deutsche auf.

84 Hückel (siehe Anm. 30), S. 6 und 8.
85 Schindehütte, G.: Goethesches Denken im Chemieunterricht. In: Unterrichtsblätter für Mathematik und Naturwissenschaften (38) 1932, S. 151-153.

Gegen Ende der Weimarer Republik kam angestoßen durch den Chemielehrer Fritz Grüters aus Düsseldorf allerdings noch ein Kampf im eigenen Lager um die Daseinsberechtigung der Chemie im Unterricht bestimmter Klassenstufen auf[86]. Unter Hinweis auf einen geringen Bildungswert der Chemie, die lediglich „beschreibende Naturwissenschaft“ wäre, sprach Grüters ihr den Wert als Erkenntniswissenschaft ab (S. 488): „Der geistige Wert der chemischen Wissenschaft ist, nachdem einmal die grundlegenden Tatsachen des Atomismus bekannt sind, erstaunlich gering.“ Ebenso sah er die Möglichkeit der Vermittlung des Wertes der Chemie für die Kultur als niedrig an. Heftigster Widerspruch gegen Grüters skurrile Argumentationen, die in der Zeit nach der Machtergreifung wieder aufgegriffen wurden, blieb nicht aus.

1.6. Zusammenfassung und Beurteilung

Im gedanklichen Ziel und in der anvisierten Methode wurden die Meraner Reformvorschläge von 1905 zwar in den Unterrichtsreformen ab 1924/25 in Preußen und den anderen deutschen Bundesstaaten als vorbildliche Grundlage schriftlich fixiert. Mittel und Möglichkeiten der Verwirklichung wurden jedoch nur spärlich geboten. In den einzelnen Bundesstaaten der Weimarer Republik fiel die naturwissenschaftliche Gewichtung – das bezieht sich insbesondere auf das Schulfach Chemie – in den einzelnen Schultypen unterschiedlich aus. Dies ist typisches Resultat einer föderalistischen Staatsstruktur. Gemeinsam ist allen jedoch die Primärorientierung am preußischen Beispiel.
Angesichts der Herabsetzung der Stundenzahl in praktisch allen Schultypen für die Naturwissenschaften insgesamt und die Chemie im Besonderen sowie des teilweise vorgeschriebenen halbjährigen Wechsels von naturwissenschaftlichen Fächern, was besonders stark die Chemie traf, waren die Jahresziele der Lehrpläne schon mengenmäßig kaum umsetzbar. Hierzu einen zeitintensiven experimentell ausgerichteten Arbeitsunterricht neben dem normalen Klassenunterricht vorzuschreiben[87], war zwar methodisch fortschrittlich, aber realitätsfern. Um dem Schüler kein reines Kompendiumwissen zu vermitteln, sondern Verständnis für chemische Forschung und Denken zu entwickeln, mußte zwangsläufig der Unterrichtsstoff lebensnah dargebracht inhaltlich reduziert werden. Die mangelnde Ausbildung der Chemielehramtskandidaten und Referendare im Hinblick auf die Unterrichtsmethodik Arbeitsunterricht stellte ein weiteres Manko dar. Selbstgeschaffene innere Gegebenheiten (wie ungünstige Stundentafeln für Chemie) und äußere Umstände (Wirtschaftkrise) bewirkten, daß Bildungs-/Lehrziel und Lehrinhalte mit der vorgeschriebenen pädagogisch wertvollen Methodik des Arbeitsunterrichts nicht in Einklang zu bringen waren.

---

86 Siehe hierzu Grüters, F.: Verzicht auf die Chemie in der Prima des Realgymnasiums! In: Monatschrift für Höhere Schulen 30 (1931), S.487-489. Entgegnungen: Winderlich, R.: Chemie als Erkenntniswissenschaft. In: Monatschrift für höhere Schulen 30 (1931), S. 750-754. Mannheimer, E.: Verzicht auf die Chemie in der Prima des Realgymnasiums! In: Unterrichtsblätter für Mathematik und Naturwissenschaften (37) 1931, S. 209 f. Zeidler; W.: Meuchelmord an der Chemie? In: Monatschrift für höhere Schulen 31(1932), S. 65-68. Erneute Erwiederung von Grüters, F.: Die Bildungsmöglichkeiten im Chemieunterricht. In: Monatschrift für höhere Schulen 31 (1932), S. 279-289. Die Diskussion findet ihren Niederschlag- bzw. ihre Fortsetzung in Kapitel 3.2.

87 Ausnahmen: Gymnasium, einzelne Bundesstaaten wie Baden, die dies nur fakultativ forderten.

Insgesamt betrachtet führte der Chemieunterricht vergleichsweise ein Schattendasein. Im Vergleich der naturwissenschaftlichen Fächer konnte Mathematik seine Stellung behaupten, Physik sie weitgehend bewahren, Verluste mußten in erster Linie Chemie und Biologie hinnehmen. Die Vernachlässigung der Naturwissenschaft und eine vergleichsweise Überbetonung des humanistisch-geisteswissenschaftlichen Fächer ist in allen Schulgattungen deutlich zu spüren.

TEIL I: NATIONALSOZIALISTISCHE SCHULPOLITIK UND DAS SCHULFACH CHEMIE

2. Die allgemeine nationalsozialistische Erziehungs- und Schulpolitik

Das Ende der ersten deutschen Demokratie unter der Präsidentschaft Hindenburgs führte 1933 mit der Machtübernahme durch Adolf Hitler zu tiefgreifend politischen Änderungen. Nachdem der Reichstag am 24. März den Ermächtigungsgesetzen des neuen Reichskanzlers Adolf Hitlers zugestimmt und sich dadurch selbst entmachtet hatte, war für die NSDAP der Weg zur rücksichtslosen Realisierung der lange vorbereiteten politischen Ziele frei.
Eine in sich geschlossene Ideologie des Nationalsozialismus existiert nicht, sondern letztlich handelt es sich um ein Konglomerat verschiedenster Ideen, Ideologeme und Antihaltungen[1]. Radikale Konzeptionen in der Frage wie Staat und Gesellschaft zu lenken seien, traten in großem Maße an die Stelle traditioneller Vorstellungen[2]. Die Verwirklichung der gesetzten Ziele konnte nur durch das Einbeziehen und Umerziehen aller Lebensbereiche, aller Gesellschaftsschichten sowie sämtlicher Tätigkeitsbereiche der Menschen gewährleistet werden. So beschränkte sich die Propaganda Hitlers nicht auf den bisher bekannten Rahmen politischer Debatten sowie Weisungen, sondern infiltrierte auch die bis dahin von anderen gesellschaftlichen und geisteswissenschaftlichen Strömungen bestimmten Bereiche. Das gesamte Erziehungs- und Bildungswesen Deutschlands war dem politischen Willen der Partei zu unterwerfen. Dabei galt für Hitler das Motto[3]: „Mit der Jugend beginne ich mein großes Erziehungswerk... Daraus kann sich eine neue Welt formen.“ Versailler Vertrag, Weltwirtschaftskrise und Massenarbeitslosigkeit mußten durch die Jugend und das ihnen eingeimpfte Gefühl nationaler „Unbesiegbarkeit“ ausgelöscht werden. Es ging um eine vollkommene Einbindung in das NS-System. Die nationalsozialistische Totalerziehung suchte folgendes Menschenbild zu kreieren[4]:

> „Der kollektiv denkende und handelnde, der leicht führ- und lenkbare, der unkritische und linientreue, der abgehärtete, blinden soldatischen Gehorsam beweisende und nach vermeintlicher Germanenart verfahrende Volksgenosse war das Ziel dieser Erziehung.“

---

1 Vgl. hierzu Lingelbach, K. Ch.: Erziehung und Erziehungstheorien im nationalsozialistischen Deutschland. Frankfurt / Main 1987, S. 27 f. Auch Fricke-Finkelnburg, R.: Nationalsozialismus und Schule. Amtliche Erlasse und Richtlinien 1933-1945. Opladen 1989, S. 12.
2 Stachura, P. D.: Das Dritte Reich und Jugenderziehung: Die Rolle der Hitlerjugend 1933-1939. In: Heinemann, Manfred (Hrsg.): Erziehung und Schulung im Dritten Reich. Teil 1: Kindergarten, Schule, Jugend, Berufserziehung. Stuttgart 1980, S. 90-112; hier S. 90.
3 Rauschning, H.: Gespräche mit Hitler. Zürich u.a. 1947, unveränderter Neudruck von 1940, S. 236 f.; zitiert nach Kanz H. (Hrsg.): Der Nationalsozialismus als pädagogisches Problem. Frankfurt / Main, Bern, New York 1984, S. 100.
4 Flessau, K.-I.: Schule der Diktatur. Lehrpläne und Schulbücher im Nationalsozialismus. München 1977, S. 11.

Daß sich diese Erziehungsarbeit nicht auf die Schulbildung beschränkt, ist selbstverständlich[5].

„Die nationalsozialistische Erziehung der schulpflichtigen Jugend ist gemeinsame Aufgabe von Staat (Schule), Bewegung (HJ. und BDM.) und Elternhaus. Sie alle arbeiten Hand in Hand."

Da der Untersuchungsgegenstand dieser Arbeit sich jedoch auf einen schulischen Teilbereich bezieht, soll primär der Schulaspekt näher beleuchtet werden[6].
Die Schule wurde hierbei zum Vollzugsorgan der parteilichen Interessen. Indoktrination und straffe ideologische Ausrichtung sollten den Unterricht prägen[7]. Die „nationale Aufgabe der Schule" wurde von einem überzeugten Nationalsozialisten treffend folgendermaßen charakterisiert[8]:

„Die Schule ist ein Organ des Volkes und ein Instrument des Staates. Ihre Aufgabe ist Dienst an der Nation durch Bildung zum Volk und Erziehung zum Staat... Die Aufgabe der Schule ist es Deutschland als Wirklichkeit, Sehnsucht und Verantwortung in die Herzen, den Willen und die Köpfe der ganzen jungen Generation einzuprägen, so einzuprägen, daß diese gar nicht anders kann, als dem Volk zu dienen, mit Leib und Seele."

2.1. Die erziehungspolitischen Thesen Adolf Hitlers

Die Erziehungsgrundsätze des völkischen Staates für die Jugend konkretisierte Hitler schon 1925 in seinem Werk „Mein Kampf". Auf sozialdarwinistischem Hintergrund[9] erhob er die „reine Rasse" zur obersten Aufgabe des Staates und das „Menschenmaterial" sollte zwecks „Weiterentwicklung" hierbei in einer schon oft zitierten Umkehr

5 Benze, R.: Der Umbruch der Schulerziehung im Spiegel grundlegender Reichserlasse. In: Deutsche Schulerziehung 1939/40. Jahrbuch des Deutschen Zentralinstituts für Erziehung und Unterricht. Berlin 1940, S. 15-41; hier S. 19.

6 Bei der Fülle von Publikationen über das nationalsozialistische Erziehungssystem und -wesen werden an dieser Stelle nur die wesentlichen inhaltlichen Aspekte, die letztlich für das weitere tiefere Verständnis im Bereich Chemieunterricht notwendig sind, ausgeführt. Wichtig waren für die Nationalsozialisten allerdings auch die außerschulischen Organisationsstrukturen. Die Erziehung zum gesunden und tüchtigen Einzelmenschen im Verbund mit der Erziehung zum tatbereiten Glied der Volksgemeinschaft, zum Gemeinschaftssinn, sollte gerade in diesen durch gemeinsames Erleben erlernt werden. Im Gegensatz zum staatlichen Schulwesen, deren mehr oder weniger fest eingewurzelten pädagogischen Traditionen komplett umzuerziehen waren, konnten sich die Erziehungsvorstellungen der Partei in den außerschulischen Erziehungsorganisationen von Anfang an unbeschränkt auswirken. Vgl. hierzu u.a. Benze, R. / Gräfer, G. (Hrsg.): Erziehungsmächte und Erziehungshoheit im Großdeutschen Reich als gestaltende Kräfte im Leben der Deutschen. Leipzig 1940. Lingelbach (siehe Anm. 1), S. 16 und S. 95-146.

7 Vgl. hierzu Fricke-Finkelnburg, (siehe Anm. 1), S. 13.

8 Dürckheim-Montmartin, K. Graf v.: Ueber die nationale Aufgabe der Schule. In: Deutsches Adelsblatt 51, Nr.18, 29. April 1933, S. 282-284; hier S. 282; zitiert nach Bäumer, Ä.: NS-Biologie und Schule. Frankfurt / Main 1992, S. 1.

9 Vgl. Lingelbach (siehe Anm. 1), S. 27: „Unreflektiert überträgt Hitler die verbreitete Vulgärrezeption der ‚natürlichen Auslese im Kampf ums Dasein' aus dem Bereich der Pflanzen und Tiere auf die menschliche Gesellschaft."

der traditionellen Rangfolge pädagogischer Aufgaben geformt werden: Das „Heranzüchten kerngesunder Körper" rangierte vor Charakter- und geistiger Bildung[10]:

„Der völkische Staat hat in dieser Erkenntnis seine gesamte Erziehungsarbeit in erster Linie nicht auf das Einpumpen bloßen Wissens einzustellen, sondern auf das Heranzüchten kerngesunder Körper. Erst in zweiter Linie kommt dann die Ausbildung der geistigen Fähigkeiten. Hier aber wieder an der Spitze die Entwicklung des Charakters, besonders die Förderung der Willens- und Entschlußkraft, verbunden mit der Erziehung zur Verantwortungsfreudigkeit, und erst als letztes die wissenschaftliche Schulung."

Die wissenschaftliche Schulbildung, in der existierenden Form wollte Hitler weitgehend beibehalten, er führte allerdings drei essentielle Änderungen aus[11]:

„Erstens soll das jugendliche Gehirn im allgemeinen nicht mit Dingen belastet werden, die es zu fünfundneunzig Prozent nicht braucht und daher auch wieder vergißt... Der völkische Staat wird den allgemeinen wissenschaftlichen Unterricht auf eine gekürzte, das Wesentliche umschließende Form zu bringen haben."

Bildung als Instrument der „politischen Schulung" benötigte nach seinen Vorstellungen nur eine auf ein Mindestmaß reduzierte „Allgemeinbildung", eine Vertiefung des Fachwissens – wie von Industrie und Gewerbe benötigt[12] – wurde erst einer effektiven Berufsvorbereitung zugestanden[13]:

„Die zweite Änderung im wissenschaftlichen Lehrplan muß für den völkischen Staat folgende sein: Es liegt im Zug unserer heutigen materialistischen Zeit, daß unsere wissenschaftliche Ausbildung sich immer mehr den nur realen Fächern zuwendet, also der Mathematik, Physik, Chemie usw. So nötig dies für eine Zeit auch ist, in welcher Technik und Chemie regieren und deren wenigstens äußerlich sichtbare Merkmale im täglichen Leben sie darstellen, so gefährlich ist es aber auch, wenn die allgemeine Bildung einer Nation immer ausschließlich darauf eingestellt wird. Diese muß im Gegenteil stets eine ideale sein. Sie soll mehr den humanistischen Fächern entsprechen und nur die Grundlagen für eine spätere fachwissenschaftliche Weiterbildung bieten."

Der hohe Wert der humanistischen Bildung, der geisteswissenschaftlichen Fächer wurde betont, da sie sich am besten zur ideologischen Indoktrination eignen[14]. Das in der Weimarer Zeit sich abzeichnende Zurückdrängen der naturwissenschaftlichen und technischen Bildung wurde von Hitler – wenngleich aufgrund anderer Motive – somit weiter gefördert.
Das Wecken eines echten Nationalstolzes sah er als dritte wichtige Säule an, denn „der völkische Staat wird für sein Dasein kämpfen müssen"[15].

„Als Drittes muß daher bei der wissenschaftlichen Erziehung berücksichtigt werden: Auch in der Wissenschaft hat der völkische Staat ein Hilfsmittel zu erblicken zur Förderung des Nationalstolzes. Nicht nur die Weltgeschichte, sondern die gesamte Kulturgeschichte muß von diesem Gesichtspunkte aus gelehrt werden. Es darf ein Erfinder nicht nur groß erscheinen als Erfinder, sondern muß größer noch erscheinen als Volksgenosse. Die Bewunderung jeder großen Tat muß umgegossen werden in

10 Hitler, A.: Mein Kampf. München 1937, hier S. 452.
11 Hitler (siehe Anm. 10), S. 464 und S. 468.
12 Vgl hierzu Lingelbach (siehe Anm. 1), S. 30.
13 Hitler (siehe Anm. 10), S. 469.
14 Vg!. hierzu Fricke-Finkelnburg, (siehe Anm. 1), S. 12.
15 Hitler (siehe Anm. 10), S. 473.

Stolz auf den glücklichen Vollbringer derselben als Angehörigen des eigenen Volkes. Aus der Unzahl all der großen Namen der deutschen Geschichte aber sind die größten herauszugreifen und der Jugend in so eindringlicher Weise vorzuführen, daß sie zu Säulen eines unerschütterlichen Nationalgefühls werden."

Der hohe Wert des Sportes, die suggestive Kraft des Selbstvertrauens, das Heer als letzte und höchste Schule, Erziehung zur Verschwiegenheit, Ausbildung der Willens- und Entschlußkraft, Treue und Opferbereitschaft, Pflege der Verantwortungsfreudigkeit und des Nationalstolzes, auf keinen Fall aber wissensmäßige Überlastung des Gehirns – dies alles basierend auf der großen Grundlage der Anerziehung von Rassesinn[16] – waren Hitlers Hauptprinzipien.

„Die gesamte Bildungs- und Erziehungsarbeit des völkischen Staates muß ihre Krönung darin finden, daß sie den Rassesinn und das Rassegefühl instinkt- und verstandesmäßig in Herz und Gehirn der ihr anvertrauten Jugend hineinbrennt. Es soll kein Knabe und kein Mädchen die Schule verlassen ohne zur letzten Erkenntnis über die Notwendigkeit und das Wesen der Blutreinheit geführt worden zu sein."

Hitler hatte damit die Erziehung schon früh instrumentalisiert und als ein Herrschaftsmittel erkannt. Die hinter diesem Erziehungsprogramm stehenden Ziele waren letztlich Wehrertüchtigung und politisch-ideologische Schulung[17], verbunden mit der Triebkraft der Auslese des Tüchtigen[18], der Eliteförderung. Wissenschaft und Erziehung sollten letztlich ganz den Bedürfnissen des Staates zur Stärkung der Wehrkraft dienen. Die von Hitler formulierten Grundzüge völkischer Jugenderziehung wurden vielfach aufgegriffen und von den Erziehungsfunktionären des „Dritten Reiches" faktisch zum pädagogischen Dogma des Nationalsozialismus erhoben[19].

2.2. Der Sinn der NS-Erziehung gemäß Hans Schemm

Den Aussagen des Vorsitzenden des Nationalsozialistischen Lehrerbundes (NSLB), Hans Schemm, über den Sinn der Erziehung im nationalsozialistischen Staat[20], wobei auch die Aufgabe der Schule und des Lehrers charakterisiert werden, kommt hierbei besondere Bedeutung zu. Unter der Maxime eines Ganzheitsbegriffs verwarf Schemm

---

16 Hitler (siehe Anm. 10), S. 475.
17 Lingelbach, (siehe Anm. 1), S. 16.
18 Hitler (siehe Anm. 10), S.477-481.
19 Mit den einzelnen Erziehungsströmungen im nationalsozialistischen Deutschland (u. a. der Pädagogen Ernst Krieck, Alfred Baeumler) befaßt sich Giesecke, H.: Hitlers Pädagogen. Theorie und Praxis nationalsozialistischer Erziehung. Weinheim, München 1993. Ebenso Lingelbach (siehe Anm. 1). Beide zeigen nicht nur auf, daß es das nationalsozialistische Erziehungs- und Bildungswesen mit einer einheitlichen politisch-pädagogischen Konzeption nicht gibt, statt dessen im „Dschungel der Machtkämpfe" auf allen Ebenen von Partei und Staatsapparat erziehungspolitische Divergenzen auftauchen. Sie verweisen auch auf die erzieherischen Forderungen von Industrie und Wirtschaft im Rahmen der forcierten Wiederaufrüstung, die stillschweigend zu mancher Revision erziehungsideologischer Vorstellungen führen mußte.
20 Vgl. hierzu Schemm, H. / Stoll, M. u.a.: Deutsche Schule und deutsche Erziehung in Vergangenheit, Gegenwart und Zukunft. Stuttgart, Berlin 1934, S. 3-16; zitiert nach Kanz (siehe Anm. 3), S. 102-115.

jeden Hang zum „Materialismus, dem Bolschewistischen, Marxistischen, Liberalistischen, Intellektualistischen in dieser Welt“ (S. 102) und zeigte im Gegensatz hierzu das Ziel des nationalsozialistischen Staates „Menschen zu erziehen, die mit sittlicher, rassischer, ethischer und charakterlicher Vollwertigkeit Deutsche sind“ (S. 105) auf. Hinter seinen Ausführungen steht die nationalsozialistische Grundhaltung, die „den Begriff Kampf als Sinn und Inhalt des Lebens“ (S. 103) ansieht, hinter dem das stetige Streben nach Höherentwicklung, nach Vollkommenheit, nach neuen Zielen stehe. „Erziehung“ komme von Ziehen, „In die Höhe führen“ (S. 104)[21].

„Der Nationalsozialismus führt das Volk durch Kämpfe vorwärts zu immer neuen Zielen. Sein Werk ist unentwegte Erziehung. Zu allem was groß und edel ist, muß der Mensch erzogen werden... Leben im sittlichen Sinne ist überhaupt nichts anderes als Erziehung; denn ein wahrhaft edler Mensch sein, heißt doch, immer besser zu werden... In jeder Hinsicht wird es eines Tages in den deutschen Grenzen nur den einen Begriff Deutschland, deutsches Wesen, deutsche Art, deutsche Sitte, deutsche Zucht, deutsche Erziehung geben, und nichts wird in der Lage sein, diesen einheitlichen Gedanken zu zersplittern.“

Schemm wollte kein „Erziehungsprogramm, wohlgegliedert und eingeteilt“ (S. 112), sondern er wollte die Prinzipien, den gravierenden Unterschied des nationalsozialistischen Erziehungsideals im Vergleich zur Vergangenheit vorlegen, in denen „das Materialistische, das Intellektualistische, das nur Verstandesmäßige“ (S. 102) geherrscht habe und der Schüler „brav, fleißig, pünktlich und folgsam“ in „Schulbravheit“ (S. 105) erstarrt gewesen sei[22].

„Der Sinn unserer Erziehung ist der, daß wir im deutschen Kinde schon den Glauben an seine eigene Kraft mobilisieren.“

„Erziehungsenergien“ (S. 107) sollen freigesetzt werden, „den stürmischen deutschen Drang nach Betätigung, Kampf, Abenteuer- und Unternehmungslust“ (S. 106) gelte es zu mobilisieren. „Voraussetzung für die richtige Erziehung“ sei, das „Innenleben des Schülers“ (S. 109) zu erfassen.
Die Aufgabe der Schule definiert Schemm demzufolge als lebensnahe „Charakterschule“, im Gegensatz zur „Lernschule“ (S. 109)[23]:

„Es soll in erster Linie darauf ankommen, daß dieses Leben im Dritten Reich als rassisches, führerbewußtes, charakterlich hochwertiges, den Werdegang des Volkes bejahendes Leben eben die Kraft sein muß, die in unserer Schule wirkt.“

Jedes Unterrichtsfach habe damit nicht mehr die „Vermittlung von Kenntnissen als Selbstzweck“, sondern unter vier großen Überschriften – „Rasse, Wehr, Führertum, Religiosität“, die als „vier Befehle“, „Imperative“ (S. 108) wirkten, zu stehen. Jedes Unterrichtsfach solle die „charakterlichen und sittlichen Qualitäten“ (S. 108), das „Deutschtum in den Kindern“ (S. 109) mobilisieren. Nicht die Änderung der existierenden Schulorganisation stehe im Vordergrund, sondern „das alte Gefäß mit neuem

21 Schemm (siehe Anm. 20), S. 104.
22 Schemm (siehe Anm. 20), S. 106.
23 Schemm (siehe Anm. 20), S. 112.

Geist" (S. 108) zu füllen. Die noch in der Weimarer Zeit bekämpfte Politisierung der Schule[24] wurde wesentlicher Leitsatz.
Schemm definierte auch die Anforderungen an den Lehrer, der gleichzeitig „Kamerad und Führer" (S. 107) für die Jugend sein soll. Ein nachgewiesener „Umbruch in der Geisteshaltung" (S. 112) wurde für den Verbleib im Schuldienst wesentlich.
Die „gewaltigen Imperative" „Heimat", „Volk", „Vaterland" müßten wieder „lebendig werden" (S. 114) und dem „deutschen Wesen wieder zur Geltung" (S. 114) verhelfen, ist Schemms Schlußfolgerung.

Während Hitlers Erziehungsthesen primär die sozialdarwinistische Komponente in den Vordergrund stellten, lag Schemms Schwerpunkt stärker auf der völkisch-gemeinschaftlichen Erziehungsform. Ein konkretes NS-Erziehungsprogramm entwickelte aber auch er nicht. Insgesamt gesehen ist nicht Erziehung im modernen Sinn somit nationalsozialistisches Erziehungsziel, sondern die völlige Umgestaltung der Erziehungsobjekte, die im totalen Staat einzig dazu dienen, den loyalen Staatsbürger hervorzubringen[25].

2.3. Die Richtlinien für Erziehung und Unterricht gemäß Bernhard Rust

Bernhard Rust, 1933 Preußischer Kultusminister und ab 1934 Reichserziehungsminister des von ihm neu eingerichteten Reichsministerium für Wissenschaft, Erziehung und Volksbildung, legte 1938 per Erlaß[26] die Grundlagen der neuen Erziehung fest[27].

> „Die deutsche Schule ist ein Teil der nationalsozialistischen Erziehungsordnung. Sie hat die Aufgabe im Verein mit den anderen Erziehungsmächten des Volkes, aber mit den ihr eigenen Erziehungsmitteln, den nationalsozialistischen Menschen zu formen."

Ausgehend von dieser Schuldefinition entwickelte er eine detaillierte Abgrenzung zur Reform des höheren Schulwesens der Weimarer Republik 1925, die in der Erkenntnis gipfelte[28]:

> „Die nationalsozialistische Revolution der Weltanschauung hat an die Stelle des Trugbildes der gebildeten Persönlichkeit die Gestalt des wirklichen, d.h. durch Blut und geschichtliches Schicksal bestimmten deutschen Menschen gesetzt und an Stelle der humanistischen Bildungsideologie, die bis in die jüngste Vergangenheit fortgelebt hatte, eine Erziehungsordnung aufgebaut, die sich aus der Gemeinschaft des wirklichen Kampfes entwickelt hatte."

24 Vgl. Bölling, R.: Volksschullehrer und Politik. Göttingen 1978, S. 188-191.
25 Vgl. hierzu Bäumer (siehe Anm. 8), S. 6.
26 Erlaß des Reichserziehungsministers EIII a 245/38 vom 19. Januar 1938. In: Reichsministerialamtsblatt für „Wissenschaft, Erziehung und Volksbildung", S. 46 f.; zitiert nach Deutsche Schulerziehung 1940 (siehe Anm. 5), S. 3-14. Zu finden auch in: Fricke-Finkelnburg (siehe Anm.1), S. 105-114. Obwohl die Ausführungen sich in erster Linie auf die Höhere Schule beziehen, sind sie doch von grundlegender Bedeutung für die gesamte Schulerziehung. Die ideologisch-weltanschaulichen Ziele des nationalsozialistischen Erziehungsprogramms sind für alle Schultypen die gleichen.
27 Deutsche Schulerziehung 1940 (siehe Anm. 26), S. 3.
28 Deutsche Schulerziehung 1940 (siehe Anm. 26), S. 5.

Erste Priorität hatten für Rust die soldatisch-politischen Kampfgemeinschaften der SA, Hitlerjugend und SS als außerschulische Erziehungsträger[29]. Da die Schule den geistigen Inhalt einer Zeit übermittele, müsse der neue Zeitgeist erst im politischen Leben seine Durchformung erreichen, bevor die Schule der revolutionären Umgestaltung unterworfen werden könne[30]. Damit verfolgte er die Politik, die Schule habe die Umbildung des Weltbildes nicht einzuleiten, sondern nur nachzuvollziehen, d.h. keine bestimmte sozial- oder kulturpolitische Doktrin von sich aus progressiv zu vertreten habe[31].

Statt des „falschen Bildungsanspruches" mit dem Schlagwort der „Allgemeinen Bildung" müsse eine Erziehung „die vom Leibe ausgeht und die Seele ergreift und innerhalb und außerhalb der Schulräume auch zur Gemeinschaft erzieht" geschaffen werden, vor dem Hintergrund des einzigen Zieles: „die Formung des nationalsozialistischen Menschen" (S. 7). Der Höheren Schule fiele dabei die Aufgabe zu, „den Teil des jungen Geschlechts mit heranzubilden, der später zur selbständigen Lösung von Lebensaufgaben der Nation herangezogen werden soll" (S. 8). Der Gedanke der Auslese und Leistung wird erkennbar.

Methodisch lehnte Rust die „Lernschule alten Stils" (S. 9) ab, „Unterrichtsgrundsatz ist ein maßvoller, gebundener Arbeitsunterricht" (S. 12), bei dem der Bildungsstoff auf das Notwendige zu beschränken sei. Gefordert wird ein lebensnaher Anschauungsunterricht, der auch Emotionen auslöse[32]:

> „Es gibt keine echte geistige Aufnahmebereitschaft ohne Leidenschaft, ohne Beteiligung des Willens und des Gefühls an den Gegenständen."

Dabei ging Rust auch kurz auf die Beziehung der einzelnen Schulfächer untereinander ein[33]:

> „Die nationalsozialistische Weltanschauung ist nicht Gegenstand oder Anwendungsgebiet des Unterrichts, sondern sein Fundament. Sie ermöglicht, daß die Schlagbäume zwischen den einzelnen Fachgebieten fallen und auf ungezwungene Weise ein Unterricht in Querverbindung und Konzentration betrieben werden kann. Mit ihr lösen sich alle Lehrplan- und Stundenplanschwierigkeiten, die im Zeitalter des Bildungspluralismus unüberwindlich schienen. Denn die Weltanschauung gibt dem Unterricht nicht so sehr neue Bildungsstoffe, als vielmehr eine neue Sicht, ein neues Erziehungsverfahren und ein neues Ausleseprinzip für das Bildungsgut."

Rusts Versuch den neu definierten Sinn von Erziehung und Unterricht vom Zeitgeist der Weimarer Republik abzugrenzen, wird in seinen Ausführungen an den verschiedensten Stellen immer wieder aufgegriffen. Trotzdem werden die methodischen Gemeinsamkeiten zur 1925er Schulreform deutlich. Deshalb soll hier schon kurz mittels eines schematischen Vergleiches der Erziehungsziele vor und nach der Machtergreifung die Parallele angedeutet werden:

---

29 Deutsche Schulerziehung 1940 (siehe Anm. 26), S. 5.

30 Deutsche Schulerziehung 1940 (siehe Anm. 26), S. 6. Dies ist eine Erklärung dafür, daß Richtlinien für grundlegende Lehrplanänderungen erst fünf Jahre nach der Machtergreifung in Angriff genommen wurden.

31 Vgl. hierzu Scholtz, H.: Erziehung und Unterricht unterm Hakenkreuz. Göttingen 1985, S. 45.

32 Deutsche Schulerziehung 1940 (siehe Anm. 26), S. 10.

33 Deutsche Schulerziehung 1940 (siehe Anm. 26), S. 11.

Erziehungsziele

vor 1933	nach 1933
- geprägt durch geisteswissenschaftlich orientierte Pädagogen, und Reformpädagogen	- geprägt durch die Ideologie Hitlers (Grundlage „Mein Kampf" 1925)
- Schüler sollen zu mündigen, selbstbestimmten Menschen erzogen werden und selbstverantwortlich handeln	- oberstes Prinzip: die rassenbiologische Volksgemeinschaft als Grundlage für Erziehungsfragen - Schule als Instrument des Staates - Selbstbewußtsein im Sinn von Nationalbewußtsein
- Individuum als Grundlage für Erziehungsfragen	- Tugenden: Härte, Opferbereitschaft, Gehorsam, Führerprinzip - Erziehung zur Kriegsvorbereitung

Methoden
- Ganzheitliche Erziehung
- Erlebnisorientierter Arbeitsunterricht
- Quervernetzung der Fächer
- Praktisch orientiertes Lernen
- Gleiche Ausbildungsmöglichkeiten für alle

2.4. Realisierung der Erziehungsziele der neuen Machthaber

Die Schule als Volkserziehungsinstrument wurde auf Grundlage dieser Erziehungsziele zu einem Faktor nationalsozialistischer Machtsicherung. Der im Erziehungswesen angestrebte totalitäre Verfügungsanspruch verbunden mit absoluter Loyalitätssicherung konnte im Schulwesen jedoch nicht von heute auf morgen realisiert werden[34]. Es lassen sich drei Phasen nationalsozialistischer Schulpolitik unterscheiden[35]:
Phase 1 (1933-1936): Die Schule wurde durch punktuelle Anweisungen mit dem Ziel der ideologischen Ausrichtung partiell umgestaltet. Streitfragen einer Schulreform sollten nicht die innenpolitische Machtsicherung gefährden.
Phase 2 (1937-1942): Die planmäßige innere und äußere Umgestaltung in Form von technokratischen Reformen wurde in Angriff genommen. Für alle Schulen wurden neue Richtlinien erlassen. Der Ausnahmezustand des Krieges ab 1939/40 ermöglichte die Durchsetzung einer aggressiven nationalsozialistischen Schulpolitik.
Phase 3 (1942-1945): Der Kriegsverlauf machte die weitere Umgestaltung nahezu unmöglich. Es galt nur noch, den Schulbetrieb einigermaßen aufrecht zu erhalten.

---

34 Scholtz, H.: Die Schule als Erziehungsfaktor. In: Heinemann, M. (Hrsg.): Erziehung und Schulung im Dritten Reich. Teil 1: Kindergarten, Schule, Jugend, Berufserziehung. Stuttgart 1980, S. 31-48; hier S. 35.

35 Vgl. hierzu Fricke-Finkelnburg (siehe Anm. 1), S. 13. Scholtz 1985 (siehe Anm. 31), S. 46.

Die Eingriffe und Veränderungen erfolgten auf drei Ebenen: in der Schulverwaltung, bei der Lehrerschaft und auf der Ebene der Unterrichtsinhalte und Unterrichtsmittel.
Durch das „Gesetz über den Neuaufbau des Reiches" vom 30. Januar 1934 ging die Kulturhoheit der Länder auf das Reich über, die Länderregierungen wurden zu Verwaltungsbehörden. Bernhard Rust, bisher preußischer Kultusminister, übernahm zum 1. Mai 1934 das neu konzipierte Ministerium für Wissenschaft, Erziehung und Unterricht[36].
Das Hauptaugenmerk der ersten Phase war „auf eine Durchdringung des Unterrichts und der Erziehung mit nationalsozialistischem Geiste und einer inneren und äußeren Neuausrichtung der Lehrerschaft gerichtet"[37]. Die von der Weimarer Zeit geprägte Lehrerschaft mußte ihrer neuen Aufgabe, die Symbole des Glaubens (Volk/Rasse/Gemeinschaft – Fahne/Führer/Reich) mit Realitätsgehalt zu füllen, nachkommen[38]. Mit dem „Gesetz zur Wiederherstellung des Berufsbeamtentums" vom 7. April 1933 und der dazugehörigen Durchführungsverordnung vom 14. Juni 1933 wurden „politisch ungeeignete Erzieher" entfernt. Das „Deutsche Zentralinstitut für Erziehung und Unterricht", die mittleren Schulbehörden sowie der Nationalsozialistische Lehrerbund (NSLB) – nachdem die Gleichschaltung der Lehrerverbände vorangetrieben worden war – führten Lager, Fahrten und Weiterbildungslehrgänge zur weltanschaulichen Umschulung durch. Daneben ging, sich ständig verstärkend, die fachliche Umschulung der Lehrer einher[39]. Lehrer- wie Schülerschaft sollten politisch aktiviert werden: Bereits im Februar 1934 gehörten 230 000 Erzieher dem NSLB an, ein Viertel aller Lehrer war Parteimitglied, bis Dezember 1935 traten 3,94 Millionen oder umgerechnet 45 Prozent der Jugend in Hitler-Jugend (HJ) bzw. Bund Deutscher Mädel (BDM) ein[40]. Mittels körperlicher, charakterlicher, geistiger und völkischer Auslese in Form verschiedenster Erlasse und der „Nürnberger Gesetze" (1935) wurden „Jugendliche nichtdeutschen oder nicht artverwandten Blutes" aus deutschen Schulen entfernt[41].
Privat- und Konfessionsschulen verschwanden allmählich. Die annähernd 70 Oberschul- und Gymnasialtypen der Weimarer Zeit wurden auf drei Grundformen reduziert, nämlich die neusprachliche und naturwissenschaftliche Oberschule – jeweils für Jungen und Mädchen – sowie das humanistische Gymnasium, wo es eine besondere Tradition hatte[42].
Neue Formen kasernierter Schulerziehung in Form von Nationalpolitischen Erziehungsanstalten (NPEAs), mit diesen konkurrierende Adolf-Hitler-Schulen, ferner „Deutsche Heimschulen" und erweiterter Kinderlandverschickung (KLV-Lager), im weiteren Sinn noch dazuzurechnende Lehrerbildungsanstalten (LBAs) wurden gerade in der zweiten und dritten Phase dem existierenden Regelschulwesen gegenübergestellt. Dies muß vor dem Hintergrund gesehen werden, daß in Hitlers Augen nur politisch kontrollierte Internatsschulen einen systemkonformen Nachwuchs sichern konn-

36 Vgl. Fricke-Finkelnburg (siehe Anm. 1), S. 13.
37 Vgl. Scholtz 1985 (siehe Anm. 31), S. 88 f.
38 Vgl. Scholtz 1985 (siehe Anm. 31), S. 91.
39 Vgl. Bentze (siehe Anm. 5), S. 16. Vgl. auch Scholtz 1985 (siehe Anm. 31), S. 62.
40 Vgl. Scholtz 1985 (siehe Anm. 31), S. 47 und S. 70.
41 Vgl. Bentze (siehe Anm. 5), S. 20.
42 Vgl. Flessau, K.-I.: Schulen der Partei(lichkeit)? Notizen zum Allgemeinbildenden Schulwesen des Dritten Reiches. In: Flessau / Nyssen / Pätzold: Erziehung im Nationalsozialismus. Köln, Wien 1987, S. 71.

ten[43]. Auch Reichserziehungsminister Bernhard Rust war der Ansicht, daß man nur durch „Lager und Kolonne" zum Nationalsozialisten werden könne[44]. Scholz führt dies darauf zurück, daß der Schulunterricht trotz aller Bemühungen, den neuen Anforderungen an das Verhalten durch neue Wertorientierungen die ideologische Begründung nachzuliefern, nichts gleichwertiges entgegensetzen konnte, weil „der praktizierte Irrationalismus kein organisierendes Prinzip für die schulische Unterweisung hergab"[45].

2.4.1. Die schulische Umerziehung: Stoffauswahl und -wertung

Rudolf Benze, Ministerialrat und Gesamtleiter des Deutschen Zentralinstituts für Erziehung und Unterricht resümiert 1939 im Jahrbuch „Deutsche Schulerziehung"[46]:

> „Die Stoffauswahl wurde nach nationalsozialistischen Wertungsmaßstäben ganz neu vorgenommen. Wollte die deutsche Schule die Jugend zu deutschen Menschen mit dem Gefühl ihrer deutschen Hochwertigkeit erziehen, so mußte sie die Stoffe in den Mittelpunkt rücken, die zu dieser Haltung führen und sie unterbauen, und die Gebiete beseitigen oder unter deutschem Blickwinkel sehen lassen, die dem Deutschtum fremd oder überflüssig sind...
> So gewannen zunächst alle Stoffe höchste Bedeutung, auf denen die nationalsozialistische Weltanschauung beruht, mochten sie nun als gesonderte ‚Fächer' in der Schule erscheinen oder den gesamten Unterricht stützend durchziehen."

Benze zählt hierzu im weiteren Verlauf primär Erblehre- und Erbpflege, Rassenkunde und Rassenpflege, ferner Familienkunde und Bevölkerungspolitik. Auch auf Gesundheitspflege, Heimat- und Volkskunde, germanische Vor- und Frühgeschichte und eine „die Erde umspannende Geopolitik" (S. 27) wird besonderer Wert gelegt. Biologie wurde zusammen mit den deutschkundlichen Fächern zum Haupt- und Kernfach der Schule[47]. Dies deckt sich mit den schon im August 1933 von Rudolf Benze, zusammen mit dem Berliner Ministerialbeamten Wilhelm Stuckart eingeleiteten „Notwendigen Reformen im höheren Schulwesen"[48]. Dort wird mittels geäußerter Grundsätze und daran anschließender Sofortmaßnahmen konkretisiert:

1. Wichtigste Grundlage aller Schulerziehung bilden die rassen-biologischen Kenntnisse, die als Unterrichtsgrundsatz alle Fächer zu durchdringen haben.

Die Folge[49]:

a) „In allen Klassen der höh. Schulen sind *2 Stunden Biologie* zu erteilen, nötigenfalls auf Kosten der Mathematik oder der übrigen Naturwissenschaften oder der Fremdsprachen. Vererbungslehre, Rassenkunde, Einzel-, Volks- u. Rassenhygiene, sowie Familien- und Bevölkerungskunde sind besonders in den 4 oberen Klassen bevorzugt zu betreiben."

b) Der Nachweis dieser „Lebensgrundlagen" (S. 18) wird eine Grundvoraussetzung zur Erlangung der Hochschulreife.

---

43 Scholtz 1980 (siehe Anm. 34), S. 31-48; hier S. 36 f.

44 Scholtz, H.: Schule unterm Hakenkreuz. In: Dithmar, R. (Hrsg.): Schule und Unterricht im Dritten Reich. Neuwied 1989. S. 1-20; hier S. 3. Siehe auch Kapitel 2.3.

45 Scholtz 1985 (siehe Anm. 31), S. 74.

46 Benze (siehe Anm. 5), S. 26.

47 Benze (siehe Anm. 5), S. 32.

48 Abgedruckt bei Scholtz 1989 (siehe Anm. 44), S. 15-20.

49 Zitiert nach Scholtz 1989 (siehe Anm. 44), S. 17.

2. Körper- und Willensbildung – besonders in den Leibesübungen – erhalten die ihnen gebührende Stellung.
Die Folge:
Monatswanderungen, pro Halbjahr auch eine zwei-bis dreitägige Wanderung, die der Körperpflege sowie der persönlichen- und nationalen Willensbildung dienen, sollen in enger Kooperation mit den nationalsozialistischen Jugendorganisationen durchgeführt werden. Mitgliedschaft in diesen Jugendorganisationen verschafft schulische Vorteile.
3. In der geistig-seelischen Ausbildung stehen an allen Schulen fortan neben der Biologie die deutschkundlichen Fächer Deutsch, Geschichte, Erdkunde, Zeichnen, Singen als verbindliche Kernfächer im Mittelpunkt.
Die Folge:
Das germanisch-deutsche Bildungsgut soll intensiv gepflegt werden, der Gang durch die Geschichte hat aus völkischen Weltanschauungsgesichtspunkten zu erfolgen. Die Pflege der deutschen Sprache und Schrift, Eindeutschen der Fremdwörter werden propagiert. Der Geschichtsunterricht gerade auch der jüngeren Zeit hat unmittelbar gegenwartsbezogen zu erfolgen.
4. Das „deutschvölkische Gut" muß möglichst lange alleiniger Unterrichtsstoff sein. Die Oberschule wird zur Hauptschulform deklariert, als Nebenform können Aufbauschulen gerade in Landkreisen hinzutreten. Lateinschulen sollen nur noch in Städten mit größerer Anzahl höherer Schulen gestattet sein[50]. Es wird nur noch eine Fremdsprache – Englisch – gefordert, weitergehende Fremdsprachen haben deutlich zu Lasten der mathematisch-naturwissenschaftlichen Seite, u.a. auch der Chemie, zu gehen.
Die Folge:
Es wird die Vereinheitlichung des höheren Schulwesens mit der Zielsetzung Schulübergänge zu erleichtern, angestrebt.
5. Mittels Bewegungsfreiheit soll insbesondere der Oberstufenschüler für die völkische Bildung entbehrliche Stoffe abstoßen können, da das Vielerlei an Stoffen nur zur Zersplitterung und Verflachung erziehe.
Die Folge:
Eine Stundenreduzierung bzw. Abwahl von Fächern ist bei gleichzeitiger Leistungssteigerung anderer Fächer möglich. Leibesübungen, Deutsch, Geschichte, Erdkunde, Zeichnen, Singen, Biologie und Englisch bleiben aber Pflichtfächer.
6. Gefordert wird statt einer willkürlichen Stundenabfolge die organische Aufeinanderfolge zusammengehöriger Fächer.
Die Folge:
Innerlich zusammengehörige Fächer sollen auf einen Tag zusammengelegt werden.

---

50 Vgl. Scholtz 1985(siehe Anm. 31), S. 86; Scholtz schildert u.a. die Auswirkungen: Die Oberschule für Jungen war keineswegs eine Fortsetzung der „Deutschen Oberschule" sondern eher des „Reformrealgymnasiums". Die Reduzierung der Gymnasien von 455 (1931) auf 206 (1938) hatte nicht nur die Schattenseite, daß die Mädchengymnasien wegfielen, sondern trug auch zur Erhöhung des Prestiges dieser Schulform bei. Ein verstärkter Ausbau der Aufbauschulen fand nicht statt.

7. Mädchen- und Jungenerziehung haben aufgrund biologischer Erkenntnisse und völkischer Bestimmung getrennt zu erfolgen. Für die Mädchenbildung genügen Mädchenoberschule und ein- bis dreijährige Frauenschulen.
Die Folge:
Hauswirtschaft und andere die „weibl. Sonderanlagen" (S. 20) unterstützende Fächer werden besonders betont. Für Biologie, Hauswirtschaft (einschl. Nadelarbeit) und Zeichnen sind mindestens 2 Wochenstunden einzuräumen. Reduziert werden dafür Mathematik, danach Physik und Fremdsprachen.

Mit diesen Leitlinien wurde keine radikale Umgestaltung des Schulsystems eingeleitet. Biologie, die deutschkundlichen Fächer, Fächer des sogenannten Frauenschaffens und Leibesübungen genießen jedoch absolute Priorität. Auffällig ist die Vernachlässigung der mathematisch- naturwissenschaftlichen Disziplinen. Das Fach Chemie findet keinerlei Erwähnung, seine Abwahl ist jedoch durchaus möglich.

2.4.2. NS-Frauenpolitik und die Ablehnung koedukativer Erziehung

Den anthropologischen und realpolitischen Leitvorstellungen nach genoß die Erziehung der männlichen Jugend den absoluten Vorrang[51]. 1925 hatte Hitler in „Mein Kampf" vorgegeben: Das Ziel der weiblichen Erziehung hat unverrückbar die kommende Mutter zu sein[52]. Die Berufstätigkeit sollte demzufolge dem Manne überlassen bleiben. 1933 im Rahmen der existierenden hohen Arbeitslosigkeit wurde die Frauenarbeit eingeschränkt[53]. Auf- bzw. ausgebaut wurde allerdings der Ausbildungssektor der sogenannten Frauenberufe, die v.a. in den unteren Berufspositionen anzusiedeln waren[54]. Da Jungen- und Mädchenerziehung für die Nationalsozialisten kein gemeinsames Bildungsziel besaßen, wurde die Koedukation strikt abgelehnt.
Das Zentralinstitut für Erziehung und Unterricht definierte 1934 die Auswirkungen der grundsätzlichen geschlechtlichen Unterschiede auf die Mädchenbildung folgendermaßen[55]:

> Die früheren Richtlinien betrachteten (...) das Mädchen als gleichwertig gegenüber dem Knaben, um den Glauben von der Minderwertigkeit der Frau zu überwinden. Hierbei übersahen sie aber, daß Mädchen und Knaben eigenwertig sind und darum niemals in die gleiche Wertungsebene gestellt werden können. So ist der Mann gekennzeichnet durch Mut und Gerechtigkeitssinn; er denkt objektiv und mehr berechnend, die Frau hingegen zeigt Mitleid und Barmherzigkeit, Aufopferung und Duldungsfähigkeit entsprechend ihrer Bestimmung, Kindern das Leben zu schenken. Ihre ganze Lebensauffassung ist subjektiv und ihr Urteil mehr gefühlsmäßig. Infolge dieser Eigenwertigkeit der Frau ist es direkt naturwidrig, ihr Aufgaben zu übertragen, die dem Manne auf Grund seiner Eigenschaften zukommen."

51 Vgl. Lingelbach (siehe Anm. 1), S. 17.
52 Vgl. Zühlke, A.: Frauenaufgabe - Frauenarbeit im Dritten Reich. Leipzig 1934. Die nationalsozialistische Frauenpolitik wird auf 63 Seiten eingehend besprochen.
53 Vgl. Nyssen, E.: Frauenpolitik und Frauenopposition im Dritten Reich. In: Flessau / Nyssen / Pätzold 1987 (siehe Anm. 42), S. 23-43; hier S.29 f.
54 Vgl. Nyssen (siehe Anm. 53), S. 34-37.
55 Zitiert nach Fricke-Finkelnburg (siehe Anm. 1), S. 191.

Die Rolle der Frau als Mutter und Hausfrau wurde demzufolge stark propagiert und durch Gesetze, Ideologien, ja sogar durch Orden (Mutterkreuze) unterstützt[56]. Reichserziehungsminister Rust legte in seinen Grundlagen zu Erziehung und Unterricht beispielsweise äußersten Wert auf die von der „Vorsehung" gewollte geschlechtsspezifische Arbeitsteilung, was für die Mädchenerziehung bedeutete[57]:

„Aus den Forderungen eines lebensnahen Unterrichts folgt ohne weiteres, daß die Mädchenerziehung sich nach anderen Gesetzen vollziehen muß als die Jungenerziehung, daß sie nie zu einem Abklatsch der Erziehung der männlichen Jugend werden darf. Die naturgegebene Verschiedenheit der Geschlechter prägt sich schon im Kinde und seinem Lebenskreis aus, darum muß die Erziehung des Mädchens zu seiner Verantwortung in Volk und Staat aus eigener Wurzel erwachsen. Das heißt, daß der Unterricht in allen Fächern der Mädchenschulen nicht nur in den Fächern des Frauenschaffens, ohne Gefühlsschwärmerei von der Natur und der Welt des Weibes ausgehen und das Ziel im Auge behalten werden muß, das der Führer in dem Satze ausgesprochen hat: ‚Das Ziel der weiblichen Erziehung hat unverrückbar die kommende Mutter zu sein.'"

Da für dieses Ziel weder höhere Schulausbildung noch Studium notwendig waren, wurde mittels des Gesetzes gegen die Überfüllung der deutschen Schulen und Hochschulen der Zugang zur Oberstufe für Mädchen eingeengt sowie das Frauenstudium beschränkt. Nur noch 10 Prozent aller Studenten durften Frauen sein. Die altsprachliche humanistische Bildung am Gymnasium war Mädchen grundsätzlich versagt. Unter den Höheren Schulen für Mädchen wurde die Oberschule mit hauswirtschaftlicher Oberstufe als Hauptform herausgehoben und ihre Reifeprüfung als gegenüber der sprachlichen Oberstufe völlig gleichberechtigt deklariert[58]. Der naturwissenschaftliche und fremdsprachliche Unterricht wurde in allen Schultypen zugunsten der „eigentlich weiblichen Stoffe" in Form der sogenannten „Fächer des Frauenschaffens" (Hauswirtschaft, Handarbeit) eingeschränkt, die Inhalte eines Teils der anderen Fächer auf die „besonderen Lebensgebiete der Mädchen" ausgerichtet. Forderten die Bestimmungen für die Mittelschule schon 1925, daß der Unterricht für Mädchen überwiegend von Lehrerinnen erteilt wird[59], so dehnten die Nationalsozialisten dies auf alle Schularten aus.

Im Rahmen der planmäßigen Umgestaltung der Schule wiesen alle Stundentafeln deutliche Unterschiede für Jungen und Mädchen auf. Die Richtlinien für die Volksschule 1939 hoben die enge Beziehung zwischen Haus- und Volkswirtschaft und die darin ruhende besondere Mitverantwortung der Frau hervor[60]. Kenntnisse der Bedeutung deutscher Werkstoffe, Fertigkeiten im Ausbessern und Instandhalten von Wäsche und Bekleidung, Handarbeit und das sogenannte „Hauswerk" – Kochen, Haus- und Gartenarbeit – wurden gefordert.

56 Nyssen (siehe Anm. 53), S. 30.

57 Deutsche Schulerziehung 1940 (siehe Anm. 26), S. 10.

58 Vgl. Benze (siehe Anm. 5), S. 33. Vgl. auch Eilers, R.: Die nationalsozialistische Schulpolitik. Köln, Opladen 1963, S. 20.

59 Bestimmungen über die Mittelschule in Preußen. In: Beilage zum „Zentralblatt für die gesamte Unterrichtsverwaltung" 1925, Heft 12, S. 3.

60 Vgl. Fricke-Finkelnburg (siehe Anm 1), S. 191 f. Vgl. auch: Erziehung und Unterricht in der Volksschule. Berlin 1940, S. 24.

Hauswirtschaft, Handarbeit, Pflege, Beschäftigungslehre und Dienst als „Fächer des Frauenschaffens“ nahmen selbst in den Richtlinien für die höhere Schule 1938 breiten Raum – zu Lasten der wissenschaftlichen Fächer – ein. Betont wurden[61]

1. die Gesamtverantwortung der Frauen für Volk und Staat,
2. die Kulturaufgabe der Frauen,
3. die besonderen karitativen Aufgaben der Frauen im Rahmen der verschiedenen NS-Hilfswerke (u.a. „Mutter und Kind“, Winterhilfswerk),
4. die Verantwortung der Frauen im Rahmen der staatlichen Verbrauchslenkung,
5. die besonderen Aufgaben der Frauen im Rahmen der Gesundheits- und Kinderpflege sowie der Kindererziehung.

Mädchen sollten grundsätzlich in Mädchenschulen unterrichtet werden. Fakt war allerdings, daß dies primär in ländlichen Gebieten, wie später auch im Kriegszustand, nicht ohne weiteres zu verwirklichen war. Erlasse vom August 1938 und ergänzend Januar 1939 regelten den Schulbesuch von „Mädchen an Jungenschulen“[62]. Zwar forderte das Reichserziehungsministerium, daß die Mädchen auch hier „nach dem Plan der Mädchenschulen zu unterrichten sind“, in der Realität war dies mit einigen Verwirklichungsschwierigkeiten verbunden.

2.5. Nationalsozialistische Organisationsstrukturen zur Steuerung der Lehrerschaft (unter besonderer Berücksichtigung der Naturwissenschaften, insbesondere Chemie)

2.5.1. Entwicklung und Organisation des Nationalsozialistischen Lehrerbundes (NSLB)[63]

Der Nationalsozialistische Lehrerbund (NSLB) war eine von Hans Schemm bis zu seinem Flugzeugabsturz 1935, anschließend von Fritz Wächtler geführte typische Massenorganisation des Dritten Reiches. Als der NSDAP angeschlossener Verband, der die Einheit der Lehrerschaft in der nationalsozialistischen Weltanschauung repräsentieren sollte, waren in ihm alle deutschen Erzieher „von der Kindergärtnerin bis zum Hochschullehrer“[64] organisiert. In den Augen der Partei galt er als Mittel der Machtsicherung und -stabilisierung im Sinne einer politischen Kampforganisation.

---

61 Vgl. Fricke-Finkelnburg (siehe Anm. 1), S. 192.

62 Vgl. Fricke-Finkelnburg (siehe Anm. 1), S. 208-210.

63 Feiten, W.: Der nationalsozialistische Lehrerbund. Frankfurt / Main 1981. Erger, J.: Lehrer und Nationalsozialismus. Von den traditionellen Lehrerverbänden zum Nationalsozialistischen Lehrerbund (NSLB); Küppers, H.: Zum Gleichschaltungsprozeß der öffentlich organisierten Erziehung in den Jahren 1933/1934; beide in: Heinemann, M. (Hrsg.): Erziehung und Schulung im Dritten Reich. Teil 2: Hochschule, Erwachsenenbildung. Stuttgart 1980, hier S. 206-231 und S. 232-245. Bölling 1978 (siehe Anm. 24), S. 188-225. Eilers 1963 (siehe Anm. 58), S. 3-6 und S. 76-85.

64 Feiten (siehe Anm. 63), S. 203.

2.5.1.1. Die Gründungsphase des NSLB bis zur Machtübernahme

Der Bayreuther Volksschullehrer Hans Schemm, bereits Mitte der zwanziger Jahre engagierter Agitator der nationalsozialistischen Thesen, suchte die von der Weimarer Republik enttäuschte Lehrerschaft[65], in der Idee einer straff organisierten Erziehergemeinschaft nationalsozialistischen Geistes zu bündeln. Nicht eine Parallelorganisation zu den zahlreichen existierenden Lehrervereinen, sondern eine geschlossene Interessenvertretung aller Erzieher im Sinne „eines der Kampfbataillone Adolf Hitlers, wie es jeder SA- oder SS-Sturm darstellte“[66] war sein erklärtes Ziel. Die im Januar 1927 in Hof / Saale im Lokal „Hopfenblüte“ zu diesem Zweck organisierte Versammlung 23 nationalsozialistisch gesinnter Lehrer, die Schemm zu ihrem „Führer“ wählten, kann als Gründungsdatum des NSLB angesehen werden. Offiziell, d.h. von der NSDAP sanktioniert, wurde die Gründung am 21. April 1929 im gleichen Lokal.
Ein schlüssiges und fundiertes Bildungsprogramm hatte der NSLB jedoch weder jetzt noch später anzubieten[67]. In einem 1930 erstellten Sieben-Punkte-Programm[68] spiegeln sich die weltanschaulichen Programmsätze des Nationalsozialismus wieder. Die „Eroberung der politischen Macht im Deutschen Reich“ „im Rahmen der Gesamtorganisation der NSDAP“, „weltanschauliche Durchbildung im Sinne der nationalsozialistischen Idee“, die organisatorisch-personelle Untermauerung zur Sicherung der Macht, „Kampf dem Kulturbolschewismus“, „Kampf gegen die zum großen Teil liberalistischen, marxistischen und demokratisch verseuchten Lehrervereine“ sowie die „Erfassung aller deutschgesinnten Geistlichen beider Konfessionen“ hatten Priorität. Lediglich der „Kampf für die akademische Lehrerbildung“ – ein seit langem von der Masse der Volksschullehrer geforderter Punkt – kann als bildungspolitisches Ziel deklariert werden.
Schemms Vorstellung vom NSLB war die einheitliche Erziehergemeinschaft mit vollständiger nationalsozialistischer Indoktrination der gesamten Lehrkräfte, der einzelne Erzieher wurde abgestempelt zum Instrument der Manipulation[69]:

> „Die Schaffung einer auf der nationalsozialistischen Weltanschauung fundierten und im Blick auf das große Erziehungswerk an der deutschen Jugend von einem Willen getragene Erzieherschaft.“

Dann konnte das nationalsozialistische Erziehungsziel „der sittlich religiöse, willensstarke deutsche Charaktermensch in einer einheitlichen deutschen Volksgemeinschaft“[70] verwirklicht werden.
Ansonsten hielt Schemm sich, obwohl er von Hitler per Anordnung 1931 zum Sachverständigen und Prüfer aller Veröffentlichungen schulorganisatorischen Inhalts ernannt wurde, in erziehungstheoretischen Fragen taktisch geschickt zurück. Das Schulprogramm des NSLB hatte keine festumrissene Konzeption, sondern enthielt absichtlich verschwommene Programmparolen, die für viele Lehrer entscheidende Existenz-

---

65 Siehe hierzu Kapitel 1.3.
66 Feiten (Siehe Anm. 63), S. 42.
67 Feiten (siehe Anm. 63), S. 82. Siehe auch. Kapitel 2.2.
68 Feiten (siehe Anm. 63), S. 44.
69 Feiten (siehe Anm. 63), S. 203.
70 Feiten (siehe Anm. 63), S. 44.

fragen berührten[71]. Der „völkische Gedanke“, die holistische Idee der Erziehung zum „ganzen Menschen“ und die von den Nationalsozialisten dem Erzieher entgegengebrachte höhere Wertschätzung fanden unter der Lehrerschaft – und hier auch in großen traditionellen Lehrerverbänden – eher Anklang als Rassismus und striktes Führerprinzip[72]. So wurden Agitation, Propaganda und die allgemeine politische, soziale und wirtschaftliche Unzufriedenheit in der Weimarer Staatskrise zur Mitgliedergewinnung genutzt. Daß der Zulauf zum NSLB anfangs somit nur langsam erfolgte, ab 1932 jedoch sprunghaft wuchs, wird dadurch verständlich[73]. Mit der Machtergreifung waren fünf Prozent der gesamten Lehrerschaft NSLB-Mitglieder[74].

2.5.1.2. Der Gleichschaltungsprozeß im NSLB

Die schon am 30. März 1933 veröffentlichten Richtlinien zur Konzeption einer einheitlichen Erzieherorganisation dokumentieren Schemms Zielstrebigkeit im Überführungs- und Angliederungsprozeß der existierenden Fach- und Berufsverbände der Lehrerschaft[75], allerdings werden auch seine organisatorisch vorhandenen Mängel deutlich[76]:

„1) Ziel ist die Schaffung einer einheitlichen deutschen Erziehergemeinschaft auf der Grundlage eines echten Christentums, einer bewußten nationalen Erziehung und einer wahren Volksgemeinschaft.
2) Träger dieser allein möglichen Erzieheridee ist geschichtlich und seinem Ideengehalt nach der NS-Lehrerbund. Er ist daher die alleinige Vertretung der deutschen Lehrerschaft.
3) Zur praktischen Verwirklichung dieser Grundsätze ist ein zweifaches Ziel zu erreichen: Ausscheidung der in den bisher bestehenden Lehrervereinen verankerten marxistischen, liberalistischen und rein intellektualistischen Bestrebungen. Völlige Entpolitisierung der bisher bestehenden wirtschaftlichen und gewerkschaftlichen Organisationen der Lehrerschaft durch Abkehr von der damit verknüpften tages- und kulturpolitischen Tätigkeit.
4) Überführung dieser zu ihrer eigentlichen Aufgabe zurückgeleiteten Verbände unter die Zentralleitung des NS-Lehrerbundes, der somit gesetzmäßig wie gewerkschaftlich die organisatorische Grundlage der gesamten Lehrerschaft darstellt.
5) Für die Lehrerpresse ergibt sich die Notwendigkeit einer Neugestaltung im Sinne der Vereinheitlichung und Einsparung. In sämtlichen Redaktionen der Lehrerpresse ist dafür zu sorgen, daß die Leitung auf Personen übergeht, welche der Staatsgewalt eine Garantie dafür bieten, daß keine alten Tendenzen Eingang finden können.

---

71 Vgl. Feiten (siehe Anm. 63), S. 37: „Mit einer Bekanntgabe ihres Erziehungsprogramms vor 1933 wäre der NSDAP keineswegs gedient gewesen, da sie dem latenten Streit über den ‚wahren‘ Nationalsozialismus nur neuen Zündstoff geliefert und von den primären Zielen der Erziehung der Wehrtüchtigkeit und der ideolgoischen Ausrichtung nur abgelenkt hätte.“
72 Vgl. Bäumer (siehe Anm. 8), S. 11; an der Rassenfrage scheiterte im März 1932 ein potentieller freiwilliger Zusammenschluß des Deutschen Lehrervereins (141.000 Mitglieder) mit dem NSLB.
73 Vgl. Feiten (siehe Anm. 63), S. 48 f.; Ende 1929 konnte der NSLB 200 Anhänger aufweisen, Ende 1931 erst 2.000, im April 1932 schon 5.000 Mitglieder, Oktober 1932 dann 10.000 und im März 1933 11.000 eingeschriebene Mitglieder. Vgl. Erger (siehe Anm. 63), S. 218; die anfängliche Pflicht gleichzeitiger NSDAP-Zugehörigkeit war einer raschen Ausbreitung zusätzlich hinderlich.
74 Vgl. Erger (siehe Anm. 63), S. 223.
75 Die wichtigsten Lehrerverbände waren der Deutsche Lehrerverein mit entsprechenden Landeslehrervereinen, der Katholische Lehrerverein, der Verein katholischer Lehrerinnen, der Evangelische Lehrerverein, der Mittelschullehrerverband und der Deutsche Philologenverein. Der Gleichschaltungsprozeß erfaßte zunächst nur die Lehrervereine, soweit sie Standesorganisationen waren. Fachverbände wurden allmählich korporativ, später in Einzelmitgliedschaft dem NSLB eingegliedert.
76 Feiten (siehe Anm. 63), S. 56 f.

6) Die Garantie ist noch dadurch zu verstärken, daß die NS-Lehrerzeitung als Zentralorgan der somit geschaffenen alleinigen Erzieherorganisation an die Stelle der Allgemeinen Deutschen Lehrerzeitung tritt. Über die Namengebung wird später zu entscheiden sein. Dieses Zentralorgan ist richtungsgebend für alle deutschen Lehrerzeitungen. Damit ist auch der Mißstand beseitigt, daß einzelne Zweige der gemeinsamen Organisation abweichende weltanschauliche oder politische Einstellungen aufweisen.
7) Das Ziel der Organisation ist entsprechend der prinzipiellen Zusammensetzung des NS-Lehrerbundes die Vertretung der Lehrerschaft aller Schularten, um durch diese Gemeinschaft die Einheit der gesamten Erziehungsarbeit zu manifestieren.“

Heftiger Widerstand sowohl der – finanziell teilweise gut gestellten – alten Lehrerverbände, wie auch des für sämtliche Beamten und bis 1934 für Schulbelange zuständigen Reichsinnenministeriums, mußten dabei überwunden werden. Für Reichsinnenminister Frick sollte der NSLB lediglich eine führende Rolle innerhalb einer Deutschen Erziehergemeinschaft (DEG), die eine der fünf „Säulen“ des neu gegründeten Reichsbundes der deutschen Beamten einnehmen sollte, bilden. Schemm kam nur durch unlautere Maßnahmen zu seinem Ziel: Nach Einzelverhandlungen mit verschiedenen Lehrervereinen ließ er auf einer für den 8./9. Juni 1933 anberaumten Reichstagung in Magdeburg die Vertreter von 48 Reichs- und 11 Lehrerunterverbänden ein irreführend formuliertes, noch dazu nicht öffentlich vorgelegtes Abkommen unterschreiben, mit dem sie faktisch ihren Übertritt in den NSLB dokumentierten. Viele Unterzeichner hatten die Tragweite dieser Urkunde nicht erkannt. Sie hatten die dort propagierte Deutsche Erziehergemeinschaft als Dachorganisation keineswegs mit dem NSLB identifiziert. Trotz dieses Täuschungsmanövers zog sich die Liquidation, d.h. die Vermögensauflösung oder Übertragung von Vermögensmassen der alten Lehrerverbände auf den NSLB aus juristischen und steuerrechtlichen Gründen, aber auch aufgrund des Widerstandes einzelner Verbände noch jahrelang hin. 1938 wurde schließlich als letztes der Bayerische Lehrerverband völlig gleichgeschaltet. Der Machtkampf mit Reichsinnenminister Frick war mit der Veränderung der Zuständigkeiten infolge des 1934 neu geschaffenen Reichserziehungsministeriums unter Rust, ausgestanden.
Begleitende flankierende Maßnahmen, die den Gleichschaltungsprozeß der Lehrerverbände beschleunigten, waren Säuberungs- und Entlassungsaktionen im oberen und mittleren Schulverwaltungsdienst bis hinunter zu den Schulen im Rahmen des „Gesetzes zur Wiederherstellung des Berufsbeamtentums“ vom April 1933. Die Entlassenen wurden vielfach durch NSLB-Funktionäre ersetzt. Das psychologische Druckmittel dieser Disziplinarmaßnahme war hoch. Bis Ende 1933 war die Mitgliederzahl des NSLB auf 220 000 gestiegen[77]. 1935 waren 75 Prozent, 1938 fast alle Erzieher NSLB-Mitglieder[78].
Die von Schemm und Hitler angestrebte internationale Anerkennung des NSLB unmittelbar nach der Gleichschaltung blieb allerdings versagt.

77 Vgl. Eilers 1963 (siehe Anm. 58), S. 80.
78 Wie viele hiervon lediglich Mitläufer waren bzw. nur unter derartigen Druckmitteln in NSLB und NSDAP eintraten, ist statistisch nicht ermittelbar. Die NSLB-Mitgliedschaft zeigte nach außen ein Bekenntnis zum Nationalsozialismus und verschonte damit viele Erzieher auch von einer NSDAP-Mitgliedschaft.

2.5.1.3. Organisationsstruktur und Aktivitäten des NSLB

Die vor 1933 nur oberflächlich gegliederte Organisation des NSLB war in den folgenden Jahren permanenten Restrukturierungen auf Reichs-, Gau- und Kreisleitungsebene unterworfen. Ursache waren u.a. einverleibte Lehrerverbände, die sich in einzelnen Gauen ein Mindestmaß an Verbandsautonomie sichern wollten, aber auch viele Positions- und Machtkämpfe in den einzelnen Abteilungen und Fachschaften. Personelle Umbesetzungen durch den Führungswechsel nach Schemms Tod kamen hinzu. Die endgültige Organisationsstruktur bestand aus sieben Fachschaften als Träger der fachlichen Arbeit, die sich nach dem Berufsfeld des Lehrers (Hochschule, Höhere Schule, Mittelschule, Volksschule, Sonderschule, Berufs- und Fachschule, Sozialpädagogische Berufe) gliederten. Daneben wurden 1934 12 Sachgebiete eingerichtet und bis 1938 auf 18 erweitert[79]. Fachschaften und Sachgebiete waren ab Dezember 1933 direkt der Abteilung Erziehung und Unterricht[80], bei der seit 1927 in Bayreuth sitzenden Reichsleitung unterstellt. Insgesamt acht Abteilungen als übergeordnete Organisationsträger hatten sämtliche Aufgaben, die der NSLB an sich zog, zu erledigen. Die Abteilungen Kasse und Verwaltung, Organisation sowie Wirtschaft und Recht – etwas später kam noch Personalpolitik hinzu – dienten inklusive der Aufgabe, die soziale und rechtliche Unterstützung der Lehrerschaft zu sichern, als Kontroll- und Sammelstellen zur Funktionserhaltung des Apparates. Um die Lehrerschaft zur Familienforschung anzuhalten, wurde in die Abteilung Organisation 1935 eine Stelle für Familienforschung integriert.
Eine wichtige Funktion kam der Abteilung Presse und Propaganda zu, die Werbung für den Nationalsozialismus betrieb und die ideologische Ausrichtung von Schülern und Erziehern durch das Medium Presse vorantrieb. Im Kampf um die Anerkennung des NSLB wurden auch Kompetenzüberschreitungen im Pressewesen nicht gescheut. Das gesamte Zeitschriftenwesen wurde überwacht, Tageszeitungen kontrolliert, die zahlreichen Fachzeitschriften gleichgeschaltet, Verbandszeitschriften wie die „Reichszeitung der Deutschen Erzieher“[81] oder „Deutsches Bildungswesen“[82] herausgegeben. Schülerzeitschriften wie „Hilf mit“ (5.-8. Schuljahr) oder „Deutsche Jugendburg“ (Grundschule) dienten im Schulunterricht zur wehrgeistigen Erziehung und Unterbauung der nationalsozialistischen Weltanschauung. Sie wurden infolge der nur langsam anlaufenden Umstellung der Schulbücher intensiv genutzt. Ein NSLB-Rednerstab wurde aufgebaut, die Zusammenarbeit mit Organisationen wie Winterhilfswerk, Luftschutz und im Krieg die Beteiligung an zahlreichen Sammelaktionen propagandistisch verwertet.
Der Abteilung Schrifttum unterstand die ständige Überwachung und -prüfung sämtlicher Literatur, insbesondere der Jugendzeitschriften und -bücher auf ihre nationalsozialistische Ausrichtung. Im neu zu konzipierenden Lehr- und Lernmittelbereich sollte

---

79 Feiten (siehe Anm. 63), S. 81 und S. 110.

80 Die Abteilung Erziehung und Unterricht nahm ihre Koordinierungsfunktion in der Sach- und Facharbeit jedoch wenig wahr, da die Vielzahl der schulpolitischen Vorstellungen und Unterrichtsprogramme der einzelnen Gauwaltungen für die geplante Schulreform eher unselektiert an das Reichserziehungsministerium weitergeleitet wurden. Inwieweit diese letztlich die ab 1938 durchgeführte Reform beeinflußten, ist nach Feiten (siehe Anm. 63), S. 83 und S. 112 kaum feststellbar.

81 1929 wurde die auflagenstarke Zeitung als „Nationalsozialistische Lehrerzeitung“ gegründet und 1938 in „Der Deutsche Erzieher“ umbenannt.

82 Nach kurzzeitiger Einstellung wurde sie von Fritz Wächtler ab Oktober 1936 unter dem Titel „Nationalsozialistisches Bildungswesen“ herausgegeben.

sie unterstützende Gutachterfunktionen übernehmen. Außerdem war sie beim Auf- und Ausbau der Schülerbüchereien beteiligt und ließ eine eigene NSLB-Bücherei errichten. Eine klare Trennlinie zum Aufgabengebiet der Presse- und Propaganda-Abteilung ist nicht erkennbar.
Im Dezember 1935 konsolidierte Wächtler die Abteilung Schulung als letzte der acht Abteilungen[83]. Diese nahm eine exponierte Stellung ein, da sie das dem NSLB von der Partei gesetzte Ziel „weltanschauliche Ausrichtung der Lehrerschaft auf die nationalsozialistischen Erziehungsziele“[84] erfüllen sollte. Per Lagerleben sollte dabei ein lückenloses Kontroll- und Indoktrinationssystem gewährt werden. Durch die Verbindung von Unterricht mit nationalsozialistischer Feiergestaltung, Appellen, Flaggenhissung, Singstunden und pseudomilitärischen Übungen in festem Programmablauf sollten die weltanschaulichen Prinzipien wie Rassevorstellungen, Gemeinschaftsdenken und Führerprinzip fixiert werden. Klassifiziert wurde in den Gauen im Ausleseverfahren nach A-, B- und C-Schulung:
A- Schulung (Kreisebene): In meist 14-tägiger Breitenschulung möglichst aller Erzieher, anfangs v.a. der Nichtparteimitglieder, bestand der schulungstheoretische Schwerpunkt in Hitlers „Mein Kampf“ sowie Geschichte und Programm der NSDAP.
B-Schulung (Gauebene): Als Tiefen- und Ausleseschulung des A-Programms ging es um die Wissensvertiefung auf weltanschaulicher Ebene durch Vorträge über vorgeschichtliche Rassenkunde, Biologie und Volkskunde aus NS-Sicht.
C-Schulung (Reichsebene): Die „geistige Auseinandersetzung unserer Weltanschauung mit fremden Lehren und Anschauungen“[85] war im meist dreiwöchigen Kurs Hauptziel für die nach Charakter, Leistung und nationalsozialistischer Haltung am besten beurteilten B-Schulungs-Teilnehmer. Besonders geeignete Erzieher wurden anschließend noch zu „Stoßtrupps“ für Schulungsaufgaben ernannt.
Auch die NSLB-Funktionäre wurden u.a. im 1937 fertiggestellten „Haus der Erziehung“, dem Sitz der Reichsleitung, in Bayreuth sowie der 1938 errichteten Reichsschule des NSLB in Donndorf bei Bayreuth regelmäßig geschult, um dort ihre Bestätigung als Multiplikatoren auf weltanschaulichem Gebiet zu erhalten.
Zwar ließ sich das gesteckte Ziel, einmal jährlich in Schulungslagern die gesamte Lehrerschaft in nationalsozialistischer Weltanschauung auszubilden nicht verwirklichen, doch bis 1939 wurden 215 000 NSLB-Mitglieder der Weltanschauungsschulung unterworfen[86]. Während des Krieges ging die immense Schulungstätigkeit des NSLB rapide zurück und wurde primär nur noch in Kurzlehrgängen, Wochenendveranstaltungen und Arbeitstagungen durchgeführt.
Ursprünglich sollten auch in den einzelnen Sachgebieten gegründete Arbeitsgemeinschaften des NSLB die fachliche Arbeit vorantreiben. Fachliche Schulung und Fortbildung wurden – nicht ohne Machtgerangel des NSLB mit Reichserziehungsminister Rust – aber von den staatlichen Institutionen, v.a. dem Deutschen Zentralinstitut für Erziehung und Unterricht übernommen. Die im April 1936 vorgenommene Kompe-

83 Die Schulungstätigkeit des NSLB hatte jedoch schon unmittelbar nach der Machtergreifung eingesetzt.
84 Feiten (siehe Anm. 63), S. 152.
85 Feiten (siehe Anm. 63), S. 183.
86 Eilers 1963 (siehe Anm. 58), S. 4.

tenzfestlegung[87], welche die politisch-weltanschauliche Erzieherschulung komplett in die Hände des NSLB legte, die fachliche auf Ministeriumsseite beließ, besserte Prestige und Kompetenz des NSLB innerhalb von Partei und NS-Staat jedoch erheblich auf. Weitere Expansionsbestrebungen auf fachlicher Seite blieben de lege lata erfolglos.

2.5.1.4. Die „Stillegung" des NSLB

Die sich stark verzögernden Liquidationsverfahren der gleichgeschalteten Altverbände, die nur sehr schleppend eingehenden Mitgliedsbeiträge der Lehrerschaft, die kostspielige Wahrnehmung jeder Gelegenheit zur Manifestation der Verbandsposition, gebündelt mit finanziellen Verfehlungen der Führungsriege führten zu einer Finanzmisere des NSLB. Daß 75.000 Lehrer allein 1942 an der Front standen, weitere für kriegswichtige Aufgaben abgestellt wurden, schwächte die Position des NSLB zusätzlich. Eine Kette von Rationalisierungs- und Einsparungsversuchen, selbst die verhängte finanzielle Zwangsverwaltung durch den NSDAP-Reichsschatzmeister konnte die am 18.2.1943 erfolgte „Stillegung" des NSLB „für die Dauer des Krieges" durch den Leiter der Parteikanzlei Bormann nicht mehr aufhalten. 362.855 Erzieher – das entspricht einem Organisationsgrad von 97 Prozent – waren zu dieser Zeit NSLB-Mitglied.
Rückblickend läßt sich sagen[88]: Die vielfältigen Auseinandersetzungen des NSLB mit anderen Erziehungsmächten wie Reichsinnenminister Frick, Hitler-Jugend[89], Reichserziehungsministerium, später auch der Parteikanzlei unter ihrem Leiter Bormann ließen – noch dazu vor dem Hintergrund eigener organisatorisch-personeller Zwiespälte – die Verbandspolitik des NSLB zu keiner konstanten Größe werden. Sein Einfluß auf die Schulpolitik war beschränkt, diese blieb Domäne des Reichserziehungsministeriums unter Rust. Die zahlreichen auf unterer und mittlerer Schulverwaltungsebene tätigen NSLB-Funktionäre konnten jedoch die vom Ministerium konzipierten Vorstellungen auf NSLB-Belange zuschneiden.

---

87 Weitere Betätigungsfelder des NSLB waren u.a. schulpolitische Angelegenheiten wie die Trägerschaft der deutschen Schullandheim-Bewegung, Bau von bis zum Krieg vier „Hans Schemm-Schulen" im Grenzlandgebiet, ein aus kriegsbedingten Gründen versickerndes Engagement für die Einführung der Hauptschule, „kriegswichtiger" Einsatz von Schülern und Lehrern an der „Heimatfront" für Luftschutzmaßnahmen und Sammelaktionen im Rahmen des Vierjahresplanes. Der Aktionsbereich Kinderlandverschickung (KLV), d.h. die Evakuierung ganzer Schulen bzw. Klassen aus bombengefährdeten Gebieten und deren Versorgung und Unterrichtung durch Lehrkräfte in Schullagern wurde 1941/42 ein Hauptaufgabengebiet. Die KLV-Durchführung war nur unter großer finanzieller Beteiligung des NSLB möglich.

88 Vgl. Feiten (siehe Anm. 63), S. 201-207.

89 Hier ging es vor allem um die Grenzen der durchzuführenden Jugend-Erziehungsarbeit beider Organisationen, u.a. auf dem Zeitschriftensektor oder der Schullandheim-Bewegung.

2.5.2. Der Deutsche Verein zur Förderung des mathematischen und naturwissenschaftlichen Unterrichts

2.5.2.1. Das nationalsozialistische Bekenntnis des Fördervereins

Der Deutsche Verein zur Förderung des mathematischen und naturwissenschaftlichen Unterrichts[90] war einer der ersten, der sich direkt nach der Machtergreifung den Zeichen der Zeit beugte und seine Regierungsloyalität bezeugte. So wurde der in der Weimarer Republik erfolgte Rechtsruck des Fördervereins, mit immer stärker durchschimmernder deutschnationaler Gesinnung schon Mitte März 1933 unmittelbar nach Hitlers Machtergreifung durch ein Schreiben des Vereinsvorstandes an sämtliche Unterrichtsbehörden bekräftigt[91]:

„...Für die im Rahmen der nationalen Wiedergeburt unseres deutschen Volkes notwendigen Schulreformen stellt er seine Mitarbeit freudig zur Verfügung und bittet die obersten Schulbehörden aller deutschen Länder, sich dieser Mitarbeit zu bedienen."

Augenmerk lag dabei auch darauf, daß der über 40 Jahre bestehende Verein mit seinen zur Zeit 3300 Mitgliedern als die berufene Fachvertretung der mathematisch-naturwissenschaftlichen Fächer angesehen werden sollte.

Auf der 35. Hauptversammlung des Vereins Ostern 1933 vom 9. bis 13. April in Erfurt wurde dann die Aufgabe des Fördervereins im Dritten Reich in drei einstimmig angenommenen Entschließungen umrissen. Geschäftsführer Erich Zieprecht und Bruno Kerst hatten an deren Zustandekommen wesentlich mitgewirkt[92].
Die Erste betraf allgemein die Naturwissenschaften und ihre Zielsetzung:

„1. Die Aufstellung der Ziele und Wege deutscher Erziehung und Bildung, gegründet auf das Gedankengut der deutschen Freiheitsbewegung, verbietet jede einseitige fachliche Stellungnahme für oder gegen einzelne Gebiete deutschen Lebens.
Wie alle Unterrichtsgegenstände haben Mathematik und Naturwissenschaften ihr Daseinsrecht im Schulwesen aus ihrer besonderen Bedeutung für den besonderen Wertgehalt des deutschen Menschen und für seine Aufgaben abzuleiten. Die Naturwissenschaften sind im deutschen Wesen verankert durch die innige Naturverbundenheit, die ein bedeutsamer Wesenszug des germanischen Menschen ist seit grauer Vorzeit bis auf den heutigen Tag.
Das Verständnis für die deutsche Landschaft und ihren Zusammenhang mit Leben und Treiben der Bewohner, ferner die Ausbreitung des Rassengedankens im Volke, die allgemeine körperliche Ausbildung und der Unterricht für die allgemeine Volksgesundheitspflege sind nur auf naturwissenschaftlicher Grundlage möglich...
Nicht zuletzt bilden Mathematik und Naturwissenschaften heute eine so wichtige Grundlage jeglichen Heerwesens, daß sie als Unterrichtsfächer nicht zu entbehren sind, wenn der Wehrwille der deutschen Jugend ernsthaft gepflegt werden und die Verwirklichung des Wehrgedankens in jeder Form Verständnis im deutschen Volke finden soll.
Einem lebensvollen, wirklichkeitsverbundenen Unterricht in Mathematik und Naturwissenschaften, wie er sich seit 1904 stetig entwickelt hat, gebührt somit eine wichtige Stellung im Rahmen eines organisch auszubauenden, deutschen Schulwesens."

---

90 Siehe hierzu auch Kapitel 1.4.2.
91 Unterrichtsblätter für Mathematik und Naturwissenschaften 39 (1933), S. 115.
92 Unterrichtsblätter für Mathematik und Naturwissenschaften 39 (1933), S. 113 f.

Die zweite Resolution stellte ein eindeutiges Bekenntnis für die hohe Bedeutung der Biologie für Volkstum und Kultur, für die Eugenik und die „Befreiung des Volkskörpers von erblicher Minderwertigkeit“ dar.
Die Dritte zielte über den Schwerpunkt Gas- und Luftschutz auf das Unterrichtsfach Chemie:

„...Der Deutsche Verein zur Förderung des mathematischen und naturwissenschaftlichen Unterrichts begrüßt wärmstens die Absicht der Regierung, den Schulen einen wesentlichen Teil der Aufklärungsarbeit, die den Gas- und Luftschutz betrifft, zu übertragen (Erlaß des Preußischen Ministers des Innern II M 68 f. Nr. 7/32 vom 27.12.32). Die in ihm zusammengeschlossenen Fachlehrer der Naturwissenschaften sind durchaus bereit, in ihrem Unterricht diese wichtige nationale Aufgabe zu übernehmen und sich mit ganzer Kraft zum Wohle des deutschen Volkes für die erfolgreiche Durchführung entschieden einzusetzen. Sie bitten, in den Lehrplänen für den naturwissenschaftlichen Unterricht Belehrungen über Gas- und Luftschutz einzufügen.
Der Deutsche Verein zur Förderung des mathematischen und naturwissenschaftlichen Unterrichts empfiehlt allen seinen Mitgliedern, sich an den für Luft- und Gasschutz veranstalteten Kursen und Einrichtungen zu beteiligen.“

Mit Sicherheit spielte die nicht unberechtigte Befürchtung, das neue Regime könnte die Naturwissenschaften und damit verbunden den naturwissenschaftlichen Unterricht an den Schulen noch stärker dezimieren oder als irrelevant erachten eine große Rolle[93]. In der nationalsozialistischen Machtsicherungsphase, aber auch weiter im Rahmen der Schulreformbewegung bestand der Arbeitsschwerpunkt des Fördervereins dann auch in der Rechtfertigungspolitik der naturwissenschaftlichen Fächer, inklusive Mathematik gegenüber den dem nationalsozialistischen Geist entnommenen Eingrenzungsbestrebungen mit einem dadurch bedingten Bedeutungsverlust. Sonderkundgebungen, Rundfunkvorträge, wie auch die weiter jährlich stattfindende Hauptversammlung sind ganz in dieses Hauptziel eingebettet[94]. Daneben wurden weiter Fortschritte der wissenschaftlichen Forschung präsentiert. Faktisch bedeutete die Unterwerfung unter nationalsozialistische Ideologeme für den hauptsächlich aus Gymnasiallehrern bestehenden Deutschen Verein jedoch den ersten Schritt im Gleichschaltungsprozeß.

2.5.2.2. Der Anschluß des Fördervereins an den NSLB

Die Integration des Fördervereins in den NSLB und die damit erfolgende Auflösung waren somit nur noch eine Frage der Zeit. Doch erst einmal wurden wichtige personelle Veränderungen vorgenommen. In der Geschäftssitzung 1933 wurde u.a. Oberstudiendirektor Hermann Petzold neu in den Vorstand gewählt. Im Beirat saß Professor Walther Franck für das Fachgebiet Chemie[95]. Ernst Dehn wurde Nachfolger des im Juli 1934 an einer Kriegsverletzung verstorbenen Geschäftsführers Zieprecht. Zeitgleich

93 Vgl. Pape, M.: Naturwissenschaft im Faschismus. In: Brämer, R. (Hrsg.): Naturwissenschaft im NS-Staat. Marburg 1983, S. 125-140; hier S. 133.
94 Siehe hierzu Kapitel 3.
95 W. Franck und H. Petzold lösten für das Gebiet der Chemie somit Dr. E. Mannheimer, Mainz, der bis dato Beiratsmitglied und 1. Schriftführer war, umgehend nach der Machtergreifung ab. Weitere Beiratmitglieder für andere Fachgebiete: Marinestudienrat Dr. A. Harnack für Mathematik, Professor Dr. Karl Hahn für Physik, Studienrat Dr. Philipp Debdolla für Biologie, Studienrat Dr. F. Knieriem für Erdkunde.

wurde die Gelegenheit genutzt auch einen Schriftleitungswechsel[96] der Vereinszeitschrift „Unterrichtsblätter für Mathematik und Naturwissenschaften" zu vollziehen. Begründet wurde dies folgendermaßen[97]:

„Es war begreiflicherweise immer dringender aus den Kreisen der Mitglieder heraus gefordert worden, die Schriftleitung einem Mitgliede zu übertragen, das schon durch längere Mitgliedschaft in der Partei ganz in der nationalsozialistischen Ideenwelt lebte."

So schied der Mathematiker Karl Georg Wolff im Laufe des Jahres 1934 aus, kommissarisch übernahmen die Vorstandsmitglieder Erich Günther (Physiker und Mathematiker) und Philipp Debdolla (Biologe) die Unterrichtsblätter. Zum 1. Februar 1935 wurde der Mathematiker Bruno Kerst Schriftleiter. Bereits auf der nächsten Hauptversammlung in Kiel erfolgte am 17. April 1935 der korporative Beitritt des Fördervereins zum NSLB[98]. Eingegliedert in das Reichssachgebiet „Mathematik und Naturwissenschaften" sollten gemeinsame Arbeitsgemeinschaften unter Leitung der NSLB-Sachbearbeiter gegründet werden, auch „unter Einbeziehung der diesem bereits angeschlossenen Verbände: Deutscher Biologenverband und Deutscher Naturkundeverein". Den Fördervereinsmitgliedern wurde gleichzeitig nahelegt die Einzelmitgliedschaft beim NSLB zu beantragen. Die Unterrichtsblätter veröffentlichten nun auch die Nachrichten des NSLB, was sich auch im Zeitschriften-Untertitel „Körperschaftliches Mitglied des NSLB" niederschlug.
Im April 1937 wurde der Deutsche Verein zur Förderung des mathematischen und naturwissenschaftlichen Unterrichts formal aufgelöst. Aus Statutengründen wurde diese erst ein Jahr später am 11. April 1938 in München offiziell[99].

„1. Der FV geht, vorbehaltlich der durch die Satzungen vorgeschriebenen Beschlußfassungen, mit dem heutigen Tage, dem 2. April 1937, vollständig in das RSGMN des NSLB über, wobei das RSG die Fächer Mathematik, Physik und Chemie umfaßt.
2. Aus den Hauptversammlungen des FV werden die Tagungen des RSGMN unter Zuziehung des RSG Biologie.
3. Die Unterrichtsblätter für Mathematik und Naturwissenschaften werden unter der seitherigen Schriftleitung des Pg. KERST die Zeitschrift der Arbeitsgemeinschaft zwischen dem RSGMN einerseits und dem RSG Biologie andererseits, dadurch, daß der Sachbearbeiter für Rassenkunde des NSLB, Pg. ZIMMERMANN, als Mitarbeiter für die Biologie in die Schriftleitung eintritt."

Aus den Unterrichtsblättern verschwand der Förderverein namentlich völlig. Die Zeitschrift trägt ab jetzt den Untertitel „Fachorgan des Reichssachgebiets Mathematik und Naturwissenschaften des NSLB". Zum Zeitpunkt der Gleichschaltung konnte der Förderverein durch beträchtlichen Mitgliederschwund, der nur durch intensive Werbean-

96 Vgl. Eilers 1963 (siehe Anm. 58), S. 10: „Kennzeichnend für den nationalsozialistischen Zugriff auf die Fachpresse war das Bestreben, die bestehenden Blätter zu erhalten und nur ihr inneres Gesicht umzugestalten, um die Leserschaft des alten Blattes zu übernehmen und allmählich auf die neue Ausrichtung der Zeitschrift einzustellen."
97 Lorey, W.: Der Deutsche Verein zur Förderung des mathematischen und naturwissenschaftlichen Unterrichts e.V. 1891-1938. Frankfurt / Main 1938, S. 111
98 Vgl. hierzu die Vereinsmitteilungen. In: Unterrichtsblätter für Mathematik und Naturwissenschaften 41 (1935), S. 145 f.
99 Bericht über die 39. Hauptversammlung in Nordhausen am Harz. In: Unterrichtsblätter für Mathematik und Naturwissenschaften 34 (1937), S. 97-108; hier S. 106.

strengungen und sogar Herabsetzung des Zahlbeitrags einigermaßen in Grenzen gehalten werden konnte, 3247 Mitglieder ausweisen.
Brämer wertet diesen Punkt zu Recht als Indiz einer Aversion der Gymnasiallehrer-Basis gegen den Integrationsprozeß. Die vom NSLB ausgehenden gleichmacherischen Tendenzen mit dem Gros der Volksschullehrer wurden ganz ähnlich wie beim Philologenverband abgelehnt[100].
Daß die vollständige Verschmelzung des Fördervereins im NSLB keinesfalls auf freiwilliger Basis erfolgte, merkt selbst Lorey 1938 an[101]:

„Der Versuch den Förderverein als selbständige Organisation zu erhalten erwies sich als unmöglich, zumal die Biologie wegen ihrer Bedeutung im Dritten Reich ein besonderes Reichssachgebiet innerhalb des NSLB bildet."

Hier klingen als weiterer Punkt „Schwierigkeiten in bezug auf die Biologie"[102] an. Der „Deutsche Biologen Verband" (DBV) hatte faktisch schon 1935 korporativ wie in Einzelmitgliedschaft seine Integration in das ältere Reichssachgebiet Biologie betrieben und dabei den DBV-Vorsitzenden Ernst Lehmann, Tübingen, als Reichssachbearbeiter einführen können[103]. Das jüngere Reichssachgebiet Mathematik und Naturwissenschaften wurde seit 1937 kommissarisch vom zum damaligen Zeitpunkt schon ersten Vorsitzenden des Fördervereins, Oberstudiendirektor Kuno Fladt, Tübingen, geführt[104]. Spitzenfunktionäre des Vereins übernahmen nun verstärkt Positionen von mathematisch-naturwissenschaftlichen Gausachbearbeitern innerhalb der NSLB-Landesverbände. Reichsreferent für Chemie innerhalb des RSGMN war seit 1936 Walther Franck. Um weiter Einflußnahme auf die zweckgebundenen Ziele von Mathematik und Naturwissenschaft zu nehmen, wurde die organisatorische Notwendigkeit eines vollständigen Gleichschaltungsprozesses erkannt.

2.5.2.3. Das Reichssachgebiet Mathematik und Naturwissenschaften im NSLB

Im NSLB waren die Chemie betreffende Aufgabengebiete des Fördervereins innerhalb der Abteilung Erziehung und Unterricht in das Reichssachgebiet „Mathematik und Naturwissenschaften" (RSGMN) eingeteilt. Die Haupttätigkeit des Reichssachgebietes bildete die weltanschauliche, fachdidaktische und teilweise auch fachwissenschaftliche Schulung der Chemielehrer. Auf Kreis-, Gau- und Reichsebene wurden entsprechende Sprechstunden mit Erfahrungsaustausch, Vorträge, Tagungen und Schulungslager abgehalten. In Viertel- und Jahresberichten hatten die einzelnen Sachbearbeiter für Chemie bzw. die Gaufachschaftsleiter an das Gauamt für Erzieher des NSLB in Bayreuth

100 Brämer, R.: Platz an der Sonne. Naturwissenschaft in der nationalsozialistischen Schule. In: Brämer (siehe Anm. 93), S. 103-123; hier S. 112.
101 Lorey (siehe Anm. 97), S. 118.
102 Bericht über die 39. Hauptversammlung (siehe Anm. 99), S. 105.
103 Vgl. Bäumer (siehe Anm. 8), S. 24-31.
104 Aufgrund von Arbeitsüberlastung – so die offizielle Begründung – war 1936 der langjährige 1. Vorsitzende Erich Günther aus dem Vorstand ausgeschieden, er blieb allerdings Ausschußmitglied.

ihre Aktivitäten zu dokumentieren[105]. Die inhaltlichen Schwerpunkte der Arbeit waren hierbei vom Reichssachbearbeiter, teilweise auch vom Gausachbearbeiter vorgegeben. So mahnt exemplarisch ein 6seitiges Rundschreiben im Gau Hessen-Nassau (hessischer Teil) an die Kreisfachschaftsleiter der Fachschaft II (Höhere Schule) vom 20. Oktober 1935 die enge Anlehnung an die Biologie an[106]:

„Anweisungen und Richtlinien für die Fachschaftsarbeit.
... „Ich betone nochmals, dass nach wie vor das Thema *‚Rasse und Schule'* im Mittelpunkt unserer Facharbeit steht. Aber damit, dass in den Arbeitsgemeinschaften ein paar Vorträge aus diesem Gebiet gehalten werden, ist es nicht getan. Es muss organisch vorgegangen und *nach einem im Voraus festzulegenden Plan* gearbeitet werden. ...
Chemie:
1. Behandlung einiger Lebensbilder großer Chemiker auf rassischer Grundlage.
2. Die nationalpolitische Bedeutung der Erzeugungsschlacht und ihre Auswertung auf den Chemieunterricht.
3. Chemieunterricht und Luftschutz. Als Grundlage dienen der letzte Regierungserlaß sowie das kürzlich erschienene Werkchen „Versuche zum Luftschutz" von Petzold-Scharf (Teubner-Verl.)
4. Vorschläge zur Lehrbuchfrage
gez. Dr. Spalt (stellv. G.F.L.) gez. Dr. Ratz (Gaufachschaftsleiter)"

Als Kontroll- und Zensurmaßnahme des NSLB kam die Begutachtung des chemiebezogenen pädagogischen Schrifttums hinzu. Auf Reichslehrgängen der Gausachbearbeiter für Mathematik und Naturwissenschaften wurden unterrichtsrelevante Fragestellungen (Lehrerausbildung / naturwissenschaftliche Arbeitsgemeinschaften / Verhältnis Volksschule zu Höherer Schule) erörtert. In regionaler Aktivität wurden auch Schullehrpläne aufgestellt. Der Einfluß des Reichssachgebietes auf die Abfassung der amtlichen Lehrpläne war allerdings sehr beschränkt.
Die bisherige Hauptversammlung des Fördervereins wurde zwecks nahtlosem Übergang zur Tagung des RSGMN. Die erste und auch einzige in den Unterrichtsblättern ausführlich dokumentierte Tagung fand unmittelbar im Anschluß an die offizielle Fördervereins-Auflösung vom 10. bis 14. April 1938 in Zusammenarbeit mit dem Reichssachgebiet Biologie am Tagungsort München statt. Unter dem Leitgedanken „Geistige Arbeit und Erziehung" und dem Führerwort vom 21. März 1934 „Der deutsche Ingenieur und Techniker, unsere Physiker und Chemiker, sie gehören zu den Bahnbrechern auf dieser Welt", wurde hier u.a. über den Chemielehrplan diskutiert[107]. Die für Pfingsten 1940 geplante Reichstagung[108] fiel aus.

---

105 Zahlreiche Vierteljahresberichte des RSGMN befinden sich im BA Berlin im nicht durchnumerierten Aktenordner NS 12-826, vereinzelt Jahresberichte der Fachschaft II „Höhere Schule" einzelner Gaue im ebenfalls nicht durchnumerierten Aktenordner NS 12-908. Als vergleichsweise sehr aktiv kristallisiert sich hierbei der Gau Hamburg heraus, zurückzuführen auf das Engagement des Sachbearbeiters für Chemie Walther Franck.

106 Dieses Rundschreiben gehört zum Aktenordner NS 12-826.

107 1. Tagung des Reichssachgebietes Mathematik und Naturwissenschaften im NS-Lehrerbund. In: Unterrichtsblätter für Mathematik und Naturwissenschaften 44 (1938), S. 65-69. Siehe auch Kapitel 4.4.

108 Vgl. hierzu: Bericht über den Reichslehrgang der Gausachbearbeiter für Mathematik und Naturwissenschaften im Hause der Deutschen Erziehung in Bayreuth vom 8. bis 13. März 1939. In: Unterrichtsblätter für Mathematik und Naturwissenschaften 45 (1939), S. 202-205; hier S. 205.

Im Zuge der „Stillegung“ des NSLB wurden die Unterrichtsblätter 1943 für die Kriegszeit mit drei weiteren fachdidaktischen Zeitschriften (Praktische Schulphysik, die seit 1936 den Anhang Praktische Schulchemie enthielt; Zeitschrift für den physikalischen und chemischen Unterricht; Zeitschrift für den mathematischen und naturwissenschaftlichen Unterricht) zur Zeitschrift „Mathematik und Naturwissenschaften im Unterricht“ vereinigt[109]. Die Unterrichtsblätter für Mathematik und Naturwissenschaften stellen somit ein Organ des Fördervereins, später eine offizielle Publikation des NSLB dar, die intensiv das Gebiet Chemie und Schule beleuchtet – wertvolles Quellenmaterial für die Untersuchung des Chemieunterrichts im Dritten Reich.

2.6. Zusammenfassung

Stand die Aufgabe der Schule bis zur Machtübernahme Hitlers im Zeichen geisteswissenschaftlicher und reformpädagogischer Theorien[110], mit deren Hilfe die Schüler zu mündigen, selbstbestimmten Menschen erzogen werden sollten, die in Selbstverantwortung handeln und sich dabei selbst verwirklichen sollten, so suchte das NS-Regime die Schule in einem abgestuften Plan ganz in den Dienst seiner „Ideologie“ zu stellen. Der loyale nationalsozialistische Deutsche der bedingungslos für Volk, Führer, Vaterland kämpfen würde, sollte erzeugt werden. „Prinzipiell werden Erziehungsvorgänge instrumentalisiert, als Mittel den Zwecken einer menschenverachtenden Politik unterworfen“[111]. Dabei hatte der Nationalsozialismus keineswegs ein eigenes schlüssiges Erziehungskonzept zu bieten. Schule und Unterricht wurde aber gemäß den nationalsozialistischen Erziehungsgrundsätzen eine neue Rolle zugewiesen. Das neue Verständnis der Schule als Instrument des Staates zur Durchsetzung politisch-propagandistischer Zielsetzungen erforderte wiederum eine inhaltlich-methodische und organisatorische Revision der Schule, der Unterrichtsformen und der Wertigkeit einzelner Fächer. Biologie erfuhr hierbei die stärkste Aufwertung und wurde zum Haupt- und Kernfach in der Schule. Mathematik und Naturwissenschaften mußten um ihre Daseinsberechtigung kämpfen. Die politisch-weltanschauliche Umschulung der Lehrerschaft samt ihrer Gleichschaltung wurde noch vor der Veränderung fachlich-wissenschaftlicher Inhalte wesentliche Voraussetzung zur Erreichung des gesetzten Ziels.

---

109 Gölz, K. / Jansen, W.: Der Chemieunterricht im NS-Staat. Ein Beitrag zur Geschichte der Chemiedidaktik. In: Gesellschaft Deutscher Chemiker, Fachgruppe Geschichte der Chemie. Mitteilung Nr. 4 (1990), S. 34.
110 Siehe hierzu Kapitel 1.
111 Lingelbach, (siehe Anm. 1), S. 296 f.

3. Das Schulfach Chemie: Standortbestimmung und Rechtfertigungspolitik

3.1. Der Stellenwert des Chemieunterrichts unmittelbar nach der Machtergreifung

Nach dem verlorenen ersten Weltkrieg hatten die naturwissenschaftlichen Fächer – und hier insbesondere die Chemie, teilweise die Biologie – im Zuge der 1925er Schulreform eine Abwertung erfahren[1]. Hitlers Erziehungskonzept in „Mein Kampf" deutete eine weitere Zurückdrängung der naturwissenschaftlichen Bildung an[2]. Im Zuge der unmittelbaren NS-Machtsicherungsphase 1933 fanden erste grundlegende Schulreformdebatten statt. Die in der Weimarer Zeit 1931 vorgenommenen Stundenzahlkürzungen wurden bereits im April 1933 wieder aufgehoben[3], die Mehrstundenzahl kam jedoch der Leibesertüchtigung, den deutsch-germanischen Fächergruppen und der Biologie zugute. Das Fach Biologie erfuhr primär zwecks ideologischer Untermauerung der nationalsozialistischen Rassenpolitik eine immense Aufwertung. Sind somit für den Schulunterricht der Biologie gleich mit Beginn der Machtergreifung 1933 deutliche Spuren einer geplanten Schulreform, zur „Anordnung im Biologieunterricht" und zur Lehrplanfrage[4] zu finden, so ist hiervon im Fachgebiet der Chemie noch nichts zu spüren. Die Chemie fand in einem Gutachten von Stuckart / Benze über „Notwendige Reformen im höheren Schulwesen"[5] vom August 1933 keinerlei explizite Erwähnung. Angesichts der wissenschaftsfeindlichen Parolen der Nationalsozialisten[6], den Schmähungen gegenüber Bildung und Wissenschaft, die der nationalsozialistische Parteikader gerade zu Beginn des „tausendjährigen" Reiches kundtat sowie dem Vorwurf, die modernen Naturwissenschaften hätten die Welt in den Materialismus und Intellektualismus geführt, mußte die Chemie als ein Fach der Naturwissenschaften um ihren Stellenwert bangen. Die Chemie als Schulfach erschien zu theorielastig und wenig nützlich für Hitlers Ziele[7].

In Fachdidaktikerkreisen der Mathematik, Physik und Chemie ging die Angst um, ihr Fach könne in die Bedeutungslosigkeit absinken. Das nationalsozialistische Bekenntnis

---

1 Siehe hierzu Kapitel 1.

2 Siehe hierzu Kapitel 2.1.

3 Benze, R.: Der Umbruch der Schulerziehung im Spiegel grundlegender Reichserlasse. In: Deutsche Schulerziehung. Jahrbuch des Zentralinstituts für Erziehung und Unterricht. Berlin 1939, S. 15-41 hier S. 18.

4 Vgl. hierzu Richard, I.: Zur Schulreform Die „Anordnung" im Biologieunterricht. In: Unterrichtsblätter für Mathematik und Naturwissenschaften (39) 1933, S. 52-54. Vgl. auch Lambrecht, E.: Lehrplanfragen im Biologieunterricht. In: Unterrichtsblätter für Mathematik und Naturwissenschaften (39) 1933, S. 54-58. Zur Bedeutung der Biologie im nationalsozialistischen Erziehungsprogramm siehe auch Bäumer, Ä.: NS-Biologie und Schule. Frankfurt / Main 1992, S. 39-49.

5 Siehe hierzu Kapitel 2.4.1.

6 Vgl. Brämer, R. / Kremer, A.: Der unaufhaltsame Aufstieg des naturwissenschaftlichen Unterrichts. Soznat Blätter für soz. Aspekte des naturwissenschaftlichen Unterrichtes (1980), Teil 1, Heft 2, S. 3-23. Brämer / Kremer führen auf Seite 7 an, daß gerade die wissenschaftliche Höhe der Naturwissenschaften zu den ersten Anfeindungen durch die Nationalsozialisten geführt haben.

7 Gölz, K. / Jansen, W.: Der Chemieunterricht im NS-Staat. Gesellschaft Deutscher Chemiker. Fachgruppe Geschichte der Chemie. Mitteilung Nr. 4, 1990, S. 23-36, hier S. 25. Ebenso Bäumer, Ä.: NS-Biologie und Schule. Frankfurt / Main 1992, S. 218.

des „Deutschen Vereins zur Förderung des mathematischen und naturwissenschaftlichen Unterrichts“[8], die ideologische Anbiederung der naturwissenschaftlichen Gymnasiallehrer gegenüber den neuen Machthabern, wird aus dieser Angst um Beschneidung des naturwissenschaftlichen Unterrichts verständlich. Gleichzeitig war dies der Beginn einer einsetzenden Rechtfertigungs- und Verteidigungspolitik. Die einzelnen Bedeutungsebenen der Naturwissenschaften an sich oder der einzelnen Fächer wie Chemie im besonderen aufzuzeigen, Daseinsberechtigung und Wert den neuen Machthabern begreiflich zu machen, wurde oberstes Gebot des Fördervereins als selbstberufener Vertretung der naturwissenschaftlichen Lehrerschaft. Es galt die Überlegung: Erst ein offensichtlicher Nutzen für den NS-Staat könnte die zukünftig federführenden Schulpolitiker dazu bewegen, u.a. die Chemie im Stundenplan nicht drastisch zu kürzen. Der Kampf um die Stundenzahl in den einzelnen Fächern war gleichzeitig der Kampf um Ansehen, Einfluß und Macht[9]. Inwieweit mittels einer nationalsozialistischen Orientierung des Schulfachs hier Erfolge erzielt werden konnten, soll im folgenden genauer untersucht werden.

3.1.1. Diskussion unter Chemielehrern: Der Bildungswert des Faches

Gegen Ende der Weimarer Republik hatte unter Chemielehrern eine kuriose Diskussion um Sinn und Stellenwert des Unterrichtsfaches Chemie eingesetzt, die angesichts der gewandelten politischen Lage für die einsetzende Rechtfertigungspolitik nur als äußerst destruktiv gewertet werden kann. Ein kurzer Rückblick[10]: Der Düsseldorfer Chemielehrer Fritz Grüters plädierte auf der Argumentationsbasis eines geringen Bildungs-, Geistes- und Kulturwertes des chemischen Unterrichts für eine drastische Stundenreduzierung, für die Prima sogar für eine Streichung des Faches Chemie aus dem Lehrplan, zugunsten etwa der Physik. Er reduzierte die Chemie lediglich auf ein „Mosaikspiel mit etwa 90 verschiedenen Steinchen“, der Chemiker erscheine dem Außenstehenden „als ein Zauberer“[11]. Mit Beweisen untermauert hat Grüters seine Behauptungen nicht. An dieser Stelle sollen die zur Weimarer Zeit noch vehement, teilweise in sarkastisch-ironischem Unterton angeführten wesentlichen Gegenargumente nur kurz formuliert werden: Hauptgesichtspunkte waren der Vorwurf eines fehlgeleiteten Chemie-Verständnisses Grüters und die Notwendigkeit, den Schülern klares, logi-

8 Vgl. hierzu Kapitel 2.5.2.1.

9 Vgl. Scholtz, H.: Erziehung unterm Hakenkreuz. Göttingen 1985, S. 63: „Allgemein stand 1933/34 in den Zeitschriften der Philologen die Legitimation des jeweiligen Faches gegenüber der nationalen Aufgabenstellung im Vordergrund. Es handelte sich um den kollektiven Existenzkampf der einzelnen Berufssparten um ihren Anteil am Lehrerdeputat.“

10 Vgl. hierzu Kapitel 1.5. Grüters, F.: Verzicht auf die Chemie in der Prima des Realgymnasiums! In: Monatschrift für Höhere Schulen 30 (1931), S. 487-489. Entgegnungen: Winderlich, R.: Chemie als Erkenntniswissenschaft. In: Monatschrift für höhere Schulen 30 (1931), S. 750-754. Mannheimer, E.: Verzicht auf die Chemie in der Prima des Realgymnasiums! In: Unterrichtsblätter für Mathematik und Naturwissenschaften 37 (1931), S. 209 f. Zeidler; W.: Meuchelmord an der Chemie? In: Monatschrift für höhere Schulen 31 (1932), S. 65-68. Erneute Erwiederung von Grüters, F.: Die Bildungsmöglichkeiten im Chemieunterricht. In: Monatschrift für höhere Schulen 31 (1932), S. 279-289.

11 Grüters (siehe Anm. 10), S. 488.

sches Denken zu vermitteln, um gerade dem „abergläubischen Respekt“[12] vorzubeugen. Das Erkennen von Regelwerken, die mathematisch-rechnerischen Methoden der Chemie sowie Beispiele für kulturell und volkswirtschaftlich relevante Forschungsergebnisse der Chemie wurden angeführt. Der Erkenntnis- und pädagogische Wert der Chemie wurde herausgehoben. Grüters erwiederte auf die dreifache scharfe Zurückweisung seiner aufgestellten Thesen mit weitergehenden Ausführungen in einem 10seitigen Aufsatz „Die Bildungsmöglichkeiten im Chemieunterricht“ und fand 1933 in dem Chemielehrer Hermann Baumann (Bederkesa), der Chemie lediglich „Schulungswert“ („Schulung ist Übung“), aber keinen „Bildungswert“ zuschrieb[13], eine Stütze. Während Grüters die Chemie allerdings zugunsten der Physik verdrängen wollte, versuchte Baumann dies zugunsten der Biologie.
Mit dem Ziel, das beschädigte Chemiebild wieder aufzurichten, griff Studienrat Franz Berlage (Hannover) im August 1933 die unerfreuliche Diskussion in der Abhandlung „Kampf im eignen Lager“ noch einmal auf[14].

„In einer Zeit in der die naturwissenschaftlichen Fächer schwer um ihre Daseinsberechtigung kämpfen, haben es zwei Fachlehrer der Chemie unternommen, den Chemieunterricht in den Oberklassen für entbehrlich zu erklären.“

Unter Hinzuziehung von Zitaten bildungspolitischer Größen wie Kerschensteiner und Spranger führte er die Bildungsdefinitionen von Grüters und Baumann ad absurdum[15]:

„Es ist kein Wunder, daß bei so unklarer Fassung dessen, was man unter Bildung verstehen will, auch das Urteil der beiden Verfasser über den Bildungswert eines Unterrichtsfaches zu Fehlergebnissen führen muß.“

Indem Berlage die Bedeutung wichtiger chemischer Inhalte, wie Ionentheorie, industrielle Herstellungsprozesse und Mineralogie hervorhob, die Grüters in seinem Überblick über Chemieinhalte nicht erwähnt oder als „verzwickten Chemismus“ (S. 287) abgelehnt hatte, zeigte er Grüters Unwissenheit bzw. oberflächliche Betrachtungsweise auf. Dabei war er sich dennoch der potentiell negativen Auswirkungen der Grüterschen Darlegungen für den Chemieunterricht bewußt[16]:

„Was durch Veröffentlichungen nach Art der GRÜTERschen alles angerichtet werden kann, wird die Zukunft zeigen.“

Die auf den ersten Blick skuril und daher unwichtig anmutende Diskussion darf in ihrer Auswirkung auf andere Fachgruppen, aber auch den in Köpfen der neuen Führungsschicht herrschenden Ressentiments gegenüber dem Chemieunterricht, nicht unterschätzt werden. Grüters und Baumann hatten mit Bedacht zur Bekanntmachung ihrer Thesen keine rein naturwissenschaftliche Zeitschrift, sondern die „Monatschrift für

---

12 Winderlich (siehe Anm. 10), S. 754.
13 Baumann, H.: Schulungswert und Bildungswert. In: Monatschrift für höhere Schulen 32 (1933), S. 167-169; hier S. 167.
14 Berlage, F.: Kampf im eignen Lager. In: Unterrichtsblätter für Mathematik und Naturwissenschaften 39 (1933), S. 278-281; hier S. 278.
15 Berlage (siehe Anm. 14), S. 279.
16 Berlage (siehe Anm. 14), S. 280.

höhere Schulen“ gewählt. Mit dieser konnte ungleich mehr Außenwirkung erzielt werden. Die vom Herausgeber der Monatschrift im Anschluß an die Baumannsche Veröffentlichung gemachte Anmerkung, die Ausführungen dienten dazu, die Anordnung des naturwissenschaftlichen Unterrichts auf der höheren Schule in Gang zu bringen, sprechen für sich[17].

3.2. Die Rechtfertigung von Naturwissenschaft, insbesondere Chemie

Die verfolgte Argumentationsschiene lief auf eine allgemeine Stütze von Mathematik und Naturwissenschaft hinaus, die dann fächerspezifisch von den Fachdidaktikern[18] vertieft wurde. Durch Eingaben an die Unterrichtsbehörden[19] und Abhandlungen in fachdidaktischen Zeitschriften versuchte man, die Schulverwaltungen für sich zu gewinnen. Buchveröffentlichungen, gut besuchte öffentliche Kundgebungen und Rundfunkvorträge dienten der propagandistischen Verbreitung. Zu Sonderkundgebungen[20] und den jährlichen Hauptversammlungen des Deutschen Vereins zur Förderung des mathematischen und naturwissenschaftlichen Unterrichts wurden regelmäßig neben Vertretern der Ministerien und Schulverwaltungen auch Repräsentanten aus Hochschule, Militär und Wirtschaft eingeladen. Die Gewinnung starker Verbündeter war das Ziel. Argumentativ ordnete man die „wissenschaftliche und unterrichtliche Tätigkeit ganz in den Dienst des völkischen Staates“[21] ein. Dominierten vor 1933 im Veröffentlichungsorgan „Unterrichtsblätter für Mathematik und Naturwissenschaften“ noch

17 Der bildende Wert der Chemie wurde 1933/34 noch mehrmals aufgegriffen. So geschehen bei Tiedge, E.: Mathematik und Naturwissenschaften an der neuen deutschen Schule. In: Unterrichtsblätter für Mathematik und Naturwissenschaften 39 (1933), S. 250-254; hier S. 253: „Es geht auch nicht an, zum Beispiel der Chemie, ohne die ein tieferes Eindringen in die Biologie gar nicht möglich ist, nur ‚Schulungswert‘ zuzuschreiben.“ Ebenso bei Franck, W.: Zur Schulreform. Ziele des Chemieunterrichts. In: Unterrichtsblätter für Mathematik und Naturwissenschaften 40 (1934), S. 68-70; hier S. 68: „ Diese Gedankengänge entspringen einem Fachindividualismus, der vielleicht den Anschauungen vergangener Jahrzehnte entsprach, der aber zu der Denkweise einer Zeit, die daran geht, die Mannigfaltigkeit ihrer geistigen Strömungen zu einer Totalität zusammenzufassen, in eigenartigem Gegensatz steht.“ Anderer Meinung ist hingegen Scholich, K.: Die Naturwissenschaften auf der Oberstufe. In: Monatschrift für höhere Schulen 32 (1933), S. 327-330. Scholich gesteht zwar der Chemie durchaus noch Bildungswert zu, insgesamt ordnet er sie aber als Teilgebiet der Physik ein, so daß in der Oberstufe kein Chemieunterricht mehr stattzufinden braucht.

18 Deutlich ist mit der durch Geschäftssitzung auf der 35. Hauptversammlung 1933 des Fördervereins erfolgten Ablösung des Beirats- und Vorstandsmitglieds für Chemie Dr. E. Mannheimer, Mainz, durch Prof. Dr. W. Franck (Beirat) und Dr. H. Petzold (Vorstand), der personelle Bruch mit der Vergangenheit zu spüren. Als Folge taucht im Publikationsorgan „Unterrichtsblätter für Mathematik und Naturwissenschaften“ ab Heft 5, 1933, die Chemie sowohl mengenmäßig wie auch inhaltlich stärker nationalsozialistisch ausgerichtet in den Unterrichtsblättern auf.

19 Unterrichtsblätter für Mathematik und Naturwissenschaften 40 (1934), S. 157.

20 Vgl. Lorey, W.: Der deutsche Verein zur Förderung des mathematischen und naturwissenschaftlichen Unterrichts e.V. 1891-1938. Frankfurt / Main 1938, S. 107-109. Lorey schildert die Extra-Kundgebung in Berlin vom 17. Oktober 1933, ähnliche Kundgebungen in München und Stuttgart Anfang des Winters 1933 und die Unterstützung durch den Bayerischen Fachlehrerverband für Chemie und Naturwissenschaften. „Zu einer ganz großen Kundgebung gestaltete sich die 35. Hauptversammlung Ostern 1934 in Berlin.“ (S. 108)

21 Unterrichtsblätter für Mathematik und Naturwissenschaften 40 (1934), S. 309.

Aufsätze über didaktische Problemstellungen und öffentliche Diskussionen über pädagogische Fragen, so liegt der Schwerpunkt 1933/34 auf Abhandlungen über die vaterländischen Aufgaben und Pflichten des mathematisch-naturwissenschaftlichen Unterrichts.

3.2.1. Die wegweisenden Ansätze Kersts und Winderlichs auf der 35. Hauptversammlung des Fördervereins 1933

Neben dem nationalsozialistischen Bekenntnis[22] verdienen zwei Vorträge der 35. Hauptversammlung des Deutschen Vereins zur Förderung des mathematischen und naturwissenschaftlichen Unterrichts besondere Erwähnung, da hier erstmals wesentliche, später immer wieder vorgefundene Argumentationspunkte anklingen: „Mathematik und Naturwissenschaft im deutschen Erziehungswesen" des Mathematikers Bruno Kerst[23] und „Biologie, Chemie und Heilkunde" des Chemielehrers Rudolf Winderlich[24].

Indem Kerst die Erziehungsgedanken Hitlers und Schemms aufgreift und bestätigt, gelangt er zu dem propagandistischen Schluß:

> „Heute kann das Ziel nur sein, den jungen deutschen Volksgenossen zum deutschen Staatsbürger heranzubilden, in ihm zu pflegen, was deutscher Art ist, ihn fähig zu machen zu tätiger fördernder Teilnahme am Leben der deutschen Volksgemeinschaft. Diese beiden Forderungen allein, nicht aber einseitig fachliche Gesichtspunkte entscheiden, inwiefern einzelne Gebiete an der Erziehungsarbeit zu beteiligen sind.
> Auf dieser einfachen, eindeutigen Grundlage fragen wir nun, welche Stellung den in unserem Förderungsverein vertretenen Fächern im Rahmen eines deutschen Erziehungsprogramms zukommt... (S. 145)
> ...das heißt, wir fragen, ob Mathematik und Naturwissenschaften der besonderen Wesensart des deutschen Menschen innerlich verbunden sind, und inwieweit sie nötig sind für eine Erziehung, die abzielt auf den tätigen, ins Leben der deutschen Volksgemeinschaft eingegliederten Volksgenossen." (S. 146)

Auf die Naturwissenschaften bezogen sei die Antwort leicht, so Kerst, denn „Naturverbunden ist deutsches Denken und Fühlen seit grauer Vorzeit" (S. 146). Dabei betont er zusätzlich, daß die größte wissenschaftliche Gesellschaft der Erde gerade die Gesellschaft Deutscher Naturforscher und Ärzte sei. Den „Gedanken der Volksgemeinschaft auf rassischer Grundlage" bringt er ins Spiel, indem es eben nicht genüge, „daß an irgendeiner Stelle des Lehrplans ‚Rassekunde' steht. Vielmehr muß der gesamte Unterricht mit diesem Gedanken durchdrungen sein."[25].

---

22 Siehe hierzu Kapitel 2.5.2.1.

23 Kerst, B.: Mathematik und Naturwissenschaften im deutschen Erziehungswesen. In: Unterrichtsblätter für Mathematik und Naturwissenschaften 39 (1933), S. 145-147. Schon im Juli 1932 (7. Folge) hatte Kerst in der Nationalsozialistischen Lehrerzeitung erstmals angeführt, welche Stellung Mathematik und Naturwissenschaften im Rahmen eines nationalsozialistischen Erziehungsprogramms zukommt.

24 Winderlich, R.: Biologie, Chemie und Heilkunde. In: Unterrichtsblätter für Mathematik und Naturwissenschaften 39 (1933), S. 150-155.

25 Kerst (siehe Anm. 23), S. 146. Auf den mathematischen Abschnitt der Kerstschen Ausführungen wird hier bewußt verzichtet.

Auch die große Bedeutung für Wehrhaftigkeit und Wirtschaft erläutert Kerst, wobei er den Hitlerschen Gedanken[26], einer erst nach der Schule einsetzenden fachwissenschaftlichen Weiterbildung, einbezieht[27]:

„Deutschland ist keine allseitig abgeschlossene Insel; das deutsche Volk muß sich behaupten unter den Völkern der Erde, auch im friedlichen Wettkampf. Es würde sofort von anderen überholt und sehr bald zu völliger Bedeutungslosigkeit herabgedrückt, wenn es in der Technik nicht mindestens Schritt hielte mit den höchstentwickelten Völkern. Die Leistungen auf technischem Gebiete in dem hohen Maße, wie sie heute nötig sind, beruhen zwar zunächst auf gediegener Fachschulung; mittelbar aber hängen sie auch ab davon, wie weit die Grundlagen aller Technik, insbesondere Physik, Chemie und Mathematik, Gemeingut des Volkes sind."

Die Lehrer würden mit Begeisterung für dieses „neue, klare Ziel aller deutschen Erziehung" arbeiten, Erfolg werde dem gesamten Erziehungswerk aber nur beschieden sein, schließt Kerst, „wenn Mathematik und Naturwissenschaften herangezogen werden in dem Maße, wie es aus den angedeuteten Gründen erforderlich ist" (S. 147).
Rudolf Winderlich geht unter dem Motto der Fachsitzung „Zur Ausgestaltung des Unterrichts in der organischen Chemie auf der Oberstufe" mehr auf die chemiespezifischen Belange ein. Die nationalsozialistische Indoktrination spielt insgesamt weniger eine Rolle, stärker betont werden Lebens- und Praxisnähe sowie der Nützlichkeitsaspekt[28]:

„Den natürlichen Zusammenhang zwischen Biologie, Chemie und Heilkunde sollten wir Schulmänner niemals aus den Augen verlieren. Wenn wir ihn zweckmäßig nutzbar machen, gewinnt unser Unterricht an Einheitlichkeit und Lebensnähe und damit an nachhaltiger Wirksamkeit. Bei aller Ehrfurcht vor der reinen Forschertätigkeit, die von allem Nutzen absieht, dürfen wir doch nicht verkennen, daß die angewandte Naturwissenschaft für die Mehrzahl der Volksgenossen einen weit höheren Wert besitzt, denn sie ermöglicht es, die drei Grundgedanken der Schule in gleicher Weise zu berücksichtigen: das formale Üben des Denkens, das reale Erwerben verwertbarer Kenntnisse und Fertigkeiten und das ethische Erziehen zum staatsbürgerlichen Verhalten."

Der aus Hitlers Erziehungskonzept ablesbaren Theoriefeindlichkeit[29] mit womöglich resultierenden negativen Auswirkungen auf die naturwissenschaftlichen Fächer wird durch diese den praktischen Nutzen herausstellende Argumentation faktisch die Grundlage entzogen.
Die Notwendigkeit der Chemie zur Erklärung von Ernährungsvorgängen, zur Erkennung sinnvoller Ernährung, die Bedeutung von Vitaminen wird anhand zahlreicher Beispiele dargestellt, um u.a. zu dem Schluß zu gelangen[30]:

„Wir leisten einen Dienst am Volke, wenn wir die Jugend darüber aufklären, was Vitamine sind, was sie innerhalb der Lebensvorgänge bedeuten und wo sie vorkommen."

Mit dem Themengebiet der Hormone und der Ansprache chemisch-biologischer Gedankengänge schafft Winderlich dann eine direkte Verbindung zwischen Chemie und der durch den Nationalsozialismus schon aufgewerteten Biologie. Indem er die Heil-

26 Hitler, A.: Mein Kampf. München 1937, S. 469.
27 Kerst (siehe Anm. 23), S. 147.
28 Winderlich (siehe Anm. 24), S. 150.
29 Siehe hierzu Kapitel 2.1.
30 Winderlich (siehe Anm. 24), S. 151.

kunde miteinbezieht, weist er gleichzeitig auf die Wichtigkeit der chemischen Forschungsergebnisse Deutschlands hin[31]:

„Nicht vergessen sollten wir, was der englische Physiologe JULIAN HUXLEY über das Germanin gesagt hat: ‚Die deutsche Entdeckung einer chemischen Substanz ‚Bayer 205‘, welche die Schlafkrankheit heilt, ist ein weiterer und höchst wichtiger Schritt vorwärts, um die Tropen bewohnbar zu machen. Diese eine Entdeckung ist für alle Nationen mit tropischen Besitzungen von solcher Wichtigkeit, daß sie auf einen Schlag ins helle Licht rückt, wie verbrecherisch dumm es ist, eine große wissenschaftliche Nation wie Deutschland in eine solche Notlage zu bringen, daß es ihr immer schwerer wird, ihre wissenschaftlichen Forschungen fortzusetzen. Diese Entdeckung wird wahrscheinlich schließlich für die Alliierten finanziell weit wertvoller sein als die ganze Reparationssumme, die sie ursprünglich forderten‘.“

Die Erbgesundheitslehre (Eugenik) wird von Winderlich in ihrer volkswirtschaftlichen Bedeutung erwähnt, wenngleich er eine direkte Verknüpfung mit chemischem Gedankengut nicht zieht. Jedoch führt er an, die Chemie könne für Pflanzen- und Tiersystematik relevant sein. Hierzu zitiert er mehrere Aufsätze aus der Zeitschrift für induktive Abstammungs- und Entwicklungslehre.
Auf die „mancherlei Giftgefahren des täglichen Lebens und der Berufe“ (S. 155) sowie ihre Vermeidung, soll der Schulunterricht ebenfalls aufmerksam machen. Einen emotionalen Schwerpunkt des wertvollen Erziehungsbeitrages des Chemieunterrichtes bildete jedoch der Gas- und Luftschutz, wobei interessanterweise ein zukünftiger Krieg anscheinend durchaus in die Planungen einbezogen wurde[32]:

„Im nächsten Kriege, für den wir Deutschen wehrlos gemacht worden sind, werden die Bombenflugzeuge sicherlich eine der Hauptrollen spielen. Sie werden die gesamte Bevölkerung mit Brand- und Giftgasen überschütten, um ihr Tod und Siechtum zu bringen. Gerade weil wir wehrlos sind, müssen wir das heranwachsende Geschlecht über die drohenden Gefahren aufklären und die Menschen so weit erziehen, daß sie im Falle eines Angriffs nicht kopflos werden,... .
Sollen wir uns willenlos abwürgen lassen? Nein. Wir brauchen einen Luftschutz... .
Auch über diesen Gasschutz muß der Unterricht etwas sagen, über den leichten Gasschutz der Masken und den schweren Gasschutz der Sauerstoffgeräte.“

Gerade dieser letzte Punkt traf vermutlich deutlich den Nerv der Nationalsozialisten. Die auf der gleichen Hauptversammlung verabschiedete Resolution zum Gas- und Luftschutz[33] unterstützte diesen Gedankengang noch.
Wenige Tage später am 29. April 1933 forderte auch Reichsluftfahrtminister Hermann Göring bei der Gründung des Reichsluftschutzbundes von jedem Deutschen, sich in den Dienst des Luftschutzes zu stellen. Diese „hohe nationale Pflicht“ [34] zeige in besonderem Maße die Bedeutung der Arbeit und des persönlichen Einsatzes für die Volksgemeinschaft auf.

31 Winderlich (siehe Anm. 24), S. 155.
32 Winderlich (siehe Anm. 24), S. 154.
33 Siehe hierzu Kapitel 2.5.2.1.
34 Vgl. hierzu Petzold, H.: Schulversuche aus dem Gebiete des Luftschutzes. In Unterrichtsblätter für Mathematik und Naturwissenschaften 40 (1934), S. 368-373; hier S. 368. Sellien, E.: Die höhere Schule im Dienst des Luftschutzes. In: Monatschrift für höhere Schulen 34 (1935), S. 271-277; hier S. 275.

3.2.2. Naturwissenschaft, Chemieunterricht und Wehrhaftigkeit

Zur Rechtfertigung der naturwissenschaftlichen Fächer suchte der Förderverein Unterstützung im außerschulischen Bereich. Das von Hitler aufgewertete Militär bot sich hierfür an. Die Schulchemiker konnten unter Rückgriff auf ihre Erfahrungen aus dem ersten Weltkrieg mit ihrer militaristischen Tradition sogleich argumentativ wieder auf die wehrwissenschaftliche Bedeutung ihres Faches verweisen[35]. Ewald Banse, u. a. Referent im Wehrpolitischen Amt der Reichsleitung der NSDAP, legte mit seinen Ausführungen über die auch an der Hochschule neu eingeführte Disziplin Wehrwissenschaft hierfür eine hervorragende Grundlage[36]:

„Die Erkenntnisse der Physik und Chemie, der Mathematik und der Biologie vereinigen sich hier, um dem Menschen Kräfte dienstbar zu machen, von denen sich frühere Zeiten, vielfach sogar sehr nahe, nichts träumen ließen.“

Die Abhandlungen von Heft 7/1933 der „Unterrichtsblätter für Mathematik und Naturwissenschaften“ sind ausnahmslos den Themen Wehrwissenschaft und Stellung der Naturwissenschaften gewidmet. Wegweisend auf dem Gebiet „Chemieunterricht und Wehrhaftigkeit“[37] ist hierbei der Walter Leonhardt, Dresden. Er streicht v.a. vier Punkte heraus: Die große Bedeutung der Chemie für die Kriegführung – untermalt durch zahlreiche anschauliche Beispiele des Gaskampfes im 1. Weltkrieg –, die kriegswichtigen Verdienste der Wirtschaft[38], den aus dem Gaskampf resultierenden Gas- und Luftschutz sowie die charakterliche Stärkung des Jugendlichen in Wehrgesinnung[39].

„Die Chemie ist seit der Erfindung des Schießpulvers für die Kriegführung von ausschlaggebender Bedeutung geworden und hat seit dem Weltkriege durch die Verwendung giftiger Gase als Kampfmittel an Bedeutung nur zugenommen...Wie sehr die moderne Kriegführung von der Leistungsfähigkeit der chemischen Industrien abhängt, auch von denjenigen, die gar keine Kampfstoffe sind, sondern z.B. nur harmlose Düngemittel herstellen, das hat der Weltkrieg überzeugend bewiesen. Angesichts dieser Tatsache erscheint die Frage berechtigt, ob der chemische Schulunterricht in der Lage ist, zur Stärkung der Wehrkraft beizutragen. Die Frage muß ohne Vorbehalt bejaht werden. Insofern der Gasschutz in sein Arbeitsbereich gehört, kann er für eine der Landesverteidigung dienende Jugenderziehung sogar in ganz hervorragendem Maße nutzbar gemacht werden.“

Leonhardt gibt nicht nur zahlreiche wehrwirtschaftliche Beispiele und zeigt den erziehlichen Wert der Schieß- und Sprengstoffbehandlung auf, er untermauert dies gleichzei-

35 Vgl. auch Brämer, R.: Platz an der Sonne. Naturwissenschaft an der nationalsozialistischen Schule. In: Brämer, R.: (Hrsg.): Naturwissenschaft im NS-Staat. Marburg 1983, S. 104-123. Brämer, R. / Kremer, A.: Der unaufhaltsame Aufstieg des naturwissenschaftlichen Unterrichts. In: Soznat Blätter für soziale Aspekte des naturwissenschaftlichen Unterrichtes. (1980), Teil 2, S. 6-15.

36 Banse, E.: Wehrwissenschaft. Einführung in eine neue nationale Wissenschaft. Leipzig 1933, S. 31.

37 Leonhardt, W.: Chemieunterricht und Wehrhaftigkeit. In: Unterrichtsblätter für Mathematik und Naturwissenschaften 39 (1933), S. 235-241.

38 Siehe Kapitel 3.2.3.

39 Leonhardt (siehe Anm. 37), S. 235.

tig durch didaktische Hinweise zur Unterrichtsgestaltung. Größten Wert legt er auf den Gasschutz[40]:

„Die bei weitem wichtigste Aufgabe, die dem chemischen Unterricht im Hinblick auf eine notwendig werdende Landesverteidigung zufällt, ist die Aufklärung der Schüler über Gasschutz. Im Kriege der Zukunft wird sich die Vergasung 'voraussichtlich auf weite Geländezonen erstrecken, so daß die Schlachtfelder der Zukunft ständig mit Gas gesättigt und nur im Gasschutz betretbar sein werden[41].' Auch die Zivilbevölkerung muß mit Gasangriffen, und zwar aus der Luft rechnen. ... Der Gaskampf stellt ... an Nervenkraft, Intelligenz und Moral der Kämpfenden die höchsten Ansprüche. Diese Feststellung ist es, die eine eingehende Behandlung des Gasschutzes im chemischen Schulunterricht nicht nur rechtfertigt, sondern zur Pflicht macht,...“[42]

Insgesamt stellt das Thema Wehrchemie in den Jahrgängen 1933 bis 1935 der Unterrichtsblätter ein zentrales Thema dar[43]. 1934 wurde mit der Begründung, bei der „Frage um die Zukunft unserer Fächer in der bevorstehenden Schulreform“ (S. 220) werde ihre Stellung zur Wehrbarmachung nicht ohne Bedeutung sein, sogar eine Rubrik „Wehr-Ecke“[44] eingerichtet, in der führende Offiziere ihre Meinung kundtaten. Im Reichswehrministerium fand die Schulung für die Wehrhaftigkeit des deutschen Volkes deutlichen Widerhall. Erstmals auf der 36. Hauptversammlung des Fördervereins 1934 in Berlin sprach sich mit Admiral Dr. Conrad ein Wehrmachtsvertreter über die Notwendigkeit naturwissenschaftlicher Schulung aus[45]. Die aktive Bündnispolitik des Fördervereins mit Wehrmacht und dahinterstehender Rüstungsindustrie bot schließlich beiden Seiten Vorteile: Die Wehrmacht bedurfte anfangs noch einer ideologischen Aufwertung im Volk und insbesondere in der Jugend. Ein wehrwissenschaftlich ausgerichteter Chemieunterricht legte die einstellungs- und wissensmäßigen Grundlagen des späteren kriegerischen Einsatzes im jugendlichen „Menschenmaterial“. Der Chemieunterricht wahrte sich andererseits seine fachliche Schein-Autonomie, da die Wehrmacht offiziell neutraler Verwalter des Kriegshandwerks blieb[46].

3.2.3. Naturwissenschaft, Chemieunterricht und Wirtschaft

Die allgemeine Affinität der Naturwissenschaften zu letztlich ökonomistischen Ideologien, wie sie sich im Schulbereich immer wieder in der Anbiederung der naturwissen-

40 Leonhardt (siehe Anm.37), S. 236 f.

41 Hanslian-Bergendorff: Der chemische Krieg. Berlin 1925.

42 Aus Sicht des Chemikers ist diese Schlußfolgerung aufgrund des Erfahrungsschatzes des 1. Weltkriegs berechtigt. Die Ausführungen entsprangen der damals allgemein vorherrschenden Geisteshaltung. Nicht vorausgeahnt werden konnte, daß Hitlers Strategen etwa mit der Blitzkriegskonzeption eine völlig neue Art der Kriegführung entwickeln würden. Diese überrumpelte nicht nur das ebenfalls auf den bisherigen Konzeptionen aufbauende Ausland, sondern drängte auch die Bedeutung des Gaskampfes in den Hintergrund. Im 2. Weltkrieg spielte der Gaskrieg faktisch keine große Rolle.

43 Zum gleichen Ergebnis gelangte auch Bäumer, Ä.: NS-Biologie und Schule. Frankfurt / Main 1992, S. 225.

44 Wehr-Ecke. In: Unterrichtsblätter für Mathematik und Naturwissenschaften 40 (1934), S. 220-222.

45 Vgl. hierzu Tagungen und Kurse. Unsere 36. Hauptversammlung in Berlin. In: Unterrichtsblätter für Mathematik und Naturwissenschaften 40 (1934), S. 113. Die Tagung des Fördervereins im Spiegel der Berliner Presse. In: Unterrichtsblätter für Mathematik und Naturwissenschaften 40 (1934), S. 262.

46 Vgl. hierzu Brämer (siehe Anm. 35), S. 112. f.

schaftlichen Fachdidaktier an die Träger dieser Ideologie, vorzugsweise die Wirtschaft, niederschlägt, erwähnen schon Brämer / Kremer[47]. Wirtschaftliche Führung und Autonomie basierten immer auf naturwissenschaftlichen Erfindungen und Erkenntnissen. Nur eine breite naturwissenschaftliche Bildung garantierte neue Erfindungen und somit wieder zukünftige wirtschaftliche Weltgeltung.
Ein Appell an die Lehrerkollegen, den nationalsozialistischen Gedanken von „Blut und Boden“ auch im chemisch-biologischen Unterricht zu verankern, wobei die wirtschaftliche Bedeutung der Landwirtschaft für die deutsche Zukunft hervorgehoben wurde, erschien 1933[48]:

„Wir müssen versuchen, unseren Unterricht nach Möglichkeit mit den Forderungen der neuen Zeit in Einklang zu bringen.
Der Nationalsozialismus weist den deutschen Menschen auf den Grund und Boden hin als auf eine Hauptquelle seiner Kraft. Die Beschäftigung mit diesem Boden soll viel mehr als bisher die Lebensgrundlage des Volkes bilden. Bei dieser Grundeinstellung liegt es sehr nahe, die wissenschaftliche Bearbeitung des Bodens und auch seines Gegenpols, des Wassers, als Unterrichtsstoff in den chemisch-biologischen Unterricht der Schulen einzuführen.“

Die durch den Versailler Vertrag gehemmten ökonomischen Triebkräfte als Rechtfertigungsgrundlage zu nutzen, bot sich an. Gerade im Chemieunterricht sollten die innige Verknüpfung von militärischen Bedürfnissen mit der chemischen Industrie ihren Niederschlag finden[49]:

„Die Chemie hat es u. a. mit den Machtmitteln zu tun, die die Kriegführung überhaupt erst ermöglichen, mit den wichtigsten Bodenschätzen, Kohlen und Eisenerzen, aus denen Stahl erzeugt wird, mit den Materialien zur Herstellung der Schieß- und Sprengstoffe, mit den Düngemitteln, die die Volksernährung sichern usw. Die Chemielehrer haben es in den Jahren nach dem verlorenen Kriege für ihre Pflicht gehalten, den Schülern klar zu machen, was Deutschland durch den Raub der lothringischen, saarländischen und oberschlesischen Bodenschätze an Machtmitteln verloren hat, und die meisten Schullehrbücher lassen es an Hinweisen dieser Art nicht fehlen. Man wird in Zukunft derartigen Dingen weit mehr Raum widmen müssen, damit die Jugend die bedrohte Lage Deutschlands auch von diesem Gesichtspunkte aus beurteilen lernt... Zwar werden diese Fragen, zu denen die Behandlung des Versailler Diktatfriedens geradezu zwingt, auch im Geschichtsunterricht behandelt, allein erst der Chemieunterricht, der die Schüler die Beziehungen der Stoffe zueinander verstehen lehrt, kann ihnen einen ganz klaren Einblick in diese Verhältnisse vermitteln. Die Kapitel Kohle, Eisen, Stickstoff, Phosphor, Kali, Erdöl geben reichlich Gelegenheit, mit den Schülern Betrachtungen darüber anzustellen, wie Deutschland in Bezug auf manche Rohprodukte, ohne die eine Kriegführung nicht denkbar ist, stark vom Ausland abhängt, wie es sich in bezug auf andere dank seiner chemischen Technik von ausländischer Zufuhr freigemacht hat.“

Den Gedanken einer kommenden „Erzeugungsschlacht“, also der massiven staatlich geförderten und subventionierten Ankurbelung der Produktion und die Notwendigkeit ihrer Behandlung im Chemieunterricht erwähnte Walther Franck, Hamburg[50]:

---

47 Vgl. Brämer / Kremer (siehe Anm. 35), S. 14 f.
48 Menke, H.: Chemische Untersuchung des Erdbodens im chemisch-biologischen Unterricht der höheren Schulen. In: Unterrichtsblätter für Mathematik und Naturwissenschaften 39 (1933), S. 318-322; hier S. 318.
49 Leonhardt (siehe Anm.37), S. 235 f.
50 Franck (siehe Anm. 17), S. 68.

„Verzicht auf die Chemie wäre auch besonders unzeitgemäß zu einer Zeit, in der die politischen und wirtschaftlichen Führer der ganzen Welt mit dem Problem der Stoffe, ihrer Erzeugung und ihrer Verarbeitung ringen."

Bemerkenswert an diesen Äußerungen ist das feine Gespür für einen wesentlichen nationalsozialistischen Interessenkern. Denn erst im September 1936 verkündete Hitler der deutschen Öffentlichkeit seinen Vierjahresplan, der die deutsche Autarkiepolitik, die Militär und Wirtschaft unabhängig von ausländischen Lieferungen machen sollte, verdeutlichte. Kontakte zur chemischen Industrie wurden seitdem verstärkt gesucht.

3.2.4. Naturwissenschaft, Chemieunterricht und nationalsozialistische Weltanschauungs- und Erziehungsziele

3.2.4.1. Kampf gegen den Materialismus-, Intellektualismus- und Utilitarismus-Vorwurf

Von den Nationalsozialisten wurde der Vorwurf erhoben, Naturwissenschaft und Technik hätten zur Begründung einer materialistischen Weltanschauung geführt. Eine Reihe von Beiträgen widersetzte sich dieser Ansicht.
Der Düsseldorfer Oberstudiendirektor Ernst Tiedge, einer der eifrigsten Kämpfer für den mathematisch-naturwissenschaftlichen Unterricht[51], hatte noch in seinem – in der Endphase der Weimarer Republik geschriebenen und im Frühjahr 1933 veröffentlichten – 144-seitigen Buch „Bildungsaufgaben des mathematisch-naturwissenschaftlichen Unterrichts der höheren Schule"[52] die emporgehobenen humanistisch-geisteswissenschaftlichen Werte auf Mathematik und Naturwissenschaften reflektiert. In seiner schon stark von nationalistischen Tendenzen geprägten Darstellung, betont er, der Kampf um die Schulform und den Bildungswert der einzelnen Fächer habe erneut eingesetzt. Tiedge hebt dann auf den hohen Bildungs- und Kulturwert der Naturwissenschaften, sowie die Bedeutung für das Weltbild ab und plädiert für eine planvolle Zusammenarbeit aller Naturwissenschaften. Zur Verwirklichung dieses neuen Gedankenansatzes schlägt er in Unter- und Mittelstufe einen naturwissenschaftlichen Gesamtunterricht vor, für die Oberstufe solle es dann wieder getrennte Disziplinen – mit auch durchgängig zwei Wochenstunden Chemie – geben. Inhaltlich stellt er die Chemie dabei partiell in den Dienst der Biologie[53]:

„Das planvolle Zusammenarbeiten der gesamten Naturwissenschaften ließe sich durch die Behandlung von Grundfragen der organischen Chemie vollenden, die die physikalisch-chemischen Grundlagen für die Lebensforschung liefern."

---

51 Tiedge hat nicht nur zahlreiche Publikationen veröffentlicht, er wird auch als Redner vieler öffentlicher Kundgebungen erwähnt.
52 Tiedge, E.: Bildungsaufgaben des mathematisch-naturwissenschaftlichen Unterrichts der höheren Schule. Frankfurt / Main 1933.
53 Tiedge (siehe Anm. 52), S. 136.

Kurz nach der Machtergreifung präzisierte Tiedge[54] das im Buch zuvor nur angedeutete, aber nicht näher umrissene Weltbild. Er erklärte im Allgemeinen den hohen Bildungswert der Naturwissenschaften und im Besonderen, daß chemische Forschung und neue Erkenntnisse nicht zu einer materialistischen, sondern zu einer idealistischen Weltbetrachtung führten[55]:

„Mathematisch-naturwissenschaftliches Denken ist alles andere als materialistisches Denken. Es ist seit jeher die Grundlage der idealistischen Weltauffassung gewesen...
Ganz abgesehen von der Unentbehrlichkeit chemischer Erkenntnisse für die Erarbeitung des Weltbildes würde allein die vaterländische Bedeutung der chemischen Forschung, ihre Beziehung zur Arbeit der schaffenden Stände eine Beseitigung des chemischen Unterrichts verbieten... (S. 253)
Deshalb ist für das zusammengehörige Ganze des mathematisch-naturwissenschaftlichen Unterrichtes mit den Worten Bavinks zu fordern ‚daß man ihm endlich diejenige Stundenzahl zur Verfügung stellt, die er nach seiner Bedeutung für das Verständnis unserer gesamten neuzeitlichen Kultur mit Recht beanspruchen muß'." (S. 254)

Auch Franz Berlage verwies auf die Notwendigkeit moderner Naturwissenschaften für ein zeitgemäßes Weltbild[56]:

„Unsere Regierung hätte augenblicklich die Macht, unsere deutsche Kultur auf eine ganz andere Basis zu stellen, als sie irgendeinem anderen Volk zur Verfügung steht, wenn man den Entschluß faßte, der Mathematik und den Naturwissenschaften auf unseren höheren Schulen ihr Recht zu verschaffen! Das könnte um so eher geschehen, als der Vorwurf, die Naturwissenschaften führten zu einer materialistisch-mechanistischen Weltanschauung, auf Grund der modernen Forschungsergebnisse hinfällig geworden ist. Die moderne Auffassungsweise hat dem Materialismus gerade das Grab gegraben, und es gibt keine bessere Waffe gegen ihn als ein tief eindringendes Studium der Mathematik und der Naturwissenschaften."

Das für das breite Publikum gedachte und deshalb auch mit reichhaltigem Bildanhang versehene 221seitige Buch Robert Wizingers „Chemische Plaudereien über Gaskrieg, Atomzertrümmerung, Vitamine und viele andere Gegenwartsprobleme"[57], das selbst in einer Buchrezension der Unterrichtsblätter als „Werbeschrift für die Chemie und den Chemieunterricht"[58] tituliert wurde, versuchte dem Materialismus-Vorwurf ebenfalls zu begegnen[59]:

---

54 Weitere weniger auf Chemie, sondern mehr allgemein auf Mathematik und Naturwissenschaften abzielende Veröffentlichungen sind Tiedge, E.: Leitsätze für den mathematisch-naturwissenschaftlichen Unterricht der neuen Schule. Deutsches Philologenblatt 41 (1933), Nr. 33, S. 367 f. In 17 Leitsätzen (Nr. 1 betont die neue Aufgabe der deutschen Schule, Nr. 15 ist speziell der Biologie gewidmet) wird die Notwendigkeit und Wichtigkeit mathematisch-naturwissenschaftlichen Unterrichts aufgeführt. Vergleichsweise keine neuen Ansätze liefert Tiedge, E.: Mathematik und Naturwissenschaften im Dienste der nationalen Erziehung. Zeitschrift für den mathematischen und naturwissenschaftlichen Unterricht 64 (1933), S. 311-320.

55 Tiedge (siehe Anm. 17), S. 253 f.

56 Berlage, F.: Naturwissenschaftliche Weltanschauung. In: Unterrichtsblätter für Mathematik und Naturwissenschaften 39 (1933), S. 254-257; hier S. 254.

57 Wizinger, R.: Chemische Plaudereien über Gaskrieg, Atomzertrümmerung, Vitamine und viele andere Gegenwartsprobleme. Bonn 1934.

58 Unterrichtsblätter für Mathematik und Naturwissenschaften 42 (1936), S. 61.

59 Wizinger (siehe Anm. 57), S. 2.

„Tatsache ist, daß mancher Gelehrte durch die Ergebnisse der Naturwissenschaften sich weltanschaulich zum theoretischen Materialismus verleiten ließ. Es ist wahr, daß die Sehnsucht nach den Annehmlichkeiten der Zivilisation viele dem praktischen Materialismus und weltanschaulicher Verwirrung in die Arme trieb, so daß die Technik und die Wissenschaft vielfach in erster Linie nur als Mittel zur persönlichen Bereicherung benutzt wurden. Für diese Mißstände werden die Naturwissenschaften und ihre praktische Anwendung, vor allem die Technik, verantwortlich gemacht.
Eine solche Beurteilung ist jedoch ganz oberflächlich. Nicht Forschertätigkeit und Technik haben diese Übelstände gezeitigt, sondern die Tatsache, daß aus den Forschungsergebnissen falsche Schlüsse gezogen und der Technik nicht die richtige Zielsetzung gegeben wurde..."

Das Fehlverhalten von Menschen war nach Ansicht Wizingers somit der Grund für den Materialismus. Diese Mißstände galt es demzufolge zu beseitigen, nicht die Naturwissenschaft bzw. Chemie an sich[60]:

„Nicht die Naturwissenschaft, sondern der Umstand, daß viele Forscher von Hause aus ohne klare, gefestigte weltanschauliche Überzeugung an die Arbeit gingen, hatte die Unzahl von Trugschlüssen materialistischer, pantheistischer und anderer Art zur Folge, die in ihrer Auswirkung auf die Allgemeinheit oft verhängnisvoll waren.
Die Erkenntnisse der reinen Chemie bieten eine Fülle von Möglichkeiten, das Leben der Menschheit in verschiedenster Hinsicht zu verbessern und zu erleichtern. Die reine und die angewandte Chemie sind gewissermaßen ein Werkzeug von unübersehbarer Wirkungsmöglichkeit. Um einen groben Vergleich zu benutzen: Sie sind ein Messer, mit dem man ebensogut ein Kunstwerk schnitzen wie einen Mord begehen kann. Wird die Chemie lediglich in gewinnsüchtiger, egoistischer Absicht ohne Rücksicht auf andere lebenswichtige Bezirke angewandt, so kann der Schaden den Nutzen bei weitem übertreffen. Wird sie jedoch im Sinne der christlichen Ethik dienstbar gemacht, um in erster Linie dem Allgemeinwohl zu dienen, dann wird sie zu einem Kulturfaktor von überragender Bedeutung. Dies zu verwirklichen muß Sinn und Zweck der chemischen Arbeit sein."

Daneben ist der Wert des Buches v.a. darin zu sehen, daß es zahlreiche Beispiele nützlicher praktischer Chemie-Anwendungen aufzeigt. Von der wissenschaftlich reinen, für Hitler eher weltfremden Chemie-Grundlagenforschung ausgehend, wurde dabei zu deren großindustriellen Anwendung (IG Farben) vorgedrungen. Die praktische volkswirtschaftliche Bedeutung wurde eindrucksvoll dargestellt und erste Ansätze einer Autarkie-Bestrebung sind sichtbar. Mit historischen Bezügen sparte Wizinger dabei nicht. Insbesondere die Kapitel 6 „Die Eroberung der Atmosphäre" sowie die Kapitel 11 „Gaskampf und Gaskampfstoffe" und Kapitel 12 „Rauch und Nebel im Kriege" weisen deutlich nationalistische Züge auf. Kapitel 6 zeigt die wirtschaftliche Relevanz der Edelgase (Luftschiffahrt, Leuchtstoffröhren, Taucherglocke), von Sauerstoff (Schweiß- oder Schneidevorgänge zum Bau von Brücken, Schiffen etc., Oxyliquitsprengstoffe) und von Stickstoff (Düngemittel, Kältemittel, Salpetersäuresynthese, Sprengstoffherstellung, Farbenindustrie, Arzneimittel-Synthese, Zelluloid und plastische Massen). Der Nutzenaspekt wurde in propagandistischer Form hervorgehoben[61]:

„Die Luft verwertenden Industrien gehören zu den wichtigsten Betrieben, und besonders für Deutschland sind sie eine Überlebensfrage." (S. 76).
„Die volkswirtschaftliche Bedeutung der Luftverwertung für Deutschland wird klar, wenn wir uns vergegenwärtigen, daß wir im Jahre 1913 noch für 171 Millionen Mark Chilesalpeter einführen mußten. Heute sind wir in der Lage, die ganze Welt in jeder Menge mit Salpeter und anderem Stickstoffdünger zu beliefern." (S. 85).

60 Wizinger (siehe Anm. 57), S. 3.
61 Wizinger (siehe Anm. 57), S. 76 und 85.

Kapitel 11 / 12 wollte die Kriegswichtigkeit der Chemie beweisen: Geschickt wurden – allein schon durch kleinste Nuancen – dem Leser die Leistungen deutscher Chemiker aufgezeigt, der Nationalstolz geschürt, gleichzeitig eine emotionale Abwehrhaltung gegenüber den „Siegerstaaten", häufig als „unsere Gegner" bezeichnet, erzeugt[62]:

„Weil in Deutschland die wissenschaftliche und technische Chemie auf überragender Höhe standen, hatten wir bis zum Kriegsschluß einen gewaltigen Vorsprung vor unseren Gegnern, die wohl auch mancherlei wirkungsvolle Neuerungen einführten, uns aber nie erreichten."

Insbesondere die Ausführungen über die Entwaffnung Deutschlands, die Attacken gegen die Schmach des „Versailler Diktats", die detaillierte Schilderung, wie „unsere Gegner", allen voran Frankreich für einen „Zukunftskrieg" rüsten und die gedankliche Spielerei mit einem Gaskampf sowie einem modernen Fliegerangriff im zukünftigen Krieg lassen eine gewisse Begeisterung für dieses Thema erkennen. Dies rührt mit Sicherheit aus der wesentlichen Einflußnahme und damit Bedeutung der Chemie im 1. Weltkrieg[63]:

„Mehr als schon bisher wurde der Krieg eine Angelegenheit der Chemiker und Techniker, die sich vor immer dringlichere und ernstere Aufgaben gestellt sahen."

In Kapitel 13 „Hormone und Vitamine" wurde neben der verständlichen und unterhaltsamen Erklärung bisher bekannter Stoffe die herausragende Arbeit der Chemiker noch einmal ausnehmend gewürdigt[64]:

„Durch die Erfassung der Vitamine haben die Chemiker dem Arzt unschätzbare Mittel zur Bekämpfung der Mangelkrankheiten zur Verfügung gestellt. Ein führender Forscher auf chemischem Gebiet (Stepp in Breslau) schloß einmal seine Ausführungen über Vitamine mit den Worten: „... wir Ärzte bitten deshalb, uns möglichst tatkräftig zu unterstützen bei der Aufklärung der chemischen Konstitution der Vitamine. Die Chemiker fördern damit nicht nur die Wissenschaft, sondern leisten auch wertvollen Dienst an der Volksgesundheit."

Daneben erläuterte Wizinger schon die künstliche Kautschukherstellung.
Indem Wizinger vom Materialismus-Vorwurf ausging, diesen widerlegte und anschließend die kriegswichtige, wirtschaftliche und nationale Bedeutung der Chemie in all ihren Nuancen hervorhob, griff er geschickt fast alle rechfertigungsrelevanten Elemente auf. Der Einfluß dieses Buches im Rahmen der Rechtfertigungspolitik darf nicht unterschätzt werden. Kaum ein Leser wird nach der Lektüre nicht vom hohen Anwendungswert der Chemie und der Notwendigkeit chemisches Wissen in der Schule vermittelt zu bekommen, überzeugt sein. Inwieweit dieses Buch über den Weg der breiten Laienaufklärung Druck auf die Einstellung der Schulpolitiker auszuüben vermochte, kann allerdings nicht überprüft werden.
Der klerikal-konservative Oberstudienrat Bernhard Bavink aus Bielefeld[65] versuchte sogar mittels einer historischen Abhandlung über die „beiden großen Wellen des theo-

62 Wizinger (siehe Anm. 57), S. 167.
63 Wizinger (siehe Anm. 57), S. 160.
64 Wizinger (siehe Anm. 57), S. 212 f.
65 Bavink, B.: Die Naturwissenschaft auf dem Weg zur Religion. Frankfurt / Main 1933. Bavink, B.: Die Bedeutung der Naturwissenschaften in der heutigen Schule. In: Unterrichtsblätter für Mathematik und Naturwissenschaften 39 (1933), S. 310-313.

retischen Materialismus“ (S. 310) den Beweis anzutreten, daß „nicht ein Zuviel, sondern ein Zuwenig naturwissenschaftlicher Bildung“ (S. 310) Schuld an der Ausbreitung des Materialismus tragen. Gegen den für ihn weit bedenklicheren Vorwurf, der chemische und physikalische Unterricht fördere den Intellektualismus und Utilitarismus, vermittle jedoch keine deutschen Kulturwerte, führte er große Naturwissenschaftler als „Exponenten des germanischen Geistes“ (S. 311) an, und erwiderte[66]:

„Zunächst dies, daß alle Naturwissenschaften überhaupt, die Physik und Chemie so gut wie die Biologie, aus jenem tiefen Gefühl der Naturverbundenheit heraus geboren sind, das ein ganz besonderes Kennzeichen der Germanen und ganz besonders des deutschen Volkes ist... (S. 311).
In Wahrheit könnten wir unseren grimmigsten Feinden in Ost und West aber gar keinen größeren Gefallen tun, als wenn wir die Naturwissenschaften aus unserer Jugenderziehung nach Möglichkeit ausschalten würden.“ (S. 312).

Seine Ausführungen über nützliche Erfindungen für die Landesverteidigung und Verbesserung der Volksernährung dank der naturwissenschaftlichen Schulung breiter Volksmassen stützten zwar – ganz ähnlich wie Wizinger – theoretisch erneut den Utilitarismus-Vorwurf, zielten aber deutlich auf die realen Lebensnotwendigkeiten im nationalsozialistischen Staat ab.

3.2.4.2. Naturwissenschaft, Chemieunterricht als „Dienst am Volk“

Ausgerichtet auf die Erziehungsthesen Hitlers und Schemms[67] wird in zahlreichen Beiträgen argumentiert, daß Schule und Erziehung sich organisch ins Volksganze einfügen müssen. Die Zielsetzung der einzelnen naturwissenschaftlichen Fächer leite sich aus übergeordneten politischen Zielen der deutschen Schule und Erziehung ab. Unmißverständlich äußerte sich hierzu Walther Franck[68]:

„Eine solche „Allgemeinbildung“ im neuen Sinne läßt sich nur übermitteln, wenn die naturwissenschaftlichen Fächer als Teilgebiete eines deutschen Gesamtunterrichts neben der in Zukunft weniger als je entbehrlichen formalen, die schon immer gepflegte politische Schulung stärker betonen.“

Neben der typisch deutschen Bodenständigkeit hob Ernst Tiedge noch primär den Aspekt der charakterlichen Schulung der Jugend hervor[69]:

„Ein Geschlecht, das sich auf die natürlichen Grundlagen der menschlichen Kultur besinnt, auf die unbegreifliche Erneuerungskraft der heimischen Scholle, auf das verpflichtende Geschenk des überkommenen Erbgutes, das alle Möglichkeiten der Landwirtschaft und Industrie, der Wirtschaft und Technik in den Dienst der Arbeitsbeschaffung stellt, der Befreiung von dem Fluch des Müßiggangs, das die Kraft wiedergewinnt, den von den Vätern ererbten Boden zu schützen und zu verteidigen, die Jugend wehrhaft zu machen an Körper und Geist, kann an der unersetzlichen Bedeutung der Naturwissenschaften für die Ertüchtigung und Erziehung der Jugend nicht vorübergehen.“

66 Bavink (siehe Anm. 65), S. 311 f.
67 Siehe hierzu Kapitel 2.1. und 2.2.
68 Franck (siehe Anm. 17), S. 68.
69 Tiedge (siehe Anm.17), S. 251.

Der erziehliche Wert des Chemieunterrichts für die praktische Lebensbewältigung, zum Verständnis sozialer Aspekte, der Unterordnung und bedingungslosen Einbindung des Individuums in die Volksgemeinschaft, wurde ebenfalls erwähnt, frei nach dem Motto: „Du bist nichts, Dein Volk ist alles“[70]:

„Der Schüler wird hierbei auch Verständnis für die Tätigkeit des Technikers und des Arbeiters und für ihr Verhältnis zum Werk bekommen, und er wird erkennen, daß der Sinn technischer Arbeit nicht egoistischer Gelderwerb sein soll, sondern die Schaffung von Lebensmöglichkeiten für Millionen von Volksgenossen, und daß die praktische Ausnutzung von chemischen Entdeckungen nicht im Interesse weniger, sondern in Übereinstimmung mit den Bedürfnissen der gesamten nationalen Wirtschaft erfolgen muß.“

Die Ausrichtung des Chemieunterrichts auf die nationalsozialistischen „Imperative“ (Heimat, Volk, Vaterland, deutsches Wesen)[71] sah Ilse Beier als grundsätzlich gegeben an[72]:

„Aber auch in diesen Fächern [Physik und Chemie] kann man die Erziehungsgrundsätze des Dritten Reiches hervorheben. Ich möchte sogar behaupten, daß speziell die Chemie mindestens dieselbe Gelegenheit bietet wie die Erdkunde, die jungen Menschen zu national und sozial denkenden Menschen zu erziehen. Denn die Chemie ist die Wissenschaft, die in fast alle Zweige unserer Wirtschaft eingreift und zu den wichtigsten Schichten unseres Volkes Beziehung hat: zum Kopf- zum Handarbeiter und zum Bauern.“

Wie wichtig ordentlicher, ohne jahrelange Pausen durchgeführter Chemieunterricht gerade für die Erziehung der Mädchen zur ordentlichen, sparsamen Hausfrau sei, wurde ebenfalls hervorgehoben[73].

„Das Ziel, Erziehung zur Freude an der Hausarbeit, kann daher nur erreicht werden, wenn die neuen Lehrpläne nicht wieder jahrelanges Aussetzen des Chemieunterrichts aufweisen.“

Selbst ein Arzt, Physiologe an der Hochschule Bonn, ergriff – angesichts der schon herrschenden schlechten naturwissenschaftlichen Kenntnisse von angehenden Medizinstudenten v. a. in den Fächern Physik und Chemie – das Wort. Er betonte die Notwendigkeit naturwissenschaftlichen Unterrichts an der höheren Schule für das Volkswohl. Außerdem wurden die für nationalsozialistische Ziele sicherlich unerwünschten Auswirkungen auf Deutschland angesprochen[74]:

„Wollte man die Erledigung der Pensa, die heute die Mittelschule bewältigt, in die Hochschule verschieben, so hieße das nicht nur die Hochschule zur Mittelschule degradieren; es hieße auch, der Mittelschule ihre erste Aufgabe nehmen, nämlich die Erziehung des Menschen zu der Befähigung, ein Glied und Führer des Volkes zu werden...
Eine weitere Kürzung dieses Bildungszweiges an den Mittelschulen hat daher nur **ein** natürliches Ergebnis: der deutsche Arzt gerät ins Hintertreffen gegenüber dem Ausländer.“

---

70 Franck (siehe Anm. 17), S. 70.

71 Siehe hierzu Kapitel 2.2.

72 Beier, I.: Zur Schulreform. Chemieunterricht und Erziehung im Dritten Reich. In: Unterrichtsblätter für Mathematik und Naturwissenschaften 40 (1934), S. 252-254; hier S. 252.

73 Beier (siehe Anm. 71), S. 252.

74 Schaefer, H.: Zur Schulreform. Zur Reform des naturwissenschaftlichen Unterrichts der höheren Schulen. In: Unterrichtsblätter für Mathematik und Naturwissenschaften 40 (1934), S. 311-314; hier S. 314.

Nicht versäumt wurde auf die Unentbehrlichkeit des Chemieunterrichts im Hinblick auf die erwünschte Elitebildung hinzuweisen. Naturwissenschaftliche Bildung sei „unumgängliche Voraussetzung für jeden künftigen geistigen Führer im Volke“[75], was sich etwa im Gaskrieg zeige[76]:

„Führerpersönlichkeiten, die durch Ruhe, zweckmäßiges Handeln und klares Befehlen ein gutes Beispiel geben, werden da von höchstem Werte sein. ...Es wäre unverständlich, wenn die höhere Schule es versäumte, die reifsten Schüler, die eine Auslese der Besten darstellen, in diesem Sinne auszubilden.“

Gerade die Bedeutung des Chemieunterrichtes für den Gas- und Luftschutz, für die Gewinnung von Führungskräften, für die charakterliche Bildung im nationalsozialistischen Sinne streicht auch Hellmut Kern aus Liegnitz (Niederschlesien) in der „Zeitschrift für mathematischen und naturwissenschaftlichen Unterricht aller Schulgattungen“ besonders heraus[77]:

„Verstehen wir auch in der Schule den Ruf des nationalsozialistischen Staates durch die Tat aufzunehmen, so wird der *Chemie*unterricht keinen geringen Anteil haben an der Erziehung der geistigen und seelischen Kräfte unserer Jugend, der künftigen politischen Führer, zum lebendigen Bewußtsein unserer Schicksalsgemeinschaft und dem daraus entspringenden starken *Wehrwillen*, der sich gern und opferbereit in den Neubau der Landesverteidigung eingliedert. Der Naturwissenschaftler vermittelt somit also nicht nur wehrtechnischen Wissensstoff, sondern er leistet auf diesem ihm eigenen Wege vielmehr wertvolle Bildungsarbeit an dem uns allen gemeinsamen Ziel, der bewußten Ausprägung eines jugendlichen *männlichen* Lebensstils, der in der Kulturarbeit der Zukunft seinen lebendigen Ausdruck finden wird.“

Der Chemieunterricht sollte somit dokumentieren, daß im „organischen Volkskörper“ der nationalsozialistischen Gesellschaft jeder seinen naturgegebenen Platz habe, der Arbeiter in der „Gefolgschaft“, die Elite als „Führer“[78]. Diese Argumentationskette sollte die Stellung des Chemieunterrichtes festigen.

3.2.4.3. Chemieunterricht und nationalsozialistische Rassenlehre

Zum 1. Oktober 1933 wurde Rassenkunde für die Abschlußklassen aller Schulen Preußens verbindlich eingeführt und zum Prüfungsgegenstand in den Abschlußprüfungen erklärt „von dem niemand befreit werden darf“. Biologisches Denken sollte in allen Fächern Unterrichtsgrundsatz werden[79]. Hieraus resultierten jedoch nur wenige Versuche, die nationalsozialistische Rassenideologie – zumindest die Vererbungslehre –

75 Bavink (siehe Anm. 65), S. 313.
76 Leonhardt (siehe Anm. 37), S. 237.
77 Kern, H.: Der Naturwissenschaftler im Dienst des Gas- und Luftschutzes in der deutschen Schule. In: Zeitschrift für mathematischen und naturwissenschaftlichen Unterricht aller Schulgattungen 64 (1933), S. 288-291; hier S. 290 f.
78 Vgl. hierzu Mehrtens, H. / Richter S.: Naturwissenschaft, Technik und NS-Ideologie. Frankfurt / Main 1980, S. 53.
79 Vererbungslehre und Rassenkunde in den Schulen. Erlaß U II C 6767 vom 13. September 1933. In: Zentralblatt für die gesamte Unterrichtsverwaltung Preußens 1933. Abgedruckt bei Fricke-Finkelnburg, R.: Nationalsozialismus und Schule. Amtliche Erlasse und Richtlinien 1933-1945. Opladen 1989, S. 214 f.

auch in die Chemie einzubauen. So begann ein schon vom Titel her ursprünglich mehr die mathematische Strenge biologischer Gesetzmäßigkeiten betonender Vortrag von Prof. Dr. Rex, Pforzheim, über „Die mathematischen Naturgesetze der Volkwerdung aus Rassengemischen“ mit einem chemischen Vergleich: der Entstehung von Jodwasserstoff aus einem Gemisch von Wasserstoff und Joddampf[80].

„Bekanntlich stellt sich hier für die Mengenverhältnisse der drei Stoffe ein Gleichgewicht ein, das nach dem Guldberg-Waageschen Massenwirkungsgesetz bestimmt ist. Betrachtet man nun den Jodwasserstoff als „Bastard“ der ursprünglich zusammengebrachten Elemente und beachtet man, daß umgekehrt dieser chemische Bastard wieder in jene Elemente „auseinandermendeln“ kann, so läßt diese sprachliche Analogie schon eine sachliche zum biologischen Fall vermuten.“

Endpunkt sei dann ein „Massenwirkungsgesetz der Volkwerdung“ (S. 79). Auch wenn dieses chemische Beispiel nur als einleitendes Hilfsmittel für weiterführende Darlegungen gebraucht wird, macht es dennoch deutlich, wie in der nationalsozialistischen Zeit Zusammenhänge geradezu erzwungen wurden, nur um eine innige Verknüpfung von Chemie mit der Vererbungslehre zu erschließen. Offensichtlich verleitete der hohe Stellenwert, den rassenbiologische Betrachtungen im Dritten Reich genossen, zu derartigen Ansätzen[81].
Gerade rassenbiologische und rassenpsychologische Argumente prägten ein neues Chemiegeschichtsverständnis, führte der damalige Studienassessor Hermann Römpp 1934 in der Zeitschrift „Rasse-Monatschrift der nordischen Bewegung“ an[82]:

„Diese wenigen Beispiele ... lehren, daß die Chemie im wesentlichen eine von nordrassisch bestimmten Völkern entwickelte Wissenschaft ist. ... Auf die Frage, warum gerade nordische Menschen zur Begründung und Durchführung der chemischen Wissenschaft bestimmt waren, gibt die Rassenseelenforschung Antwort: Abendländische Wissenschaft, insbesondere planmäßige Naturforschung, ist nur als eine Schöpfung nordischer Geistesart verstehbar. Das Durchdringenmüssen des scheinbar Un-

---

80 Vortrag, gehalten am 6. April 1936 in der Technischen Hochschule Karlsruhe, anläßlich der 38. Hauptversammlung des „Vereins für Mathematik und Naturwissenschaften“. Zusammengefaßt in: Unterrichtsblätter für Mathematik und Naturwissenschaften 42 (1936), S. 179 f.
81 Vgl. hierzu Monatschrift für höhere Schulen 1933, S. 254-324. Auf 70 Seiten wird unter dem Haupttitel „Volkstum und Rasse als Frage der Nation“ neben übergeordneten Aufsätzen mit den Titeln „Rasse und Volk als Begriffe“, „Nordische Rasse, deutsches Volkstum und deutscher Lebensraum“ auch ganz konkret „Volkstum und Rasse im Unterricht“ behandelt. Breiten Raum nimmt hierbei „Der Biologieunterricht als Grundlage für die Wertung von Volkstum und Rasse“ (8 ¼ Seiten) ein, mit 5 Seiten gut vertreten ist auch „Volkstum und Rasse im Geschichtsunterricht“. Die „Pflege des Rasseempfindens im Kunstunterricht“ nimmt wenigstens noch 3 ½ Seiten ein, „Rassefragen im Musikunterricht“ 4 ½ Seiten. Unter der etwas anderen Überschrift „Familienkunde – Ahnenforschung – Volkskunde im deutschen Unterricht“ wird auf 3 ¾ Seiten der direkte Bezug und Einbau im Fach Deutsch und in „Fortschritt der volkskundlichen Forschung“ ihre Brisanz für Erdkunde / Volkskunde gewürdigt. Doch Chemie, Physik und die exakte Naturwissenschaft Mathematik finden keinerlei Erwähnung.
82 Römpp, H.: Die Rassenzugehörigkeit der großen Chemiker. In: Rasse, Monatschrift der Nordischen Bewegung 1 (1934), Heft 4/5, S. 190; zitiert nach Unterrichtsblätter für Mathematik und Naturwissenschaften 41 (1935), S. 332 f. Ähnliche Äußerungen finden sich bei Römpp, H.: Die Rassenzugehörigkeit der großen Lebensforscher. Rasse, Monatschrift der nordischen Bewegung 2 (1935), S. 379 ff.
Wie auch Gölz / Jansen (siehe Anm. 7), S. 36, bestätigen, weisen die populärwissenschaftlichen Chemiebücher, die der in Biologie promovierte Römpp ab der zweiten Hälfte der dreißiger Jahre verfaßt hat, keine Hinweise mehr auf diese vom Rassengedanken geprägte Einstellung auf.

durchdringlichen, das Hineinleuchten in das unsichtbare Innere des Stoffes, um es klar zu durchschauen, das unentwegte Suchen nach seinem sachlichen Sinne, nach einem festen Zusammenhange und klaren Gesetze, nach seiner Idee, dies sind rassenseelische Züge, die dem nordischen Menschen wesentlich sind.“

Daß sich aus der erblich bedingten eigenen Wesensart des Deutschen, seine Prädestination für die Chemie ergibt, hatte auch das nationalsozialistische Bekenntnis des Fördervereins schon angedeutet. Und immer wieder wurde gerne betont, „...daß mathematisches und naturwissenschaftliches Denken zu den stärksten Lebensäußerungen deutschen Geistes gehören, wie ein Blick in die Geschichte und wie die Erfolge deutscher Forscher und Ingenieure zeigen“[83]. Auch die Person Johann Wolfgang Goethe und sein Drang zur Erforschung der Natur, seine Wertschätzung der Naturwissenschaften, insbesondere der Chemie, wurde herangezogen, um den Stellenwert des Chemieunterrichtes zu heben[84]. Die Weckung des Nationalstolzes sowie die Bereitschaft sich großen Persönlichkeiten zum Gemeinwohl unterzuordnen, standen als pädagogisches Ziel dahinter.
Im Vergleich zu anderen Unterrichtsfächern nimmt der rassenbiologisch-rassenpolitische Rechtfertigungs-Ansatz in der Chemie jedoch nur einen geringen Stellenwert ein. Die Versuche die nationalsozialistische Rassenlehre mit der Chemie zu verknüpfen, wurden – bis auf den deutschvölkischen Rassenansatz etwa in der Chemiegeschichtsschreibung – vom NS-Regime nicht aufgegriffen[85].

3.3. Der Erfolg

Der Kampf der Lehrer und Fachdidaktiker gegen die Diskriminierung der Naturwissenschaften, insbesondere mit Blick auf das Unterrichtsfach Chemie war erfolgreich. Aus pragmatischen Gründen revidierte Hitler seine Einstellung zur Chemie, was nicht

83 Günther, E.: Mathematik und Naturwissenschaften in der neuen Erziehung. In: Unterrichtsblätter für Mathematik und Naturwissenschaften 39 (1933), S. 305.
84 Vgl. hierzu Walden, P.: Goethe und die Naturwissenschaften. Bremen 1933.
85 Dies wird in späteren Publikationen noch deutlicher. In dem in die NS-Bibliographie aufgenommenen Buch Benze, R. / Pudelko, A. (Hrsg.): Rassische Erziehung als Unterrichtsgrundsatz der einzelnen Fachgebiete und Schularten. Frankfurt / Main 1937, findet die Chemie im Inhaltsverzeichnis keinerlei Erwähnung. Statt dessen ist in einer Anzeige zum Buch, veröffentlicht in Benze, R.: Erziehung im Großdeutschen Reich. Eine Überschau über ihre Ziele, Wege und Einrichtungen. Frankfurt / Main 1939, S. 112, zu lesen: „So sehen wir zum ersten Male auf leicht überschaubarem, knappem Raume zusammengefaßt, was Biologie, Geschichte, Deutsch, was Erd-, Volks- und Familienkunde, neuere und alte Sprachen, Zeichen- und Musikunterricht und Leibeserziehung beizutragen haben zu unserem von der Rasse aus gesehenen Weltbild und wie sich diese Arbeit in gegenseitiger Übereinstimmung der einzelnen Fächer an den verschiedenen Schularten durchführen läßt.“ Das gleiche gilt für Dobers, E. / Higelke, K.: Rassenpolitische Unterrichtspraxis: Der Rassengedanke in der Unterrichtsgestaltung der Volksschulfächer. Leipzig 1938. Grundlage hierfür legte Vererbungslehre und Rassenkunde im Unterricht. Erlaß R U II C 5209.1. vom 15. Januar 1935. In: Deutsche Wissenschaft Erziehung und Volksbildung. Amtsblatt des Reichsministeriums für Wissenschaft, Erziehung und Volksbildung und der Unterrichtsverwaltungen der Länder (RMinAmtsblDtschWiss.) 1 (1935). Abgedruckt bei Fricke-Finkelnburg, R.: Nationalsozialismus und Schule. Amtliche Erlasse und Richtlinien. Opladen 1989, S. 215-220.

ohne Einfluß auf die Schulbelange sein konnte. Die ersten erlösenden Worte sprach er am 21. März 1934 in Unterhaching bei München[86]:

„Der deutsche Ingenieur und Techniker, unsere Physiker und Chemiker, sie gehören zu den Bahnbrechern auf dieser Welt."

In der Reichstagsrede vom 13. Juli 1934 richtete Hitler nicht nur Worte des Vertrauens an die deutschen Chemiker, sondern wies darauf hin, „was unser deutsches Volk seiner hochentwickelten chemischen Industrie und Forschung verdankt und welche Zukunftshoffnungen und unaufschiebbaren Gegenwartsforderungen es diesem Gebiete deutschen Könnens entgegenbringt"[87].
Der Chemieunterricht erlitt keine Einbußen, eine Reduzierung der Stundenzahl unterblieb[88]. Der Dank des Fördervereins in Form der mehr oder weniger freiwilligen Integration in den NSLB blieb nicht aus[89]. Das wiedergewonnene Selbstbewußtsein ist in einer Reihe von Ausführungen der Unterrichtsblätter erkennbar. Ab 1935 griff die chemische Fachsitzung des NSLB – praktisch identisch mit der des Deutschen Vereins zur Förderung des mathematischen und naturwissenschaftlichen Unterrichts – sogar wieder ungelöste Probleme der Weimarer Zeit auf. Ausdruck des neuen Bewußtseins sind auch folgende Worte[90]:

„Die Erziehungswerte des mathematischen und naturwissenschaftlichen Unterrichts sind auch in früheren Zeiten vielfach hervorgehoben worden. Sie bildeten jedoch etwas mehr oder weniger Zusätzliches, während wir Ihnen heute die Hauptbedeutung zusprechen."

Gleichzeitig wurde weiterhin versucht, die gewonnene Stellung zu festigen und zu untermauern. Bis zur stattfindenden Schulreform wurden auch in den Folgejahrgängen der Unterrichtsblätter immer wieder Pro-Stellungnahmen veröffentlicht. Die 1935 eingeführte Rubrik „Vom Sinn der Mathematik und Naturwissenschaften" und Treuegelöbnisse zu Führer und Volk seien hier nur exemplarisch genannt.
Das Ergebnis läßt sich auch folgendermaßen charakterisieren: Der Kampf der Fachdidaktiker verlief erfolgreich, weil sie
1. Hitler Argumente lieferten, die seine zuerst ablehnende Haltung zugunsten pragmatischer Ziele auflösten.
2. enge Kontakte zu Wehrmacht, Wissenschaft (Hochschule)[91] und Wirtschaft (IG Farben) suchten, die ihrerseits ihren Einfluß geltend machten.
Hieraus resultierte die Einsicht der politischen Machthaber, daß ohne naturwissenschaftlich-technische Bildung, ohne chemische Kenntnisse weder ein modernes Militär aufgebaut noch eine leistungsfähige Wirtschaft erhalten werden kann. Seit 1931 gehör-

---

86 Zitiert nach Lorey, W.: Der deutsche Verein zur Förderung des mathematischen und naturwissenschaftlichen Unterrichts e.V. Frankfurt / Main 1938, S. 2.
87 Petzold, H.: Chemie. In: Monatschrift für höhere Schulen 34 (1935), S. 132-137; hier S. 132.
88 Vgl. auch Gölz / Jansen (siehe Anm. 7), S. 27.
89 Siehe Kapitel 2.5.2.
90 Bruno Kerst zur Ernennung Fritz Wächtlers zum Hauptamtsleiter des NSLB. In: Unterrichtsblätter für Mathematik und Naturwissenschaften 42 (1936), S. 1-3; hier S. 2.
91 Die Hochschulen hatten analog mit dem Problem der Zurückdrängung der Naturwissenschaften zu kämpfen. Vgl. hierzu Thomsen, G.: Neue Jahrbücher für Wissenschaft und Jugendbildung 10 (1934), S. 164-175.

te die NSDAP beispielsweise zu den Zuwendungsempfängern der IG Farben, dem größten Chemiekonzern Europas mit Monopolstellung in Deutschland[92]. Die 1933 begonnene Interessenkoalition zwischen „Wehrmacht, Wirtschaft, Wissenschaft" (so auch das programmatische Thema der 39. Hauptversammlung des Fördervereins 1937, bei der die Wirtschaft erstmals durch mehrere Referenten aus der Großindustrie unmittelbar in Erscheinung trat) und Schule blieb bis zum Ende des Dritten Reiches bestehen[93].

3.4. Zusammenfassung

Die Fachdidaktiker für den chemischen Unterricht traten primär nicht als Hüter objektiver Naturwissenschaft auf. Indem sie im neuen Regime die Lösung der politischen und wirtschaftlichen Krise, die sie als überwiegend Beamte besonders hart getroffen hatte, erhofften, ordneten sie sich den neuen praktisch-ideologischen Verhältnissen weitgehend unter und argumentierten in deutlichem verbalen Entgegenkommen aus dem Blickwinkel der nationalsozialistischen „Bewegung" für den Chemieunterricht. Durch ein Interessenbündnis mit Wirtschaft und Wehrmacht ersparten sie sich jedoch ein erzwungenes Eingehen auf rassenideologische Ansprüche, was ihren Ruf neutrale Sachwalter der Naturbeherrschung zu sein, ganz entscheidend gefährdet hätte[94].
Argumentationsgrundlage für die Bedeutung des Chemieunterrichts bildeten primär:

1. Seine besondere Rolle bei der wehrtechnischen Erziehung der deutschen Jugend.
2. Seine Bedeutung für die Wirtschaft, sowohl für die Industrie wie die Landwirtschaft, um Weltgeltung zu erlangen.
3. Seine Bedeutung als Grundlage für ein zeitgemäßes Weltbild, insbesondere die Abwendung vom Materialismus.
4. Seine Relevanz zum Verständnis des Volksganzen, u.a. um einen direkten Bezug zur Arbeitswelt herzustellen.
5. Seine Denkart, die typisch deutschem Wesen entspricht. Der historische Bezug auf große deutsche Chemiker und Naturwissenschaftler leitet sich hieraus ab und stellt wohl auch die einzige existierende Verknüpfungsmöglichkeit der Chemie mit der nationalsozialistischen Rassenlehre dar.

Die enge Verbindung zwischen Geistes- und Naturwissenschaften als Manifestation einer humanistischen Idee spielte argumentativ nur eine untergeordnete Rolle. Zur Zeit der Weimarer Republik war dies das Hauptargument. Ein Vergleich der Argumentationsschiene zur Zeit der Weimarer Republik[95] mit der im Dritten Reich weist deutlich den unter nationalsozialistischem Einfluß erfolgten Werte- und Bewertungswandel auf.

---

92 Köhler, O.: „... und heute die ganze Welt. Die Geschichte der IG Farben. Bayer, BASF und Hoechst." Köln 1990. Köhler zeigt u.a. auf wie sehr die IG Farben und das NS-Regime voneinander profitierten und Hand in Hand arbeiteten. Ebenso Dannenfeld G.: Die Chemische Industrie und der Nationalsozialismus. In Brämer, R. (Hrsg.): Naturwissenschaft im NS-Staat. Marburg 1983, S. 89-102.
93 Gölz / Jansen (siehe Anm. 7), S. 27.
94 Vgl. Brämer (siehe Anm. 6), S: 117.
95 Siehe Kapitel 1.5.

TEIL II: DIE NATIONALSOZIALISTISCHE AUSRICHTUNG DES CHEMIEUNTERRICHTES

4. Verordnungen, Lehrpläne und staatliche Institutionen mit Bedeutung für den Chemieunterricht

Nachdem in den Jahren 1933/34 das Hauptaugenmerk der Schulverwaltung auf eine innere und äußere Neuausrichtung der Lehrerschaft sowie die Durchdringung des Unterrichts und der Erziehung in der Schule mit nationalsozialistischem Geist gerichtet war, ist ab 1935 punktuell die Neuordnung des Schulaufbaus, der Schulgliederung, der Lehrpläne, der Lehrbücher und des Unterrichtsverfahrens in Angriff genommen worden[1]. Ein grundsätzlicher Erlaß vom Januar 1934 regelte allerdings erst einmal, daß mangels neuer Schulbücher bis auf weiteres die bisherigen Bücher weiter verwendet werden könnten. Schneller zu publizierende Ergänzungshefte sollten die Unterrichtsdurchführung im nationalsozialistischen Sinne unterstützen[2]. Die planmäßige innere und äußere Umgestaltung erfolgte ab 1937. Forciert durch das erste Reichsschulpflichtgesetz (6. Juli 1938; in Kraft getreten am 1. November 1938) sollte die Schularten-Vielfalt der Weimarer Zeit[3] eingedämmt und ein einheitlicher Schulaufbau mit dreigliedrigem Schulsystem der Allgemeinbildenden Schulen (Volks- , Mittlere- und Höhere Schulen) im ganzen Reich eingeführt werden[4]. Als erstes wurde das höhere Schulwesen reformiert (Neuordnung 31. 1. 1938), gefolgt von Mittelschule (Neuordnung 1. 7. 1938, Vereinheitlichung und Neuordnung 15. 12. 1939) und Volksschule (Richtlinien 15. 12. 1939). Lediglich die unteren vier Jahrgänge der Volksschule waren als Grundstock für mittleres bzw. höheres Schulwesen zum 10. 4. 1937 schon neu reichseinheitlich geregelt worden. Wie stolz die Nationalsozialisten auf diese Umstrukturierung waren, zeigt folgender Ausspruch von Ministerialrat Rudolf Benze in seiner Funktion als Gesamtleiter des Zentralinstituts für Erziehung und Unterricht im Vorwort des Jahrbuchs zur Deutschen Schulerziehung 1939/40:

> „Mit dem neuen Schuljahr wird zum erstenmal in der Geschichte des deutschen Volkes an allen deutschen Schulen nach einheitlichen Reichsgrundsätzen unterrichtet und erzogen."

---

1 Vgl. hierzu Deutsche Schulerziehung. Jahrbuch des Deutschen Zentralinstituts für Erziehung und Unterricht. Berlin (1939 im Erscheinen) bis 1944. Jahrgang 1939/40 behandelt die Entwicklung der Schulerziehung und Schularten 1933-1939. Detailliert wird der Umbruch der Schulerziehung im Spiegel grundlegender Reichserlasse und der Aufbau des deutschen Schulwesens inklusive einleitender Maßnahmen und Übergangsbestimmungen in einzelnen Regionen / Gauen geschildert.

2 Zentralblatt für die gesamte Unterrichtsverwaltung in Preußen und die Unterrichtsverwaltungen der anderen Länder (Zentralbl.). Berlin 1934, U II C 7613 vom 31.1.1934: Schulbücher im Schuljahr 1934/35 und Zulassung von Ergänzungsheften. Vgl. auch Fricke-Finkelnburg, R.: Nationalsozialismus und Schule. Amtliche Erlasse und Richtlinien 1933-1945. Opladen 1989, S. 55 und S. 91.

3 Vgl. hierzu Kapitel 1.

4 Benze, R.: Der Umbruch der Schulerziehung im Spiegel grundlegender Reichserlasse. In: Deutsche Schulerziehung. Berlin 1939 (siehe Anm. 1), S. 15-41; hier S. 36 f. Diese im Dritten Reich durchgeführte Schulreform bildet bis heute den Grundstock des deutschen Schulaufbaus.

4.1. Die Volksschule: Erlasse, Richtlinien und Lehrpläne für den Chemieunterricht

Organisatorisch sollte sich die Volksschule in vier Grundschuljahre[5] und vier fortführende Jahre gliedern[6]. Mit Erlaß vom 15. Dezember 1939 verkündete und erläuterte Reichserziehungsminister Rust den Vertretern der deutschen Schulbehörden die Grundsätze über „Erziehung und Unterricht in der Volksschule“. In den „Allgemeinen Richtlinien“ wird als Erziehungsziel der Volksschule bestimmt[7]:

„Die Aufgabe der deutschen Schule ist es, gemeinsam mit den anderen nationalsozialistischen Erziehungsmächten, aber mit den ihr gemäßen Mitteln die Jugend unseres Volkes zu körperlich, seelisch und geistig gesunden und starken deutschen Männern und Frauen zu erziehen, die in Heimat und Volkstum fest verwurzelt, ein jeder an seiner Stelle zum vollen Einsatz für Führer und Volk bereit sind."

Als verantwortungsvolle Pflicht wird der Volksschule auferlegt, den Schüler zu gemeinschaftlich, kameradschaftlichem Verhalten und zu einem sinnvollen Teil im Volksganzen zu erziehen[8]. Arbeitsziel der Volksschule sei, das nötige Rüstzeug hierfür mitzugeben. Dies könne in Form von Unterricht in der Klassengemeinschaft als „Mittel der Charakterbildung“ geschehen. Sicheres Wissen und Können bei besonders lebensnahem, aus der Erfahrungs- und Umwelt der Schüler entnommenem Unterrichtsstoff wird betont.

Wissens-, Könnens- und nationalsozialistische Verhaltensziele stehen im Mittelpunkt. Die nationalsozialistischen Weltanschauungs- und Erziehungsziele haben sich gerade beim Gros der Schüler, dem Volksschüler, aufs intensivste zu manifestieren. Eine strikte Unterrichtsfächerung hat hinter diesem Gesamtziel zurückzutreten. So wird die ab dem 5. Schuljahr unterrichtete „Naturkunde“ zwar in „Lebenskunde“ (primär Biologie) und Naturlehre (primär physikalische und chemische Inhalte) unterteilt, die den Nationalsozialisten sehr wichtige fächerübergreifende Vernetzung bleibt jedoch bestehen. Es erfolgt keine klare Differenzierung in chemische und physikalische Arbeitsgebiete[9]. Hervorgehoben wird[10]:

„In immer größer werdendem Umfang werden heute die in der unbelebten Natur lebenden Naturkräfte in den Dienst des Menschen gestellt... Damit erhält die Naturlehre auch im Rahmen der Volksschule eine erhöhte Bedeutung. Die Aufgabe der Volksschule kann es zwar nicht sein, den Kindern eine wenn auch noch so einfache Kenntnis der physikalischen oder chemischen Naturgesetze in einem auch an die Wissenschaft anschließenden systematischen Aufbau zu vermitteln. Wohl aber hat sie die Aufgabe, den Kindern für die aus diesen Gebieten in ihr Gesichtsfeld tretenden Erscheinungen ein für das praktische Leben ausreichendes Verständnis zu erschließen... Die Kinder sind dazu zu erziehen, die Hilfsmittel,

5 Einheitliche Richtlinien für die unteren Jahrgänge der Volksschule wurden bereits am 10. April 1937 herausgegeben. Sie sind jedoch für den Chemie- bzw. Naturlehreunterricht irrelevant, da dieser erst mit der sechsten Klasse einsetzen sollte.

6 Vgl. hierzu Die Volksschule und die Sonderschulen mit Volksschulziel. In: Deutsche Schulerziehung. Berlin 1939 (siehe Anm. 1), S. 65-71.

7 Erziehung und Unterricht in der Volksschule. Berlin 1940, S. 9. Der Erlaß ist ebenfalls teilweise abgedruckt bei Fricke-Finkelnburg (siehe Anm. 2), S. 31-52.

8 Hierzu Hock / Ebel / Rinsche: Lehr- und Stoffverteilungsplan für die Volksschulen nach den Richtlinien vom 15.12.1939. Ahlen 1940, S. 38: „Nicht mehr, wie besonders stark deutlich in den Richtlinien von 1921, steht am Zugang das Ich, das Kind; nicht ist die Forderung zu finden, daß jede Erziehung „vom Kinde aus“ bestimmt sein müsse!“

9 Zu den Stundentafeln siehe Anhang.

10 Erziehung und Unterricht in der Volksschule (siehe Anm. 7), S. 23.

die ihnen die Natur durch den menschlichen Forschungsgeist an die Hand gibt, nicht gedankenlos, sondern mit Verstand und Umsicht zu gebrauchen. Dabei sollen die Kinder es lernen, mit Ehrfurcht vor dem Walten der Natur zu stehen und mit Stolz auf die Ergebnisse deutscher Wissenschaft zu achten.
Die Lehrstoffe sind vor allem aus wichtigen Arbeitsbereichen des heimatlichen oder völkischen Lebensraumes, aus Haus und Hof, aus der Landwirtschaft und der heimischen Industrie zu entnehmen. Dem Gedanken der Schadenverhütung ist besonderes Augenmerk zuzuwenden. Bei den Mädchen werden Stoffe bevorzugt, die für die Hauswirtschaft von Bedeutung sind. In einfacher Form ist besonders auf die Stoffe, die sich aus der Aufbauarbeit des nationalsozialistischen Staates ergeben (z. B. Energiegewinnung, Rohstoffbeschaffung, Luft- und Gasschutz, Fluglehre und Luftfahrt), einzugehen.
... Der Unterricht geht von Erfahrung, Beobachtung und Versuch aus. Dabei ist auch auf den an der Lebenswirklichkeit ausgerichteten einfachen Schülerversuch Wert zu legen. Besuche heimischer Gewerbebetriebe sowie die Verwendung des Schmalfilms zur Veranschaulichung solcher technischen Gebiete, die unmittelbarer Anschauung nicht zugänglich sind, können den Schülern die Beherrschung und Ausnutzung der Naturkräfte in der Technik vor Augen führen.
Der Unterricht in der Naturlehre setzt im sechsten Schuljahr ein... ."

Inhaltliche Bestandteile werden in den Richtlinien für die einzelnen Unterrichtsfächer somit nur angeschnitten. Methodisch-didaktische Ziele sowie die praktische Unterrichtsgestaltung stehen im Vordergrund.
Im Auftrag eines Arbeitskreises des Nationalsozialistischen Lehrerbundes (NSLB) wurde 1940 eine ausführliche Interpretation der Richtlinien vom 15. 12. 1939, inklusive Lehr- und Stoffverteilungsplan veröffentlicht[11]. In dem als Mindestplan ausgewiesenen Lehrplan-Vorschlag finden chemische Inhalte der Naturlehre allerdings erst im 8. Schuljahr Platz.
Für die bayerischen Volksschulen erließ das Staatsministerium für Unterricht und Kultus in München am 23. Juli 1940 (verbindlich anzuwenden ab 1. August 1940) Ergänzungsrichtlinien[12]. Die grundsätzlichen Gedankengänge stimmen mit dem Rustschen Runderlaß überein, jedoch werden diese ausführlicher behandelt und die Ideale des nationalsozialistischen Unterrichts präzisiert. Die „Allgemeinen Erziehungs- und Unterrichtsgrundsätze" heben deutlich auf den Vierjahresplan und Luftschutz ab[13]:

„Naturkunde stellt sich in den Dienst der wehrgeistigen Erziehung in ihren Gebieten Fluglehre, Kompaßgebrauch, Luftschutz, Kampfstofflehre, Sicherstellung der Volksernährung, Auswertung des Bodens und seiner Früchte und Schätze..."

In den methodischen Bestimmungen wird der Unterricht in Naturlehre auf die Wintermonate (November bis März) verwiesen und für Mädchen ein „vorwiegend hauswirtschaftliche Arbeitsvorgänge" (S. 63) behandelnder Unterricht vorgeschrieben. Detaillierte „Stoffliche Bestimmungen", zusätzlich ergänzt durch zwei Beispiellehrgänge, liefern dem Lehrer konkrete Umsetzungsvorschläge[14]:

11 Vgl. hierzu Hock / Ebel / Rinsche (siehe Anm. 8).

12 Erziehung und Unterricht in den bayerischen Volksschulen. München 1940.

13 Erziehung und Unterricht in den bayerischen Volksschulen (siehe Anm 12), S. 21.

14 Erziehung und Unterricht in den bayerischen Volksschulen. (siehe Anm. 12), S. 65-71. Angesichts der starken Verquickung chemischer, biologischer und physikalischer Inhalte wurden die primär chemischen Themen herausgefiltert. Eine vollständige Aufführung des Stoffplanes hätte mehrere Seiten Zitat bedeutet.

„**b) Naturlehre.**

...

6. Schuljahr:

...

8. Im Luftschutzraum oder: von der Zusammensetzung der Luft.

7. Schuljahr:

Hauptthema: Vom Brennen und Löschen.

...

2. Die Flamme oder: von der Gasbildung.

...

4. Brandbomben oder: die Verbrennung bei verschiedenen Stoffen.
5. Vom Löschen: Löschmittel, besonders auch für Brandbomben; Schutzanstriche.
6. Von Sprengbomben: Sprengstoffe, Vorgang der Sprengung. Die Erfindung des Schießpulvers; Splitterschutz im Luftschutzraum.

8. Schuljahr:

...

7. Die chemischen Kampfstoffe und die Gasmaske.
8. Zucker, Stärke, Zellstoff (ihre Gewinnung, Eigenschaften, ihre Umwandlungen).

Für Mädchenklassen:

Statt Aufgabe 6: Kampf dem Verderb (Haltbarmachung unserer Nahrungsmittel).

Als Aufgabe 9: Reinigen und Waschen (die Seife, das harte Wasser, Bleich- und Fleckmittel).

Zur Erreichung einer weitgehend einheitlichen Ordnung in den Stoffplänen werden zu obigen Grundthemen zwei ausführliche Beispiellehrgänge verschiedener Anlage beigefügt, die keineswegs verpflichtend sind, jedoch bei Aufstellung der Einzelpläne wertvolle Hilfe bieten werden."

Einen noch detaillierteren Lehrplan mit genauer Stoffverteilung, sogar inklusive empfohlenen Schrifttums sowie zur Unterrichtsgestaltung verwendbarer Filme der RfdU (Reichsstelle für den Unterrichtsfilm, Berlin), veröffentlichte der NSLB, Gauwaltung Sachsen[15]. Die ausschnittsweise Wiedergabe gewährt konkreten Einblick in die von den Nationalsozialisten gewünschte Unterrichtsdurchführung[16]:

„Erfindungen und Entdeckungen jüngster Zeit, deren wirkliche Kenntnis nur auf Fachkreise beschränkt ist, eignen sich nicht für den Unterricht in der Volksschule, z. B. Buna. ...

Jungen

6. Schuljahr

(Wöchentlich eine Stunde)

September bis Dezember

...

II. Von Wasser und Luft

8. Wasser als Verbindung, Wasserstoff (Erbsengroßes Stück Natrium in Drahtgaze gewickelt von unten in ein wassergefülltes, in einer Wasserschüssel kopfstehendes Glas bringen).
9. Die Luft als Gemenge. Sauerstoff (Auf Holz schwimmenden Kerzenstumpf unter Konservenglas erlöschen lassen).

III. Von Kohle und Feuer

10., 11. Torf, Braunkohle und Steinkohle und ihre Förderung. Leuchtgas.

---

15 Erziehung und Unterricht in der Volksschule. Die Richtlinien des Reichsministers für Erziehung, Wissenschaft und Volksbildung vom 15. Dezember 1939. Mit den Stoffverteilungsplänen des NSLB. Gauwaltung Sachsen. Dresden 1941.

16 Erziehung und Unterricht in der Volksschule. Gauwaltung Sachsen (siehe Anm. 15), S. 100-109.

12. Die Flamme (Kaltes Gefäß über brennende Kerze stülpen, Kondenswasser mit etwas Kalkwasser versetzen, Gegenversuch mit Regenwasser; Streichholz horizontal in Dochtendenhöhe kurz mitten in die Flamme bringen). Oxydation.[Bunsenbrenner in Gasherd und Gaslampe]
13. Erz und Kohle im Hochhofen (Feuchtes Gemisch von Bleizucker und Soda in Holzkohlengrübchen mit Lötrohr erhitzen).
14. Das Eisen und seine Sorten [Schwer- und Leichtmetalle].

Januar bis März
IV. Von der Wärme
...
7. Sieden, Verdampfen, Destillieren.
...

7. Schuljahr
(Wöchentlich 2 Stunden)

September bis Dezember
I. Das Auto
...
3. Die Explosion. (Kilodose in der Mitte des Bodens lochen, daß eine Streichholzkuppe eingeklemmt werden kann; ungefähr vier Tropfen Benzin (ausprobieren) in die Dose auf Pappschnitzel bringen, Dose durch Pappdeckel und Plastilindichtungsring – beides möglichst doppelt nacheinander – schließen, tüchtig schütteln, flach legen, Ziegel als Widerlager anbringen, Streichholzkuppe einklemmen und Streichholz in der Mitte anbrennen. Zu viel Benzin gibt keine Explosion, Mischung zu „fett".)
...
7., 8. Benzin und Benzol. (Rohpetroleum: Wundbenzin, Motorbenzin, Leuchtöl, Schmieröl, Vaseline, Paraffin. Siehe dazu 6. Schuljahr IV, 7; III; II und Benzol! Deutsches Benzin aus Braunkohle, Kraftgas, chemische Synthese und deutsche Rohstofffreiheit. Gefahren: Feuer, schädliche Dämpfe, Explosion.)
...
II. Die Feuerwaffen
...
12. Vom Pulver. (Glimmendes Holzstück auf Salpeterhäufchen bringen. Spuren von Schwefelblume und Kaliumchlorat in Porzellanmörser verreiben. Vorsicht!) Einfluß von Pulverladung und Rohrlänge.

Januar bis März
...
IV. Der Luftschutz
7. Chlor als Vertreter der Kampfstoffe. (Kaliumpermanganat und wenige Tropfen Salzsäure. Vorsicht!) Chlor als Entkeimungs- und Bleichmittel.
8. Die Gasmaske. (Einfache Filter, Kohle- und getränkte Filter, die verschiedene Verseuchungen der Luft und des Wassers zurückhalten. Trübes Wasser durch Papierfilter, schwarzen Kaffee erst durch Papierfilter, dann durch Filter mit Holzkohlenpulver geben.)
9. Phosphor (oder Thermit) als Vertreter der Brandbombenfüllung. (Phosphor ist besonders feuergefährlich und giftig, aber für pflanzliches und tierisches Leben unentbehrlich.)
10. Die Bedeutung des Luftschutzes im totalen Kriege.

8. Schuljahr
(Wöchentlich 2 Stunden)

September bis Dezember
II. Der Photoapparat
...
7. Das Silbersalz als lichtempfindlicher Körper. (Silbernitratlösung in Probierglas mit etwas Kochsalzlösung versehen, schütteln und ins Sonnenlicht stellen.) Negativ und Positiv. Silbersalzlösungen lösen sich in Fixiernatron. ..."

Beim Mädchen-Lehrplan wurden die Inhalte der Jungen weitgehend beibehalten, allerdings stärker selektiert und partiell inhaltlich gekürzt. Neu hinzu kommen Themenbereiche, die den Mädchen als kommenden Hausfrauen und Müttern zugesprochen werden[17]:

„7. Schuljahr
(Wöchentlich eine Stunde)

...

Januar bis März

IV. Spinnstoffe, Spinnen und Weben
1. Deutschlands Spinnstofflage.
2., 3. Die Zellwolle.

...

V. Reinigungsmittel im Haushalt
6., 7. Wasser, Terpentin und Benzin als Lösungsmittel.
8., 9. Soda.
Ihre Wirkung, ihre Zusammensetzung und ihre Verwandtschaft mit Kochsalz.
10., 11. Seife und ihre Herstellung.

April bis Juni

VI. Glas und Porzellan

...

8. Schuljahr
(Wöchentlich eine Stunde)

September bis Dezember

I. Gärung, Ranzigwerden und Konservierung
1., 2. Die Gärung als nützlicher und schädlicher Vorgang.
3. Die Fette und das Ranzigwerden.
4., 5. Zucker, Salz, Holzrauch und Essig als Konservierungsmittel.
6. Luftabschluß und Tiefkühlung als Konservierungsmittel.
7. Kampf dem Verderb. ..."

Daß der Lehrstoff – wie schon zitiert – „wichtigen Arbeitsbereichen des heimatlichen ... Lebensraumes"[18] entnommen werden sollte, betont die den nationalsozialistischen Schulpolitikern wichtigen Ausgleichs- und Gleichberechtigungsbemühungen zwischen Land- und Stadtregionen unter Berücksichtigung regionaler Eigenarten. Weitere differenzierte Vorschläge für den Erziehungs- und Bildungsplan der Landschule, der besonders auf den Bauernstand abhob, sowie die Arbeit in der Großstadtschule tragen dieser Forderung Rechnung[19].

---

17 Erziehung und Unterricht (siehe Anm. 15), S. 109 f.

18 Erziehung und Unterricht in der Volksschule (siehe Anm. 7), S. 23.

19 Vgl. hierzu Bühnemann, H.: Erziehungs- und Bildungsplan der Landschule. Die oberen Jahrgänge nach den Richtlinien vom 15. 12. 1939. Langensalza, Berlin, Leipzig 1940., Schröter H. (Hrsg.): Die Arbeit in der Volksschule. Erziehungs- und Unterrichtsplan für eine Großstadtschule. Gestaltet am Beispiel der Kriegsmarinestadt Kiel. Frankfurt / Main 1943.

4.2. Die Mittelschule: Erlasse, Richtlinien und Lehrpläne für den Chemieunterricht

Die Neuordnung des mittleren Schulwesens begann im Sommer 1938, ebenfalls mit einer Vereinheitlichung der vielen verschiedenen Schultypen[20]. Zum einen wurde – jeweils für Jungen und Mädchen getrennt – eine grundständige sechsklassige Mittelschule als Regel- und Richtform bestimmt. Daneben sollte eine Mittelschuleinrichtung an Volksschulen in Gestalt eines vierklassigen Aufbauzuges existieren[21]. Mit den „Bestimmungen über Erziehung und Unterricht in der Mittelschule“[22] vom 15. Dezember 1939 wurde unter sichtlicher Betonung der „Ausrichtung auf die Forderungen des praktischen Lebens“ (S. 1) als Ziel der Mittelschule definiert[23]:

„Im Rahmen des für alle deutschen Schulen verbindlichen Erziehungsziels hat die Mittelschule die besondere Aufgabe, eine über das Volksschulziel hinausgehende, vertiefte und in sich abgeschlossene Gesamtschau der politischen, kulturellen und wirtschaftlichen Grundlagen des deutschen Volkes zu vermitteln.“

Schüler der Mittelschule sollten für eine gehobene Beamtenlaufbahn bzw. für entsprechende Positionen in Wirtschaft und Verwaltung prädestiniert sein. Aus der besonderen Aufgabe der Mittelschule ergebe sich u.a. eine starke Wertung der mathematisch-naturwissenschaftlichen Fächer, betonen die grundsätzlichen Ausführungen weiter. Der Chemieunterricht wurde im Rahmen des Faches „Naturlehre“ ganz den nationalsozialistischen Zielen untergeordnet. Die Schüler sollten „Kenntnis, Bedeutung, Ordnung und Gesetzmäßigkeit der Naturkräfte und -stoffe“ erhalten „insbesondere solcher, die für das häusliche, Gewerbe- und Verkehrsleben sowie für die Staatsnotwendigkeiten der Wirtschaftsfreiheit und Landesverteidigung von Bedeutung sind“ (S. 50). Insbesondere wurde verstärkt Wert auf den Heroismus von Chemiewissenschaftlern gelegt, so wie bereits Rechtfertigungspolitik und Unterrichtsbeispiele in fachdidaktischen Zeitschriften dies hervorgehoben hatten[24]:

„Endlich soll die Jugend in dem Unterricht in Naturlehre erfahren, daß die Ergebnisse der physikalischen und chemischen Forschung die Frucht jahrelanger mühevoller Arbeit sind und daß bedeutende Erfindungen Wendepunkte in der wirtschaftlichen und kulturellen Entwicklung der Menschen bedeuten. An einzelnen führenden Naturforschern, großen Erfindern und überragenden Technikern, besonders des deutschen Volkes, ist zu zeigen, wie ihr Leben in bezug auf Pflichtgefühl, Arbeitsamkeit, zähe Ausdauer und kühnen Wagemut vorbildlich war, und daß ihre Werte der Stolz des deutschen Volkes sind.“

---

20 Fricke-Finkelnburg (siehe Anm. 2), S. 54. Vgl. auch Maassen, N.: Die Mittelschule. In: Deutsche Schulerziehung 1939 (siehe Anm. 1), S. 201-216. Ebenso: Wegweiser durch das mittlere Schulwesen des Deutschen Reiches. Im Auftrag des Reichsministers für Wissenschaft, Erziehung und Volksbildung, bearb. v. d. Reichsstelle für Schulwesen. Langensalza, Berlin, Leipzig 1938 (Schuljahr 1937) und 1942 (Schuljahr 1940). Hier sind detaillierte Ausführungen zu den vorher in einzelnen Ländern existierenden Mittelschuleinrichtungen und Rektoratschulen inklusive ausführlicher Statistiken sowie zu den durch den Neuordnungserlaß vom 1. Juli 1938 hervorgegangenen Schulformen zu finden.

21 Als Vorläufer der neuen Mittelschulbestimmungen sind durch Ministerialerlaß vom 12. April 1939 die neuen Stundentafeln veröffentlicht worden. Zur mathematisch-naturwissenschaftlichen Fächergruppe siehe Anhang.

22 Bestimmungen über Erziehung und Unterricht in der Mittelschule. Berlin 1939.

23 Bestimmungen Mittelschule (siehe Anm. 22), S. 4.

24 Bestimmungen Mittelschule (siehe Anm. 22), S. 50.

In der grundständigen Mittelschule[25] begann der Naturlehre-Unterricht für Jungen in der 3. Klasse (Klasse 7 im heutigen Schulsystem), Chemie-Inhalte sind jedoch erst ab der 4. Klasse zu finden. Verglichen mit der Volksschule wurden höhere Anforderungen an die Schüler gestellt: So sollten etwa im Chemieunterricht Symbole, Formeln und Wertigkeiten von der ersten Stunde an Anwendung finden. Außerdem war ein begrenzter systematischer Überblick der wichtigsten chemischen Erscheinungen der organischen und anorganischen Chemie zu erarbeiten. Praxisnähe, Heimatverbundenheit, Beobachtungen und Erfahrungen der Schüler, Lehrer- und Schülerexperimente sowie Ausflüge in chemische Betriebe werden in den didaktisch-methodischen Ausführungen eindringlich betont. Der in den Bestimmungen direkt integrierte Stoffverteilungsplan sah in der 4. Klasse Grundbegriffe sowie wichtige Elemente der anorganischen Chemie inklusive ihrer technisch-gewerblichen Anwendung vor. In der 5. Klasse sollte die Besprechung deutscher Bau- und Wertstoffe sowie ernährungsrelevanter Themen in direkter Verbindung mit Lebenskunde (Biologie) erfolgen. Die abschließende 6. Mittelschulklasse sollte „Deutschlands Ringen um seine wirtschaftliche Unabhängigkeit" (S. 53), die chemische Waffe, Holzchemie, Erdölindustrie sowie Mineralien als Unterrichtsstoff beinhalten.

Nicht nur formal sondern auch inhaltlich auf die von den Nationalsozialisten zugedachte Rolle als Hausfrau und Mutter war der Naturkunde- bzw. Chemieunterricht für Mädchen ausgerichtet. In den grundsätzlichen Bestimmungen wird auf die besonderen Möglichkeiten der Mittelschule verwiesen, „da ihr die Mädchen in der Reifezeit anvertraut sind" (S. 8). Der wesenseigene Unterricht, der „weichliche Gefühlsschwärmerei, alles rein Lehrhafte und jede gedächtnismäßige Wissensüberladung ablehnt" (S. 8), beginnt im Chemie-Stoffplan der 4. Klasse grundständiger Mittelschulen für Mädchen mit der „Einführung in die Chemie der Hauswirtschaft" (S. 53). In der 5. Klasse sollen in enger Verbindung mit Lebenskunde und Hauswirtschaft dann Themen der organischen Chemie (Kohlenhydrate, Fette, Eiweiß, Gärung) sowie leichte und schwere Gebrauchsmetalle besprochen werden. Für die Abschlußklasse schreibt der Lehrplan neben der Behandlung der Hausapotheke und einzelner relevanter Arzneimittel, Betrachtungen der Genuß- und Lebensmittelchemie, der Chemie der Kleidung und Wohnung, des Färbens, Bleichens Waschens, der Heiz- und Treibstoffe, der Kunst- und Kampfstoffe vor[26].

---

25 Bei der Mittelschulvariante des vierklassigen Aufbauzugs für Jungen und Mädchen an Volksschulen waren die gleichen Themen lediglich etwas weniger ausführlich zu behandeln.

26 Sowohl die in manchen annektierten Gegenden (z. B. Sudetengau) existierenden Bürgerschulen als auch die österreichischen Hauptschulen, die nach und nach auch im Deutschen Reich das Mittelschulwesen ersetzen sollten, brauchen an dieser Stelle nicht ausführlich besprochen zu werden. Wesentlich neue Erkenntnisse sowohl für die nationalsozialistische Erziehungspolitik im allgemeinen wie für den Chemieunterricht im besonderen sind nicht ableitbar. Einzige Unterschiede: Die Hauptschule wurde zur Pflichtausleseschule erkoren, der Naturlehreunterricht sollte schon in der 2. Klasse (das entspricht auf den Gesamtschulunterricht gerechnet der 6. Schulklasse) beginnen. Ansonsten inhaltlich identisch unterscheiden sie sich gegenüber den Bestimmungen für das Mittelschulwesen lediglich an manchen Stellen in der Wortwahl. Die Einführung des Hauptschulwesens im Deutschen Reich blieb kriegsbedingt ohnehin im Keime stecken. Vgl. Bestimmungen über Erziehung und Unterricht in der Bürgerschule. Reichenberg 1940. Vgl. Bestimmungen über Erziehung und Unterricht in der Hauptschule. Berlin 1942. Letztere finden sich teilweise auch abgedruckt bei Fricke-Finkelnburg (siehe Anm. 2), S. 73-83.

4.3. Die Höhere Schule

4.3.1. Erlasse, Richtlinien und Lehrpläne für den Chemieunterricht

Kernstück der nationalsozialistischen Umgestaltung des allgemeinbildenden Schulwesens bildete jedoch die höhere Schule[27]. Zur Durchführung des Vierjahresplans und um den Nachwuchsbedarf der Wehrmacht zu regeln, wurde schon mit Erlaß vom 30. November 1936[28] die Schulzeit um ein Jahr auf 12 Schuljahre verkürzt. Ostern 1937 erfolgte die Vereinheitlichung des zersplitterten höheren Schulwesens mit Reduzierung auf wenige Schultypen[29]. Die zahlreichen Übergangsbestimmungen wurden im Januar 1938 von dem Grundsatzerlaß „Neuordnung des höheren Schulwesens" zum Schuljahr 1938/39 abgelöst[30]. Die Vereinfachung der Schultypen wurde darin ebenso bestätigt, wie aus „wichtigen bevölkerungspolitischen Gründen"[31] die Verkürzung der Schulzeit auf acht höhere Schuljahre. Zugleich führte Reichserziehungsminister Rust die neuen Richtlinien „Erziehung und Unterricht in der höheren Schule"[32] ein, die zusammen mit den Lehrplänen für die einzelnen Fächer zusätzlich als 265seitiger Sonderdruck[33] erschienen.

Es kristallisieren sich für das allgemeine Lehrziel sowie den Chemieunterricht als besonders relevante Punkte heraus:

1.) Lehrziel: Zwar gelten für alle Schultypen grundsätzlich die gleichen ideologisch-weltanschaulich bestimmten Ziele. Speziell die höhere Schule ist jedoch nicht nur als „ausgesprochene Weltanschauungsschule" konzipiert, sondern auch als „Ausleseschule" [34], die zu Elitebildung und Führertum beiträgt. Dabei hat sie auf die Arbeitswelt des Volkes ausgerichtet zu sein, aber keineswegs schon eine definierte Berufsausbildung im Sinn[35].

> „Darum kommt es nicht darauf an, daß die Jungen und Mädchen die Schule mit einem möglichst umfangreichen Fachwissen verlassen, sondern mit der Fähigkeit, sich an den eigentlichen Berufserziehungsstätten das für ihre Sonderaufgaben notwendige Wissen selbständig anzueignen."

---

27 Vgl. Fricke-Finkelnburg (siehe Anm. 2), S. 90. Vgl. auch Benze, R.: Die Höhere Schule. In: Deutsche Schulerziehung. 1939 (siehe Anm. 1), S. 217-247.

28 Deutsche Wissenschaft, Erziehung und Volksbildung. Amtsblatt des Reichsministeriums für Wissenschaft, Erziehung und Volksbildung und der Unterrichtsverwaltungen der Länder (RMinAmtsblDtschWiss.). Berlin 1936, E III a 2251 M, S. 525.

29 Zum schematischen Aufbau des höheren Schulwesens siehe Anhang.

30 RMinAmtsblDtschWiss. (siehe Anm. 28) 1939, E III a 245/38a, S. 46 f. Ebenfalls abgedruckt bei: Fricke-Finkelnburg (siehe Anm. 2), S. 102-105.

31 RMinAmtsblDtschWiss. (siehe Anm. 28) 1939, S. 46. „Bevölkerungspolitisch wichtige Gründe" sind der frühere Eintritt des Schülers in Wehrmacht, Berufsleben und primär Familiengründung.

32 Siehe hierzu Kapitel 2.3.

33 Erziehung und Unterricht in der höheren Schule. Amtliche Ausgabe des Reichs- und Preußischen Ministeriums für Wissenschaft, Erziehung und Volksbildung. Berlin 1938.

34 Benze (siehe Anm. 27), S. 216.

35 Rust, B.: Erziehung und Unterricht. In: Deutsche Schulerziehung. 1939 (siehe Anm. 1), S. 8. Zitiert auch bei Fricke-Finkelnburg (siehe Anm. 2), S. 109.

Andererseits sollte die Höhere Schule im Vergleich zur Volksschule tieferes und umfassenderes Wissen vermitteln, „weil in unserer Lebenswirklichkeit kaum eine Entscheidung von weittragender Bedeutung ohne gründliches Wissen gefällt werden kann“[36].
2.) Methodisch, so die Schlußfolgerung, sollten dem Schüler nicht nur fertige Ergebnisse vorgelegt werden. Ganz entscheidend sei der „Vorgang des Erkennens und Verstehens“[37], wie sie der Arbeitsunterricht verwirkliche. Grundsätzlich gilt dabei aber auch die reine Zweckgebundenheit des Unterrichts[38]:

„...nie darf Wissensvermittlung zum Selbstzweck im Sinne der sogenannten „Allgemeinen Bildung“ werden.“

3.) Quervernetzungen[39] der Fächer untereinander: Die schon in den grundsätzlichen Ausführungen der Richtlinien von Reichserziehungsministers Rust geforderte Quervernetzung der Fächer findet sich in den Lehrplänen wieder. In den Stundentafeln wurden die meisten Einzelfächer zu „Fächergruppen“ zusammengefaßt: Biologie, Chemie, Physik, Rechnen und Mathematik sind unter dem Oberbegriff Naturwissenschaften und Mathematik versammelt. Dies entspräche „einem Grundzug der nationalsozialistischen Entwicklung: der Zusammenschau“[40], so die Interpretation von Ministerialrat Rudolf Benze. Der Blick für das Ganze über die Fachschranken hinaus soll dadurch erhalten bleiben.
Benze legt eine weitere Differenz zur Weimarer Schulreform, die neue Anordnung und Wertung der Lehrgebiete, dar[41]:

„Die alte Unterscheidung von Haupt- und Nebenfächern ist gleichfalls beseitigt; alle Arbeitsgebiete haben grundsätzlich gleiche Bedeutung, und ihre Wochenstundenzahl ist nur von der Menge und Schwierigkeit des zu erarbeitenden Wissens abhängig. Trotzdem dürfen die Biologie und die Deutschkunde als die Herzstücke der geistigen Schulerziehung bezeichnet werden...“

Dies zeigt sich deutlich in der Gewichtung: Fast die Hälfte der Darstellungen im Erlaß „Erziehung und Unterricht in der höheren Schule“ ist den deutschkundlichen Fächern gewidmet, 25 Seiten nimmt die Biologie ein. Der Chemieunterricht wird auf gerade 8 Seiten (S. 165-172) behandelt. Die Ziele des Chemieunterrichts können in *Überzeugungsziele, Wissens- und Könnensziele*[42] unterteilt werden.
In die Gruppe der *Überzeugungsziele* sind einzureihen:
a) Die Chemie soll eine „Gesamtschau der Natur“ geben, da sie aber nie letzte Klärung erreichen kann, führt sie als „Wissenschaft von der Materie“ weg vom „Materialismus“ (S. 165).

36 Rust, (siehe Anm. 35), S. 8. Kurt-Ingo Flessau deckt diese beiden Aussagen Rusts als Widerspruch auf. In: Flessau / Nyssen / Pätzold: Erziehung im Nationalsozialismus. Köln, Wien 1987, S. 74.
37 Rust, (siehe Anm. 35), S. 9.
38 Rust, (siehe Anm. 35), S. 10.
39 Siehe hierzu Kapitel 2.3. Auch die Preußische Schulreform (siehe Kapitel 1) forderte – allerdings unter dem Gesichtspunkt des humanistischen Bildungsziels – diese Fächervernetzung.
40 Benze (siehe Anm. 27), S. 238.
41 Benze (siehe Anm. 4), S. 32.
42 Diese Zielkategorien stammen ursprünglich aus einem DDR-Biologielehrplan. Vgl. hierzu Gärtner, H.: Lehrplan Biologie. Analyse und Konstruktion. Hamburg 1977, S. 3. In „NS-Biologie und Schule“, S. 82, übertrug Änne Bäumer-Schleinkofer dies auf den Biologieunterricht der NS-Zeit. Die gleiche Einteilung empfiehlt sich auch für den Chemieunterricht.

b) „Aufgabe, Wert und Leistung chemischer Forschung sind dem Verständnis des Schülers nahezubringen." Dabei muß der Unterricht „den gewaltigen Anteil, den gerade die Tätigkeit deutscher und überhaupt nordisch-germanischer Männer an der chemischen Forschung hat, deutlich machen" (S. 165).
c) Dem Schüler ist die Erkenntnis zu übermitteln, „daß die stetige und zielbewußte Arbeit am Ausbau der Naturwissenschaften und der Technik den wirtschaftlichen und kulturellen Hochstand unseres Volkes sichert" (S. 165).

Wissen sollte schwerpunktmäßig zu Vorgängen der Stoffumwandlung, heimatlichen Roh- und Wertstoffen, Veredelung von Rohstoffen, Chemie der Land- und Forstwirtschaft, der Nahrungsmittelindustrie, der Landesverteidigung – inklusive wirtschaftlicher Zusammenhänge – vermittelt werden.

Als *Könnensziele* sind die Ausbildung zum Luftschutzhelfer, insbesondere für Mädchenschulen zusätzlich der verantwortungsvolle, sparsame Umgang mit Verbrauchsstoffen im Haushalt anzusehen.

Die methodisch-didaktischen Gesichtspunkte zur Verwirklichung dieser Ziele geben wertvollen Einblick in den von Schulbehördenseite angedachten Chemieunterricht und sollen deshalb an dieser Stelle nicht vorenthalten werden. Wert gelegt wurde auf:

a) Praxisnähe, Erfahrungswerte des Schülers;
b) fächerübergreifende Arbeit, v.a. mit Physik, Mathematik, Biologie und Heilkunde, aber auch Erdkunde (Geologie), Geschichte und gelegentlich Wirtschaft;

„Die immer wiederkehrende Zahl in den chemischen Gesetzmäßigkeiten, in der Kennzeichnung des Atoms oder in den Gleichungen zeigt die im Naturgeschehen sichtbaren mathematischen Größenbeziehungen. – Der Kreislauf der Stoffe in der belebten Natur verknüpft die Chemie mit der Biologie und den Grundzügen der Heilkunde. Die Behandlung von Atmung und Ernährung im biologischen Unterricht der unteren Klassen bietet Anknüpfungspunkte für den Anfangsunterricht der Chemie. Bei der Besprechung von Mineralien und Gesteinen ergeben sich Beziehungen zu Wirtschaftsfragen und Erdkunde, vor allem zu der hier behandelten Geologie. Die geschichtliche Bedeutung chemischer Entdeckungen ist aufzuweisen (Metallgewinnung, Heilstoffe, Stickstoffverbindungen, Gift- und Kampfstoffe). Auch die Geschichte der Chemie selbst muß zu ihrem Recht kommen. Bücher in deutscher oder fremder Sprache, die Abschnitte aus den Werken großer Forscher enthalten oder Forscherschicksale schildern, können gelegentlich in nutzbringender Weise herangezogen werden." (S. 166);

c) Schülerübungen: Diese sollen zu sparsamem Umgang mit Stoffmaterial, guter Beobachtungsgabe, reinlicher, ordentlicher Arbeit und verantwortungsbewußtem Umgang mit gefahrvollen Chemikalien erziehen;
d) chemische Formelsprache;
e) Atom- und Molekülvorstellung;
f) Lehrausflüge in chemische Betriebe der Heimat: Diese sollen „den gewaltigen Unterschied zwischen dem kleinen Schulversuch und seiner riesenhaften Ausgestaltung in der Technik zum Bewußtsein bringen" (S. 167);
g) Anforderungen an den Lehrer: Dieser hat die „völkischen, wissenschaftlichen und methodischen Gesichtspunkte" in gründlicher, eindringlicher Behandlung des Stoffes, nicht durch Stoffülle zu verwirklichen.

4.) Lehrplan: In der Oberschule für Jungen begann der Chemieunterricht sowohl in der grundständigen Form als auch in der Aufbauform erst in der 5. Klasse (heute 9. Klasse)[43]. Die neuen Lehrpläne verwirklichten jedoch den lange gewünschten von der 5. bis zur 8. Klasse kontinuierlich durchgehenden Chemieunterricht. Als Lehrstoff wurde bestimmt (S. 168 f.):

„Oberschule für Jungen

5. Klasse

2 Wochenstunden.

Luft, Wasser, Ätznatron, Kochsalz, Schwefel und Schwefelverbindungen, Phosphor und Phosphorverbindungen; Kohlen, Kohlenstoffverbindungen, Leuchtgas, flüssige Brenn- und Treibstoffe; Stickstoff, Ammoniak, Salpetersäure.

Als Vorarbeit für die Biologie: Zucker, Stärke, Süßstoff, Gärung, Essigsäure, Fette, Eiweiß (in elementarer Behandlung).

Eisenverhüttung.

Einiges aus der Chemie des Luftschutzes.

Glas.

Grundbegriffe und Grundgesetze: Stoff, Gemenge und Verbindung, Oxydation, Reduktion, chemische Verwandtschaft, Erhaltung des Stoffes, Grundstoff, Atom und Molekül in einfacher Darstellung, Verbindungsgesetze, Formelsprache, Säure, Base, Salz.

6. bis 8. Klasse

Naturwissenschaftlich-Mathematischer Zweig

6. Klasse

1 Wochenstunde.

Sauerstoff, Wasserstoff	Verbindungsgesetze, Molekular- und Atomtheorie.
Schwefelverbindungen	Katalyse, Säure, Base, Wertigkeit.
Halogenverbindungen	Elektrolyse. Natürliche Grundstoffgruppe.

Deutsche Salzlagerstätten und ihre Ausbeutung.

7. Klasse

2 Wochenstunden.

Phosphorverbindungen	Exotherme und endotherme Vorgänge. Osmose, Theorie der elektrolytischen Dissoziation.
Stickstoffverbindungen	Umkehrbare Vorgänge, Massenwirkung.
Quarz und Silikate	Kolloide.

Einige wichtige silikatische Bestandteile des deutschen Bodens und ihre Nutzung. (Sand, Glas, Granit, Ton, Tonwaren.) Kalkstein, Mörtelstoffe, Düngelehre.

Wichtige leichte und schwere Gebrauchsmetalle: Magnesium, Aluminium, Eisen, Zink, Blei, Kupfer, Silber (Photographie).

Zusammenfassung	Periodisches System.

8. Klasse

2 Wochenstunden.

Gesättigte und ungesättigte Thermochemie (Vertiefung).

Kohlenwasserstoffe

Kohlenlagerstätten, gasförmige Brennstoffe aus Kohle, Erdöl, Kohlenverflüssigung.

Kautschuk	Synthese.
Alkohole, Aldehyde, Säuren, Ester, Fette, Seifen, Zucker, Stärke, Zellstoff.	Lehrgebäude der organischen Chemie.

Gärungsgewerbe, Papier, Zellwolle, Kunstseide, Kunststoffe.

Eiweiß, Harnstoff	Organische N-Verbindungen.

43 Zu den Stundentafeln der mathematisch-naturwissenschaftlichen Fächergruppe siehe Anhang.

Einige technisch und medizinisch wichtige Benzolabkömmlinge — Ringverbindungen.
Wehrchemie: Sprengstoffe, Kampfstoffe, Luftschutz.
Allgemeine Fragen der Rohstoffversorgung und Wirtschaftsverflechtung.
Überblick über die Bedeutung der deutschen chemischen Forschung."

Für den weniger Chemiestunden zur Verfügung stehenden sprachlichen Zweig der höheren Schule und das Gymnasium wurden aus diesem Rahmenlehrplan v.a. theoretische Inhalte gekürzt, alle Schwerpunktthemen blieben jedoch erhalten.
Da die nationalsozialistische Schule das Mädchen zur Hausfrau und Mutter erziehen sollte, mußte gerade der Mädchen-Chemieunterricht hauswirtschaftlich ausgerichtet sein, um eine wissenschaftliche Grundlage für die Fächer des Frauenschaffens zu liefern. Im Gegensatz zu allen bisherigen Stoffanordnungen fällt auf, daß die organische Chemie an den Anfang des Oberstufenunterrichts gestellt wurde. Dies entspricht den stofflichen Vorgängen der Küche, die von der Chemie der Kohlenstoffverbindungen beherrscht wird. Der Oberschulenunterricht für Mädchen sollte in der 6. Klasse somit zunächst die wichtigsten Stoffgruppen der aliphatischen Chemie besprechen, nämlich Alkohol (Gärung- und Gärungsgewerbe, Schutz vor Gärung und Fäulnis), die wichtigsten Fettsäuren, Ester, Fette, Seifen und Kohlenhydrate. Im Zusammenhang mit der Seifenchemie sollten Waschmittel und Wasser (Härte, Trinkwasser, Abwässer) sowie Belehrungen über die Reinigung und pflegliche Behandlung der Haushaltsgeräte erfolgen. Die 7. Klasse bot Platz für theoretische und praktische Unterweisungen in der Chemie der Nahrungs- und Düngemittel, Chemie der Faserstoffe, Arzneimittelkenntnisse sowie Reiz- und Kampfstoffe (Schädlingsbekämpfung, Luftschutz). Erst Ende der 7. Klasse mit Übergang zur Abschlußklasse folgten die für das praktische Leben wichtigsten Stoffgruppen der anorganischen Chemie, v.a. Gebrauchsmetalle. In der 8. Klasse sollte dann auch ein – allerdings nur sehr einfacher – Überblick über das Periodische System der Elemente gegeben werden. Haushaltsrelevante Themen wie Metallbehandlung im Haushalt (Korrosionsschutz), Anstrichmittel, Glas- und Tonwaren, Färben sowie die „Bedeutung der Frau in der völkischen Stoffwirtschaft" (S. 172) herrschen vor.
Offiziell blieb die innere Ausgestaltung dieses Rahmenlehrplans wie zu Weimarer Republik-Zeiten der Anstaltsleitung bzw. Chemielehrerschaft überlassen. Die Bewegungsfreiheit war durch die organische Vereinheitlichung mit daraus resultierenden Vergleichsmechanismen unter den Schulen inklusive leichterer Kontrollmöglichkeiten jedoch deutlich eingeschränkt.
Im Erlaß vom 30. August 1943 wurden die „Lehrpläne für die Oberschulen für Jungen und der Gymnasien" nochmals überarbeitet[44]. Chemie- und Physikunterricht sollte nach Möglichkeit von einer Lehrkraft erteilt werden. Die Lehrstoff-Inhalte der Klassen 6 bis 8 wurden nun infolge kriegsbedingter Kürzung auf 2 Schuljahrlehrgänge (Klasse 6 und 7) verteilt, was zwangsläufig zu Stoffbeschränkung und stärkerer Schwerpunktsetzung führen mußte. Gegenüber dem Lehrplan von 1938 fällt v.a. die noch stärkere Reduzierung der Chemieinhalte auf Rohstoff-, Haushalts- und kriegsrelevante Komponenten auf.

44 RMinAmtsblDtschWiss. (siehe Anm. 28) 1943, E III a 2750 K, S. 358-362. Ebenfalls abgedruckt bei: Fricke-Finkelnburg (siehe Anm. 2), S. 125-132.

4.3.2. Naturwissenschaftlich-Mathematische Arbeitsgemeinschaften

Unter der Maxime fächerübergreifender Schwerpunktsetzungen schrieben die Richtlinien „Erziehung und Unterricht in der höheren Schule“ zusätzlich – allerdings nur an den grundständigen Jungen-Oberschulen – Naturwissenschaftlich-Mathematische Arbeitsgemeinschaften vor[45]. Diese sollten wahlfrei, d.h. zusätzlich auf für die Schüler freiwilliger Basis, in den Lehrgang integriert werden. Die Arbeitsgemeinschaften „dienen der Auslese und Heranbildung der für die naturwissenschaftlich-mathematische Denk- und Arbeitsweise besonders begabten Schüler“ (S. 204), wurde als Zielsetzung formuliert. Die Einführung in die wissenschaftlich-systematische Forschungsform sollte dabei durch die Behandlung größerer praktischer Aufgaben, „die für das Gemeinschaftsleben von Wert sind“ (S. 204) erfolgen.
Die klare Zielvorstellung einer nationalsozialistisch geprägten Elitebildung wurde methodisch und konzeptionell, inklusive weniger Beispiele der Stoffauswahl, in elf Punkten näher dokumentiert. Es handelt sich dabei um Anforderungen, die an Schule, Lehrer und Schüler zu stellen sind. Zusammengefaßt beinhalten diese:

1. Leistungshöhe und Schnelligkeit des Fortschreitens, ja sogar die thematische Ausrichtung sollte durch die Begabung und Fähigkeit der Schüler bestimmt werden.
2. Gründlichkeit des Lehrverfahrens: An Stelle oberflächlicher Themenbehandlung sollte die zeitaufwendige, gediegene und zähe Arbeit zu selbstätiger Problemlösung erziehen.
3. Keineswegs sollten Arbeitsgemeinschaften als Ergänzung des im Klassenunterricht behandelten Lehrstoffs dienen. Dem Streben von Schülern auch Neues zu erforschen, sollte – eingeschränkt auf dem praktischen Leben nützende Fragestellungen – freier Raum gelassen werden.
4. Als Voraussetzung sollte die Schule sich am tätigen Leben beteiligen und mit örtlichen Vereinen, Behörden und Betrieben im ständigen Kontakt stehen.
5. Praktische Verwertbarkeit der Arbeit zum Gemeinschaftsnutzen, örtliche Gegebenheiten und die Eignung des Lehrers bei Spezialthemen sollten die Stoffauswahl bestimmen.
6. Exkursionen der Arbeitsgemeinschaften in Betriebe waren erwünscht.
7. Das für die Durchführung notwendige Rüstzeug sollte in der Arbeitsgemeinschaft selbst erarbeitet werden.
8. Für jeden Lehrgang wurde ein Tagebuch gefordert, das Arbeitsweise und Ergebnisse dokumentierte.
9. Fächerübergreifende Vernetzung wurde als Grundvoraussetzung angesehen.
10. Eine ein- oder zweijährige Dauer wurde zugrunde gelegt.
11. Oberstufen ohne Doppelklassen wurden 9 Lehrerstunden zur Verfügung gestellt. Eine Unterrichtung außerhalb des üblichen Klassenverbandes wurde angenommen.

Diese konkreten Vorstellungen zu einmal mehr chemisch, ein anderes mal mehr biologisch, physikalisch oder mathematisch ausgerichteten Arbeitsgemeinschaften (AGs)

45 Erziehung und Unterricht in der Höheren Schule (siehe Anm. 33), S. 204-206.

stellten hohe Anforderungen an die schulische Umsetzung. Unterstützt wurde diese Haltung noch durch folgenden Sachverhalt[46]:

„Die naturwissenschaftlich-mathematischen Arbeitsgemeinschaften.
Berichterstatter FLADT: Nach dem ausdrücklichen Befehl des Ministers dürfen in den Arbeitsgemeinschaften keine wissenschaftlichen Fragen behandelt werden, die man früher im normalen Unterricht durchgenommen hätte. Es kommen nur Aufgaben aus dem Leben der politischen Gemeinschaft des Volkes in Frage. Denn der Sinn der Arbeitsgemeinschaften ist ja gerade, die Mathematik und die Naturwissenschaften mit der politisch-weltanschaulichen Erziehung zu verknüpfen."

Für die von Schulbehördenseite gesetzte Meßlatte existierte kein einfaches Lösungsschema wie Chemielehrer Hans Zeitler, Berlin, deutlich macht[47]:

„Die Neuordnung der höheren Schule hat uns Lehrer vor eine Reihe neuer und schwieriger Aufgaben gestellt. Für die Naturwissenschaftler sind besonders die mathematisch-naturwissenschaftlichen Arbeitsgemeinschaften eine harte Nuß, an der wir noch lange zu knabbern haben werden."

Neben der Lehrerschaft in Eigenregie wurde mit der Ausarbeitung von Anleitungen für naturwissenschaftlich-mathematische, u.a. auch chemische Arbeitsgemeinschaften die Staatliche Hauptstelle für den naturwissenschaftlichen Unterricht betraut[48]. Als Musterbeispiele für die Durchführung von chemischen Arbeitsgemeinschaften werden 1940 im amtlichen Teil des Reichsministeriellen Amtsblattes Hüttenkunde, Gewässer, Bodenschätze und auch Geologie genannt[49].

4.4. Reflexion und Kritik am Lehrplan der höheren Schulen für das Schulfach Chemie

Auf der ersten Tagung des Reichssachgebietes Mathematik und Naturwissenschaften des NSLB vom 11. bis 14. April 1938 in München gab Reichsreferent Walther Franck, Hamburg-Volksdorf, vor den versammelten Chemielehrern methodische und didaktische Erläuterungen zum neuen Lehrplan der höheren Schule[50]. Hauptaugenmerk war, wie die für die einzelnen Klassenstufen der höheren Schularten genannten Stichworte des Lehrplans verbessert und mit Leben erfüllt werden könnten. Die Bedeutung des neuen Lehrplans für die zukünftige Arbeit der Chemielehrer strich er dabei, mit sanfter Kritik nicht sparend, heraus (S. 152 f.):

„Die neuen Lehrpläne machen den Chemieunterricht durch die Voranstellung seiner nationalpolitischen Lehr- und Erziehungsziele zu einem Werkzeug deutscher Staatsführung. Der Weg, der von den

46 Bericht über den Reichslehrgang der Gausachbearbeiter für Mathematik und Naturwissenschaften im Hause der Deutschen Erziehung in Bayreuth vom 8.-13. Mai 1939. In: Unterrichtsblätter für Mathematik und Naturwissenschaften 45 (1939), S. 202-205; hier S. 203.
47 Zeitler, H.: Knochen als Rohstoff, ein Thema für eine chemische Arbeitsgemeinschaft. In: Unterrichtsblätter für Mathematik und Naturwissenschaften 46 (1940), S. 7-11; hier S. 7.
48 Zur Themenbehandlung am konkreten Beispiel inklusive der Arbeitsgemeinschaftsrealität siehe Kapitel 6.6.
49 Zu diesem amtlichen Musterbeispiel für die Durchführung von Arbeitsgemeinschaften siehe Anhang.
50 Der Vortrag wurde abgedruckt in: Unterrichtsblätter für Mathematik und Naturwissenschaften 44 (1938), S. 152-157.

chemischen Unterweisungen AUGUST HERMANN FRANCKES, die nur als „Rekreationsübungen" dienen sollten, bis zu dieser Höhe der Entwicklung führt, ist weit; er entspricht dem Aufstieg deutscher Naturwissenschaft und Technik im Rahmen unserer völkischen Gesamtentwicklung, aber auch dem Wert und der Größe der Arbeit, die an der deutschen Schule für den Ausbau des Chemieunterrichts geleistet worden ist. Die Zielsetzung bedeutet für den Lehrer eine schwere, aber gern empfangene Aufgabe, die er unter dem Einsatz aller Kräfte auch dann übernehmen wird, wenn er glaubt, daß der ihm zugewiesene Arbeitsraum für seinen Arbeitseifer nicht ausreichend sei."

Trotz der erreichten Verbesserungen wurde also weiterhin die angeblich zu geringe Stundenzahl im Fach Chemie bemängelt. Mit Ausnahme der Biologie erwähnte dies für alle naturwissenschaftlich-mathematischen Fächer auch Studiendirektor Alfred Siebert, in seiner Kurzzusammenfassung der Tagung[51]. Jedoch wurde der feste Wille betont, „das Mögliche zu leisten"(S. 94).
Beim Erfahrungsaustausch über die neuen Lehrpläne ein Jahr nach ihrem Inkrafttreten auf dem zweiten Reichslehrgang der Gausachbearbeiter für Mathematik und Naturwissenschaften in Bayreuth vom 8.-13. Mai 1939[52] wurde gelobt, daß jetzt endlich die Höhere Schule des gesamten Großdeutschen Reiches ein und denselben Lehrplan hat. Damit sei das große Manko infolge der bis dato sehr unterschiedlichen Schulanforderungen, daß „eine Versetzung des Vaters die Nichtversetzung des Kindes zur Folge hat" (S. 202) beseitigt. Kritisiert wurde, daß der schon lange angekündigte ministerielle Kommentar zu den Lehrplänen immer noch fehlt. Auch die neuen Lehrbücher existierten noch nicht. Speziell zur Chemie führte Walther Franck aus (S. 203):

„Lehrpläne sind nie so kompliziert gemeint, wie sie aussehen. Es wird zu wenig beachtet, daß die Reihenfolge der Stoffe in Klasse 5 nicht bindend ist und das jeder Lehrer selbst entscheiden kann, welche Stoffe er vertieft behandeln will. Die für Klasse 6–8 gebrachten Beispiele der Verknüpfungsmöglichkeiten sind nur Vorschläge, keine Vorschriften. Schwierigkeiten bietet dagegen der Chemieunterricht der Oberschule für Mädchen, da dort in Klasse 6 mit Organischer Chemie begonnen wird. Die Lehrbücher werden aber auch hier bald Klarheit schaffen."

In der anschließenden Aussprache unter den Gausachbearbeitern wurde besonders intensiv das Thema Werksbesichtigungen diskutiert. Die in den Richtlinien geforderte Praxisrelevanz, die unmittelbare Bindung des Chemieunterrichts an Arbeitswelt und chemiewirtschaftlichen Nutzen sollte durch derart tiefe Einblicke gefördert werden. Die Umsetzung hatte jedoch infolge mangelnder Kooperationsbereitschaft von Chemiewerken Schwierigkeiten verursacht. Das gezogene Resümee lautete (S. 203):

„Während die Werke noch vor einem Jahre meist nur sehr ungern ihre Tore öffneten, kommen uns die Direktionen jetzt schon wieder mehr entgegen, da sie sich von Schülerbesuchen eine Hebung der Nachwuchszahl versprechen."

Auch die praktische Lehrerfortbildung wurde in diesem Punkt forciert, wie eine 1939 in den Unterrichtsblättern veröffentlichte Mitteilung Walther Francks an die Berufskame-

51 Der Deutsche Erzieher. Reichszeitung des Nationalsozialistischen Lehrerbundes (NSLB). Bayreuth 1938, S. 94.
52 Bericht über den Reichslehrgang der Gausachbearbeiter für Mathematik und Naturwissenschaften (siehe Anm. 46).

raden mit Bezug auf den Erlaß des Reichsministers für Wissenschaft, Erziehung und Volksbildung vom 9. Januar 1939 deutlich macht[53]:

„Von der Fachgruppe Metallerzeugende Industrie der Wirtschaftsgruppe Nichteisenmetall-Industrie wurde der Wunsch an mich herangetragen, den Lehrkräften der Physik und Chemie an den höheren Schulen Gelegenheit zu geben, Verbindung mit der Praxis zu erhalten. Die Hütten haben sich bereit erklärt, den in Frage kommenden Lehrkräften an höheren Schulen ihre Betriebe zu zeigen und auch unter Umständen diesen Lehrkräften eine kurze Praxis bei den Werken zu ermöglichen."

4.5. Staatliche Institutionen mit Bedeutung für den Chemieunterricht

4.5.1. Das Deutsche Zentralinstitut für Erziehung und Unterricht[54]

Das „Deutsche Zentralinstitut für Erziehung und Unterricht" war unter der Trägerschaft der „Jubiläumsstiftung für Erziehung und Unterricht" mit unmittelbarer staatlicher Aufsicht durch den Preußischen Minister der geistlichen und Unterrichtsangelegenheiten am 21. März 1915 gegründet worden. Sie galt als Sammlungs-, Auskunfts- und Arbeitsstelle für das gesamte Erziehungs- und Unterrichtswesen. 1934 übernahm Reichserziehungsminister Rust den Vorsitz in der Jubiläumsstiftung. Noch bis zum 31. Juli 1938 oblag die Gesamtleitung mit Unterbrechung dem Geheimen Oberregierungsrat Pallat, der das Institut seit 1915 führte, danach wurde es Ministerialrat und SS-Sturmbannführer Rudolf Benze übertragen. Die unmittelbar nach der Machtergreifung einsetzende nationalsozialistische Umstellung des Mitarbeiterstabes brachte neue erweiterte Aufgabenfelder. Neben der nationalsozialistischen Umschulung der gesamten Erzieherschaft, u.a. in eigenen Schulungsstätten („Rankenheim" bei Berlin, ehemalige „Fichte-Schule" in Kettwig) erfolgten entsprechend neue fachunterrichtliche Schulungslehrgänge. Wesentliche Reformmaßnahmen auf dem Gebiet der Schulerziehung, inklusive grundlegender Erlasse und die Vorarbeiten für die neuen Lehrpläne oblagen dem Zentralinstitut, das dabei eng mit dem NSLB einerseits und den maßgebenden Parteistellen andererseits zusammenarbeitete. Im Anschluß an die großen Reformerlasse nahm die Prüfung von Lehr- und Lernmitteln breiten Raum ein. Ein großer Stab nebenamtlich mitwirkender Lehrer prüfte als Vor- und Hauptgutachter die von den Verlegern eingereichten Unterrichtsmittel. Das Zentralinstitut legte in Verbindung mit der Parteiamtlichen Prüfungskommission dem Reichserziehungsministerium die als geeignet befundenen Vorschläge zur letzten Entscheidung vor. Diese wurde dann in „Deutsche Wissenschaft, Erziehung und Volksbildung. Amtsblatt des Reichsministeriums für Wissenschaft, Erziehung und Volksbildung und der Unterrichtsverwaltungen der Länder" offiziell mitgeteilt. Daneben stellten weiter die Beratungs- und Auskunftserteilung, die Beobachtung der Schulerziehung des Auslands, Materialarchivierung und Durchführung von Ausstellungen relevante Bearbeitungsgebiete dar. Im „Pädagogischen Zentralblatt", im „Jahrbuch" des Zentralinstituts für Erziehung und Unterricht, die allerdings beide kurz nach dem nationalsozialistischen Umbruch ihr Erscheinen einstellten, ab

53 Unterrichtsblätter für Mathematik und Naturwissenschaften 45 (1939), S. 110.

54 Vgl. hierzu Benze, R.: Das Deutsche Zentralinstitut für Erziehung und Unterricht. In: Deutsche Schulerziehung 1939 (siehe Anm. 1), S. 345-354, zusätzlich S. 34. Vgl. auch Oberle, W.: Taschenbuch für Leiter und Lehrer höherer Schulen. Berlin ^{2}1942, S. 148 f.

1940 wieder in „Deutsche Schulerziehung“ sind wesentliche Veröffentlichungsorgane zu sehen. Die Schriftenreihe „Deutsche Volkserziehung“ veröffentlichte einige interessante Hefte mit chemieunterrichtlichen Themen, etwa „Schule und Luftschutz“ und „Wehrerziehung im mathematisch-naturwissenschaftlichen Unterricht“. Daneben wurden Schriften wie „Die Schule im Dienste des Luftschutzes“ oder „Erzieher und Jugend im Brandschutz der Heimat“ herausgegeben[55].

4.5.2. Die Reichsstelle für Schulwesen[56]

Die 1899 vom Preußischen Kultusministerium ins Leben gerufene „Königlich Preußische Auskunftstelle für Lehrbücher des höheren Unterrichtswesens“ erfuhr im Laufe der Jahre eine stetige Aufgabenerweiterung: Volksschulen, Mittelschulen, selbst Berufs- und Fachschulen sowie Lehrerbildungsanstalten wurden bezüglich Anfragen auf Unterrichtsbetrieb, Lehrpläne, Lehrbücher, Lehr- und Anschauungsmaterial mit betreut und zumindest statistisch das Schulwesen des gesamten deutschen Reiches in Jahresberichten erfaßt. „Die nationalsozialistische Staatsführung hat sofort erkannt, welche Dienste ihr die Auskunftstelle für Schulwesen leisten konnte, und dementsprechend gehandelt“[57], schreibt selbst Max Kullnick, Direktor der Reichsstelle, Berlin. Zum 1. April 1934 erfolgte eine personalmäßige Aufstockung, zum 1. April 1936 wurde die Tätigkeit auf das gesamte Reichsgebiet ausgedehnt. „Die bisher von Preußen unterhaltene Staatliche Auskunftstelle für Schulwesen in Berlin ist mit dem 1. April 1936 vom Reich übernommen worden und führt jetzt die Bezeichnung ‚Reichsstelle für Schulwesen‘“, verfügte ein Ministerialerlaß[58]. Die Reichsstelle diente der Unterstützung des Zentralinstituts für Erziehung und Unterricht. Hauptaufgabe war die umfangreiche Materialsammlung zum gesamten Schulwesen, insbesondere alle Gesetze und Verordnungen, Lehrpläne, Lehrbücher inklusive Verhältnisse von Lehrern und Schülern. Die umfangreichen Schulstatistiken wurden etwa im „Wegweiser durch das höhere Schulwesen des Deutschen Reiches“ bzw. im „Wegweiser durch das mittlere Schulwesen des Deutschen Reiches“ ausgewertet und veröffentlicht. Alle Schulleiter hatten „die ihre Anstalt betreffenden Drucksachen (Prospekte, Jahresberichte, Mitteilungsblätter, Schulzeitschriften, Chroniken, Fest- und Jubiläumsschriften usw.) unaufgefordert und regelmäßig der Reichsstelle für Schulwesen zuzusenden“[59]. Damit konnte die Reichsstelle neben der offiziellen Auskunftserteilung zusätzlich eine Kontrollfunktion wahrnehmen.

---

55 Schon in Deutsche Schulerziehung 1939 (siehe Anm. 1), S. 352, erwähnt, daß die Hefte sehr schnell vergriffen waren.

56 Vgl hierzu Kullnick, M.: Die Reichsstelle für Schulwesen. In: Deutsche Schulerziehung 1939 (siehe Anm. 1), S. 355-360, vgl. auch Oberle (siehe Anm. 54), S. 149 f.

57 Kullnick (siehe Anm. 56), S. 358.

58 RMinAmtsblDtschWiss. (siehe Anm. 28) 1936, E I b 231 vom 30. Juli 1936, S. 400 f.

59 RMinAmtsblDtschWiss. (siehe Anm. 28), 1936 S. 401.

4.5.3. Die Staatliche Hauptstelle für den naturwissenschaftlichen Unterricht[60]

Aus der 1891 erfolgten „Einrichtung naturwissenschaftlicher Ferienkurse für Lehrer an höheren Unterrichtsanstalten“ ging am 29. April 1899 durch weiterführenden Erlaß des preußischen Ministeriums der geistlichen, Unterrichts- und Medizinalangelegenheiten „die Einrichtung von praktischen Kursen zur Ausbildung von Lehrern für die beschreibenden Naturwissenschaften einerseits und für Chemie und Physik andererseits“[61] hervor. Am 19. September 1914 wurde der „Zentralstelle für den naturwissenschaftlichen Unterricht“ offiziell der Behördencharakter verliehen. Sitz der meist „Staatliche Hauptstelle“ genannten Behörde war Berlin. Nun sollte zusätzlich zu primär an praktischer Schul-Experimentierkunst orientierten Lehrer-Fortbildungslehrgängen als weitere Aufgabe die Prüfung und Auskunftserteilung für naturwissenschaftliche Lehrmittel hinzukommen. Mit dem nationalsozialistischen Umbruch 1933 kamen zu den experimentell-methodischen Verbesserungen des Unterrichts weltanschauliche Schulungslehrgänge hinzu. Um den nationalsozialistischen Erziehungszielen zu entsprechen, wurden die Fächer in „Gesamtschau“ betrachtet. Beispielsweise behandelten Lehrgänge das Thema „Luftschutz und Schule“ in Zusammenarbeit der Fächer Chemie, Biologie, Erdkunde. Die Verkündung des ersten Vierjahresplans 1936 durch Adolf Hitler brachte weitere Aufgaben wie die Erprobung neuer Werkstoffe mit sich. Die Zweigstelle Düsseldorf führte hierzu unter dem Titel „Schule und Vierjahresplan“ auch einen fächerübergreifenden Lehrgang durch. Das Runterbrechen von chemischen Entdeckungen auf Schulversuchsebene, die Hebung des Luftfahrtgedankens sowie die theoretische und praktische Schulung der Lehrer der Ostprovinzen waren weitere Arbeitsgebiete. Im direkten Zusammenhang mit der Neuordnung des höheren Schulwesens 1938 erfuhr die „Staatliche Hauptstelle für den naturwissenschaftlichen Unterricht“ durch das Reichserziehungsministerium jedoch wesentliche Aufgabenerweiterungen. Diese insbesondere auch für die Chemie relevante Aufwertung spiegelt sich in der ab 1939 in den Unterrichtsblättern für Mathematik und Naturwissenschaften neu eingeführten Rubrik „Mitteilungen der Staatlichen Hauptstelle für den naturwissenschaftlichen Unterricht“ wieder. Wesentliche Aufgaben der „Zentralstelle für Erziehung und Unterricht“ wurden für den naturwissenschaftlich-mathematischen Sektor – in noch stärkerem Maße als bisher – nun von der „Staatlichen Hauptstelle“ wahrgenommen[62]. Erläuterungen zu den Grundgedanken der Schulreform und die Prüfung der neuen Lehrbücher für den naturwissenschaftlichen-chemischen Unterricht auf Einhaltung der in den neuen Richtlinien formu-

---

60 Vgl. hierzu Freysoldt, A.: Die Staatliche Hauptstelle für den naturwissenschaftlichen Unterricht. In: Deutsche Schulerziehung 1939 (siehe Anm. 1), S. 361- 372. Freysoldt, A.: Alte und neue Aufgaben der Staatlichen Hauptstelle für den naturwissenschaftlichen Unterricht. In: Unterrichtsblätter für Mathematik und Naturwissenschaften 46 (1940), S. 12-15. Otto, H.: Jahresbericht der Staatlichen Hauptstelle für den naturwissenschaftlichen Unterricht. In: Unterrichtsblätter für Mathematik und Naturwissenschaften 47 (1941), S. 16-20. Jahresbericht der Staatlichen Hauptstelle für den naturwissenschaftlichen Unterricht. In: Unterrichtsblätter für Mathematik und Naturwissenschaften 48 (1942), S. 21 f. Scheer, A.: 25 Jahre Staatliche Hauptstelle für den naturwissenschaftlichen Unterricht. In: Weltanschauung und Schule 3 (1939), S. 184-187. Oberle (siehe Anm. 54), S. 151.

61 Freysoldt (siehe Anm. 60), S. 361.

62 Die zwischen den einzelnen staatlichen Schulinstitutionen auftretenden Aufgaben- und Kompetenzüberschneidungen sind offensichtlich. Die hieraus resultierenden, im Nationalsozialismus üblichen Machtkämpfe fanden in Kapitel 2 bezogen auf die einzelnen Erziehungs-Strömungen schon kurz Erwähnung.

lierten Forderungen[63] sowie die Beobachtung der Bewährung der Bücher in der Schulpraxis oblagen nun der Staatlichen Hauptstelle[64]:

„Mit dem Erscheinen der Lehrbücher wird die Aufgabe der Hauptstelle bei Lehrbuchfragen keineswegs abgeschlossen sein. Da die Lehrbücher nicht endgültig genehmigt, sondern nur zur Erprobung zugelassen werden, wird es der Hauptstelle obliegen, die naturwissenschaftlichen Bücher auf ihre Bewährung hin zu beobachten, die Erfahrungen, die mit ihnen in den Schulen gemacht werden, zu sammeln und für weitere Verbesserungen Anregungen zu geben."

Die Beobachtung der Zeitschriften – auch aus Wirtschaft und Wehrmacht – auf wertvolles Unterrichtsmaterial kamen hinzu. Die schon vorher existente Aufgabe der Lehrerfortbildung erfuhr aufgrund der Kriegslage immer stärkere Einschränkung. Dafür wurde die Erprobung von Lehrmitteln ein großes Aufgabengebiet. Bauberatung für u.a. Chemie-Unterrichtsräumlichkeiten, Aufstellung von genormten Grundstocksammlungen mit Aufzählung von benötigten Laborgeräten- und Chemikalien[65] – unterstützt durch die Einrichtung einer Reichsprüfstelle für Lehrmittel – waren weiteres Ergebnis der 1938er Weichenstellung. Abhilfevorschläge bei kriegsbedingtem Mangel an Unterrichtsgerätschaft sowie Hilfe bei der Chemikalienbeschaffung wurden ab 1941 zwangsläufig weitere Tätigkeitsgebiete. Die Ausarbeitung und Erprobung von neuen Arbeitsgemeinschaften, die sich methodisch-didaktisch deutlich von der Zielsetzung der Weimarer Zeit abhoben, sollten als Rüstzeug für den Lehrer ebenfalls erarbeitet werden. Die Zusammenarbeit mit der Partei und gute Behörden-Kontakte, das Wissen um die Erfordernisse im Schulunterricht war hierfür selbstverständlich. Leiter der Abteilung Chemie innerhalb der Staatlichen Hauptstelle wurde Studienrat Reinhold Scharf.
Zusammengefaßt noch einmal die sechs wichtigsten Aufgabenpunkte der Staatlichen Hauptstelle für den mathematisch-naturwissenschaftlichen Unterricht:

1.) Fortbildung der Lehrerschaft in Kursen.
2.) Lehr- und Unterrichtsmittel-Prüfung.
3.) Rat in Raumgestaltungs-, Einrichtungs-, Versuchsgeräte- und -Anordnungsfragen sowie Erarbeitung des methodischen und wissenschaftlichen Schrifttums des ganzen Reiches für jeden Lehrer.
4.) Mithilfe bei der Durchführung der durch „Erziehung und Unterricht" vorgegebenen Neuordnung; Vorschläge für Lehrbuchverbesserungen bzw. Ausarbeitung von naturwissenschaftlich-mathematischen, u.a. auch chemischen Arbeitsgemeinschaften.
5.) Sammelstelle von Erfahrungen. Mittlerin zwischen Lehrerschaft und Ministerialbehörden, hierfür auch Besuch von Unterrichtsstunden.
6.) Unterstützung des Einbaus neuen Forschungs- und Technikwissens in den naturwissenschaftlich-chemischen Schulunterricht.

63 Siehe hierzu Kapitel 7 und 8.
64 Freysoldt (siehe Anm. 60), S. 368.
65 Siehe hierzu Kapitel 6.2 und 6.3.

4.5.4. Die Reichsstelle für den Unterrichtsfilm[66]

Die Reichsstelle für den Unterrichtsfilm (RfdU) in Berlin wurde durch Erlaß des Reichserziehungsministers vom 26. Juni 1934 eingerichtet[67]. Sie wurde dabei mit der Aufgabe betraut, die Voraussetzungen für die Verwendung des Films in den allgemeinbildenden Schulen zu schaffen. Bei der Hinwendung zur Wirklichkeits- und Praxisnähe sollte der Film als gleichberechtigtes Unterrichtsmittel zur Intensivierung der Lehrstunden beitragen[68]:

> „Der Film sollte in der nationalsozialistischen Schule als gleichberechtigtes, pflichtmäßig zu verwendendes Unterrichtsmittel überall da im Klassenunterricht eingesetzt werden, wo das lebendige Filmbild eindringlicher als jedes andere Unterrichtsmittel zum Kinde spricht."

Für die praktische Durchführung mußte die RfdU die Herstellung geeigneter Unterrichtsfilme für die einzelnen Schulfächer koordinieren, die Verteilung der Filme organisieren und für die Bereitstellung der zur Projektion notwendigen Schmalfilmvorführgeräte sorgen[69]. Über die bis 1939 erstellten 29 Landes- und rund 967 Kreis- bzw. Stadtbildstellen wurden die angeforderten Filme dann kostenlos den Schulen zur Verfügung gestellt. Die Schulen selbst durften auch nur solche Lichtbilder und Bildreihen beschaffen, die von der RfdU zugelassen worden waren. Die Finanzierung der Film- und Apparatebeschaffung erfolgte durch Lernmittelbeiträge der Schulkinder (0,20 RM pro Vierteljahr). Trotz der wirtschaftlichen und speziellen technischen Aufgaben verstand sich die RfdU in erster Linie als pädagogische und wissenschaftliche Zentrale. Jeder Film wurde auf die Bedürfnisse einer bestimmten Schulart bzw. -stufe abgestimmt[70] und mit einem Beiheft zur Unterrichtsvorbereitung des Lehrers versehen.
Durch die enge Wechselbeziehung zwischen Film und Bild kam als weiterer Aufgabenbereich die Betreuung der Lichtbildarbeit, mit Erlaß vom 26. Januar 1939[71] für die höhere Schule auch die Leitung der Arbeit mit Unterrichts-Schallfilm (Schallplatte) hinzu. Die von der RfdU herausgegebene Schriftenreihe befaßte sich darüber hinaus mit Fragen der technischen Ausbildung der Lehrerschaft, beschrieb die technischen Grundlagen der Unterrichtsfilm- und Bildarbeit, ermöglichte die Katalogisierung der RfdU-Filmarbeit und gab eine kommentierte Zusammenstellung aller einschlägigen amtlichen Bestimmungen. Über die Arbeit der RfdU berichtete auch die monatlich erscheinende Zeitschrift „Film und Bild in Wissenschaft, Erziehung und Volksbildung"[72].

---

66 Vgl. hierzu u.a. Gauger, K.: Die Reichsstelle für den Unterrichtsfilm. In: Deutsche Schulerziehung 1939 (siehe Anm. 1), S. 373-383. Ebenso Oberle (siehe Anm. 54), S. 150 f.
67 Zentralblatt für die gesamte Unterrichtsverwaltung in Preußen. Berlin 1934, RK 5020 U II, S. 195.
68 Gauger (siehe Anm. 66), S. 373.
69 Vgl. hierzu Fladrich, C.: Zur Systematik eines Bedarfsplans für Unterrichtsfilme. In Monatschrift für höhere Schulen 34 (1935), S. 61-65.
70 Vgl. hierzu Habermann, P.: Filmvorführung der Reichsstelle für den Unterrichtsfilm. In Monatschrift für höhere Schulen 35 (1936), S.425-430.
71 RMinAmtsblDtschWiss. (siehe Anm. 28) 1939, E I c 53/39 E II a, S. 77.
72 Zur Anwendung der Unterrichtsmittel Film und Dia im Chemieunterricht siehe Kapitel 6.1.

5. Schwerpunkte des Chemieunterrichtes inklusive Vorschlägen zur Unterrichtsgestaltung

5.1. Die Ausrichtung fachdidaktischer Zeitschriften

Die Ausrichtung auf nationalsozialistisch relevante Themenkomplexe wird speziell im Fall der Zeitschriften „Unterrichtsblätter für Mathematik und Naturwissenschaften“[1] sowie der „Praktischen Schulchemie“ sehr deutlich. Die im B.G. Teubner-Verlag Leipzig und Berlin von H. Schotten, Halle an der Saale, und Walter Lietzmann, Göttingen, unter Mitarbeit von Wilhelm Hillers, Hamburg, herausgegebene „Zeitschrift für mathematischen und naturwissenschaftlichen Unterricht aller Schulgattungen“ ist in der Intention auf ähnlicher Ebene wie die „Unterrichtsblätter“ anzusiedeln, weist allerdings sehr viel mehr mathematische und nur wenige chemierelevante Aspekte auf[2]. Die „Zeitschrift für den physikalischen und chemischen Unterricht“ konnte sich zumindest partiell eine stärker wissenschaftliche Schwerpunktsetzung bewahren.

5.1.1. Praktische Schulchemie

Als Beihefte des 16. Jahrgangs der Zeitschrift „Praktische Schulphysik“ aus dem Albert Nauck & Co. Verlag, Berlin, wurde 1936 die „Praktische Schulchemie“ ins Leben gerufen. Sie sollte unter der Schriftleitung Walter Kinttofs, damals noch Studienrat in Greiz / Thüringen, zu einem „zuverlässigen Berater für alle Chemielehrer“ ausgestaltet werden. Als Zielsetzung der neuen Zeitschrift, an der möglichst viele Chemielehrer mitarbeiten sollten, wurde angegeben[3]:

„Es sollen hier alle Fragen des praktischen Chemieunterrichtes, soweit sie dazu angetan sind, den Unterricht in methodischer oder sachlicher Beziehung zu verbessern, oder soweit sie die Verbesserung, Vereinfachung und Vervollkommnung des Arbeitsgerätes betreffen, in kurzen, klaren Beiträgen behandelt werden, die sich auf folgende Einzelgebiete der Chemie erstrecken:
Anorganische Chemie, Organische Chemie, Physiologische bzw. Biochemie, Physikalische Chemie, Chemie des Luftschutzes und der Kampfstoffe, Chemische Technologie.“

Auffallend ist eine erstaunliche Zurückhaltung bezüglich nationalsozialistischer Polemik in diesem ersten Geleitwort. Die Themenauswahl weist jedoch Schwerpunkte bei technisch-wirtschaftlichen und militärischen Chemiebeiträgen auf. Diese auf nationalsozialistischer Basis stehenden Aufsätze werden dann weitgehend sachlich neutral behandelt. Rein wissenschaftliche Beiträge sind ausdrücklich weniger erwünscht. Der zweite Jahrgang steht auch in der Wortwahl ganz im Sinne der nationalsozialistischen Ideologie. Da bei der „Durchdringung des Alten mit neuem Blute, noch viel zu tun übrig bleibt, während andererseits verschiedene moderne Gebiete der Chemie noch ihrer schulchemischen Erschließung und Auswertung harren“[4], wurde ab 1937 eine Verdop-

1 Vgl. hierzu Kapitel 1.4.2 und 2.5.2.

2 Aufgrund der weniger chemiedidaktischen, sondern mehr mathematisch-naturwissenschaftlichen Ausrichtung der „Zeitschrift für mathematischen und naturwissenschaftlichen Unterricht aller Schulgattungen“ erscheint eine eigenständige Besprechung nicht sinnvoll.

3 Kinttof, W.: Geleitwort. In: Praktische Schulchemie 1 (1936), S. 1.

4 Kinttof, W.: Dem 2. Jahrgang der Praktischen Schulchemie zum Geleit! In: Praktische Schulchemie 2 (1937), S. 1.

pelung des Umfangs der Beihefte auf jeden Monat acht Seiten erreicht. Der Aufruf zur Mitarbeit offenbart die zusätzliche Zielsetzung[5]:

„Mit Rücksicht auf den 2. Vierjahresplan unseres Führers erachtet es die Schriftleitung der Praktischen Schulchemie daher als ihre nationale Pflicht, nichts unversucht zu lassen, um die in dem großen Kreis der Fachkollegen schlummernden Kräfte, Ideen und Erfahrungen zu mobilisieren und sie zugleich in den Dienst des Volkes stellen zu helfen. ... Teilt Eure Ideen und Erfahrungen mit! Veröffentlicht sie, wenngleich sie Euch auch noch so unbedeutend erscheinen, und tragt damit bei an der Vervollkommnung des chemischen Unterrichtes einerseits und an der Befruchtung des deutschen Erfindergeistes andererseits!"

Trotz dieser Bemühungen blieb der Mitarbeiterstab jedoch sehr klein. Viele Veröffentlichungen stammen interessanterweise von Schulbuchautoren[6]. Exemplarisch seien hier Schriftleiter Walter Kinttof selbst, Walter Schäfer und Wilhelm Flörke genannt. Die im ersten Geleitwort 1936 geäußerte Hoffnung der Verlags- und Schriftleitung, die „Praktische Schulchemie" möge sich vom „Anhang" zur selbständigen Zeitschrift entwickeln, erfüllte sich nicht. 1940 wieder auf vier Seiten pro Beiheft limitiert, erfolgte kurz darauf die Einstellung.

5.1.2. Zeitschrift für den physikalischen und chemischen Unterricht

1887 begründete Friedrich Poske die „Zeitschrift für den Physikalischen und Chemischen Unterricht". Die im Verlag Julius Springer, Berlin, erscheinende Zeitschrift hatte sich zum Hauptziel gesetzt, „der ‚Förderung des Unterrichts in der Physik und Chemie und den Bedürfnissen der Lehrer in diesen Unterrichtsgegenständen' so zu dienen, wie es die Fortschritte der Wissenschaften verlangten"[7]. Daß dieses Ziel, neue wissenschaftliche Erkenntnisse durch genaue Beschreibung von Versuchsanordnungen, experimentellen Hilfsmitteln und Einrichtungen, der Fachlehrerschaft und dem Schüler verständlich zu machen, verwirklicht wurde, bestätigte 1938 zum 50jährigen Zeitschriftenjubiläum Professor Hans Matthée, Leiter der Staatlichen Hauptstelle für den naturwissenschaftlichen Unterricht und als Nachfolger Poskes seit 1925 Herausgeber der Zeitschrift.

Schwerpunktmäßig dominiert in der Zeitschrift der physikalisch-astronomische Part, wie die seitenmäßige Belegung und die Gliederung der Physik in einzelne Teilbereiche deutlich macht. Die Chemie wird im Inhaltsverzeichnis nur unter einem globalem Oberbegriff geführt, hat aber dennoch ein deutliches Gewicht. Die Beiträge sind weitgehend sachorientiert, auf die Materie direkt ausgerichtet. Dennoch ist der Interpretation von Gölz / Jansen, die Zeitschrift habe sich den politischen Verhältnissen kaum angepaßt und sei ein Beweis dafür, daß man sich auch damals nicht habe anpassen müssen, nicht

5 Kinttof (siehe Anm. 4), S. 1.

6 Zu den Schulbüchern siehe Kapitel 7 und 8.

7 Mathée, H.: Zum Beginn der zweiten Jahrhunderthälfte. In: Zeitschrift für den physikalischen und chemischen Unterricht 51 (1938), S. 1-3; hier S. 1.

zuzustimmen[8]. Zwar weist Hans Mathée in seinem Artikel zum 50jährigen Bestehen der Zeitschrift auf die weiter angestrebte Kontinuität hin[9]:

> „Der so lange bewährte Grundsatz der Zeitschrift für den physikalischen und chemischen Unterricht: „Pflege der Wahrhaftigkeit gegenüber dem Wirklichen und Pflege des Sinnes für strenges wissenschaftliches Denken" soll dabei Richtschnur bleiben auch im zweiten halben Jahrhundert."

Er führt jedoch auch die neuen nationalsozialistischen Anforderungen nach stärkerer Praxisorientierung an (S. 3):

> „Im Aufgabenkreise des Schulunterrichts winken gleichfalls bedeutsame Ziele. Die im Gang befindliche Umgestaltung des Erziehungswesens läßt neue und zeitgemäße Fragen über den Betrieb der naturwissenschaftlichen Fächer im Unterricht erwarten, deren abwägende Erörterung und Beleuchtung durch die Zeitschrift der Lehrerschaft ebenso wertvolle Hilfe wird bieten können, wie es durch die entsprechenden Anregungen bei den früheren Gelegenheiten geschehen ist. Denn so wichtig und unentbehrlich es für den Lehrer ist, mit der wissenschaftlichen Weiterentwicklung seines Faches dauernd in Fühlung zu bleiben, so notwendig ist es zugleich für ihn, darüber Klarheit zu haben, wie er die ihm in der Schule gestellten besonderen Aufgaben am besten, und zweckmäßigsten zu lösen vermag."

Die Artikel der Jahrgänge ab 1925 bis zur 1943 erfolgten Überführung in die Gemeinschaftsproduktion „Mathematik und Naturwissenschaft im Unterricht" zeigten immer deutlichere nationalsozialistische Einflüsse. Die kriegs- und wirtschaftsrelevante Themenauslese ist hierbei der entscheidende Faktor. Im Anhang jedes Zeitschriftenheftes mit Berichten von Tagungen, Buch- und Schriftrezensionen sowie Informationen „Aus Werkstätten" und dem Stichwort „Korrespondenz" war die Möglichkeit der Einflußnahme durch nationalsozialistisch gefärbte Einsendungen, die pflichtmäßig veröffentlicht werden mußten, ohnehin gegeben. Bei sorgfältiger Lektüre lassen sich u.a. anhand der Buchrezensionen schon vor der Machtergreifung – insbesondere in den Jahrgängen ab 1930 – Tendenzen in Richtung Verherrlichung des Deutschtums und der Leistungen deutscher Forscher erkennen. Dagegen steht der schleichende Veränderungsprozeß auf inhaltlich wissenschaftlicher Ebene der polemisierenden Feder der „Unterrichtsblätter" oder der „Praktischen Schulchemie" bei weitem nach. Aber auch wissenschaftlicher Arbeit liegen Ziele, Interessen und Weltanschauungen zugrunde, so daß selbst wissenschaftliche Veröffentlichungen nicht als wert- und ideologiefreier Raum verstanden werden können.

5.2. Nationalsozialistische und kriegsrelevante Schwerpunkte des Chemieunterrichts und ihre Behandlung

5.2.1. Die „nationalsozialistische Ausrichtung" des chemischen Unterrichts

Lag der Schwerpunkt von Diskussionen zum Chemieunterricht zu Weimarer Republik-Zeiten auf der Schulreform sowie didaktischen und methodischen Ansätzen, wie die

8 Vgl. Gölz, K. / Jansen, W.: Der Chemieunterricht im NS-Staat. Ein Beitrag zur Geschichte der Chemiedidaktik. In: Gesellschaft Deutscher Chemiker, Fachgruppe Geschichte der Chemie, Mitteilung Nr. 4, 1990, S. 23-36; hier S. 33.

9 Mathée (siehe Anm. 7), S. 3.

Durchsicht der fachrelevanten Zeitschriften offenbart, so verschiebt sich das Blickfeld nach der nationalsozialistischen Machtergreifung deutlich. Methodische Gesichtspunkte wurden der Praxisrelevanz untergeordnet. Diesen schleichenden Prozeß macht auf der unter dem Leitspruch „Wehrmacht, Wirtschaft, Wissenschaft" stehenden 39. Hauptversammlung des Deutschen Fördervereins in Nordhausen 1937 Studienrat Stadtrat Petersen deutlich[10]. „Heute sollten die Männer der Anwendung zu Wort kommen, nicht wie bisher, die der Methodik" (S. 98), erklärte er. Den Sinn der Tagung kleidete er zudem in die Worte:

„Wir, die Lehrer der höheren Schulen, wollen von den Männern der Praxis lernen; sie sollen uns sagen, was der künftige Offizier, der künftige Ingenieur braucht an mathematischem und naturwissenschaftlichem Rüstzeug."

Damit kommt die allgemeine Unterordnung und Ausrichtung des naturwissenschaftlichen Unterrichts auf nationalsozialistische Zielsetzungen deutlich zum Ausdruck.

5.2.1.1. Nationalsozialistische Erziehungswerte als thematische Grundlage des Chemieunterrichts

Studienrätin Ilse Beier, Essen, ebnet 1934 mit ihrem Übersichtsartikel „Chemieunterricht und Erziehung im Dritten Reich" den Weg zu einer nationalsozialistischen Ausrichtung der gesamten chemischen Unterrichtsthemen[11]. Unter dem Gesichtspunkt, daß die Erziehungsgrundsätze des Dritten Reiches Maßstab des Unterrichtes sind, sollte der Chemieunterricht in der Oberstufe folgende Ziele verwirklichen[12]:

„1. Stärken des Nationalbewußtseins des jungen Menschen
   a) durch Hervorheben des deutschen Erfinder- und Unternehmungsgeistes,
   b) durch häufiges Zurückkommen auf den Versailler Vertrag bei Besprechung der Rohstoffe für die chemischen Prozesse
2. Wecken des Interesses für die soziale Frage durch Besuche von chemischen Werken und anschließende Besprechung über
   a) Mensch und Maschine
   b) Arbeiter und Arbeitgeber
3. Wecken des Interesses für volkswirtschaftliche Fragen allgemeiner Natur (Geldwirtschaft) und spezieller Natur (in chemischen Betrieben).
4. Erziehung zum Denken bei der mit Liebe zu verrichtenden Hausarbeit."

Wie jeder dieser Punkte in der Unterrichtsgestaltung dargebracht werden könne, wird anschließend detailliert und mit Beispielen untermauert ausgeführt:

Zu 1a) Die Erfindung müsse in ihrer ganzen Größe, in ihren Auswirkungen und Folgen für die Allgemeinheit besprochen werden, fordert Ilse Beier, damit der Schüler stolz sei, daß ein „Mann seines Blutes" solch wichtige Arbeit geschaffen hat. Auch Erfindungen wie die Kohleverflüssigung seien hervorzuheben, da sie das

---

10 Bericht über die 39. Hauptversammlung in Nordhausen am Harz. In: Unterrichtsblätter für Mathematik und Naturwissenschaften 43 (1937), S. 97-105.

11 Beier, I.: Chemieunterricht und Erziehung im Dritten Reich. In: Unterrichtsblätter für Mathematik und Naturwissenschaften 40 (1934), S. 252-254. Siehe auch Kapitel 3.2.4.2. und Kapitel 6.4.4.

12 Beier (siehe Anm. 11), S. 252.

Bestreben des Führers unterstützten, den Import zu drosseln. Im Grunde müßten zwei Dinge dem Schüler bei der Besprechung von Forscherarbeiten nahe gebracht werden (S. 252):

1. daß die deutsche Wirtschaftslage durch Erfindungen gehoben werden kann;
2. daß deutscher Erfindergeist dazu beitragen kann, Deutschlands Ansehen im Auslande zu bessern.

Methodisch seien diese Punkte so zu bearbeiten, daß „wenigstens die guten Elemente in der Klasse durch den Stolz auf ihre Stammesbrüder, die dem Vaterland so gute Dienste leisteten, dazu begeistert werden, auch ihre Kräfte in den Dienst ihres Deutschland zu stellen." (S. 252).

Zu 1b) Versailler Vertrag, der Verlust von 79 Prozent der ursprünglich deutschen Eisenerzgruben, Zoll, Transport und Export, das Grenzlandelend und die Arbeitslosigkeit sollten ausgehend von der Besprechung von Rohstoffen im Chemieunterricht behandelt werden.

Zu 2a) Der Mensch als unbedingter Beherrscher der Maschine, die Maschine als Fluch (Arbeitslosigkeit) und Segen (Arbeitserleichterung) sollten anhand der Besichtigung chemischer Betriebe erkannt und erörtert werden.

Zu 2b) Die chemische Exkursion sollte ebenfalls die Gleichheit der Tätigkeiten des „Arbeiters der Faust" und des „Arbeiters der Stirn" (S. 253) aufzeigen. Dem Schüler müsse als Lehrziel deutlich werden: Nur die organische Verbindung beider Arbeiten nutze der Volksgemeinschaft. Die soziale Frage, das Verhältnis von Arbeitnehmer und Arbeitgeber, Preisgestaltung und Unternehmertum werden als weitere Themen des Chemieunterrichtes genannt.

Zu 3) Bei den Edelmetallen seien neben den Fundorten, volkswirtschaftliche Fragen wie Geldwirtschaft, Preisänderungen durch die Entdeckung neuer Lagerstätten versus feste Währung und Deckung zu besprechen. Dabei zieht Ilse Beier vom Kern des Chemieunterrichtes selbst weit entfernte Gebiete noch in die Unterrichtsthematiken ein[13]:

„Selbst wenn die Schüler hier einmal zu weit abgehen sollten von der Chemie und auf andere Zahlungsmittel wie Wechsel, Devise (Transferproblem) zu sprechen kämen, so kann ich darin kein Unglück sehen. Denn in einer solchen Stunde wird klar, wie die deutsche Industrie und damit auch die vor dem Krieg einzig dastehende deutsche chemische Industrie eingebaut ist in den großen Weltmarkt."

Auch die wirtschaftliche Lage einzelner chemischer Betriebe, die Rentabilität verschiedener chemischer Verfahren, wobei Ilse Beier hier die beiden Schwefelsäure-, das Soda- und das Salpetersäureverfahren exemplarisch hervorhebt, sowie die einzelnen Rentabilitätsbedingungen gelte es zu erörtern.

Zu 4) Da 50 Prozent des Vermögens durch die Hand der deutschen Hausfrau gingen und ihr Einfluß auf den deutschen Import und auf das Sparvermögen des deutschen Volkes beträchtlich sei, sollten die Mädchen durch den Chemieunterricht zur freudigen Verrichtung der Hausarbeit sowie zur Sparsamkeit erzogen werden.

Hebung des Bodenwertes, „des großen Nationalgutes, durch Düngemittel" (S. 254) sowie den Luftschutz sieht Ilse Beier als weitere wesentliche Themen des chemischen Unterrichts an. Mit Blick in die Zukunft macht sie zusätzlich darauf aufmerksam, im

13 Beier (siehe Anm. 11), S. 253.

Dienste nationalsozialistischer Erziehung unterliege der Chemieunterricht einem ständigen Wandlungsprozeß[14]:

„... immer wieder gibt es neues Wertvolles, in dessen Dienst sich der Chemieunterricht stellen muß; im letzten Jahr ist es Luftschutz gewesen. Diese neuen Dinge zu sehen, zu finden, ist ständige Aufgabe des Chemielehrers."

Ilse Beiers Betrachtungsweise ist vom volkswirtschaftlichen Gemeinnutzen geprägt. Der Chemieunterricht wird von ihr zu einem reinen Mittel nationalsozialistische Ansichten im Schüler fest zu verankern, umfunktioniert. Dabei legte sie aber faktisch schon alle nationalsozialistisch relevanten Themen des Chemieunterichtes wohlstrukturiert dar.

5.2.1.2 Nationalsozialistische Erziehungswerte als Grundlage der Methodik und Stoffanordnung

Auf dem dreifachen Grundsatz, daß der Chemieunterricht politisch, sozial und formalwissenschaftlich bilden bzw. schulen soll, baute Walther Franck, Hamburg, 1937 inhaltlich den Chemieunterricht auf[15]:

„Aus diesen Betrachtungen ergibt sich durch einfache Folgerungen die dreifache Gegenwartsaufgabe des deutschen chemischen Unterrichts: Sie ist 1. politisch, denn sie soll den Schüler zu einem gründlichen Wissen vom Stoffhaushalt der gesamten deutschen Arbeit führen, 2. sozial, denn sie wird den Schüler mit Hilfe dieses Wissens in das Denken und Fühlen des technisch schaffenden deutschen Menschen einführen; 3. formal-wissenschaftlich, denn nicht mit einem aufgenommenen Lernstoff allein, sondern nur mit einer ihn verwertenden gründlichen Denkschulung ist die Jugend imstande, ihren Platz inmitten der technisch gewordenen deutschen Welt auszufüllen.
Diesen Aufgaben muß der Chemieunterricht die Auswahl seines Lehrstoffs anpassen. Er wird das zu übermittelnde Bildungsgut zunächst der engeren Umwelt des Schülers entnehmen, dann aber die Gebiete behandeln, die für das Verständnis der Rohstoffversorgung Deutschlands, der wirtschaftlichen und politischen Bedeutung unserer chemischen Technik und der Abhängigkeit der Landesverteidigung und der Lebensmittelversorgung von theoretischer chemischer Forschung und ihren praktischen Anwendungen nötig sind."

Unterstützt wurde seine Einteilung durch eine ganzheitlich organische Naturauffassung, die sich auf die Themeninhalte, die Intensität ihrer Behandlung im Unterricht sowie die Schulung in einer fächerübergreifenden Denkweise deutlich auswirken sollte. Andererseits forderte er eine systematische Eingrenzung und Selektion des chemischen Stoffes im Einklang mit einem organischen Unterrichtsaufbau[16]:

„Außerdem muß der Chemieunterricht, da er doch ein Glied der einzigen und nur aus didaktischen Gründen zu teilenden Naturbetrachtung ist, sich auf diejenigen Stoffe und Vorgänge erstrecken, die

14 Beier (siehe Anm. 11), S. 254.
15 Franck, W.: Deutscher Chemieunterricht. In: Nationalsozialistisches Bildungswesen 7 (1937), S. 428-433; hier S. 430. Dieser einzige Aufsatz direkt zum Chemieunterricht in dieser „erziehungswissenschaftlichen Zeitschrift der Bewegung" enthält in großen Abschnitten wortwörtlich den schon 1934 veröffentlichten Aufsatz von Franck, W.: Zur Schulreform. Ziele des Chemieunterrichts. In: Unterrichtsblätter für Mathematik und Naturwissenschaften 40 (1934), S. 68-70.
16 Franck (siehe Anm. 15), S. 430 f.

seine Verbindung zu den Nachbarwissenschaften, der Biologie, der Physik und der Kunde vom deutschen Boden herstellen. Um hierbei eine, durch die Eigenart des chemischen Stoffgebietes erklärliche, aber verwerfliche enzyklopädische Stofffülle zu vermeiden, ist es notwendig, sich auf eine geringe Zahl typischer chemischer Stoffe und Vorgänge zu beschränken, aber sie so auszuwählen, daß mit ihnen ein organischer, in sich zusammenhängender Aufbau des Unterrichtsgebietes möglich ist. Stoffe, die nur einen formal bildenden Wert haben, oder deren Behandlung ausschließlich den Zweck hat, ein von den Schülern doch nie vollständig übersehbares System aufzubauen, haben in einem Unterricht keinen Platz, der seine Stoffauswahl nicht nach wissenschaftlich-theoretischen Zielen ausrichtet, sondern den lebensnotwendigen Forderungen der Nation den Vorrang einräumt."

Damit wurde der Chemieunterricht politischen Zielen des Nationalsozialismus grundsätzlich untergeordnet und bewußt „zu einem notwendigen Werkzeug deutscher Staatsführung" (S. 433) gemacht.
Die methodischen Auswirkungen erläuterte Franck ebenfalls[17]:

„Die Konzentration des Unterrichts auf die wesentlichen Stoffe und Stoffumwandlungen schafft Raum für eine gründliche, experimentelle Behandlung der Probleme und ermöglicht es, die daraus abzuleitenden Definitionen, Gesetze und Theorien den Schülern in wiederholten Anwendungen zu fester Aneignung zu übermitteln."

Der Schulversuch stellte somit das wichtigste Unterrichtsmittel dar. Durch praktische Selbstbetätigung im Sinne eines Arbeitsunterrichtes sollte der Schüler eigenständig und eigenverantwortlich, aber als Glied der Gemeinschaft, zur Lösung von Aufgaben angeregt werden. Dies sieht Franck als ein „wichtiges, sozial-ethisches Erziehungsziel" (S. 431) an. Losgelöst von nationalsozialistischen Intentionen kann dieser Vorschlag eines praktischen Anschauungsunterrichts, der auf rein enzyklopädisches Gedächtniswissen verzichtet, als durchaus positiv bezeichnet werden[18].
Nachdem Franck die Aufgaben, Ziele und zusätzlich Themen wie Vierjahresplan und chemiegeschichtliche Betrachtungen[19] erläutert hat, liefert er einen Vorschlag zur Lehrstoffanordnung im chemischen Unterricht, der schon deutliche Parallelen zu dem 1938 veröffentlichten Lehrplan offenbart[20]. Ausgangspunkt seiner Überlegungen ist, daß „die Lehrpläne der Schule eine Projektion des nationalen Lebens in all seinen Erscheinungen auf die Ebene des Unterrichts" (S. 428) sein sollten. Auf der Unterstufe solle mit Versuchen und Betrachtungen zur Bearbeitung der Begriffe „Stoff" und „Stoffumwandlungen", „Gemenge und Verbindungen" begonnen werden, dann seien die Luft und das Wasser zu behandeln, wobei diese sich für erste Betrachtungen über „Oxydationen", Reduktionen" und Grundstoffe" eigneten[21]. Versuche zur Chemie einfacher Laugen,

---

17 Franck (siehe Anm. 15), S. 431.
18 Die reformpädagogische Idee des Arbeitsunterrichts findet sich zwar schon in der Preußischen Schulreform 1925, sie wurde in der Weimarer Zeit jedoch praktisch nicht verwirklicht. Siehe Kapitel 1.2.2.
19 Vgl. hierzu Kapitel 5.2.2.3.
20 Vgl. hierzu Kapitel 4.3.1.
21 Einen hiervon abweichenden Vorschlag für den chemischen Anfangsunterricht machte Kinttof, W.: Betrachtungen und Vorschläge zur Einführung in die anorganische Chemie. In: Praktische Schulchemie 1 (1936), S. 2-7. Kinttof, W.: Der Aufbau der chemischen Systematik im Unterricht vom Wasser aus. Praktische Schulchemie 1(1936), S. 9-16 und S. 17-21. Unter dem Titel „Chemische Vorgänge bei Gegenwart von Luft" gab Kinttof ebenfalls in Praktische Schulchemie 1 (1936), S. 52 noch einige Detailergänzungen. Dieser Vorschlag der Einführung in die anorganische Chemie findet sich auch in seinem Lehrbuch Kinttof, W.: Lehrbuch der Chemie für höhere Lehranstalten. Anorganische Chemie I. Berlin

Säuren und Salze sollten sich anschließen, den Schülern hierbei auch die Formelsprache vermittelt werden. Auf diesen methodisch orientierten Anfangsunterricht hatte nach Franck ein mehr politisch-wirtschaftlich ausgerichteter Hauptunterricht zu folgen. Salze der deutschen Salzlagerstätten, Schwefelerze und ihre Verwertung, Kohlenstoffverbindungen, Kohlen und Erdöl, Gewinnung des Eisens und des Aluminiums, einige Gesteine des deutschen Bodens, Phosphor und Phosphate, die deutsche Stickstoffindustrie, Wehrchemie, Nahrungsstoffe und Nahrungsmittel werden hier aufgezählt.
Beim reifer gewordenen Schüler der Oberstufe gelte es, so Franck, die erworbenen Begriffe und Inhalte weiter praxisnah zu vertiefen unter Vermeidung rein theoretischer Abschnitte. Gegenständlich wichtige Untersuchungen sollten immer die Ausgangsgrundlage bilden. Beispielsweise sollte das Massenwirkungsgesetz in Zusammenhang mit der Schwefelsäureherstellung nach dem Kontaktverfahren und der Ammoniaksynthese erfolgen bzw. die Ergebnisse elektrolytischer Untersuchungen waren sofort auf die technische Chemie des Chlors anzuwenden. Auch hier wurde der organische Ganzheitsgedanke wieder betont, indem „man die stofflich genetischen Beziehungen zwischen den einzelnen Gebieten aufdeckt, und so z.B. Kohlen, Erdöl, gasförmige Heizstoffe oder Quarz, Silikate, Glasherstellung und Keramik, Kalkstein, Mörtel in großen Abschnitten zusammenfaßt.“ (S. 433). Allerdings warnt Franck gleichzeitig vor überspitzten Zusammenfassungsbestrebungen, die künstlich Verbindungen schaffe und dadurch das natürliche Nebeneinander faktisch trennten. Im Bereich der organischen Chemie könnten jedoch durchaus Zucker, Stärke, Zellstoff und das Gärungsgewerbe, die Papier-, Kunstseiden-, Holzverzuckerungs- und Sprengstoffindustrie zu einem großen Unterrichtsgebiet zusammengefaßt werden.
Mit diesem hier aufgrund seiner Wichtigkeit ausführlich wiedergegebenen Aufsatz Walther Francks waren die thematischen Weichen des Chemieunterrichts deutlich gestellt. Gleichzeitig wurde die bevorzugte Methodik umrissen und ein erster Lehrplanentwurf gab den Schulreformern klare Anhaltspunkte.

5.2.2. Wehrchemie

Wehrchemische Inhalte dominierten im Chemieunterricht, wie die fachdidaktischen Zeitschriften, aber auch einschlägige Lehrer-Handbücher aufzeigen. Die Erziehung zum Wehrwillen und zur Wehrbereitschaft unter Vermittlung der hierfür notwendigen chemischen Naturgesetze und Wissensgrundlagen wurde erklärtes Hauptziel. Praktisch alle zu behandelnden Chemiethemen im Unterricht waren mehr oder weniger offensichtlich in einen wehrerzieherischen Zusammenhang eingebettet, wie nachfolgend aufgezeigt wird[22].

1938. Dieses Buch gehörte nicht zu den nach der Neuordnung des höheren Schulwesens zugelassenen Chemie-Lehrbüchern für höhere Schulen.

22 Meist wird der Begriff Wehrchemie jedoch enger gefaßt, und thematisch mit Luft- und Gasschutz sowie chemischen Kampfstoffen gleichgesetzt.

5.2.2.1. Luftfahrt, Luftschutz, Kampfstoffe

Breiten Raum nehmen in allen chemierelevanten Zeitschriften Theorie und Praxis des Luft- und Gasschutzes sowie die Behandlung der chemischen Kampf- und Abwehrstoffe ein. Der Aufruf von Reichsminister Hermann Göring vom 29. April 1933 sowie der Ministerialerlaß RU III 10 vom 10. November 1934 über die Pflege der Luftfahrt in den Schulen gaben diesem Themengebiet zusätzlichen Auftrieb. Auf den Hauptversammlungen des deutschen Fördervereins wurden Chemievorträge zum Thema Luftschutz abgehalten, in Ortsgruppen und Landesverbänden ebenfalls über Kampfgase und ihre Abwehr referiert[23]. Lehrgänge der Staatlichen Hauptstelle für den naturwissenschaftlichen Unterricht[24], aber auch des NSLB und des Reichsluftschutzbundes bereiteten die Chemielehrer auf Gas- und Luftschutz vor. In Hannover wurde eine ständige Luftfahrtausstellung in der Lutherschule (Deutsche Oberschule) eingerichtet, die in einer eigenen Abteilung ausführlich über Luft- und Brandschutz informierte[25]. Diese Ausstellung, die als Vorbild für andere Städte fungieren sollte, diente ausdrücklich dem Zweck, die sie besuchenden Schüler für die Luftfahrt zu begeistern. Für den Lehrer wurde zur Vertiefung der Thematik extra die Zeitschrift „Luftfahrt und Schule“, die mit Unterstützung des Reichserziehungsministeriums und des Reichsluftministeriums herausgegeben wurde, und u.a. einen Anhang „Schule und Luftschutz“ enthielt, konzipiert. Spezielle Aufsätze sowie ergänzende Buchbesprechungen informierten den Lehrer hierbei über Neuerungen und gaben ihm Material für den Unterricht an die Hand. Auch die amtlichen Erlasse der zuständigen Ministerien, Mitteilungen des Reichsluftschutzbundes, des NSLB, der Studentenschaft und der Reichsjugendführung zum Luftschutzgebiet sind in dieser Zeitschrift veröffentlicht.

5.2.2.1.1. Gas- und Luftschutz sowie Kampfstoffe als Unterrichtsthemen

Der Luftschutz spielte schon vor der Machtergreifung in den Köpfen entscheidender Schulpolitiker eine große Rolle. Studienrat Ewald Sellien vom Preußischen Ministerium für Wissenschaft, Kunst und Volksbildung forderte in seinem Aufsatz „Schule und Luftschutz“, der in der 1931 im ersten Jahrgang erscheinenden Zeitschrift „Gasschutz und Luftschutz“ erschien, die Chemie in den Dienst der Unterweisung über Fragen des

---

23 Vgl. hierzu Curio, O.: Unsere 36. Hauptversammlung in Berlin. In: Unterrichtsblätter für Mathematik und Naturwissenschaften 40 (1934), S. 212-220; hier S. 212-214. Von Ortsgruppen und Landesverbänden. In: Unterrichtsblätter für Mathematik und Naturwissenschaften 40 (1934), S. 264. 37. Hauptversammlung in Kiel. 3. Chemie und Geologie. In: Unterrichtsblätter für Mathematik und Naturwissenschaften 41 (1935), S. 178-180. Die Luftwaffe und die Naturwissenschaften. In: Unterrichtsblätter für Mathematik und Naturwissenschaften 44 (1938), S. 1-9.

24 Vgl. hierzu 36. Herbstferienlehrgang der Staatlichen Hauptstelle für den naturwissenschaftlichen Unterricht in Berlin vom 27. September bis 7. Oktober 1933. In: Zeitschrift für den physikalischen und chemischen Unterricht 46 (1933), S. 191 f. 37. Herbstferienlehrgang der Staatlichen Hauptstelle für den naturwissenschaftlichen Unterricht in Berlin vom 1. bis 11. Oktober 1934. In: Zeitschrift für den physikalischen und chemischen Unterricht 47 (1934), S. 239. 38. Herbstferienlehrgang der Staatlichen Hauptstelle für den naturwissenschaftlichen Unterricht in Berlin vom 7. bis 16. Oktober 1935. In: Zeitschrift für den physikalischen und chemischen Unterricht 48 (1935), S. 240.

25 Mitteilungen. Hannovers ständige Luftfahrtausstellung. In: Unterrichtsblätter für Mathematik und Naturwissenschaften 44 (1938), S. 28.

Luftschutzes zu stellen. Sogar die wesentlich zu behandelnden Inhalte legte er schon fest[26]:

„Selbstverständlich kann keine Rede davon sein, daß der Chemieunterricht etwa die Kampfgase ausführlich behandelt. Für möglich halte ich jedoch, daß im Chemieunterricht einmal die verschiedenen Arten der Kampfgase und einige wichtige Vertreter dieser Gruppen genannt werden, daß man die Art ihrer Giftwirkung bespricht und vor allem auf die Möglichkeiten hinweist, wie diese Wirkungen bekämpft werden können. Dabei wird man nicht nur die direkten Schutzmittel (Salben, Gegengifte, Sauerstoffapparate, Gasmasken, Schutzkleidung usw.) nennen, sondern auch auf die Maßnahmen des praktisch so wichtigen Kollektivschutzes eindringlich aufmerksam machen. Eine genauere Besprechung werden natürlich die Kampfgase erfahren können, die sowieso im Chemieunterricht aus anderen Gründen bereits ihre Stelle haben. Ich nenne Chlor, Blausäure, Phosgen und Kohlenmonoxyd. Auch auf die Brandsätze der Brandbomben (Phosphor, Thermit usw.) und die zur Vernebelung geeigneten Stoffe, wie Phosphor, Schwefeltrioxyd, rauchende Schwefelsäure und Zinntetrachlorid, wird man im Unterricht verweisen können. Von den Gasschutzmitteln wird man neben der Erzeugung atembarer Luft (Sauerstoffgeräte) und der Absorption der Gase in Schichten von Kohle, Kieselgur, Bimskies, Torfmull usw. besonders den chemischen Bindemitteln seine Aufmerksamkeit schenken: Soda und Pottasche gegen saure Gase, Natriumthiosulfat gegen Chlor, Urotropin gegen Phosgen, Chlorkalk gegen Senfgas usw. Es dürfte sich auch empfehlen, auf die Gefahren hinzuweisen, die durch Vergiftung des Wassers und der Lebensmittel durch Giftgase z. T. noch lange nach dem Gasangriff bestehen."

Im Rahmen des herrschenden Zeitgeistes war damit der Grundstein für ein den Chemieunterricht der NS-Zeit wesentlich bestimmendes Gebiet gelegt.
Der 1933 in den Unterrichtsblättern veröffentlichte Aufsatz „Chemieunterricht und Wehrhaftigkeit" von Studienrat Walter Leonhardt, Dresden, enthält demzufolge auch die gleichen Grundgedanken, nur die Zielrichtung ist stärker nationalsozialistisch geprägt[27]. In den Ausführungen kommen nicht nur rechtfertigungspolitisch relevante Aspekte[28], sondern verstärkt auch die Themeninhalte zum Tragen. Systematisiert ergibt sich:
1. Behandlung von Schieß- und Sprengstoffen: Dem Schüler sollten die wichtigsten Schieß- und Sprengstoffe sowie die Wirkung ihrer brisanten Zersetzung (Explosivität) vermittelt werden. Die damit einhergehenden wirtschaftlichen Zusammenhänge samt Forschungsfortschritten gehörten ebenfalls dazu[29]:

„Trotzdem ist die Behandlung der Sprengstoffe in mehrfacher Hinsicht von erziehlichem Wert. Die Schüler müssen wissen, wie sich Deutschland in bezug auf die Rohmaterialien für die Schieß- und Sprengstoffe vom Auslande unabhängig gemacht hat, wie der für die Sprengstofferzeugung früher benötigte Chilesalpeter entbehrlich wurde, nachdem es der chemischen Technik gelungen war, Salpeter aus Luft herzustellen. Sie lernen dadurch die Bedeutung der großen industriellen Anlagen Deutschlands richtig einzuschätzen und die Notwendigkeit ihres Schutzes gegen feindliche Angriffe zu verstehen."

2. Aufklärung über Gasschutz: Leonhardt entwickelte ein „Programm für den Gasschutzunterricht in der Schule", das in erster Linie ein Mittel zur Wehrbarmachung der Schüler darstellte:

---

26 Sellien, E.: Schule und Luftschutz. In: Gasschutz und Luftschutz. Zeitschrift für das gesamte Gebiet des Gas- und Luftschutzes der Zivilbevölkerung 1 (1931), S. 85-88; hier S. 87 f.
27 Leonhardt, W.: Chemieunterricht und Wehrhaftigkeit. In: Unterrichtsblätter für Mathematik und Naturwissenschaften 39 (1933), S. 235-241.
28 Siehe hierzu Kapitel 3.2.2.
29 Leonhardt (siehe Anm. 27), S. 236.

a) Aufklärung über das physikalische Verhalten und die chemische Natur der Kampfstoffe. Dabei wurde in der Begründung wert darauf gelegt, daß es sich hierbei um einfache Chemie handelt, die nur wenig Vorkenntnisse erfordert.
b) Vermittlung von Kenntnissen über die schädigende Wirkung der Giftstoffe auf den Menschen sowie erster Maßnahmen zur Behandlung Gasvergifteter. Anhand von Beispielen wird erläutert, daß auch „bloßes Wissen“ auf diesem Gebiet von großer praktischer Bedeutung ist.
c) Aufklärung über Gasschutzmittel in Theorie und Praxis, unter besonderer Hervorhebung deutscher Leistungen[30]:

„Die Schüler sollen das Prinzip des Gasmaskeneinsatzes verstehen, sie sollen einige Reaktionen kennenlernen, die behelfsmäßig von Nutzen werden können und – das ist die Hauptsache – sie sollen überzeugt werden, daß das Gerät das im Ernstfalle gebracht wird, als Erzeugnis deutscher wissenschaftlicher Arbeit und Technik, volles Vertrauen verdient.“

3. Rauche und Nebel sollten umfassend in chemischer Hinsicht sowie ihrer Funktion als Verteidigungs- und Angriffsmittel beleuchtet werden.
Zusätzlich forderte Leonhardt, daß für die Lehrer Gasschutzkurse, die nicht nur die Praxis, sondern in verstärktem Maße die Theorie berücksichtigen, eingerichtet werden sollen. Solche Kurse könnten im Studium der künftigen Lehrer sogar zur Pflichtveranstaltung gemacht werden.
Damit standen faktisch schon 1933 die Schwerpunkte eines im engeren Sinne wehrchemisch orientierten Unterrichts fest. Tatsächlich sind in den folgenden Jahrgängen der chemiedidaktischen Zeitschriften theoretische Ausführungen über dieses Gebiet rar. Zahlreiche praktisch orientierte Aufsätze mit Lehrer- und Schülerversuchen zu den genannten Themen dokumentierten jedoch, die diesem Gebiet beigemessene hohe Bedeutung[31]. Nicht unerwähnt soll dabei der 1935 von Bernhard Malewski, Gleiwitz, in den Unterrichtsblättern veröffentlichte Aufsatz über „Die schnelle Berechnung der Gase mit Hinblick auf Gasschutz und Wehrsport“ bleiben[32]. Darin wird gezeigt, wie die Gefährlichkeit, die von einem Gas in Brunnen, Kellern etc. ausgeht, also ob es leichter oder schwerer als Luft ist, durch direkten Vergleich des Molekulargewichts des Gases mit dem der Luft abgeschätzt werden kann. Daß Schüler durch gewisse chemische Vereinfachungen dabei zu einer schnellen Beurteilung geführt wurden, zeigt deutlich auf, daß nicht wissenschaftliche Exaktheit, sondern praktische Lebensnähe den wehrchemischen Unterricht bestimmen sollten.

30 Leonhardt (siehe Anm. 27), S. 239.
31 Siehe hierzu Kapitel 6.4.1.
32 Malewski, B.: Die schnelle Berechnung der Gase mit Hinblick auf Gasschutz und Wehrsport. In: Unterrichtsblätter für Mathematik und Naturwissenschaften 41 (1935), S. 221 f.

5.2.2.1.2 Vorschläge zur Behandlung von Luftfahrt und Luftschutz im Chemieunterricht[33]

1937 brachte Szliska, unter dem Titel „Erziehung zum Wehrwillen" ein pädagogisch-methodisches Handbuch für Erzieher heraus[34]. Im allgemeinen Teil waren insbesondere die Aufsätze „Kriegswirtschaft, Wehrwirtschaft und Schule" von Heinrich Hellmer, Referent im Reichskriegsministerium, und die Gedanken zum Thema „Schule und Luftschutz – vom Standpunkt der Wehrerziehung", verfaßt von Horst M. Wagner, Referent im Reichsluftfahrtministerium, auch für den Chemielehrer bedeutsam[35].

Neben Ausführungen und Definitionen zu den Begriffen Kriegswirtschaft, Wehrwirtschaft und Wirtschaftskrieg sowie der wehrwirtschaftlichen Lage Deutschlands betont Hellmer, die wehr- und kriegswirtschaftliche Aufgabe der Schule sei zum einen sachlicher, zum anderen ideeller Natur. Sachlich gelte es, die deutsche Jugend mit dem Wissen um das Wesen der Landesverteidigung und speziell der Bedeutung der Wirtschaft für die Kriegsführung vertraut zu machen. Die Chemie biete hierbei die Grundlage für kriegswirtschaftlich bedeutsame Verfahren, wobei er hierbei auch schon die Gebiete des Vierjahresplans mit einschließt. Die ideelle Aufgabe bestehe hingegen darin, die Schüler davon zu überzeugen, daß „ein Volk in Kriegszeiten seine Existenz nur dann mit Erfolg verteidigen kann, wenn sich alle Volksgenossen bedingungslos zum Einsatz für die äußere Freiheit des Gemeinwesens einsetzen" (S. 253). „Gemeinnutz geht vor Eigennutz" bzw. die „völlige Wandlung des wirtschaftlichen Denkens der Menschen vom individuellen Gewinnstreben zum sozialistischen Gemeinschaftsdenken" (S. 253) müsse vermittelt werden.

Horst Wagner befaßt sich in seinem Aufsatz mit Sinn, Aufgabe sowie Organisation des Luftschutzes, inklusive Lehrerschulungen, Fortbildungsmöglichkeiten sowie methodischen Anmerkungen zur Übernahme in den Schulunterricht. Er macht deutlich, daß ein Sonderfach „Luftschutz" für den praktischen Schulunterricht allgemein abgelehnt worden ist. Statt dessen sollten die relevanten Fragen des Luftschutzes innerhalb des Rahmens der einzelnen Unterrichtsfächer abgehandelt werden. Als allgemeinen Grundsatz wirft er auf, daß „jeder Luftschutzunterricht einen Anknüpfungspunkt des täglichen

---

33 Interessanterweise konnten in den chemiedidaktischen Zeitschriften keine Aufsätze, die sich mit Vorschlägen zur Unterrichtsgestaltung und Stoffanordnung bei Gas- und Luftschutz sowie Kampfstoffen beschäftigen, gefunden werden. Zwar legt Kern, H.: Der Naturwissenschaftler im Dienst des Gas- und Luftschutzes in der deutschen Schule. In: Zeitschrift für den physikalischen und chemischen Unterricht 64 (1933), S. 288-291, eine erste Stoffauswahl zum Thema Gas- und Luftschutz, zugeschnitten auf den chemischen Unterricht vor. Er zählt die wesentlichen Sprengmittel, Brisanz- und Brandbomben, Kampfstoffe, die bei Zerstörung von Industrieanlagen und Bränden zu erwartenden betäubenden Gase auf, schildert auch, daß der Schüler durch Einführung in die chemischen und physiologischen Grundlagen der menschlichen Atmung die modernen Gasfilter und Gasschutzgeräte verstehen lernen müsse. Auch Hilfsmittel und Informationsquellen für den Lehrer führt er auf. Doch er erkennt selbst, daß erst Unterrichtserfahrung in diesem neuen Sachgebiet Aufklärung über die methodische Behandlung liefern kann. Kerns Hauptaugenmerk liegt daher – für 1933 nicht untypisch – eher in einem nationalsozialistischen Bekenntnis samt Plädoyer für die Wichtigkeit des Chemieunterrichts.

34 Szliska (Hrsg.): Erziehung zum Wehrwillen. Pädagogisch-methodisches Handbuch für Erzieher. Stuttgart 1937.

35 Hellmer, H.: Kriegswirtschaft, Wehrwirtschaft und Schule. In: Szliska (siehe Anm. 34), S. 241-253. Wagner, H.: Schule und Luftschutz – vom Standpunkt der Wehrerziehung. In.: Szliska (siehe Anm. 34), S. 254-270.

oder völkischen Lebens zu Beginn der Stunde erkennen lassen muß". (S. 268). Ferner gelte es, den Luftschutzunterricht zu beleben, indem die Schüler mit Namen und Bildern von für den Luftschutz relevanten Persönlichkeiten vertraut gemacht würden.
Im speziellen Teil, der sich mit der Hinführung zum Wehrerziehungsziel unter dem Blickwinkel der methodischen Darstellung des Stoffes befaßt, geben die Aufsätze von Albert Beyer, Dozent an der Hochschule für Lehrerbildung, Saarbrücken, und Studienassessor Paul Knabe, Heeresfachschule Osterrode, dem Chemielehrer neben konkreten Inhalten auch Vorschläge zur Unterrichtsgestaltung an die Hand[36]. Albert Beyer legt im chemischen Part seines Aufsatzes „Der naturwissenschaftliche Unterricht im Dienste der Wehrerziehung" dar, die zentrale Lage Deutschlands, umgeben von Staaten mit hochentwickelter Luftwaffe, fordere, daß sich jeder Deutsche mit chemischen Brand- und Kampfstoffen auskennt. Dem chemischen Unterricht obliege deshalb die Aufgabe, die Kenntnisse der Brand- und Kampfstoffe zu vermitteln und die Verfahren einer wirksamen Bekämpfung zu lehren. Zu behandeln seien (S. 403 f.):
1. Brandstoffe: Phosphor als brandstiftendes Mittel; Aluminothermie als Verfahren zur Herstellung von Brandbomben und -granaten; Thermitsätze
2. Löschung: Trockenlöscher; Flüssigkeitslöscher; Schaumlöscher
3. Kampfstoffe: Definition als Luftkampfstoffe oder Geländekampfstoffe; Wirkung der Kampfstoffe als Reizstoffe, erstickende Stoffe, ätzende Stoffe; die wichtigsten Kampfstoffe in Herstellung und Anwendung als Augenreizstoffe, Lungengifte (Grünkreuz), Haut- und Zellgifte (Gelbkreuz), Nasen- und Rachenreizstoffe (Blaukreuz); Bekämpfung der Kampfstoffe
4. Bau der Gasmaske, Wirksamkeit und Anwendung
Methodisch hält Beyer die Erfassung und Vertiefung des Stoffes durch Arbeitsunterricht, d.h. durch Selbstbetätigung des Schülers, wie sie schon in den Richtlinien der Preußischen Schulreform von 1925 gefordert wurde, für am sinnvollsten. Im physikalisch-chemischen Unterricht müsse der Schüler mit gesteigerter Aufmerksamkeit dem Ablauf des Schulversuches folgen und lerne dabei, Vorgänge nach ihrer zeitlichen Folge und in ihrem wesentlichen Inhalt genau wiederzugeben. Die praktische Mitarbeit werde zusätzlich in Arbeitsgemeinschaften gefördert. Diese Selbsttätigkeit führe den Schüler zur Selbständigkeit, so Beyer weiter. Den formal-erzieherischen Wert bzw. die beim Schüler erreichbaren Ziele dieser Arbeitsmethodik definiert er v.a. in genauer Beobachtungsschulung, klarer gedanklicher Erfassung des Wesentlichen, Schulung der Auffassungsgabe sowie Erhöhung des Verantwortungsbewußtseins, verbunden mit schneller Handlungsfähigkeit. Die Ausbildung technischer Fähigkeiten käme hinzu.
Knabe spricht in seiner Abhandlung „Erziehung zum Wehrwillen durch Physik und Chemie" die direkte Kriegsvorbereitung offen aus, indem er von der These ausgeht, „der totale Krieg der Zukunft erfordert eine totale Vorbereitung auf einen möglichen Krieg der Zukunft" (S. 403). Die Wehrchemie habe ihren wesentlichen Beitrag hierfür zu leisten. Interessant sind v.a. seine Bemerkungen zur Behandlung der Schieß- und Sprengstoffe sowie der chemischen Kampfstoffe, da er hier nicht nur den zu vermittelnden Stoff recht detailliert darlegt, sondern auch die hinter der Besprechung stehenden Zielsetzungen. Knabe führt seine Vorstellungen zur Unterrichtsgestaltung aus, vermei-

36 Beyer, A.: Der naturwissenschaftliche Unterricht im Dienste der Wehrerziehung. In: Szliska (siehe Anm. 34), S. 391-403. Knabe, P.: Erziehung zum Wehrwillen durch Physik und Chemie. In: Szliska (siehe Anm. 34), S. 403-414.

det dabei allerdings eine strikte Zuordnung in Unter-, Mittel-, Oberstufe oder gar eine Einteilung in einzelne Klassenstufen. Die Ausführungen sprechen für sich:

1. Auf die Schieß- und Sprengstoffe könne im Unterricht „fast nur theoretisch eingegangen werden, da die Gefährlichkeit in der Herstellung und Behandlung dieser Stoffe, die praktische Vorführung einschränkt und behindert“ (S. 410). Die Schule solle folgende wichtige Fragen behandeln: „Welche Eigenschaften muß ein Stoff haben, damit er als Schieß- oder Sprengstoff verwandt werden kann? Unterschied zwischen Schieß- und Sprengstoffen (langsame und schnelle Reaktion beim Entzünden). Was ist Deflagration, Explosion, Detonation, Brisanz? Wovon hängt die Brisanz ab?“ (S. 410). Verständlich würden diese Begriffe erst, wenn der Schüler schon einiges Wissen in der Chemie besitze. Weiter sollten behandelt werden: Übersicht über die wichtigsten Schieß- und Sprengstoffe. Klassisches Beispiel sei die Herstellung des Schwarzpulvers. Schießbaumwolle, rauchschwaches Pulver, Perchlorat- und Ammonsalpetersprengstoffe, Nitroglycerin, Dynamit, Pikrinsäure sollen in ihren chemischen Eigenschaften und ihrem chemischen Aufbau besprochen werden. Die Frage nach den Rohstoffen zur Herstellung dieser Sprengstoffe spiele eine besondere Rolle. Auch die Leistung der deutschen chemischen Industrie müßte den Schülern gegenüber besonders hervorgehoben werden „und kann als Beispiel gelten, wie technische Leistung eines Volkes auf das engste mit der Kriegführung verbunden ist und diese erst möglich machen kann“ (S. 410). Knabe vergißt dabei nicht darauf hinzuweisen, daß der Lehrer den Schüler immer wieder auf die Gefahren beim Umgang mit Sprengstoffen aufmerksam machen müsse, und Sicherheitsmaßnahmen eingehend besprochen werden müßten.
2. Bei den chemischen Kampfstoffen müßten die Grundlagen des chemischen Krieges, der Abwehr und des Schutzes besprochen werden: Wie muß ein Stoff beschaffen sein, wenn er als Kampfstoff Verwendung finden soll? Kriterien wie Giftigkeit, einfache Herstellungs- und Anwendungsmöglichkeiten, Wetter- und Geländebeständigkeit, Einsatz und Art der Verwendung, samt chemischen Eigenschaften seien zu behandeln. „Es muß den Schülern gesagt werden, daß die meisten Kampfstoffe keine Gase, sondern flüssige und feste Stoffe sind, die verdampft, verspritzt, versprüht und zerstäubt werden.“ (S. 411). Die Hauptkampfstoffe könnten selbstverständlich nur theoretisch in Aufbau und Wirkung auf den menschlichen Organismus besprochen werden. Versuche mit Chlor seien jedoch möglich.
3. Ein besonderes Kapitel könne die Besprechung der chemischen Stoffe und Vorgänge bei der Herstellung und Verwendung künstlichen Nebels bilden.
4. Schutz und Abwehr: Die im Maskenfilter befindlichen Stoffe könnten nach ihren chemischen und physikalischen Eigenschaften besprochen werden. Versuche seien wesentlich, um die adsorbierende Wirkung der aktiven Kohle, dem wichtigsten Schutzmittel im Filter, zu zeigen. Die Bedeutung des Nebelfilters als Schutz gegen Blaukreuzkampfstoff und Chlorkalk als Schutz gegen Gelbkreuz sei zu behandeln.

Wesentlich bei der Besprechung der chemischen Kampfstoffe sei, den Schülern die Scheu vor diesen Stoffen zu nehmen. Andererseits müsse aber dem Schüler deutlich werden, daß „die chemische Waffe zu der schrecklichsten wurde, die menschlicher Geist je ersann. Auch hier kann wieder auf die Leistung der deutschen chemischen Industrie hingewiesen werden, die als erste von allen kriegführenden Staaten die wir-

kungsvollsten Kampfstoffe schuf und damit ihren Teil zur aktiven Abwehr des Gegners geleistet hat." (S. 411).
Im Mai 1937 erschien in zweiter Auflage – die erste Auflage vom Januar 1936 war sehr schnell vergriffen – das Handbuch für Lehrende „Luftfahrt, Luftschutz und ihre Behandlung im Unterricht", herausgegeben von Karl Metzner, Ministerialrat im Reichserziehungsministerium[37]. Neben wenigen allgemeinen Kapiteln zum Thema behandelten neun Dozenten Vorschläge für die unterrichtliche Behandlung von Luftfahrt und Luftschutz in den Fächern Deutsch, Geschichte, Fremdsprachen, Zeichnen- und Werken, Mathematik, Physik, Biologie und Chemie. Oberstudiendirektor Hermann Petzold, Berlin, führte hierbei auf 34 Seiten seinen didaktischen Ansatz samt Methodik und näherer Lehrinhalte für die Luftfahrt und den Luftschutz im Chemieunterricht aus[38]. Er begann mit der nochmaligen Ausführung der Zielsetzung des Chemieunterrichtes: Diese müsse doppelter Art sein und zum einen ein Gespür für die Wissenschaft Chemie vermitteln, zum anderen Lebensnähe ausstrahlen. Als eine der Hauptaufgaben des Chemieunterrichtes definiert er hierbei Luftfahrt und Luftschutz[39]:

„Einmal gilt es, junge Menschen im Rahmen der allgemeinen Schulbildung in das Sein und Werden der für uns so bedeutungsvollen Wissenschaft Chemie einzuführen, zum anderen ist es notwendig, gerade hier unsere Schüler die Lebensnähe der Schulstube empfinden zu lassen, indem sie in den Darlegungen technischer und wirtschaftlicher Art die Auswirkungen chemischer Forschung und praktischer Arbeit aufs Leben unseres Volkes verspüren. Das Werden des neuen Deutschlands hat auch dem Chemieunterricht seine besonderen, wichtigen Aufgaben gegeben, von denen die Erfassung der Bedeutung der Chemie für die Luftfahrt und den Luftschutz als besonders wichtiges Unterrichtsziel bezeichnet werden muß."

Bei der methodischen Behandlung dieses Unterrichtsziels stellt er dann zwei mögliche Wege vor: Entweder könnte in Sonderabschnitten die Wichtigkeit der Chemie für Luftfahrt und Luftschutz behandelt werden. Oder in den gewählten Lehrgang könnten die beiden Disziplinen als Teilgebiete jeweils peu à peu eingeflochten werden. Petzold bevorzugt die zweite Variante und begründet dies ausführlich (S. 179):

„Bedenkt man, daß Wissenschaft und Industrie der Chemie sich auf den verschiedenen Gebieten unseres deutschen Volkslebens auswirken und zwar in einer derart starken Weise, daß das Verständnis dafür in unserer deutschen Jugend erweckt werden muß, dann wird es klar, daß die Behandlung in Sonderabschnitten die Gefahr einer Auflösung des chemischen Unterrichtsganges mit sich bringt. Eigene Erfahrungen haben gezeigt, daß auf diesem Wege der aufbauende und gedankliche Zusammenhang nur zu leicht verlorengeht und daß an Stelle anschaulichen Verständnisses und wirklichen Könnens totes Einzelwissen entsteht, das nur zu bald wieder verschwindet. Um so aussichtsreicher ist der Weg, in organischem Zusammenhange mit dem chemischen Lehrgange all die Fragen zu behandeln, die für die Luftfahrt und den Luftschutz wichtig sind."

Neben den typischen Lehrverfahren (Beobachtung und Versuch) hält Petzold unterrichtliche Zusammenfassungen allerdings von Zeit zu Zeit für nötig, um beim Schüler den Überblick über die Gesamtbedeutung der Chemie zu wahren. Als Unterrichtsweisen sieht er hierfür Wiederholungen schriftlicher Ausarbeitungen, Vorträge, Lichtbildvor-

---

37 Metzner, K.: Luftfahrt, Luftschutz und ihre Behandlung im Unterricht. 2. verbesserte Auflage. Leipzig 1937.
38 Petzold, H.: Luftfahrt, Luftschutz im Chemieunterricht. In: Metzner (siehe Anm. 37), S. 179-212.
39 Petzold (siehe Anm. 38), S. 179.

führungen, Besuche von Ausstellungen und industriellen Werken sowie weiterführende experimentelle Arbeiten in Arbeitsgemeinschaften für sinnvoll an. Damit hatte Petzold deutlich geklärt, wie Luftfahrt und Luftschutz im Chemieunterricht zu behandeln seien. Anschließend führt Petzold im unterrichtspraktischen Teil das zu besprechende Lehrgut genau aus, wobei er differenziert zwischen „I. Luftfahrt und Chemieunterricht" (S. 180-193) und „II. Luftschutz und Chemieunterricht" (S.193-210), Überschneidungen in beiden Disziplinen jedoch erwähnt. Teilweise trifft er hierbei grobe Einteilungen, was in Unterstufe, Mittel- bzw. Oberstufe zu behandeln sei, samt Mitteilung des dahinterstehenden Erkenntniswertes. Wesentlich ist etwa beim Luftschutz für ihn, daß in der Untersekunda, nur die wichtigsten und einfachsten Grundlagen dieses chemischen Gebietes behandelt werden, eine „Anhäufung toten Wissenstoffes" (S. 193) sei unbedingt zu vermeiden[40]:

> „Der Schüler der Untersekunda ist ja nur zu gern geneigt, sich Formelkram anzueignen, ohne etwas mit ihm anfangen zu können. Ein Abschnitt des chemischen Unterrichts, der besonders diese Gefahr öder Formellernerei in sich birgt, ist das Gebiet der chemischen Kampfstoffe. Hier ist es viel wichtiger, die Einteilung der chemischen Kampfstoffe nach ihrer Wirkung zu geben und nur als Beispiele der einzelnen Klassen ein paar Kampfstoffe mit ihren gewöhnlichen Namen zu nennen als irgendeine Formel auszusprechen. Wo es irgend angängig ist, möge die Wortgleichung benutzt werden, die eigentliche chemische Zeichensprache muß im chemischen Anfangsunterricht so spärlich wie möglich angewendet werden und auf die einfachsten chemischen Vorgänge beschränkt bleiben."

Petzold spricht hier ein wesentliches didaktisch-methodisches Prinzip des Chemieunterrichtes in der NS-Zeit aus: Statt zu notwendigen Modellen wie der Formelsprache hinzuführen, wird diese möglichst knapp gehalten. Damit geht unvermeidlich eine Reduktion und Vereinfachung fachwissenschaftlicher Inhalte einher. Es kommt weniger auf die Vermittlung von Fachkenntnissen an, die Stärkung des völkischen Ideals der Wehrhaftigkeit ist ungleich wichtiger.

Petzold trifft folgende Stoffeinteilung:

I. Luftfahrt und Chemieunterricht.

A. Anorganische Chemie.

a) Die Gase. 1. Die Luft. 2. Die Füllgase: Wasserstoff, Leuchtgas, Helium. 3. Die Leuchtröhrengase Neon und Argon. 4. Die Auspuffgase der Motoren.

b) Flüssigkeiten. 1. Das Wasser. 2. Einige Säuren.

c) Die Metalle. 1. Die Nichteisenmetalle. α) Die Leichtmetalle. β) Die übrigen Nichteisenmetalle. 2. Das Eisen und seine Legierungen.

B. Organische Chemie.

a) Die Kohlenwasserstoffe. 1. Das Erdöl und seine Destillationsprodukte. α) Erdöldestillate als Treibstoffe. β) Erdöldestillate als Schmiermittel. 2. Die Steinkohlenteerdestillate. 3. Die Braunkohlenteererzeugnisse.

b) Die Alkohole.

c) Die Pflanzenschutzmittel.

40 Petzold (siehe Anm. 38), S. 193 f.

II. Luftschutz und Chemieunterricht.
A. Anorganische Chemie.
a) Gase und Dämpfe. 1. Die Luft. 2. Sauerstoff. 3. Kohlendioxyd. Schädliche Gase und Dämpfe. 5. Die Bindung von Gasen und Dämpfen. α) Die chemische Bindung giftiger Gase und Dämpfe. β) Die physikalische Bindung (Adsorption) von Gasen und Dämpfen.
b) Nebel und Rauche. 1. Entstehung und Verwendung. 2. Eigenschaften der Nebel und Rauche und ihre Abfilterung.
c) Brandstiftende chemische Stoffe.
d) Feuerschutz durch chemische Verfahren. 1. Feuerlöschung. 2. Feuerschutzmittel.
B. Organische Chemie.
a) Einige organische Industriegifte.
b) Chemische Kampfstoffe.
c) Explosivstoffe.

Die von Petzold aufgeführten Beispiele zeigen zusätzlich, daß sich fast alle Themen des Chemieunterrichtes zu Luftfahrt- bzw. Luftschutzkundlichen Betrachtungen nutzen ließen.

Eine umfangreiche Literaturübersicht sowie konkrete Empfehlungen an Luftschutzschriftum gab dem Chemielehrer zusätzlich ergänzendes und vertiefendes Material an die Hand[41]. Petzolds Ausführungen sind ein klarer Wegweiser und eine Anleitung für den Chemielehrer, wie er dieses Gebiet in den Chemieunterricht zu integrieren hat. Selbst Georg Wolff, Düsseldorf, und Hans Mathée betonen in ihren Buchrezensionen zur ersten bzw. auch zweiten Auflage, daß mit diesem in Anzeigen auch als „Standardwerk" gerühmten Buch in vorbildlicher Weise das Rüstzeug zusammengestellt worden sei, das der Lehrer dringend benötige[42].

5.2.2.1.3. Kriegszustand: Erlaß zur Luftschutzschulung und Wünsche der Kriegsmarine an den Chemieunterricht

Damit der „auf allen Gebieten der deutschen Luftfahrt bestehende Vorsprung" (S. 85) erhalten bleibe, ergänzte Reichserziehungsminister Bernhard Rust am 30. Dezember 1939 den 1934er Erlaß zur Pflege der Luftfahrt in den Schulen und Hochschulen[43]. Dem Chemielehrer wurde hierbei in der Anlage „Der Luftfahrtgedanke im chemischen Un-

41 Zu einigen nicht nur als Hintergrundinformation, sondern aktiv im Schulunterricht ergänzend eingesetzten Heften bzw. Büchern siehe Kapitel 6.5.

42 Vgl. hierzu Bücherbesprechungen. Metzner, Karl, Luftfahrt, Luftschutz und ihre Behandlung im Unterricht. Leipzig 1936. In: Unterrichtsblätter für Mathematik und Naturwissenschaften 42 (1936), S. 265. Bücherbesprechungen. Metzner, Karl, Luftfahrt, Luftschutz und ihre Behandlung im Unterricht. Zweite, vermehrte und verbesserte Auflage. Leipzig 1937. In: Unterrichtsblätter für Mathematik und Naturwissenschaften 44 (1938), S. 270. Bücher und Schriften. Luftfahrt, Luftschutz und ihre Behandlung im Unterricht. Leipzig 1936. In: Zeitschrift für den physikalischen und chemischen Unterricht 49 (1936), S. 233 f.

43 Deutsche Wissenschaft, Erziehung und Volksbildung. Amtsblatt des Reichsministeriums für Wissenschaft, Erziehung und Volksbildung und der Unterrichtsverwaltungen der Ländern (RMinAmtsblDtschWiss.). Berlin 1940, Erlaß K I b 8700/30.12.39 (282) E I, E II, E III, E IV, W, Insp. d. NPEA. (a), S. 85-105.

terricht“ in lehrplanmäßiger Form vorgeschrieben, welche Inhalte dem Schüler im Kampf für das Reich zu vermitteln seien. Die kriegsrelevanten Elemente des Vierjahresplanes[44] sind hierbei integriert[45]:

„Lehrziel.

Die mannigfaltigen und außerordentlich bedeutungsvollen Beziehungen der chemischen Industrie und Forschung zur Luftfahrt mit ihren volkswirtschaftlichen Auswirkungen müssen dem Schüler klar werden.

Stoffgebiete.

A. In der anorganischen Chemie:

1. Als Traggas für Luftschiffe und Ballone dienen H und He. (Zur Füllung von Freiballonen wird meistens noch Steinkohlengas verwendet. Litergewicht der drei Gase, Berechnung des nutzbaren Auftriebes je m^3.)

2. Bei der Behandlung des Wassers ist einzugehen auf die Unterschiede zwischen hartem und weichem Wasser, Kesselsteinbildung. Verfahren zur Enthärtung (Permutitverfahren). Enteisung. In diesem Zusammenhang wird auch der Chemiker etwas auf den Kühlvorgang bei Motoren eingehen müssen, obgleich das Wesentlichste davon in die Physik gehört. Heißkühlung, Frostschutzmittel!

3. Die Gewinnung und Veredelung der Metalle ist auch technologisch zu behandeln. Im Hinblick auf die Luftfahrt sind besonders zu berücksichtigen:

a) Aluminium, seine Eigenschaften als Werkmetall für den Bau von Flugzeugen und Luftschiffen; Duralumin, Nachteil: seine Brennbarkeit über 400 Grad.

b) Die Veredelung des Stahls; Edelstähle, Wolfram, Titan usw.

c) Die Erscheinung der Ermüdung der Metalle, der Korrosion und die Mittel zu ihrer Bekämpfung, insbesondere der Schutz gegen die Einwirkung des Seewassers.

d) Elektron, seine Eigenschaften und Verwendung.

B. In der organischen Chemie.

1. Die Treibstoffe:

a) Benzin. Seine Herstellung durch fraktionierte Destillation und Kracken aus Erdölen. Abhängigkeit vom Ausland. Bedeutung der Vorversuche. Volkswirtschaftliche und politische Bedeutung des Verfahrens, die wasserstoffarmen Verbindungen, die in der in reichlicher Menge vorhandenen Kohle enthalten sind, durch Anlagerung von H in Benzin zu verwandeln. Verflüssigung der Kohle (Hydrierung, Verfahren von Bergius, Fischer, Leuna-Benzin).

b) Benzol als Nebenprodukt der Kokereien und Gaswerke, Wichtigkeit seiner Erzeugung im Inlande.

c) Alkohol. Die Bedeutung des Mischungszwanges für die Landwirtschaft.

Bei den Treibmitteln ist zu behandeln:

Bedeutung von Gefrierpunkt und Siedepunkt für die praktische Verwendung. Luftbedarf und Mischungsverhältnis, Leistungsabfall bei ungünstiger Mischung (Höhenflug); Brauchbarkeit im Winter. Hinweis auf ihre Gefährlichkeit.

Heizwert. Verpuffen mit Luft. Die für den Kraftverkehr unerwünschte Entstehung des H_2O beim Verbrennen ist zu behandeln. Brennstoffgemische, Verunreinigungen.

Die außerordentlich wichtige volkswirtschaftliche und wehrpolitische Bedeutung der Treibmittelfrage (Devisenersparnis bei eigener Erzeugung, Versorgungsmöglichkeit, Auslandsunabhängigkeit) ist besonders zu betonen.

2. Die Schmierstoffe:

Pflanzliche und mineralische Öle.

a) Pflanzliche Öle. Nachteil: Verharzen.

b) Mineralische Öle. Bohrversuche in Deutschland.

---

44 Siehe hierzu Kapitel 5.2.2.2.

45 RMinAmtsblDtschWiss. 1940 (siehe Anm. 43), S. 88 f.

Veredelung der Schmierstoffe:
Verhinderung des Verharzens bei Zerschlagen der Moleküle durch den elektrischen Strom. Emulsionsbildung. Deutsche Schmierstoffe. Wirkung der Schmierstoffe; Schmierfähigkeit; Viskosität; Löslichkeit in Benzin.

C. Chemische Kampfstoffe.

Flugzeuge als Träger von Kampfstoffen bei Angriffen gegen die Zivilbevölkerung.
Diese Stoffe werden im chemischen Unterricht besprochen.

a) Staubstoffe zur Bekämpfung von Waldschädlingen.
b) Nebelstoffe zum Zwecke der Tarnung.
c) Kampfstoffe, Brandbomben, Brisanzbomben, Gasbomben (blau, grün, gelb).

Die Kampfstoffe sind nach ihrer Wirkung und Bekämpfung zu behandeln.
Auf die besonderen Möglichkeiten, auch in einer chemischen Arbeitsgemeinschaft, z.B. bei der Behandlung der Treibstoffe, oder in einer Arbeitsgemeinschaft Hüttenkunde die besonderen Forderungen der Luftfahrt zu behandeln, wird hingewiesen."

Damit war das Thema Wehrchemie, wie es für die Luftfahrt und Luftwaffe von Bedeutung war, von höchster Ministeriumsseite detailliert umrissen worden. Als Ergänzung dieses Erlasses wurden ausführliche Listen geeignet erscheinender Lehrmittel herausgebracht[46]. Carl Schütt führte in seinen Ausführungen über den neuen Erlaß die zusätzlich dem Lehrer auferlegte Aufgabe an, eine Selektion der Schüler nach Eignung auf diesen Gebieten sei vorzunehmen und diese seien dann gezielt in ihrer zukünftigen Berufswahl zu beeinflussen[47]:

„Darüber hinaus hat die Lehrerschaft die Aufgabe, diejenigen unter den Schülern herauszufinden, die nach Veranlassung und Neigung zu einem der Luftfahrtberufe geeignet sind, und darauf hinzuwirken, daß sie ihn ergreifen."

1940 legte die Kriegsmarine ihre Wünsche an den Chemieunterricht der höheren Schule dar[48]:

Chemiegebiete der Kriegsmarine	Allgemeine chemische Grundlagen
Kampfstoffchemie	Organische Chemie
Metallchemie	Metalle, Elektrochemie, Legierungen, besonders Eisenkohlenstoff (schaubildliche Darstellung)
Verbrennungschemie	Chemische Zeichensprache, insbesondere Verbrennungsgleichungen mit stöchiometrischen Berechnungen
Pulver- und Sprengstoffchemie	Organische Chemie
Wasserchemie	Säuren und Basen, Begriff der Neutralisation, Salze: normale, saure, basische, komplexe, Doppel- und Mischsalze
Oelchemie	Organische Chemie

Durch ständige Wiederholung der im obigen Schema aufgezählten Grundlagen sollte dieser Stoff beherrscht werden. Interessanterweise wurde eine Durchdringung des Un-

46 RMinAmtsblDtschWiss. 1940 (siehe Anm. 43), S. 101-105.
47 Schütt, C.: Der neue Erlaß des Reichserziehungsministers über die Pflege der Luftfahrt in den Schulen und Hochschulen. In: Weltanschauung und Schule 4 (1940), S. 65-67; hier S. 65.
48 Wünsche der Kriegsmarine an den Chemieunterricht. In: Weltanschauung und Schule 4 (1940), S. 97-99; hier S. 98.

terrichts mit wehrchemischen Stoffen in größerem Ausmaß ausdrücklich nicht gewünscht. Hier wollte die Kriegsmarine lieber selbst den Offiziersanwärter in ihren Ausbildungskursen konkret schulen. Gefordert wurde, der Chemieunterricht solle zu Tugenden wie Zuverlässigkeit, Gewissenhaftigkeit und Genauigkeit erziehen[49]. Ausdrücklich wurde betont, daß die Schule unbedingt das Pensum der Oberschule der naturwissenschaftlichen Richtung bewältigen müsse, „um beizutragen, die Wehrkraft unseres Volkes noch weiter zu heben". (S. 99).
Die eindeutige Fokussierung des Chemieunterrichtes auf kriegsrelevante Gesichtspunkte war damit dokumentiert. Die Tendenz den Chemieunterricht für kriegswichtige Belange einzusetzen, wurde mit Fortschreiten des Krieges stärker. Große Teile des Chemieunterrichtes sollten direkt zum Wehrunterricht umgeformt werden. Der Chemielehrer verlor damit ein weiteres gutes Stück seines Handlungsspielraums.

5.2.2.2. „Vierjahresplan" und „Erzeugungsschlacht"

Im September 1936 verkündete Hitler auf dem Reichsparteitag seinen ersten Vierjahresplan. Gesetztes Ziel der nationalsozialistischen Reichsregierung war eine in vier Jahren voll einsatz- und kriegsfähige Wirtschaft und Wehrmacht[50]. Der Gedanke der Kriegsfähigkeit wurde zwar der deutschen Öffentlichkeit noch vorenthalten, findet sich aber in einer geheimen Denkschrift Adolf Hitlers[51]:

„Ich stelle damit folgende Aufgabe:
I. Die deutsche Armee muß in vier Jahren einsatzfähig sein.
II. Die deutsche Wirtschaft muß in vier Jahren kriegsfähig sein."

Eine schnellstmögliche Unabhängigkeit von ausländischen Rohstoffen und Lebensmitteln durch Rückgriff auf heimische Ressourcen oder Synthese von Ersatzstoffen sollte hierzu ihren Beitrag leisten[52]. Dazu wurden großtechnische chemische Verfahren, mit deren Hilfe Roh- und Ersatzstoffe hergestellt werden konnten, staatlich gefördert, eine gezielte Altstoffsammlung und -verwertung durchgeführt sowie die Methoden der Landwirtschaft technisch und chemisch verbessert.

---

49 Weitere Ziele aus Sicht der Wehrmacht nennt Freysoldt, A.: Wehrerziehung als Aufgabe der Höheren Schule. In: Weltanschauung und Schule 3 (1939), S. 102-107; hier S. 104 f.: „Der mathematisch-naturwissenschaftliche Unterricht (Mathematik, Physik, Chemie) leistet der Wehrerziehung gute Dienste, wenn er sich bemüht, die Schüler zu räumlichem Anschauungsvermögen, zu rascher und richtiger Auffassung eines Vorgangs, zu sicherer und ruhiger Beobachtung, zur Selbstätigkeit, zur Ausführung technischer Handgriffe mit geschickter Hand und zu ruhiger und genauer Erledigung größerer Experimente zu erziehen, wenn er sie in Mathematik, Physik und Chemie zu gründlichem Wissen und Können ohne Vernachlässigung des Elementaren führt. ... Er soll zeigen, daß die ‚Chemie für die Fragen der Landesverteidigung unentbehrlich ist. Dabei liegt ihm im besonderen ob, dazu beizutragen, daß dem Luftschutz eine genügende Zahl von Helfern und Helferinnen mit chemischen Vorkenntnissen zur Verfügung steht.'"

50 Vgl. hierzu Petzina, D.: Autarkiepolitik im Dritten Reich. Der nationalsozialistische Vierjahresplan. Stuttgart 1968.

51 Zitiert nach Hofer, W.: Der Nationalsozialismus. Dokumente 1933-1945. Frankfurt / Main 1966, S. 84.

52 Da der massive Rohstoffmangel im 1. Weltkrieg die Kriegslage stark beeinflußt hatte, sollten diese Fehler jetzt vermieden werden.

Eine gezielte staatliche Propaganda verbreitete die Ziele des Vierjahresplans. Unter der Losung „Kampf dem Verderb“ bzw. „Kampf um die Rohstofffreiheit“ waren alle Deutschen aufgefordert im Alltag Rohstoffe und Energie zu sparen. Die Schule wurde u.a. durch Altstoffsammlungen einbezogen. Verschiedene Erlasse regelten die Durchführung, so daß letztlich Altmetall, Knochen, Altpapier, Stoffabfälle (Lumpen), Altgummi und Korken von den Schülern im eigenen sowie in benachbarten Haushalten zu sammeln und beim „Altstofflehrer“ der Schule abzugeben waren[53]. Die Ziele des Vierjahresplanes sollten nach Möglichkeit alle Unterrichtsfächer durchdringen. Der Nachwuchs war in der richtigen Einstellung zu den naturwissenschaftlichen Zusammenhängen und den Erfordernissen der Technik zu schulen, was allerdings fokussiert auf die Zielrichtung des Fortschritts ausdrücklich auch „die Fähigkeit des freien und logischen Denkens“ (S. 39) implizieren sollte[54].

5.2.2.2.1. Landwirtschaft und Vierjahresplan betreffende chemische Unterrichtsthemen der Fachzeitschriften

Wie sehr der „Vierjahresplan“ den Chemieunterricht ab 1936 vereinnahmte, beweisen zahlreiche Aufsätze und Berichte. Schon im Vorfeld des Vierjahresplanes Ostern 1936 auf der 38. Hauptversammlung des Deutschen Fördervereins gehaltene Vorträge zum Thema „Die Rohstoffe der chemischen Technik“ und „Zellstoff- und Papiergewinnung“ gaben einen Hinweis auf konkrete Themen, die im weiteren Verlauf stärker die Chemie im Unterricht beschäftigten. Werden die Fachzeitschriften-Aufsätze nach Themengebieten gegliedert, erhält man folgende inhaltliche Schwerpunkte:

1. Die Bedeutung der Metallrohstoffe, insbesondere von Eisen, Aluminium und Magnesium sowie die Aufgaben der Metallerzeugenden und -verarbeitenden Industrie wurden hervorgehoben. Die grundlegend hierbei zu beachtenden und auch im Unterricht zu behandelnden Punkte finden sich kompakt zusammengefaßt im Aufsatz „Zur Metallfrage im Vierjahresplan“[55]:

„Der Vierjahresplan legt uns daher rationelle Wirtschaft auf und trifft folgende Maßnahmen:
1. Unsere Bodenschätze werden besser ausgenutzt, der deutsche Boden wird nach neuen Erzvorkommen untersucht.
2. Durch neue Aufbereitungs- und Verhüttungsverfahren stellen wir uns auf geringwertige Erze ein.
3. Wir sorgen für einen gut abwickelbaren Kreislauf der Metalle, d. h. für umfassende Bewirtschaftung des Altmaterials.
4. Die Korrosion (Verrottung) der Metalle wird stärker als bisher durch Oberflächenschutz und korrosionsfeste Legierungen bekämpft.
5. Wir stellen uns im Verbrauch der Metalle dahin um, daß für besonders devisenfordernde andere devisensparende Metalle und auch andere Werkstoffe herangezogen werden.“

---

53 Vgl. hierzu Krause, R.: Altstoffsammlung in der Schule. In: Deutsche Wissenschaft, Erziehung und Volksbildung. Amtsblatt des Reichsministeriums für Wissenschaft, Erziehung und Volksbildung und der Unterrichtsverwaltungen der Länder (RMinAmtblDtschWiss.) 1940, S. 95-98.

54 Vgl. hierzu Krauch, C.: Wissenschaftlicher Nachwuchs und Vierjahresplan. Bericht von der Naturforschertagung in Stuttgart vom 17. bis 21. September 1938. In: Zeitschrift für den mathematischen und naturwissenschaftlichen Unterricht 70 (1939), S. 38 f.

55 Goerges, E.: Zur Metallfrage im Vierjahresplan. In: Unterrichtsblätter für Mathematik und Naturwissenschaften 45 (1939), S. 13-20 und S. 43-52; hier S. 14.

Der pro Kopf Metallverbrauch der Bevölkerung, die Suche nach neuen Erzlagern, die Besprechung der verschiedenen Verfahren der Aufbereitung auch „minderwertiger" Erze, die verschiedenen Möglichkeiten der Korrosionsbekämpfung, die Erfassung des Altmaterials als zusätzlicher Rohstoffquelle samt Beispielen erfolgreicher Wiederaufbereitung sowie die Behandlung von „Ersatzwerkstoffen" sind weitere in dieser Abhandlung ausführlich dargelegte Inhalte für den Chemieunterricht. Dabei war Eisen „das wichtigste Gebrauchsmetall, mit dem wir uns aus eigener Kraft versorgen müssen, wenn wir den Vierjahresplan durchführen wollen." (S. 16). Aufsätze über die wirtschaftlichen und technischen Leistungen der Eisenindustrie, über Kohle und Eisen als „Schicksalsgemeinschaft", da der wirtschaftliche Erfolg beider Industriezweige u.a. durch den hohen Steinkohleverbrauch bei der Eisengewinnung bedingt ist, zur Güteerhöhung und Stahlerzeugung wurden ab 1936 kontinuierlich veröffentlicht[56].

Die ebenfalls herausragende Rolle der Leichtmetalle Aluminium und Magnesium in den Planungen des Vierjahresplans und damit entsprechend im Chemieunterricht beschrieb 1937 Hans Zeitler, Berlin, in seinem Aufsatz „Die Darstellung des Magnesiums aus Karnallit als Unterrichtsversuch"[57]:

„Aluminium, Magnesium und deren Legierungen sind augenscheinlich berufen, in der Technik der Zukunft eine immer größere Rolle zu spielen, so daß man wohl nicht mit Unrecht von einem kommenden Zeitalter der Leichtmetalle spricht. Der Vierjahresplan des Führers hat diese Entwicklung noch beschleunigt, denn die Gewinnung beider Metalle erfolgt in Deutschland und erfordert für Aluminium nur einen verhältnismäßig geringen Devisenaufwand, während Magnesium das einzige Werkmetall ist, für das wir im Inland eine auf lange Zeit ausreichende Rohstoffbasis besitzen. Man wird daher im chemischen Unterricht der Erzeugung dieser Metalle erhöhte Beachtung schenken müssen und sie, wenn möglich, auch im Versuch vorführen."

2. Die Treibstofffrage nimmt breiten Raum ein. Schon im ersten Schulungslager der Schulungsstätte Rankenheim für Lehrer der Mathematik und Naturwissenschaften vom 14. bis 22. September 1936 wurde das „Treibstoffproblem im deutschen Kraftverkehr" behandelt[58]. Ernst Goerges, Frankfurt an der Oder, erörterte 1938 in einer ausführlichen Abhandlung die Treibstofffrage, wobei er betonte, daß im Rahmen des Vierjahresplans Rentabilitätsgesichtspunkte keine Rolle mehr spielen[59]:

„Deutscher Forscher- und Erfindergeist hat der Welt die Wege gewiesen, auf denen sie sich von dem Erdölmonopol freimachen kann. Unsere Verfahren zur Treibstoffgewinnung sind jetzt soweit vorange-

---

56 Vgl. hierzu Toussaint, F.: Wirtschaftliche und technische Leistungen der Eisenindustrie in den letzten Jahren. In: Unterrichtsblätter für Mathematik und Naturwissenschaften 42 (1936), S. 121-127. Die technisch-wirtschaftlich-chemischen Inhalte im einzelnen beleuchtet auch Reichardt, Düsseldorf, auf der 39. Hauptversammlung in Nordhausen in der chemischen Fachsitzung mit einem Vortrag über „Die neuere Entwicklung der Eisen- und Stahlgewinnung und die Versorgung Deutschlands mit Eisenerzen." In: Unterrichtsblätter für Mathematik und Naturwissenschaften 43 (1937), S. 104. Vgl. ebenso Flörke, W.: Aluminium und Eisen in ihrer Bedeutung als Werkmetalle. In: Zeitschrift für den physikalischen und chemischen Unterricht 54 (1941), S. 50-52.

57 Zeitler, H.: Die Darstellung des Magnesiums aus Karnallit als Unterrichtsversuch. In: Unterrichtsblätter für Mathematik und Naturwissenschaften 43 (1937), S. 277-284; hier S. 277.

58 Vgl. hierzu Kupsch, H.: Bericht über den Lehrgang „Wehrerziehung im mathem. und naturwissenschaftlichen Unterricht" in der Schulungsstätte Rankenheim des Zentralinstituts für Erziehung und Unterricht, Berlin. In: Unterrichtsblätter für Mathematik und Naturwissenschaften 42 (1936), S. 367 f.

59 Goerges, E.: Treibstoffe. In: Unterrichtsblätter für Mathematik und Naturwissenschaften 44 (1938), S. 101-111; hier S. 103.

trieben, daß wir, wie der Führer sagt, Ende 1938 von der Benzineinfuhr unabhängig sein werden. Uns steht an Treibstoffen zur Verfügung:

1. Flüssige Treibstoffe wie Benzol, Krack- und Destillationsbenzin, Benzin aus Hydrierung, Synthese und Schwelung, Kohleextrakte, Sprit.
2. Gasförmige Treibstoffe wie Flüssiggase, Stadtgas, Methan.
3. Feste Treibstoffe im Generator: Holz, Holzkohle, Anthrazit, Schwelkoks. Kohle im Kohlenstaubmotor."

Die einzelnen Treibstoffe wurden anschließend detailliert samt ihrer Synthese und der Bedeutung der einzelnen Verfahren sowie partiell der technischen Anwendungen beschrieben.

Über Braunkohle, Steinkohle, Erdöl, Kartoffeln, Holz und Holzkohle als Rohstoffe der deutschen Kraftstoffwirtschaft sowohl in rein chemischer als auch technischer Hinsicht berichtete ebenfalls ausführlich 1942 Wilhelm Flörke, Gießen, unter Bezug auf das Kraftstoffhandbuch von Franz Jantsch, Stuttgart 1941[60].

3. Die Kunststoffherstellung, ihre Anwendung und Prüfung sind weitere intensiv behandelte Themen. Ottmar Wahl, Leverkusen, schilderte 1937 in einer Arbeit über die Herstellung des synthetischen Kautschuks (Buna) die einzelnen Polymerisationsverfahren, die Eigenschaften von Buna im Vergleich zu Naturkautschuk, die historische Entwicklung, die zu diesem von der IG Farbenindustrie entwickelten Verfahren führte, sowie die bevorzugte Verwendung als Autoreifen auf den Autobahnen des Führers[61]. Seine chemischen Ausführungen münden in der wirtschaftlichen Frage: Stolz erfülle ihn bei der Entstehung der ersten Buna-Fabriken im Zuge des Vierjahresplans, doch die nächsten Aufgaben beträfen die weitere Verbesserung der Produkte sowie die Verbilligung der existierenden Herstellungsmethoden[62]:

„Wenn auch heute noch die Erringung der Wirtschaftsfreiheit und Wehrfreiheit die riesigen Anlagen entstehen läßt, so wollen wir nicht ruhen, bis der deutsche Kautschuk auch ohne den starken Rückhalt des Staates allein durch seinen Wert gegenüber dem Naturprodukt bestehen kann, bis wieder einmal der Welt gezeigt wird, was deutsche Wissenschaft und Technik, was deutscher Fleiß und deutsche Gewissenhaftigkeit leisten können."

Die Kunstfasererzeugung zur Textilversorgung wurde ebenfalls als chemisches Unterrichtsthema intensiver behandelt[63]:

„Der Vierjahresplan stellt heute dem Chemieunterricht die besondere Aufgabe, Wesen und Eigenschaften der neuerdings in den Vordergrund getretenen deutschen Werkstoffe eingehender als bisher zu behandeln. Die dabei gewonnene Einsicht in die mühevolle und immer wieder erfolggekrönte Arbeit der deutschen Chemie weckt Verständnis und Begeisterung für den Kampf um die wirtschaftliche Selbständigkeit unseres Volkes. Das Lehrfach erhält dadurch in stofflicher Hinsicht eine Ausrichtung in bestem nationalpolitischem Sinne, wie das bei anderen Unterrichtsfächern schon lange eine Selbstverständlichkeit ist.
Eine Hauptrolle spielen dabei die neueren Faserstoffe, Viskose-, Kupfer- und Azetatseide und die entsprechenden Zellwollarten."

---

60 Flörke, W.: Kraftstoffe. In: Zeitschrift für den physikalischen und chemischen Unterricht 55 (1942), S. 88-91.

61 Wahl, O.: Über synthetischen Kautschuk. In: Unterrichtsblätter für Mathematik und Naturwissenschaften 43 (1937), S. 193-200.

62 Wahl (siehe Anm. 61), S. 200.

63 Lindner, H.: Azetylzellulose. In: Praktische Schulchemie 2 (1937), S. 77-81; hier S. 77.

4. Die Bedeutung der chemischen Wissenschaft und Industrie für die Ernährungswirtschaft wurde hervorgehoben. Kunstdünger und seine Leistungen für die Ernährung des deutschen Volkes durch die eigene Scholle waren typisches Thema im Rahmen der „Erzeugungsschlacht". Schon 1933 wurde die Relevanz chemischer Untersuchungen des Erdbodens mit dem Ziel der Verbesserung der Bodenqualität besprochen[64]. 1934 veröffentlichte Hermann Römpp, Ludwigsburg, „Neue Wege zur Wachstumssteigerung", wobei er einzelne chemische Stimulationsmittel zur Erhöhung der Ernteerträge schildert[65]. Die landwirtschaftliche „Erzeugungsschlacht" ist somit faktisch schon vor Bekanntgabe des Vierjahresplans vorhanden. Die Veredelung der Fette zur Schließung der Fettlücke und die Verzuckerung von Holz seien als Leistungen der chemischen Industrie hier zusätzlich genannt[66]. Insgesamt findet sich die Landwirtschaftschemie im Grenzgebiet zur Biologie wieder. Unter dem Titel „Hundert Jahre Agrikulturchemie. Die Grundstoffe der Pflanzenernährung" gab Günther Simon, Oldenburg, schließlich 1940 in einem historischen Rückblick eine Übersicht über den bis dato erforschten Kenntnisstand, die zehn Hauptnährstoffe der Pflanze sowie benötigte Spurenelemente samt ihrer Stellung im Periodischen System der Elemente[67]. Auch eventuelle Mangelkrankheiten der Pflanzen bei Fehlen von bestimmten Nährstoffen werden unter chemischer Sichtweise geschildert. Seine Ausführungen münden in der Bedeutung chemischer Untersuchungen für die „Erzeugungsschlacht"[68]:

„Die Entwicklung und Verfeinerung der chemischen und chemisch-physikalischen Untersuchungsmethoden haben uns Kenntnis von der Wirkung allerkleinster Mengen anorganischer Stoffe auf den pflanzlichen Organismus gebracht und damit der Landwirtschaftschemie ein neues Aufgabengebiet eröffnet. Es sind dies Fragen, die in ihrer praktischen Auswertung zur Erhöhung der Erzeugung beitragen. Ebenso wie im pflanzlichen Leben haben die Spurenelemente auch für den tierischen Organismus eine große Bedeutung und können, in ihrer Wirkung erforscht, in die Heilmittellehre eingehen."

Mit dem letzten Punkt wurde gleichzeitig eine Brücke zum Heilmittelsektor und den Vitaminen geschlagen.

5. Komprimierte Gase samt ihrer nutzbringenden Anwendung in Industrie, Technik und Wirtschaft spielten ebenfalls eine thematische Rolle[69]. Ausführungen über den Luftschiff-Absturz von „Lakehurst" und den bei Echterdingen (Graf Zeppelin), unter dem Titel „Etwas über Helium", die auf die Bedeutung des Traggases Helium anstelle des verwendeten Wasserstoffs hinweisen, zeigen die enge Verbindung zwischen Luftfahrt, ihrem wehrchemischen Nutzen und Zielen des Vierjahresplanes auf. Dies ergänzt das Bild eines breit ausgelegten, auf nationaler, kriegsrelevanter Grundlage gestellten Chemieunterrichts[70]:

---

64 Vgl. hierzu Menke, H.: Chemische Untersuchung des Erdbodens im chemisch-biologischen Unterricht der höheren Schule. In: Unterrichtsblätter für Mathematik und Naturwissenschaften 39 (1933), S. 318-322. Siehe auch Kapitel 3.2.3.

65 Römpp, H.: Neue Wege zur Wachstumssteigerung. In: Unterrichtsblätter für Mathematik und Naturwissenschaften 40 (1934), S. 43-46.

66 Siehe hierzu auch Kapitel 6.4.2.

67 Simon, G.: Hundert Jahre Agrikulturchemie. Die Grundstoffe der Pflanzenernährung. In: Unterrichtsblätter für Mathematik und Naturwissenschaften 46 (1940), S. 82-85.

68 Simon (siehe Anm. 67), S. 85.

69 Vgl. hierzu Scharnberg, G.: Komprimierte Gase in Industrie, Technik und Wirtschaft. In: Praktische Schulchemie 2 (1937), S. 71-75.

70 Matouch, R.: Etwas über Helium. In: Praktische Schulchemie 2 (1937), S. 80-83; hier S. 83.

„Jedes Unglück hat auch immer seine guten Seiten! Wenn auch die Amerikaner die Verwendung von Helium für „nicht kriegerische Zwecke“ freigegeben haben, so wird die deutsche Wissenschaft einen neuen Ansporn finden, nach den traurigen Erfahrungen von Lakehurst, nach Helium zu suchen. Mögen ihre Bemühungen von Erfolg gekrönt sein, damit wir auch in dieser Richtung unabhängig vom Ausland werden, vielleicht schon im Rahmen des Vierjahresplanes!“

6. Selbst so ausgefallene Themen wie Schweißverfahren und Brennschneiden in ihren chemisch-technischen Einzelheiten sollten unter der Maxime ihrer wirtschaftlichen Relevanz Unterrichtsinhalt sein. Sie wurden in ihren hauptsächlichen Verfahrensgrundlagen von Wilhelm Flörke in einem Aufsatz „Über das autogene Schweißen und Schneiden“ ausführlich besprochen[71]:

„Der großen wirtschaftlichen Bedeutung des autogenen Schweißens und Schneidens sollte der Chemieunterricht in der Schule durch eine ausreichende Erörterung der chemischen Grundlagen gerecht werden.“

Ein technisch-wirtschaftlich ausgerichteter Chemieunterricht hatte – betrachtet man die Vielzahl der chemischen Einzelaufsätze in den fachdidaktischen Zeitschriften – somit ein deutliches Gewicht. Meist wurden dabei jedoch nur einzelne Inhalte isoliert behandelt. Wie auch schon Gölz / Jansen feststellten, wird interessanterweise der Zusammenhang zwischen Autarkie und den Kriegsführungsmöglichkeiten in den Fachzeitschriften selten deutlich gemacht[72]. Maximal sind Äußerungen zu finden, daß gewisse Einschränkungen nötig sind, da z.B. bestimmte Metalle verstärkt für „lebenswichtige Anforderungen“ gebraucht würden[73].

5.2.2.2.2. Vorschläge zur Einführung und Behandlung der chemierelevanten Landwirtschaft- und Vierjahresplan-Themen im Unterricht

1937 äußerte sich Paul Knabe in seiner schon erwähnten Abhandlung „Wehrerziehung im Unterricht: Erziehung zum Wehrwillen durch Physik und Chemie“ auch über den Vierjahresplan und seine Funktion im Schulunterricht[74]. Im Gegensatz zu den Fachzeitschriften, die kaum auf die Kriegswichtigkeit eingingen[75], wurde der Chemielehrer hier deutlich darauf hingewiesen, wie und mit welcher kriegsrelevanten Zielsetzung er Wirtschafts- und Erzeugungsschlacht-Themen zu behandeln habe (S. 409 f.):

„Der Schüler lernt die wichtigsten Schieß- und Sprengstoffe, die Kampf- und Nebelstoffe und die Abwehrmittel kennen. Dies sind alles Dinge, die insbesondere der kämpfende Soldat braucht. Weiter hat es aber die Wehrchemie mit den Bedingungen zu tun, die eine Kriegführung erst ermöglichen, das sind alle Stoffe, die ein Volk zur Herstellung der Waffen und Geräte und deren Betriebserhaltung, zu seiner Ernährung und Bekleidung braucht. Das Problem, wie erhält ein Volk im Kriege seinen Bedarf an Rohstoffen wie Eisen, Kupfer, Zink, Kautschuk, Kohle, Treibstoffe, Baumwolle, Ausgangsstoffe zur Herstellung der Sprengstoffe wie Salpeter, künstliche Düngemittel usw., ist ebenso wichtig wie die Aufga-

---

71 Flörke, W.: Über das autogene Schweißen und Schneiden. In: Unterrichtsblätter für Mathematik und Naturwissenschaften 47 (1941), S. 147-150; hier S. 147.
72 Vgl. hierzu Gölz / Jansen (siehe Anm. 8), S. 30.
73 Vgl. hierzu Goerges (siehe Anm. 55), S. 51.
74 Knabe (siehe Anm. 36), S. 403-414.
75 Siehe hierzu Kapitel 5.2.2.2.1.

be, die Volkskraft für den aktiven Kampf vorzubereiten, denn ohne Rohstoffe ist eine Kriegführung in Frage gestellt, wenn nicht sogar unmöglich. ... Die Aufgabe der Wehrchemie wird also darin liegen, daß sie die Schüler mit der Rohstofflage des eigenen Landes bekanntmacht und zeigt, wie die eigene Industrie durch Ausnutzung der im Lande liegenden Rohstoffquellen, durch künstliche Herstellung von Rohstoffen und durch Schaffung von Ersatzstoffen sich von einer ausländischen Zufuhr freimachen kann. Die Leistungen der deutschen Industrie auf diesem Gebiet besonders während des Weltkrieges müssen den Schülern bewußt gemacht werden. Dadurch wird Wehrgeist und Wehrwille gestärkt."

Der Chemielehrer wurde somit über die Hintergründe und Ziele der Vermittlung von Vierjahresplan-Kenntnissen, nämlich Deutschland für einen Krieg zu rüsten, keineswegs im Unklaren gelassen.
Die Stoffanordnung und Unterrichtsgestaltung sollte hierbei nach Knabe vordringlich unter folgendem Gesichtspunkt erfolgen: „Welches ist die Rohstofflage des deutschen Volkes? Welche Rohstoffe können dank der Leistungsfähigkeit der deutschen Industrie im Inlande durch Verwertung weniger ergiebiger Quellen und durch Synthese hergestellt werden? Welche Stoffe können durch andere gleichwertige ersetzt werden? (S. 412)".
Auch Walther Franck lieferte in seinem Aufsatz „Deutscher Chemieunterricht" 1937 schon einen didaktischen Abriß zur Behandlung von Wirtschaft und Vierjahresplan[76]. Den Vierjahresplan schilderte er hierbei nicht nur als ein vier Jahre dauerndes Bauprogramm, sondern eine immerwährende Arbeit des ganzen deutschen Volkes. Vom Chemielehrer forderte er, sich auf die wichtigsten und typischen technischen Verfahren der chemischen Industrie zu beschränken. Die Schüler sollten nicht mit ausführlichen Darstellungen von Einzelheiten der Apparaturen belastet werden, dafür aber die Zusammensetzung und Gewinnung der Ausgangsstoffe und die sich abspielenden chemischen Prozesse „mit allen Hilfsmitteln der wissenschaftlichen Didaktik" (S. 431) beigebracht bekommen. Daran sollten sich „Angaben über die Erzeugung, über die Abhängigkeit des Werkes vom Standort und über seine stoffliche Verknüpfung mit anderen Industriezweigen" (S. 431) anschließen.
Max Brettar, Viersen, ging 1938 auf die Behandlungsart und die nötige Umfangsbegrenzung des weiten Themengebietes Vierjahresplan im naturwissenschaftlichen Fächerkanon ein[77]. Er betont zwar in seiner Ausführung, Vorbildung der Erzieher und Aufnahme- bzw. Leistungsfähigkeit einer Klasse seien letztlich die entscheidenden Parameter, weshalb er bewußt keine Richtlinien aufgestellt habe. Dennoch lassen sich für den Chemieunterricht drei wesentliche Punkte herausfiltern:
1. Für die fächerübergreifende Quervernetzung biete gerade „das ungeheure Stoffgebiet des Vierjahresplans" (S. 277) eine hervorragende Grundlage. Einen sinnvollen Aufbau des Unterrichts sieht er hierbei anhand folgender fünf Fragen gewährleistet[78]:

„Was besitzen wir? — Bis zu welchem Maße kann damit der Bedarf gedeckt werden? — Mit welchen Mitteln läßt sich im Falle der Notwendigkeit eine Steigerung der Erzeugung erzielen? — Welches sind die Grenzen des Erreichbaren? — wie weit sind wir bei der Höchstleistung noch vom Ausland abhängig?"

76 Franck (siehe Anm. 15), S. 431 f.
77 Brettar, M.: Vierjahresplan und naturwissenschaftliche Fächer. In: Zeitschrift für den mathematischen und naturwissenschaftlichen Unterricht 69 (1938), S. 277-282.
78 Brettar (siehe Anm. 77), S. 278.

Die grundlegenden Fragestellungen im Unterricht ähneln somit sehr deutlich den von Knabe aufgestellten Leitlinien.
2. Entscheidend im Unterrichtsgebiet von Geologie, Mineralogie, Chemie (und Technik im weitesten Sinne), gemeinsam zusammengefaßt im Chemieunterricht, sei die Betrachtungsweise. Vor lauter Einzelheiten dürfe keinesfalls der Blick für das große Ganze des Vierjahresplan-Ziels verlorengehen. Außerdem gelte es ständig die vermittelten Tatsachen in die Lebenspraxis einzubauen[79]:

„Aber immer wieder hat man sich das Ziel vor Augen zu halten: Vierjahresplan! Immer wieder ist daran zu denken, daß eine Aufzählung von Tatsachen nicht genügt, daß ihr Einbau in die Lebensgegebenheiten zwingende Notwendigkeit ist. So würde es, um an einem Beispiel das Positive herauszustellen, nicht zweckdienlich sein, beim Kapitel Kohle den Schwerpunkt auf eine ausgiebige Behandlung des Grundstoffes und seiner sämtlichen Abkömmlinge bis in die letzten Zweige des vielverästelten Baumes zu legen. Selbstverständlich gehört zum Kennen auch das Können, das gewiß nicht ausgeschaltet werden soll. Aber als Ballast oder als Behinderung des klaren Blicks darf es sich nicht auswirken. Gerade bei der Kohle und dem, was wir aus ihr gewinnen, haben wir, wie sonst wohl nirgends, die Möglichkeit, auf den Hauptgedanken des Vierjahresplans einzugehen: Das Unabhängigwerden vom Ausland. Hier sind wir es in der Tat! Hier feiert auch deutsche Wissenschaft die größten Triumphe, und das ist ein weiterer Punkt: die Erfolge deutscher Forschung und deutschen Schaffens unserer Jugend in aller Eindringlichkeit vor Augen zu führen."

An Stelle chemischen Detailwissens hat demzufolge die Legitimation nationalsozialistischer Politik und ihre Ausrichtung im nationalpolitischen Sinne zu treten.
3. Ebenso wichtig ist für Brettar bei der Behandlung der Rohstofffrage, daß Ersatzstoffe den „üblen Beigeschmack der Minderwertigkeit" (S. 281) verlieren. Dem Schüler sei zu vermitteln, daß der Vierjahresplan das Ziel hat, Vollwertiges zu schaffen[80]:

„Ob wir im Unterricht auf Buna, Kunstfaser oder anderes eingehen, in allen Fällen ist aufklärend zu betonen, daß es sich nicht um Wertminderung, sondern zumindest um Wertgleichheit handelt, wenn nicht sogar, wie schon jetzt bei bestimmten Bunaarten, eine Überlegenheit dem Naturprodukt gegenüber zu verzeichnen ist."

Die psychologische Komponente nationalpolitischer Beeinflussung kommt somit bei Brettar deutlich zum Tragen.
1938 befaßte sich Johannes Reinsch mit der Behandlung des zweiten Vierjahresplanes im Chemieunterricht[81]. Jeder Chemieunterricht erteilende Lehrer habe sich mit diesem Stoffgebiet auseinanderzusetzen, unabhängig von Schulart oder bisher durchgeführtem Lehrplan, beginnt er seine Ausführungen. Fünf Voraussetzungen an den Lehrer für eine Behandlung des Stoffes mit daran anschließender Beschreibung sinnvoller Unterrichtsgestaltung werden von ihm genannt:
1. Erste Voraussetzung sei die klare Erkenntnis des Zieles, der Würdigung der deutschen Chemie im Kampf um Deutschlands Unabhängigkeit vom Ausland. Der zweite Vierjahresplan bedeute für die chemische Industrie nicht Anfang sondern Vollendung.

79 Brettar (siehe Anm. 77), S. 280.
80 Brettar (siehe Anm.77), S. 281.
81 Reinsch, J.: Zur Behandlung des zweiten Vierjahresplans im Chemieunterricht. In: Niedersächsischer Erzieher. Gau Südhannover-Braunschweig 6 (1938), S. 85 f. Auch veröffentlicht in: Pädagogischer Umbruch. Gau München-Oberbayern und Gau Schwaben 6 (1938), S. 121 f.

Der Gedanke „Aus eigener Kraft zu Macht und Stärke" (S. 85) müsse in den Köpfen umgesetzt werden.
2. Zweite Voraussetzung sei der Überblick über die einzelnen Gebiete, die mit dem zweiten Vierjahresplan in direktem Zusammenhang stehen. Dazu zähle das Wissen, daß bei Deutschlands Versorgung mit Treibstoffen, Faserstoffen, Metallen und Fetten Unabhängigkeit bisher nur partiell erreicht sei. Bei Sprengstoffen, Farbstoffen und Düngemitteln sei die erwünschte Unabhängigkeit gewährleistet. Dagegen sollten neue Werkstoffe dort eingesetzt werden, wo ihre Verwendung ein Einsparen seltener wertvoller Rohstoffe gestatte.
3. Als dritte Voraussetzung nennt Reinsch die Kenntnis der geschichtlichen Entwicklung der einzelnen Stoffgebiete, v.a. unter Zuhilfenahme des reichen Erfahrungsschatzes aus dem ersten Weltkrieg (S. 85):

> „Geht man von diesen Tatsachen aus, so kann man dem Schüler den Verlauf einer dramatischen Entwicklung zeigen, an deren Anfang die einzelnen Gebiete als Probleme stehen. Man kann dann vom Treibstoffproblem, Faserstoffproblem, vom Fettproblem, vom Metallproblem und deren Lösung sprechen."

4. Vierte Voraussetzung sei die regelmäßige Beschäftigung mit einschlägiger Literatur, inklusive Fachzeitschriften und Tageszeitungen wie „Der Vierjahresplan", „Die Umschau", „Zeitschrift für angewandte Chemie", „Angewandte Chemie" „Der Naturforscher" u.a.[82].
5. Fünfte Voraussetzung sei schließlich die möglichst auch bildliche Übersicht über die Stoffvielfalt. Hier empfiehlt Reinsch als Unterrichtshilfe schematische Zeichnungen, in denen die Stoffe gruppenweise zusammengefaßt sind, „etwa derart, daß man von den deutschen Rohstoffen ausgeht, und die aus ihnen hergestellten Produkte sinngemäß vereinigt durch Einfügen der einzelnen Zwischenprodukte und durch Hinweise auf ihre Gewinnung"(S. 86).
Schwierigkeiten sieht Reinsch in der praktischen Unterrichtsgestaltung. Einerseits solle der Stoff so dargeboten werden, daß der Schüler einen Überblick bekommt. Andererseits könnten die vielen einzelnen Gebiete des Vierjahresplans nicht zusammenhängend dargestellt werden. Die nötigen Voraussetzungen im chemischen Verständnis ergäben sich erst nach und nach in den einzelnen Klassenstufen. Sein Lösungsvorschlag, den er mit dem Hinweis untermauert, dies habe sich in seinem Unterricht bestens bewährt, lautet: Die Schüler sollten unter Anleitung die schon oben genannten Überblickszeichnungen als Tafeln selbst anfertigen, so daß der Überblick immer erhalten bleibe, sich nach und nach aber die gewünschte Zusammenhang herausschäle[83]. Den Vorteil sieht Reinsch zusätzlich noch darin, daß die Schüler sich beim Einpassen neuen Materials in die Tafel, ohne Aufforderung mit dem früher Besprochenen wieder beschäftigen würden, also automatisch ein Wiederholungseffekt eintrete.

---

82 1939 entstand auch in der Fachzeitschrift „Unterrichtsblätter für Mathematik und Naturwissenschaft" eine neue Rubrik „Chemieunterricht und Vierjahresplan", die dem Chemielehrer zu seiner Fortbildung spezielle Buch- und Aufsatzbesprechungen zur Behandlung des deutschen Wirtschaftsaufbaus im Chemieunterricht nahelegt.
83 Die Ähnlichkeit dieses Unterrichtsmittels mit dem in Kapitel 6.7.2 näher ausgeführten Acetylenbaum ist nicht zu übersehen.

In eine ähnliche Richtung zielt der 1939 von Walter Kinttof, Gotha, geäußerte Vorschlag über eine sinnvolle Anordnung bzw. Einführung in die organische Chemie[84]. Sein Blickwinkel ist dabei auf eine Strukturierung im Sinne des Vierjahresplanes gerichtet. Der natürliche genetische Zusammenhang der organischen Verbindungen, der sich besonders auf die neuesten Stoffe der organisch-chemischen Großindustrie (Benzin, Buna) erstrecke, solle im Oberstufenunterricht als „roter Faden" in den Vordergrund treten. Dies sei nur durch die passende Wahl des Ausgangsstoffes möglich. Methan und Ethylalkohol, die vielfach bei der systematischen Ableitung bisher die Hauptrolle spielten, lehnt er für die Ersteinführung in das Gebiet ab. Statt dessen schlägt Kinttof die Ableitung der C_2-Körper vom Acetylen aus vor. Er begründet dies mit fünf methodischen Vorzügen des Acetylens sowie einer auch schematisch dargelegten Vorzugsstellung des Acetylens im Synthesebetrieb. Die Arbeitsweise der organischen Industrie, ausgerichtet auf die großen nationalen Aufgaben könnten durch die Synthese von Kunstkautschuk im Unterricht oder eine schulische Benzinsynthese nach dem Fischer-Tropsch-Verfahren ausgehend von der Einführungssubstanz Acetylen wesentlich besser verdeutlicht werden. Das Verständnis des Schülers werde gefördert und gleichzeitig die erwünschte Gesamtschau vermittelt. Im Anschluß erläutert Kinttof seinen Vorschlag ausführlich, anhand von Versuchsanleitungen.
Interessanterweise ist dieser Aufsatz zum Teil fast wortwörtlich – nur verständlicherweise ohne den Bezug auf technische Prozesse und Vierjahresplan – schon 1932 unter dem Titel „Grundversuche zum Aufbau der organischen Chemie im Unterricht der Oberstufe" in den Unterrichtsblättern veröffentlicht worden[85]. Dies zeugt davon, daß methodisch-didaktische Ideen bzw. Unterrichtsgestaltungsvorschläge, die schon in der Weimarer Zeit existierten, teilweise lediglich zusätzlich mit einem nationalsozialistischen Mantel versehen wurden.
Acetylen als Ausgangssubstanz für die Einführung der Schüler in die organische Chemie wurde im nationalsozialistischen Deutschland tatsächlich von der Staatlichen Hauptstelle für den naturwissenschaftlichen Unterricht präferiert[86].
Rudolf Winderlich, Oldenburg i. O., rückte in seinen im gleichen Jahr veröffentlichten Ausführungen „Vierjahresplan und chemischer Unterricht" einen weiteren Aspekt ins Licht[87]. Er legte besonderen Wert auf die Notwendigkeit einer planvollen Wirtschaft mit Weitblick und mahnte, den Schüler in allen ausgewählten Beispielen den Zusammenhang mit der wissenschaftlichen Grundlagenforschung aufzuzeigen[88]:

„Der Vierjahresplan ist eine vorausschauende Stoffwirtschaft, die nicht bloß die augenblicklich dringlichen Aufgaben zu lösen sucht, sondern für die Zukunft des ganzen Volkes arbeitet. Im Unterricht einer Schule, die nicht Wissensstoff anhäufen, sondern Verständnis erzielen will, darf dieser Grundgedanke niemals vergessen werden. Alle Beispiele sind so auszuwählen, daß sie sich ungezwungen in den

84 Kinttof, W.: Das Acetylen im organisch-chemischen Unterricht der Oberstufe. In: Praktische Schulchemie 4 (1939), H. 4, S. 26-32; fortgesetzt in H. 5 auf S. 33-40 und H. 6, S. 41-46. Weitere geplante Fortsetzungen fehlen. Kinttof wurde noch 1939 zur Wehrmacht einberufen.
85 Kinttof, W.: Grundversuche zum Aufbau der organischen Chemie im Unterricht der Oberstufe. In: Unterrichtsblätter für Mathematik und Naturwissenschaften 38 (1932), S. 206-213.
86 Siehe hierzu Kapitel 6.7.2.
87 Winderlich, R.: Vierjahresplan und chemischer Unterricht. In: Zeitschrift für den physikalischen und chemischen Unterricht 52 (1939), S. 61-64.
88 Winderlich (siehe Anm. 87), S. 61 f.

Lehrstoff eingliedern, und sie sind so zu gestalten, daß sie den Wert und die Notwendigkeit einer Grundlagenforschung erkennen lassen."

In puncto Weitsicht und Förderung der Grundlagenforschung berief sich Winderlich hierbei auf entsprechende Äußerungen Loebs, Chef des Amts für Roh- und Werkstoffe im Rahmen des Vierjahresplans. Winderlichs praktische Beispiele beschränken sich auf den Bereich Metalle und Brennstoffe. Seine Ausführungen lassen jedoch ein lebendiges Bild der Vorgehensweise im Chemieunterricht mit Modellversuchen und weiterführender theoretischer Behandlung des Stoffes entstehen.
Diese Aufsätze von Fachdidaktikern zur Stoffbehandlung von „Vierjahresplan und „Erzeugungsschlacht" im Chemieunterricht kristallisieren grundlegende Maximen heraus:
1. Fundament jeglicher Stoffbehandlung ist: Das Streben nach Autarkie, die Unabhängigkeit Deutschlands vom Ausland, ist erstrebenswert und unumstößlich notwendig.
2. Die Kriegsrelevanz, also das Ziel für einen zukünftigen Krieg gerüstet zu sein, ist der durchaus offen gelegte Hauptantriebsfaktor. Dieser wird unter wehrchemischem Deckmantel allerdings immer als Verteidigung vor Angriffen aus dem Ausland propagiert.
3. Nicht chemisches Detailwissen, sondern lebenspraktische Ausrichtung mit dem Wissen um noch punktuell existierende Unabhängigkeits-Mankos ist zu vermitteln. Daraus resultiert eine bewußte Stoffbeschränkung. Allerdings wird appelliert die Grundlagenforschung nicht ganz aus den Augen zu lassen.
4. Psychologisch geschickt ist zu vermitteln, daß Ersatzstoffe gleichwertig, wenn nicht sogar im Rahmen des Fortschritts höherwertig als der Ausgangs-Rohstoff sind.
5. Die organische Chemie erfährt ihren Aufbau primär vom industriell und wirtschaftlich wichtigen C_2-Baustein Acetylen aus.
6. Historische Hintergründe und eine insgesamt fächerübergreifende Quervernetzung bauen den Unterricht auf nationalpolitischen Fragestellungen und -Leitlinien auf.
Diese Vorschläge einer Gliederung chemischer Stoffe und Prozesse nach autarkiepolitischer Relevanz, also nach ihrem Nutzen im Rahmen des Vierjahresplans, sind aus heutiger Sicht äußerst ungewöhnlich. Sie entsprechen ganz der Unterordnung und Ausrichtung auf nationalsozialistische Doktrin.

5.2.2.3. Chemiegeschichte als relevanter Schulstoff

Im weiteren Sinne ebenfalls als wehrerzieherischer und wehrchemischer Punkt ist die Behandlung von Chemiegeschichte im Unterricht zu sehen. Unter dem Gesichtspunkt, daß der völkische Staat um sein Dasein kämpfen müsse, hatte schon Hitler in „Mein Kampf" als Hauptziel kulturgeschichtlicher Betrachtungen die Hebung des Nationalstolzes gesehen[89]. Chemiedidaktiker griffen diesen Aspekt der gleichzeitigen politischen Indoktrination auf und erweiterten ihn um weitere Zielsetzungen.

89 Siehe hierzu Kapitel 2.1.

5.2.2.3.1. Naturwissenschaftsgeschichte im Chemieunterricht[90]

Die Ziele chemiehistorischer Betrachtungen gab Walther Franck 1934 in seinem schon mehrfach erwähnten Aufsatz bekannt[91]:
Durch die Beschäftigung mit dem Entstehen einzelner wissenschaftlicher Anschauungen, ihrer Weiterentwicklung oder auch ihrer Verdrängung durch andere, den Beobachtungen besser angepaßte Theorien, sollte das wissenschaftliche Denken der Schüler gefördert werden.
Die Behandlung chemisch-technischer Verfahren sollte ergänzt werden durch historische Hinweise auf ihre oft nur langsame Vervollkommnung, die in gemeinsamer harter Arbeit durch den Forscher, den technischen Führer und den ausführenden Werkmann erreicht wurde. In diesem Zusammenhang sollte insbesondere betont werden, wie die Widerstandskraft des deutschen Volkes im Weltkriege durch die Leistungen seiner chemischen Industrie gefördert wurde.
Ausgewählte Abschnitte aus den Lebensbeschreibungen bedeutender deutscher Chemiker sollten zusätzlich aufzeigen, „wieviel Selbstverleugnung, Hingabe an die Arbeit und stiller Heroismus nötig sind" (S. 70), um wissenschaftliche Erfolge zu erzielen. Gleichzeitig sollten diese Lebensbeschreibungen den Schüler erkennen lassen, daß zwar die Verbreitung und die Anwendung einer Wissenschaft vom allgemeinen Kulturstand eines Volkes abhängt, ihr Fortschreiten aber immer nur durch überragende Führer bewirkt werde.
In seiner 1937er Abhandlung ergänzt Franck dies noch durch Ausführungen, daß dem Schüler die Vormachtstellung Deutschlands verdeutlicht werden soll[92]:

„Der Schüler muß hören, welche ungeheure Bedeutung der Beginn des Kohlenverbrauchs im großen für unser Volk im 19. Jahrhundert hatte, wie hierdurch mitbewirkt die wirtschaftliche und politische Überflügelung Frankreichs und die Verdrängung Englands als technische Vormacht möglich wurde. Er muß die militärische Bedeutung der deutschen Stickstoffindustrie im Kriege kennen, und er muß, um noch ein Beispiel aus zurückliegenden Zeiten zu benutzen, von der weltgeschichtlichen Wirkung der folgenreichsten deutschen Erfindung des Mittelalters, der Benutzung des Schwarzpulvers zum Treiben von Geschossen wissen."

Ilse Beier machte im gleichen Jahr in ihren ebenfalls schon eingehend behandelten Ausführungen[93] auf die immense Bedeutung der Chemiegeschichte aufmerksam. Neben der Hebung des Nationalbewußtseins und des Nutzens von Erfindungen stellt sie die Vorbildfunktion, die persönlichen Charakterzüge des Erfinders, die Praxisnähe des experimentell wissenschaftlich arbeitenden Chemikers heraus. Dadurch erscheine dieser dem Schüler nicht mehr Welt- und Lebensfremd. Als veranschaulichende Beispiele führt sie unter anderem an[94]:

---

90 Zum folgenden vgl. auch Bäumer-Schleinkofer, Ä: Wissenschaftsgeschichte als Mittel der politischen Indoktrination: Physik und Chemiegeschichte im Schulunterricht im Dritten Reich. In: Meinel, C. / Voswinckel, P. (Hrsg.): Medizin, Naturwissenschaft, Technik und Nationalsozialismus – Kontinuität und Diskontinuitäten. Stuttgart 1994, S. 282-294.
91 Franck (siehe Anm. 15), S. 70.
92 Franck (siehe Anm. 15), S. 432.
93 Siehe hierzu Kapitel 5.2.1.1.
94 Beier (siehe Anm. 11), S. 252.

„Wenn z.B. die Rede davon ist, daß das U-Boot oder der Höhenflug nicht zu denken ist ohne die Auffindung des Sauerstoffs durch Scheele, der deutscher Abstammung, wenn auch nicht deutscher Nationalität war, so wird der Schüler stolz sein, daß ein Mann seines Blutes solch wichtige Arbeit schuf. ... Ein Beispiel, das bei der Wasserstoff-Durchnahme eine Rolle spielt: der Mut Dr. Eckeners bei der Amerikafahrt mit dem Zeppelin, die Wirkung dieses Mutes auf das Ansehen Deutschlands bei den Amerikanern. Ebenso muß dem Schüler von der Leistung des Zeppelins im Krieg erzählt werden.“

Zusammengefaßt werden folgende Erziehungsziele der Naturwissenschaftsgeschichte im Chemieunterricht formuliert:
1. Erzeugung und Steigerung von Nationalstolz und Nationalbegeisterung;
2. Erzeugung von Rassebewußtsein und -stolz, indem die Prägung der chemischen Wissenschaft durch die nordisch-germanische Rasse dargestellt wird[95];
3. Förderung wissenschaftlichen Denkens samt Aufzeigen der dahinter stehenden harten Entwicklungsarbeit;
4. Bekämpfung des falschen Weltbildes des Materialismus[96];
5. Festigung von Führerprinzip und Führerkult.

In zahlreichen Abhandlungen werden hierzu zwar kurze geschichtliche Rückblicke und Hinweise auf zu behandelnden Stoff gegeben, konkrete Vorschläge und Materialien zur Umsetzung im Unterricht werden in den Zeitschriften jedoch kaum geliefert[97].
Eine Vernachlässigung des geschichtlichen Parts samt Gründen hierfür zeigt 1937 auch Erich Pietsch in einem 33seitigen Sonderdruck „Sinn und Aufgaben der Geschichte der Chemie“ auf[98]. Er sieht in der materialistischen, wesentlich auf Förderung des Tatsachenwissens gerichteten Einstellung der Menschen des Technischen Jahrhunderts den Grund dafür, daß der Blick nicht durch Tiefenschau ins Innere der Wirklichkeit dringen konnte, daß die Fragen nach den metaphysischen Komponenten des Naturgeschehens nicht gestellt wurden. Mit der Überwindung des mechanistischen Zeitalters sei im Zuge des geistigen Umbruchs wieder eine Lage entstanden, die eine lebendige Beziehung zu einem höheren Zweck alles Geschehens herzustellen vermöge. Diese neue Gesinnung könne aber nicht traditionsfremd oder geschichtsfeindlich sein, sondern müsse gerade aus der Geschichte starke und ausreichende Kräfte für die Zukunft schöpfen. Die Behandlung chemiegeschichtlicher Fragen eröffne Ausblicke auf die Entwicklungsgeschichte des menschlichen Geistes, „und zwar in besonders eindringlicher Weise, da gerade die Chemie für ganze Epochen ideenbildend und richtungsweisend gewirkt hat“ (S. 23). Daneben könne die geschichtliche Betrachtungsweise auch an Einzelstoffe, Stoffgruppen oder Verfahren geknüpft werden, was Pietsch anhand der Beispiele Alchemie, Phlogiston, Indigo, Abraumsalze und Chloralkalielektrolyse verdeutlicht. Die Beschäftigung mit der Chemiegeschichte sei nichts Abstraktes und Gestaltloses, sondern eröffne im Gegenteil eine reiche Fülle von lebensnahen Fragen. Ludwig Dörmer, Hamburg, weist 1939 in einer Buchrezension darauf hin, daß die Forderungen des Ver-

95 Siehe hierzu auch Kapitel 3.2.4.3.
96 Siehe hierzu auch Kapitel 3.2.4.1.
97 Zum gleichen Ergebnis gelangten Gölz / Jansen (siehe Anm. 8), S. 31. Sie erwähnen auch schon das einzige konkret auszumachende Beispiel, die Suche nach den Entdeckern der Elemente beim Periodischen Systems der Elemente. Siehe hierzu Kapitel 6.7.3.
98 Pietsch, E.: Sinn und Aufgaben der Geschichte der Chemie. Sonderdruck aus der Zeitschrift angewandte Chemie. Berlin 1937.

fassers in den Kreisen der Chemielehrer der höheren Schule lebhaften Widerhall finden sollten[99].
Tatsächlich ist eine gewisse Intensivierung der Chemiegeschichte in den Zeitschriften verstärkt erst nach Veröffentlichung der neuen Lehrpläne 1938, in denen die Chemiegeschichte verankert wurde, auszumachen[100]. Der auf der 51. Hauptversammlung des Vereins Deutscher Chemiker am 11. Juni 1938 in Bayreuth von Alfons Kotowski gehaltene Vortrag „'Teutschlands Wohlfahrt'– Glaubers Gedanken über die Hebung des deutschen Nationalreichtums durch die Chemie" ist ein erstes Zeugnis hierfür[101]. Wege und Irrwege des praktischen Chemikers Johann Rudolph Glauber in seinem in den Jahren 1656 bis 1661 in mehreren Fortsetzungen erschienen Werk „Teutschlands Wohlfahrt" werden hier unter bewußter Selektion nach nationalsozialistischen Interessen geschildert. Die schon von Glauber erkannte Wichtigkeit der Chemie für die Landesverteidigung wird herausgehoben. Auch scheinen nach Kotowskis Interpretation erste Ansätze von Erzeugungsschlacht und Vierjahresplan schon durch Glauber gelegt worden zu sein.
Ab 1939 sind in der Zeitschrift „Unterrichtsblätter für Mathematik und Naturwissenschaften" rein historische Abhandlungen, vor allem Lebensbeschreibungen von Wissenschaftlern zu finden. Auf jeweils mehreren Seiten werden Bedeutung, Lebensweg und -werk der Chemiker Johann Wolfgang Döbereiner, Wilhelm Scheele, aber auch von Carl von Linde und Josef Loschmidt besprochen[102]. So wird etwa bei Döbereiner die Leistung eines aus kleinsten Verhältnissen kommenden Mannes, der es bis zum ordentlichen Professor in Jena schaffte und sich für das Fortkommen der chemischen Wissenschaften und deren wirtschaftliche Nutzbarmachung aufopferte, beschrieben. Beim „Schweden" Scheele wird neben seinem unter wirtschaftlich und äußerlich schwierigen Bedingungen entstanden Gesamtwerk hervorgehoben, er sei im tiefsten Innern immer Deutscher gewesen und habe auch möglichst nur deutsch geschrieben. Alle vorgestellten Forscher sollten somit das Vorbild deutschen Wirkens und Schaffens verkörpern.

5.2.2.3.2. Streben nach „Verdeutschung": Vorschläge für chemische Fachausdrücke

Erste Ansätze zur Verdeutschung chemischer Fachausdrücke tauchen gegen Ende der Weimarer Republik auf. Eugen Mannheimer resümiert im Nachruf des unerwartet verstorbenen Oberstudiendirektors Franz Küspert, Nürnberg[103]:

---

99 Neu erschienene Bücher und Schriften. In: Zeitschrift für den physikalischen und chemischen Unterricht 52 (1939), S. 120-128; hier S. 128.
100 Siehe hierzu Kapitel 4.3.
101 Kotowski, A.: „Teutschlands Wohlfahrt". Glaubers Gedanken über die Hebung des deutschen Nationalreichtums durch die Chemie. In: Angewandte Chemie 52 (1939), S. 109-112.
102 Vgl. hierzu Lichtenecker, K.: Josef Loschmidt. In: Unterrichtsblätter für Mathematik und Naturwissenschaften 45 (1939), S. 9-12. Winderlich, R.: Johann Wolfgang Döbereiner, ebd., S. 129-132; ders.: Carl Wilhelm Scheele, ebd., S. 262-265 u. S. 284-287. Günther, E.: Carl von Linde zu seinem 100. Geburtstag. In: Unterrichtsblätter für Mathematik und Naturwissenschaften 48 (1942), S. 97-100.
103 Mannheimer, E.: Nachrufe. Franz Küspert. In: Unterrichtsblätter für Mathematik und Naturwissenschaften 36 (1930), S. 16-19.

„Welch kindliche Freude herrschte, wenn wir dem jungen Schüler fremde, ledern-wissenschaftliche Fachausdrücke in lebendiges deutsches Sprachgut umgemünzt hatten: Die ‚Substitution‘ wurde zum ‚Stoffeingriff‘, mit dem ‚Glimmspan‘ ‚tastet‘ man den Stand des Sauerstoffs ab; das Natrium wird ‚unter Wasser gezwungen‘ u.v.m.“

Die hinter dieser Verdeutschung von Fachtermini stehende Intention wurde jedoch nicht nationalistisch oder gar nationalsozialistisch begründet, sondern vielmehr damit, eine einfache, eindringliche, „einfältige“ Sprache für den Schüler zu finden.
Die nationalsozialistische Grundforderung Fremdwörter weitgehend zu eliminieren und durch einen volkstümlichen deutschsprachigen Ausdruck zu ersetzen, wurde nach 1933 in allen Fächern recht schnell in Angriff genommen. Auf der 36. Hauptversammlung des deutschen Fördervereins Ostern 1934 in Berlin wurde beschlossen, die Beseitigung entbehrlicher Fremdwörter der mathematischen und naturwissenschaftlichen Fachsprache durchzuführen. Fachausschüsse hatten entsprechende Vorschläge zu unterbreiten. Der chemische Fachausschuß, dem u.a. Walther Franck, Hamburg, und Hermann Petzold, Berlin, angehörten, veröffentlichte 1935 seine Vorschläge in den Unterrichtsblättern[104]. Als Grundsatz hatte sich der Ausschuß gesetzt, „alles irgend ersetzbare zu verdeutschen, ohne der Eindeutigkeit und Sicherheit der chemischen Fachsprache Gewalt anzutun“ (S. 272). In alphabetischer Reihenfolge wurde eine Liste von 157 Fachausdrücken mit Verdeutschungsvorschlägen versehen. Exemplarisch sei hier der Buchstabe A zitiert (S. 272):

Absorption	= Verschluckung
Azidität	= Stärke der Säuren
azyklisch	= ringfrei
Adsorption	= Oberflächenaufnahme
Affinität	= Bindungsvermögen
aktiv	= wirksam
Akkumulator	= Sammler
optische Aktivität	= Drehungsvermögen des Lichtes
aliphatisch	= zur Fettreihe gehörig
Alkalimetrie	= Laugenmessung
alkalisch	= laugenhaft
Alkohol, absoluter	= wasserfreier Alkohol
Allotropie	= Formverschiedenheit
amorph	= gestaltslos (nichtkristallinisch)
amphoter	= doppelartig
Analyse	= Zerlegung
Apparat	= Gerät
äquivalent	= gleichwertig
Äquivalentgewicht	= Gleichwert
Aräometer	= Spindel
asymmetrisch	= unebenmäßig

104 Franck / Kahlert / Petzold: Vorschläge für die Verdeutschung chemischer Fachausdrücke (Fremdwörter). In: Unterrichtsblätter für Mathematik und Naturwissenschaften 41 (1935), S. 272-274.

Assoziation	= Molekelvereinigung
Autoklav	= Druckvereinigung
Avidität	= Reaktionsstärke

Für einen modernen, an fremdsprachliche Fachtermini gewöhnten Leser wirken diese Übersetzungen tatsächlich eher wie eine Verunglimpfung der deutschen Sprache und eine Verballhornung des Faches Chemie. Auch Gölz / Jansen urteilt[105]: „Fast schon skurril erscheint einem der Drang nach Vereinfachung, wenn man sich die Liste ‚Vorschläge für die Verdeutschung chemischer Fachausdrücke (Fremdwörter)' des Fördervereins betrachtet." Daß der Ausschuß für die Verdeutschung chemischer Fachausdrücke von seinen Verdeutschungs-Ansätzen teils selbst nicht überzeugt war, kommt durch folgenden Hinweis zum Ausdruck[106]:

> „Fragezeichen hinter einzelnen Vorschlägen deuten an, daß der Ausschuß sich der rechten Wahl des Vorschlags nicht sicher ist. Der Ausschuß ist sich bewußt, daß seine Vorschläge an vielen Stellen werden durch bessere ersetzt werden können und gibt der Hoffnung Ausdruck, daß dies durch die Mitarbeit der Fachkollegen geschehen wird."

Der Aufruf zur Diskussion und Verbesserung fand jedoch keinen Widerhall. Weder in den Unterrichtsblättern noch in den anderen fachdidaktischen Zeitschriften ist Resonanz auf die Vorschläge zu finden. Nur sehr wenige Aufsätze mit konsequent eingehaltener Verdeutschung (Fremdwörter in Klammern dahinter) sind veröffentlicht. Chemie-Lehrbücher brachten zwar verschiedene Verdeutschungsvorschläge heraus, doch auch diese stießen auf wenig Akzeptanz. Exemplarisch verdeutlicht dies folgende Kritik am Werk „Grundzüge der Chemie und Mineralogie" von Arendt-Doermer[107]:

> „Schließlich noch eine Bemerkung über die Fremdwörter. Daß sie in allen Fällen durch deutsche zu ersetzen sind, wo man vollwertigen Ersatz für sie hat, ist selbstverständlich. Aber auf wissenschaftlichem Gebiet ist große Vorsicht erforderlich, damit die Klarheit und Eindeutigkeit der Begriffe gesichert bleibt. Gestaltlos und amorph sind, wenigstens nach dem üblichen Sprachgebrauch, durchaus nicht gleichbedeutend, ebensowenig ist Leerraum (=Vakuum) ein leerer Raum. Statt Destillation wird die Bezeichnung „Umsieden" gebraucht, aber vor „umgesottenem Wasser" schreckt der Verfasser doch zurück und bleibt lieber beim destillierten. Was Haltwaren (=Konserven) sind, versteht kaum jemand ohne Erklärung. Ob sich das Wort von der Schule aus einführen lassen wird? Ich bezweifle es, das Leben war immer stärker als sie."

Selbst die gemäß der amtlichen Bestimmungen der neuen Lehrpläne zugelassenen Chemie-Lehrbücher beweisen die nicht konsequente Durchführung der aufgestellten Maxime.

---

105 Gölz / Jansen (siehe Anm. 8), S. 31.

106 Franck / Kahlert / Petzold (siehe Anm. 104), S. 272.

107 Zeitler, H.: Bücherbesprechungen. Arendt-Doermer, Grundzüge der Chemie und Mineralogie. Gesamtausgabe für Ober- und Unterstufe höherer Lehranstalten. 16. Aufl. Leipzig 1937. In: Unterrichtsblätter für Mathematik und Naturwissenschaften 44 (1938), S. 30 f.

5.2.3. Die Bedeutung des Chemieunterrichts für die nationalsozialistische Mädchenerziehung

Die Themen des Chemieunterrichts an Mädchenschulen sollten sich entsprechend der nationalsozialistischen Frauenpolitik[108] deutlich von denen der Jungenschulen unterscheiden[109]. Schon Ilse Beier erwähnte in ihrem 1934er Aufsatz „Chemieunterricht und Erziehung im Dritten Reich" die Aufgabe der „Erziehung zum Denken bei der mit Liebe zu verrichtenden Hausarbeit"[110]. Sparsamkeit einerseits, Freude an dieser Arbeit andererseits seien bei der mit viel organischer Chemie verbundenen hauswirtschaftlichen Chemie zu vermitteln. Max Brettar sah in der Umstellung der Ernährung sowie der „Technik des Haushalts" im Sinne der Erzeugungsschlacht- und Vierjahresplanziele wesentliche Aufgabengebiete für den naturwissenschaftlichen, insbesondere den Chemieunterricht an Mädchenschulen[111]:

> „Neue Ausblicke eröffnen sich bei der Behandlung der Umstellung unserer Ernährung. Mit dieser Umstellung ist nicht etwa eine Verschlechterung verknüpft. Wenn ein Mehr an Fisch, ein Weniger an Fleisch oder Fett, ein stärkerer Verbrauch von einheimischem Obst usw. verlangt werden, so bedeutet das nicht, wie man mitunter noch hören kann, eine Verringerung unserer Lebenshaltung, sondern eine nach einwandfreien Erkenntnissen der Wissenschaft zu folgernde Umstellung, die auch vom rein gesundheitlichen Standpunkt aus zu begrüßen ist. Gerade in diesem und den damit zusammenhängenden Punkten ist frühzeitige Aufklärung Gebot der Stunde, und besonders für unsere Mädchenschulen, als der Erziehungsstätte der künftigen Hausfrau, besteht hier ein sehr dankbares Feld zur Bearbeitung. ... Genau wie bei dem Punkt Ernährung ist auch hier den Mädchenschulen eine wichtige Aufgabe gestellt: gilt es doch, alles zu behandeln, was man unter dem Begriff ‚Technik des Haushalts' zusammenfassen kann und es mit dem Grundgedanken des Vierjahresplans in Einklang zu bringen."

In den fachdidaktischen Zeitschriften sind eine Reihe von speziellen Aufsätzen zu Ernährungsfragen, v.a. Nahrungsergänzung unter dem Gesichtspunkt des Mangels, Vitaminen, Alkohol samt Gärung und Gärungsgewerbe, Schutz vor Gärung und Fäulnis, Fettsäuren, Estern und Seifen, also der Waschmittelchemie, zu Faserstoffen, Farbstoffen und Arzneimitteln zu finden. Interessanterweise häufen sich diese Themenvorschläge jedoch erst nach Veröffentlichung der mädchenspezifischen Chemie-Belange in den Richtlinien „Erziehung und Unterricht in der höheren Schule"[112] sowie einem 1939 erfolgten Aufruf des Reichsreferenten Mathematik und Naturwissenschaften Walther Franck, Aufsätze über die Chemie an Mädchenschulen einzusenden[113]. Dieser Aufruf bestätigt, daß Vorschläge für einen mädchenspezifischen Chemieunterricht in den Fachzeitschriften tatsächlich unterrepräsentiert sind[114].

---

108 Siehe hierzu Kapitel 2.4.2.

109 Auswirkungen geschlechtspezifischer Verhaltens- und Lernmuster sind auch heutzutage im Chemieunterricht noch vorhanden. Vgl. hierzu Wienekamp, H.: Mädchen im Chemieunterricht: unbewußtes Lehrerverhalten und rollenspezifische Einstellungen als Ursache für das Desinteresse und die schlechteren Leistungen der Mädchen im Chemieunterricht. Essen 1990.

110 Beier (siehe Anm. 11), S. 252.

111 Brettar (siehe Anm. 77), S. 279 und 280.

112 Siehe hierzu Kapitel 4.3.

113 Bericht über den Reichslehrgang der Gausachbearbeiter für Mathematik und Naturwissenschaften im Hause der Deutschen Erziehung in Bayreuth vom 8.-13. Mai 1939. In: Unterrichtsblätter für Mathematik und Naturwissenschaften 45 (1939), S. 202-205; hier S. 204.

114 Für den mädchengerechten Unterricht anderer naturwissenschaftlicher Fächer ist ausführliches Material vorhanden.

5.3. Von den Nationalsozialisten vernachlässigte Themengebiete

5.3.1. Die Behandlung vordergründig nicht nationalsozialistischer Themen

Da die Chemie auf Fakten und Naturgesetzen beruht, finden sich in den fachdidaktischen Zeitschriften durchaus nicht mit nationalsozialistischen Tendenzen durchsetzte chemische Inhalte[115]. Exemplarisch anhand der didaktischen Ausführungen zum Periodischen System der Elemente[116] und v.a. der Atomistik soll aufgezeigt werden, inwieweit die Behandlung von Inhalten, die für das chemische Verständnis des Schülers notwendig waren, jedoch wirklich toleriert wurden. Zwischen 1933 und 1940 ist hier eine deutliche Entwicklungslinie zu erkennen.

5.3.1.1. Vorschläge zur Einführung des Periodischen Systems der Elemente und der Atomistik

Die Diskussion, ob das Periodensystem der Elemente im Chemieunterricht nach der „induktiven" Methode als krönender Abschluß des Unterrichts oder nach der „deduktiven" Methode als Unterrichtsgrundlage in den Chemieunterricht einzubauen sei, hatte 1931 heftige Diskussionen ausgelöst[117]. Unmittelbar nach der Machtergreifung wurde dieser Streit wieder aufgegriffen.
Auf der 35. Hauptversammlung des deutschen Fördervereins Ostern 1933 gab Studienrat Georg Schindehütte mit dem Mahnruf „Zurück zu Arendt! Und dieses Zurück wäre ein Vorwärts" (S. 209) seinem Gedanken Ausdruck, daß der Chemieunterricht in der Weimarer Zeit bei der Unterrichtsdurchführung in eine Sackgasse geraten ist[118]. Die methodischen Leitlinien Arendts, angefangen von der chemischen Reaktion als Mittelpunkt des Unterrichts bis zum entwickelnden arbeitsunterrichtlichen Verfahren werden von Schindehütte u.a. anhand der Arendtschen Veröffentlichungen der Jahre 1868 bis 1898 als leider vergessenes Vorbild herausgestellt. Schwerpunkt seiner Betrachtung ist jedoch der Gedanke, die Schulchemie als Muster einer in sich geschlossenen Wissen-

115 Exemplarisch sei hier die Behandlung der Hydrolyse und der Wasserstoffionenkonzentration sowie die Kolloidchemie genannt. Vgl. hierzu Schulze, T.: Zur Behandlung der Wasserstoffionenkonzentration im Chemie- und Biologieunterricht. In: Unterrichtsblätter für Mathematik und Naturwissenschaften 43 (1937), S. 89-93. Ottemeyer, W.: Ein geeignetes Material zur Einführung in die Kolloidchemie. In: Unterrichtsblätter für Mathematik und Naturwissenschaften 43 (1937), S. 233-235.

116 Zusätzlich ist die Umfunktionierung des P.S.E. als ein mit nationalsozialistischen Intentionen besetztes Unterrichtsmittel bedeutsam. Siehe hierzu Kapitel 6.7.3.

117 Vgl. hierzu Schindehütte, G.: Wege zur Rationalisierung des Chemieunterrichtes. In: Unterrichtsblätter für Mathematik und Naturwissenschaften 37 (1931), S. 213-219. Widerspruch gegen die direkte Einführung des P.S.E. als „die einzige natürliche Grundlage" des chemischen Unterrichts sowie gegen die frühzeitige Behandlung des Atommodells – auch „in vereinfachter Form" – erfolgen durch: Winderlich, R.: Einfachheit und Einheitlichkeit im chemischen Unterricht. In: Unterrichtsblätter für Mathematik und Naturwissenschaften 37 (1931), S. 248-251. Mannheimer, E.: Wege zur Rationalisierung des Chemieunterrichtes. In: Unterrichtsblätter für Mathematik und Naturwissenschaften 37 (1931), S. 251 f. Franck, W.: Intensiver oder extensiver Chemieunterricht. In: Unterrichtsblätter für Mathematik und Naturwissenschaften 37 (1931), S. 427 f.

118 Schindehütte, G.: Rudolf Arendt und die Schulchemie der Gegenwart. In: Unterrichtsblätter für Mathematik und Naturwissenschaften 39 (1933), S. 206-209.

schaft zur Darstellung zu bringen. Unter Berufung auf „das Werk des bedeutendsten Methodikers der Schulchemie“ (S. 209) fordert er, das Periodische System der Elemente als Ordnungsprinzip dem Schüler verhältnismäßig früh darzubieten. Im Gegensatz zum reinen Kampf gegen eine unnatürliche und unlogische Anordnung des Lehrstoffes, die sich bis auf den heutigen Tag erhalten habe, solle das natürliche System das „Rückgrat eines freien und beweglichen Unterrichtes“ (S. 208) bilden. Damit fiele der Gegensatz zwischen methodischem und systematischem Verfahren. Das chemische Denken und Tun müsse sich erzieherisch einem größeren Ganzen eingliedern. Das bedeute mehr Synthese als Analyse im Unterricht, keine Zerstückelung des Stoffes in unzusammenhängende Kapitel und Kapitelchen. Statt dessen hätte das P.S.E. mit seinen atomistischen Grundlagen, das Gerüst des Oberstufenunterrichtes zu bilden. Schindehütte plädiert somit für die Einführung der „deduktiven“ Methode.
Eine Zeit inneren Umbaus in der Entwicklung des chemischen Unterrichts sah 1933 auch Walther Franck, der auf der gleichen Hauptversammlung im Gegensatz zu Schindehüttes mehr auf die Anorganik gerichteten Blickwinkel, die „Grenzen und Möglichkeiten des Unterrichts in der organischen Chemie“ untersuchte[119]. Auch Franck hebt auf den ganzheitlichen Aspekt ab, sieht dies jedoch auf andere Form gewährleistet: Er schlägt vor, die Stoffülle in eine kleine Zahl typischer Verbindungen und typischer Reaktionen zu teilen, die dann nach methodischen Gesichtspunkten eingehend mit dem Schüler besprochen werden. Eine weitere Gruppe, zahlenmäßig ebenfalls limitierter Stoffe könne dann dazu dienen, die genetischen Beziehungen zwischen den behandelnden Stoffen zu zeigen. Unentbehrliche Hilfsmittel der Methodik seien hierbei Strukturformeln. Konkret formuliert Franck die Konsequenz hieraus 1934[120]:

> „Durch solche allmählich erfolgenden Begriffsentwicklungen, die den gesamten Unterricht durchziehen, werden zugleich die einzelnen Abschnitte des Lehrgebiets zu großen Einheiten verbunden. Bei diesem Aufbau des Unterrichts können – um ein Beispiel zu nennen – bereits auf der Mittelstufe an die Lehre vom chemisch reinen Stoff und seiner konstanten Zusammensetzung die in verständlicher Weise vorgetragenen Grundzüge der Atomtheorie angeschlossen werden, die hier nur die unentbehrliche Formelsprache begründen, also die Zeichen für die gewichtsmäßigen Beziehungen zwischen den Elementen liefern soll. Auf der Oberstufe wird man tiefer in die Lehre von dem diskontinuierlichen Feinbau der Materie eindringen, sie durch die Theorie der elektrolytischen Dissoziation und des kolloiden Zustands ergänzen und ihr in dem Periodischen System sowie in einer schulgemäßen Darstellung der radioaktiven Erscheinungen und des Atombaus einen Abschluß geben.“

Franck sah somit eine tiefere Durchdringung der Atomlehre, die Verwendung der Formelsprache sowie die verständlich durchgeführte allmähliche Hinführung zum Periodischen System der Elemente nach der „induktiven“ Methode als unbedingt für den Unterricht erforderlich an.
Zur Untermauerung ihrer jeweiligen methodischen Ansätze führen Schindehütte und Franck nationalsozialistische Zielsetzungen in Form ganzheitlicher Naturauffassung und Betrachtungsweise heran. Beide Autoren versuchen dabei Ganzheit und Systematik in Einklang zu bringen. Die methodische Unterrichtsgestaltung nach ganzheitlichen Grundsätzen und die dabei besprochene Stoffanordnung vermittelt einen interessanten Einblick in didaktische Problemstellungen dieser Zeit. Andererseits sind beide Ansätze

119 Franck, W.: Grenzen und Möglichkeiten der organischen Chemie. In: Unterrichtsblätter für Mathematik und Naturwissenschaften 39 (1933), S. 209-211.
120 Franck (siehe Anm. 15), S.69. Siehe auch Kapitel 3.2.3., 5.2.1.2.

aufgrund des Strebens nach Anschaulichkeit und besserem Verständnis chemischer Sachverhalte durch den Schüler, wobei die Besprechung der Atomtheorie jeweils bejaht wird, als durchaus „modern" zu bezeichnen.
Den didaktischen Streit, ob die Systematik in Form des Periodischen Systems der Elemente, am Anfang oder am Ende des Oberstufenunterrichts zu behandeln sei, versucht Wolfgang Linke, Essen, als einer der jüngeren chemischen Fachlehrer, durch einen Mittelweg aufzulösen. Dabei wird auch von ihm die Behandlung der Atomistik im Unterricht als erforderlich erachtet[121]:

„Nicht als selbständiger Weg, sondern im Dienste eines ‚mittleren' Weges kann eine geeignete Auswahl historischer Tatsachen benutzt werden, um ein Interesse weckendes Staunen vor den chemischen Zusammenhängen hervorzurufen. Nach der Behandlung der Molekulartheorie wird zunächst wie im methodischen Lehrgange der Untersekunda an Stoffe angeknüpft, die dem Schüler bekannt sind. Ein vorwiegend induktiver Weg, der ja der Entdeckung des P.S.E. wirklich entspricht, soll die Grundlage für einen später zu beschreitenden deduktiven Weg schaffen."

Den resultierenden Lehrgang faßte Linke nicht nur methodisch sinnvoll in einem Schema zusammen, er schlüsselte ihn auch für jeden Chemielehrer nachvollziehbar auf. Ausgehend vom Kochsalz (NaCl) sollte der Schüler durch Versuche, Beobachtungen, Auswertungen und kontinuierliche Betrachtung der gewonnenen Erkenntnisse sich das P.S.E. praktisch selbst erarbeiten. Nicht experimentell zu machende Entdeckungen, Erklärungen und Gesetze sollten durch Schülervorträge überbrückt werden. Damit lieferte Linke eine auf arbeitsunterrichtlicher Grundlage basierende Möglichkeit, wie durch Schlüsse über verwandtschaftliche Beziehungen zwischen den Stoffen, das chemische System allmählich vom Schüler selbst entwickelt wird.
Nach diesem Kompromißvorschlag sind in den Fachzeitschriften tatsächlich nur noch Detaildiskussionen über die direkte unterrichtliche Vorgehensweise zu finden. So wird etwa unterschiedlich beurteilt, ob der Lehrgang zur Erarbeitung des P.S.E. tatsächlich Kochsalz als Ausgangspunkt wählen sollte.
Walter Kinttof veröffentlichte 1936 einen Vorschlag zum chemischen Anfangsunterricht, der Wasser als Ausgangsstoff für eine sinnvolle Einführung in die chemische Systematik ansieht[122]. Er stellt fest, viele Lehrbücher nähmen ihren Aufbau anhand der Elemente im Hinblick auf das periodische System vor, andere präferierten „das bekannte System Oxyde-Hydride-Hydroxyde(Basen und Säuren)-Salze" (S. 6), dritte kombinierten beide Möglichkeiten. In fast allen Fällen würden jedoch Luft und die Verbrennungserscheinungen als Ausgangspunkt gewählt. Kinttof führt Gründe, die gegen Luft und für Wasser als Ausgangspunkt für den systematischen Aufbau sprechen auf, wobei er dies durch eine Versuchsreihe untermauert. Methodisch kritisiert er hierbei die so-

121 Linke, W.: Über eine Einführung des periodischen Systems der Elemente. In: Unterrichtsblätter für Mathematik und Naturwissenschaften 41 (1935), S. 51-54; hier S. 51 f. Parallelen zu folgendem Kompromißvorschlag sind offensichtlich: Riedel, W.: Stellung und Bedeutung des Periodischen Systems im chemischen Unterricht. In: Unterrichtsblätter für Mathematik und Naturwissenschaften 37 (1931), S. 338-340.
122 Kinttof, W.: Betrachtungen und Vorschläge zur Einführung in die anorganische Chemie. In: Praktische Schulchemie 1 (1936), S. 2-7. Kinttof, W.: Der Aufbau der chemischen Systematik im Unterricht vom Wasser aus. Praktische Schulchemie 1 (1936), S. 9-16 und S. 17-21. Unter dem Titel „Chemische Vorgänge bei Gegenwart von Luft" macht Kinttof ebenfalls in Praktische Schulchemie 1 (1936), S. 52 noch einige Detailergänzungen.

wohl von vielen Lehrbüchern als auch vom Lehrer im Unterricht selbst gemachte Vorwegnahme der Erkenntnisse.
Das Prinzip anschaulicher, auf Basis von Geschehnissen des täglichen Lebens basierender Unterrichtsgestaltung, die Maßstab für nationalsozialistische Schulmethodiker war, hat Kinttof seinen Ausführungen zu Grunde gelegt. Ebenso ist die Verdeutschung chemischer Fachausdrücke bei ihm verwirklicht.
Gasvolumetrische Untersuchungen böten im Anschluß die Grundlage für quantitative Versuche, mit dem Ziel, Atomgewichte, Atomtheorie, Wertigkeiten, chemische Formeln und Gleichungen abzuleiten. Die Behandlung der Gasgesetze von Boyle-Mariotte, Gay-Lussac und van der Waals sowie die Avogadrosche Regel und das Gesetz der multiplen Proportionen seien als Grundlagenwissen für den Schüler unbedingt erforderlich. Existierende Vereinfachungsbestrebungen mancher Chemie-Lehrbücher, die etwa die Avogadrosche Hypothese durch Litergewichte ersetzten, kritisiert Kinttof als unzulänglich[123].
Ab 1936 bis Anfang 1938 enthalten die Unterrichtsblätter eine ganze Reihe von Möglichkeiten, wie der Schüler sinnvoll an die schwierig zu verstehende Materie der Atomlehre heranzuführen ist[124]. Tafeln sollen, so der Vorschlag Arnim Süssenguths aus Pasing, alle relevanten chemischen Grundgesetze textlich und graphisch anschaulich verständlich machen. Fritz Heiland, Jena, stellt einen Lehrgang „Zur Einführung in die Atomlehre“ vor. Auch bei der direkten Behandlung der Atomistik entbrennt eine Diskussion, ob „induktiv“ oder „deduktiv“ vorzugehen ist. Georg Berendts, Berlin, untersucht bei der „Betrachtung über die Geschichte und die Methodik der chemischen Grundgesetze“ chemische Lehrbücher nach ihrem Weg zur Einführung von Atom- und Molekülbegriff sowie chemischen Grundgesetzen. Er prangert Lehrbuchfehler, insbesondere Darstellungsungenauigkeiten, die keine logischen Rückschlüsse erlauben würden, an, und macht Verbesserungsvorschläge. Experimentierversuche u.a. zur Ableitung der Gasgesetze sowie Molekulargewichtsbestimmungen unter praktischer und gedanklicher Mitarbeit der Schüler, geben die methodischen Vorstellungen der Schulpraktiker wieder[125].

---

123 Genau dieser Vorschlag zur systematischen Einführung in die Anorganik findet sich wieder in Kinttof, W.: Lehrbuch der Chemie für höhere Lehranstalten. Erster Teil: Anorganische Chemie I. Berlin 1938. Es gehört nicht zu den vom Reichserziehungsministerium ab 1938/39 „vorläufig“ zugelassenen Lehrbüchern.

124 Süssenguth, A.: Begriff und Vorstellung des Molekulargewichtes und des Atomgewichtes. In: Unterrichtsblätter für Mathematik und Naturwissenschaften 42 (1936), S. 44-48. Heiland, F.: Zur Einführung in die Atomlehre. In: Unterrichtsblätter für Mathematik und Naturwissenschaften (1936), S. 168 f. Berendts, G.: Die Bestimmung der Atomgewichte. In: Unterrichtsblätter für Mathematik und Naturwissenschaften (1936), S. 251. Spelter, J.: Molekulargewicht und Atomgewicht im Unterricht. In: Unterrichtsblätter für Mathematik und Naturwissenschaften (1936), S. 252 f. Berendts, G.: Betrachtungen über die Geschichte und die Methodik der chemischen Grundgesetze. In: Unterrichtsblätter für Mathematik und Naturwissenschaften (1937), S. 23-27.

125 Vgl. hierzu Weiß, W.: Quantitative chemische und physikalisch-chemische Schulversuche auf der Grundlage von Gasdruckmessungen. In: Unterrichtsblätter für Mathematik und Naturwissenschaften 43 (1937), S. 308-322. Trautmann, W.: Vereinfachte Dumassche Methode der Molekulargewichtsbestimmung. In: Unterrichtsblätter für Mathematik und Naturwissenschaften 44 (1938), S. 194-196.

Kein Chemiedidaktiker zweifelt die Notwendigkeit an, daß diese der unmittelbaren Wahrnehmung entzogenen Naturvorgänge im Chemieunterricht eingehend betrachtet werden müssen. Statt dessen wird sogar gewarnt[126]:

„Es besteht sogar die Gefahr (der Fall ist gar nicht so selten), daß Schüler niemals zu einer klaren Vorstellung gelangen, wiewohl sie mit den unverstandenen Begriffen korrekt hantieren und rechnen. Diesem, auch aus dem Physikunterricht bekannten, sehr üblen Zustande muß entgegengearbeitet werden."

5.3.1.2. Die nationalsozialistische Lösung der Staatlichen Hauptstelle

Die Staatliche Hauptstelle für den naturwissenschaftlichen Unterricht dokumentierte 1940 bei der Beschreibung der Kriterien, nach denen Chemielehrbücher zugelassen werden sollen, als Lehrziel[127]:

„Der Aufbau und der Inhalt der neuen Chemielehrbücher ergibt sich zwangsläufig aus den in E. u. U. festgelegten Richtlinien. Oberster Gesichtspunkt für die Ausgestaltung der Chemielehrbücher war daher, durch sie dem Schüler das innere Verständnis für die Gegenwartsaufgaben der Chemie zu vermitteln; denn durch eine enge Verflechtung mit Fragen der deutschen Forschung, Technik und Volkswirtschaft hat der Chemieunterricht im Rahmen der höheren Schule eine besonders wichtige Aufgabe im Dienste der völkischen Wirklichkeit zu erfüllen. Diesem obersten Leitgedanken mußte nicht nur der allgemeine Aufbau untergeordnet werden, sondern auch viele Einzelheiten. Auch alte Fragen der Methodik wurden dadurch eindeutig entschieden. So ist zum Beispiel in der Geschichte des Chemieunterrichts bisher immer wieder die Frage aufgetaucht: Wie ist der Atom- und Molekülbegriff einzuführen? Wenn man die Formel auch nur eines Gases (HCl, CO_2) wissenschaftlich einwandfrei bringen will, dann gehören bekanntlich dazu die DALTONschen Gesetze, die AVOGADROsche Regel, das Gasvolumreaktionsgesetz, Molekulargewichtsbestimmungen nach den entsprechenden Methoden bei Gasen und festen Körpern und eine Reihe von nicht ganz einfachen Schlußfolgerungen. Nur die Gesamtheit dieser genannten Gesetze bildet einen tragbaren Untergrund für „richtig" eingeführte Formeln und damit für die klassische Atomtheorie. Es ist klar, daß eine solche Aufgabe, wenn sie überhaupt ihrer Schwierigkeit nach in der Schule gelöst werden könnte, dennoch vom Hauptziel des heutigen Chemieunterrichtes so weit abführt, daß ein Lehrbuch nicht mehr nach solchen Zielen streben kann und darf."

Die Formelsprache soll als eine Art Kurzschrift frühzeitig in den Unterricht eingeführt werden, dient jedoch lediglich als Werkzeug ohne Herleitung. Die unter didaktischen Gesichtspunkten geführte Frage, wie das P.S.E. einfach und anschaulich für Schüler verständlich dargeboten werden kann, wird nicht beantwortet. Die hinter dem System stehende Grundlage, die Atomlehre samt wesentlicher chemischer Grundgesetze, wird jedoch als nicht lehrenswert abgelehnt. Grundlegende Theorien und Modelle sollten somit nicht mehr dargelegt werden, sondern waren lediglich verkürzt in den Unterricht einzubringen. Damit war die Entscheidung, schwierige fachwissenschaftliche Inhalte zugunsten dem Nationalsozialismus nützender Themen zu vereinfachen oder gar wegzulassen in diktatorischer Form dokumentiert. Nicht nationalsozialistisch geprägte Unterrichtsinhalte wurden nur insoweit toleriert, als sie für das chemische Verständnis des Schülers unbedingt notwendig waren[128].

---

126 Süssenguth (siehe Anm. 124), S. 44.

127 Scharf, R.: Die neuen Lehrbücher. Chemie. Mitteilungen der Staatlichen Hauptstelle für den naturwissenschaftlichen Unterricht. In: Unterrichtsblätter für Mathematik und Naturwissenschaften 46 (1940), S. 180-182; hier S. 180 f.

128 Vgl. hierzu Gölz / Jansen (siehe Anm. 8), S. 30.

Den ausführlich dargelegten, gut durchdachten didaktischen Ausführungen der Jahre 1933 bis 1938 war somit wenig Erfolg beschieden. Interessanterweise konnten sich selbst Autoren wie Schindehütte, Franck und Kinttof, deren Schriften zum Chemieunterricht meist deutlich nationalsozialistisches Gedankengut aufweisen, mit ihren Ansichten, auch ein weniger nationalsozialistisch geprägtes Thema wie die Atomlehre intensiver zu behandeln, nicht durchsetzen.

5.3.2. Chemieunterricht und die „Deutsche Chemie" im Dritten Reich[129]

Als „Deutsche Chemie" wird das von Rembert Ramsauer, Karl Lothar Wolf, Conrad Weygand und Robert M. Müller als Hauptvertretern zur Zeit des 3. Reiches entwickelte theoretische Modell bezeichnet, das die Atomlehre Daniel Sennerts mit der Morphologie Goethes aufwertete und zur „Gestalthaften Atomlehre" verband.
An die Öffentlichkeit trat dieser Versuch einer ganzheitlich-gestalthaften chemischen Theorie erst 1935 intensiver mit der von Karl Lothar Wolf angeregten Dissertation Rembert Ramsauers „Die Atomistik des Daniel Sennert als Ansatz zu einer deutschartig-schauenden Naturforschung und Theorie der Materie im 17. Jahrhundert", die der Autor selbst als Produkt nationalsozialistischen Denkens deklariert. Das historische Fundament dieses Weltbildes wurzelt in der Naturphilosophie der Romantik, im Patriotismus und einer platonischen Einstellung. Indem eine Linie hervorragender deutscher Forscher wie Nikolaus von Kues, Paracelsus, Kepler, van Helmont, Sennert, Becher, Jungius bis zu Goethe und Schelling gezogen wird, wird eine im platonischen Denken verwurzelte, vor allem den Deutschen eigentümliche Art der Forschung postuliert. Die unüberwindlichen Gegensätze zwischen der mechanistisch-rationalistischen, von Pierre Gassendi erneuerten demokritisch-epikureischen Atomtheorie zur Lehre Daniel Sennerts wird dargestellt. Sennert wandte als erster den antiken Begriff des Atoms auf chemische Vorgänge an und stellte sich vor, daß sich die Atome quasi nach einem höheren Plan, einer Idee, einer ideell vorhandenen Gestalt – Sennerts Begriff hierfür ist „Form" – zusammenlagern. Die hinter den Atomen stehende Form als gestaltende und wirkende Kraft sollte quasi in einer Art Stufenleiter zu höheren Formen wie Atom-Mischung, Mineral, Pflanze, Tiere, Mensch führen. Dieser „schöpferische Realismus" als deutschartige Naturanschauung, der eine ordnende gestaltende Kraft im Kosmos sah, so interpretierten Ramsauer und Wolf, habe einen jahrhundertelangen Unterdrückungskampf mit dem mechanistischen Rationalismus, also der exakten Naturwissenschaft, hinter sich, mit einem kurzen Zwischenhoch in der Epoche der deutschen romantischen Naturphilosophie Anfang des 19. Jahrhunderts. Die Naturphilosophen forderten eine Wiederherstellung von ganzheitlicher, umfassender Naturbetrachtung und der Einheit der Wissenschaft auf weltanschaulicher Grundlage und lehnten die starke Aufsplitterung in Spezialdisziplinen ab. In der Goetheschen Morphologie, die im Wesentlichen

129 Zur genauen Untersuchung über „Deutsche Chemie", die historischen Einflüsse, zeitlichen Strömungen sowie die unterschiedlichen Ausgestaltungen durch die genannten Hauptvertreter vgl. Vonderau, M.: „Deutsche Chemie". Der Versuch einer deutschartigen, ganzheitlich-gestalthaft schauenden Naturwissenschaft während der Zeit des Nationalsozialismus. Marburg / Lahn 1994. Vgl. auch Bechstedt, M.: „Gestalthafte Atomlehre". Zur „Deutschen Chemie" im NS-Staat. In: Mehrtens, H. / Richter, St. (Hrsg.): Naturwissenschaft, Technik und NS-Ideologie. Beiträge zur Wissenschaftsgeschichte des Dritten Reiches. Frankfurt 1980, S. 142-165.

versuchte die Vielfalt der äußeren Erscheinungen in der Natur durch Reduktion auf Gemeinsamkeiten, auf bestimmte „Urtypen“ zu systematisieren, fand das Ganze seinen Höhepunkt. Nach dem nationalsozialistischen Umbruch sahen Ramsauer und Wolf als die ersten Vertreter der „Deutschen Chemie“ die Möglichkeit, einer neuen, deutschartigen Chemie Geltung zu verschaffen. Diese beruhte eben auf den Grundsätzen von Morphologie und Rangordnung der Formen, wobei jedes Ergebnis – auch exakter Naturforschung – erst seinen Wert erhalten sollte, wenn es sinnvoll als Teil einer ganzheitlich geschauten Ordnung einzugruppieren war. Der dahinterstehende Grundgedanke ist somit, daß das Ganze mehr ist als die Summe seiner Teile.

Ansätze, daß die „Deutsche Chemie“ Einfluß auf den Schulunterricht hatte oder sich gar hierüber mit ihren Weg bahnen wollte, sind nicht gefunden worden[130]. In den auch für den Chemieunterricht relevanten Zeitschriften existiert nur eine Buchrezension der Ramsauerschen Dissertation[131]. Diese zeigt wohlwollenden Charakter, gibt aber dem Lehrer keine explizite Empfehlung. Das organische, ganzheitliche Denken als Grundlage für die Entwicklung der „Deutschen Chemie“, findet sich zwar in einer Reihe von Chemie-Aufsätzen, die auch Aufrufe zum „ganzheitlichen“ Lehren enthalten[132]. Dabei soll der natürliche Zusammenhang zwischen den verschiedenen Naturwissenschaften hergestellt werden und tatsächlich einer zu großen Aufsplitterung der Naturwissenschaften in Spezialdisziplinen entgegengewirkt werden. Doch existiert keine Abhandlung, die den Sennertschen Atomistik-Begriff bzw. dessen Fortentwicklungen zum Gestaltatom etc. durch die „Deutschen Chemiker“ oder die nach diesen Gesichtspunkten geordneten Elementensysteme (Wolfs periodisches System in Spiralform oder Müllers nach der biologischen Idee entwickelter „Stammbaum der chemischen Elemente“) in den Chemieunterricht einbauen will. Zusätzlich beweist die intensiv geführte Diskussion um die Einführung des Periodischen System der Elemente mit den damit verknüpften kernphysikalischen Vorstellungen vom Aufbau der Atome, zusammen mit dem Zitat der Staatlichen Hauptstelle[133], daß die nationalsozialistischen Schulpolitiker diese naturwissenschaftlichen Gesetzmäßigkeiten weder anzweifelten, noch zusätzlich holistisch orientierte Naturwissenschaftsvorstellungen einführen wollten.

Tatsächlich blieb die Wirkung der Ideen der „Deutschen Chemie“ – wie schon Bechstedt und noch intensiver Vonderau ausführen – auf einen engen Kreis um die genannten Vertreter dieser Theorie beschränkt. Die „Deutsche Chemie“, weist Vonderau nach, ist von Anfang an bedeutungslos gewesen. Es ist auch kein Einfluß auf die Entwicklung der Chemie, weder der forschenden noch der angewandten Chemie festzustellen. Obwohl die Betonung biologistischer Elemente von einer natürlichen und naturgegebenen Hierarchie konform mit dem nationalsozialistischen Führerprinzip gingen sowie ganzheitlich ausgerichtetes Denken und die antirationale Einstellung zu den Wissenschaften deutlich mit nationalsozialistischen Vorstellungen übereinstimmten, zeigt Vonderau auf, daß sowohl im Hochschulbereich einflußreiche Nationalsozialisten als

130 Zum gleichen Rückschluß gelangen auch Gölz / Jansen (siehe Anm. 8), S. 31 sowie Bäumer-Schleinkofer, Ä.: NS-Biologie und Schule. Frankfurt / Main 1992, S. 228 f. und Vonderau, M. (siehe Anm. 129), S. 11.

131 Vgl. hierzu Bücherbesprechungen. Hillers, W.: Rembert Ramsauer, Die Atomistik des Daniel Sennert. In: Zeitschrift für den mathematischen und naturwissenschaftlichen Unterricht aller Schulgattungen 67 (1936), S. 100 f.

132 Siehe hierzu Kapitel 5.3.1.1., 6.7.3.

133 Siehe hierzu Kapitel 5.3.1.2.

auch NS-Chefideologe Alfred Rosenberg Tendenzen, die Wissenschaft auf eine neue, nichtmechanistische Grundlage zu stellen, als Ideen von Romantikern und Phantasten ablehnten. Als Hintergründe hierfür deckt er primär zwei Punkte auf: Erstens die Unvereinbarkeit mit der nationalsozialistischen Ideologie – auch wenn dies die Vertreter der „Deutschen Chemie“ verkannten –, da die „Deutsche Chemie“ sich zu wenig auf eine völkische Grundlage stellte. In der Regel wurden von der „Deutschen Chemie“ auch die Leistungen von Chemikern anderer Völker als für die Entwicklung der Chemie wichtig anerkannt[134]. Zweitens verloren aber auch alle völkischen Denkrichtungen im Verlauf des Dritten Reiches zugunsten der pragmatischen Ausrichtung auf „Wissenschaft als nationale Aufgabe“.

5.3.3. Die Bedeutung der Mineralogie im Rahmen des Chemieunterrichtes

Unter dem Titel „Die Schönheit der Mineralwelt“ veröffentlichte Wilhelm Eitel, Berlin-Dahlem, einen auf der 36. Hauptversammlung des Deutschen Fördervereins Ostern 1934 in Berlin gehaltenen Vortrag[135]. Ganz auf der Thematik „Volk und Boden“ aufbauend, werden die herausragenden Leistungen des deutschen Bergmanns als Vorreiter für mineralogische Forschungen und Erkenntnisse geschildert[136]:

> „In Deutschland hat recht eigentlich die Wiege des Bergbaues gestanden. Bei uns wurde zuerst die Kunst gelehrt und beschrieben, wie dem Boden die edlen Erze und Metalle zu entringen sind. ... Der deutsche Bergmann war es auch, der durch seine treffliche Beobachtungsgabe die wissenschaftliche Erfassung der Mineralwelt begründet hat und das Erfahrungsmaterial schuf, aus dem heraus nachher im 18. Jahrhundert die Meister der deutschen Naturwissenschaft, speziell der Mineralogie und Geologie die Fundamente für die exakte Forschung gelegt haben.“

Um aufzuzeigen, wie sehr das Deutschtum mit der Mineralogie verwurzelt sei, wird selbst der Drang nach Wahrheit des „grüblerischen, aufrichtig suchenden Forschers Doktor Faust“ (S. 154), herangezogen, samt Goethes Forschungen in der Mineralwelt. In seiner historischen Betrachtung gelangt Eitel von der Beobachtung der Schönheit der ruhenden Natur in ihrer äußeren Formenmannigfaltigkeit über das materialistische Weltbild, mit einer „kalten statischen Betrachtungsweise der Mineralwelt“ (S. 155), in der die Mineralien allein als nutzbarer Stoff gewertet worden seien, zu einem mit der nationalsozialistischen Machtergreifung eingetretenen Wendepunkt eines „dynamischen Verstehen allen Naturgeschehens“ (S. 155). Er schildert die atomistische Betrachtungsweise mit Raumgitterlehre, um in der Tatsache, daß die Mineralien und die in ihnen vorkommenden Stoffe sich gruppenweise zusammenfassen lassen, „Grundzüge einer genetischen Mineralogie“ (S. 156) zu erkennen. Eitel schließt mit den Worten[137]:

---

134 Die antisemitischen Äußerungen Conrad Weygands in einem Brief an das Sächsische Ministerium für Volksbildung vom 1. Dezember 1933 sowie in seinem 1942 erschienen Werk „Deutsche Chemie als Lehre vom Stoff“ sieht Vonderau als Ausnahme an.

135 Eitel, W.: Die Schönheit der Mineralwelt. In: Unterrichtsblätter für Mathematik und Naturwissenschaften 40 (1934), S. 154-156.

136 Eitel (siehe Anm. 136), S. 154.

137 Eitel (siehe Anm. 136), S. 156.

„Keinesfalls darf das deutsche Volk vergessen, daß es in besonderer Weise dem Boden seiner Heimat und seiner Mineralwelt die wurzelechte Naturforschung verdankt und sie in ganzer Hingabe zu pflegen bestimmt ist. Der Segen wird dann solcher treuen deutschen Geistesarbeit auch niemals versagt sein."

Eitels Vortrag zeigt somit deutliche Züge, der Mineralogie durch nationalsozialistisch relevante Zielsetzungen – quasi auch im Sinne einer Art Rechtfertigung – zu einer gebührenden Stellung zu verhelfen.
Walther Franck reduziert in seinem ebenfalls 1934 veröffentlichten Aufsatz „Ziele des Chemieunterrichtes", die Mineralogie allerdings auf den Gesichtspunkt der Rohstofffrage und der nationalpolitischen Schulung[138]:

„Der Chemieunterricht hat in diesem Zusammenhang die Aufgabe, der Jugend die Abhängigkeit des Menschen von den Stoffen, ihren Zuständen und von stofflichen Vorgängen zu zeigen. Der Schüler muß in diesen Stunden die Überzeugung gewinnen, daß ein Volk nur dann Weltgeltung erringen und behalten kann, wenn es ihm gelingt, den im Bereich seiner politischen und wirtschaftlichen Macht befindlichen Schatz an Naturstoffen seinen politischen Zielen durch wissenschaftliche und technische Arbeit dienstbar zu machen."

Tatsächlich erfüllte sich die Hoffnung der Mineralogen, die Gebiete ihres Faches würden durch die Nationalsozialisten – etwa als Bestandteil im Chemieunterricht – gefördert werden, nicht. Die wenigen in den Fachzeitschriften zu findenden mineralogischen Lehrinhalte zeigen auf, daß die Mineralogie von den Nationalsozialisten nur als integraler Bestandteil der Vierjahresplan-Ziele gewertet und auch nur in dieser Ausrichtung benutzt wurde. Wissenschaftliche und stärker theoretische, aber selbst praktische Ausführungen der Mineralkunde wie Kristallographie waren nicht gefragt. Die Schüler sollten die wichtigsten Mineral-Lagerstätten kennen sowie die optimale Mineralausnutzung mit den dafür benötigten Aufbereitungsverfahren[139]. Damit wurde die ursprüngliche Mineralogie als Lehre vom Gestein zugunsten der chemischen Aufbereitung und Nutzung zurückgedrängt.
In einer 1940 veröffentlichten ausführlichen Abhandlung „Über die Notwendigkeit der Berücksichtigung des mineralogischen Lehrstoffes im Unterricht der höheren Schulen"[140] betreibt Studienrat Seifert, Berlin, nicht nur Ursachenforschung für die verbreitete Abneigung der Chemielehrer gegenüber mineralogischen Lehrstoffen. Er macht zusätzlich auf die hieraus resultierenden Defizite für den Staat aufmerksam und drängt auf Änderung. Auslöser seines Aufsatzes ist zum einen die seines Erachtens zu geringe Berücksichtigung der Mineralogie in den 1938er Richtlinien „Erziehung und Unterricht" der höheren Schule. Zum anderen folgen seine Ausführungen auf die Änderung der Prüfungsordnung für die Lehrer der höheren Schulen durch Erlaß des Reichsministers für Wissenschaft, Erziehung und Volksbildung vom 30. Januar 1940. Hierin, so beschreibt er das Defizit, seien zwar im Rahmen der Fächer Chemie und Erdkunde noch gewisse Einzelgebiete des mineralogischen wie auch geologischen Lehrstoffs genannt, jedoch sei weder von einer Beteiligung des Mineralogen als Prüfer noch von einem Beifach „Mineralogie" überhaupt die Rede. Seifert führt die historische Entwicklung einer sich seit 1917 ständig verschlechternden Ausgangslage des Faches

138 Franck (siehe Anm. 15), S. 68.
139 Siehe hierzu Kapitel 5.2.2.2.1. und 6.4.2.
140 Seifert, H.: Über die Berücksichtigung des mineralogischen Lehrstoffes im Unterricht der höheren Schulen. In: Zeitschrift für den physikalischen und chemischen Unterricht 53 (1940), S.161-167.

Mineralogie näher aus. Er gelangt dabei zu dem Schluß, die mangelnde Vermittlung von Mineralogie im Chemieunterricht führe letztlich zu einem Aussterben des Faches in Deutschland. Die mangelnde Nachwuchsförderung könne schon in naher Zukunft dazu führen, daß der Bedarf an Mineralogen, insbesondere für Bergbau und Technik durch Einfuhr qualifizierter ausländischer Arbeitskräfte gedeckt werden müsse. Dieser Punkt stellt Seiferts schlagkräftigstes Argument gegen die Vernachlässigung der Mineralogie dar. Daneben führt er an, welche Bedeutung der mineralogische Lehrstoff mit den zwei Teilgebieten Kristallographie und Lehre vom stofflichen Bestand der Erdrinde für Deutschlands technische Errungenschaften und wirtschaftlichen Fortschritt hätten. Erkenntnisse über den Kristallzustand seien in der Metallverarbeitung, Hüttentechnik oder keramischen Industrie grundlegende Voraussetzung. Auch auf den Praxiswert von Kenntnissen zur stofflichen Zusammensetzung der Erdkruste geht Seifert ein[141]:

> „Und nun die eigentliche Mineralogie als Lehre vom stofflichen Bestand der festen Erdkruste. Ihr Wissensstoff hat ganz bestimmt neben einer rein theoretischen Bedeutung im Sinne kultureller Vollständigkeit außerordentlich praktischen Wert, heute im Zeichen der Wirtschaftspläne der autoritären Staaten, in der Zeit einer auf das Volk ausgerichteten rationellen nationalwirtschaftlichen Bearbeitung des eigenen Volksbodens mit seinem ureigensten Volksvermögen, seinen Bodenschätzen, heute auch im Zeichen letzter siegreicher Durchsetzung aller völkischen Ziele der nationalsozialistischen Staatsführung mit dem Ausblick auf neue reiche koloniale Betätigung unseres Volkes. An welch wichtiger Stelle im Chemie- und auch im Erdkundeunterricht der Schule sollte also die mineralogische Rohstoffkunde stehen!“

Daneben führt Seifert an mehreren Stellen an, stelle die Mineralogie im Unterricht ein „ausgezeichnetes Kittfach für die naturkundlichen Belange“ (S. 166) dar. Dies zielt auf die von den nationalsozialistischen Schulmännern forcierte Quervernetzung der Fächer ab.

Interessanterweise macht Seifert in der Berücksichtigung mineralogischer und geologischer Belange im Chemieunterricht innerhalb des Reiches geographische Unterschiede aus, die sich in einem deutlichen Nord-Süd-Anstieg äußern. In Nordeutschland, insbesondere in Großstädten werde die Mineralogie vernachlässigt, in Süd- und Mitteldeutschland sowie der Ostmark, „wo geographische und geologische Gegebenheiten die Beschäftigung mit den Materialien des Bodens eher veranlassen“ (S. 161) werde sie hingegen eher gefördert.

Die Aufwertung der Mineralogie innerhalb des Chemieunterrichts forderte 1941 auch Studienrat Wilhelm Flörke, Gießen[142]. Seine Prüfung der fünf gemäß den neuen Lehrplänen zugelassenen Chemie-Schulbücher zeigt ein weiteres starkes Zurückdrängen des mineralogischen Anteils auf. Bei der quantitativen Messung von kristallographischen, mineralogischen und lagerstättenkundlichen Fragen gelangt er zu einem prozentualen Anteil von drei bis zehn Prozent, bei Prüfung der eigentlich kristallographischen Probleme sogar nur von 0,3 bis drei Prozent. Als Ursache der stetigen Zurückdrängung mi-

141 Seifert (siehe Anm. 140), S. 165.

142 Flörke, W.: Über die Eingliederung mineralogischer Lehrgegenstände in den Stoffplan des Chemieunterrichts. In: Zeitschrift für den physikalischen und chemischen Unterricht 54 (1941), S. 76-81. Ähnliche Äußerungen machte Flörke schon 1930, ein weiterer Beweis des stetigen, nicht nur auf den Nationalsozialismus zurückzuführenden Niedergangs der Mineralogie im chemischen Unterricht. Vgl. hierzu Flörke, W.: Mineralogie auf der Schule. In: Zeitschrift für den physikalischen und chemischen Unterricht 41 (1930), S. 198-203.

neralogischen Lehrguts sieht Flörke primär die methodisch veraltetete Art der Darbietung und die mangelnde Vorbildung des Chemielehrers an[143]:

„Nur in dem Maße, als es gelingt, die Darbietung kristallographischer und mineralogischer Gegenstände aus erstarrten Formen zu lösen, sie durch Aufweisung neuer Wege lebendig zu gestalten, wird ihnen im chemischen Unterricht wieder die Bedeutung zukommen, die ihnen gebührt.“

Im Gegensatz zu Seifert, der für die Wiedereinführung von Mineralogie in die Prüfungsordnung des Chemielehrer plädiert, sieht Flörke in Fortbildungslehrgängen für Chemielehrer den geeigneten Realisierungsweg. Auch sieht Flörke in den 1938er Richtlinien „Erziehung und Unterricht“ durchaus hinreichend viel Bewegungsspielraum, um die Mineralogie gebührend zu integrieren. Faktisch bedeutet dies: Während Seifert für eine stärkere Integration mineralogischer Lehrgebiete stärkere staatliche Unterstützung fordert, will Flörke den Weg der Erneuerung aus eigener Kraft gehen.
Um dem schleichenden, aber stetigen Niedergang der Mineralogie innerhalb des chemischen Unterrichts Einhalt zu gebieten und eine Diskussion in Gang zu bringen, machte Flörke einen Vorschlag, wie in den Lehrplan des chemischen Unterrichts mineralogisch-kristallographische Elemente sinnvoll einzuarbeiten seien[144]. Die wesentlichen Ansätze seiner Darlegung[145] sind:

1. Im Anfangsunterricht könne neben dem Begriff des Stoffes ein vorläufiger Begriff des Kristalls erarbeitet werden.
2. Neben der Stoffbeschreibung zwecks eindeutiger Wiedererkennung könne die Mineralbeschreibung und -bestimmung treten.
3. Aufgrund der großen Bedeutung der Lösungschemie werde frühzeitig der Begriff der Lösung im Chemieunterricht eingeführt. Hierbei empfehle sich, auch die Kristallbildung aus Lösung einer Betrachtung zu unterziehen.
4. Die Identifizierung eines Stoffes anhand seiner bekannten Kristallform sei der nächste Schritt. Dazu böten sich die Kapitel Kochsalz, Chlor, Salzsäure an. Die Identifizierung künstlich gewonnenen Natriumchlorids mit dem Steinsalz sei nach Eindunsten der Lösungen unter dem Mikroskop wesentlich rascher zu identifizieren als auf chemischem Wege. Eine vereinfachte Betrachtung der Salzlager, gefolgt vom Begriff der Minerallagerstätte und der Abhängigkeit des Nebeneinandervorkommens der Mineralien von physikalisch-chemischen Bedingungen könne folgen.
5. Im Anschluß an die Schwefelsäure könne Gips und Schwerspat in Kristallform, Spaltstücken und Varietäten betrachtet werden.
6. Weitere Möglichkeiten Mineralien und Kristalle in der 5. Klasse zu behandeln, böten die Kapitel Kalkstein, Eisenerze und Glas. Lediglich Quarz erachtet Flörke jedoch als ein gutes Beispiel.
7. Das Bedürfnis nach einer Ordnung der Vielzahl von Formen habe dann nach propädeutischen Gesichtspunkten zu geschehen. Die verschiedenen Systeme, Symmetriegrade, Symmetrieebenen seien nach Möglichkeit an Modellen der betrachteten Kristalle vorzunehmen.

143 Flörke (siehe Anm. 142), S. 79.
144 Dieser Vorschlag wurde in seinem nach den neuen Lehrplänen zugelassenen Lehrbuch umgesetzt. Vgl. hierzu Scheid, K. / Flörke, W.: Lehrbuch der Chemie. Bd. 1 und 2 A. Leipzig 1940. Siehe auch Kapitel 7.4.
145 Flörke (siehe Anm. 142), S. 79-81.

Die Oberstufe habe dann die Aufgabe, tiefer in das Wesen des Kristalls einzuführen:

1. Flörke schlägt ein eigenes Kapitel mit der Behandlung der Anisotropie der physikalischen Eigenschaften, der Grundgesetze des Kristallwachstums, eventuell auch der mathematischen Erfassung der Kristallformen, auf jeden Fall aber mit Besprechung von Raumgitterstruktur und Polymorphie vor. Dieses Kapitel könne beispielsweise im Anschluß an die Ionenlehre und den Aufbau des Atoms organisch eingegliedert werden.
2. Der Begriff der Minerallagerstätten könne dann bei der im Lehrplan verlangten Behandlung der Salzlagerstätten vertieft werden. Da der „Erziehung und Unterricht" beigefügte Stoffplan auch „Einige wichtige silikatische Bestandteile und ihre Nutzung" vorschreibe und der Chemieunterricht ohnehin wohl allgemein den stofflichen Aufbau der Erdrinde behandle, könnten leicht die Betrachtung des Quarzes, der Silikatmineralien, Eruptivgesteine, Sedimente und metamorphe Gesteine angeschlossen werden. Hier empfehle sich auch die Zusammenarbeit mit der Erdkunde.
3. Bei der Betrachtung wichtiger Gebrauchsmetalle könnten sich geochemische Verteilungsgesetze, Bildung, Umbildung und Zerstörung von Erzlagerstätten, Gewinnung, Aufbereitung und Verhüttung von Metallen anschließen.
4. Auch für die weitere Behandlung von Korrosionserscheinungen, Änderung von Werkstoffeigenschaften durch physikalische Einflüsse, Legierungszusätze und Legierungsbildung hält Flörke kristallographische Grundkenntnisse für unerläßlich.

Der Unterrichtsgestaltungsvorschlag Flörkes mutet vordergründig neutral und schlüssig an, fand aber anscheinend wenig Resonanz[146].

Erstaunlich ist, daß erst zu einem recht späten Zeitpunkt des Dritten Reiches in den fachdidaktischen Zeitschriften überhaupt einige ausführlichere Gedanken zum Kern der Mineralogie geäußert wurden. Die Mineralogie kam über Appelle und eine ständige Rechtfertigungspolitik anscheinend nie hinaus. Sowohl die Ausführungen Seiferts als auch die Flörkes sind dank ihrer ausführlichen Schilderungen der tatsächlichen Gegebenheiten der beste Beweis dafür, daß die in den Chemieunterricht integrierte Mineralogie im Dritten Reich eine stetige Abwertung erfuhr. Beide Aufsätze sind dennoch gleichzeitig deutlich nationalsozialistisch geprägt: Obwohl sie jeweils eine Ausweitung der Mineralogie fordern, erfolgt auch bei ihnen eine Fokussierung mineralogischer Elemente im Chemieunterricht auf das nationalsozialistisch Wesentliche. Faktisch konnte die Mineralogie in der Unterrichtspraxis nur auf dem Gebiet der Förderung von Vierjahresplan-Zielen ihre Stellung halten.

146 Bis auf zwei weitere Aufsätze vom gleichen Autor mit den Titeln „Über den Ton" und „Die Grundgesetze des Kristallwachstums", die schon spezielleren Charakter besitzen, konnte in den fachdidaktischen Zeitschriften nichts gefunden werden.

5.4. Zusammenfassung

Im Nationalsozialismus dominierte die Wehrchemie. Praktisch alle behandelten Chemiethemen hatten wehrerzieherische Relevanz. Luftfahrt, Luft- und Gasschutz sowie chemische Kampfstoffe bildeten Grundlagenwissen. Die Fokussierung auf kriegsrelevante Gesichtspunkte setzte sich bei der Metall- und Treibstrofffrage, der Kunststoffherstellung, der Steigerung der Ernährungsgrundlage mit chemischen Mitteln, den komprimierten Gasen zur Flugtechnik sowie selbst technischen Schweiß- und Brennschneideverfahren zur chemischen Vertiefung von wirtschaftlich bedeutsamen Vierjahresplan- und „Erzeugungsschlacht"-Zielen fort. Die Erziehung zum Wehrwillen, zur Wehrbereitschaft, darin integriert die allgemeinen NS-Erziehungswerte[147] standen dabei über allen Inhalten. Das dahinterstehende Ziel, die Vorbereitung auf einen kommenden Krieg, wurde zwar nicht dauernd angesprochen; die Lehrer wurden jedoch keineswegs darüber im Unklaren gelassen.
Chemiegeschichte sollte u.a. zusätzlich Nationalstolz und -begeisterung sowie Rassebewußtsein im heranreifenden Schüler wecken. Die Idee chemische Fachausdrücke zu „verdeutschen" resultierte aus diesem Autarkie- und nationalen Bestreben, hatte als politisch motivierter Alleingang jedoch stark gegen die wissenschaftliche Vernunft zu kämpfen.
Die auf Fakten und Naturgesetzen beruhende Chemie wurde – wo möglich – ins Korsett nationalsozialistischer Intentionen gepreßt. Atomistik, Kolloidchemie, elektrolytische Dissoziation, Wasserstoffionen-Konzentration (pH-Wert), die chemische Elementenanordnung (PSE), radioaktive Isotope waren noch zu Zeiten der Weimarer Republik essentielle Themengebiete. Da sie nur schwer mit NS-Intentionen behaftet werden konnten, wurden sie im Nationalsozialismus stark vernachlässigt. Selbst die Formelsprache fand nur in reduzierter Form Eingang, die chemischen Grundgesetze in vereinfachter Form ohne Herleitung Anwendung. Die Chemiedidaktiker, die sehr wohl die Notwendigkeit zeitintensiverer Behandlung derartigen Grundlagenwissens erkannten, konnten sich gegen die Schulpolitiker nicht durchsetzen. Die organische Chemie fand nicht unter systematischen, sondern nur unter anwendungsorientierten Vierjahresplan-Zielen ihre Berücksichtigung. Die Mineralogie wurde in ein Schattendasein zurückgedrängt, aus dem sie sich auch nach Ende der Nazi-Zeit nicht mehr lösen konnte.
Insgesamt verlor der Chemielehrer ein gutes Stück seines Handlungsspielraums.

---

147 Siehe hierzu Kapitel 2.1.

6. Mittel zur Unterrichtsgestaltung im Fach Chemie: Planung und Realität[1]

6.1. Unterrichtsfilme und Lichtbildreihen

Unterrichtsfilme und Stehbilder sollten im Auftrag der Nationalsozialisten als modernes erzieherisches Arbeitsmittel den Klassenunterricht erleichtern, unterstützen und vertiefen. Die grundlegenden Worte von Reichserziehungsminister Rust im entsprechenden Ministerialerlaß vom 26. Juni 1934 über „Unterrichtsfilm und amtliche Bildstellen" lauten hierzu[2]:

„Es ist mein Wille, daß dem Film ohne Verzögerung in der Schule die Stellung geschaffen wird, die ihm gebührt."

Daraus resultierte die Einführung der Reichsstelle für den Unterrichtsfilm (RfdU) als koordinierende Behörde dieses nun offiziell anerkannten Lernmittels[3]. Die hohe Anzahl an Veröffentlichungen zum Thema Film und Lichtbild spiegeln die große Bedeutung, die die Nationalsozialisten diesem Lernmittel beimaßen, wieder. Vielfach handelt es sich um Ausführungen zur Herstellung derartiger Filme, zu pädagogisch-methodischen Gesichtspunkten oder auch um die Besprechung einzelner Filme[4].
1936 äußerte sich Günter Pröbsting von der Reichsfilmstelle Berlin zuversichtlich über den Einsatz des Films als neuzeitliches Lehrmittel im mathematisch-naturwissenschaftlichen Unterricht[5]:

„Die Mathematiker und Naturwissenschaftler werden die Bahnbrecher sein für die neue Idee des Unterrichtsfilmes, die unter dem Pestalozziwort steht: Die Anschauung ist die Grundlage aller Erkenntnis."

Einsatzmöglichkeiten und Bedeutung des Lehrfilms als eines dynamischen Anschauungsmittels für den Chemieunterricht wurden in dem 1935 in der Monatschrift für höhere Schulen veröffentlichten Aufsatz „Der Film – ein Führer zum Leben" deutlich ausgeführt[6]:

1 Chemie-Schulbücher als Unterrichtsmittel werden gesondert in Kapitel 7 und 8 abgehandelt.
2 Zentralblatt für die gesamte Unterrichtsverwaltung in Preußen. Berlin 1934, RK 5020 U II, S. 195.
3 Siehe hierzu Kapitel 4.5.4.
4 Mit Technik, Pädagogik, Methodik und Ästhetik des Lichtbild- und Schulfilmwesens (Schmalfilm) befaßt sich Ammann, H.: Lichtbild und Film in Unterricht und Volksbildung. München 1936. Vgl. auch Helmbrecht, W.: RfdU-Filme im Unterricht. Beispiele aus der Praxis. Heft 14 der Schriftenreihe der Reichsstelle für den Unterrichtsfilm. Stuttgart 1938. In 31 Unterrichtsbeispielen (45 Filme), darunter zwei Filme für den chemischen Unterricht („Herstellung eines Porzellantellers", „Das Bierbrauen") werden praktische Erfahrungen samt Resonanz der Schüler auf die Filme und methodische Möglichkeiten der Themenerarbeitung, die erst den pädagogischen Wert der Filme ausmachen, geschildert.
5 Berg, W.: Bericht über die 38. Hauptversammlung in Karlsruhe. In: Unterrichtsblätter für Mathematik und Naturwissenschaften 42 (1936), S. 178-189; hier S. 182.
6 Brall, E.: Der Film – ein Führer zum Leben. In: Monatschrift für die höhere Schule 34 (1935), S. 54-61; hier S. 57 f. Der im unteren Zitatabschnitt erwähnte Tonfilm als Unterrichtsfilm wurde aus praktisch-finanziellen Gründen erst einmal nicht verwirklicht, wie Habermann, P.: Filmvorführung der Reichsstelle für den Unterrichtsfilm. In: Monatschrift für höhere Schulen 35 (1936), S. 425-430; hier S. 427 f. ausführt.

„Die naturwissenschaftlichen Fächer, besonders die Chemie mit ihren zahlreichen Beziehungen zur Industrie und Technik, können reiches Leben aus der Arbeit mit dem Film ziehen. ... Für die Chemie kommen Bildstreifen über besonders schwierige Versuche, die in der Schule aus den verschiedensten Gründen nicht immer vorgenommen werden können, in Betracht. ... Vor allem nehmen aber die Filme hier einen breiten Raum ein, die zum technischen Leben hinführen. Fast alle Zweige dieses weiten Gebietes hat der Film in seinen Arbeitsbereich einbezogen. Themen wie Herstellung und Verarbeitung von Eisen, Stahl, Glas, Porzellan, Papier, ferner Gewinnung und Verwertung von Stein- und Braunkohle, wobei die als Einleitung im Zeichenfilm gegebene Entstehung der Braunkohle immer wieder von der Lehrerschaft als besonders eindrucksvoll und lehrreich bezeichnet wurde, sind zur Andeutung nur eine kleine Auswahl des Verfügbaren. ...
Ein großer Teil dieser Filme hat außer dem belehrenden Moment noch den unleugbaren Vorzug, daß er den Besuch industrieller Anlagen, der ja nicht immer möglich ist, erfolgreich ersetzt, besonders auch dadurch, daß er meist die Dinge besser und deutlicher und vor allem auch länger zeigen kann, als es sonst bei einem Besuch mit einer größeren Teilnehmerzahl möglich ist. Daneben kann ein solcher Film, wenn eine Besichtigung irgendeiner Anlage doch erfolgen kann, sehr wohl als überaus nutzbringende Vor- und Nachbereitung Verwendung finden. Auch noch vom sozialen Gesichtspunkt gesehen kann eine derartige Filmverwertung unleugbare positive Werte zeitigen, gewinnt doch so der Schüler der höheren Schule gerade für ihn wertvollste Einblicke in die ihm sonst notgedrungen weniger vertrauten Arbeitsbedingungen des Arbeiters der Faust und zwar mit einer Leichtigkeit und Vielseitigkeit, wie sie sonst sich nicht bietet, wobei auch dem Tonfilm durch die Unterstreichung der rein akustischen Verhältnisse noch eine ganz besondere Bedeutung zukommt."

Der umfassende volkserzieherische Aspekt von Chemie-Lehrfilmen kommt hier, neben den aufgezählten, inhaltlich behandelten Themen klar zum Ausdruck. Dies entspricht auch der 1938 von Arthur Hoffmann in seinem Buch „Bild und Film im Unterricht"[7] gemachten Äußerung, Chemie werde „filmisch vorwiegend auf dem Wege über Vorgänge erschlossen, die im Ganzen des Volkslebens und der Volkswirtschaft ihre Stelle haben" (S. 138). Von den 171 bis 1938 für allgemeinbildende Schulen zugelassenen Unterrichtsfilmen teilte Hoffmann 55 für den Chemieunterricht als brauchbar ein[8]. Das Verzeichnis der Unterrichtsfilme[9] ist Zeugnis eines Berufs- und praxisnahen Unterrichts. Die in den Richtlinien festgelegte fächerübergreifende Quervernetzung wurde bei der Filmproduktion verwirklicht.
1938 wurde das Lichtbild in den Unterrichtsblättern eingehender beleuchtet[10]. Im Vergleich zum Film sei es aufgrund seiner einfacheren Verfügbarkeit für statische Anschauungsprobleme im Chemieunterricht zu bevorzugen. Diapositive könnten Szenen aus gewerblichen Betrieben oder schematische Darstellungen von chemischen oder chemisch-technischen Arbeitsvorgängen abbilden. Photos aus Gewerbebetrieben sollten die für den Schüler existierende Kluft zwischen dem Reagenzglasversuch und der chemisch-technischen Ausnutzung überbrücken helfen. Hervorzuheben ist v.a. ein detailliert aufgestellter Plan für die bildmäßige Veranschaulichung in einzelnen Unterrichtsklassen der höheren Schule, der sich an den Stoffplänen nach den neuen Richtlinien orientiert[11]:

7 Hoffmann, A.: Bild und Film im Unterricht. Die neuen Aufgaben nach Zielsetzung und Verfahren. Stuttgart, Berlin 1938.
8 Hoffmann (siehe Anm. 7), S. 266 f.
9 Hoffmann (siehe Anm. 7), S. 259-261.
10 Kropp, G.: Das Lichtbild im chemischen Unterricht. In: Unterrichtsblätter für den mathematischen und naturwissenschaftlichen Unterricht 44 (1938), S. 320-322.
11 Kropp (siehe Anm. 10), S. 321 f.

„I. Oberschule für Jungen, naturwissenschaftlich-mathematischer Zweig, und Aufbauschule für Jungen.

5. Klasse. Im chemischen Anfangsunterricht ist in erster Linie Anschaulichkeit vonnöten. Auch die Lichtbilder müssen deshalb mehr anschaulich als grundsätzlich sein. Man zeige Bilder aus folgenden Gebieten: Steinkohlen- und Braunkohlenbergbau, Erzeugung und Verwendung von Leuchtgas. Die Eisenindustrie der Welt, Gang durch ein Eisenhüttenwerk, Glasherstellung.

6. Klasse. Die Luftzerlegung (LINDE-Verfahren). Steinsalzgewinnung, Kalibergbau.

7. Klasse. Der Kreislauf des Stickstoffs in der Natur, Stickstoffgewinnung, Düngemittel. Gewinnung und Verarbeitung von Natursteinen, Herstellung von Schamottesteinen. Zement, Porzellan und Tonwaren. Deutschlands Versorgung mit metallischen Rohstoffen. Aluminium und andere Leichtmetalle. Kupfer-, Blei- und Zinkgewinnung. Der Hochofenprozeß.

8. Klasse. Erdölgewinnung und -verarbeitung, Kohleverflüssigung, Kautschuk, Brauerei und Brennerei, Zuckergewinnung. Seifenherstellung. Fette, Öle, Margarine. Papierherstellung, Kunstseide, Zellwolle. Lederherstellung. Milchverarbeitung, Preßstoffe.

II. Oberschule für Jungen, sprachlicher Zweig, und Gymnasium.
Wie die entsprechenden Klassen der Oberschule für Jungen, naturwissenschaftlich-mathematischer Zweig, nur der geringeren Stundenzahl entsprechend gekürzt.

III. Ober- und Aufbauschule für Mädchen.

5. Klasse. Wie Oberschule für Jungen, naturwissenschaftlich-mathematischer Zweig.

6. Klasse. In den oberen drei Klassen ist in den Mädchenschulen die Reihenfolge der Gebiete eine andere, ferner ist das Hauptgewicht auf Ernährung, Bekleidung und Haushalt gelegt. Dem muß natürlich auch die Lichtbildauswahl Rechnung tragen. So kommen für die 6. Klasse in Frage: Erdölgewinnung und -verarbeitung, Kohleverflüssigung. Alkoholische Gärung. Zuckergewinnung. Seifenherstellung. Porzellan und Tonwaren. Preßstoffe.

7. Klasse. Milchverarbeitung, Müllerei, Bäckerei, Fette, Öle, Margarine. Kaffee, Kakao, Schokolade. Fleischverarbeitung. Kunstseide, Zellwolle. Der Kreislauf des Stickstoffs in der Natur, Stickstoffgewinnung, Düngemittel. Zement. Gewinnung und Verarbeitung des Eisens.

8. Klasse. Deutschlands Versorgung mit metallischen Rohstoffen. Aluminium und andere Leichtmetalle. Kupfer-, Blei- und Zinkgewinnung. Glas- und Tonwaren."

Diese Themenauswahl ist wieder deutlich nationalsozialistisch geprägt. Die RfdU bestimmte Bildreihen für den Unterricht, die in Schul-Kernreihen, Schul-Auswahlreihen und sonstige zugelassene Bilder unterteilt wurden.

Vielfach findet sich in allgemeinen Abhandlungen zu Film und Lichtbild die Kritik einer mangelnden Akzeptanz des laufenden Bildes, v.a. an den höheren Schulen. Gründe für den unbefriedigenden Einsatz sah Ammann[12] in folgenden Punkten:

1. Hoher Zeiteinsatz (Dies wurde mit methodisch-pädagogischen Argumenten zu widerlegen gesucht.)
2. Schwieriger technischer Umgang mit den Vorführgeräten (Abhilfe sollten per Ministerialerlaß[13] unterstützte Lehrgänge und Schulungen für Studienreferendare und Lehrer schaffen.)

---

12 Ammann, H.: Der Film in den höheren Schulen. In: Monatschrift für höhere Schulen 34 (1935), S. 16-24. Unterrichtsarbeit mit dem Film. In: Monatschrift für höhere Schulen 36 (1937), S. 128-132. Vier Jahre Unterrichtsfilm. In: Monatschrift für höhere Schulen 37 (1938), S. 265-268. Ein Plädoyer für den gleichberechtigten Einsatz des Films neben anderen Hilfsmitteln unter methodischen Gesichtspunkten hält auch Burchardt, K.: Naturwissenschaftlicher Unterricht und Unterrichtsfilm. In: Monatschrift für höhere Schulen 34 (1935), S. 45-50.

13 RMinAmtsblDtschWiss. 1936, Erlaß B v 22 W I L vom 25. Februar 1936, S. 143 und RMinAmtsblDtschWiss. 1937, Erlaß E III c 694 V vom 24. März 1937, S. 204.

3. Mangel an Kenntnis des Filmmaterials (Abhilfe sollte die Veröffentlichung von Filmverzeichnissen mit kurzen Inhaltsangaben und Beiheften bringen.)
4. Mangel an Verdunkelungsmöglichkeiten der Klassenzimmer (Biologie-, Physik- und Chemieunterrichtsräume waren aber in der Regel mit Verdunkelungsvorrichtungen ausgestattet.)

Interessanterweise läßt sich diese allgemeine Kritik eines geringen Einsatzes des neuen Unterrichtsmittels für den Chemieunterricht auch nicht bestätigen.

6.2. Die chemischen Unterrichtsräume

Zu Zeiten der Weimarer Republik wurden viele Unzulänglichkeiten bei chemischen Unterrichtsräumen, angefangen von Raummangel bis zu fehlender oder unzureichender Ausrüstung angeprangert. Verbesserungsvorschläge[14] konnten sich u.a. angesichts der ökonomischen Entwicklung jedoch nicht durchsetzen. Da die Staatliche Hauptstelle für den naturwissenschaftlichen Unterricht in Berlin ohne neue Räumlichkeiten ihrer Aufgabe aber nicht mehr gerecht werden konnte, wurden Ende 1930 aus finanziellen Gründen in einfachster Bauart vier Baracken für naturwissenschaftliche Unterrichtsräume (jeweils eine Baracke für Chemie, Biologie, Physik und Erdkunde) gebaut. Die Bedeutung dieser Baracken als Vorbildcharakter für Schulneu- und -umbauten wurde im nationalsozialistischen Deutschland hervorgehoben. Per Runderlaß vom 29. August 1933[15] ordnete das Reichserziehungsministerium an, daß vor Aufstellung eines Bauentwurfs die Hauptstelle ein Mitspracherecht hat. 1936 veröffentlichte die Staatliche Hauptstelle unter dem Titel „Die neuen Arbeitsräume der Hauptstelle als Muster für Bauberatung“ auf 136 Seiten eine genaue Beschreibung der Räume und Einrichtungen[16]. Die Seiten 14 bis 25 sind der Lage der Baracken, der Aufbauphase, den Problemen bei der Erstellung sowie dem Umzug aus den bisherigen Räumen gewidmet. Auf den Seiten 74 bis 93 wird Baracke III (Chemie) ausführlich beschrieben. Die Bekanntgabe der Raumaufteilung und der unter verschiedenen Möglichkeiten getroffenen Wahl an Materialien und Ausrüstungsmobiliar mit genauer Darlegung des für und wider, bilden den Hauptinhalt. Dem Chemie-Fachlehrer und Bauleiter sollte das Heft den Blick für wichtige Einzelheiten schärfen und gleichzeitig aufzeigen, „wie man auf die einfachste Weise und mit den bescheidensten Mitteln die Aufgaben der Schule erfüllt“ (S. 24). Den möglichen Besuch der Musterräume sollte das Heft jedoch nicht ersetzen. Per Ministerialerlaß vom 26. Juli 1937[17] wurde der 1933er Erlaß ergänzt. Um Fehlentwürfe von Bauplanungen zukünftig vollkommen auszuschließen, war nun ein genaues Form- und Genehmigungsverfahren vorgesehen.

---

14 Vgl. Volkmann, W.: Die Berechnung des Raumbedarfs für den naturwissenschaftlichen und erdkundlichen Unterricht. Heft 9 der Mitteilungen der Preußischen Staatlichen Hauptstelle für den naturwissenschaftlichen Unterricht. Leipzig 1928. Vgl. auch Kapitel 1.2.2.

15 Zentralblatt für die gesamte Unterrichtsverwaltung in Preußen. Berlin 1933, U II F 9026 U II C, S. 234.

16 Die neuen Arbeitsräume der Hauptstelle als Muster für Bauberatung. In: Mitteilungen der Staatlichen Hauptstelle für den naturwissenschaftlichen Unterricht, Heft 13. Leipzig 1936.

17 RMinAmtsblDtschWiss. 1937, E III c 236 II E III a, E I b vom 26 Juli 1937, S. 382.

Größe, Aufteilung und Einrichtung von chemischen Unterrichtsräumen wurden dann 1938/39 vom nationalsozialistischen Staat detailliert vorgeschrieben. Das amtliche Raumprogramm vom 21. April 1938 forderte[18]:
1 Lehr- und Übungsraum für Physik und Chemie, etwa 6 x 12 m,
1 Sammlungs- und Vorbereitungsraum für Chemie, etwa 6 x 6 m,
1 Werkstatt mit Dunkelkammer, etwa 6 x 6 m.
Die Vorbereitungs- und Sammlungsräume sollten so konzipiert sein, daß dort auch kleinere Arbeitsgemeinschaften abgehalten werden konnten. Bei zweizügigen Schulen hatten Chemie und Physik jeweils einen eigenen Lehr- und Übungsraum. Von dieser verbindlichen Anforderung durfte nur im Ausnahmefall abgewichen werden. Mindestforderung war jedoch, daß in den Unterrichtsräumen neben Demonstrationsunterricht durch den Lehrer auch Schülerübungen im Klassenverband abgehalten werden konnten.
Mit diesem Raumprogramm ergaben sich gegenüber den in der Weimarer Zeit propagierten Unterrichtsräumlichkeiten und selbst den 1930 aufgestellten Anforderungen an Chemieräume großer Oberrealschulen[19] zwei wesentliche neue Einstellungen:
1. Statt einer strikten Trennung von Übungs- und Lehrzimmer sind beide in einem Raum vereinigt. Damit wurde der Forderung in „Erziehung und Unterricht"[20] Rechnung getragen, die „chemischen Schülerübungen, die in den Unterricht organisch einzubauen sind" als „starke erzieherische Möglichkeiten" (S. 166) zu forcieren.
2. Die umstrittene Frage, ob Chemie räumlich mit Physik oder Biologie vereinigt werden sollte, um eine Fachklasse einzusparen, wurde zugunsten der Physik entschieden. Oberregierungsrat Heckel vom Reichserziehungsministerium[21] liefert hierfür in seinen Ausführungen zum Raumprogramm drei Gründe: Erstens würden chemische Dämpfe eine stärkere Gefahr für biologische Präparate als für physikalische Instrumente darstellen. Zweitens würden Chemie und Physik innerlich engstens zusammenhängen, was sich auch in den Bestimmungen von „Erziehung und Unterricht" widerspiegele. Drittens sei rein stundenplantechnisch, da die Physik eine geringere Stundenzahl als die Biologie aufweise, eine sinnvollere räumliche Nutzung gegeben.
Auf dieser Grundlage arbeitete die Staatliche Hauptstelle für den naturwissenschaftlichen Unterricht Richtlinien für die Einrichtung dieser Räume aus. Die wesentlichen Regelungen sind anhand eines Musters im Aufsatz „Die Räume für den naturwissenschaftlichen Unterricht nach dem amtlichen Raumprogramm für die höheren Schulen"[22] festgehalten[23]:

---

18 RMinAmtsblDtschWiss. 1938, E III c 19 vom 21. April 1938, S. 238.

19 Die Räume für den naturwissenschaftlichen Unterricht. In: Hane, M.: Der Schulbau. Normen, Richtlinien und Ratschläge für den Schulbau. Berlin 1931, S. 61-74. Der dort aufgeführte Runderlaß der Preußischen Unterrichtsverwaltung vom 30. Juni 1930 stimmt bei Gymnasien, kleinen Realgymnasien und kleinen Reformrealgymnasien schon in den grundsätzlichen Zügen eines mit Physik gemeinsamen Lehr- und Übungszimmers mit den 1938er Raumforderungen überein. Dies ist allerdings im Wesentlichen auf die in Kapitel 1 geschilderte äußerst geringe Chemiestundenzahl dieser Schultypen in der Weimarer Republik zurückzuführen.

20 Erziehung und Unterricht in der höheren Schule. Amtliche Ausgabe des Reichs- und Preußischen Ministeriums für Wissenschaft, Erziehung und Volksbildung. Berlin 1938. Siehe auch Kapitel 4.3.

21 Heckel: Das Raumprogramm für die höheren Schulen. In: RMinAmtsblDtschWiss. 1938, Nichtamtlicher Teil, S. 191-194.

22 Lips, R. / Scharf, R.: Die Räume für den naturwissenschaftlichen Unterricht nach dem amtlichen Raumprogramm für die höheren Schulen. In: RMinAmtsblDtschWiss. 1939, Nichtamtlicher Teil, S. 132-139.

23 Lips, R. / Scharf, R. (siehe Anm. 22), S. 135.

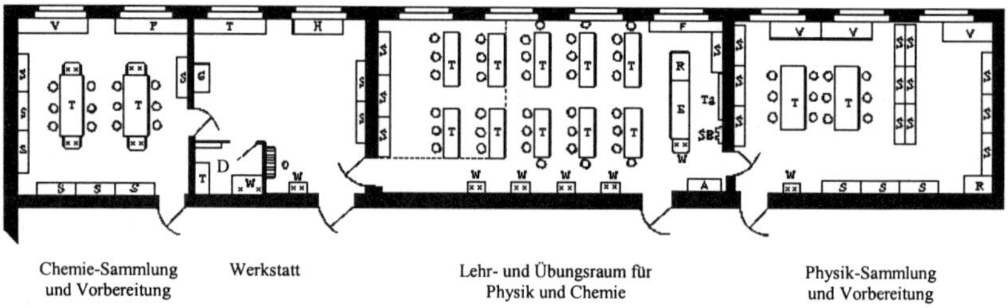

A = Beweglicher Abzug, D = Dunkelkammer, E = Lehrer Experimentiertisch, F = Fensterschrank, G = Glasblasetisch, H = Hobelbank, O = Ofen, R = Rolltisch, S = Schrank, SB = Schaltbrett, T = Tisch, Ta = Tafel, V = Vorbereitungstisch, W = Wasserbecken, ------ = Stufe von 15 cm Höhe.

Im Detail werden hier die Lage der Räumlichkeiten zueinander, die Einrichtung des Lehr- und Übungsraums, des Sammlungs- und Vorbereitungsraums und der Werkstatt geschildert. Angefangen von den Gas- und Elektrizitätsanschlüssen an den Arbeits- und Vorbereitungsplätzen, Wasserbecken und deren Gestaltung, dem genauen Bau und Maß sowie den Standplätzen von Schränken, Lehrer- und Schüler-Experimentiertischen, der Beschreibung eines Fensterschrankes zum Verschließen von Chemikalien, die leicht korrodierende Dämpfe abgeben, und der, mit Spezialschloß verschlossen auch als Giftschrank dienen kann, bis zur Beschreibung eines fahrbaren Gas-Abzuges und einer aus Gründen der Übersichtlichkeit eingebauten 15 cm hohen Stufe im Übungs-/Lehrsaal – nichts wird ausgespart. Der Chemielehrer erhält die Anweisung, „alle erdenkliche Sorgfalt bei der Vorbereitung und Ausführung von Versuchen walten zu lassen und dabei alles zu tun, was einem Entweichen von Säuredämpfen usw. in die Raumluft vorbeugen kann" (S. 137). Die Werkstatt u. a. mit Arbeitstisch, Hobelbank und Glasblasetisch ausgestattet, dient dem Zweck, daß der Lehrer kleinere Übungsgeräte selbst anfertigen kann. Auch dort könnten durch entsprechende bewegliche Arbeitstische für Arbeitsgemeinschaften noch Übungsplätze geschaffen werden, wird vorgeschlagen.

Noch 1941 gab Gotthelf Leimbach ein 158seitiges Buch über „Neuzeitliche Unterrichtsräume für die naturwissenschaftlichen Fächer"[24] heraus. Neben allgemeinen Vorstellungen für Neu- und Umbauten naturwissenschaftlicher Unterrichtsräume wurde speziell zweckmäßigem Mobiliar und Hilfsgerät im Chemieunterricht breiter Raum gewidmet. Die akribisch genau beschriebenen Vorschläge inklusive zahlreicher veranschaulichender Skizzen und Abbildungen, boten der Chemielehrerschaft hervorragende Anregungen zur Umsetzung geplanter Neuerungen. Hauptgrund für die Veröffentlichung dieses Werkes sei die Vermeidung von Fehlern, gab Leimbach im Vorwort bekannt. Durch das Heranziehen von unerfahrenen Handwerkern oder die Nachahmung von Mustereinrichtungen früherer Jahre würde weiter Geld verschwendet, das zugunsten anderer Aufgaben eingespart werden könne. Die dahinter stehende nationalsozialistische Intention steht ebenfalls im Vorwort:

„Der verlorene Weltkrieg hat in Deutschland über eine ganze Reihe von Jahren nicht nur die Zahl der naturwissenschaftlichen Unterrichtsräume neuer Schulen, sondern auch ihre Einrichtung sehr bescheiden werden lassen. Der Wiederaufstieg des geknechteten Landes, dessen gute schulische Grundlagen von jeher die Voraussetzung seiner technischen und wissenschaftlichen Erfolge gebildet haben, mit der nationalsozialistischen Bewegung und ihrem Siege im Jahre 1933 hat es den Schullastenträgern, Staat

24 Leimbach, G.: Neuzeitliche Unterrichtsräume für die naturwissenschaftlichen Fächer. Berlin 1941.

und Gemeinde, nach Aufbesserung ihrer Mittel für kulturelle Aufgaben ermöglicht, die Schule wieder wesentlich besser auszustatten. Der Deutschland 1939 aufgezwungene Krieg und seine bis heute schon errungenen Siege haben bereits zu einem großen Ausbau des Schulwesens geführt, dessen Einfluß der Endsieg noch gewaltig dehnen wird."

Die genauen Vorschriften für die chemischen Unterrichtsräumlichkeiten und die vielfältigen Veröffentlichungen hierzu zeugen von der großen Bedeutung, die diesem Bereich beigemessen wurden. Die Schulmänner der nationalsozialistischen Zeit hatten genau erkannt, daß optimierte Räumlichkeiten unabdingbare Voraussetzung waren, um den methodisch angestrebten aktiven Arbeitsunterricht schnellstmöglich zu verwirklichen.
Der „Jahresbericht der Staatlichen Hauptstelle für den naturwissenschaftlichen Unterricht" zeugt davon, daß dieses Engagement auch in den Anfangskriegsjahren intensiv betrieben wurde[25]. Mit fortschreitenden Kriegsjahren mußten diese Aktivitäten allerdings eingeschränkt werden bzw. kriegsbedingten neuen Prioritäten Platz machen, wie ein Schreiben der Staatlichen Hauptstelle vom 21. Dezember 1943 deutlich macht[26]:

„Durch die Einschränkung in der Herstellung von Lehrmitteln und durch die Verlegung von Schulen in Unterkünfte ohne besondere Einrichtungen für den Physik- und Chemieunterricht entstehen fast täglich neue Lagen. Den Schulen muß eine Hilfe geboten werden."

6.3. Laborgeräte und chemische Sammlungen

6.3.1. Theoretische Forderungen

1933 beschrieb Heinrich Rheinboldt, Bonn, Anforderungen an Apparate für den chemischen Unterricht[27]. Diese lassen sich zu folgenden vier Punkten zusammenfassen. Chemische Apparaturen haben erstens billig, zweitens möglichst selbst mit einfachen Mitteln herstellbar, drittens stabil, d. h. von langer Lebensdauer und viertens vielseitig einsetzbar zu sein. Acht durchaus aufwendige Apparaturen vom Röhrenofen bis zum Gasverdichter und einer Gasmeßglocke werden anschließend von ihm eingehend beschrieben. Mit diesen zur Vorbereitung von Lehramtskandidaten auf ihren zukünftigen Chemieunterricht gedachten Ausführungen zur Vereinfachung von Apparaturen, war Rheinboldt Vorreiter für dieses Hilfsmittel der Unterrichtsgestaltung im Schulbereich des Dritten Reiches.
Anläßlich der jährlichen Hauptversammlung des Deutschen Vereins zur Förderung des mathematischen und naturwissenschaftlichen Unterrichts fand regelmäßig eine Lehrmittelsammlung inklusive Ausstellung von Laborausstattung statt. Dort konnten sich die Chemielehrer über neue Gerätschaften und ihren Nutzen informieren. Dies diente dem Ziel, zukünftige brauchbare Anschaffungen, die mit dem für den Chemieunterricht vorhandenen Budget der jeweiligen Schule finanziert werden konnten, herauszusuchen. Die

25 Otto, H.: Jahresbericht der Staatlichen Hauptstelle für den naturwissenschaftlichen Unterricht. In: Unterrichtsblätter für Mathematik und Naturwissenschaften (1941), S. 16-20.
26 Dieses Schreiben wurde gefunden im BA Potsdam im Aktenordner-Band XXII von Januar 1943 bis Januar 1944. Generalia 4320, Wissenschaftliche Sachen 1 XXII, S. 47.
27 Rheinboldt, H.: Apparate für den chemischen Unterricht. In: Zeitschrift für den physikalischen und chemischen Unterricht 46 (1933), S. 97-105.

„Ausstellung genormter Geräte für den Chemieunterricht“[28], die Studienrat Georg Schindehütte[29], Frankfurt / Main, auf der 37. Hauptversammlung in Kiel 1935 mit Hilfe und Unterstützung der Deutschen Gesellschaft für chemisches Apparatewesen (DECHEMA) initiierte, sollte die durch Normung möglichen Rationalisierungsmöglichkeiten für den chemischen Unterricht aufzeigen. Grundsätze und Bedeutung der deutschen Normung waren auf Wandtafeln dargestellt und eine Ausstellung der gesamten bisher erschienenen Normblätter für chemisches Arbeitsgerät vermittelte einen Überblick über den Stand der Normung[30].

„Durch Gegenüberstellung einer umfangreichen Sammlung von genormten und ungenormten Geräten wurde dann weiter eindrucksvoll gezeigt, welch erhebliche Erleichterungen beim Experimentieren die Verwendung der in jeder Beziehung hochwertigen genormten Geräte mit sich bringt. Großes Interesse erweckte dabei vor allem eine größere Sammlung von Apparaturen mit wechselseitig austauschbaren genormten Schliffen.
Das Kernstück der Ausstellung bildete schließlich eine große Anzahl von Versuchsanordnungen, die aus einfachen Apparateteilen zusammengebaut waren, deren Besonderheit darin besteht, daß sie die gleichen Anschlußmaße wie die DENOG-Formen besitzen. Dabei wurden die sachlichen und methodischen Vorteile herausgestellt, die das Experimentieren mit derartigen vielseitig verwendbaren genormten Aufbauteilen an Stelle von fertigen Apparaten mit sich bringt.“

Karl-Edmund Dörmer beurteilte diese Ausstellung folgendermaßen[31]:

„Die Normung chemischer Geräte bedeutet für Schule und Industrie nicht nur eine Ersparnis an Geld, sondern auch an Zeit und Energie, die somit für andere Zwecke verfügbar bleiben. Über diese materiellen Vorteile hinaus bedeutet sie aber auch einen Fortschritt in schulmethodischer und erzieherischer Richtung.“

Schon kurz vor dieser Lehrmittelausstellung hatte Georg Schindehütte ein ausführliches Plädoyer für die Einführung der DIN-DENOG-Normung in den Chemieunterricht gehalten[32]. Das bisherige Wirrwarr auf dem Gebiet des chemischen Apparatewesens mit den mannigfaltigsten Formen und Glastypen könne mit einem Schlag durch eine einheitliche Normung der Glasgeräte beseitigt werden. Die sachlichen Vorteile seien größere Wirtschaftlichkeit und eine Arbeitsentlastung des Sammlungsverwalters, da die Sammlung an Übersichtlichkeit gewinne und Ersatzbeschaffungen leichter würden. Für

28 37. Hauptversammlung in Kiel. 3. Chemie und Geologie. In: Unterrichtsblätter für Mathematik und Naturwissenschaften 41 (1935), S. 178-180.
29 Den Gedanken der Rationalisierungsmöglichkeiten im Chemieunterricht, v.a. der rationelleren Ausgestaltung der Arbeitsräume und des Arbeitsgeräts unter dem Gesichtspunkt der Umformung des Unterrichts nach arbeitsunterrichtlichen Gesichtspunkten, hat Georg Schindehütte schon gegen Ende der Weimarer Republik 1931 auf der 33. Hauptversammlung des Vereins zur Förderung des mathematischen und naturwissenschaftlichen Unterrichts erläutert. Vgl. hierzu Schindehütte, G.: Wege zur Rationalisierung des Chemieunterrichtes. In: Unterrichtsblätter für Mathematik und Naturwissenschaften 37 (1931), S. 213-219. Volkmann, W.: Normung chemischer Glasgefäße. In: Zeitschrift für den physikalischen und chemischen Unterricht 44 (1931), S. 72-75. Schriftleitung. Berichte. Normung im Chemie-Unterricht. In: Zeitschrift für mathematischen und naturwissenschaftlichen Unterricht aller Schulgattungen 65 (1934), S. 104.
30 37 Hauptversammlung (siehe Anm. 28), S. 179.
31 Bericht über die 37. Hauptversammlung des Deutschen Vereins zur Förderung des mathematischen und naturwissenschaftlichen Unterrichtes vom 14. bis 18. April 1935 in Kiel. In: Zeitschrift für den physikalischen und naturwissenschaftlichen Unterricht 48 (1935), S. 237-240; hier S. 239.
32 Schindehütte, G.: Die Bedeutung der DIN-DENOG-Normung für den Chemieunterricht. In: Unterrichtsblätter für Mathematik und Naturwissenschaften 41 (1935), S. 122-129.

Lehrer und Schüler bedeuteten sie leichtere Versuchsdurchführungen beim Experimentalunterricht. Detaillierte Skizzen und Beispiele unterstreichen hierbei die Ausführungen. Vom methodischen Standpunkt aus könnten die durch die Apparaturen bedingten Versuchsfehler minimiert und durch die Verwendung besserer Glasmaterialien bisherige Gefahrenquellen reduziert werden. An die Stelle von Lehrmittelhandlungen gelieferter fertiger Apparate hätten vielseitig verwendbare Apparateteile zu treten, deren Anzahl möglichst gering zu halten sei, aus denen jedoch verschiedenste Versuchsanordnungen zusammengebaut werden könnten. Dies bedeute, der Schüler könne zu Exaktheit und sorgfältiger, genauer Beobachtung erzogen werden. Den erzieherischen Wert der Normung sah Schindehütte einmal im ästhetisch wohltuenden Anblick unbedingter Zweckmäßigkeit der Geräte, zum anderen im „ethischen Standpunkt" (S. 129). Dieser berge die nationalsozialistische Ausrichtung auf die von Hitler definierten Erziehungsziele in sich[33]:

> „Gemeinnutz geht vor Eigennutz!
> Wenn auf irgendeinem Gebiete des technischen und wirtschaftlichen Schaffens diese Forderung bereits erfüllt ist, dann ist es das Gebiet der deutschen Normung. Im Unterricht und vor allem auch bei Fabrikbesichtigungen, sollte man daher die Aufmerksamkeit der Schüler nicht allein auf die technischen Einzelheiten richten, sondern auch diese allgemeinen Fragen des technischen Schaffens in ihrer Bedeutung zeigen. Immer wieder müssen die Schüler zu der Einsicht gebracht werden, daß unsere Rohstoffe und unsere Energiequellen der Menge nach begrenzt sind, und daß es ein Verbrechen an der Volksgemeinschaft ist, wenn wir mit den vorhandenen Mitteln nicht möglichst haushälterisch umgehen. Unsere Arbeitskraft aber ist unser wertvollstes Gut, das uns zu kostbar sein sollte, als daß wir es vergeuden. Und gerade das will ja die Normung verhindern!
> Nichts ist bei der Erziehung so notwendig wie die Stärkung des Gefühles der Zusammengehörigkeit und der Verantwortung dem Ganzen gegenüber. Und wenn wir die Jugend in diesem Sinne beeinflussen wollen, dann kann uns hierzu aber auch die Einsicht in den Sinn und das Wesen der Normung verhelfen."

Die Normung chemischer Laborgeräte fand so ihre nationalsozialistische Begründung. Noch im gleich Jahr brachte Schindehütte eine Vorschlagsliste – inklusiver genauer Maße und Abbildungen – mit für den chemischen Schulunterricht notwendigen bzw. geeigneten DIN-DENOG-Glasgeräten heraus[34]. Gleichzeitig forderte er die Schulaufsichtsbehörden auf, sich „dafür einzusetzen, daß die Schulen soweit als möglich nur noch DENOG-Geräte verwenden" (S. 239).

Die Weiterentwicklung schulgerechten Arbeitsgerätes unter Vereinfachungs- und Praktikabilitätsgesichtspunkten nimmt auch in den folgenden Jahrgängen der chemiedidaktischen Zeitschriften breiten Raum ein[35]. Spezialgeräte wie beispielsweise der Kippsche Apparat wurden nach Möglichkeit durch einfachere Versuchsaufbauten ersetzt[36]. Auch

---

33 Schindehütte (siehe Anm. 32), S. 129.

34 Schindehütte, G.: Die Einführung der DIN-DENOG-Normung in den Chemieunterricht. In: Unterrichtsblätter für Mathematik und Naturwissenschaften 41 (1935), S. 239-247.

35 Vgl. hierzu z.B. Cuny, K. H.: Schulversuche zum Atemschutz mit genormten Geräten. In: Unterrichtsblätter für Mathematik und Naturwissenschaften 43 (1937), S. 51-54. Franck, W.: Der Gasreaktionskolben. In: Unterrichtsblätter für Mathematik und Naturwissenschaften 45 (1939), S. 280. Matouch, R.: Über Geräte und Normallösungen zur Maßanalyse. In: Praktische Schulchemie 1 (1936), S. 37-42 und S. 45-48.

36 Hierzu finden sich zahlreiche Vorschläge in den fachdidaktischen Zeitschriften. Vgl. hierzu z.B. Siebeling, W.: Ein billiger Kippscher Apparat. In: Zeitschrift für den physikalischen und chemischen Unterricht 46 (1933), S. 168 f. Matouch, R.: Ein neuer Gasentwicklungsapparat für den Schulgebrauch.

eine Reihe von Erklärungen, wie mit etwas handwerklichem bzw. handfertigem Geschick der Lehrer mit einfachen oder alltäglichen Mitteln Geräte herstellen kann, sind erwähnt[37]. Die Rubrik „Praktische Winke“ der Zeitschrift „Praktische Schulchemie“ befaßt sich u.a. mit unmittelbar umsetzbaren, möglichst einfachen Möglichkeiten, wie gefährliche oder schwierig zu handhabende Chemikalien aufbewahrt oder hergestellt werden können[38]. Weitere praktische Tips vervollständigen das Bild[39]. Nur in Sonderfällen besonders schwieriger Erklärung chemischer Gesetzmäßigkeiten mit Hilfe von Versuchsbeobachtungen und -auswertungen wurden noch „Spezialgeräte“ verschiedener Laboratoriumshersteller herangezogen[40].
Die zahlreichen Aufsätze über die Vereinfachung und Minimierung der Versuchsgerätschaft sind als durchaus fortschrittlich zu werten. Gleichzeitig stellen Sie jedoch aufgrund der dahinterstehenden Intention den Beweis dafür dar, daß selbst das chemische Schullaboratorium den nationalsozialistischen Erfordernissen untergeordnet wurde.

6.3.2. Die kriegsbedingte Realität

Die von Schindehütte geforderte staatliche Unterstützung findet sich jedoch erst mit Gründung der Reichsprüfstelle für Lehrmittel per Ministerialerlaß vom 19.3.1940 dokumentiert[41]. Diese sollte durch Überwachung von Vereinheitlichung und Normung „Fehlleitungen von Material, Arbeitskraft und öffentlichen Geldmitteln“ (S. 86) verhüten. Am 16. Juli 1940 erließ das Reichsministerium „Richtlinien für die Beschaffung von naturwissenschaftlichen Lehrmitteln für die Schulen“[42]. Sondervorschriften für Geräte- und Chemikalienausrüstung wurden mit der Begründung aufgestellt, daß die Kriegsbewirtschaftung der Rohstoffe und die Arbeitslage besondere Richtlinien auf dem Gebiet der Lehrmittelanschaffung bedürften. Den Schulen wurde auferlegt, ihr Budget insbesondere zur Anschaffung von Geräten aus nicht kriegsbewirtschafteten

---

In: Praktische Schulchemie 1 (1936), S. 23 f. Kruse, E.: Wasserstoff- und Kohlendioxydentwicklung in den Schülerübungen der Volks- und Mittelschulen. In: Praktische Schulchemie 1 (1936), S. 32 f. Ein neuer Gasentwicklungsapparat für den Experimentalvortrag und für chemische Übungen (D. R. P. Nr. 572894 nach Dr. Wunderlich). In: Praktische Schulchemie 4 (1939), S. 9-12.

37 In den Erlaß des Reichserziehungsministers vom 27. Dezember 1940 zur „Neuordnung des Vorbereitungsdienstes für das Lehramt an den Höheren Schulen im Deutschen Reich“ wurden Übungsstunden für Studienreferendare zur Instandhaltung und behelfsmäßigen Instandsetzung von Versuchsgerätschaft aufgenommen. Vgl. RMinAmtsblDtschWiss. 1941, S. 13.

38 Vgl. hierzu z.B. Aufbewahren von Brom. In: Praktische Schulchemie 2 (1937), S. 76, in Praktische Schulchemie 3 (1938), S. 15 und in Praktische Schulchemie 3 (1938), S. 56.

39 Vgl. hierzu z.B. Pietzker, K.: Kieselgel als Trockenmittel. In: Unterrichtsblätter für Mathematik und Naturwissenschaften 45 (1939), S. 107.

40 Vgl. hierzu z.B. Doermer, L.: Der Kolbenprober von Dr. M. Schmidt. Ein neues Gasmeßgerät für den chemischen Schulunterricht. In: Zeitschrift für den physikalischen und chemischen Unterricht 49 (1936), S. 247-255. In den folgenden Jahrgängen sind zahlreiche Untersuchungen mit dem Kolbenprober beschrieben. Vgl. hierzu auch Matouch, R.: Ein neuer Apparat zur Herstellung und zum Entzünden von Knallgasgemischen für den Schulgebrauch nach Dr. Wunderlich, DRGM. 1283841. In: Praktische Schulchemie 2 (1937), S. 17-19. Vgl. auch Wietig, E.: Über eine Vorrichtung zur Untersuchung der Volumenverhältnisse bei der Chlorwasserstoffsynthese. In: Zeitschrift für den physikalischen und chemischen Unterricht 52 (1939), S. 101 f.

41 Mitteilungen der Staatlichen Hauptstelle für den naturwissenschaftlichen Unterricht. Zum Erlaß E III a 553 II vom 19.3.1940. In: Unterrichtsblätter für Mathematik und Naturwissenschaften 46 (1940), S. 86 f. Siehe auch Kapitel 4.5.3.

42 RMinAmtsblDtschWiss. 1940, E III a 1140 E I, E II, E IV, E V, W vom 16. Juli 1940, S. 375.

Rohstoffen bzw. zur Instandsetzung vorhandener Apparate zu verwenden. Geräte aus kriegsbewirtschaftetem Material gab es für Schulen nur noch in streng limitierter Menge. Wie stark Schulanforderungen hinter den Kriegsanforderungen hintanzustehen hatten, zeigen deutlich die neuen Vorschriften über die Zuteilung von Chemikalien[43]:

„2. Chemikalien.

a) Anträge auf Belieferung mit den Chemikalien: Agar-Agar, Jod, Kaliumiodid, Jodoform, Kasein, Kampfer, Lithiumsalze, Strontiumsalze, Terpentin, Wismut, Bismutsalze, Tannin, Gallussäure, Platinasbest, Platinverbindungen, Chininsulfat, Knochenleim, Molybdän-, Wolfram- und Vanadinverbindungen, Glyzerin sind unter Verfügung des Namens der Lieferfirma, die vorher von der Schule benachrichtigt sein muß, an die Staatliche Hauptstelle für den naturwissenschaftlichen Unterricht, Berlin NW 40, Invalidenstraße 57-62, zu richten. Diese wird der Schule und der Lieferfirma ihre Entscheidung zugehen lassen. Handelt es sich um die Belieferung mit Glyzerin, so ist der Antrag unmittelbar, also ohne Fühlungnahme mit einer Firma, an die Staatliche Hauptstelle zu richten.

b) Folgende kriegsbewirtschaftete Chemikalien: Benzin, Toluol, Paraffin, Paraffinöl, Xylol, Vaseline können, da die Schulen in der Regel nur sehr geringe Mengen brauchen, vom Ortshandel ohne weiteres an die Schulen abgegeben werden. Sollte einer Schule die benötigte Menge verweigert werden, ist ein begründeter Lieferungsantrag mit Angabe der Lieferfirma an folgende Anschrift zu richten: Reichsstelle für Mineralöle, Berlin SW 68, Krausenstraße 22-24.

Alle Anträge auf kriegsbewirtschaftete Chemikalien sind auf den Bedarf etwa eines Jahres abzustimmen. Versuche mit solchen Chemikalien sind mit der geringstmöglichen Menge durchzuführen."

Die Staatliche Hauptstelle führte 1940/41 zahlreiche Schul-Beratungen über die zur Durchführung des Unterrichts wirklich erforderlichen oder wünschenswerten Lehr- und Hilfsmittel, Apparaturen und Geräte durch. Außerdem verfaßte sie u.a. eine chemische Grundstocksammlung[44]. Der Forderung nach einer möglichst einheitlichen Regelung für die Lehr- und Lernmittel-Gestaltung des Chemieunterrichtes von schulfachlicher Seite her, stand praktisch jedoch die notwendig gewordene Planung und Lenkung der Lehr- und Lernmittel-Beschaffung unter dem Gesichtspunkt der kriegswirtschaftlichen Verhältnisse immer mehr entgegen. So wurden mit dem Hinweis auf den Erlaß des Reichsministers E III a 1191 vom 19. Juni 1939 die Schulen sogar zur Metallspende aufgerufen[45]. Begründet wurde dies u.a. mit der Möglichkeit, die Schulen könnten so ihre Sammlungen von veraltetem Gerät befreien. Gemäß eines Erlasses vom 7. April 1943 mußten die allgemeinbildenden höheren Schulen Laboratoriumsgeräte, die ganz oder teilweise aus Platinmetallen bestanden, binnen eines Monats an eine Scheideanstalt veräußern[46]. Die Ausdünnung von chemischen Sammlungen und Laborgeräten fand schließlich durch die Verwendung für den chemischen Unterricht für Luftwaffen- und Marinehelfer einen Höhepunkt[47]. Studienrat Eitel Dehn berichtete 1944 anschaulich, welche Schwierigkeiten und neue Aufgaben der Unterricht der Luftwaffen- und Marinehelfer an Lehrer und Schüler stellt. Zwar sollte nach den amtlichen Anweisungen

43 RMinAmtblDtschWiss (siehe Anm. 42), S. 375.

44 Vgl. Jahresbericht der Staatlichen Hauptstelle für den naturwissenschaftlichen Unterricht. In: Unterrichtsblätter für Mathematik und Naturwissenschaften (1941), S. 16-20.

45 Betrifft Altmaterial. In: Unterichtsblätter für Mathematik und Naturwissenschaften (1940), S. 72.

46 Der Erlaß Z III a 584, E III vom 7. April 1943 wurde gefunden im BA Potsdam (jetzt BA Berlin) im Aktenordner 49-01/4342 REM, Berichte von Januar 1943 bis August 1944, S. 16. Der Erlaß wurde nicht im RMinAmtsblDtschWiss. veröffentlicht.

47 Dehn, E.: Zum naturwissenschaftlichen und mathematischen Unterricht der Luftwaffen- und Marinehelfer. Eine Aufforderung an alle, die solche unterrichten. In: Unterrichtsblätter für Mathematik und Naturwissenschaften (1944), S. 33 f.

die chemische Unterrichtung in Chemieräumen der eigenen oder einer in der Nähe der Stellung gelegenen fremden Schule erfolgen. Praktisch müßte der Unterricht jedoch häufig in den Stellungen der Jungen selbst erteilt werden, wobei der Mangel einer Gleichstromquelle, eines Wasseranschlusses oder das Fehlen einer chemischen Sammlung deutlich zutrage trete. Dehn forderte zur Selbsthilfe auf, d. h. Schulsammlungen sollten nach Möglichkeit ausgewertet werden. Ebenso könne der Lehrer im Auftrag des Unterrichtsträgers der Schule versuchen, die notwendigsten Geräte käuflich zu beschaffen, was jedoch häufig auf Schwierigkeiten stoße. Die Durchführung der vom Reichserziehungsministerium gemachten Vorschläge, die wichtigsten Experimentiergeräte mit allem Zubehör auf Wagen in die Stellungen zu schaffen, sei deshalb schnellstens Folge zu leisten. Da in den Stellungen jedoch primitivste Laboratoriumsbedingungen herrschten, forderte er alle Chemielehrer auf, der Zeitschrift „Mathematik und Naturwissenschaften im Unterricht" Versuchsvorschläge einzureichen, die sich möglichst einfach und leicht durchführen ließen.
Dehns Aufsatz zeigt deutlich, daß mit Fortschreiten der kriegsbedingten Bedrängnis Chemiesammlungen anderweitigen Zwecken zugeführt wurden und der Chemielehrer seinen normalen Schulunterricht damit nur noch unter sehr erschwerten Bedingungen durchführen konnte.

6.4. Das Experiment als Grundlage des Chemieunterrichts

Mengenmäßig dominieren in den chemiedidaktischen Zeitschriften detailgenaue Vorschläge für Laborversuche und deren Verbesserungen. Diese zahlreichen Vorschläge für Schulversuche, sowohl als Demonstrationsversuch des Lehrers, als auch in Selbsttätigkeit durch den Schüler, dokumentieren die große Bedeutung, die dem Experiment als Unterrichtsmittel beigemessen wurden.

6.4.1. Versuche zu Gas- und Luftschutz sowie Kampfstoffen

Wehrchemische Inhalte und Unterrichtsversuche dominierten zu Beginn des nationalsozialistischen Reiches. 15 Versuche zur „Luftschutzchemie" stellt 1933 John Empson, Hamburg, in den Unterrichtsblättern vor[48]. „Einige Versuche sind nicht neu und dürften bekannt sein, sie erscheinen hier nur ihrem Zweck entsprechend in neuem Gewande" (S. 327), leitet Empson seine Ausführungen ein. Tatsächlich sind in den Fachzeitschriften allerdings nur sehr wenig Versuche zu dieser Thematik schon vor der Machtergreifung zu finden[49].
Um Aufbau und Wirkungsweise der verschiedenen Gasmasken und ihrer Filter dem Schüler verständlich zu machen, schlägt Empson als Anschauungsmaterial gebrauchte

48 Empson, J.: Versuche zur „Luftschutzchemie". In: Unterrichtsblätter für Mathematik und Naturwissenschaften 39 (1933), S. 327-330.
49 Vgl. hierzu: Zeitler, H.: Neue Versuche mit Thermit. In: Zeitschrift für den physikalischen und chemischen Unterricht 40 (1927), S. 16-20. Doermer, L.: Die Synthese des Magnesiumsulfids (Ein gefährlicher Explosionsversuch). In: Zeitschrift für den physikalischen und chemischen Unterricht 42 (1929), S. 70-74. Weber, F.: Einfaches Modell eines Raketenwagens. In: Zeitschrift für den physikalischen und chemischen Unterricht 42 (1929), S. 267 f.

oder wegen zu langer Lagerzeit ausrangierte Atemfilter vor. Diese könnten von der örtlichen Feuerwehr oder von Industriebetrieben leicht kostenlos erhalten werden. Vielfach unter Zuhilfenahme ungefährlicherer Ersatzstoffe, die aber weitgehend chemische Analogie zu den gefährlichen Kampfgasen, Atemgiften bzw. Nebeln aufweisen, soll modellhaft das jeweilige Funktionsprinzip erläutert werden. Im einzelnen sind dies:

1. Chemische Bindung eines Gases (Absorption).
2. Physikalische Bindung (Adsorption) an Aktivkohle.
3. Herstellung eines Modells eines Atemfilters als Glasröhre, bei der eine Diatomitschicht (hochporöser gebrannter Ton) zur chemischen Bindung von sauren Gasen mit Alkalikarbonaten, zur chemischen Bindung von basischen Gasen mit Kupfersulfat-Lösung getränkt wird. Der allgemeine Schutz wird durch eine dicke Schicht von Aktivkohle bewirkt.
4. Als „Giftgas“ wird Ammoniakgas in das Gasmaskenmodell geführt.
5. Das Verhalten gegen Nebelstoffe („Blaukreuz-Kampfstoffe“) wird durch Einblasen von Zigarrenrauch simuliert. Der Zigarrenrauch geht ungehindert durch.
6. Mit Hilfe eines Wattepfropfes in einer Glasröhre und erneutes Einblasen von Zigarrenrauch, der diesmal zurückgehalten wird, wird das Prinzip eines Hochleistungsfilters erläutert.
7. Versuch 5 und 6 werden mit einer echten Gasmaske und einem echten Hochleistungsfilter wiederholt.
8. Die fortschreitende Erschöpfung und das „Durchschlagen“ eines Filters wird demonstriert.
9. Die Durchlässigkeit der Filter für Leuchtgas und Kohlenmonoxyd wird überprüft.
10. Die Wirkungsweise eines Kohlenmonoxyd-Filtergerätes wird aufgezeigt, indem eine Katalysator-Schicht (Gemisch aus Mangandioxyd und Kupferoxyd, auch Hypocalit genannt) das eingeleitete schnell tödlich wirkende Kohlenmonoxyd mit Hilfe von Luftsauerstoff zu unschädlichem Kohlendioxyd oxydiert.
11. Die Bindung des ausgeatmeten Kohlendioxyds durch gelöschten Kalk in Luftschutzräumen wird in einem 2-Liter-Stehkolben nachgestellt.

Weitere Versuche bestehen in der Erprobung der Tarnung (Vernebelung) durch Verbrennung von weißem Phosphor, der innerhalb weniger Augenblicke den gesamten Chemiesaal mit dichtem, aber verhältnismäßig harmlosem Phosphorpentoxydrauch füllt. Ebenso wird anschaulich geschildert wie eine Elektron-Thermit-Bombe hergestellt und im Freien in Sand gehüllt gezündet wird. Auch das Entzünden von Elektronmetall wie Natrium und Magnesium samt Verbrennung eines Holzbrettes, wird als Demonstrationsversuch ausgeführt. Zu guter letzt empfiehlt Empson noch, damit der Schüler sich einen Begriff von Geruch und Wirkungsweise der ehemaligen Kampfstoffe machen könne, die Fläschen der „Geruchstasche“ sowie die „Schwelpapiere“ der Firma Stoltzenberg in Hamburg.

Von der grundsätzlichen Intention und Versuchsart identisch, lediglich noch etwas ausführlicher und differenzierter in Versuchsauswahl und -durchführung sind die 1934 von Reinhold Scharf in der Zeitschrift für den physikalischen und chemischen Unterricht sowie die von Hermann Petzold in den Unterrichtsblättern veröffentlichten Schulversuche zum Luftschutz. Reinhold Scharf, Berlin, führt hierbei die auf dem 36. Herbstlehrgang der Staatlichen Hauptstelle für den naturwissenschaftlichen Unterricht vom 27.

September bis 7. Oktober 1933 durchgeführten Luftschutzversuche näher aus[50]. Antriebsfeder seiner zusätzlichen Veröffentlichung sei das bisherige Fehlen derartiger, auf direkte Nutzanwendung des Luftschutzes projizierter Versuchs-Ausführungen (S. 54):

„Der Luftschutzgedanke kann im Unterricht durch verschiedene Fächer gefördert werden, den größten Einfluß auf dieses Gebiet wird jedoch die Chemie haben. Sichtschutz, Gasschutz, Feuerschutz sind Teilgebiete, die nur vom chemischen Standpunkt aus in einwandfreier Form seitens der Schule behandelt werden können. Nun ist der Kern des naturwissenschaftlichen Unterrichts das Experiment, und gerade an Experimenten, die sich mit dem Thema „Luftschutz" befaßten, schien es bisher zu fehlen. Hierin Wandel zu schaffen, hatte ich mir zur Aufgabe gesetzt, und ich habe schließlich eine ganze Reihe Versuche gefunden, die sich für den gedachten Zweck eignen."

Von Interesse sind seine didaktisch-methodischen Anmerkungen: Zwar legt Scharf eine Versuchsrangfolge und - anordnung fest, er hält jedoch ein allmähliches Einstreuen derartiger Versuche in den Unterrichtsverlauf für sinnvoller (S. 54):

„Um zu einer Systematik der Versuche zu gelangen, gehe ich von der Konstruktion eines Gasmaskeneinsatzes aus. Damit soll nun nicht gesagt sein, daß ich es für zweckmäßig halte, im Unterricht in dieser Weise vorzugehen; man wird im Gegenteil bald hier bald dort einen der Versuche im Zusammenhange mit dem übrigen Unterricht ausführen und auf seine Bedeutung mit dem Gasschutz hinweisen. Auf solche Weise durch wiederholte Bezugnahme auf den Luftschutz wird für diese Gedanken mehr getan werden können, als wenn innerhalb von 14 Tagen oder 3 Wochen sämtliche Versuche auf einmal ausgeführt werden."

Wie wichtig mehr oder weniger spektakuläre, aber wenig komplexe wehrchemische Versuche zur Weckung chemischen Interesses beim Schüler einerseits und zur Hebung nationalpolitischer Gesinnung im nationalsozialistischen Sinne andererseits sind, macht auch Hermann Petzold, Berlin, in seinem Aufsatz deutlich[51]:

„Materialkunde, Sprengstoffe, chemische Kampfstoffe u.a.m. sind Teilgebiete des Aufgabenkreises, den unser chemischer Unterricht an seinem Teile im Rahmen des Luftschutzes zu erfüllen hat. Gerade hier hat der chemische Unterricht die Möglichkeit, durch einfache, durchsichtige Versuche Interesse und Verständnis bei den Schülern zu erwecken."

Scharfs insgesamt 20 Versuchsbeschreibungen sowie Petzolds 24 Experimente enthalten thematisch gesehen zusätzlich zu Empson die Prüfung der Schwere von Kampfgasen, die Nachstellung des historischen Chlorgasangriffs bei Ypern vom 22.4.1915, Herstellung eines Reizstoffes, die Prüfung auf Erschöpfung eines Schwebstofffilters (Hochleistungsfilters) samt Messung des Atemwiderstandes, Feuer- und Flammschutzmitteluntersuchungen sowie Erklärung und Prüfung von Sauerstoffgeräten.
Alfred Schmidt, Nürnberg, macht ebenfalls noch 1934 einen Vorschlag, wie Schüler anhand eines Modellversuches die Ausbreitung von Giftgas im Gelände untersuchen können[52]. Diese drei bzw. vier hier ausführlicher geschilderten Arbeiten legen praktisch den Grundstein für weitere Versuchsvorschläge, Verbesserung und Vertiefung der Ma-

50 Scharf, R.: Chemische Schulversuche zum Luftschutz. In: Zeitschrift für den physikalischen und chemischen Unterricht 47 (1934), S. 54-63.
51 Petzold, H.: Schulversuche aus dem Gebiete des Luftschutzes. In: Unterrichtsblätter für Mathematik und Naturwissenschaften 40 (1934), S. 368-373; hier S. 368.
52 Schmidt, A.: Einige Versuche über Gasschutz im Chemieunterricht. In: Unterrichtsblätter für Mathematik und Naturwissenschaften 40 (1934), S. 131-133.

terie in den folgenden Jahren[53]. So entwickelte 1938 etwa Wilhelm Flörke, Gießen, ein Gerät, das es ermöglicht, die Art, in der chemische Kampfstoffe durch Fliegerbomben zerteilt werden können, im Lehrsaal zu zeigen[54].
Die wenigen hier exemplarisch ausgewählten Versuchsschilderungen bieten ein lebendiges Bild des wehrchemisch orientierten Unterrichtes. Gleichzeitig sind diese Arbeiten ein Beleg dafür, daß dem Chemielehrer sehr schnell die nötigen Mittel an die Hand gegeben wurden, um dieses nicht unbedingt in allen Einzelheiten bekannte Terrain zu erarbeiten. Das neu erworbene Wissen sollte dann umgehend mit Hilfe anschaulicher und einprägsamer Experimente an den Schüler weitergegeben werden.
1942 findet sich in den Unterrichtsblättern erstmals – allerdings unter Bezug auf schon 1934 in einem Buch veröffentlichte Unterrichtsversuche – ein Aufsatz „Über eine gefahrlose Darstellung und Vorführung von Nitroglycerin“[55]. Die Durchführung mit Mengenangaben, ferner sinnvolle Schutzmaßnahmen und potentielle Gefahren werden genau beschrieben. Interessanterweise wurde erst kurz darauf in der gleichen Zeitschrift vom Leiter der chemischen Abteilung der Staatlichen Hauptstelle für Chemie Reinhold Scharf der Lehrer auf Bedingungen und Anforderungen an Sprengstoffversuche im Chemieunterricht aufmerksam gemacht[56]. Experimente mit Sprengstoffen zu denen Nitroglycerin, Schießbaumwolle u.a. zählten, müßten erstens mit strikten Vorsichtsmaßnahmen durchgeführt werden. Die geschilderte Nitroglycerin-Herstellung lasse dies noch vermissen, da die hergestellte Menge Sprengstoff bei unbeabsichtigter Detonation zu großen Schaden anrichten könne. Zweitens dürfte nicht gegen die Bestimmungen des „Sprengstoffgesetzes“ vom 9.7.1884 verstoßen werden, das von jedem, der selbst mit geringsten Mengen Sprengstoff experimentiere, einen polizeilich genehmigten „Sprengstofferlaubnisschein“ fordere. Diese Gesetzesvorschrift sei bisher mehr oder weniger in Vergessenheit geraten bzw. Verstöße hätte die Polizei nicht geahndet. Die Staatliche Hauptstelle habe sich – ohne Erfolg – bereits vor Jahren um eine allgemeine Ausnahmegenehmigung für den chemischen Unterricht bemüht. Da der Stoffplan der 8. Klasse der Oberschulen für Jungen des Gymnasiums die Behandlung von Sprengstoffen vorschrieb, wurden die Chemielehrer jetzt aufgefordert, bei der zuständigen Polizeibehörde einen Sprengstofferlaubnisschein zu beantragen.
Über die Beweggründe erst 1942 bei fortgeschrittenem Kriegsverlauf diese Sicherungs- und Vorsichtsmaßnahmen in Chemielehrerkreisen bekannt zu machen, läßt sich nur spekulieren.

6.4.2. Chemische Schulversuche zum Vierjahresplan

1. Versuche zu mineralischen Rohstoffen und Metallen:
Ein erster Ausblick auf Versuche zur besseren Rohstoffausnutzung findet sich schon 1935 im unmittelbaren Vorfeld zum Vierjahresplan. Rudolf Winderlich, Oldenburg, be-

---

53 Siehe hierzu die Anlage „Auflistung der festgestellten Versuche im Bereich Wehrchemie“.
54 Flörke, W.: Gerät zur Zerteilung von Kampfstoffattrappen. In: Zeitschrift für den physikalischen und chemischen Unterricht 51 (1938), S. 161 f.
55 Wunder, L.: Über eine gefahrlose Darstellung und Vorführung von Nitroglycerin. In: Unterrichtsblätter für Mathematik und Naturwissenschaften 48 (1942), S. 30-32.
56 Scharf, R.: Schulversuche mit Sprengstoffen. In: Unterrichtsblätter für Mathematik und Naturwissenschaften 48 (1942), S. 117-119.

handelt das Verfahren des „Schwimmaufbereiten" in drei Versuchen. Durch unterschiedliche Flotationsmittel soll gezeigt werden, wie auch recht arme Erze noch nutzbringend angereichert und verwertet werden können[57]. Die dahintersteckende Idee zeigt gleichzeitig die innige Verknüpfung von mineralogischen Lehrinhalten mit der Chemie und dem Vierjahresplan (S. 22):

„Die Einsicht, daß abgebaute Mineralien nicht nachwachsen, mußte notwendigerweise zu dem Wunsche führen, die Bodenschätze besser auszunutzen."

Wilhelm Flörke, Gießen, schildert 1938 ausführlich „Versuchsanordnungen zur Aufbereitung von Erzen und mineralischen Rohstoffen"[58]. Schließlich seien Aufbereitungsfragen, wie die Trennung der Erze von taubem Begleitgestein oder die Trennung gemengter Erze oder Mineralien zur Veredelung der Rohstoffe in Deutschland vordringlich, um die Ausbeute zu steigern und Fracht- und Verhüttungskosten zu sparen, lautet seine Begründung für die Nachahmung der verschiedenen Verfahren im chemischen Schulunterricht. Die physikalischen Verfahren durch mechanische Trennung nach unterschiedlichem spezifischen Gewicht, durch Schwimmaufbereitung (Flotation), durch Magnetabscheidung und das auf chemisch-physikalischer Grundlage beruhende Kruppsche Rennverfahren, bei dem Eisenerze in Drehrohröfen reduziert werden, werden erläutert. So läßt Flörke beispielsweise die naßmechanische Aufbereitung durch Trennung nach unterschiedlichem spezifischen Gewicht anhand eines natürlichen verwachsenen Erz-Handstückes oder einer Mischung aus Bleiglanz, Kupferkies und Marmor veranschaulichen. Die Versuchsdurchführung ist einfach: Man zerstößt die feste Mischung im Mörser, siebt den Anteil zwischen 1 und 2 mm heraus. Dieser wird in einem beidseitig offenen Glasrohr, das auf der einen Seite mit Hilfe eines Drahtnetzes das Mischgut trägt senkrecht in einen Standzylinder mit Wasser eingetaucht. Mit einem üblichen Gummiballgebläse wird die Wassersäule im Glasrohr mehrmals ruckartig angesaugt, wobei das Aufbereitungsgut aufgewirbelt wird. Beim Senken erfolgt eine leicht optisch erkennbare Sonderung in die drei Schichten Bleiglanz, Kupferkies und Marmor nach den unterschiedlichen spezifischen Gewichten. Beim Flotationsverfahren wird durch Versuche an sulfidischen Erzen, Schwefel, Kohle und Graphit, Bleiglanz und Zinkblende jeweils mit verschiedenen chemischen Sammlern, Schäumern und Drückern eine Schwimmfähigkeitsreihe aufgestellt.

Die großtechnische Herstellung von Aluminium durch elektrolytische Abscheidung aus dem Ausgangsstoff Aluminiumoxyd, das in geschmolzenem Kryolith aufgelöst ist, bricht Reinhold Scharf, Berlin, 1936 auf Schulebene runter[59]. Zur Schmelzpunkterniedrigung des Kryoliths (1000° C) solle in gleicher Menge Aluminiumfluorid zugesetzt werden, damit ein mit einem guten Gasbrenner erreichbarer Schmelzpunkt von 800 °C

---

57 Winderlich, R.: Schwimmaufbereiten. In: Zeitschrift für den physikalischen und chemischen Unterricht 48 (1935), S. 22.

58 Flörke, W.: Versuchsanordnungen zur Aufbereitung von Erzen und mineralogischen Rohstoffen. In: Praktische Schulchemie 3 (1938), S. 9-15.

59 Scharf, R.: Herstellung von Aluminium als Unterrichtsversuch. In: Zeitschrift für den physikalischen und chemischen Unterricht 49 (1936), S. 163-166. Einen Verbesserungsvorschlag bei dem statt des von Scharf verwendeten Eisentiegels ein Graphittiegel mit Wärmeschutzvorrichtung ein besseres Schmelz- und Endergebnis liefert, schildert Brandes, J.: Herstellung von Aluminium als Unterrichtsversuch. In: Zeitschrift für den physikalischen und chemischen Unterricht 53 (1940), S. 51 f.

die Versuchsausführung ermöglichen könne. In die flüssige Schmelze (Eisentiegel bildet Kathode) soll dann eine Bogenlampenkohle als Anode getaucht, für gut eine Stunde Gleichstrom mit einer Stromstärke von 8 Ampere angelegt und danach der Tiegel gekühlt werden. Die erstarrte Schmelze liefere viele kleine Aluminiumkügelchen.
Diese ausgewählten Beispiele der Metall- und Mineralienchemie zeigen u.a. deutlich auf, daß bevorzugt praxis- und industrierelevante Stoffe und Versuchsverfahren, in vereinfachter Form auf Schulebene besprochen und kopiert wurden.
2. Treibstoffversuche:
1936 führt Flohr, Gießen / Lahn, unter dem Gesichtspunkt, daß dieses Gebiet dem Chemielehrer noch weitgehend fremd ist, jedoch von den Behörden u.a. auch im Erlaß zur Behandlung der Luftfahrt im Unterricht gefordert wird, Versuche mit Kraft- und Schmierstoffen an.[60] Mit Benzin, Benzol, Alkohol, Petroleum und Gasöl sollen folgende Experimente durchgeführt werden:

1. Prüfung eines Kraftstoffes auf Reinheit (Papier-, Geruchs- und Schwefelsäureprobe);
2. Qualitative Analyse (Entfärbung von Drakorubinpapier);
3. Quantitative Analyse (Dimethylsulfat- und Schwefelsäuremethode);
4. Siedeanalyse;
5. Vergasbarkeit;
6. Klopfen - Klopffestigkeit (vorzeitige Zündung);
7. Gemischbildung;
8. Kältebeständigkeit (Gefrierpunkt);
9. Flammpunkt und Feuergefährlichkeit;
10. Öluntersuchung (Physikalische Untersuchung: Vereinfachte Viskositätsmessung; chemische Untersuchung: Verseifung)

In kurzen theoretischen Abhandlungen wird zusätzlich auf die daraus zu gewinnenden Erkenntnisse hingewiesen. So erfährt der Schüler beispielsweise praxisnah, daß ein zu großer Gehalt leichtsiedender Bestandteile das sogenannte Klopfen hervorruft, was den Motor in kürzester Zeit ruiniert. Ebenso wird aufgezeigt, daß Benzol aufgrund seines Gefrierpunktes als Treibstoff im Winter ungeeignet ist. Daneben empfiehlt Flohr als unterstützendes Unterrichtsmittel die Verwendung der von der Industrie herausgebrachten Tonfilme „Gläserner Motor" und „Kampf um Kraft".
Versuche zur Untersuchung der Klopffestigkeit eines Treibstoffes mittels eines selbst entwickelten Zündpunktprüfers aus einem umgebauten Heizkörper einer elektrischen Sonne[61] oder ganze Versuchsreihen, die für jeden Brennstoff die untere wie die obere Grenze der Explosionsfähigkeit ermitteln[62], zeigen die große Bedeutung dieses Treibstoffproblems auf.
Die Theorie und Praxis des Crackens hochmolekularer Kohlenwasserstoffe in niedrigsiedendere, mit kleinerer Molekulargröße, die als Motorentreibmittel (Benzine) Ver-

60 Flohr, F.: Einfache Versuche mit Kraft- und Schmierstoffen. In: Praktische Schulchemie 1 (1936), S. 25-31.
61 Vgl. hierzu Flörke, W.: Zündpunktprüfer für Treibstoffe. In: Praktische Schulchemie 3 (1938), S. 6-8.
62 Vgl. hierzu Scharf, R.: Die Bestimmung der Explosionsgrenzen von Benzin und anderen brennbaren Flüssigkeiten. In: Zeitschrift für den physikalischen und chemischen Unterricht 49 (1936), S. 78-80.

wendung finden, beschreibt 1938 Walter Kinttof[63]. Dabei wird auch das Kohlehydrierungsverfahren von Bergius, eine Kombination von Crack- und Hydrierungsverfahren nach denen verschiedene Kohleverflüssigungsanlagen, wie u.a. die Leuna-Werke arbeiteten, erwähnt. Kinttof erläutert ein für den Unterricht brauchbares Paraffin-Crack-Verfahren mit detaillierten Versuchsaufbauten, samt Skizzen, Versuchsdurchführung mit genauer Mengenbescheibung und Ausbeute-Ergebnissen. Neben dem Cracken „in flüssiger Phase", Cracken „in Dampfphase" und der anschließenden fraktionierten Destillation werden die erhaltenen flüssigen bis festen Crackprodukte nach Brennbarkeit untersucht und auf ungesättigte Kohlenwasserstoffe geprüft.
Noch detailliertere Vorschläge zur Versuchsdurchführung sowohl als Schau- als auch als Schülerversuch mit Erläuterung von Vorsichtsmaßnahmen und möglichen Störungen sowie eingehender Analyse u.a. auf erhaltene ungesättigte und aromatische Kohlenwasserstoffe, die für die Klopffestigkeit von Relevanz seien, macht 1939 Ludwig Doermer, Hamburg[64]. Während Kinttof empfiehlt neben dem Destillat lediglich das Crackgas durch Anzünden nachzuweisen, macht Dörmer eine qualitative und quantitative Analyse der bei der Erdöl-Spaltung entstehenden gasförmigen Kohlenwasserstoffe Propan und Butan und erläutert deren zusätzliche wirtschaftliche Bedeutung.
Helmut Lindner, Aue (Sachsen), schlägt 1937 drei Schulversuche zur „Technologie der Aktivkohle" vor[65]. Die Herstellung von Aktivkohle aus Sägemehl und auf einem zweiten Weg aus gewöhnlicher Kohle, Prüfung des Adsorptionsvermögens der entstandenen Aktivkohle sowie Benzolgewinnung aus Leuchtgas, das durch Aktivkohle geleitet wurde, werden ausführlich geschildert. Das Benzorbonverfahren zur Gewinnung von Benzol aus Leuchtgas wird zusätzlich großtechnisch anhand einer Skizze erläutert. Ziel sei es, im Zuge des Vierjahresplanes und des Aufbaues der heimischen Treibstoffwirtschaft jeden unnötigen Verlust von Abgasen, Lösemitteln und wertvollen Leuchtgasbestandteilen zu vermeiden. Dies sei ein wichtiger Lerneffekt für den Schüler[66]:

> „An diesem praktischen Beispiel wird dem Schüler schlagartig klar, worauf es gerade im Vierjahresplan ankommt und wie es möglich ist, einen hochwertigen Treibstoff dem Leuchtgas zu entziehen und einer wichtigeren Verwendung zuzuführen."

Die große Anzahl vorzufindender Treibstoffversuche in den fachdidaktischen Zeitschriften belegt die prioritätsmäßige Ausrichtung des Chemieunterrichtes auf nationalsozialistisch relevante Ziele.
3. Kunststoffversuche:
Unterrichtsversuche, die den Werdegang vom Rohstoff bis zum Fertigerzeugnis vor den Augen der Schüler abrollen ließen, waren im Rahmen der Kunststoffherstellung von Bedeutung. Schon 1933 schildert Hans Römisch, Dresden, einen anschaulichen Demonstrationsversuch zur Darstellung von Kunstseide. Die genaue Durchführung im Schulunterricht von der Herstellung der Spinnlösung über die Beschreibung des Spinnapparates aus dem je nach den verwendeten Versuchsparametern ein meterlanger, mehr

63 Kinttof, W.: Das Crackverfahren im Unterricht (mit Versuchen). In: Praktische Schulchemie 3 (1938), S. 25-32.
64 Doermer, L.: Ein einfacher Crackversuch (Paraffinölspaltung). In: Zeitschrift für den physikalischen und chemischen Unterricht 52 (1939), S. 17-21.
65 Lindner, H.: Zur Technologie der Aktiv-Kohle. In: Praktische Schulchemie 2 (1937), S. 25-30.
66 Lindner (siehe Anm. 65), S. 30.

oder weniger feiner Faden hervorquillt, wird dargelegt[67]. „Die Herstellung von Kunstharzen im Schulversuch" beschreibt 1935 der schon bei den Treibstoffversuchen genannte Helmut Lindner[68]. In enger Anlehnung an die Verfahren der Industrie läßt er „Edelbakelit" in einem einfachen Becherglasversuch aus Phenol, Formaldehyd und Kalilauge unter Wärme-Härtung des entstehenden honigartigen Vorproduktes herstellen. Sein Resümee lautet: Es wirke auf die Schüler sehr eindrucksvoll, wenn aus stark riechenden und wasserlöslichen Reagenzien allmählich hornartige, wasserunlösliche Massen entstehen.

Nach der Verkündung des Vierjahresplanes häufen sich die Versuchsausführungen zu dieser Thematik. Es setzte ein reger Erfahrungsaustausch mit zahlreichen Verbesserungsvorschlägen zu Reagenzien, zu verwendenden Ausgangsstoffen, Art des Fällbades, Konstruktion des Spinn-Apparates sowie Zeit- und Arbeitsaufwand ein, um in Aussehen, Handhabung, Reißfestigkeit und Stärke einen dem technischen Produkt vergleichbaren Faden bei der Kunstseidenherstellung zu erhalten[69]. Neben dem Kupfer-Verfahren wird auch das industriell gebräuchlichere Viskose-Verfahren für Schulversuche eingesetzt[70]. 1942 beschreibt Hans Golombeck von der Staatlichen Hauptstelle für den naturwissenschaftlichen Unterricht, Berlin, die weitere Möglichkeit der Darstellung von Kunstfasern nach dem Azetatverfahren in einem ausführlichen Schulversuch bis zur Spinnlösung[71]. Golombecks Anmerkung, daß die Herstellung azetonlöslichen Zelluloseacetats (Azetylzellulose) im Schullaboratorium bisher noch nicht beschrieben worden sei, ist allerdings nicht ganz richtig. Speziell für den Schulunterricht hat schon 1937 Helmut Lindner, Aue, die Herstellung von Azetatseide (Azetylzellulose) in Theorie in Praxis mit genauer Versuchsvorschrift besprochen[72]. Im einzelnen waren dies:

Versuch 1: Herstellung eines chloroformlöslichen Triacetats.
Versuch 2: Herstellung eines Azetatfilmes.
Versuch 3: Spinnen von Fäden (Kunstseide).
Versuch 4: Herstellung eines azetonlöslichen Azetates.
Versuch 5: Herstellung azetonlöslicher Filme.
Versuch 6: Spinnen azetonlöslicher Fäden (Azetatseide).
Versuch 7: Herstellung einer Lösung von Azetatseide.
Versuch 8: Erkennung von Azetatseide: Brennprobe.

---

67 Römisch, H.: Das Spinnen von Kunstseide als Schulversuch. In: Zeitschrift für den physikalischen und chemischen Unterricht 46 (1933), S. 27-30.

68 Lindner, H.: Die Herstellung von Kunstharzen im Schulversuch. In: Zeitschrift für den physikalischen und chemischen Unterricht 48 (1935), S. 215 f.

69 Vgl. hierzu Scharf, R.: Herstellung von Kunstseide nach dem Kupferverfahren. In: Zeitschrift für den physikalischen und chemischen Unterricht 49 (1936), S. 119-120. Scharf, R.: Herstellung von Kunstseide nach dem Kupferverfahren. In: Zeitschrift für den physikalischen und chemischen Unterricht 50 (1937), S. 21 f. Schneeweiss, V.: Versuche zur Kunstfasererzeugung. In: Unterrichtsblätter für Mathematik und Naturwissenschaften 43 (1937), S. 184-185. Flohr, F.: Herstellung gleichmäßiger Kunstseidenfäden. In: Praktische Schulchemie 3 (1938), S. 47.

70 Vgl. hierzu Zeidler, W.: Das Viskose-Verfahren. In: Unterrichtsblätter für Mathematik und Naturwissenschaften 44 (1938), S. 262-264. Vor der Machtergreifung existiert schon eine entsprechende Veröffentlichung mit der experimentellen Behandlung von Kunstseide, Viskoseseide, Kupferseide und Nitratseide von Mannheimer, E.: Experimentelle Studien zum Chemieunterricht (II). In: Unterrichtsblätter für Mathematik und Naturwissenschaften 37 (1931), S. 2-4.

71 Vgl. hierzu Golombeck, H.: Kunstfasern nach dem Azetatverfahren. In: Unterrichtsblätter für den mathematischen und naturwissenschaftlichen Unterricht 48 (1942), S. 45 f.

72 Lindner, H.: Azetylzellulose. In: Praktische Schulchemie 2 (1937), S. 77-81.

Versuch 9: Erkennung von Aazetatseide: Färbeprobe.
Versuch 10: Erkennung von Azetatseide: Löslichkeit.
1939 stellte Kurt Schmidt, Brünn, schnell und einfach, d.h. ohne lange Vorbereitung durchzuführende Schulversuche zu weitgehend jeder Kunststoffklasse zusammen[73]. Den Hintergrund dieser für jeden Chemielehrer aufgrund der kompakten, übersichtlichen Zusammenstellung wertvollen Unterrichtsanregung[74] gibt Schmidt in seinen Eingangssätzen[75]:

„Der Vierjahresplan fordert Unabhängigkeit von ausländischen Rohstoffen. Demzufolge hat die deutsche Kunststoffindustrie einen ungeahnten Aufschwung erlebt und wir treffen im täglichen Leben ständig auf neue deutsche Kunst- und Werkstoffe. Daraus ergibt sich die Notwendigkeit, die Jugend im Unterricht mit den Grundlagen der Kunststoffe vertraut zu machen. Da es aber Bestreben jeden Lehrenden sein muß, den Unterricht durch möglichst viele Versuche zu beleben, sollen im folgenden einige für den Anschauungsunterricht geeignete Versuche angeführt werden."

Mit genauer Reagenzien-, Gerätschaft- , Durchführungs- und sogar Zeitangabe für die einzelnen Herstellungs-Versuche werden folgende Kunststoffe inklusive kurzer theoretischer Erklärungen besprochen:

A. Kondensationsprodukte.		
1. Phenoplaste.	a) Alkalische Kondensation (Bakelite)	2 Versuche
	b) Saure Kondensation (Novolacke)	1 Versuch
2. Aminoplaste.		3 Versuche
3. Pollopas.		2 Versuche
4. Glyptal.		1 Versuch
B. Polymerisationsprodukte.		1 Versuch

Zu Pollopas und anderen Preßstoffen sind weitere ausführliche Aufsätze mit genauer Experimentbeschreibung zu finden[76]. Die Herstellung von Kupferkunstseide (nach dem Verfahren der Firma I. P. Bemberg, Barmen), von Viskosekunstseide (nach dem Verfahren der Vereinigten Glanzstoffabriken, Elberfeld) und von Kunstharz (Bakelit, Trolon, Dekorit, Leukorit, Herolith, die im Rahmen des Vierjahresplanes auch als Metallersatz für kleine Gebrauchsgegenstände benutzt würden) sah auch Hermann Wüstner, Chemnitz, in seinem 1938 veröffentlichten Aufsatz „Chemisch-technologische Versuche im Rahmen des Vierjahresplanes" als essentiell an[77]. Wesentlicher als die Versuchsdurchführungen im einzelnen erscheinen hier jedoch, die dem Schüler zu vermittelnden Zusätze und Anmerkungen. So soll etwa bei der Besprechung des Kupferkunstseide-Verfahrens, dem Schüler mitgeteilt werden, daß Versuche eingeleitet worden sind, „auch aus deutschen Hölzern Zellulose zu gewinnen, die für die Fabrikation von Kunst-

---

73 Schmidt, K.A.F.: Moderne Kunststoffe im Chemieunterricht. In: Zeitschrift für den physikalischen und chemischen Unterricht 52 (1939), S. 181-185.
74 Ebenso klar und übersichtlich gehalten sind die in Form eines Kochgangs aufgebauten „Farbreaktionen zur Kennzeichnung von Kunststoffen" des gleichen Autors. In: Zeitschrift für den physikalischen und chemischen Unterricht 53 (1940), S. 71-75.
75 Schmidt (siehe Anm. 73), S. 181.
76 Vgl. hierzu Lindner, H.: Die Herstellung von Pollopas im Schulversuch. In: Praktische Schulchemie (1936), S. 21-23. Scharf, R.: Preßstoffe. In: Unterrichtsblätter für Mathematik und Naturwissenschaften 46 (1940), S. 145-147.
77 Wüstner, H.: Chemisch-technologische Versuche im Rahmen des Vierjahresplanes. In: Praktische Schulchemie 3 (1938), S. 1-6.

seide geeignet ist." (S. 1). Das dies gelang und wie dies großtechnisch und auf Schulebene umgesetzt werden konnte, beschrieb Reinhold Scharf noch im gleichen Jahr in ausführlichen Arbeitsvorschriften[78].
Gerade am Beispiel der hier bewußt weitgehend vollständig aufgezählten Veröffentlichungen der chemischen Versuche zur Kunstfasererzeugung und ihrer allmählichen Verbesserungen im Schullabor wird deutlich, welches Gewicht dieses Thema im Chemieunterricht einnehmen sollte. Es zeigt auf, wie der Chemieunterricht sich auf Versuchsebene fortentwickelte und dabei immer den praxisnahen Industriebedürfnissen angepaßt wurde.

4. Versuche zur Landwirtschaftlichen „Erzeugungsschlacht"

In einer ausführlichen Abhandlung bespricht Nelkenbrecher, Berlin-Spandau, 1935 „Die Bodenazidität in Unterrichtsversuchen"[79]. Die sechs z. T. stöchiometrischen Aufgaben und 31 geschilderten Versuche sollen praktisch in Form eines Lehrgangs für Schüler den empfindlichen Organismus des Ackerbodens aufzeigen. In wissenschaftlich korrekter Form und ohne nationale oder gar nationalsozialistische Tendenzen offen zu zeigen, werden Basenverlust der Ackererde – u.a. durch Düngemittelausstreuung –, Folgen der Basenverarmung, Versauerung von Humusböden, Ermittlung der Bodenreaktion mit Universalindikatoren oder pH-Metern, Pufferungsvermögen des Bodens, Einfluß der Bodenreaktion auf das Pflanzenwachstum und Beseitigung der Bodenversauerung geprüft und zusätzlich theoretisch erläutert. Der Schüler soll bei dieser Quervernetzung von physikalischen, chemischen und biologischen Vorgängen lernen, daß „die Abhängigkeit des Pflanzenwachstums von der Bodenreaktion ... eine betriebswirtschaftliche Frage von großer praktischer Bedeutung" (S. 255) ist. „Es ist möglich, die Ernteerträge zu steigern, indem man durch quantitative Kalkung und entsprechende Auswahl der Düngemittel die Bodenreaktion der angebauten Pflanze anpaßt." (S. 255), schreibt Nelkenbrecher. Damit war schon früh die landwirtschaftliche Erzeugungsschlacht als Versuchsobjekt in den Unterricht integriert.
Konkrete Arbeitsvorschriften zur Messung von Eisen, Kalk, Stickstoff, Nitrat, Phosphat und pH-Wert im Schullabor oder auch mit Hilfe eines transportablen Untersuchungskastens (Feldlaboratorium) inklusive Auswertung und Interpretation der Ergebnisse lieferte 1940 Fritz Tödt, Berlin[80]. Hintergrund dieser einfachen und schnell durchzuführenden Boden- und Wasseruntersuchungen war folgender Sachverhalt[81]:

> „Eine möglichst gute landwirtschaftliche Ausnutzung des Bodens ist in hohem Maße von der schnellen Ausführbarkeit und der einfachen Handhabung von Bodenuntersuchungen abhängig. Es handelt sich hierbei um vorwiegend chemische Untersuchungsmethoden, welche heute bereits eine derart tiefgreifende Bedeutung für das Volkswohl erlangt haben, daß sie durch einen Erlaß des Reichsministers für Ernährung und Landwirtschaft vom 1. April 1940 in Deutschland allgemein vorgeschrieben wurden. Und zwar hat man hierbei zunächst den Kalk- und Phosphatbedarf des Bodens erfaßt, weil diese beiden Methoden einfach genug für Massenuntersuchungen sind."

78 Scharf, R.: Holz - Zellstoff - Zellwolle. In: Zeitschrift für den physikalischen und chemischen Unterricht 51 (1938), S. 155-161.
79 Nelkenbrecher, R.: Die Bodenazidität in Unterrichtsversuchen. In: Zeitschrift für den physikalischen und chemischen Unterricht 48 (1935), S. 241-257.
80 Tödt, F.: Einfache Untersuchungen von Boden und Wasser. In: Unterrichtsblätter für Mathematik und Naturwissenschaften 47 (1941), S. 40-45.
81 Tödt (siehe Anm. 80), S. 40.

1942 veröffentlichte Richard Fabry, München, „Einige wichtige bodenkundliche Versuche für den naturwissenschaftlichen Unterricht“, die letztlich auf von der Staatlichen Hauptstelle für den naturwissenschaftlichen Unterricht herausgegebenen schulbodenkundlichen Hilfsbüchern beruhten[82]. Hier stehen das Ansprechen der Bodenart, die Abschätzung des Kalkgehaltes und die Beurteilung der Humusform im Schulortgebiet im Vordergrund. Im einzelnen lief dies auf folgende Untersuchungen hinaus:

I. Ansprechen der Bodenart.

„Überblick“ über Körnungsaufbau des Bodens und sandige (steinige), lehmige und tonige Bodenarten. Versuche: „Schätzung der Korngrößenanteile durch Fingerprobe“ (S. 140), „Waldschlämmanalyse“ nach A. von Kruedener (S. 141). „Auswertung“ samt wirtschaftlicher Nutzanwendung.

II. Abschätzung des Kalkgehaltes.

„Überblick“ mit Erkenntnis, daß Kalk der Versäuerung entgegenwirkt, Humusstoffe absättigt und Boden guter Krümmelung liefert, d.h. beste Bedingungen für Pflanzenwuchs. Versuch: „Salzsäureprobe zur Feststellung des Kalkgehalts“ (S. 142). „Auswertung“ samt Erkenntnis, „daß der größte Teil der deutschen Kulturböden als kalkarm bezeichnet werden muß“ (S. 143) und zur Gesunderhaltung unbedingt der Kalkung bedarf.

III. Beurteilung der Humusform.

„Überblick“ über Unterschied zwischen Dauerhumus und Rohhumus. Versuch: „Schätzung der Humusstabilität nach A. Hock“ (S. 143). „Auswertung“.

Ziel dieser mit der Biologie verwebten Unterrichtseinheit war, alle Maßnahmen der Bodenkultur, der Ackerwirtschaft, der Düngung, der Fruchtfolge in der betrieblichen Planung dem Schüler durch Versuche zu vermitteln, welche die natürliche Bodenkraft erhalten und die verloren gegangene „alte Kraft“ des Standortes wiederherstellen bzw. heben (S. 144).

Dem Chemielehrer lag somit ausreichend Material vor, um die für die nationalsozialistische Zielsetzung so wichtige landwirtschaftliche Erzeugungsschlacht mit ihren Auswirkungen praxisnah zu verdeutlichen.

Im weiteren Sinne auch zur Erzeugungsschlacht zu rechnen, ist die Herstellung von Holzzucker[83]. Reinhold Scharf beschreibt 1937 für die Schule einen Demonstrationsversuch, bei dem das technisch angewendete Bergius-Verfahren ausprobiert wird. Sägespäne werden mit konzentrierter Salzsäure übergossen, geschüttelt und die Lösung nach einiger Zeit vom sich abscheidenden unlöslichen Lignin abfiltriert. Nach schwacher Alkalisierung der Lösung mit Natronlauge könne mit Fehlingscher Lösung Zucker nachgewiesen werden. Durch Aufschluß des Holzes mit der Säure wurde die Zellulose zu einfachen Zuckern hydrolysiert. Zum Hintergrund dieses Schulversuches führt Scharf aus, im Rahmen des Vierjahresplanes habe unter Autarkiegesichtspunkten die Erzeugung von Zucker aus Holz, obwohl Wirtschaftlichkeit nicht zu erzielen sei, erhöhte Bedeutung gewonnen. Holzzucker könne zu Spiritus weiterverarbeitet werden, der als

82 Fabry, R.: Einige wichtige bodenkundliche Versuche für den naturwissenschaftlichen Unterricht. In: Unterrichtsblätter für Mathematik und Naturwissenschaften 48 (1942), S. 140-144. Die Arbeitsvorschriften stammen aus Fabry, R.: Bodenkunde für Schule und Praxis. München 1940 bzw. Kolkwitz, R. / Tödt, F.: Einfache Untersuchungen von Boden und Wasser mit Ausblicken auf die Boden- und Gewässerkunde. Jena 1941.

83 Scharf, R.: Holzzucker. In: Zeitschrift für den physikalischen und chemischen Unterricht 50 (1937), S. 202-204.

Treibstoffzusatz die Benzineigenschaften verbessere. Für die „Erzeugungsschlacht" habe Holzzucker zusätzlich Bedeutung als Mittel zur Erzeugung von Futterhefe, also eiweißhaltigem Kraftfutter, sowie zur Erzeugung eiweißhaltiger Nahrungsmittel erhalten. Gleichzeitig veranschaulichen diese Beispiele eines sehr deutlich: Werden nur die Versuche an sich betrachtet, erscheinen sie neutral, sie beruhen auf logischer chemischer Grundlage. Erst das Zusammenspiel mit Anwendungshinweisen und weiteren Hintergrundinformationen, teils auch historische Erläuterungen zum Versuch, machen die einseitige Ausrichtung der meisten Experimente auf von den Nationalsozialisten gesetzte Ziele offensichtlich. Ganz geschickt sollte die geplante Indoktrination der Jugend damit vonstatten gehen.

5. Versuche zur Thematik „Altstoffsammlung und -verwertung":

Chemische Versuche mit Alt-Metall schildert 1937 Robert Maurer, Würzburg[84]. Aus der vaterländischen Pflicht mit Metallen zu sparen, schlägt er vor, Unterrichtsversuche statt mit dem selten gewordenen Stanniol mit leeren Zinn- oder Aluminiumtuben (Haushalts- und Zahnpasten-Tuben) durchzuführen. Dem Chemielehrer böte sich damit die gute Gelegenheit, die unterschiedlichen physikalischen und chemischen Eigenschaften der beiden Metalle Zinn und Aluminium im chemischen Arbeitsunterricht ermitteln zu lassen und gleichzeitig aufzuzeigen, wie sonst achtlos beiseite geworfenes Metall im Unterricht nutzbringend verwendet werden könne. Als chemische Versuche zur Unterscheidung der Tubenmetalle empfiehlt er die Tenardsblau-Reaktion sowie die Einwirkung starker Salpetersäure. Auch gesammelte Metall-Flaschenhülsen, die meist aus einer Legierung aus Zinn und Blei bestünden, empfiehlt er für Löt- und analytische Trennungsversuche. Der Zinn-Nachweis erfolgt mit starker Salpetersäure als weiße Zinnsäure, Blei wird als Bleisulfat oder Bleichromat gefällt. Der verkohlende Lackanstrich zeige den erwünschten Schutz vor Oxydation.

Die ausreichende Versorgung mit Fetten und Ölen und die Schließung der Fettlücke im Rahmen der Besprechung des zweiten Vierjahresplans spielten ebenfalls eine bedeutende Rolle. Hermann Wüstner beschreibt in seinen schon erwähnten chemisch-technologischen Versuchen zum Vierjahresplan 1938 die Bedeutung der Fetthärtung[85]. 1934 hätten noch für 330 Millionen Reichsmark Fette und Öle einschließlich Butter eingeführt werden müssen. Nur ganz allmählich werde es der Landwirtschaft möglich sein, diese Fettlücke zu schließen. Die deutsche Chemie ermögliche es aber billige Öle und Lebertrane in höherwertige Fettsäuren umzuformen, die zwar noch nicht im Ernährungssektor, jedoch in der Seifenindustrie und Anstrichtechnik Verwendung fänden. Die Überführung der ungesättigten Fettsäuren Ölsäure, Physetölsäure und Clupanodonsäure in die gesättigten Fettsäuren Palmitin- bzw. Stearinsäure durch Anlagerung von Wasserstoff im statu nascendi bei höherer Temperatur unter Verwendung eines Metallkatalysators wird anschließend per genauer Versuchsbeschreibung durchgeführt.

1939 schlägt Kurt Korn, Berlin-Neukölln, die Gewinnung von Öl aus Kaffeesatz mit dem Soxhletschen Fettextraktionsapparat als Unterrichtversuch vor[86]. Die Schüler könnten dadurch in das Verständnis der Autarkiebestrebungen eingeführt und gleichzeitig

84 Maurer, R.: Alt-Metall im Chemieunterricht. In: Unterrichtsblätter für Mathematik und Naturwissenschaften 43 (1937), S. 235.

85 Wüstner (siehe Anm. 77), S. 3 f.

86 Korn, K.: Gewinnung von Öl aus Kaffeesatz mit dem Soxhletschen Fettextraktionsapparat. In: Unterrichtsblätter für Mathematik und Naturwissenschaften 45 (1939), S. 250 f.

zum Abliefern von Kaffeesatz angeregt werden, der derzeit von Großbetrieben und vielen Schulen gesammelt werde. Es folgt eine genaue für eine Unterrichtsstunde konzipierte Versuchsbeschreibung, bei der getrockneter Kaffeesatz durch Wasser und Schwefelkohlenstoff ausgelaugt wird. Der Rückstand bestehe im wesentlichen aus Zellulose und werde in der Technik an Stelle des wertvollen Holzmehles in der Kunststoffindustrie weiterverwendet[87]. Mit dem Ziel bei Unterrichtsversuchen als Ausgangsstoffe für weitere Synthesen aus anderen Produktionsgängen entstehende Abfallstoffe oder auch minderwertige Rohstoffe zu verwerten, wird der Grundgedanke der „Abfallsammlung und -verwertung“ im Chemieunterricht somit direkt umgesetzt.
Die hier aufgrund der Versuchsfülle zum großen Teil nur exemplarisch angeführten Beispiele belegen die starke technisch-wirtschaftliche Ausrichtung der chemischen Schulversuche. Dem Chemielehrer lagen ausreichend Anregungen für wirtschaftlich relevante Synthesen und Analysen sowie zur optimalen Rohstoffausbeute vor, um den chemischen Anforderungen des Vierjahresplanes im Unterricht der verschiedenen Klassenstufen gerecht zu werden[88].

6.4.3. Versuche zur Haushaltschemie

Waschmitteluntersuchungen widmete sich Wilhelm Flörke, Gießen, 1938 mit dem Aufsatz „Über den Sauerstoffnachweis im Persil“ und 1939 mit der ergänzenden Versuchsreihe zur allgemeinen Untersuchung eines Waschmittels[89]. Flörke schildert hierbei eine Methode der quantitativen und qualitativen Untersuchung, die von ihm im Klassenunterricht erprobt worden sei und ohne großen Zeitaufwand ablaufe. Das in seinen Hauptbestandteilen aus Seife, Soda sowie dem Bleichmittel Natriumperborat – aus dem sich atomarer Sauerstoff beim Erhitzen abspaltet – bestehende Seifenpulver ließ er mittels genauer Arbeitsanweisung durch Säurespaltung zerlegen und mittels vereinfachter und damit wissenschaftlich nur angenäherter Methoden gewichtsanalytisch bzw. gasvolumetrisch bestimmen. Der noch im Seifenpulver enthaltene Wassergehalt wurde durch Trocknung und Gewichtsdifferenzberechnung, wobei das im Natriumperborat enthaltene Kristallwasser berücksichtigt wurde, ausfindig gemacht. Borsäure, Phosphat und Alkalisilikate wurden durch einfache qualitative Nachweise bestimmt. Staber, Lundenburg, machte 1939 noch einen Vorschlag zur experimentellen Bestimmung der Waschwirkung von Seife[90].
„Im Chemieunterricht der Mädchen läßt sich bei der Behandlung des Gebrauchswassers das Thema: „Enteisenung des Wassers“ sehr schön durch arbeitsteilige Schülerübungen erarbeiten.“, befand 1939 Walter Schäfer, Köthen (Anhalt)[91]. Eisenhaltiges Gebrauchs-

87 Ein weiteres „Altstoff“-Thema „Knochen als Rohstoff“ wird, da für eine Arbeitsgemeinschaft konzipiert, in Kapitel 6.6.1. abgehandelt.
88 Siehe hierzu die Anlage „Auflistung der festgestellten Versuche zur Wirtschaft und zum Vierjahresplan“.
89 Flörke, W.: Über den Sauerstoffnachweis im Persil. In: Unterrichtsblätter für Mathematik und Naturwissenschaften 44 (1938), S. 204. Flörke, W.: Die Untersuchung eines Waschmittels. In: Unterrichtsblätter für Mathematik und Naturwissenschaften 45 (1939), S. 26 f.
90 Staber, Fr.: Schulversuch über die Waschwirkung der Seife. In: Praktische Schulchemie 4 (1939), S. 48.
91 Schäfer, W.: Enteisenung des Wassers. In: Praktische Schulchemie 4 (1939), S. 25.

wasser könne Leitungsrohre durch Verschlammen verstopfen, verderbe die Wäsche, den Waschkessel und das Kochgeschirr durch Rostflecke, mache Obst und Gemüse unansehnlich, habe einen schlechten Geschmack, der auch in Getränken (Kaffee, Tee) nicht verschwinde, ist das Resümee verschiedener, kurz erläuterter Versuche. Die Wasserwerke enteisenten zwar das Wasser, sei dies aber einmal ungenügend geschehen oder müsse die Hausfrau auf dem Lande nichtenteisentes Wasser beim Waschen verwenden, könne sie durch „Belüften", also durch starkes Schütteln und Durchleiten von Sauerstoff / Luft durch das eisenhaltige Wasser Eisen ausfällen, lautet der lebensnahe Tip.
Die keimtötende Wirkung von Seifenlauge, von Alkohol und Schädlingsbekämpfungsmitteln ließ der gleiche Autor ebenfalls experimentell untersuchen[92]. Nach dem neuen Lehrplan komme der Chemieunterricht an Mädchenschulen öfters in die Lage über die Wirkung von schädlingsvernichtenden Mitteln zu sprechen, so der Hintergrund. Man soll aus frischem Gras und dünnem Morast oder Tümpelschlamm einen Grasaufguß herstellen und einige Tage stehen lassen. Ein Tropfen davon auf einem Objektträger (ohne Deckglas) bringe ein Gewimmel von Urtierchen zum Vorschein. Werde jetzt ein Tropfen zu prüfender Lösung am Rande des Urtierchensees dazugesetzt, käme je nach deren Konzentration die lebhafte Bewegung mehr oder weniger schnell zur Ruhe. Die einfache, schnelle Versuchsausführung biete reichlich Möglichkeit zum „Forschen", d.h. zum Prüfen aller möglichen Prozentgehalte. Dadurch mache man zugleich mit der Art und Weise bekannt, wie in der Forschung die Wirkung solcher Mittel, auch die neuer Heilmittel, erprobt würden.
Da der neue Lehrplan „dem Chemieunterricht der 6. Klasse der höheren Mädchenschulen die haus- und nationalwirtschaftlich hochbedeutsame Aufgabe" (S. 45) stelle, über Brennstoffe und ihre Verwendung im Haushalt zu unterrichten, legte Walter Schäfer 1938 auch Versuche zur Erkennung der Abbrenneigenschaften verschiedener Brennstoffe in einem selbst hergestellten Aufbau-Ofen vor[93]. Neben den genauen Anweisungen zum Bau des Ofens, werden die zu beobachtenden Punkte, wie Schwelen, Zünden, Flammenfarbe, -form und -bewegung bei verschieden starkem Luftzug, Abgasmenge und -farbe, Asche, Rußbildung, Wärmeentwicklung und Durchbrennen des Rostes bei wiederholter Benutzung aufgeführt. Von dem kleinen Ofen könne sofort auf den Nutzen in der häuslichen Praxis und durch kleine Veränderungen am Zusammenbau des Ofens sogar auf mögliche „Unarten" von Gebrauchsöfen geschlossen werden. Die hinter diesem Versuch stehende Intention, die den beiden Geschlechtern im nationalsozialistischen Reich ihre eindeutige Funktion zuweist, spricht für sich[94]:

> „Durch diesen Grundversuch wird die Behandlung der Brennstoffe für die Mädels zu einem Erlebnis, das auf ihre häusliche Tätigkeit wertvoll nachwirkt. Auch die Jungen zeigen hierbei große Teilnahme, sind sie es doch, die einst die häuslichen Kohlerechnungen bezahlen müssen."

1940 wird von Günther Müller-Lotz, Brandenburg (Havel), noch eine Anleitung zur chemischen Untersuchung von Kohlenanzündern geliefert[95].

92 Schäfer, W.: Nachweis der Wirkung von Schädlingsmitteln, von Alkohol u. dgl. In: Praktische Schulchemie 4 (1939), S. 21 f.
93 Schäfer, W.: Grundversuche zum Abbrand der Brennstoffe. In: Praktische Schulchemie 3 (1938), S. 45 f.
94 Schäfer (siehe Anm. 93), S. 46.
95 Vgl. hierzu Müller-Lotz, G.: Wir untersuchen einen Kohlenanzünder. In: Praktische Schulchemie 5 (1940), S. 3 f.

Daß Vorschläge für Unterrichtsinhalte und -versuche zusätzlich an die äußeren Lebensumstände geknüpft waren, zeigt der von Eitel Dehn, Berlin, 1942 gemachte Vorschlag, Vitamin C im Chemieunterricht zu untersuchen[96]. Dehn führt aus, die Verabreichung von Vitamin C-Präparaten in den größeren Städten durch die Schulen lenke die Aufmerksamkeit zwangsläufig auf das Thema Vitamine. Die qualitative und quantitative Analyse der Ascorbinsäure, samt theoretischen Abschnitten zur physiologisch-biologischen Bedeutung werden deshalb besprochen. Dehn hält dieses Thema insbesondere für Mädchenschulen für außerordentlich wichtig[97]:

„Nur wenn sich unsere künftigen Hausfrauen eingehend mit den Vitaminen beschäftigt haben und deren Eigenschaften genau kennen, werden sie deren Bedeutung und Wichtigkeit verstehen und später in der Praxis zu berücksichtigen wissen."

Für eine Vertretungsstunde oder letzte Stunde vor den Ferien konzipierte Wilhelm Flörke 1942 für Schüler der 6. bis 8. Klasse zusätzlich die Untersuchung von Gegenständen des chemischen Alltags[98]. Detailliert beschreibt er, wie die Zusammensetzung eines Vakublitzes oder der handelsüblichen Reinigungspaste Vitrolin bzw. der Silbergehalt einer Photoplatte bestimmt werden können.
Die hier dargelegten Wasser- und Waschmitteluntersuchungen, Schädlingsbekämpfungsmittel- und Brennstoffversuche sowie die weiteren Alltagsbeispiele bilden ein lebendiges Zeugnis für die schulmäßige Förderung von praxisnahen, im Haushalt umzusetzenden Anregungen. Zusätzlich dürfte rückhaltlos deutlich geworden sein, daß die nationalsozialistische Maxime der Erziehung des Mädchens zur Hausfrau und Mutter durch entsprechende Schülerversuche untermauert wurde[99]. Auffallend ist allerdings die Verbreitung derartiger Versuchsveröffentlichungen erst nach Bekanntwerden der 1938er-Schulreform.

6.4.4. Chemische Exkursionen und industrielle Darstellungsverfahren im Schulmaßstab

Wie wichtig Exkursionen in chemische Betriebe als Mittel der Unterrichtsgestaltung sind, machten sowohl Walther Franck als auch Ilse Beier schon 1934 deutlich[100]. Aller-

96 Dehn, E.: Vitamin C im Chemieunterricht. In: Unterrichtsblätter für Mathematik und Naturwissenschaften 48 (1942), S. 49-60.
97 Dehn (siehe Anm. 96), S. 60.
98 Flörke, W.: Chemische Aufgaben aus dem Alltag. In: Unterrichtsblätter für Mathematik und Naturwissenschaften 48 (1942), S. 77-79.
99 Während die Zeitschrift „Praktische Schulchemie" eine ganze Reihe von Aufsätzen zur Haushaltschemie enthält, sind in den „Unterrichtsblättern für den mathematischen und naturwissenschaftlichen Unterricht" nur wenige Ausführungen für einen mädchengerechten Unterricht in Chemie enthalten. Im Bericht über den Reichslehrgang der Gausachbearbeiter für Mathematik und Naturwissenschaften im Haus der Deutschen Erziehung in Bayreuth vom 8.-13. Mai 1939 ist gar ein Aufruf von Reichsreferent Franck zum Einschicken von Manuskripten für die Chemie an Mädchenschulen enthalten. In: Unterrichtsblätter für Mathematik und Naturwissenschaften 45 (1939), S. 202-205; hier S. 204. Ein Erfolg stellte sich jedoch praktisch nicht ein.
100 Vgl. hierzu Franck, W.: Ziele des Chemieunterrichts. In: Unterrichtsblätter für Mathematik und Naturwissenschaften 40 (1934), S. 68-71. Beier, I.: Chemieunterricht und Erziehung im Dritten Reich. In: Unterrichtsblätter für Mathematik und Naturwissenschaften 40 (1934), S. 252-254. Siehe auch Kapitel 5.2.1.

dings betrachten beide dies vorrangig unter dem Gesichtspunkt der sozialen Frage. Dem Schüler würden damit Einblicke in die Wirklichkeit des Lebens und die aufreibende Tätigkeit des Arbeiters gegeben. Mehr unter der Prämisse der technischen Anforderungen sieht dies 1938 Walter Kinttof[101]. Chemieunterricht ohne Lehrausflüge in chemische Fabriken, da keine in der näheren Umgebung vorhanden seien, bedeuteten einen bedauerlichen Nachteil. Die Großartigkeit des technischen Geschehens müsse dem Schüler erläutert werden, was mit Hilfe von Reagenzglasversuchen und Bildern von Großanlagen bzw. großtechnischen Prozeßabläufen nur schwer gelinge. Nur die wenigsten Schüler seien befähigt „technisch“ zu sehen. Oftmals mißlinge auch der Reagenzglasversuch. Hier sei der Erfolg des Unterrichtsunternehmens gänzlich in Frage gestellt, „und dann haben weder die Schüler die Chemie „gelernt“, noch haben sie jene Hochachtung vor den technischen Leistungen unserer großen Chemiker und Ingenieure gewonnen, deren Vermittlung wir heute mehr denn je für einen deutschen Jungen für notwendig erachten müssen“ (S. 33). Ein Besuch des Gaswerkes vor Ort könne für Gegenden ohne chemische Infrastruktur als bescheidener Anfang erste Abhilfe schaffen. Demonstrations- oder besser noch Arbeitsunterricht unter Verwendung von real in der Technik existierenden, nachgebildeten Kleingeräten müßten hinzutreten, um die in den Richtlinien betonte technische Seite im Chemieunterricht der Knabenanstalten zu verwirklichen[102].

> „Es gibt nun eine Reihe von industriellen Prozessen, die einerseits so lebensnah, andererseits so lebenswichtig für das deutsche Volk sind, daß man ihre genaue Kenntnis von einem reifen Schüler, insbesondere solchem der höheren Schule, geradezu fordern muß. Ich erwähne hier den Hochofenprozeß, das Siemens-Martin-Verfahren, das Bessemer-Verfahren, die Glasfabrikation, das Kalkbrennen, die Fabrikation von Leuchtgas, Generator-, Wasser- und Mischgas, den Crackprozeß, die Seifenfabrikation, die Fetthärtung, die Margarinefabrikation.“

Auf das Brennen des Kalkes einerseits, die Erzeugung von Generator-, Wasser- und Mischgas andererseits, zweier „im Unterricht mit gutem Erfolge“ (S. 34) angewandter Versuchsreihen, geht Kinttof anschließend näher ein. Dem bisherigen einfachen Unterrichtsversuch stellt er hierbei das von ihm entwickelte neue Unterrichtsverfahren gegenüber. Hierfür wurde extra ein kleiner Kalkbrennofen samt Gebläse entwickelt, der über die Phywe AG, Abt. Chemie, Göttingen, zu beziehen war. Kinttof gibt eine genaue Konstruktionsbeschreibung des Ofens. Er empfiehlt diesen zusätzlich, um einen lebensnah anschaulichen Eindruck zu gewinnen, noch durch die Schüler mit einer Schicht von Zwergziegeln ummauern zu lassen. „Besonders interessierte Schüler versehen sogar den Ofen gern noch mit einer Beschickungsanlage (aus Spielzeugeisenbahnschienen) sowie einer Abtransportanlage für das fertige Produkt“ (S. 35), ist zu lesen. Auch die Aufbereitung der Ausgangsmaterialen Koks und Marmor, Aufheizen und Beschickung des Ofens samt Brennprozeß, sowie weiterführende Versuche zur Herstellung von Generator- oder Luftgas bzw. Wassergas und Mischgas werden – wieder unter Zuhilfenahme einer der Großindustrie nachempfundenen Spezialapparatur – anschließend detailliert ausgeführt.

Auch Rudolf Matouch, Göttingen, führt 1940 aus, daß die bisherigen „Leuchtgasfabriken“ für den Unterricht lediglich aus einer Reihe gebräuchlicher Laboratoriumsgeräte

---

101 Kinttof, W.: Technik und Unterricht. In: Praktische Schulchemie 3 (1938), S. 33-38.
102 Kinttof (siehe Anm. 101), S. 34.

zusammengestellt gewesen seien[103]. Gerade das so wichtige Kapitel des Verschwelen und Verkokens von Kohle, der Leuchtgasbereitung, der Herstellung von Koks, Teer und Ammoniaksalzen verlange aber, daß für den Schulgebrauch ein geeigneter Apparat gefunden werde, „der sowohl während des Unterrichts dem Lehrer gestattet, den Vorgang der Verkokung und der Leuchtgaserzeugung in allen seinen Phasen den Schülern zu veranschaulichen, aber auch die Möglichkeit gibt, ihn während der Schülerübungen zu verwenden, um dem Schüler so Gelegenheit zu geben, das Wesentliche der Gasfabrikation aus nächster Nähe kennenzulernen und die so wertvollen Nebenprodukte selbst darzustellen, vielleicht sogar weitere Versuche mit ihnen auszuführen.“ (S. 10). Anschließend empfiehlt auch Matouch einen entsprechend konstruierten Verschwelungs- und Verkokungs-Apparat der Phywe AG, Göttingen.
Diese zwei Vorschläge, mittels speziell nachgebildeter Kleingeräte von großindustriellen Herstellungsverfahren den Schüler direkt in Unterrichtsversuchen am technischen Fortschritt teilhaben zu lassen, stehen exemplarisch für das Postulat der nationalsozialistischen Unterrichtsführung von strikter Praxis- und Arbeitsnähe. Da jedoch allein schon aus Vereinfachungs- und Kostengründen – letztlich auch zusätzlich kriegsbedingt – möglichst einfache, selbst zusammenbastelbare Apparaturen im Chemieunterricht verwendet werden mußten, kann davon ausgegangen werden, daß diese Vorschläge sich in der Realität kaum durchsetzen konnten[104].
Hinweise auf anschauliche Bilder von chemischen Fabriken, sogar eine spezielle Schriftenreihe „Deutsche Großbetriebe. Ihr Aufbau, ihre Organisation und ihre Werbung“, die mit vier bis acht Druckbogen starken Bänden in Text und Bildern als Ersatz für Betriebsbesichtigungen dienen sollte, fanden 1940 eher Zustimmung durch für Chemie zuständige Schulpolitiker[105].

6.5. Chemische Ergänzungshefte für Schüler bzw. Lehrer

Die aus den chemierelevanten Zeitschriften herauskristallisierten Themenschwerpunkte[106], inklusive der mit Fortschreiten des Dritten Reiches sich ergebenden Gewichtungsverschiebungen, sowie die strikt Experiment-gebundene Gestaltung des Unterrichtes[107] spiegeln sich auch in den extra konzipierten Ergänzungsheften zum Lehrer- bzw. Schülergebrauch wider.

---

103 Matouch, R.: Das Verschwelen und Verkoken von Kohle im Unterricht. Leuchtgasbereitung, Herstellung von Koks, Teer und Ammoniaksalzen. In: Praktische Schulchemie 4 (1940), S. 9-12.
104 Dafür spricht auch, daß unter der Überschrift „Technik und Unterricht“ ursprünglich in der Zeitschrift „Praktische Schulchemie“ eine Serie über technische Unterrichtsversuche aus verschiedenen Gebieten der Chemie erscheinen sollte. Faktisch ist jedoch nur der hier erwähnte erste Teil zu finden.
105 Bücherbesprechungen. Schriftenreihe „Deutsche Großbetriebe. Ihr Aufbau, ihre Organisation und ihre Werbung“. Verlag Übersee-Post, Leipzig C 1. In: Unterrichtsblätter für Mathematik und Naturwissenschaften 46 (1940), S. 206.
106 Siehe hierzu Kapitel 5.2.
107 Siehe hierzu Kapitel 6.4.

6.5.1. Vor der Schulreform

Da eine Zusammenstellung von Schulversuchen zur Chemie der Kampfstoffe fehlte[108], befaßte sich Walter Kinttof, damals noch Studienrat in Greiz, mit dieser Aufgabe[109]. Daß sein 1935 veröffentlichtes Werk „Schulversuche zur Chemie der Kampfstoffe" der politischen Indoktrination zu dienen hat und in erster Linie an den Erzieher gerichtet ist, betont Dr. Ing. Winter, Reichssachbearbeiter für Schulluftschutz im Hauptamt für Erzieher (NSLB), im vorangestellten „Zum Geleit":

„So sollen die nachfolgend zusammengestellten Schulversuche zur Chemie der Kampfstoffe dem Erzieher die Möglichkeit geben, im Rahmen des naturwissenschaftlichen, insbesondere des chemischen Unterrichtes auf die Forderungen einzugehen, die in der Jugenderziehung an ihn im Interesse des Staates und seiner Erhaltung gestellt werden."

Kintoff selbst führt im Vorwort allerdings aus, sein Buch sei zwar für die höhere Schule geschrieben, doch auch für ältere Volksschüler sei das Ergänzungswerk „im Dienste für das Vaterland" (S. III) durchaus wertvoll. Seine Formulierung hierbei läßt offen, ob ihm das Buch nur für Lehrer oder auch für Schüler geeignet erscheint. Zur inhaltlichen Gestaltung und den Zielen merkt Kinttof an: Erstens solle das Buch als Ergänzungswerk zu den herkömmlichen im Schulunterricht eingeführten Chemielehrbüchern dienen; lediglich die Versuchszahl samt Hinweisen hierzu sei gegenüber den bisher in der Schulchemie gebräuchlichen wesentlich vergrößert worden. Zweitens habe er die geltenden methodischen Grundsätze angewandt und deshalb nicht nur Kampfstoffe, Brandsätze, Nebelmischungen behandelt, sondern auch weitere Verbindungen und Reaktionen, soweit dies zum Verständnis des chemischen Zusammenhangs notwendig gewesen sei. Bei als zu gefährlich erachteten Stoffen sei entweder ein als weniger gefahrvoll erachtetes chemisches Analogon zur Erklärung der relevanten Eigenschaften verwendet worden oder es erfolge nur eine theoretische Abhandlung. Vorsichtsmaßnahmen seien erwähnt; mit einem Sternchen gekennzeichnete Versuche sollten generell nur durch einen erfahrenen Chemielehrer ausgeführt werden. Für die Durchführung der Versuche empfiehlt Kinttof Geräte und Chemikalien der Abteilung Chemie der Phywe AG. Göttingen, da diese ausschließlich nach seinen Vorschriften arbeiten. Kinttof schließt das Vorwort mit dem Wunsch, das Buch möge dazu beitragen, „den Gedanken der Wehrhaftigkeit in unserer Jugend weiter zu fördern und zu vertiefen: zum Wohle von Volk und Vaterland!" (S. VI).

108 Carl Schütt gab zwar 1935 für die Hand des Lehrers in unveränderter Form ein ursprünglich schon 1933 als Anhang eines Buches „Brand und Explosion" erschienenes Heft heraus: Die chemischen und physikalischen Grundlagen des Luftschutzes in der Schule. Berlin 1935. 32 S. Doch dieses als Reihe III, Bd. 1 der Sammlung „Luftfahrt und Schule" gelistete Werk, daß durchaus im Erlaß RU III 10.1, Anlage II des RMinAmtsblDtWiss. 1934 empfohlen wird, legt in seinen 27 Versuchen den Schwerpunkt stärker auf die wissenschaftlichen Ursachen von Feuerschäden.
109 Kinttof, W.: Schulversuche zur Chemie der Kampfstoffe. Ein Experimentierbuch zum Gas- und Luftschutz. Berlin [1]1935.

Das 135seitige Ergänzungsheft (gerechnet ohne Sachverzeichnis und Vorwort) zeigt dann eine klare Gliederung:

Jedem Kapitel ist eine Literaturliste mit verwendetem Quellenmaterial – auch zur weiteren Vertiefung durch den interessierten Lehrer – vorangestellt. Die insgesamt 141 Versuche sind im erklärenden Aufbau jeweils gleich gestaltet; in sehr übersichtlicher, leicht erfaßbarer Form wird erst der jeweilige Versuch geschildert. Dann werden das Ergebnis, eventuell zusätzlich mit einer chemischen Formelgleichung versehen, sowie verwendete Geräte und Chemikalien aufgeführt. Es folgen Erklärungen zur praktischen Anwendung im direkten Luft- oder Gaskampf, inklusive möglicher Einschränkungen der Verwendungsmöglichkeiten und der physiologischen Auswirkungen auf den Menschen. Zusätzliche Bemerkungen, etwa geschichtlicher Natur von der Entdeckung, Erfindung samt verschiedener Verbesserungen und Fortentwicklungen sind ab und an eingestreut, ebenso Merksätze.
Im ersten Kapitel geht Kinttof inhaltlich auf die Phosphor-, Thermit- und Elektron-Thermit-Brandsätze, chemische Feuerlöschmittel sowie Säure-, Salz- und Farbnebel ein. Kapitel 2 befaßt sich intensiv mit Atmung und Gasaustausch, Herstellung von aktiver Kohle, qualitativen wie auch quantitativen Untersuchungen zur Adsorption von Gasen durch aktive Kohle und der chemischen Bindung von Gasen; verschiedene Filtereinsätze und ihre Wirkung, aber auch der Schutz gegen Kohlenmonoxyd und die Besprechung verschiedener Sauerstoffgeräte ergänzen das Bild. Das dritte Kapitel erläutert Flüchtigkeit, Reizschwelle, Unerträglichkeitsgrenze sowie Tödlichkeitsprodukt als charakteristische Kennzeichen von Kampfstoffen. Die Behandlung der einzelnen Augenreizstoffe (Xylylbromid; Bromaceton; Chloracetophenon), Lungengifte oder erstickenden Kampfstoffe (Grünkreuz: Phosgen, Perchlorameisensäuremethylester, Chlorpikrin, Nitromethan), Haut- und Zellgifte (Gelbkreuz: Dichlordiaethylsulfid, auch genannt Lost oder Senfgas; Chlorvinyldichlorarsin, genannt Lewisit) sowie Nasen und Rachenreizstoffe (Blaukreuz: Diphenylarsinchlorid bzw. -cyanid, auch genannt Clark I und II; Diphenylaminarsinchlorid, genannt Adamsit; Aetylarsindichlorid, genannt Dick) folgen. Des öfteren wird hierbei auf die jeweils drohenden Gefahren des Kampfstoffeinsatzes in künftigen Kriegen verwiesen. Am Ende jedes Kapitels – zweimal zusätzlich bei Unterkapiteln – steht eine Tabelle, die wesentliche Erkenntnisse noch einmal komprimiert zusammenfaßt.
Resümee: Die Sprache selbst ist sehr gut verständlich, die häufig bei nationalsozialistischen Werken zu findende Pathetik fehlt. Die Versuche sind anschaulich und gut nachvollziehbar. Wo es sinnvoll und notwendig erscheint, sind Abbildungen (insgesamt 40) beigegeben. Obwohl im „Geleit“ als Lehrerbuch deklariert, konnte es, wie auch Kinttof selbst im Vorwort andeutet, durchaus dem interessierten Schüler an die Hand gegeben werden. In Buchrezensionen wird allerdings lediglich auf die sinnvolle Verwendung

auch durch den Volksschullehrer verwiesen, so in einer Buchbesprechung aus „Der ostpreußische Erzieher", die in einer Buchdeckel-Anzeige[110] wiederholt wird:

„Der Gebrauch des klar aufgebauten und klar folgernden Werkes setzt die Fähigkeit zur Anwendung und Umwandlung chemischer Formeln voraus und kann nicht allein in den höheren Schulen, sondern auch in den Volksschulen mit Erfolg benutzt werden. Die vielen Hinweise auf mögliche Gefahren beim Experimentieren und der Verhütung durch Zuhilfenahme gleichwirkender analoger Stoffe werden jedem Lehrer sehr erwünscht sein. Das hervorragende Werk, das die vorhandenen Naturkundebücher notwendig ergänzt, kann allen Lehrern der Naturkunde aufs wärmste empfohlen werden."

Eine in den Unterrichtsblättern für Mathematik und Naturwissenschaften 1938 erschienene Buchbesprechung gibt zusätzlich den Tip, das Ergänzungsheft in naturwissenschaftlichen Arbeitsgemeinschaften anzuwenden[111]:

„Das Buch bietet dem Chemielehrer eine Fülle von Versuchen, von denen er eine Auswahl dem Unterricht an der jeweils geeigneten Stelle eingliedern kann. Eine geschlossene Durchnahme im Normalunterricht dürfte wohl nicht möglich sein, doch ließen sich in Arbeitsgemeinschaften größere, in dem Buch angegebene Versuchsreihen zusammenhängend ausführen."

Da die erste Auflage von 5000 Exemplaren schnell vergriffen war, legte Walter Kinttof, mittlerweile Oberstudiendirektor in Gotha, 1939 eine zweite, verbesserte und vermehrte Auflage (jetzt 171 Seiten, ohne Sachverzeichnis) auf. Die zugrundeliegenden Ansichten blieben gleich, lediglich in verschiedenen Abschnitten wurden neue Versuche sowie neue Themen wie „Gasspüren und Entgiften" aufgenommen. Die rein äußerlich noch stärkere Anpassung an nationalsozialistische Wünsche bringt Kinttof selbst im Vorwort zur zweiten Auflage zum Ausdruck:

„Die neue Auflage ist nun auch in deutscher Schrift gedruckt worden; die Fremdwörter wurden, soweit irgendwie entbehrlich bzw. in geeigneter Weise ersetzbar, ausgemerzt."

Ebenfalls 1935 erschien in der Reihe „Bausteine für die ‚deutsche Erziehung'"[112] das Ergänzungsheft „Schulversuche zum Luftschutz" von Walther Morgner[113]. Mittlerweile gäbe es zwar eine Reihe von Büchern zum Thema Luftschutz, es fehle aber an Vorschlägen für die didaktische Gestaltung, gibt Morgner im Vorwort als Intention für das 28 Seiten umfassende Heftchen an:

„Zuvörderst ist Beratung in der Veranschaulichung des zum Teil hochwissenschaftlichen Stoffes notwendig. Diese Veranschaulichung wird, da es sich in der Hauptsache um naturwissenschaftlich-technische Themen handelt, in erster Linie die Form des Experiments haben.
Für die Versuchsarbeit will die vorliegende Schrift Wegweiser sein. Unter den möglichen, zum Teil bereits bekannten und veröffentlichten Versuchen ist eine strenge Auswahl getroffen worden. Leitend war der Gedanke an die Erziehungs- und Unterrichtsaufgaben der Schule. Sodann sind die Versuche einer didaktischen Bearbeitung unterzogen worden mit dem Ziel, sie schulreif zu machen."

---

110 Zu finden als Buchdeckel-Anzeige in Pudschies, P. / Schrön, A.: Chemie und Luftschutz. Für Volks-, Mittel- und Berufsschulen. Berlin 1937.
111 Bücherbesprechungen. Kinttof, W.: Schulversuche zur Chemie der Kampfstoffe. Berlin 1935. In: Unterrichtsblätter für Mathematik und Naturwissenschaften 44 (1938), S. 127.
112 Die „Bausteine für die ‚deutsche Erziehung'" umfaßten bis zur 1938er-Schulreform 14 Hefte, zwei davon mit chemischen Themengebieten.
113 Morgner, W.: Schulversuche zum Luftschutz. Aus: Bausteine für die ‚deutsche Erziehung'. Hrsg. vom NSLB Sachsen, Abteilung Erziehung und Unterricht. 7. Heft. Leipzig 1935.

Das somit eindeutig für den Lehrer bestimmte Heft ist anders als Kinttofs ausführliches Werk gegliedert:

I. Sprenggefahr (S. 5-8)
II. Brandgefahr (S. 9-13)
III. Gasgefahr (S. 13-28)

Kapitel 1 beschäftigt sich mit leichten Explosionen mittels Phosphor, Schießpulver und Schießbaumwolle, der Brisanzwirkung und dem Detonationsdruck. Dabei liefert Morgner auch Begründungen, warum bestimmte Versuche von Relevanz sind. So ist exemplarisch beim Versuch zur Brisanzwirkung zu lesen (S. 7):

„Es ist die Frage berechtigt, ob ein solcher Versuch, der so viel Vorsicht erfordert, überhaupt in die Schule gehört. Einmal kann unserer Jugend das Ausmaß der Gefahren, die uns aus der Luft drohen, nur so eindrucksvoll vor Augen gestellt werden. Das Wort allein genügt nicht, und eine noch einfachere und harmlosere Form, die Brisanz explosiver Stoffe sinnfällig zu machen, ist wohl kaum denkbar. ... Sodann möchte die große Reaktionsgeschwindigkeit und damit die verheerende Wirkung beim Explodieren brisanter Stoffe auch deswegen zur Anschauung gebracht werden, damit die Jugend eindringlich vom leichtsinnigen Umgang mit Munition gewarnt wird."

Kapitel 2 liefert Versuche zur Entzündungstemperatur, Verbrennungswärme, zum Löschen und der Wirkung von Feuerschutzmitteln. Die Eigenschaften verschiedener Kampfstoffe, Gasschutz- und Sauerstoffapparaturen werden dann in Kapitel 3 untersucht. Insgesamt finden sich 41 Versuchsbeschreibungen mit praktischen Bemerkungen wie Vorsichtsmaßnahmen und Ausführungstips in dem Heftchen.
Morgner nimmt dabei u.a. auch Bezug auf Arendt-Doermers „Technik der Experimentalchemie" von 1925 sowie Aufsätze aus der Zeitschrift „Unterrichtsblätter für Mathematik und Naturwissenschaften". Er selbst liefert keinen Hinweis auf den Schultyp, für den dieses Heft bestimmt ist. Aus der inhaltlichen Konzeption heraus scheint dieses Ergänzungsheft jedoch sowohl für die Höhere Schule wie auch für andere Schultypen geeignet zu sein. Zahlreiche Skizzen und Zeichnungen von Versuchsanordnungen tragen zur Anschaulichkeit bei. Da sie von Hand ausgeführt sind, wirken sie jedoch wenig professionell. Ähnliche Andeutungen macht auch eine in der Zeitschrift „Praktische Schulchemie" 1936 veröffentlichte Rezension[114]:

„Der Verfasser hat mit dieser Schrift einen wesentlichen Beitrag zur zeitgemäßen Ausgestaltung des Chemieunterrichtes gegeben und gangbare Wege gewiesen, wie unter strenger Beschränkung auf das Notwendigste bei der Stoffauswahl auch die wenig gegliederte Schule die heute geforderte unterrichtliche Auswertung des Luftschutzgedankens erreichen kann. Aus schulpraktischer Erfahrung schöpfend, bietet er auch in methodischer Hinsicht wertvolle Anregungen. Selbst der mit dem schwierigen Stoffgebiet weniger Vertraute wird an Hand schulreifer Versuche die erforderlichen Kenntnisse gewinnen und im Sinne eines ersprießlichen Unterrichts fruchtbringend vermitteln können. Wenn bei einer Neuauflage auf etwas sorgfältigere Ausführung der Skizzen und Zeichnungen Wert gelegt und kleine sachliche Dinge berichtigt würden, wäre der Sache gedient [z. B. bei Versuch 9: Petroleum läßt sich nicht mit brennendem Holzspan entzünden; Versuch 12: Entzündungstemperatur für Phosphor beträgt 60° nicht 40 ° C; Versuch 33 kann wegfallen, da die erforderliche Menge Quecksilber meist nicht vorhanden bzw. nicht zu beschaffen ist].
Möchten viele Berufsgenossen sich dieses willkommenen Hilfsmittels zur Vorbereitung bedienen."

114 Bücher. Morgner, W.: Schulversuche zum Luftschutz. Leipzig 1935. In: Praktische Schulchemie 1 (1936), S. 36.

Die Darstellung selbst ist wesentlich weniger anspruchsvoll als bei Kinttof und bringt weitaus weniger wissenschaftliche Details. Chemische Formeln fehlen ganz. Aus den Versuchen zu schließende Folgerungen chemischer Natur finden sich gar nicht. Hier bleibt der Chemielehrer mehr oder weniger auf sich allein gestellt; es ist ihm überlassen, ob dem Schüler Hintergrundwissen beigebracht wird oder nicht.
Ganz anders angelegt ist die von Wilhelm Meyer und Wilhelm Geilenkeuser 1937 in vierter, neubearbeiteter Auflage herausgegebene „Einführung in Fluglehre und Luftschutz“[115]. Dieses Ergänzungsheft für den Physik- und Chemieunterricht richtet sich direkt an den Schüler und soll die vorhandenen Lehrbücher sinnvoll ergänzen[116]. Sind die ersten 13 Seiten der Physik gewidmet, so folgen in der zweiten Hälfte 11 Seiten für die Chemie. Die positive Einstellung der Autoren zum nationalsozialistischen Staat kommt in den politisch indoktrinierenden Vorbemerkungen zum Chemie-Teil „Der Luftschutz“ deutlich zum Ausdruck. Von ausländischen Kräften erstellen Meyer und Geilenkeuser ein Feindbild. In pathetischen Worten wird Angst vor übermächtigen militärischen Gegnern geschürt, die mit einem Überraschungsangriff Deutschland innerhalb weniger Minuten in Schutt und Asche legen könnten und sich mit diesem Ziel vor Augen auch intensiv aufrüsten würden. Insbesondere erfolgt eine Warnung vor den „gewaltigen Luftrüstungen des bolschewistischen Rußland“, mit konkreten Zahlen zur „roten Luftwaffe“ und dem folgenden angstschürenden Hinweis belegt: „Die Bombenwaffe steht somit weitaus an der Spitze und beweist den Angriffscharakter der roten Luftflotte. Die Bomber sollen in einem Kriege den ersten Überfall ausüben und den Feind treffen, noch ehe der zur Abwehr bereit ist. Nach Ansicht der Sowjetstrategen wird der nächste Krieg ohne vorherige Kriegserklärung geführt.“ (S. 14). Es erstaunt, daß bereits vier Jahre vor dem deutschen Angriff auf die Sowjetunion 1941 eine derartige Kriegspropaganda gepflegt wurde. Argumentativ geschickt folgt hieraus allerdings die unbedingte Notwendigkeit der gewaltigen deutschen Anstrengungen im militärischen und zivilen Luftschutz, die diese intensive Behandlung im Chemieunterricht rechtfertigt.
Kurze Erklärungen zu Bau und Auswirkungen von Spreng-, Gas- und Brandbomben folgen. Anschließend wird in knapper, aber prägnanter Form auf die Atmung, die chemischen Kampfstoffe, die Bekämpfung der Giftstoffe, die Gasmaske, Brandsätze sowie die Brandbekämpfung eingegangen. Der klare, einprägsame Aufbau besticht. Auch in der in den Unterrichtsblättern für Mathematik und Naturwissenschaften aufgefundenen Kritik wird das Heft sehr günstig aufgenommen[117]:

„Die straffe Gliederung der einzelnen Abschnitte: 1. Beobachtung, 2. Versuche, 3. Ergebnisse, 4. Aus dem Leben, 5. Aufgaben, ist eine gute Empfehlung für dieses kurze Ergänzungsheft.“

Ohne chemische Formeln, aber gut verständlich formuliert und mit leicht nachvollziehbaren Erkenntnissen versehen, die sinnvoll mit praktischen Übungen kombiniert sind,

---

115 Meyer, W. / Geilenkeuser, W.: Einführung in Fluglehre und Luftschutz. Ergänzungsheft für den Physik und Chemieunterricht. 4., neubearbeitete Auflage. Frankfurt / Main 1937.

116 Große Chemie-Abschnitte dieses Ergänzungsheftes, etwas modifiziert und ergänzt durch neuere Erkenntnisse, finden sich wieder im vorläufig zugelassenen Chemie-Schulbuch für die Mittelschule von Wältermann, T. / de Bruyn-Ouboter, A. / Geilenkeuser, W. / Halberstadt, E.: Chemie für Mittelschulen. Ausgabe A für Jungen. Frankfurt / Main 1942. Siehe hierzu auch Kapitel 8.6.

117 Bücherbesprechungen. Meyer-Geilenkeuser: Einführung in Fluglehre und Luftschutz. Frankfurt / Main 1936. In: Unterrichtsblätter für Mathematik und Naturwissenschaften 42 (1936), S. 304.

scheint das Heft insgesamt didaktisch zur Unterrichtung der Schüler im Luftschutz bei gleichzeitiger nationalsozialistischer Indoktrination hervorragend geeignet zu sein.
Mit einer anderen Thematik beschäftigt sich ein weiteres Heft der Reihe „Bausteine für die deutsche Erziehung". 1937 erschien als chemische Lehrhilfe zum Vierjahresplan von Walter Morgner und Herbert Priemer „Benzin aus Braunkohle, Kunstfaser aus Zellstoff"[118]. Dieses 24-Seiten-Lehrheft versucht diese schwierige Materie mittels guter didaktischer Aufbereitung sowohl dem Volksschüler als auch dem Besucher der Höheren Schule begreifbar zu machen. Damit dem Lehrer das Studium der dazugehörenden umfangreichen chemisch-technischen Fachliteratur erspart blieb, wurde in dieses Heft bewußt neben die Versuche auch das zugehörige Stoffwissen eingearbeitet. Die unmittelbare nationalsozialistische Indoktrination der Jugend kommt in eingeschobenen inhaltlichen Erklärungen, am deutlichsten aber im Vorwort zum Ausdruck (S. 3):

> „Unsere Jugend erfährt heute durch die Presse und den Rundfunk viel von diesen interessanten Dingen. Sie hört Worte wie: Kleider aus Holz, Vitalstoffe, Zellwolle, Braunkohlenbenzin und Buna-Gummi. Der Lehrer kann ein gutes Stück nationale Erziehungsarbeit leisten, wenn er sich hier einschaltet und dieses oberflächliche Wissen im Unterricht vertieft, und zwar, wenn nur irgend möglich, in der den Naturwissenschaften entsprechenden Form, durch den Versuch. Der Schüler gewinnt dabei neben neuem stofflichen Wissen einen Einblick in die bewunderungswürdige Leistungsfähigkeit der deutschen Chemie. Er sieht, welcher unendliche Fleiß und welche rastlose geistige Arbeit nötig sind, die oft unlösbar erscheinenden Aufgaben zu meistern. Gleichzeitig lernt er die ihn umgebenden Dinge mit den Augen des Chemikers sehen. Kohle, Holz, Kalk erscheinen ihm jetzt in einer anderen Bedeutung. Schließlich kann das erste und einfachste chemische Wissen, das der Lehrer hier an die Kinder heranträgt, der Anfang einer Bildung künftiger Arbeiter in den deutschen chemischen Fabriken sein."

Die Aufgabe Benzin- (S. 5-19) und Kunstfaser-Herstellung (S. 20-24) nicht nur theoretisch beschreibend, sondern experimentell zu durchleuchten und dabei die Materie auf ein allgemeinverständliches, anschaulich nachvollziehbares Niveau herunterzubrechen, ist das Hauptanliegen der Autoren. Versuchsreihen leisten hierfür Hilfestellung. So ist die Schwelung der Braunkohle im Schulversuch vom Aufbau der Apparatur über die Durchführung bis zur Untersuchung der einzelnen Schwelprodukte ein Thema, wobei die technisch möglichen Veredelungen zusätzlich geschildert und ausprobiert werden. Die Benzingewinnung aus den gewonnenen Schwerölen durch Cracken und zusätzliche Hydrierung der unerwünschten wasserstoffarmen Kohlenwasserstoffe, mit dem Zweck eine möglichst hohe Ausbeute zu erzielen, folgen. Anschließend werden in sogenannten „Lehrbildern" die einzelnen Arbeitsprozesse noch einmal im großindustriellen Maßstab vertieft. Direkt mit den großtechnischen Prozessen übereinstimmend wird im zweiten Teil dann Zellwolle, auch als „weißes Gold" (S. 20) bezeichnet, dargestellt und nach Bereiten einer Spinnflüssigkeit Fäden gezogen, anschließend versponnen und aufgespult. Die unmittelbare Praxisnähe wird durch die nutzbringende Selbstherstellung von Flaschenverschlüssen und Cellophanfolie noch zusätzlich untermauert. Chemische Formeln finden sich auch hier nicht; die Abbildungen wirken ähnlich Heft 7 wie – allerdings sorgfältig ausgeführte – Handzeichnungen.
Insgesamt gesehen machen die besprochenen Ergänzungsbücher aber eines deutlich: Die Zeit nach der Machtergreifung bis zur Schulreform in den einzelnen Schulzweigen

118 Morgner, W. / Priemer, H.: Benzin aus Braunkohle. Kunstfaser aus Zellstoff. Aus: Bausteine für die ‚deutsche Erziehung'. Hrsg. vom NSLB Sachsen, Abteilung Erziehung und Unterricht. 12. Heft. Leipzig 1937.

wurde recht intensiv dem schnellen Aufbau von praktischen Gas- und Luftschutzkenntnissen gewidmet. Der chemische Unterricht in der Schule sollte mittels einer durch diese neuen Ergänzungshefte modifizierten Unterrichtsgestaltung hierfür den Hauptbeitrag leisten. Zahlreiche weitere veröffentlichte Bücher, z.T. unter der Maxime einer allgemeinen Volksbelehrung für Laien bzw. Volks-, Mittel- und Berufsschulen konzipiert[119], zeugen von dieser anfänglichen Schwerpunktsetzung.
Die chemische Aufbereitung von Vierjahresplan-Zielen folgt dann zeitlich und thematisch. Mit der Schulreform selbst verlor tatsächlich eine Vielzahl der kürzeren Ergänzungshefte[120] zum Thema Luftschutz und Kampfstoffe an Bedeutung. Exemplarisch wird dies anhand der Buchrezension zur 1938 von Rudolf Götz geschriebenen 50seitigen „Chemie des Luftschutzes“ deutlich. Rezensent Hans Zeitler mißt der Veröffentlichung dieser Schüler-Lernhilfe – trotz weitgehend positiver Bewertung der Inhalte – schlichtweg keinen Sinn mehr bei[121]:

„Das gut ausgestattete Heft ist für die Hand des Schülers geschrieben, dem es als Lernbehelf dienen will. Es behandelt im ersten Teil Luft, Atmung, Gasmaske, Sauerstoffgeräte, Schutzräume, im zweiten Teil werden die Kampfstoffe besprochen, im dritten Brandstoffe, Feuerlöschen, Erzeugen von Nebel und Rauch. Vier Tabellen über die Kampfstoffe und ihre wichtigsten Eigenschaften erhöhen die Übersichtlichkeit. Das Büchlein ist klar geschrieben und, soweit ich sehe, sachlich einwandfrei. Vielfach sind interessante geschichtliche Bemerkungen eingeflochten. Bei den 33 Versuchen, die beschrieben werden, ist die Unfallgefahr nicht immer genügend berücksichtigt. Statt der in Abb. 7 gezeichneten

---

119 So etwa Petzold, H. / Scharf, R.: Versuche zum Luftschutz. Leipzig, Berlin 1935 sowie ^{2}1936. Auf 67 Seiten werden zumeist mit einfachsten Mitteln, also ohne Laboratorium auskommende Versuche beschrieben. Das Werk ist für jedermann, auch den naturwissenschaftlich nicht Vorgebildeten gedacht, und ragt insofern methodisch aus dem gewohnten Schulunterricht heraus.
Ebenso Kinttof, W.: Einfache Versuche zum Luft- und Gasschutz für Volks- und Berufsschulen. Berlin 1936. „Der Verfasser der ‚Schulversuche zur Chemie der Kampfstoffe‘ hat hier sozusagen eine kleine Ausgabe seines Buches für Volks- und Berufsschulen zusammengestellt“, so eine Buchbesprechung der Unterrichtsblätter für Mathematik und Naturwissenschaften 43 (1937), S. 253. Insgesamt wird auf 48 Seiten in 49 Versuchen eine gestrafftere Form der Vermittlung gewählt und auf wissenschaftliche Details verzichtet.
Ebenso Pudschies, P. / Schrön, A.: Chemie und Luftschutz. Für Volks-, Mittel- und Berufsschulen. Berlin 1937. Dieses 192 Seiten umfassende Heft scheint Großteils für Schüler wie Lehrer, andererseits in bestimmten Abschnitten aber nur für Lehrer konzipiert worden zu sein. Das Vorwort ist mit NS-Propaganda gespickt und weist auf das methodische Ziel eines Verzichts der Erarbeitung von Einzelkenntnissen zugunsten der Gewinnung größerer Zusammenhänge und Gesetzmäßigkeiten hin. Unter dauerndem Bezug auf die Luftschutzbewegung wird versucht, einen Abriß der für das praktische Leben wissenswerten Chemie zu geben. Die 334 Versuche sind jedoch recht weitschweifig angelegt und enthalten wenig illustrierende Bilder, so daß die Wahrung der Zusammenhänge erschwert wird.
120 Nur ausführliche, mit neuen methodisch-didaktischen Zielrichtungen versehene Büchlein hatten noch Bedeutung, so Leonhardt, W.: Wehrchemie. Der chemische Krieg. Luftschutz und Gasschutz. Ein Lehr- und Experimentierbuch. Frankfurt / Main 1938. Dieses zur Orientierung des Lehrers und aller weiteren Interessierten geschriebene Werk von 152 Seiten enthält 47 Versuche mit ausführlichen Erklärungen. Insofern wird das in Buchrezensionen hochgelobte Werk auch bevorzugt für Arbeitsgemeinschaften empfohlen, so in der Zeitschrift für den physikalischen und chemischen Unterricht 52 (1939), S. 175 f. und in den Unterrichtsblättern für Mathematik und Naturwissenschaft 45 (1939), S. 31 f. Das Buch wurde in die Bücherauswahl des Ministerialerlasses vom 30.12.39 RMinAmtblDtschWiss. 1939, S. 104, unter der Rubrik „Empfehlenswerte Bücher für das Gebiet des Luftschutzes“ aufgenommen.
Ebenso Hartmann, J.: Luftschutzchemie als Grundlage der gesamten anorganischen Volksschulchemie. Osterwieck, Berlin 1940. 65 Seiten mit Beobachtungs- und Schauübungen sowie einfachen Experimenten zum Thema versuchen die chemischen Luftschutzgrundlagen auf einfachste Schulverhältnisse herunterzubrechen.
121 Bücherbesprechungen. Götz, Rudolf: Chemie des Luftschutzes. Wien, Leipzig 1938. In: Unterrichtsblätter für Mathematik und Naturwissenschaften 45 (1939), S. 32.

großen Benzolmenge würden einige Tropfen genügen, zweckmäßig auf Watte. Versuch Abb. 26 erfordert unbedingt ein Schutzgefäß für das den geschmolzenen Phosphor enthaltende Glas (Blechbüchse). Bei Versuch 22 dürfte als Schutz das Umwickeln der Hände mit einem (trockenen?) Handtuch nicht ausreichen. – Da alle neuen Chemielehrbücher bei uns bereits Abschnitte über den Luftschutz enthalten, besteht kaum ein Bedürfnis für ein Schülerbuch wie das vorliegende."

6.5.2. Nach der Schulreform

In der Reihe „Bausteine für die ‚deutsche Erziehung'" kamen nach der in den einzelnen Schulstufen angedachten Schulreform noch zwei weitere chemische Ergänzungshefte heraus: Willmar Grüntzig, Gausachbearbeiter für Chemie im NSLB Sachsen, verfaßte und veröffentlichte 1939 die Schulversuche zur Küchenchemie 1. und 2. Teil[122]. Schon die „Vorbemerkung" des Teil 1 dieser für Chemielehrer an Mädchenschulen gedachten Hefte spricht für sich (S. 3):

„Die neuen Lehrpläne für Volks- und höhere Schulen betonen allenthalben die Notwendigkeit einer wesensgemäßen Mädchenerziehung. Hauswirtschaftliche Fragestellungen stehen hier im Vordergrund. Ihre Behandlung soll in enger Verbindung mit den Naturwissenschaften erfolgen. Da die Größe der Chemie und ihrer Anwendungsgebiete es unmöglich machen, in pädagogisch verantwortbarer Weise alles zu behandeln, so erscheint es wertvoller, nur einen Ausschnitt in Angriff zu nehmen, der ‚gründlich behandelt' der Schülerin das Verständnis der übrigen Gebiete erschließt.
Dafür ist nun die ‚Küchenchemie' außerordentlich geeignet. Gibt es doch kein anderes Gebiet der Chemie, in dem eine künftige Mutter lieber ‚handgemein mit dem Stoff' (Erziehung und Unterricht, S. 166) wird. Wie wichtig ein tieferes Verständnis der chemischen Vorgänge bei der Behandlung der Geräte-, Brennstoffe und der Nahrungsmittel samt Zubereitung gerade in der Zeit des nationalsozialistischen Vierjahresplanes für Familie und Volk ist, weiß jeder Einsichtige. Daß bei der Gewinnung solcher Erkenntnisse der Versuch im Mittelpunkt stehen muß, ist unbestreitbar.
Eine Handreichung dazu will die vorliegende Arbeit sein."

Deutlich macht Grüntzig ferner, daß die „vorliegende Arbeit kein Lehrbuch ersetzen kann und will", aber doch so manche Erläuterung bringe, „da die meisten Tatsachen der Küchenchemie so verstreut in den Büchern und Zeitschriften stehen, daß sie für die meisten Erzieher kaum erreichbar sind." (S. 3). Tatsächlich ist sein Ziel – wie in der „Vorbemerkung" schon kurz angedeutet – über das Teilgebiet der „Küchenchemie das Verständnis für fast alle Gebiete der Schulchemie zu erschließen", so die in den Unterrichtsblättern für Mathematik und Naturwissenschaften zum 1. Teil ausgeführte Rezension[123]. Die Versuche sind bewußt unter Verzicht auf größere Apparaturen zum größten Teil als einfache Handversuche, die wenig Vorbereitung benötigen, konzipiert. Fast alle praktischen Experimente sind in der Volksschule als Schauversuche des Lehrers, in der Höheren Schule als Schülerversuch durchführbar; nur wenige besonders gefährliche oder schwierige Experimente sind mit „Vorsicht" am Rand gekennzeichnet.
Der die anorganische Küchenchemie behandelnde 58 Seiten (ohne Sachverzeichnis) umfassende Teil 1 bringt als erstes eine kleine, ganz praxisnah aufgebaute Einführung

---

122 Grüntzig, W.: Schulversuche zur Küchenchemie. 1.Teil. Anorganik. 2.Teil. Organik. Aus: Bausteine für die ‚deutsche Erziehung'. Hrsg. vom NSLB Sachsen, Abteilung Erziehung und Unterricht. 18. Heft sowie 22. Heft. Leipzig 1939.

123 Bücherbesprechungen. Grüntzig, Willmar. Schulversuche zur Küchenchemie. 1.Teil. Bausteine für die ‚deutsche Erziehung'. 18. Heft. Verlag der Dürrschen Buchhandlung Leipzig C 1. In: Unterrichtsblätter für Mathematik und Naturwissenschaften 46 (1940), S. 94.

mit Beobachtungsaufgaben und organoleptischen Proben von Nahrungsmitteln (S. 5-10). Anschließend werden die Werkstoffe, aus denen die Küchengeräte hergestellt werden, behandelt (S. 11-33), gefolgt von den im Haushalt zur Anwendung gelangenden Reinigungsmitteln (S. 34-48), den Entkeimungsstoffen (S. 49-52) sowie der Bedeutung des Kochsalzes (S. 52-55) und des Backpulvers (S. 56-58).
Alle „Experimente" wurden klar gegliedert durch Voranstellen der benötigten Hilfsmittel, Themenüberschriften zu jedem Versuch und Mitteilung des Ergebnisses. Ein typisches Beispiel soll aufzeigen, wie praxisnahe Anwendung mit Sparsamkeit und damit mit klaren von der nationalsozialistischen Politik vorgegebenen Zielen kombiniert wurde (S. 36):

„Hilfsmittel:
V. 5: Fett, Talg, Paraffin (Kerzentropfen) oder Ölfarbe.
V. 6: Stearinkerze, Tuchreste, Löschblätter, Bügeleisen. ...
5. Versuch: Fett und Warmwasser.
Bestreiche die Innenwand eines Prüfglases mit Fett oder Ähnlichem. Gib Wasser zu und erwärme. Schüttle um! Erhitze bis zum Sieden und schüttle vorsichtig. Laß auf „Handwärme" (Aufwaschen) abkühlen. Beobachte. Versuche, die Verunreinigung durch Ausspülen mit heißem Wasser vollständig zu entfernen.
6. Versuch: Stearinfleck entfernen.
Beseitige einen Stearinfleck aus einem Tuchrest, indem du ihn auf beiden Seiten mit Löschblättern bedeckst und mit dem heißen Plätteisen darauf drückst.
Ergebnis: Wärme macht Fett und fettähnliche Stoffe beweglicher. Sie schwimmen auf dem Wasser. Deshalb spart man viel Arbeit und Reinigungsmittel, wenn man vor dem Aufwaschen das Geschirr erst heiß abspült. Wann kann das Wasser kohlesparend erwärmt werden? Wozu kann das Spülwasser verwendet werden? (Schweinefutter). Das Wasser nimmt aber das Fett nicht auf, sondern trennt sich rasch von ihm, Fett löst sich nicht in Wasser."

Die Rezension lobt das Heft insgesamt, Kritik wird lediglich an einigen kleinen Ungenauigkeiten bzw. aufgetretenen Fehlern geübt.
Der von der Grundkonzeption gleich gestaltete 74 Seiten starke Teil 2 mit Schwerpunkt auf der organischen Chemie, geht erst einmal auf Heizung und Beleuchtung ein, wobei selbst ein Brandunglück in der Küche nachgestellt wird. Auch diese Schilderung soll folgen, um zu dokumentieren, mit welcher didaktischen Instruktionsform die Mädchen an den Schulen in Chemie konfrontiert werden sollten (S. 10):

„**1. Versuch:** Die kluge und die törichte Jungfrau (n. Dennstedt)
Man befestigt an einer Stange einen Puppenbalg, den man mit einem Lappen kleidartig umhüllt, und tränkt ihn mit etwas Petroleum, dann entzündet man ihn und rollt die Stange mit der Pappe sofort über eine Tischfläche, indem man die Puppe möglichst fest auf den Tisch drückt. Die Flamme läßt sich dadurch ersticken. Wenn die Pappe abgekühlt ist, tränkt man sie noch einmal mit Petroleum und entzündet sie wieder. Jetzt wirbelt man die Figur ein paarmal durch die Luft und zeigt, daß die Flamme sich nicht mehr ausdrücken läßt.
Merke: Bei Brandunglücken am eignen Leibe (Ansengen am Ofenherd) wälze dich sofort fest auf dem Boden, oder umhülle dich mit Decken, oder kriech ins Bett und drücke die Flammen aus! Lauf nicht erst zur Nachbarin oder auf die Straße!
Erste Hilfe bei Verbrennungen: Brandbinde, die jeder in der Hausapotheke haben muß (sie enthält meist ein Wismutsalz, z. B. Dermatol, d. i. das basische Wismutsalz der Gallussäure, $C_6H_2(OH_2)\bullet COOBi(OH)_2$ [!]), Brandliniment, d. i. Kalkwasser (s. 1. Teil, S. 35) und Leinöl zu gleichen Teilen."

Es folgen die eingehende, ebenso praxisnah dargelegte Behandlung der einzelnen Nahrungsmittel, ihre Zubereitung, es folgen Brotaufstriche, Würz- und Genußmittel bis hin zu den einzelnen Vitaminen und den Verdauungsvorgängen – eine anschaulich dargelegte Diätethik also.
Insgesamt herrscht bei diesen „Bausteinen für die ‚deutsche Erziehung'" eine sehr einfache, verständliche Sprache, wo zum besseren Verständnis notwendig, sind Skizzen eingebaut. Eine ordentliche blanke, saubere Küche wird zum Stolz jeder Hausfrau, jedes Mädchens deklariert. Der sparsame Gebrauch von Materialien und Kampf dem Verderb werden als Grundprinzipien aufgestellt. Wie selbstverständlich werden diese im Chemieunterricht mit diesen beiden Heftchen zur Küchenchemie erlernt.
Die von Hans Lüthje[124], Oberstudienrat in Hamburg, ab 1939 herausgegebenen „Chemischen Arbeitshefte" für Schüler waren explizit zur Ergänzung des im Unterricht vorhandenen Chemie-Lehrbuches gedacht, konnten aber auch als Material für zusätzlich eingerichtete Arbeitsgemeinschaften dienen. Die ersten vier Hefte zeigen schon anhand ihrer Themenwahl die deutliche Dominanz der Hauswirtschaftschemie:

Heft 1: Brennstoffe (Feuerungs- und Kraftstoffe) und ihre Verwendung im Haushalt (Klasse 6). (32 S.)
Heft 2: Chemisches über die verschiedenen Reinigungsvorgänge im Haushalt (Klasse 6). (23 S.)
Heft 3: Chemisches über Nahrungsmittel, Gärung und Fäulnis (Klasse 6/7). (40 S.)
Heft 4: Physiologisch-chemische Vorgänge (Verdauung – Resorption – Vitamine – Hormone). (31 S.)

Vom gestalterischen und methodisch-didaktischen Aufbau ähneln sich alle „Arbeitshefte": Es werden Übungen mit daraus resultierendem Erkenntniswert und zusätzlichem Tatsachenwissen kombiniert, praktisch handelt es sich also um eine Vermischung von normalem Unterricht und Übung, methodisch auch als Arbeitsunterricht deklariert. Konzeptionell sind demzufolge mehr chemische Formeln und auch mehr Hintergrundwissen als in der Reihe „Bausteine für die ‚deutsche Erziehung'" enthalten.
Heft 1 „Brennstoffe (Feuerungs- und Kraftstoffe) und ihre Verwendung im Haushalt" beginnt direkt mit der organischen Chemie. In acht Paragraphen werden Kohlenstoff, Kohlenwasserstoffe, fossile und gasförmige Brennstoffe, Erdöl und synthetische Treibstoffe unter geschichtlichem, wirtschaftlichem und haushaltsrelevantem Aspekt behandelt. Dieses Heft scheint sowohl für Jungen wie Mädchen konzipiert worden zu sein, wobei die aus NS-Sicht mädchenspezifischen Schwerpunkte des Haushalts – wie auch in den Heften 2 und 3 – auf die Mitautorin Margret Sturm zurückzuführen sind.
In Heft 2 – ebenfalls in acht Abschnitte unterteilt – wird nach einigen Feststellungen über Wasser als Lösungsmittel, Soda, Hydrolyse, Peroxyde, Borverbindungen und Seife, das Reinigen der Wäsche behandelt. Dabei wird auf das Enthärten des Wassers, Einweichen, das Waschen, Bleichen und Bügeln eingegangen. Ein Kapitel über das Reinigen von Werkstoffen bildet den Schluß. In einer Rezension der „Zeitschrift für den

124 Hans Lüthje hat auch schon vor der Machtergreifung Chemielehrbücher veröffentlicht. Möbuß, A. / Lüthje, H.: Lehrbuch der Chemie und Mineralogie. Anorganische Chemie. 1. Teil, Unterstufe. Meißen 1927. Eine Rezension in der „Zeitschrift für den physikalischen und chemischen Unterricht" 41 (1928), S. 126 f. deklarierte dieses Buch aber eher als unbrauchbar für den Unterricht, da es zu hohe Anforderungen an den Schüler stelle, diesen z. T. überfordere. Methodisch wurde das Buch allerdings für gut befunden, lediglich gerügt, es enthielte zu viele angebliche Schülerübungen. Im Dritten Reich kam als Chemielehrbuch heraus: Lüthje, H.: Organische Chemie. Lehrbuch für höhere Schulen. Dresden 1937. Es gehörte nach der 1938er-Schulreform jedoch nicht zu den „vorläufig zugelassenen" Lehrbüchern.

physikalischen und chemischen Unterricht“ wird die Zusammenstellung des Heftes gelobt[125]:

„Daß dabei außer älteren und allgemein bekannten Stoffen auch moderne Waschmittel wie Fewa und die darin wirksamen Fettalkoholsulfonate behandelt werden, macht das Büchlein besonders brauchbar für den Unterricht. Als Grundlage für Arbeitsgemeinschaften an deutschen Oberschulen sollte man es den Schülern an die Hand geben, denn neben den Versuchen, auf die naturgemäß in erster Linie Wert gelegt worden ist, steckt doch auch eine ganze Menge an theoretischer Unterweisung darin.“

Auch für Heft 3 existiert eine Rezension, die für sich spricht[126]:

„Ein sehr kurzgefaßter Leitfaden der organischen Chemie mit besonderer Betonung der Nahrungsmittelchemie wird hier vorgelegt. Eine nicht ganz logische, aber doch brauchbare Einteilung liefert [!] die Abschnitte I-V: Fette, Kohlenhydrate, Eiweiß, Nahrungsmittel, Gärungen. Den Abschluß bildet ein Paragraph über die Bedeutung der Hausfrau in der Volkswirtschaft. Wie in den anderen chemischen Arbeitsheften ist auch hier in erster Linie auf das Experimentelle Wert gelegt worden. Gerade die Behandlung des Themas „Nahrungsmittel“ läßt ja die Kluft zwischen praktischem Wollen und theoretischem Können bei Schülern besonders deutlich werden. So wird es für viele Schüler sicher sehr angenehm sein, wenn sie außerhalb des Unterrichts ein solches Büchlein zu Rate ziehen können.“

Tatsächlich geht dieses Heft äußerst praxisnah auf Koch- und Backanweisungen sowie ernährungsphysiologisch relevante Gesichtspunkte ein. Die Aufgabe im Chemieunterricht statt formaler Bildung insbesondere die politische und wirtschaftliche Schulung voranzutreiben, zeigt sich besonders deutlich bei Erklärungen zur Rollenverteilung zwischen Mann und Frau: Die Funktion der Frau im Dritten Reich dem Mann als gute Hauswirtschafterin zu dienen, wird herausgestellt. Die Notwendigkeit „das Verantwortungsgefühl der deutschen Frau zu wecken und zu stärken und sie so auszubilden, daß sie 1) wirtschaften kann..., 2) zu organisieren versteht..., 3) nationalpolitisches Verständnis besitzt..., 4) Sachkenntnisse erwirbt..., 5) technische Fertigkeiten erwirbt...“ (S. 39 f.) bezieht sich allein auf dem Haushalt zur Verfügung stehende Geldmittel, Haushaltswaren und die Nahrungsverwertung.
Heft 4 geht nach einigen Wiederholungen zu Fetten, Kohlenhydraten, Eiweißstoffen – bekannt aus Heft 3 – auf das menschliche Blut, Blutplasma, die chemischen Vorgänge bei der Verdauung, Nahrungs-, Nährstoffresorption, Vitamine, Hormone, Stoffwechsel und für den Körper sinnvolle Energiequellen ein. Die Erklärungen sind sachlich und verständlich formuliert. Dieses Heft könnte deshalb, um neuere Erkenntnisse bereichert, auch heute noch Verwendung finden.
Neben diesen haushaltsrelevanten Untersuchungen werden von Lüthje selbst noch vier weitere „Chemische Arbeitshefte“ als wertvolles Hilfsmittel für den Unterricht deklariert[127]:

125 Bücher und Schriften. Chemisches über die verschiedenen Reinigungsvorgänge im Haushalt. Von Dr. Hans Lüthje und Dr. Margret Sturm. Chemische Arbeitshefte, Heft 2. Dresden 1939. In: Zeitschrift für den physikalischen und chemischen Unterricht 53 (1940), S. 64.
126 Bücher und Schriften. Chemisches über Nahrungsmittel, Gärung und Fäulnis. Von Dr. Hans Lüthje und Dr. Margret Sturm. Chemische Arbeitshefte, Heft 3. Dresden 1939. In: Zeitschrift für den physikalischen und chemischen Unterricht 53 (1940), S. 95.
127 Heft 5, 6 und 8 konnten nicht aufgefunden werden. Es ist fragwürdig, ob sie jemals erschienen sind. In einer noch in Heft 4 veröffentlichten Eigenanzeige steht lediglich der Hinweis, die Hefte 5, 6 und 8 seien geplant.

Heft 5: Zellulose; Papier; Textil (Klasse 7).
Heft 6: Chemisches über natürliche und synthetische Farbstoffe (Klasse 7/8).
Heft 7: Deutsches Eisen (Klasse 7). (40 S.)
Heft 8: Gebrauchsmetalle (außer Eisen); Glas; Porzellan (Klasse 8).

Heft 7 stellt hierbei eine kleine Monographie über Eisen dar. Auf Geschichte, Vorräte (auch die ostmärkischen und neu erschlossene Lager), auf alte und neuere Verhüttungstechniken wird eingegangen. Auch existiert ein eigenes Kapitel über die Stahlherstellung. Die in der „Zeitschrift für den physikalischen und chemischen Unterricht" zu diesem Heft erschienene Rezension lobt, der Stoff sei „bis in die jüngste Gegenwart hinein" verarbeitet worden. Außerdem weise er gleichzeitig über den normalen Chemieunterrichtsstoff hinaus[128]:

„Der Wert des Büchleins liegt darin, daß es im Zusammenhang etwa mit gezeigten Filmen als Grundlage einer Arbeitsgemeinschaft dienen kann, vor allem, wenn Besichtigungsmöglichkeiten von Eisenwerken vorliegen."

Resümee: Als unmittelbare Folge der Schulreform trat zunächst in den Ergänzungsheften eine sogenannte mädchenspezifische Chemie in den Vordergrund[129]. Diese war von der NS-Politik geleitet, das heranwachsende Mädchen auf das Lebensziel „Hausfrau und Mutter" zu reduzieren. Erst nachdem auf diesem Gebiet die notwendige Literatur für Lehrer und Schüler geschaffen worden war, wurde den Autarkie- und Vierjahresplanzielen sowie kriegsrelevanten Rohstoffen wieder mehr Raum gewidmet.

6.6. Unterrichtsvertiefung durch chemische und naturwissenschaftliche Arbeitsgemeinschaften

6.6.1. Aufgabe der Arbeitsgemeinschaften: Behandlung von Spezialthemen

Als ein zusätzliches, den Unterricht ergänzendes Mittel wurden von den nationalsozialistischen Schulreformern chemische Arbeitsgemeinschaften konzipiert[130]. Zwar existieren schon gegen Ende der Weimarer Republik Sonderkurse, genannt Arbeitsgemeinschaften. Doch mit der 1938er Schulreform ist eine deutliche Abwendung von allgemeinen und grundlegenden, also wissenschaftlich-chemischen Aufgabenstellungen innerhalb der Arbeitsgemeinschaften festzustellen. Es wird vielmehr auf die praktische Verwertbarkeit der Arbeit zum Nutzen der Gemeinschaft wert gelegt.
Hans Zeitler, Berlin, schlägt z.B. 1940 das Thema Knochen als Rohstoff für eine chemische Arbeitsgemeinschaft vor[131]. Seine ausführliche Begründung der Wahl von Knochen als Untersuchungsmaterial gibt am speziellen Beispiel hervorragenden Einblick in die nationalsozialistische Denkweise: Die Zusammenarbeit mit Nachbarfächern sei gegeben, da der Erdkundler die wirtschaftsgeographischen Grundlagen und die Verbrei-

128 Bücher und Schriften. Deutsches Eisen. Von Dr. Hans Lüthje. Chemische Arbeitshefte, Heft 7. Dresden 1939. In: Zeitschrift für den physikalischen und chemischen Unterricht 53 (1940), S. 95.
129 Dies bestätigt Kapitel 6.4.3.
130 Siehe hierzu Kapitel 4.3.2.
131 Zeitler, H.: Knochen als Rohstoff, ein Thema für eine chemische Arbeitsgemeinschaft. In: Unterrichtsblätter für Mathematik und Naturwissenschaften 46 (1940), S. 7-11 und S. 17-23.

tung knochenliefernder Haustiere, der Biologe den Bau der Knochen behandeln könne, der Chemiker die Knochenuntersuchung und -verarbeitung. Zusätzlich sei zu erwarten, daß der Sammeleifer für die Knochensammlung der Schule eine Steigerung erfahren werde. Per Werbearbeit sei dies auf die übrigen Schüler und auf die Elternschaft auszudehnen. Zeitler schlägt hierzu Vorträge von Schülern in der Klassengemeinschaft oder auf Elternabenden vor, bei denen die in der Arbeitsgemeinschaft hergestellten Präparate, Lichtbilder usw. gezeigt werden könnten. Auch an eine Ausstellung von Präparaten auf den Korridoren oder die Vorführung von Versuchen in den chemischen Arbeitsräumen, sollte gedacht werden. Damit könne nicht nur das Interesse an Rohstofffragen überhaupt geweckt werden, sondern an einem Beispiel aufgezeigt werden, „wie die chemische Technik aus einem wenig beachteten, um nicht zu sagen verachteten Abfallstoff wertvolle Erzeugnisse herzustellen vermag, unter denen namentlich der Leim geradezu lebensnotwendig für unsere Industrie ist. Hier könnte durch eigene Arbeit ein tieferes Verständnis für die Forderungen des Vierjahresplans erzielt werden. ... Ein Besuch in einer Großfleischerei mit Knochenfettgewinnung, einem Schlachthof, einer Leimfabrik könnte sich anschließen." (S. 8).
Für die chemische Untersuchung sollten beim Schlachter gekaufte frische Rinderknochen entweder durch Auskochen unter Druck oder durch Extraktion mit Lösungsmitteln entfettet werden. Die Verfahren der Entfettung mit Hilfe des Soxhletschen Apparats sowie des Autoklaven, Ausbeuteunterschiede, je nach angewandtem Verfahren und Knochenart werden beschrieben. Dem Schüler sollte vermittelt werden, gemahlene entfettete Knochen kämen als „nicht entleimtes Knochenmehl" kontingentiert als Düngemittel in den Handel, die Hauptmasse gehe in Leimfabriken. Die analytische Untersuchung der gewonnenen Fette (Fettkennzahlen, Schmelzpunkt, Erstarrungspunkt, Artgewicht) schließen sich an. Auch die Darstellung von Seife aus Knochenfett sei eine weitere Aufgabe der Arbeitsgemeinschaft. Die Gewinnung (Dämpf- und Mazerationsverfahren) und Untersuchung von Leim bzw. Gelatine, die Herstellung von „Futterkalk" ($Ca_3(PO_4)_2$), das als Zusatz zum Viehfutter Verwendung fände, wird geschildert. Durch glühen entfetteter Knochen unter Luftzutritt läßt Zeitler die Schüler Knochenasche gewinnen. Diese diene als Trübungsmittel für Emaille und Gläser. Durch trockene Destillation von nach dem Extraktionsverfahren gewonnenen Knochen soll der Sonderkurs auch Knochenkohle herstellen. Diese könne Rotweinflecken entfernen oder als billige schwarze Farbe Verwendung finden. Die Schüler könnten zusätzlich entdecken, daß die Knochendestillation dabei gleichzeitig noch eine Möglichkeit der Ammoniakgewinnung darstellt.
Mit dem Aufbau dieser chemischen Arbeitsgemeinschaft hat Zeitler die Ausnutzung und Verwertung eines einzelnen Rohstoffes und seiner Nebenprodukte mittels Schülerversuchen bis ins Detail genau beschrieben. Der Erlebnischarakter und die unmittelbare Anwendung in Industrie und Alltag sollten durch die Unterrichtsform der Arbeitsgemeinschaft dem Schüler eine nachhaltige Wirkung vermitteln.
Günter Müller-Lotz, Brandenburg (Havel), machte ebenfalls 1940 den Vorschlag, das Gebiet der Phosporeszenz und Lumineszenz als Thema einer chemischen Arbeitsgemeinschaft der 7. oder 8. Klasse zu behandeln[132]. Hinter dieser Idee stand die große Bedeutung, die Leuchtmassen und Leuchtfarben beispielsweise für Ansteckplaketten und

132 Müller-Lotz, G.: Herstellung von Leuchtmassen und Untersuchung ihrer Eigenschaften als Aufgabe einer chemischen Arbeitsgemeinschaft. In: Praktische Schulchemie 4 (1940), S. 5-8.

Leuchtschriften aufgrund der kriegsbedingt notwendigen Verdunkelung erlangt hatten. Hierdurch sei das Interesse des Schülers an diesem Gebiet angeregt worden. Der Schüler erwarte vom Chemielehrer Näheres über diese Erscheinungen zu erfahren. Als Arbeitsgrundlage empfiehlt Müller-Lotz dem Lehrer das Buch „Leuchtfarben, Geschichte, Herstellung, Eigenschaften und Anwendung" von Dipl.-Ingenieur Felix Fritz[133]. Nach einer kurzen historischen Einführung, also der geschichtlichen Entwicklung der Leuchtmassen, schließt sich eine in drei Teile gegliederte praktische Arbeit an.

1. Herstellung der Leuchtmassen und Beobachtung ihrer Eigenschaften:
   Nacheinander werden Versuchsreihen mit reinen Sulfiden, Sulfiden, denen geringe Mengen Kupfer, Bismut, Nickel, Blei und Sulfiden, denen schmelzflußfördernde Substanzen wie Borax, Calciumfluorid oder Natriumsulfat beigemischt worden sind durch Glühen im bedeckten Porzellantiegel durchgeführt. Anschließend erfolgt die Auslese der gewonnenen Präparate nach Leuchtmasse-Eigenschaften.
2. Herstellung geeigneter Bindemittel zum Auftragen der Leuchtmassen auf Pappe, Holz und andere Unterlagen:
   Ziel ist das Auffinden geeigneter Bindemittel, welche die Leuchtfähigkeit nicht beeinträchtigen. Untersucht werden wasserlösliche Bindemittel wie Gelatine- und Dextrinlösung, Gummi arabicum sowie Wasserglas, bei den wasserunlöslichen Bindemitteln Hartparaffin, Kolophonium und ähnliche Harze. Dabei könne sich der Schüler ein Bild davon machen, daß auch für die Technik mit der bloßen Herstellung der Leuchtmassen noch nicht das Problem ihrer Weiterverarbeitung zum Gebrauchsprodukt gelöst ist. Er werde deshalb die Leistungen der Industrie entsprechend achten. Ferner könne im Schüler durch das eigene systematische Probieren eine gewisse Entdeckerfreude geweckt werden.
3. Praktische Verwendung der so hergestellten Präparate in Schule, Haus usw.:
   Durch weitere Versuche soll der Schüler anschließend die beiden wesentlichen Gesetzmäßigkeiten finden, „daß nämlich die Abklingungszeit, d. h. die Länge der Dauer des Nachleuchtens um so kürzer ist, je heller die Phosphoreszenz ist, und daß fernerhin das zurückgestrahlte Licht von kleinerer Wellenlänge als das aufgenommene Licht ist (Stokesche Regel)" (S. 8).

Theoretische Darlegungen und neueste wissenschaftliche Erkenntnisse zur Erklärung der Phosphoreszenzerscheinungen stellten hingegen unnötigen Ballast dar, erklärt Müller-Lotz. Es genüge, wenn der Schüler wisse, daß Phospheszenzerscheinungen auf Wandlungen innerhalb des Atomgefüges (Elektronenhülle) der Leuchtmasse zurückgeführt werden.

Damit hat Müller-Lotz einen konkreten Plan für die Durchführung einer chemischen Arbeitsgemeinschaft geliefert, der ganz im Sinne nationalsozialistischer Erziehungsziele theoretische Teile zurückdrängt und praktische Dinge des Alltags durch anschauliche Versuche und Anwendung stützt.

Qualitative und quantitative Analysen von Handelsprodukten wie Milch oder des Scheuermittels Ata, genauso wie Untersuchungen zur Polymerisation von Butadien bis

133 Vgl. hierzu Fritz, F.: Leuchtfarben, Geschichte, Herstellung, Eigenschaften und Anwendung. Berlin 1940.

zur Herstellung von synthetischem Kautschuk sind weitere Vorschläge für chemische Arbeitsgemeinschaften[134].
Von der Staatlichen Hauptstelle für den naturwissenschaftlichen Unterricht wurden Boden- und Gewässeruntersuchungen sowie Faserstoffe / Kleidung als Gestaltungsmöglichkeiten für naturwissenschaftliche Arbeitsgemeinschaften mit deutlich chemischer Ausrichtung als sinnvoll angesehen[135]. Um dem Lehrer das nötige Rüstzeug an die Hand zu geben, wurden hierfür extra Bücher ausgearbeitet[136].
Die Spezialisierung und intensive Vertiefung von im normalen Chemieunterricht angeschnittenen Themen auf praxisnaher Basis eines Arbeitsunterrichtes im Sinne des nationalsozialistischen Bildungsprogramms sollten somit das Hauptarbeitsgebiet chemischer Arbeitsgemeinschaften darstellen. Die Behandlung in der Arbeitsgemeinschaft sollte deutlich über den lehrplanmäßigen Unterrichtsrahmen hinausgehen[137].

6.6.2. Arbeitsgemeinschaftsrealität am Beispiel Berliner Schulen

Keineswegs konnten Arbeitsgemeinschaften als vertiefendes Unterrichtsmittel in der in „Erziehung und Unterricht in der höheren Schule“ 1938 vorgeschriebenen Form umgesetzt werden. Statt eine Ergänzung des normalen Schulunterrichts zu sein, dienten Arbeitsgemeinschaften teilweise lediglich dazu, elementaren Schulstoff zu behandeln. Dipl.-Ingenieur Wolschansky aus Käsmark (Slowakei) besuchte vom 24. bis 26. September 1942 naturwissenschaftlich-mathematische Arbeitsgemeinschaften Berliner Oberschulen, explizit die Menzelschule (Verwaltungsbezirk Tiergarten) sowie die Treitschkeschule (Verwaltungsbezirk Wilmersdorf). Ein Erfahrungsbericht, datiert auf den 24. November 1942, über den Besuch an diesen Berliner Oberschulen offenbart dort deutliche Mankos[138]:

---

134 Vgl. hierzu Mihr, F.: Die Polymerisation des Butadiens und die Molekularformel des synthetischen Kautschuks. In: Unterrichtsblätter für Mathematik und Naturwissenschaften 45 (1939), S. 116 f. Flörke, W.: Die Untersuchung eines Scheuermittels. In: Praktische Schulchemie 3 (1938), S. 43-45. Müller-Lotz, G.: Die Milch. Vorschläge für eine chemische Arbeitsgemeinschaft. In: Praktische Schulchemie 5 (1940), S. 29-32.

135 Vgl. hierzu den Jahresbericht der Staatlichen Hauptstelle für den naturwissenschaftlichen Unterricht. In: Unterrichtsblätter für Mathematik und Naturwissenschaften 47 (1941), S. 16-20.

136 Vgl. hierzu im Bereich „Bodenkunde“ Fabry, R.: Bodenkunde für Schule und Praxis. München 1940. Kolkwitz, R. / Tödt, F.: Einfache Versuche von Boden und Wasser mit Ausblicken auf die Boden- und Gewässerkunde. Jena 1941. Mit diesen zwei Büchern, wobei letzteres stärker den chemischen Part behandelt, sollte sich der Lehrer optimal auf die Durchführung einer solchen Arbeitsgemeinschaft vorbereiten können, wurde betont. Für den normalen Schulunterricht sind in den Unterrichtsblättern inhaltlich stark gekürzte Fassungen veröffentlicht, wie unter Versuche zur „Erzeugungsschlacht“ bereits ausgeführt.
Vgl. hierzu im Bereich „Kleidung“ Scharf, R. / Golombeck, H.: Unsere Kleidung. (Eine Arbeitsgemeinschaft.) Schulversuche über Faserstoffe, Spinnerei und Weberei, Farbstoffe und Färberei. Frankfurt / Main 1940. Als zusätzliches Hilfsmittel für Lehrer wird empfohlen: Windeck-Schulze, K.: Faserstoffe. Frankfurt / Main 1940.

137 Vgl. hierzu Müller, H.: Anregungen zu nat.-math. Arbeitsgemeinschaften. In: Praktische Schulphysik 1939, S. 107-109.

138 Der Erfahrungsbericht wurde gefunden im BA Potsdam (jetzt im BA Berlin) im Aktenband 49-01/4342 REM, Berichte von Januar 1943 bis August 1944, S. 36 f.

„*Chemie.* In Chemie wird vielfach noch nach dem Muster der alten Schülerübungen gearbeitet. Dabei lernt der Schüler kaum den Wert seiner Arbeit und die Beziehung des Themas zum Gemeinschaftsleben kennen. Ich kann mir gut vorstellen, dass nach einer gewissen Einführungs- und Vorbereitungszeit grössere Aufgabenstellungen, die durchaus heimatgebunden sein können, bewältigt werden können. ...
Allgemeine Bemerkungen: Den Schülern steht zwar die Wahl der Arbeitsgemeinschaft frei, doch liegt die Entscheidung bei den betreffenden Fachlehrern, und es kommt häufig vor, dass Schüler einer anderen als der gewählten Arbeitsgemeinschaft zugeteilt werden.
Sehr vorteilhaft ist natürlich die kleine Schülerzahl von höchstens 12 Schülern, wobei 2 und nur ausnahmsweise 3 in einer Gruppe arbeiten.
Die Errichtung einer Arbeitsgemeinschaft wird nicht starr-schematisch durchgeführt, sondern hängt weitgehend von der Fähigkeit und der Neigung der Lehrer ab. Keineswegs ist es so, dass ein bestimmtes Fach einem bestimmten Jahr vorbehalten ist, dass z. B. Chemie in der 6., Physik in der 7. und Mathematik in der 8. Klasse auftritt. Es kommt vor, dass z.B. Chemie in einer aufsteigenden Klasse in zwei aufeinanderfolgenden Jahren als Arbeitsgemeinschaft geführt wird. Es ist also durchaus nicht vorgesehen, dass ein Schüler alle 4 Fächer, selbst wenn sie an einer Schule bestehen sollten, in den Arbeitsgemeinschaften durchlaufen soll.
Im allgemeinen kann ich als Erfahrung meines Berliner Aufenthaltes folgendes feststellen: von der Erreichung der Zielsetzung in den naturwissenschaftlich-mathematischen Arbeitsgemeinschaften ist man in Berlin in der allgemeinen Praxis noch ziemlich weit entfernt. Ich glaube sogar, dass die gewünschten Ziele nur mit besonders gut vorgebildeten Lehrern, ausgesuchten Schülern und gut ausgestatteten Schulen zu erreichen ist. Das trifft in verstärktem Masse für unsere Schulen zu. Ausser einer umfangreicheren Materialbeschaffung, die jetzt wohl auf grössere Schwierigkeiten stösst, wäre eine zusätzliche Ausbildung unserer Lehrer unbedingt nötig. Ein gründlicher Lehrgang, der ganz besonders auf die praktische Seite ausgerichtet sein müsste, wäre sehr wünschenswert."

Die Abteilung für höheres Schulwesen der Reichshauptstadt Berlin konnte dem Reichsministerium zu den beiden Oberschulen für Jungen nur ähnliche Mitteilung machen[139]:

„Die Bemühungen der Leiter und Lehrer beider Schulen, die naturwissenschaftlich-mathematischen Arbeitsgemeinschaften nach den Vorschriften auf S. 204-206 von „Erziehung und Unterricht" durchzuführen, stoßen auf Schwierigkeiten, die sich aus dem Einfluß außer- und innerschulischer kriegsbedingter Verhältnisse ergeben. Auf die wichtigsten hindernden Momente sei hingewiesen: Lehrerwechsel, Abordnung von Lehrern z.T. für die KLB und den Erntedienst, Einbuße an Unterrichtsstunden infolge Beurlaubung von Schülern für die KLB, für Wehrertüchtigungslager und Zwecke der HJ, Bereitstellung als Luftwaffenhelfer, starker Rückgang in der Beherrschung grundlegender Kenntnisse und Fertigkeiten, zunehmende Materialverknappung."

Die aufgeführten Arbeitspläne beider Schulen geben Aufschluß über die in chemischen Arbeitsgemeinschaften tatsächlich behandelten Themen[140]:

Treitschke-Schule 1941/42:
Klasse 6: Untersuchung chemischer Hausmittel (Waschmittel, Backpulver, Zahnpasten usw.).
Klasse 7: Das Wasser (Untersuchung von Trinkwassern, Enthärtung, Kesselwasser usw.).
Klasse 8: Flüssige und feste Brennstoffe.

139 Das zitierte Schreiben vom 13. Februar 1943 befindet sich im gleichen Aktenordner (siehe Anm. 138), S. 39-41.
140 BA-Aktenordner (siehe Anm. 138), S. 40.

Treitschke-Schule 1942/43:
Klasse 6: wie im Vorjahr Untersuchung chemischer Hausmittel.
Klasse 7: Die wichtigsten Gebrauchsmetalle in Haushalt und Wirtschaft.
Klasse 8: Holz, Zellulose, Kunststoffe.

Menzelschule 1941/42:
Untersuchung der Salze $CuSO_4$, $BaCl_2$, $MgSO_4$, $FeSO_4$, $CaCO_3$, $Pb(NO_3)_2$. Reaktionen der Kationen und Anionen. Einführung in analytisches Arbeiten.
(Die Klassen 6a und 6b waren im Schuljahr 1940/41 in der KLB, im Schuljahr 1941/42 zum Erntedienst eingesetzt. Daher sind ihre chemischen Kenntnisse sehr gering.)
Menzelschule 1942/43 (geplant):
Vertiefung und Fortführung der im Schuljahr 1941/42 begonnenen Aufgaben.

Von der Menzelschule wird berichtet, die Arbeitsgemeinschaften würden nach Art der Schülerübungen durchgeführt. Die Schüler führten die Übungen selbst durch und werteten sie auch aus. Im gleichen Bericht wird die schwierige Situation der Treitschkeschule, die gleichzeitig noch zwei Gastschulen beherbergt und damit de facto nur noch 4 ½ Unterrichtsstunden pro Tag zur Verfügung hat, geschildert. Arbeitsgemeinschaftsunterricht sei kaum noch durchführbar. Das klare Resümee des Schulberichts lautet[141]:

„Die naturwissenschaftlich-mathematischen Arbeitsgemeinschaften der Kriegszeit erreichen ihr Idealbild aus Erziehung und Unterricht (Seite 204/6) nicht, können es wohl auch nicht erreichen.“

Es gelang somit selbst in der Reichshauptstadt Berlin, also in unmittelbarer Nähe zu den zuständigen Behörden, inklusive dem Reichsministerium für Wissenschaft, Erziehung und Volksbildung, den Oberschulen nicht, die Reichserlasse zum Unterricht praktisch umzusetzen. Dies läßt vermuten, daß Oberschulen in anderen Reichsteilen keineswegs bessere Voraussetzungen und Realisierungsmöglichkeiten aufwiesen.

6.7. Modelle, Schemata und Statistik

Karten, Tafeln, Modelle und auch statistische Hinweise, die dem Schüler chemisches Verständnis in anschaulicher Weise durch eigenständige Beobachtung und Nachdenken vermitteln sollten, waren bei der nationalsozialistischen Reform des chemischen Unterrichts als Hilfsmittel wichtig.

6.7.1. Die Gleichungstafel

1937 berichtet Chemielehrer Willibald Menz aus Hildesheim ausführlich über die Gleichungstafel als chemisches Unterrichtsmittel[142]. Da ein erfolgreicher Chemieunterricht vom Versuch ausgehe, diesen auswerte und aus dem Verständnis des chemischen Vorgangs eine chemische Gleichung als „seine kürzeste und genaueste Darstellung (S. 34)

141 BA-Aktenordner (siehe Anm. 138), S. 41.
142 Menz, W.: Hinweis auf die Gleichungstafel. In Praktische Schulchemie 2 (1937), H. 5, S. 33-40, fortgesetzt in H. 6, S. 41-57.

entwickele, sei die chemische Gleichung ein wichtiges Hilfsmittel. Um gerade dem Anfänger, der häufig Unverständnis für die wissenschaftlich konzipierten chemischen Gleichungen zeige, die Vorgänge anschaulich zu vermitteln, sei als neues Mittel für den chemischen Arbeitsunterricht die Gleichungstafel entwickelt worden. Damit sei es möglich den großen Denkschritt zur Gleichung zu unterteilen und Zwischenergebnisse einzuschalten.
Zum näheren Verständnis dieses heutzutage weitgehend unbekannten Unterrichtsmittels soll hier eine kurze Beschreibung gegeben werden. Faktisch besteht die Gleichungstafel „aus einem Quertäfelchen, das durch zwei Ösen und eine in der Mitte verschlungene Schnur am oberen Rande einer Schulwand hängt. Das Quertäfelchen ist **vorn** mit den Worten „**Vor** dem Versuch“ und **hinten** mit den Worten „**Nach** dem Versuch“ beschrieben. Zwei zu beschreibende Längstäfelchen sind in Ösen des Quertäfelchens links und rechts an drehbaren Haken angehängt.“ (S. 35 f.). Die Zeichen für die Atome und Atomgruppen könnten somit durch einen Handgriff ihre Plätze „wie in der Wirklichkeit“ (S. 35) wechseln. Folgende neun Regeln führten anschließend zum Erfolg (S. 59):
„1. Die Gleichungstafel muß vollkommen waagrecht hängen.
2. Man stelle fest, welche Formel die verwendeten Stoffe haben.
3. Man überlege, welche Bestandteile ihre Plätze tauschen werden. Dieses können sein einerseits Wasserstoff und die Metalle, andererseits Säurereste und Nichtmetalle; dann auch noch andere Reste (Radikale).
4. Man schreibe möglichst die kleineren Bestandteile auf die Täfelchen, die anderen daneben auf die Tafel.
5. Man stelle die Wertigkeiten fest und zeichne sie als Striche so ein, daß die Striche auf den Täfelchen die auf der Tafel berühren.
6. Bei verschiedener Wertigkeit stelle man das kleinste gemeinsame Vielfache fest.
7. Die Täfelchen sind richtig beschrieben, wenn beide gleich viel auf dieselben Stellen gerichtete Striche enthalten. Dann bleiben nach dem Vertauschen der Täfelchen keine Striche übrig.
8. Die Atomgruppen, die durch Striche miteinander verbunden sind, bilden je ein Molekel.
9. Durch Nebeneinanderschreiben der Stellung „**Vor** dem Versuch“ und der „**Nach** dem Versuch“ ergibt sich die chemische Gleichung.“
Mit zahlreichen Beispielen, die in 13 Übersichten aufgeführt werden, verdeutlicht Menz bildlich die Darstellung immer komplexerer chemischer Umsetzungen. Anhand von drei chemischen Versuchsbeispielen, der resultierenden Beobachtungen und Folgerungen wird die Erarbeitung der chemischen Gleichung mit Hilfe der Gleichungstafel genau erläutert. Der Gebrauch der Gleichungstafel sollte zur Versuchsauswertung, zur Erklärung natürlicher Vorgänge sowie zur richtigen chemischen Bezeichnung von Stoffen führen. Das folgerichtige chemische Denken mit diesem Anschauungsprinzip anzuregen, war ein weiteres Ziel. Für komplexere chemische Reaktionen sollte, so Menz Vorstellung, ein Formelbaukasten die Gleichungstafel ergänzen.
Inwieweit derartige Gleichungstafeln im Unterricht der verschiedenen Klassenstufen Eingang fanden, ist leider nicht nachvollziehbar. Im Streben nach Vereinfachung und Anschaulichkeit stellt sie jedoch ein Mittel dar, daß den methodischen Anforderungen der 1938er-Richtlinien und den allgemeinen Wünschen nationalsozialistischer Schuldi-

daktiker entgegenkam. Die von Menz angeführte Begründung für die Gleichungstafel spricht schon für sich[143]:

„Es liegt ein Bedürfnis vor, die chemische Zeichensprache, insbesondere „die chemische Gleichung" der Allgemeinheit verständlich zu machen. Soll doch der Luftschutzgedanke zum Allgemeingut des deutschen Volkes werden. ... Ein wirkliches chemisches Verständnis für die Entgiftung und andere chemische Vorgänge ist aber ohne „chemische Gleichung", ihre angemessene Darstellung nicht denkbar."

6.7.2. Der Acetylenbaum

1937 brachte der Verlag Chemie GmbH in Berlin eine Tafel (Maße 61 x 86 cm) mit der Bezeichnung „Acetylenbaum" heraus[144]. Diese mit Leisten und Aufhängevorrichtung einfach in den Unterrichtsräumen anzubringende Tafel wurde von der Staatlichen Hauptstelle für den naturwissenschaftlichen Unterricht als wertvolles neues Unterrichtsmittel angesehen. Die wichtige Stellung des Acetylens in der deutschen chemischen Industrie wurde nach Art des Stammbaums anhand von etwa 160 aufgeführten Stoffen dargelegt. Die Einteilung erfolgte farbig nach ihrer hauptsächlichen Anwendung als Arzneimittel, Farbstoff, Lösungs- und Weichmachungsmittel, Kunststoff bzw. synthetische Kautschukart. Die jeweiligen Synthesewege mit verschiedenen Zwischenstufen waren zusätzlich abgeleitet. Auch das bisherige Herstellungsverfahren des Acetylens aus Calciumcarbid und Wasser sowie ein neuer Syntheseweg durch thermische Spaltung von gesättigten Kohlenwasserstoffen wurde auf der Tafel aufgeführt.
Die experimentelle Ableitung vieler für den Vierjahresplan wichtiger Substanzen sowie deren vorangehende technische Prozesse konnten somit in einer Art Gesamtschau dem Schüler schematisch nahegebracht werden. Petzold urteilte über dieses Unterrichtsmittel[145]:

„Bei der Aufgabe des chemischen Unterrichts, unter den verschiedenen Fächern der allgemein bildenden Schulen an vorderster Stelle zur Erreichung allgemeinen Verständnisses für die Lebensnotwendigkeit des Vierjahresplanes zu kämpfen, wird der ‚Azetylenbaum' eine scharfe und schlagbereite Waffe sein."

Dies entspricht den methodischen Anordnungen der 1938er Richtlinien sowie Walter Kinttofs Vorschlag zur Einführung in die organische Chemie[146]. Derart übersichtliche Stoffstammbäume fanden aus Gründen der Anschaulichkeit auch allgemein großen Anklang[147].

---

143 Menz (siehe Anm. 142), S. 33.
144 Petzold, H.: Azetylenbaum. In: Unterrichtsblätter für Mathematik und Naturwissenschaften 44 (1938), S. 94. Scharf, R.: Unterricht und Methode. Acetylenbaum. In: Zeitschrift für den physikalischen und chemischen Unterricht 52 (1939), S. 37 f.
145 Petzold (siehe Anm. 144), S. 94.
146 Vgl. hierzu Kapitel 5.2.2.2.2.
147 Vgl. hierzu Wizinger, R.: Kohle, Luft und Wasser. Ein Rundgang durch die neu erschlossenen Gebiete der Kohlechemie. Stuttgart 1939. In diesem für den technisch interessierten Laien konzipierten Buch ist u.a. der Azetylenbaum in – aus Übersichtsgründen etwas vereinfachter Form – als Stammbaum mit seinen Abkömmlingen zu finden.

6.7.3. Das Periodische Systems der Elemente[148]

1936 veröffentlichten Erich Lange und Kurt Nagel ein „natürliches“ periodisches System der Atomarten als Unterrichtsmittel[149]. Dargelegt wird die vom physikalisch-chemischen Institut der Universität Erlangen umgesetzte Idee, das Periodensystem der Elemente als Unterrichtsmittel zu verbessern, indem kleine Proben der Elemente in durchsichtigen Präparategläsern in die Tafel integriert werden. Der Vorteil sei, daß damit den zu Unterrichtenden die verschiedenen Stoffe selbst dauernd leicht und übersichtlich zugänglich gemacht werden könnten. Die graphische Darstellung des Periodensystems, verbunden mit einer Sammlung dazugehöriger Stoffvertreter, sollte somit der Anschaulichkeit und besseren Einprägung durch den Schüler dienen.

Während Nagel und Lange die Anschaulichkeit durch direkte Sicht der Elemente in den Vordergrund rücken, baut Georg Schindehütte 1937 unter Bezug auf diese Variante stärker auf die räumliche Darstellung der Eigenschaften der Elemente im Modell[150]. Als eine exemplarische Eigenschaft werden die Dichten der Elemente zum einen flächenhaft, zum anderen auf einer Tafel des Periodensystems räumlich dargestellt. Die Dichtewerte werden hierbei Lehrbüchern entnommen. Schindehütte leitet aus dem entstehenden Anschauungsmodell fünf Vorteile ab:

1.) Der Schüler werde zur Erkenntnis geführt, daß die Dichten auch innerhalb der einzelnen Perioden keine richtige Kurvenform aufweisen. Statt dessen habe man isoliert zu sehende, sprunghaft sich ändernde Werte. Dies führe zur Schlußfolgerung, daß es in der Welt der Atome keine Kontinuität gäbe. Die Natur mache Sprünge. Diese Art der Betrachtung könne daher einer neuzeitlichen Auffassung der Naturerscheinungen den Weg bereiten.

2.) Es werde ein Gesamteindruck vermittelt. Da in den einzelnen Gruppen die Dichte von oben nach unten zunähme und sich in der Mitte jeder Periode ein Maximum befände, ließen sich mit einem Blick die Zusammenhänge in den Gruppen und Perioden übersehen.

3.) Aus der Erkenntnis, daß die Dichtewerte der zweiten und dritten sowie der vierten und fünften Periode sich in ihrem Verlauf einander nähern, könne auf einen Zusammenhang zwischen Atombau bzw. Elektronenschale und Dichte geschlossen werden.

4.) Die Auswertung eines solchen räumlichen Modells rege zum Nachdenken an, es werde Verständnis für das Wesentliche geweckt.

5.) Vom unterrichtlichen Standpunkt aus stelle das P.S.E. ein schönes Beispiel gemeinsamer Grundlage von Chemie und Physik dar. Es ergebe sich eine wahre Symbiose beider Fächer, ohne daß die Chemie ihre Sonderstellung aufzugeben brauche. Dies führe zur Erkenntnis von der Einheit und Einheitlichkeit der Natur.

Ziel und Sinn seiner Ausführungen umreißt Schindehütte am Ende seines Aufsatzes noch einmal deutlich[151]:

---

148 Zum P.S.E. und zur Atomistik unter dem methodischen Gesichtspunkt der Einführung und Unterrichtsgestaltung siehe Kapitel 5.3.1.1.

149 Lange, E. / Nagel, K.: Ein „natürliches“ periodisches System der Atomarten als Unterrichtsmittel. In: Unterrichtsblätter für Mathematik und Naturwissenschaften 42 (1936), S. 157-161.

150 Schindehütte, G.: Räumliche Darstellungen der Eigenschaften der Elemente auf der Grundlage des Periodischen Systems. In: Unterrichtsblätter für Mathematik und Naturwissenschaften 43 (1937), S. 75-79.

151 Schindehütte (siehe Anm. 150), S. 79.

„Vorstehende Ausführungen sollten an einem Beispiele zeigen, daß nicht nur etwa die volkswirtschaftliche Bedeutung der Chemie durch die Veranschaulichung quantitativer Zusammenhänge, bei der die Worte in ihrer Vieldeutigkeit zurückgedrängt sind, lebendig gemacht werden kann. Auch auf dem Gebiete der allgemeinen Chemie sollte in immer größerem Umfange neben dem Zerlegen und Zerdenken der Dinge und Vorgänge auf die Methode der Zusammenschau, neben der Formel und Tabelle die unmittelbare Anschauung zu ihrem Rechte kommen. Und bei jeder zweckentsprechenden Verbildlichung werden die Beziehungen in zusammengedrängter Form wiedergegeben und damit klar herausgearbeitet. Der Gesamteindruck aber, der an die Stelle einer nicht zu überblickenden und nicht zu durchschauenden Vielfältigkeit tritt, prägt sich dem Gedächtnis ein! Somit zeigt sich auch hier ein gangbarer Weg, um unseren Unterricht immer mehr davor zu bewahren, daß unverbundenes Tatsachenmaterial von Stunde zu Stunde weitergeschleppt wird, um dann sobald als möglich wieder vergessen zu werden."

Diese zwei Darstellungsvorschläge haben somit als Ziel die direkte Umsetzung nationalsozialistischer Maximen gemeinsam. Anschaulichkeit, Lebendigkeit und Wirklichkeitsnähe, die Gesamtschau der Natur als weltanschauliches Überzeugungsziel, Zusammenschau und Überblick statt Vertiefung einzelner Punkte nehmen die 1938 mit der nationalsozialistischen Schulreform ausformulierten Ziele bzw. methodischen Forderungen schon vorweg.
Historische Betrachtungen der Elemententdeckungen, inklusive der Hervorhebung deutschen Forschertums, sowie der Entwicklung des Periodischen Systems sind verstärkt erst nach Veröffentlichung der neuen Richtlinien zu finden. Als Beitrag zur Geschichte der Chemie[152] wollen Wilhelm Flörke und Erwin Meyer, Gießen, ihre Tafel zur Entdeckungsgeschichte der chemischen Elemente verstanden wissen[153]. In derart übersichtlicher Form, so betonen die Autoren, sei eine solche Zusammenstellung bisher noch nicht existent. Neben der Ordnungszahl und dem chemischen Zeichen sind Jahr und Verfahren der Entdeckung samt Entdeckername – falls bekannt – sowie die Herleitung des Elementennamens angeführt. Dabei werde deutlich, so das anschließend noch zahlenmäßig dokumentierte Resümee, daß „die Entdeckungsgeschichte der chemischen Elemente mit der allgemeinen Kulturgeschichte in großen Zügen im Einklang steht" (S. 28).
1943 stellt Willmar Grüntzig, unter dem Gesichtspunkt der Einprägsamkeit für den Schüler, die These auf, daß fünf bis dato übliche Darstellungsmöglichkeiten des Periodischen Systems der Elemente (u.a. Systemtafel mit 8 Säulen, Tafeln nach Antropoff) für den Chemieunterricht wenig geeignet seien[154]. Sein aus heutiger Sicht seltsam anmutender Vorschlag eines „Haus der Elemente", geordnet nach Atomgewichten, wobei ähnliche Elemente übereinander stehen, wirkt nur durch die beigefügte ausführliche graphische Darstellung verständlich. Skizzen zur Wertigkeit der Elemente, zum Atomvolumen, zur Einteilung in Gruppen (Seltene Erden bis Erdmetalle und Radioaktive Elemente), zur Einteilung in Schwer-, Halb-, Leicht-, Edel- und Nichtmetalle sowie Edelgase vervollständigen das Bild. Als ein wesentliches Untersuchungskriterium im Unterricht sieht Grüntzig dabei auch die historische Entdeckung der Elemente. In einer Aufgabe sollen die Schüler aus zur Verfügung gestellten Werken der Entdecker, deren Na-

152 Siehe hierzu auch Kapitel 5.2.2.3.
153 Flörke, W. / Meyer, E.: Zur Entdeckungsgeschichte der chemischen Elemente. In: Praktische Schulchemie 4 (1940), S. 21-28.
154 Grüntzig, W.: Das Haus der Elemente (zugleich eine Anregung für eine kleine Untersuchung in den naturwissenschaftlichen Arbeitsgemeinschaften). In: Unterrichtsblätter für Mathematik und Naturwissenschaften 49 (1943), S. 5-12.

tionalität und das Entdeckungsjahr der einzelnen Elemente heraussuchen. Die Ergebnisse werden ins Periodensystem eingetragen, wobei die Schüler erkennen können, daß deutsche Forscher die meisten Elemente gefunden haben[155]:

„‚La Chimie est une science francaise‘ hat einst ein überheblicher Franzose (Wurtz) gesagt. Unsere Tafel widerlegt das schlagend. Deutsche Forscher fanden die meisten Elemente, etwa 34, englische 17, französische 15. Dabei verdanken wir es nicht ein oder zwei großen Männern in einer Elementensippe (DAVY: Alkalimetalle; RAMSAY: Edelgase; LECOQ DE BOISBAUDRAN und Schüler: seltene Erden), sondern viele, große Chemiker zu allen Zeiten haben hier beigesteuert."

Nachdem Grüntzig noch weitere Darstellungsmöglichkeiten von Eigenschaften des P.S.E. aufgezählt hat, mündet er in einem Plädoyer, daß der Nutzen seine geforderte Umstellung der Elementenanordnung rechtfertige[156]:

„Vielleicht geht aus dieser kurzen Betrachtung schon der Nutzen der neuen Anordnung der Elemente für die Unterrichtsarbeit hervor. Die Umstellung ist zunächst für manchen Lehrer nicht ganz einfach, ein Versuch sollte aber doch unternommen werden. Auch für die Chemie gilt das Wort R. W. POHLs: ‚Sie enthält eine Fülle sachlicher Schwierigkeiten, daher soll ihre Darstellung Schwierigkeiten formaler Art vermeiden und sich um Einfachheit und Klarheit bemühen. Zur Erreichung dieses Zieles muß man sich auch von eingewurzelten Gewohnheiten frei machen und gelegentlich umlernen können‘."

Das Periodensystem der Elemente wurde somit zu einem nationalsozialistischen Unterrichtsmittel umfunktioniert.

6.7.4. Statistische Angaben für den chemischen Unterricht

1938 veröffentlichte Friedrich Hofmann, Sonneberg (Thüringen), „Statistische Angaben 1936 für den chemischen Unterricht"[157]. Alle zwei Jahre sollten zukünftig kurze Berichte erscheinen, die aus dem Statistischen Jahrbuch für das Deutsche Reich selektiv die Zahlenangaben veröffentlichten, die für den chemischen Unterricht von Wert sind. Prozentuale und absolute Angaben der Produktionskraft weltweit sowie aufgeschlüsselt nach einzelnen Ländern, inklusive Deutschland wurden tabellarisch für die Jahre 1932, 1934 und 1936 aufgeführt. Volkswirtschaftlich relevante Rohstoffe wie Steinkohle, Roheisen, Rohstahl, für Deutschland explizit auch die Braunkohlenförderung sowie die Erdölgewinnung wurden betrachtet und zusätzlich Deutschlands Erzbergbau des Jahres 1936 statistisch beleuchtet. Die Zahl der vorhanden bzw. betriebenen Hochöfen zur Roheisengewinnung wurden erläutert, die mengenmäßige Förderung verschiedenster Erze, Salze, Stickstoffverbindungen und Phosphate aufgezeigt, wobei von 1932 bis 1936 eine deutliche Steigerung wahrzunehmen ist. Derartige Statistiken sollten im Chemieunterricht verwendet werden, um die deutsche Produktionsleistung entweder hervorzuheben oder schon bei der Jugend eine verbesserte, intensivere Arbeit an Problemen anzumahnen, mit dem Ziel, der angestrebten Autarkie näherzukommen. Wie ge-

155 Grüntzig (siehe Anm. 154), S. 11 f.
156 Grüntzig (siehe Anm. 154), S. 12.
157 Hofmann, F.: Statistische Angaben 1936 für den chemischen Unterricht. In: Praktische Schulchemie 3 (1938), S. 17-20.

schickt auf ganz subtile Weise die deutschen Errungenschaften hervorgehoben wurden, sollen einige Beispiele belegen[158]:

„Deutschlands Braunkohlenförderung macht mehr als 70 % der Weltgewinnung aus und wurde für 1936 mit 396 Millionen RM bewertet. (S. 17) ...
Die Erzförderung Deutschlands ist nach dem Tiefststand des Jahres 1932 sehr gestiegen. Unser Land ist nicht arm an Erzrohstoffen, aber es müssen im Verfolg des 2. Vierjahresplanes bekannte Vorkommen wieder erschlossen und neue gefunden werden. Die im Eisenerzgebiet von Peine und Salzgitter entstehenden Hermann-Göring-Werke werden unsern Mangel an Eisenerzen weitgehend beheben. (S. 18) ...
Außer den bergbaulich geförderten Steinsalzmengen wurden noch sehr ansehnliche Mengen Siedesalz und Sole in Deutschland gewonnen. Deutschland versorgt ja seit Jahrhunderten besonders salzarme Nachbarländer mit diesem alten Handelsgut. Schätzungsweise ⅔ der Weltgewinnung an Kalisalzen, gemessen am K_2O-Inhalt, entfällt auf Deutschland. (S. 19) ...
Deutschland ist seit vielen Jahren und auch in den Zeiten der Krise dasjenige unter allen Ländern gewesen, dessen Erzeugung an Stickstoffverbindungen ¼ bis fast ⅓ der Weltgewinnung lieferte, gemessen am Rein-Stickstoffgehalt. (S. 20)“

Gerade im Rahmen der Themen des Vierjahresplans und der volkswirtschaftlichen Daten von besonders kriegsrelevanten Rohstoffen wurden statistische Angaben zu einem wichtigen Unterrichtsmittel. Dies zeigt sich auch in Einzelaufsätzen, die spezifisch Vorkommen, begleitende Verunreinigungen, deutsche Rohstoffreserven, Weltproduktion, praktische und technische Anwendungen, den Rohstoffkreislauf mittels Rückgewinnung und Wiederverarbeitung von ganz speziellen Metallen oder Rohstoffen im Blickfeld haben. Die dahinter stehende Intention der jugendlichen Beeinflussung ist offensichtlich[159].

158 Hofmann (siehe Anm. 157), S. 17-20.

159 Keineswegs sind diese „Statistischen Angaben für den chemischen Unterricht“ jedoch ein reines Produkt der nationalsozialistischen Zeit. In der Weimarer Republik wurden in der Zeitschrift für den physikalischen Unterricht von Friedrich Hofmann bis 1932 jährlich derartige Statistische Angaben als Unterrichtshilfsmittel veröffentlicht. Diese Angaben tragen zwar schon deutliche nationalistische Züge, sind allerdings weitgehend von der Krise der Weimarer Zeit geprägt und tragen in der Auswahl der Rohstoffe teilweise eine andere Gewichtung. Vgl. hierzu Hofmann, F.: Statistische Angaben 1926 für den chemischen Unterricht. In: Zeitschrift für den physikalischen und chemischen Unterricht 41 (1928), S. 138-143. Hofmann, F.: Statistische Angaben 1927 für den chemischen Unterricht. In: Zeitschrift für den physikalischen und chemischen Unterricht 42 (1929), S. 74-78. Hofmann, F: Statistische Angaben 1928 für den chemischen Unterricht. In: Zeitschrift für den physikalischen und chemischen Unterricht 43 (1930), S. 75-79. Hofmann, F.: Statistische Angaben 1929 über den chemischen Unterricht. In: Zeitschrift für den physikalischen und chemischen Unterricht 44 (1931), S. 75-78. Hofmann, F.: Statistische Angaben 1930 für den chemischen Unterricht. In: Zeitschrift für den physikalischen und chemischen Unterricht 45 (1932), S. 63-68. Hofmann, F.: Statistische Angaben 1931 und zum Teil 1932 für den chemischen Unterricht. In: Zeitschrift für den physikalischen und chemischen Unterricht 46 (1933), S. 114-118.

TEIL III: CHEMIE-SCHULBÜCHER DES DRITTEN REICHES

7. Chemie-Schulbücher der Höheren Schule

Nach dem Erscheinen der Richtlinien und neuen Lehrpläne 1938[1] begann die Konzeption der neuen Schul-Lehrbücher. In der Zeitschrift „Weltanschauung und Schule" findet sich eine Reihe „Das neue Lehrbuch", in der die Sachbearbeiter der Staatlichen Hauptstelle für den naturwissenschaftlichen Unterricht die Richtlinien veröffentlichten, die auch den Lehrbuchverfassern als Grundlage für die Überarbeitung ihrer Bücher gegeben worden waren[2]. Wie Otto Brandt, Berlin, zusätzlich in Ausführungen der Unterrichtsblätter mit ähnlich lautendem Titel „Die neuen Lehrbücher" präzisiert[3], handelt es sich hierbei um die Hauptleitlinien der „Grundsätzlichen Anweisungen zur Ausgestaltung der Lehrbücher" des Reichserziehungsministeriums. Den Lehrbuch-Gutachtern sollten damit einheitliche Grundlagen an die Hand gegeben werden, die Lehrbücher eine einheitliche Ausrichtung im gewünschten nationalsozialistischen Sinne erhalten, so Brandt. Die in „Erziehung und Unterricht in der höheren Schule" schon dargelegten Grundsätze der Stoffauswahl (geringere Stofffülle, Vollständigkeit weder erstrebenswert, noch möglich), Stoffvermittlung samt methodischer Gestaltung (organische Entwicklung, Anschauungsunterricht mit Praxisnähe und Selbsttätigkeit) sowie der Gedanke der Quervernetzung zwischen den Fächern wurden hier faktisch noch einmal dargelegt.
Speziell für die Chemie hatten die Lehrpläne Wert gelegt auf das Verständnis von Gegenwartsaufgaben der Chemie mit dem engeren Zweck des „Dienstes zum Wohl des Volkes", also die enge Verflechtung von Kriegs- und Volkswirtschaft, unter expliziter Erwähnung des Luftschutzes und der Rohstofffreiheit, des technischen Fortschrittes samt Betonung von Leistungen deutscher Forschung. Weltanschaulich-ideologische Erziehungsziele waren nur peripher vertreten[4].
Um die einheitliche Ausrichtung der Bücher auf die in den Richtlinien „Erziehung und Unterricht" gegebenen Wege und Ziele zu sichern und ihre Zahl unbedingt aufs äußerste zu beschränken, sei vom Reichserziehungsministerium bewußt eine enge Auslese unter den eingereichten Büchern vorgenommen worden, berichtet Brandt in den Unterrichtsblättern. Tatsächlich erhielten nur noch fünf Schulbuchreihen für den chemischen Unterricht an höheren Schulen eine vorläufige Zulassung. Nach abgeschlossener Gutachterprüfung wurden per Erlaß vom 23. Mai 1939 die Chemiebücher für die 5. Klasse vorläufig genehmigt, am 27. Oktober 1939 folgten die Bücher für die 6. bis 8. Klasse an Jungenschulen sowie am 25. Mai 1940 die erstmalige Genehmigung für die 6. bis 8. Klasse an Mädchenschulen[5]. Die Lehrbuchreihen waren nach einem ebenfalls per Erlaß bekanntgegebenen Verteilungsplan in den einzelnen Bezirken Deutschlands einzufüh-

---

1 Vgl. hierzu Kapitel 2.3. und 4.3.

2 Relevant sind hierbei: Brandt, O. / Lips, R. / Scharf, R.: Das neue Lehrbuch: Grundsätzliches für die Gestaltung der Physik-, Chemie- und Biologielehrbücher. In: Weltanschauung und Schule 3 (1939), S. 414-421 für Physik und Chemie sowie S. 432-438 für Biologie. Schröder, H. / Brandt, O. / Scharf, R.: Grundsätzliches zur Gestaltung der Physik-, Chemie- und Mathematikbücher für die Oberstufe der Mädchenschulen. In: Weltanschauung und Schule 4 (1940), S. 160-165.

3 Brandt, O.: Die neuen Lehrbücher. In: Unterrichtsblätter für Mathematik und Naturwissenschaften 46 (1940), S. 151-156.

4 Siehe hierzu Kapitel 4.3.

5 Siehe hierzu Anhang „Vorläufig zugelassene Chemie-Lehrbücher der Höheren Schule".

ren[6]. Die Chemielehrer hatten dann nach diesen Lehrbüchern zu unterrichten. Durch Kritik und Anregung aus der Unterrichtspraxis sollten Verbesserungen in weiteren Auflagen erfolgen – immer allerdings unter kritischer nationalsozialistischer Maxime, wie folgender Appell zeigt[7]:

„Die Fachkollegen werden beim Erscheinen der Bücher auf manches Unerwartete stoßen, das je nach ihrer persönlichen Einstellung vielleicht schon bei der ersten Durchsicht ihren Beifall oder ihre Ablehnung finden wird. Von vorschneller Einstellung ist niemand frei, aber sie darf sich nicht festsetzen. Da die jetzigen Lehrbücher etwas ganz anderes sind als die der Vergangenheit, müssen sie für sich fordern, daß ihr Benutzer alles tut, um seine Eigenart mit ihrem Wollen in Einklang zu bringen. Dann wird die spätere Kritik für ihre fernere Ausgestaltung fruchtbar werden."

Im Gegensatz zu Lehrbüchern, die noch vor der Schulreform herauskamen, war öffentliche Kritik – etwa in Form von Buchrezensionen – verboten[8]:

„Es ist verständlich, daß die Lehrbücher, die durch die amtliche Prüfung gegangen sind und bei deren Ausgestaltung außer der Erfahrung der Verfasser selbst auch diejenige der als Gutachter eingesetzten führenden Fachlehrer und die der weiterhin damit betrauten Stellen eingesetzt wurde, einer Buchbesprechung und damit der mehr oder weniger einseitigen öffentlichen Kritik eines Einzelnen entzogen worden sind, zumal da die Lehrbücher sich weiterhin im amtlichen Prüfgang befinden; denn in den erwähnten Erlassen ist ausdrücklich nur die vorläufige Zulassung verfügt."

Die fünf Schulbuchreihen der Chemie (verfaßt von Arendt-Dörmer-Sturm / Gall-Kruse-Reuber / Mittag-Schäfer / Scheid-Flörke und Henniger-Franck) strukturierten sich am ehesten nach den nationalsozialistischen Vorstellungen. Im Folgenden soll untersucht werden, inwieweit diese Lehrbücher den in „Erziehung und Unterricht in der höheren Schule" niedergelegten Stoffplänen und Kriterien entsprachen.

7.1. Rudolf Arendt / Ludwig Dörmer / Karl-Edmund Dörmer: Grundzüge der Chemie für den Unterricht an höheren Schulen

Unter dem Titel „Grundzüge der Chemie für den Unterricht an höheren Schulen" brachten Karl-Edmund Dörmer und sein Vater Ludwig Dörmer, Hamburg, die nach den Vorgaben des nationalsozialistischen Regimes umgearbeitete Fassung des zuvor entweder „Leitfaden für den Unterricht in der Chemie und Mineralogie an höheren Lehranstalten" oder „Grundzüge der Chemie und Mineralogie" genannten Schulbuch-Werkes von Rudolf Arendt heraus. Die vom 1902 verstorbenen Chemiker und Didaktiker Rudolf Arendt 1884 begründeten Bände waren ab 1903 v.a. von Ludwig Dörmer ständig fortentwickelt worden. Nach der nationalsozialistischen Schulreform 1938 erschienen die Bände im Barth-Verlag Leipzig. Pro Schulbuchreihe waren jeweils drei Bände vorläufig zugelassen:

1. Unterstufe. Von Karl-Edmund Dörmer in Verbindung mit Prof. Dr. L. Dörmer. 1939.
2. Band 2, Ausgabe für Jungen: 6 bis 8. Klasse. Bearbeitet von Karl-Edmund Dörmer in Verbindung mit Prof. Dr. L. Dörmer. 1939/40.

6 Siehe hierzu Anhang „Verteilungsplan der vorläufig genehmigten Schulbücher".
7 Brandt / Lips / Scharf (siehe Anm. 2), S. 414.
8 Brandt (siehe Anm. 3), S. 151.

3. Band 2, Ausgabe für Mädchen: 6 bis 8. Klasse. Bearbeitet von Karl-Edmund Dörmer in Verbindung mit Prof. Dr. L. Dörmer und Dr. Margret Sturm. 1939/40.

Im Folgenden werden der Band für die 5. Klasse (Unterstufe) sowie der Oberstufenband für die Knabenschulen (6. bis 8. Klasse) analysiert, wobei auch im Bundesarchiv Potsdam gefundene Gutachten zu Wort kommen. Der Oberstufenband für die Mädchenschulen wird gesondert besprochen[9]. Auch bei den weiteren Schulbuchreihen wird diese Ablauffolge beibehalten.

Band 1 für Klasse 5[10]: Aus den im Bundesarchiv Potsdam gefundenen Unterlagen läßt sich zumindest für diesen Chemie-Band das vor der vorläufigen Zulassung ablaufende Procedere rekonstruieren[11]. Das Lehrbuch wurde zuerst von Vorgutachtern beurteilt. Die Schulbuch-Autoren überarbeiteten ihr Buch entsprechend. Anschließend ließ das Reichserziehungsministerium z.T. die gleichen fünf Gutachter nochmals die Lehrbücher prüfen. Als Resümee ergingen hieraus zwei Hauptgutachten und erst deren positive Beurteilung führte zur vorläufigen Lehrbuch-Genehmigung.

Zunächst zu den „Vorbemerkungen“ der 1. Auflage der „Grundzüge der Chemie“ 1939[12]: Ausdrücklich wird darauf hingewiesen, daß die „bahnbrechenden methodischen Gesichtspunkte“ auf denen die Konzeption des Buches beruht von Rudolf Arendt stammen. Hierzu werden zwei Bücher, eines noch aus dem Kaiserreich, das andere aus der Zeit der Weimarer Republik zitiert, in denen die wesentlichen Kriterien zusammengefaßt nachgelesen werden könnten[13]. Damit wird gleichzeitig bestätigt, daß methodisch-didaktische Weiterentwicklungen auf dem Chemieunterrichtssektor zur Zeit des Nationalsozialismus tatsächlich äußerst rar waren. Obwohl der Unterricht auf arbeitsunterrichtlicher Grundlage basieren soll, werden viele chemische Versuche nicht näher ausgeführt, sondern auf entsprechende Versuchsbeschreibungen in Arendts „Technik der Experimentalchemie“[14] verwiesen, das zuletzt in 5. Auflage 1925 erschienen war. Die dahinterstehende Absicht wird damit erklärt, daß der vorliegende Lehrgang nur ein „Leitfaden im guten Sinn des Wortes“ sein soll. Der Schüler solle dabei so geführt werden, „daß er bei seinen Wiederholungen immer wieder die Grundlagen der gewonnenen Erkenntnisse und die gedanklichen Zusammenhänge durchzulesen und erneut zu erkennen genötigt ist, damit er sich nicht nur die etwa fein säuberlich aus dem Text herausgestellten, nackten Ergebnisse mechanisch einprägt.“ (S. II).

---

9 Siehe hierzu Kapitel 7.6.

10 Der Analyse wurden die 1. Auflage von 1939 (hierauf beziehen sich auch die angeführten Seitenzahlen) sowie im Vergleich die 4. Auflage von 1942 zugrundegelegt.

11 Die im folgenden namentlich genannten Vor- und Hauptgutachten wurden gefunden im BA Potsdam im durchnummerierten Aktenordner 49-01/4410 REM. Die Akten wurden mittlerweile ins BA Berlin, Finckensteinallee, überführt, die Archivsignatur wurde beibehalten. Für die höhere Schule konnten nur Gutachten der Arendt-Dörmerschen Werke eruiert werden.

12 Die ebenfalls untersuchte 4. Auflage enthält diese „Vorbemerkungen“ nicht mehr.

13 Dies sind der Abschnitt „Didaktik und Methodik des Chemieunterrichtes“ in Baumeisters Handbuch der Erziehungs- und Unterrichtslehre. München 1895. Sowie das Kapitel „Arbeitsunterricht in der Chemie“ in dem von Fr. A. Jungbluth herausgegebenen Handbuch des Arbeitsunterrichtes für höhere Schulen. Heft 10. Frankfurt / Main 1925.

14 Siehe hierzu Arendt, R. / Dörmer, L.: Technik der Experimentalchemie. Anleitung zur Ausführung chemischer Experimente. 5., umgearbeitete Auflage. Allg. Teil, anorganische Chemie und physikalische Chemie bearbeitet von Ludwig Dörmer; organische Chemie bearbeitet von Walther Franck. Leipzig 1925.

Eine spezifisch nationalsozialistische Ausrichtung ist aus diesen „Vorbemerkungen" nicht ersichtlich. Die gleichen Sätze – meist sogar wortwörtlich – tauchen auch in den Vorwörtern der Buch-Auflagen zur Zeit der Weimarer Republik auf[15]. Insofern ist erst aus der inhaltlichen Gestaltung die Einhaltung der nationalsozialistischen Intentionen zu erkennen.
Die Gliederung erfolgte klar, 15 Kapitel sowie ein Sachverzeichnis sind auf den insgesamt 118 Seiten der ersten Ausgabe vertreten. Im einzelnen sind dies:

I. Die Metalle und ihr Verhalten an der Luft (S. 1-14)
II. Nichtmetalle (S. 14-42)
III. Reduktionen (S. 43-46)
IV. Verbindungsgesetze und Atomlehre (S. 46-50)
V. Gewinnung und Veredelung des Eisens (S. 50-57)
VI. Basen, Säuren und Salze (S. 57-61)
VII. Die wichtigsten Salze (S. 62-70)
VIII. Die chemischen Wirkungen des Lichtes (S. 70-71)
IX. Das Ammoniak und die Salpetersäure (S. 71-73)
X. Künstliche Düngung (S. 73-75)
XI. Die Chemie im Dienste des Luftschutzes (S. 75-80)
XII. Die Kieselsäure in Natur und Technik (S. 80-85)
XIII. Die wichtigsten Kohlenstoffverbindungen des Pflanzen- und Tierkörpers und ihre Verwendung (S. 85-93)
XIV. Der Kohlenstoff und seine Verbindungen als Heiz- und Treibstoffe (S. 93-108)
XV. Aus der Geschichte der Chemie und aus dem Leben großer Chemiker (S. 108-114)
Sachverzeichnis (S. 115-118)

Indem die Kapitel wieder in einzelne Paragraphen mit aussagekräftigen Titeln unterteilt und innerhalb der Paragraphen wiederum die jeweils besprochenen Inhalte in aufzählender Weise untergliedert wurden sowie wichtige Stichworte und Merksätze in Fettdruck erschienen, erhielten die „Grundzüge" eine systematische Darbietung des Stoffes. Durch Querverweise innerhalb des Buches werden Zusammenhänge gut gewahrt. Große Praxisnähe mit haushalts- und handwerksrelevanten Anmerkungen bei fachlich-sachlich korrekter und gleichzeitig leicht verständlicher Darstellung zeichnen das Buch aus. Ihre politische Zuverlässigkeit stellten die Autoren durch zahlreiche wirtschaftliche Bezüge mit deutlichen Anspielungen auf Deutschlands bewußte Unterdrückung durch den Versailler Vertrag heraus, dem „durch das entschiedene Eingreifen der Regierung Adolf Hitlers mit großem Erfolge Einhalt geboten" (S. 56) wurde. Die Aufgaben des Vierjahresplans und der Erzeugungsschlacht, die Autarkiebestrebungen werden ebenfalls an zahlreichen Stellen erläutert und münden am Ende des „§ 37. Kohlenhydrate" beispielsweise in folgender Mahnung zu volksbewußtem Handeln und volkswirtschaftlich richtigem Konsumverhalten mit Erziehung zu Sparsamkeit (S. 89):

„Hier erwächst auch jedem einzelnen Deutschen eine überaus wichtige Aufgabe. Jeder muß sich in den Dienst der Gemeinschaft stellen und muß sich bewußt sein, daß er durch Unvorsichtigkeit und Leichtsinn, z.B. durch achtloses Fortwerfen eines brennenden Streichholzes oder brennenden Tabakes, nicht

15 Verglichen wurde mit Arendt, R. / Dörmer, L. : Grundzüge der Chemie und Mineralogie. Gesamtausgabe für Ober- und Unterstufe realer Lehranstalten. 15., nach den neuen Richtlinien und Lehrplänen umgearbeitete Auflage. Leipzig 1929. Ebenso mit Arendt, R. / Dörmer, L.: Leitfaden für den Unterricht in der Chemie und Mineralogie an höheren Lehranstalten. Unterstufe. 17., nach den neuen Richtlinien und Lehrplänen umgearbeitete Auflage. Leipzig 1930.

nur sich selbst schadet, sondern auch Werte des deutschen Volksvermögens unwiderbringlich vernichtet. Die Ausbildung vor allem der deutschen Jugend in der Brandverhütung und -bekämpfung ist daher auch eine der Aufgaben des Vierjahresplanes.“

Alle im Bundesarchiv Potsdam vorgefundenen Gutachten bestätigen die nationalsozialistisch vorbildliche Haltung des Werkes. Als exemplarisches Beispiel heißt es etwa im Hauptgutachten Otto Brandts von der Staatlichen Hauptstelle[16]:

„Die nationalsozialistische Grundhaltung ist einwandfrei. Es ist den Verfassern gelungen, den bewährten durch Jahrzehnte ausgereiften Lehrgang zur Einführung in die Chemie mit neuem Gedankengut zu durchdringen. Die Bedeutung der Chemie für die deutsche Wirtschaft wird ausreichend betont. Die Größe und Bedeutung der Technik spricht unmittelbar aus den guten Bildern, wie z.B. aus Abb. 14, 41, 42, 66, 77.“

Brandt verweist ergänzend auf das Gutachten von Hermann Matscheck, „der unter II bis VII die Stellen zusammenstellt, aus denen die Haltung des Buches zu den verschiedenen Zeitfragen hervorgeht. Diese Stellen sind so zahlreich, daß man schon daraus ersehen kann, daß das Buch im besten Sinne von neuem Gedankengut durchdrungen ist“ (S. 132). Lassen wir den Teil „Gesamthaltung“ dieses Gutachtens – bewußt ohne Kürzungen – auf uns wirken, so tritt die politisch-ideologische Beeinflussung des Schülers durch bezeichnende Details chemischer Inhalte deutlich zutage[17]:

„A) Gesamthaltung:

I) Das Lehrbuch Arend-Dörmer [!] Unterstufe zeigt in einer der Unterstufe angemessenen Weise Aufgabe, Wert & Leistung chem. Forschung auf. Es eröffnet dem Schüler hinreichend den Blick für die Gegenwartsaufgaben der Chemie. Es erschliesst ihm einige Wege, wie es dem menschlichen Geist gelang, Einsicht in die Stoffumwandlung zu gewinnen & chemische Gesetzmässigkeiten klarzulegen.
Vergl. dazu etwa

S. 40/41	: Raumteilige Zusammensetzung des Chlorwasserstoffs & Wertigkeit.
S. 41	: Grundstofffamilie Chlor.
S. 43	: Bindekraft (Affinität).
S. 44, 46, 47, 48	: Gewichtsverhältnisse, Verbindungsgesetze, Atomlehre.
S. 51 ff	: Gewinnung des Eisens.
S. 62 ff	: Kochsalz & Kalisalze.
S. 72	: Ammoniumsalze.
S. 73 ff	: Künstliche Düngung.
S. 75 ff	: Die Chemie im Dienste des Luftschutzes.
S. 82 ff	: Glas, Porzellan, Zement.
S. 85 ff	: Fast jeder Abschnitt über organische Chemie.

II) Ferner ist das Lehrbuch geeignet, zur nationalpolitischen Willensbildung & Belehrung beizutragen. Es zeigt dem Schüler die innige Verflechtung der chem. Forschung, Technik & Volkswirtschaft mit der völkischen Gemeinschaft. Es übermittelt dem Schüler die Erkenntnis, wie die Chemie mithilft, den wirtschaftlichen & kulturellen Hochstand unseres Volkes zu sichern.
Vergl. dazu vor allem die Ausführungen zum 4-Jahresplan
S. 4 Z. 19-23 von oben: Kupfer. Austausch. Erschliessung neuer Lager. Bessere Ausnützung alter Fundstätten.

16 Hauptgutachten über Arendt-Dörmer, Grundzüge der Chemie, Band 1. Von Dr. Otto Brandt, (siehe Anm. 11), S. 132-139; hier S. 132.

17 Gutachten über Arendt-Dörmer, Grundzüge der Chemie, Band 1. Von Prof. Hermann Matscheck (siehe Anm. 11), S. 106-113; hier S. 107 f.

S. 35 Z.1/2 von oben: Blei. Wiederaufmachung alter Gruben. Schürfen nach neuen Lagerstätten.
S. 38 Z. 16 von oben: Knochensammlung & Verwertung.
S. 57: Reichswerke Hermann Göring.
S. 89 Mitte: Holz.
S. 90: Verwendung der Fette.
S. 92: Hochseefischerei. Fischverbrauch.
S. 108: Kohleverflüssigung.

III) Das Lehrbuch zeigt
1) Wie die chem. Wissenschaft & Technik alte Rohstoffquellen neu erschliesst
vergl. dazu
S. 4: Kupfer
S. 35: Blei.
S. 38: Knochen.
S. 89: Holz.
2) Wie die chem. Wissenschaft & Technik aus heimatlichen Stoffen neue wertvolle Roh-& Werkstoffe zur Verfügung stellt.
Vergl. dazu
S. 13 Z. 5 von oben: Magnesium.
S. 38: Phosphat aus Knochen.
S. 56/57: Eisengewinnung aus armen deutschen Erzen.
S. 72: Umsetzung von Ammoniumkarbonat mit Gips zu Ammoniumsulfat (Einsparung von Schwefel).
S. 88/89: Zellwolle, Kunstseide, Zellglas, Sprengstoffe, Lacke, Klebstoffe, Film.
S. 90: Öle & Fette aus deutschen Rohstoffen.
S. 94: Gewinnung von Schwefel & Ammoniak bei der Herstellung v. Leuchtgas.
3) Wie eingeführte ausländische Rohstoffe veredelt werden. Beitrag zu der Frage von Ein-& Ausfuhr.
Vergl. z.B.
S. 14.6. Leichtmetalle & 4-Jahresplan. Aluminium.
S. 37 unten [!] Superphosphat aus Phosphaten Nordafrikas & Nordamerikas.
S. 50 Mitte: Eisen aus schwedischem Magneteisen.
S. 90 Mitte: Veredelung eingeführter Fette & Öle.

IV) Das Lehrbuch weist eindringlich darauf hin, wie die Chemie unsere Ernährungsgrundlage sichern hilft. Anwendung chemischer Kenntnisse in der Land-& Forstwirtschaft & in der Nahrungsmittelindustrie.
Siehe dazu
S. 65 Volkswirtschaftliche Bedeutung der Kalisalze.
S. 72 Umsetzung von Ammoniumkarbonat mit Gips zu Ammoniumsulfat.
S. 73 Künstliche Düngung. Justus v. Liebig.
S. 85 unten & 86 oben: Zuckerrübenanbau.
S. 92 Fischfang. Fischeiweiss.
S. 92/93: Erzeugungsschlacht in der Landwirtschaft. Kampf dem Verderb!
S. 94 Mitte: Ammoniak aus Gaswasser zu Stickstoffdüngemitteln.

V) Sparsames Wirtschaften. Kampf dem Verderb.
(Gehört z.T. zu IV & V).
S. 3 16./17 Z. von unten: Altmetallerfassung.
S. 4 beim Blei: Ersatz der Wasserleitungsrohre aus Metall durch Porzellan.
S. 89 Mitte: Heizung mit Kohle statt mit Holz.
Erhöhung der Holzerzeugung durch planmässige Überwachung des Waldbestandes, verbesserte Waldpflege & durchgreifende Schädlingsbekämpfung.
Brandverhütung & Brandbekämpfung als vordringliche Aufgabe.

S. 90: Einsparung von Fett in den Haushaltungen.
S. 93 oben: Schadenverhütung, Kampf dem Verderb.
S. 93 Mitte: Vernünftiges Heizen.
S. 98 Mitte Entgasung & Vergasung der Kohlen: Sparsame Kohlenwirtschaft, Vorteile der Heizung mit Leuchtgas.
S. 101/102: Richtige Anwendung des Gaskochers. Verhütung von Leuchtgasexplosionen, Vorzüge der Heizung mit Leuchtgas.
S. 107: Verflüssigung der Kohle.

VI) Chemie & Landesverteidigung:
Vergl. dazu
S. 73 oben: Oxydation des synth. Ammoniaks zu Salpetersäure. Salpeter. Unabhängigkeit in der Herstellung der für die Landesverteidigung notwendigen Schiess-& Sprengstoffe.
S. 75 Mitte: Salpeter.
S. 75 ff : Die Chemie im Dienste des Luftschutzes.

VII) Anteil deutscher & überhaupt nordisch germanischer Männer an chemischer Forschung.
Auch dieser Anforderung der Richtlinien wird das Buch gerecht.
Vergl. dazu
Das Sachverzeichnis S. 115-118.
Den Abschnitt ‚Aus dem Leben grosser Chemiker & aus der Geschichte der Chemie'.
(Bemerkenswert ist die Nennung von Lampadius, Jungius & Wilm. Vermisst habe ich Böttger & Tschirnhaus-Porzellan- & Böttger-Zündholz.)"

Neben der politischen wird auch die wissenschaftliche Zuverlässigkeit von allen Gutachtern gleichermaßen betont. Für die wenigen Beanstandungen wurden Verbesserungsvorschläge zusammengestellt. Ebenfalls werden im allgemeinen Ausstattung und Druck des Buches gelobt, Photographien und graphische Darstellungen seien gut ausgewählt, die Zeichnungen der Versuchsanordnungen klar und anschaulich. Die Sprache sei klar, geschickt und fließend, wenige Unebenheiten könnten leicht behoben werden. Hervorgehoben und anerkannt wurde, daß die Verfasser versucht haben, Fremdwörter durch deutsche Ausdrücke zu ersetzen. Anhand einiger Beispiele wird allerdings schon die Frage aufgeworfen, ob sich alle bewähren werden.
Nicht in allen Punkten waren die Gutachter jedoch gleicher Meinung. Dies drückt sich auch in der zusammenfassenden Beurteilung aus: Drei der Gutachter (Prof. Hermann Matscheck, Heinrich Brauer, Dr. Otto Breymann) bezeichneten das Lehrbuch als „Gut geeignet", zwei Gutachter (Studienrätin Charlotte Augschun, Dr. Hans Deneke) sahen es lediglich als „Geeignet" an. Es ist auffällig wie unterschiedlich einzelne Gutachter bestimmte Abschnitte oder gar den Gesamtzusammenhang des Buches werteten. Die hauptsächlichen Kritikpunkte bei der Prüfung gemäß den stofflichen und methodischen Forderungen des Erlasses schlüsseln sich folgendermaßen auf:
1. Stoffülle und Stoffaufbau: Studienrätin Augschun bemängelt eine zu große Stoffülle mit zu vielen erwähnten Einzelheiten bzw. zu lernendem Tatsachenwissen. In ihrem Vorgutachten macht sie dies an Teilgebieten, wie den ausführlichen Kapiteln der Säuren, Basen, Salze, aber auch am Beispiel Phosphor und Schwefel deutlich, bei denen man teils „die eingehende Einzelstoffbehandlung der Oberstufe vor sich zu haben glaubt" (S. 5). In ihrem Gutachten formuliert sie vornehmer: „Die Fülle von Stoff kann den ersten ‚Chemielehrgang' zu einer lebendigen, anregenden Arbeitsgemeinschaft machen" (S. 130). Hermann Matscheck macht in seinem Gutachten deutlich, daß für ein

Chemielehrbuch aufgrund der „ungeordnet daliegenden Bausteine“ „Sprünge, Risse, Bruchlinien“ kaum vermeidbar seien, „ein methodisch wohl gefügtes Gebäude“ sei sehr schwierig zu errichten (S. 109). So könne man auch an dem vorliegenden Lehrbuch feststellen, daß die Hauptabschnitte meist unvermittelt nebeneinander stehen. Er bewertet dies allerdings als nicht allzu gravierendes Manko.
In den Hauptgutachten wird dies ähnlich gesehen. Otto Brandt bestätigt zunächst, die Stoffauswahl stimme vollkommen mit den Stoffplänen überein. Der methodische Aufbau sei bewährt und einwandfrei. Anschließend spielt er u.a. auf die oben angeführten Mankos an, relativiert allerdings deren Bedeutung (S. 133):

„Wenn der eine oder andere der Vorgutachten [!] an dieser oder jene Stelle einen anderen Aufbau für richtig hält, so ist dies wohl verständlich, denn es gibt viele Möglichkeiten zum methodischen Aufbau des Lehrstoffes. Man kann sogar sagen, daß jeder Lehrer irgendeine besondere Liebhaberei hat. Diese kann man bei der Beurteilung eines Lehrbuches aber nicht in den Vordergrund stellen. Zu Recht besteht allerdings die Bemängelung, daß die ‚spezifisch chemischen Erkenntnisse aus der Stoffülle nicht genug hervorgehoben‘ sind. Zur Einprägung und Wiederholung wird eine klare Zusammenfassung des Gelernten an geeigneten Stellen zwar gegeben, aber diese umfaßt jedesmal ein recht umfangreiches Gebiet.“

2. Atomistik: Auffallend ist, daß im Kapitel „IV. Verbindungsgesetze und Atomlehre“ – wenngleich auf 3 ½ Seiten recht kurz – doch die chemischen Grundgesetze, also das Gesetz von der Erhaltung des Gewichts, das Gesetz der festen Gewichtsverhältnisse, das Gesetz der vielfachen Gewichtsverhältnisse und die Atomlehre des Engländers John Dalton samt Herleitungen zur Sprache kommen. Anschließend wird die chemische Zeichensprache samt Gleichungen abgehandelt, mit der Formelsprache danach jedoch sehr sparsam umgegangen. Angesichts der von der Staatlichen Hauptstelle herausgegebenen Anforderungen an Lehrbücher, die eine derartige Einführung in die Atomistik und den Molekülbegriff sehr skeptisch beurteilten[18], wird verständlich, daß Gutachter Hans Deneke diese Einführung bemängelt und eine Alternative mit stärkerer Betonung der Begriffe Bindekraft und Wertigkeit vorschlägt[19]. Studienrätin Augschun sah zumindest die Besprechung der Dalton`schen Theorie als wenig anschaulich an und fordert hier eine kindlichere, bildhaftere Sprache mit Skizzen und Sinnbildern[20]. Interessanterweise sahen beide Hauptgutachter dies anders. Hermann Schröder urteilt[21]:

„Das Buch hat durch die Überarbeitung gewonnen. Jedenfalls ist der Wunsch, anschaulich in eine der Klassenstufe angepaßte Atomvorstellung einzuführen, unverkennbar. In den Paragraphen 17 und 18 bringen die Verfasser einige Unterlagen, die den auf den ersten 45 Seiten gebrachten Atomvorstellungen schon ein etwas sehr wissenschaftliches Gewand umhängen. Damit kann man sich einverstanden erklären.“

Otto Brandt formuliert vorsichtiger (S. 133):

---

18 Siehe hierzu Kapitel 5.3.1.2.
19 Gutachten über Arendt-Dörmer, Grundzüge der Chemie, Band 1. Von Dr. Hans Deneke (siehe Anm. 11), S. 120-123; hier S. 121.
20 Vorgutachten über Arendt-Dörmer, Grundzüge der Chemie, Band 1. Von Charlotte Augschun (siehe Anm. 11), S. 1-9; hier S. 6.
21 Hauptgutachten über Arendt-Dörmer, Grundzüge der Chemie, Band 1. Von Hermann Schröder (siehe Anm. 11), S. 140-148; hier S. 140.

„Der Atombegriff wird entgegen der 1. Bearbeitung sehr früh herangezogen (S. 11, 12), dadurch werden Veranschaulichungen möglich, die mit der Erweiterung der chemischen Kenntnisse dann folgerichtig zur chemischen Gleichung und Formel führen (S. 17, 25, 27 ff.), bis diese dann auf S. 46 (Verbindungsgesetze) eine exaktere Begründung finden. Von da an wird von den Veranschaulichungen mit Recht kein Gebrauch gemacht."

Zwei deutliche Kritikpunkte in Vorgutachten konnten mit der Überarbeitung des Lehrbuches vor Veröffentlichung der 1. Ausgabe noch behoben werden. Hierbei handelt es sich erstens um den chemiegeschichtlichen Part. Urteilt Studienrätin Augschun hierzu noch in ihrem Vorgutachten[22]

„Leider hat der Verfasser wenig Wert darauf gelegt, den Schülern einen Eindruck davon zu geben, welche große Geistestat die Erforschung chemischer Gesetze und Zusammenhänge bedeutet. So kurze Hinweise wie S. 10 „geschichtliche Bemerkungen" oder S. 44 „Atomlehre von Dalton" geben zu wenig Aufschluß; kurze Namennennungen wie Haber-Bosch (S. 75) und Fischer-Tropsch (S. 108) können kaum Begeisterung für deutsche Leistung und deutsche Mannesgröße wecken; auch das Bild Liebigs oder Nennung einer seiner Schriften sind dazu nicht imstande. Man kann aber auch auf der Unterstufe Verständnis für Größe und Bedeutung deutscher Chemiker wecken, man muß nur ein wenig auf die Persönlichkeit solcher Männer eingehen."

so ließt sich ihr Resümee des Lehrbuches im Gutachten schon folgendermaßen[23]:

„Es weckt Verständnis für die Arbeitsleistung des Forschers und bringt den Forscher auch menschlich den Schülern nah."

Das Hauptgutachten von Otto Brandt verdeutlicht die positive Einschätzung noch einmal (S. 132):

„Die Würdigung deutscher bahnbrechender Forscher ist in erfreulich jugendnaher Form geschehen. Hier findet sich kein erstarrter Lexikonstil. Der Schüler wird diese Abschnitte mit Freude lesen und von ihnen Belehrung und Antrieb empfangen. Man kann nur bedauern, daß diese Abschnitte am Ende des Buches stehen und in Gefahr sind, unbeachtet zu bleiben. An Ort und Stelle sind in den Text nur kürzere geschichtliche Hinweise aufgenommen."

Zweitens wurde der Abschnitt „Die Chemie im Dienste des Luftschutzes" gründlich überarbeitet. Der im Vorgutachten von Studiendirektor Grabone, Kiel-Wellingdorf, beanstandete Punkt, die gebräuchliche Einteilung der Kampfstoffe in Grünkreuz-, Blaukreuz- und Gelbkreuzkampfstoffe sei unerwähnt geblieben und selbst so bekannte Kampfstoffe wie Phosgen, Clark und Lost seien nicht namentlich genannt, waren in der herausgegebenen 1. Ausgabe schon behoben.
Deutlich zeigt das Lehrbuch Querverbindungen zu anderen naturwissenschaftlichen Fachgebieten auf. Mineralogische Inhalte finden sich jedoch nur in sehr einfacher, oberflächlicher Form eingeflochten – etwa bei der Behandlung von Graphit und Diamant (S. 24 f.), des Bleiglanzes (S. 33 f.), bei Vorstellung der wichtigsten Carbonate (S. 66-70) oder der Kieselsäure, samt Silikaten (S. 80-82). Nach Erfüllung bzw. Ablauf des Vierjahresplans wären unweigerlich eine Reihe von Textänderungen erforderlich

22 Vorgutachten über Arendt-Dörmer, Grundzüge der Chemie, Band 1. Von Charlotte Augschun (siehe Anm. 11), S. 1-9; hier S. 4.
23 Gutachten über Arendt-Dörmer, Grundzüge der Chemie, Band 1. Von Charlotte Augschun (siehe Anm. 11), S. 124-130; hier S. 130.

gewesen. Dieser Punkt wird auch im Gutachten von Heinrich Brauer aufgeführt[24]. Tatsächlich weist die 1942 erschienene 4. Auflage jedoch nur insgesamt drei Seiten mehr auf, die vorzufindenden Unterschiede sind nur marginal und betreffen keinesfalls Formulierungen zu Erzeugungsschlacht und Vierjahresplan.
Ein zusätzlicher Vergleich mit dem 1930 in 17. Auflage erschienenen „Leitfaden für den Unterricht in der Chemie und Mineralogie an höheren Lehranstalten. Unterstufe." zeigt die Unterschiede und die nationalsozialistische Durchdringung äußerst deutlich auf. Der „Leitfaden" erscheint sachlich nüchterner, lehrreicher und mit wesentlich mehr Einzelheiten und Wissensstoff versehen. In der inhaltlichen Struktur sind Parallelen unverkennbar, er weist jedoch einige Kapitel mehr auf, was sich auch seitenzahlmäßig (139 Seiten plus Sachverzeichnis) niederschlägt. Auf den Gas- und Luftschutz wird nicht explizit eingegangen, Verluste an Minerallagerstätten durch den ersten Weltkrieg werden durchaus erwähnt, doch erfolgt dies ohne polemisch-propagandistische Züge. Die Chemie des täglichen Lebens – die schon in den preußischen Richtlinien 1924/25 Erwähnung findet – wurde weitgehend berücksichtigt; auch technischen und agrikulturchemischen Fragen wird bereits Beachtung geschenkt. Zur Erkenntnis der chemischen Grundbegriffe und Gesetze, inklusive der Atomistik werden die Schüler auf induktivem Weg geführt. Angesichts eines gegen Ende der Weimarer Zeit weiter stundenzahlmäßig verkürzten Chemieunterrichtes ist das Buch recht breit angelegt.
Karl-Edmund Dörmer und sein Vater Ludwig Dörmer hatten bei der nationalsozialistischen Neugestaltung somit sehr intensiv die Streichung in wissenschaftlichen Abschnitten vorgenommen und eine anschauliche Themengestaltung vorgelegt. Selbst wenn einzelne Gutachter noch Mankos gefunden hatten, die Gesamtanlage des Buches erfüllt die in Erziehung und Unterricht aufgestellten Forderungen vollends.
Band 2 für Klasse 6 bis 8.[25]*:* Zunächst ein Blick auf den Aufbau der 305 Seiten (ohne Namens- und Sachverzeichnis) umfassenden 1. Lehrbuch-Ausgabe: Die kapitelmäßige Einteilung des Stoffes zeigt genau die Reihenfolge des in „Erziehung und Unterricht" geforderten Lernpensums für die Jungen-Oberschule mit naturwissenschaftlich-mathematischem Zweig auf[26]. Die ersten sieben Kapitel („Luft und Wasser", „Atomlehre", „Schwefel und Schwefelverbindungen", „Halogene", „Säuren", „Basen und Salze", „Elektrolyte und Ionenlehre" sowie „Salzlagerstätten und ihre Ausbeutung") spiegeln den Gegenstandskatalog der 6. Klasse wider. Kapitel 8 bis 17 mit den Titeln „Phosphor und Phosphorverbindungen", „Gesetz der chemischen Massenwirkung", „Stickstoffverbindungen", „Lösungen", „Karbonate", „Düngelehre", „Die Silikate", „Die Verwertung des Tones in der Industrie", „Gewinnung und Verwendung der wichtigsten Gebrauchsmetalle" sowie „Die natürliche Anordnung der Grundstoffe und der innere Bau der Atome" sollen in der 7. Klasse besprochen werden. Etwas losgelöst und auch eingeschoben wirkt das mit 2 Seiten recht kurze Kapitel über „Allgemeine Eigenschaften der Mineralien". Der Aufbau zeigt, daß die in Band 1 für die 5. Klasse angeschnittenen Themen der allgemeinen und anorganischen Chemie in der 6. und 7. Klasse vertieft

24 Gutachten über Arendt-Dörmer, Grundzüge der Chemie, Band 1. Von Heinrich Brauer (siehe Anm. 11), S. 115-119; hier S. 119.
25 Der Analyse wurden die 1. Auflage von 1939 sowie im Vergleich die 2. Auflage von 1942 zugrundegelegt.
26 Vgl. hierzu Erziehung und Unterricht in der höheren Schule. Amtliche Ausgabe des Reichs- und Preussischen Ministeriums für Wissenschaft, Erziehung und Volksbildung. Berlin 1938, S. 165-172. Siehe hierzu auch Kapitel 4.3.

werden. Mit Kapitel 19 beginnt dann die organische Chemie der 8. Klasse. Über „Die chemische Zusammensetzung organischer Stoffe", den „Kohlenstoff und seine Verbindungen als Heiz- und Treibstoffe", die Kapitel „Der künstliche Aufbau von Kohlenwasserstoffen", „Die Alkohole und ihre Oxydationserzeugnisse", „Ester und Äther", „Fette und Seifen", „Kohlenhydrate", „Eiweißstoffe", „Steinkohlenteer", „Aromatische Säuren und Gerbstoffe", „Farbstoffe, Färberei, ätherische Öle" „Arzneimittel, Schädlingsbekämpfung" und „Kunststoffe" informiert das Lehrbuch. Es folgen noch zusätzlich die Kapitel 32 bis 34 „Wehrchemie" (10 Seiten), „Die Rohstofflage Deutschlands (Zusammenfassung)" (7 Seiten) und „Die Bedeutung der deutschen chemischen Forschung" (19 Seiten).

Die Kapitel für die 6. Klasse erscheinen weitgehend neutral. Lediglich kurze geschichtliche, kultur- und volkswirtschaftliche Abschnitte mit Betonung der auch unter dem Wirtschaftlichkeitsaspekt wichtigen Technik lassen den Schüler herauslesen, wie das Wohl des ganzen Volkes von einer engen Zusammenarbeit von chemischer Wissenschaft, Technik und Volkswirtschaft abhängen. Sehr viel deutlicher wird das Lehrbuch gerade in diesem Punkt in den anwendungsorientierten Kapiteln der Klasse 7. Das Problem der Rohstoffknappheit und seine Überwindung werden gerade bei der „Düngelehre" (S. 110-115) dem Schüler deutlich vor Augen geführt, indem einerseits die durch die fehlenden Salpeterlager auftretenden Schwierigkeiten geschildert, andererseits die herausragenden Leistungen der deutschen Stickstoffindustrie seit dem 1. Weltkrieg hervorgehoben werden. Die ausführlichen Erklärungen über die erschwerten Bedingungen der Eisengewinnung und -veredelung (S. 134-148) sowie der Gewinnung weiterer Schwer- und Leichtmetalle, wie Zink, Blei, Kupfer, Silber, Aluminium und Magnesium (S. 149-163) verstärken dies noch weiter. Insbesondere in diesem Teil sind zahlreiche Fabrik- und Manufaktor-Abbildungen sowie Tabellen über Ein- und Ausfuhr zu finden. In der 8. Klasse wird schließlich noch intensiver – beispielsweise bei der Kohlenförderung, Stadtgas- und Benzinerzeugung (S. 182-204), bei der Kautschuksynthese (S. 207-210), bei den Farb- und Kunststoffen sowie den Arzneimitteln (S. 257-269) – auf den Vierjahresplan abgehoben. Auf S. 205 steht zur Veranschaulichung auch ein stark vereinfachtes „Azetylenbaum"-Schema[27]. Aufforderungen zu sparsamem Verbrauch wichtiger Stoffe unter Hinweis auf den „Erfolg des Kampfes um die deutsche Nahrungsfreiheit" (S. 265), also die Erzeugungsschlacht, finden sich vielfach – besonders ausgiebig aber innerhalb des Kapitels „Fette und Seifen" (S. 222-230) bei den Anstrengungen zur Schließung der Fettlücke (S. 224), im Kapitel „Kohlenhydrate" (S. 230-243) bei den ausgiebigen Erklärungen zur Zuckerrübenfabrikation (S. 233 f.) und der notwendigen Beschaffung von Faserstoffen (S. 240 f.) sowie bei den Eiweißen. Das Kapitel „Eiweißstoffe" (S. 243-250) enthält sogar zusätzlich einen eigenen „§ 73. Die Ernährung des Menschen" (S. 247-250). Damit die gestellten Gegenwartsaufgaben der Chemie – wie im Stoffkatalog gefordert – entsprechend gewürdigt werden, sind Spreng-, Schieß- und Kampfstoffe sowie deren Abwehr, die wichtigsten Rohstoffe der deutschen Chemiewirtschaft samt den chemierelevanten Aufgaben des Vierjahresplanes in zusätzlichen Kapiteln nochmals in geballter Form aufgeführt. Neben der herausgestellten Schaffung von Tausenden von Arbeitsplätzen wird das zu leistende Ziel dabei nochmals hervorgehoben (S. 286):

---

27 Siehe hierzu Kapitel 6.7.2.

„Der Vierjahresplan soll die nationale Unabhängigkeit Deutschlands in der Ernährung und Kleidung seiner Bevölkerung, in seiner gesamten Volkswirtschaft und im Heeresbedarf im Frieden wie im Kriege sicherstellen."

Laufend werden im Text aller Kapitel Hinweise auf die Entdeckungen der beschriebenen Erkenntnisse gegeben. Die Chemiegeschichte bildet zusätzlich ein umfangreicheres Abschlußkapitel. Hier kommt es weitgehend darauf an, die Leistungen deutscher Forscher darzustellen, um den Führungsanspruch Deutschlands in der Chemiewelt zu untermauern. Im letzten Abschnitt „Chemische Forschung und chemische Industrie im Leben des deutschen Volkes" wird zusätzlich die innige Verquickung mit dem nationalsozialistischen Nutzenaspekt hervorgehoben. Die staatliche Lenkung von Forschungsgebieten durch den Reichsforschungsrat, bei tatkräftiger Mithilfe durch die Kaiser-Wilhelm-Gesellschaft und die Deutsche Forschungsgemeinschaft, die „sich dem Reiche Adolf Hitlers für sein großes Aufbauwerk zur Verfügung gestellt" (S. 305) haben, bildet das Schlußwort des Lehrbuchs. Damit ist von Klasse 6 bis 8 eine durchgehende Verstärkung nationalsozialistischer Intentionen erkennbar.
Bei klarer Untergliederung in Paragraphen und Kurzabschnitte – wie schon in Band 1 für die 5. Klasse – ist das Lehrbuch verständlich und anschaulich in ansprechendem Deutsch geschrieben. Dies bestätigen auch die NS-Gutachter. Die Formelsprache – und hier auch höchstens Summenformeln – wird erneut recht spärlich verwendet. Es bleibt anzuerkennen, daß die Lehrbuchautoren sich um eine fachlich korrekte Darstellungsweise der chemischen Inhalte bemüht haben. An manchen Stellen wirkt diese Exaktheit – aus heutiger Sicht gesehen – erfreulich nüchtern.
Die Gutachter von 1939 bestätigen alle die nationalsozialistisch einwandfreie Haltung. Gleichzeitig wird aber sowohl im Hauptgutachten Hermann Schröders als auch in der Beurteilung von Charlotte Augschun deutlich Kritik am sachlichen Stil der Verfasser Dörmer geübt. Dies äußert sich bei ihren jeweiligen Ausführungen über die nationalsozialistische Grundhaltung[28]. Sehr aufschlußreich ist die Sicht von Studienrätin Augschun[29]:

„Die Schule des nationalsozialistischen Staates soll an die Stelle des ‚Trugbildes der gebildeten Persönlichkeit' die Gestalt des wirklichen deutschen Menschen setzen, der bereit ist, in der Gemeinsamkeit des Kampfes für sein Volk alle seine Kraft, ja sein Leben einzusetzen. Solche deutschen Menschen bringt das Buch „Dörmer" unsrer Jugend nahe; es schildert die Forscher in ihrem Werden und Wachsen, in ihrer zähen Arbeitskraft und in ihrer Treue und Einsatzbereitschaft. (§ 93, S. 278 bis 288).
In einem armen Land, das dauernd in seiner Existenz von Feinden bedroht wird, bringt ein Stab von Männern in hartem Kampf deutsche chemische Wissenschaft zu weltüberragender Bedeutung. S. 292 „die deutsche chemische Industrie ist nicht durch Deutschlands Reichtum, sondern gerade umgekehrt durch seine Armut ...."; ... zäher Arbeitswille, Unternehmungsgeist der Wirtschaftsführer, Fleiß und Zuverlässigkeit des deutschen Arbeiters ...."
Der Schüler erfährt, wie auch heute die Not den Deutschen nicht lähmt, sondern immer neue Kräfte löst und immer neue Erfolge zeitigt. (S. 32, Ersatz für Eisenkiese. S. 74-77, Bosch`s Ammoniaksyn-

---

28 Die Zitate, aber nicht immer die in den Gutachten hierfür angegebenen Seitenzahlen stimmen mit der veröffentlichten ersten Ausgabe überein. Es ist anzunehmen, daß Verschiebungen auf den Druck des Lehrbuches zurückzuführen sind. So äußert etwa auch Hauptgutachter Schröder auf Seite 3 seines Gutachtens die Hoffnung, „der Druck wird in der endgültigen Fassung hoffentlich wesentlich besser werden, als er in dem mir vorliegenden Prüfstück ist".
29 Gutachten über Arendt-Dörmer, Grundzüge der Chemie 2. Band. Von Charlotte Augschun. (siehe Anm. 11), S. 89-100; hier S. 90 f.

these. S. 158, Deutsche Al-Erzeugung. S. 161, Elektron. S. 199-205, Kohleverflüssigung. S. 207, Kautschuk. S. 222 Fettveredelung. S. 234, Zellstoff und Kunstseide. S. 236, Zucker aus Holz. S. 255, Deutsche Kunststoffe.)

Viele Hinweise zeigen, wie die Regierung auf Veranlassung des Führers alle Kräfte sinnvoll in den ganzen Arbeitsbetrieb eingliedert und alle Stoffe verwerten lehrt. (S. 32, Eisenkieslager in Meggen. S. 147-148 „Im Rahmen der großen nationalen Aufgaben des Vierjahresplans .... Reichswerke für Erzbau und Eisenhütten Hermann Göring." S. 151, Ersatz von Blei durch deutsche Werkstoffe. S. 155, Leichtmetallgewinnung. S. 162, Gütesteigerungen der Legierungen. S. 199, Deutsche Erdölgewinnung. S. 202, Volkswagenfabrik. § 89, S. 271 bis 273, Chemische Industrie und Vierjahresplan des Führers. S. 293, Reichsforschungsrat.) Geschickte Behandlung dieser Kapitel durch den Lehrer werden in dem jungen Deutschen die natürliche Liebe zu seinem Volk vertiefen und festigen; es wird in ihm der Glaube an die geschichtliche Sendung seines Volkes und unsers Führers lebendig erhalten.

Dieses Bewusstsein des geschichtlichen Auftrages wird der Jugend das Verständnis für die Zusammenhänge auch einer Zeit klären, die zurück liegt, so weit die Chemie hineinspielt. (S. 276, Glauber. S. 278, Marggraf. S. 284, Hofmann.) Versteht der Schüler die chemischen Vorgänge, beispielsweise der Farbenindustrie und deren Entwicklung, so fällt ihm von da ein helles Licht auf manche Ursache der Völkerkriege, hier des Weltkrieges, und er wird begreifen, was die Feinde uns mit dem Versailler Vertrag antun wollten. (S. 58 unten, S. 61, Kalisalze; S. 64 u. 65, Phosphate; S. 150, Zink; S. 151, Blei).

Bei Besprechung der deutschen Rohstoffnot und deren Abwehr (§ 88, S. 266-271) wird ihm bei richtiger Leitung klar werden, welche Verantwortung ihm, dem Schüler der höheren Schule, erwächst; dass er an erster Stelle mitzuarbeiten hat, wenn es einmal gelten wird, Deutschlands Stellung zu wahren; er kann einsehen, dass Tatsachenkenntnisse und zäher Wille den Einzelnen und das Volk befähigen, das Schicksal zu meistern.

Das Buch kann bei dem Vielen, das es bringt, diesen Aufgaben dienen. Und doch wird es dabei sehr darauf ankommen, dass der Lehrer seine ganze Lebendigkeit und Begeisterung einsetzt; denn bei aller Anerkennung der Gründlichkeit des Buches, ist die Art seiner Darbietung wenig packend. Es fehlt ganz allgemein der Schwung der Darstellung, wo Willenskräfte gelöst werden sollen."

Insofern verwundert es nicht, daß Studienrätin Augschun das Oberstufenbuch in ihrem Gesamturteil nur als „Geeignet (für Mädchenschulen nicht brauchbar)" einstuft, ein Urteil, dem Gesamtgutachter Hermann Schröder beipflichtet[30]:

„Die Neubearbeitung verrät Fleiß und Gründlichkeit. Wesentlicher ist, daß die in Erziehung und Unterricht niedergelegten Gedanken gut beachtet worden sind. Somit liegt auch eine einwandfreie nationalsozialistische Haltung vor, die weniger durch ‚erfrischende Lebendigkeit und begeisterten Schwung' (Augschun) als durch nüchterne gut zusammengestellte Tatsachen auf den Jugendlichen wirkt. Der ‚trockene Leidfadenstil' war schon im Unterstufenband beanstandet worden; er scheint ein Kennzeichen des vorwiegend sachlich eingestellten Verfassers zu sein. Er ist zudem auf [!] Oberstufe weniger schädlich als auf [!] Mittelstufe. Begeisterung und Schwung muß der Lehrer in den Unterricht hineintragen, der auf Grund der guten sachlichen Unterlagen des Buches die große nationalpolitische Bedeutung der Chemie und die Großtaten chemischer Forscher vor den Jugendlichen ausbreitet."

Die weiteren Gutachter (Hermann Matscheck, Otto Breymann, Hans Deneke und Heinrich Brauer) hielten die „Grundzüge der Chemie für die 6. bis 8. Klasse" hingegen für „Gut geeignet".

Lobend werden insbesondere die Abschnitte über die deutsche Volkswirtschaft immer wieder erwähnt. Hermann Matscheck hebt ihre Bedeutung im „völkischen Lebenskampf" ganz allgemein hervor[31]:

---

30 Hauptgutachten über Arendt-Dörmer, Grundzüge der Chemie 2. Band. Von Hermann Schröder (siehe Anm. 11), S. 57-76; hier S. 59.

„Besonders wertvoll sind die von den Verfassern gegebenen zusammenfassenden Abschnitte über Ein- & Ausfuhr, Rohstofflage, Volkswirtschaft. Sie sind insbesondere recht geeignet, dem Schüler die hohe Bedeutung der Chemie im Leben unseres Volkes aufzuzeigen. Er wird erkennen, dass Chemie für uns eine wichtige & schlechtweg entscheidende Helferin im völkischen Lebenskampf ist.“

Studienrätin Augschun zeigt anhand der Behandlung des volkswirtschaftlichen Themas Kalisalze, den geschickten Aufbau des Buches auf. In Kapitel 7 „Salzlagerstätten und ihre Ausbeutung“ würden die Kalisalzvorräte als Grundstock des deutschen Volksvermögens dargestellt. Ihre Unentbehrlichkeit für Industrie und Landwirtschaft, insbesondere für die Ernährungssicherheit des Volkes fänden eingehende Würdigung. Ebenso werde dargelegt, wie der Verlust von 17 Kaliwerken durch den Versailler Vertrag die deutsche Volkswirtschaft empfindlich geschädigt habe. Im Kapitel 32 „Wehrchemie“ fänden dann bei den Schieß- und Sprengstoffen die Kalisalze (Chilesalpeter) wiederum als unentbehrliches Gut im Weltkriege ausgiebige Erwähnung. Die Tatsache, daß Deutschland zu Beginn des Weltkrieges nicht genügend Salpeter-Vorräte besaß, werde von den Lehrbuchverfassern den Schülern in ihrer großen Tragweite erklärt, werfe „also ein klares Licht auf die Schuldfrage des Weltkrieges“ (S. 93). Tatsächlich findet sich im Lehrbuch auf S. 274 folgender propagandistischer Satz:

„Die Behauptung unserer damaligen Feinde, daß Deutschland den Weltkrieg vorbereitet habe, wird durch die Tatsache, daß es keine Salpetervorräte besaß, schlagend widerlegt.“

Deutlich wird anhand dieses Beispiels, daß nicht wissenschaftliche Systematik, sondern die von den Nationalsozialisten geförderten Gegenwartsaufgaben der Chemie den Lehrbuchinhalt bestimmten.

Positiv hervorgehoben wird auch die gut und fesselnd beschriebene technische Seite der Chemie. Man merke die Freude des Verfassers an technischen Fragen, bemerkt Studienrätin Augschun in ihrem Gutachten hierzu[32].

Insgesamt werden in den Gutachten viele verbesserungswürdige Kleinigkeiten angemerkt. Wird eine Liste mit den von den Gutachtern stärker herausgestellten Mankos erstellt, ergibt sich ein Bild, bei dem Lob und Tadel eng beeinander liegen:

1. Kritik ernten v.a. die theoretischen Abschnitte:

a) Die auf 11 Seiten wissenschaftlich detailgenau und anschaulich dargelegten chemischen Grundgesetze, Atomgewichte, chemische Formeln und Gleichungen des Kapitels 2 „Atomlehre“ empfindet Studienrätin Augschun am Anfang des Oberstufenunterrichts für unangebracht theoretisch. Sie gibt ihrem Verbesserungsvorschlag mit deutlichen Kürzungsmöglichkeiten breiten Raum, lobt aber dennoch, daß die Verfasser Abschnitt 2 mit größter Sorgfalt bearbeitet hätten.

b) Eine fehlerhafte und zum Teil ungeeignete Darstellung wirft Hauptgutacher Schröder den Verfassern bei der Behandlung des Kapitels 6 „Elektrolyse und Ionenlehre“ vor[33]. Von einer planmäßigen Weitergestaltung des aus Klasse 5 übernommenen Ionenbegriffs sei nichts zu spüren. Auch die möglichen Quervernetzungen mit Physik seien zu wenig

31 Gutachten über Arendt-Dörmer, Grundzüge der Chemie 2. Band. Von Hermann Matscheck (siehe Anm. 11), S. 28-35; hier S. 30.

32 Siehe Gutachten über Arendt-Dörmer, Grundzüge der Chemie 2. Band. Von Charlotte Augschun (siehe Anm. 11), S. 89-100; hier S. 94.

33 Siehe Hauptgutachten über Arendt-Dörmer, Grundzüge der Chemie 2. Band. Von Hermann Schröder (siehe Anm. 11), S. 57-76; hier S. 59 f.

beachtet worden. Dagegen wird dargelegt, die Querverbindungen zu den anderen Fächern, insbesondere der Biologie seien im Lehrbuch durchweg genügend berücksichtigt.
c) Kapitel 9 „Gesetz der chemischen Massenwirkung" sieht Studienrätin Augschun in der Darstellungsweise als nicht praxisnah genug auf die Erfordernisse der deutschen Wirtschaft abgestimmt an (S. 94):

„Das Massenwirkungsgesetz (S. 66-68), eine scheinbar rein theoretische Angelegenheit, die wohl wissenschaftlich interessant, aber kaum praktisch bedeutend erscheint, zeigt den Schülern, welche ungeheuren Erfolge solche ‚Wissenschaft' zeitigt. Denn mit seiner Hilfe hat man gelernt, grosse chemische Umsetzungsprozesse zu steuern, beweglich zu erhalten und wirtschaftlich tragbar zu gestalten (S. 204). Hier versagt das Buch leider; es zeigt diese Zusammenhänge nicht deutlich genug, auch nicht in seiner vielfachen Anwendung."

2. Die teilweise recht ausführlichen Wiederholungen des Unterstufenpensums, an vielen Stellen sogar wortwörtlich wiederholt, werden ausgiebig von Studienrätin Augschun angeprangert[34].

3. Die chemiegeschichtlichen Abschnitte werden von den Gutachtern sehr genau durchleuchtet.
Deutliches Lob findet sich im Gutachten von Hermann Matscheck. Unter dem Titel „Erzieherische Werte des Lehrbuches" ließt sich dies folgendermaßen (S. 31):

„Für jeden deutschen Jungen muss es eine wahre Herzstärkung sein, wenn er sieht, wie gross der Anteil deutscher Männer an der chem. Forschung ist & welche Prachtgestalten sich darunter befinden. Man kann mit aufrichtiger Genugtuung sagen, dass es den Verfassern gelungen ist, die hier vorhandenen erzieherischen Werte zur Geltung zu bringen. Die grossen Männer chem. Forschung & Technik werden eingehend gewürdigt, z. T. an passenden Stellen im Text, z. T. im Rahmen eines besonderen Abschnitts."

Sowohl Studienrätin Augschun als auch Hauptgutachter Schröder befürworten allerdings noch weitere geschichtliche Einflechtungen im laufenden Text. Vermißt habe man beispielsweise eine einfühlsame Schilderung über die großen Schwierigkeiten und Gefahren, die mit der Auffindung der Kautschuksynthese verbunden gewesen seien. Der Hauptgutachter stellt dabei zum zweiten Mal unmißverständlich klar, „daß Dörmer mit seiner Gründlichkeit doch Gemüt und Willen nicht in der rechten Weise zu packen vermag." (S. 72). Gleichzeitig sieht er jedoch ein, „daß ein solcher Wunsch nach einer ganz anderen Schilderungsart, das Wesen der Verfasser verbiegen müßte." (S. 72).
Andererseits litten, so Schröder, die Schilderungen von Lebensbeschreibungen teils unter zu vielen detaillierten Angaben. Dennoch sei eine anteilnehmende Wärme unverkennbar[35]. Kritisiert wird die zu häufige Nennung auch ausländischer Namen. Dies gipfelt in dem Vorwurf bzw. der Aufforderung an die Autoren Karl-Edmund Dörmer und seinen Vater Ludwig Dörmer, sich eingehender mit der semitischen Abstammung aller genannten Namen zu beschäftigen (S. 74):

---

34 Siehe Gutachten über Arendt-Dörmer, Grundzüge der Chemie 2. Band. Von Charlotte Augschun (siehe Anm. 11), S. 89-100; hier S. 97 ff.
35 Siehe Hauptgutachten über Arendt-Dörmer, Grundzüge der Chemie 2. Band. Von Hermann Schröder (siehe Anm. 11), S. 57-76; hier S. 59.

„Vor allen Dingen tun die Verfasser gut daran, bei allen stehengebliebenen Namen sich eingehend zu überzeugen, daß der Betreffende kein Jude oder Halbjude ist."

4. Deutlich wird Kritik an der Praxis der Buchautoren geübt, den Arbeitsunterricht nur durch wenige im Buch ausgeführte Schüler- und Lehrerübungen zu demonstrieren und statt dessen – wie schon in Band 1 für die 5. Klasse geschehen – auf Arendt`s „Technik der Experimentalchemie" zu verweisen. Hierzu heißt es ausführlich bei den Verbesserungsvorschlägen im Hauptgutachten Hermann Schröders (S. 62):

„Die Hinweise auf das Experimentalbuch und die dadurch bedingte Zurückdrängung von Schilderungen und Darstellungen von Versuchsanordnungen finden nicht den Beifall der Gutachter. Ein Gutachter schreibt: ‚Die Verfasser beziehen sich im Vorwort auf die Technik der Experimentalchemie von Arendt-Dörmer und verweisen auf die dort zu findende reiche Auswahl an Schüler- und Schauversuchen. Aus diesem Grund werden nur verhältnismäßig wenig Versuche aufgeführt und beschrieben. Meiner Ansicht nach kann dadurch weder dem Lehrer eine Anregung noch dem Schüler ein Anreiz zur Selbstbeschäftigung gegeben werden. Außerdem kommt hinzu, daß der Schüler die Versuche in der Stunde aufzeichnen muß. Ganz sicher wird das in jedem Unterricht geschehen, aber dabei kann es sich doch immer nur darum handeln, eine Ergänzung zu schaffen, während hier der Schüler neben dem Buch immer noch seine Aufzeichnung benutzen muß. Auch das ist allein noch keine allzu große Schwierigkeit, doch muß man bedenken, daß bei der zur Verfügung stehenden Zeit im Unterricht Aufzeichnungen doch nur in sehr beschränktem Umfange gemacht werden können. Der Versuch und sein Verlauf sind aber die wichtigsten Stützen, wenn der Schüler eine Kette von Gedanken und Folgerungen wieder vor seinem geistigen Auge entstehen lassen will.' – Es wäre also zu überlegen, ob nicht doch die eine oder andere Versuchsanordnung mit Abbildung in das Buch aufgenommen werden kann."

Tatsächlich fallen die äußerst wenigen Hinweise zu praktischen Versuchen oder gar Schülerübungen in dem Lehrbuch auf. Dieser von den Didaktikern und den nationalsozialistischen Schulpolitikern geforderte Aspekt des Chemieunterrichtes sollte sich zwar maßgeblich durch die methodische Umsetzung des Unterrichtes ergeben. Das Lehrbuch bietet hierfür jedoch kaum Anreize.
Bemerkenswert ist auch, daß Gutachter Hermann Matscheck trotz gelobter wissenschaftlicher Zuverlässigkeit und Übereinstimmung mit den methodischen und inhaltlichen Richtlinien eher für ein kürzeres Lehrbuch plädiert (S. 33):

„Das Lehrbuch ist stofflich von einer musterhaften Vollständigkeit. Trotzdem beschränkt er sich auf den Stoff, der in ‚Erziehung & Unterricht' S. 169/170 vorgeschrieben ist. Doch möchte ich meiner Ansicht Ausdruck geben, dass innerhalb der einzelnen Abschnitte an vielen Stellen zu viel Stoff in konzentriertester Form geboten wird. Deshalb würde ich für meinen Unterricht einem kürzeren Lehrbuch den Vorzug geben."

Die 298-seitige 2. Auflage von 1942 war jedoch nur um 7 Seiten kürzer konzipiert. Eine generelle Überarbeitung aller Kapitel hatte stattgefunden. Insbesondere die theoretischen Abschnitte und die Mineralogie erfuhren eine noch stärkere Umfangsbeschränkung, das Kapitel „Der künstliche Aufbau von Kohlenwasserstoffen" entfiel gar. Die praxisnahen für Land- und Volkswirtschaft relevanten Themengebiete wie „Düngelehre" oder „Der Kohlenstoff und seine Verbindungen als Heiz- und Treibstoffe" wurden erheblich ausgeweitet. „Die Ernährung des Menschen", in der 1. Ausgabe noch als Unterkapitel bei den Eiweißstoffen zu finden, wird zu einem eigenständigen Kapitel, in dem in ausgedehnter Form die Zusammensetzung der Nahrungsmittel und der Nährstoffbedarf des Menschen, Vitamine, Genußmittel sowie der Aspekt der Konservierung

besprochen werden. Auch weitere Statistiken, Graphiken und Diagramme, die Deutschlands wirtschaftliche Stärken aufzeigen, wurden aufgenommen. Da insgesamt die weitaus meisten Passagen der 1. Ausgabe entsprechen, ist das Bemühen um einen weniger naturwissenschaftlich-nüchternen Stil nur ab und an zu erkennen.
Wird ein Vergleich mit dem 1929 in 15. Auflage und 1937 in 16. Auflage erschienen Arendt-Dörmerschen Werk „Grundzüge der Chemie und Mineralogie. Gesamtausgabe für Ober- und Unterstufe höherer Lehranstalten" gezogen, offenbart sich erneut die klar erkennbare Entwicklungslinie. Das vormals in 15. Auflage fast 400 Seiten starke Werk (ohne Registeranhang gerechnet) erfuhr mit der nationalsozialistischen Tendenz zu mehr Praxisnähe schon mit der 1937er Auflage eine Kürzung auf 341 Seiten (352 Seiten mit Schlagwortanhang). Dieser Trend setzt sich – wie oben ausgeführt – mit den nur auf die Oberstufe ausgerichteten Lehrbüchern fort. Die 1929er Auflage zeigt sowohl in Gliederung als auch der direkten inhaltlichen Themenbehandlung nur in groben Zügen eine Ähnlichkeit mit den späteren Ausgaben. Mineralogie und Kristallographie sind 1929 mit noch weitaus deutlicherem Schwerpunkt vertreten. Übersichten über Erzeugung, Verbrauch, Einfuhr und Ausfuhr der wichtigsten technischen Produkte existieren auch in graphischer Darstellung schon 1929. Sie häufen sich aber mit der 1937er Ausgabe und werden 1939 weiter intensiviert. Alle Werke berufen sich gleichermaßen auf die methodischen Grundsätze Rudolf Arendts. Aus der sachlichen 1929er Auflage sind nationalsozialistische Strömungen noch nicht herauslesbar. Die wesentlichen Neuerungen sind tatsächlich erst in der 1937er Ausgabe, mit dem Bestreben nach Einbau nationalsozialistischer Maximen zu finden. Das betonen auch Reinhold Scharf und Hans Zeitler in ihren Buchrezensionen der 16. Auflage[36]. Während Scharf ohne auf inhaltliche Zusammenhänge einzugehen nur kurz schreibt (S. 44)

„Ich habe mich davon überzeugt, daß auch die neuesten, für die Durchführung des Vierjahresplanes wichtigen Ergebnisse der technischen Chemie in dem Buche bereits aufgenommen sind.
Im ganzen gesehen liegt ein Buch vor, das als Lehrbuch rückhaltlos empfohlen werden kann."

geht Zeitler stärker auf die geänderten Inhalte ein (S. 30):

„Neu ist vor allem die Durchdringung des gesamten Stoffes mit dem Gedanken der nationalpolitischen Erziehung. Hierher gehören besonders die Abschnitte „Die Chemie im Dienste des Luftschutzes", „Die Schieß- und Sprengstoffe", „Die Rohstofflage Deutschlands und der Vierjahresplan". Überall ist der deutsche Anteil an Forschung und Technik gebührend hervorgehoben."

Streichungen seien vor allem in den rein wissenschaftlichen Abschnitten erfolgt.
Der Lehrbuchvergleich zeigt deutlich, mit welcher Akribie sich die Verfasser Dörmer bei ihren Überarbeitungen jeweils den politischen Forderungen des Nationalsozialismus angepaßt haben. Unterschwellig wurden der noch formbaren Jugend wesentliche nationalsozialistische Ziel- und Wertvorstellungen schon vor der offiziellen Schulreform 1938 vermittelt. Diese Tendenz verstärkt sich nochmals sichtlich mit den in Erziehung und Unterricht gemachten genaueren Lehrplanvorgaben. Die Arendt-Dörmerschen-

36 Scharf, R.: Bücher und Schriften. Gründzüge der Chemie und Mineralogie. In: Zeitschrift für den physikalischen und chemischen Unterricht 52 (1939), S. 44. Zeitler, H.: Bücherbesprechungen. Arendt-Doermer: Grundzüge der Chemie und Mineralogie. In: Unterrichtsblätter für Mathematik und Naturwissenschaften 44 (1938), S. 30 f.

Chemiebücher werden den nationalsozialistischen Anforderungen – trotz der von Gutachterseite aufgeführten kleineren Mängel – bestens gerecht.

7.2. Otto Gall / Julius Kruse / Otto Reuber: Lehrbuch der Chemie

Otto Gall, Berlin-Hermsdorf, und Julius Kruse, Minden in Westfalen, erstellten gemeinsam ein „Lehrbuch der Chemie. *1. Band. Für die 5. Klasse* aller höheren Schulen“, das 1940 in 2. Auflage sowie 1941 in 3. Auflage erschien und laut offiziellem Verteilungsplan recht weite Verbreitung fand[37]. Schon die inhaltliche Einteilung des exklusive Namens- und Sachverzeichnis 124-seitigen Buches offenbart Unterschiede zum Arendt-Dörmerschen Werk für die 5. Klasse. Aufbau und selbst Titelgebung der Hauptabschnitte entsprechen weitgehend dem in den Richtlinien für Erziehung und Unterricht veröffentlichten Lehrplan[38]:

A. Einleitung (S. 1-14)
B. Die Luft (S. 14-26)
C. Das Wasser (S. 26-39)
D. Gewichtsgesetze; Atomgewicht (S. 39-43)
E. Kochsalz, Ätznatron (S. 43-51)
F. Schwefel und Schwefelverbindungen. Phosphor und Phosphorverbindungen (S. 52-60)
G. Säure, Base, Salz (S. 60-69)
H. Stickstoff, Salpetersäure, Ammoniak (S. 69-77)
I. Kohlenstoff (S. 78-91)
K. Wichtige Verbindungen aus der organischen Chemie (S. 91-98)
L. Die Eisenverhüttung (S. 98-112)
M. Das Glas (S. 113-117)
N. Luftschutz (S. 118-122)
Kurze Zusammenstellung der geschichtlichen Tatsachen (S. 123-124)
Namen- und Sachverzeichnis (S. 125-128)

Durch eine weitere Einteilung in 51 Paragraphen und deren erneute Unterteilung in mit römischen Zahlen versehene Passagen mit fett gedrucktem Thema, wurde eine zusätzliche deutliche Gliederung vorgenommen. Am Ende der Abschnitte steht abgesetzt und in kleinerem Schriftgrad jeweils eine Zusammenfassung mit den wesentlichen Ergebnissen sowie wichtigen Definitionen. Dies dient als Hilfe, um das Durchgearbeitete schnell zu wiederholen und ins Gedächtnis zurückzurufen.

Die ersten Abschnitte sind noch methodisch angeordnet und machen den Leser zwanglos mit den wichtigsten Begriffen der Chemie bekannt. Ganz allmählich gehen die Verfasser aber zu einer mehr systematischen Besprechung der angegebenen Elemente und Stoffgebiete über, wobei nur hin und wieder einzelne Abschnitte mehr allgemeinen Inhalts eingeschoben werden. Die Autoren vermeiden hierdurch die bei rein methodischer Anordnung von Lehrbüchern auftretende Schwierigkeit, daß Lehrer wie Schüler den vorgeschlagenen Unterrichtsgang in der angegebenen Reihenfolge einhalten müssen. Ausdrücklich weisen auch die „Vorbemerkungen“ darauf hin, daß der Text so konzipiert wurde, daß der Schüler einzelne Abschnitte zu Hause wiederholen oder selbstän-

37 Gall, O. / Kruse, J.: Lehrbuch der Chemie. 1. Band für die 5. Klasse aller höheren Schulen. Frankfurt / Main ^{2}1940 und ^{3}1941. Die zweite und dritte Auflage sind vollkommen identisch.

38 Vgl. hierzu Erziehung und Unterricht (siehe Anm. 26), S. 168 f.

dig durcharbeiten kann. Direkt in den Text integriert wurden auch die zahlreichen, ausführlich dargelegten Versuche als deutliches Indiz für einen bewußten Arbeitsunterricht. Sie sind durch Sternchen sowie bei besonders relevant angesehenen Experimenten zusätzlich am Buchrand durch Sch-Ü. (Schülerübungen) bzw. L.-V. (Lehrerversuch) kenntlich gemacht. Dieser eingeschlagene Weg unterscheidet sich somit deutlich vom Arendt-Dörmerschen: Das Buch baut im wesentlichen auf den Experimenten auf. Es wird vom möglichst lebensnahen Versuch ausgegangen und zur dahinterstehenden Erkenntnis geführt, um anschließend noch Theorie samt praxisnaher Informationen anzufügen. Die zahlreichen im Lehrbuch zu findenden Versuchsanordnungen und Abbildungen zeigen ebenfalls auf, daß die Autoren sich hier geradezu vorbildlich an die „Grundsätzlichen Anweisungen zur Ausgestaltung der Lehrbücher" hielten.
Die ersten 43 Seiten des Lehrbuches enthalten interessanterweise keine Stelle, die deutlich auf nationalsozialistische Intentionen hindeutet. Lediglich die der „Einleitung" vorangestellten Sätze, die nüchtern und frei von Pathos fast wie selbstverständlich wirken, geben die Richtung an (S.1):

„Jeder deutsche Junge und jedes deutsche Mädel weiß heute, daß die chemische Wissenschaft einen wichtigen Beitrag zur Erhaltung und Sicherung des Lebens des deutschen Volkes liefert. Die Chemie spielt eine große Rolle in der Landwirtschaft, im Haushalt, in der Technik, in der Medizin und im Kriege. Sie schafft uns wertvolle Ausfuhrgüter, mit deren Erlös wir imstande sind, fehlende Rohstoffe wieder einzukaufen. Sie erzeugt im steigenden Maße aus inländischen Rohstoffen gänzlich neuartige Stoffe, sogenannte Kunststoffe, die vollwertig an Stelle ausländischer Stoffe treten können. Dazu kommt, daß die gewaltigen Fortschritte auf diesem Gebiete in den letzten Jahrzehnten besonders nordisch-germanischen Menschen und hauptsächlich deutschen Forschern zu verdanken sind."

Inhaltlich werden in der „Einleitung" dann dem Schüler in möglichst spielerischer und bildlicher Art und Weise die wichtigsten chemischen Vorgänge, wie die Analyse und Synthese, die Begriffe Grundstoffe, Verbindungen, Moleküle und Atome, Gemenge, aber auch schon die chemische Zeichensprache und Formelschreibweise beigebracht. Die hierzu verwandten chemischen Substanzen Schwefel, Phosphor, Kalkstein, gebrannter und gelöschter Kalk, Kohlen und Kohlendioxyd zeigen jedoch schon Schwerpunkte nationalsozialistischer Interessengebiete auf. Im Abschnitt „Die Luft" werden chemische Untersuchungen der Luft durchgeführt, Sauerstoffgewinnung, Oxydation, Oxyde sowie Wertigkeit besprochen, wobei Gall-Kruse eine anschauliche Hinführung zu Wertigkeit sowie Summen- und Strukturformeln bieten – letzteres ein Gebiet, das im Werk Arendt-Dörmer weitgehend vernachlässigt wurde. Vor allem die Summenformeln und chemischen Gleichungen werden nachfolgend bei Gall-Kruse ausgiebig verwendet. Ein eigener § 8 liefert im gleichen Abschnitt auf 3 ½ Seiten auch „Geschichtliches zur Untersuchung der Luft", wobei die Phlogistontheorie von Georg Ernst Stahl, die Verdienste Carl Wilhelm Scheeles und Josef Priestleys sowie die Leistungen Antoine Laurent Lavoisiers gewürdigt und in Lehrerversuchen auch teilweise ihre Erkenntnisgänge nachvollzogen werden. Hier wie auch in weiteren derartigen Kapiteln bzw. Passagen, die historische Aspekte beleuchten, ist auffallend, daß die Lebensläufe häufig nur in kurzer, aber durchaus ausreichender Form in Fußnoten wiedergegeben werden. Im Gegensatz zu den Arendt-Dörmerschen Ausführungen wird weniger Wert auf den Lebenslauf als auf das Lebenswerk gelegt. Die chemiehistorischen Aspekte werden hingegen auffallend korrekt und keinesfalls mit deutsch-nationalem oder gar rassistischem Ein-

schlag aufgeführt. Die Verdienste ausländischer Wissenschaftler werden durchaus gewürdigt.
Im Abschnitt „Das Wasser" mit der Darstellung sowie den Eigenschaften des Wasserstoffs wird auch die Funktionsweise des von Johann Wolfgang Döbereiner erfundenen Feuerzeugs erläutert. Auf die Behandlung von Reduktion und Oxydation, des Knallgases und temperaturabhängiger Löslichkeitskurven folgt die Thematik der Atomistik mit den Gewichtsgesetzen. Hier kommen die drei chemischen Grundgesetze (Gesetz von der Erhaltung des Stoffes, Gesetz von den konstanten Gewichtsverhältnissen, Gesetz von den mehrfachen Gewichtsverhältnissen) zwar zur Sprache. Die Naturgesetze erfahren – worauf im Text auch deutlich hingewiesen wird – jedoch keine Herleitung, sondern sind als anwendbares Tatsachenwissen einfach hinzunehmen. Ebenso haben Gall-Kruse die Formelsprache, wie erwähnt, zuvor schon als Art Kurzschrift im Unterricht eingeführt, und sich damit auch in diesem Punkt an die von der Staatlichen Hauptstelle formulierten Leitlinien gehalten[39].
Die Infiltration des Lehrbuches mit nationalsozialistischem Gedankengut tritt erst allmählich bei der stärkeren Betonung volkswirtschaftlicher Zusammenhänge zutage. Dies beginnt in Abschnitt E mit Erklärungen zu Vorkommen und Gewinnung von Kochsalz sowie Kalisalzen und der Kalidüngung noch recht verhalten, sachlich und ohne Schuldzuweisungen an das Ausland (S. 46):

Bis zum Ende des Weltkrieges war Deutschland das einzige Land, das Kalisalze in beträchtlicher Menge fördern konnte und ausführte. Selbst Amerika war auf uns angewiesen. Durch den Versailler Vertrag sind uns zwar die wertvollen Lager im Oberelsaß verlorengegangen, immerhin können wir auch jetzt noch nicht nur unsern Bedarf selbst decken, sondern überdies für etwa 50 Millionen RM. Kalisalze ausführen."

Unter Betonung deutscher Arbeit und deutscher Werkstoffe bei der Elektrolyse des Kochsalzes wird dann zu Salzsäure und Chlor übergeleitet und wie selbstverständlich von den Chlorgasangriffen des ersten Weltkrieges berichtet. Werden „Vorkommen, Gewinnung und Eigenschaften des Schwefels" (S. 52-57) sowie des Schwefelwasserstoffs (S. 57 f.) im nächsten Abschnitt unter stärkerer Zuhilfenahme von wirtschaftlichen Daten und Statistiken noch recht neutral dargestellt, so ändert sich das Bild schlagartig bei „§ 24 Phosphor und seine Verbindungen". Erstmals findet das Leitthema Erzeugungsschlacht zusammen mit Anordnungen der Reichsregierung Erwähnung (S. 59):

„Zur Erringung der Nahrungsfreiheit müssen wir die Erträge unseres Ackerbaus steigern. Diese Steigerung erfordert wachsende Mengen von Düngemitteln. Bei den Phosphordüngemitteln aber sind wir vom Ausland abhängig. Wenn man diesen Zusammenhang kennt, gewinnt man Verständnis dafür, daß die Regierung durch den Reichsnährstand sich sogar um die Instandhaltung und Neueinrichtung von Jauchegruben bekümmert!"

Aufrufe zu Sparsamkeit und zur Altstoffsammlung folgen (S. 59):

„Hilf also Knochen sammeln! Du arbeitest dann mit an der Erringung unserer Nahrungsmittelfreiheit!"

39 Siehe hierzu auch Kapitel 5.3.1.2.

Dem Schüler wird hier nicht nur Verständnis für aus heutiger Sicht unsinnig anmutende Reichsregierungsbeschlüsse vermittelt, sondern auch für den Auftrag, individuelle Wünsche und Bedürfnisse zum Wohl der deutschen Volksgemeinschaft zurückzustecken.
Die Behandlung der Säuren, Basen und Salze samt Namen, Formeln sowie geschichtlicher Hintergründe, selbst aber auch große Teile des Abschnitt „H. Stickstoff, Salpetersäure, Ammoniak“ wirken wieder vollkommen sachlich. Herausgestellt wird allerdings die Ammoniak-Synthese als wirtschaftlich bedeutsame deutsche Errungenschaft. Geschickt wird auch bei der Salpetersäure auf fehlendes Chilesalpeter, deutsche Abhilfemöglichkeiten, Schießpulverproduktion und -Wirkung sowie anschließend aus der Historie heraus auf die enge Verquickung von Wirtschaft und Kriegsführung hingewiesen. Dabei wird mit dem Satz „Auch andere Länder, z. B. Frankreich, Belgien, Polen, haben große Stickstoffabriken gebaut, um für den Kriegsfall gerüstet zu sein.“ (S. 77) Stimmungsmache betrieben.
Die Bedeutung der Rohstoffquellen für die Kriegswirtschaft, die hieraus resultierenden Gegenwartsaufgaben der Chemie, die Anforderungen an den einzelnen Volksgenossen in der Gemeinschaft, sogar unter Hervorhebung deutschen Forschertums treten in den jetzt folgenden Abschnitten immer geradliniger zutage. Gleich zu Beginn des Abschnitts „I. Kohlenstoff“, genauer im Kapitel „§ 32. Entstehung und Gewinnung der fossilen Kohlen“ wird in einem Vergleich mit biologisch-organischen Elementen auf Rohstoffbedeutung, Leistungen des Einzelnen zum Wohle der Gemeinschaft und den Aspekt der Sparsamkeit eingegangen (S. 78):

> „Wie in einem lebenden Körper das Blut allen Organen und den einzelnen Zellen die für das Leben notwendige Energie liefert, so versorgt die Kohle alle Wirtschaftszweige der Kulturvölker und die einzelnen Haushalte mit Betriebsstoff. Wohl uns, daß wir in dieser Beziehung von niemandem abhängig sind!
> Andrerseits soll uns dieses Gefühl der Sicherheit nicht dazu verleiten, die Kohle zu verschwenden. Wir müssen dran denken, daß dieses Geschenk der Natur durch schwerste Arbeit von über einer halben Million Volksgenossen unter Einsatz ihres Lebens gewonnen werden muß. Wer einmal ‚unter Tage‘ den ernsten Gruß ‚Glück auf‘ aus Bergmannsmund vernommen hat, der wird vor der Kohle die gleiche Achtung haben wie vor dem täglichen Brot.“

Bei der Behandlung von Vorräten, Vorkommen und Förderung von Kohlen wird die Bedeutung der Devisenwirtschaft erläutert und plötzlich auch Deutschlands herausragende Stellung betont (S. 79):

> „In Europa bildet Deutschland in Wahrheit das Herz des Erdteils.“

Anstelle der bis dato üblichen chemischen Versuche treten zahlreiche Statistiken, die u.a. in folgenden Aufgabenstellungen münden (S. 81):

> „Benutze diese Zahlen zur Anfertigung einer graphischen Darstellung! Die Menge der geförderten Kohlen ist ein Maßstab für die Gesundheit der Volkswirtschaft.“

Besprochen werden dann ausführlich Kohlenstoff und Kohlenstoffverbindungen, die Leuchtgasgewinnung und Kokerei, aber auch Bunsenbrenner, Auerlicht sowie flüssige Brenn- und Treibstoffe. Die große Relevanz der Wirtschaftsfreiheit durch erstmals offen ausgesprochene Autarkiebestrebungen finden sich auf Seite 91:

„Bei der großen wirtschaftlichen Bedeutung der Treibstofffrage ist klar, wie lebenswichtig der Besitz ausreichender Ölfelder für ein Volk ist. Deutschland ist hierbei in wenig glücklicher Lage. Seine eignen Ölvorkommen (Lüneburger Heide) sind so gering, daß sie nur einen kleinen Bruchteil seines Bedarfs an Treibstoffen liefern. Weitschauende Forscher und Industrielle haben sich daher schon lange mit der Frage beschäftigt, ob man außer dem Benzol auch die übrigen Mineralölgemische **aus Kohle** herstellen könne. Dieses Problem ist jetzt dank den Arbeiten der Professoren Bergius (Leunabenzin) und Franz Fischer (Kogasin) gelöst. Wir stellen jetzt schon einen großen Teil unseres Treibstoffbedarfs aus Braun- und Steinkohle her, und mit tatkräftiger Förderung durch die Regierung werden wir in ein bis zwei Jahren in Treibstoffen vom Auslande unabhängig sein."

Vergleichsweise knapp ist der folgende Abschnitt gehalten, in dem die Kohlenhydrate, Gärungsvorgänge, Fette, Öle und Eiweiß behandelt werden. Erstmals findet hier jedoch der zweite Vierjahresplan der Regierung Erwähnung. Die Fettlücke wird interessanterweise nur in einem kurzen Satz angesprochen. Bei den Eigenschaften des Alkohols findet sich folgender Appell an die Jugend (S. 95):

„Er ist ein Gift. Geringe Mengen üben selbst im verdünnten Zustand eine narkotische Wirkung aus, welche die körperliche und geistige Leistungsfähigkeit herabsetzt. Jugendliche müssen sich wegen der schädigenden Wirkung auf fast alle Organe ganz des Alkohols enthalten."

Die Autoren nutzten hier ganz bewußt die Chance, auf den noch formbaren Schüler einzuwirken. Es folgt der mit 14 Seiten einen deutlichen Schwerpunkt bildende Abschnitt „L. Die Eisenverhüttung". Äußerst tiefgehend und mit vielen technischen Details versehen werden die verschiedenen Eisengewinnungsverfahren samt Stahlveredelung besprochen. Die meisten Tafeln mit industrietechnisch interessanten Werksausschnitten sind hier zu finden. Das integrierte Kapitel „Deutschlands Eisenversorgung" zeigt anhand von Statistiken ausführlich die deutschen Verluste an Eisengruben durch den Versailler Vertrag auf, macht die Bedeutung für Wirtschaft und Wehrkraft klar und lobt die Eingriffe und Ziele des nationalsozialistischen Staates (S. 107-109):

„Eisen ist neben der Kohle die Grundlage der Wirtschaft jedes Volkes. Eisen ist aber auch die Grundlage seiner Wehrkraft. Schneidet man ihm die Eisenzufuhr ab, so ist es in kurzer Zeit wehrlos. ...
Mit Deutschlands Sicherung ist diese erschreckende Abhängigkeit ebensowenig vereinbar wie die auf dem Gebiete der Ernährung. Daher hat auch hier die Reichsregierung kräftig eingegriffen, um die deutsche Erzgewinnung und -verarbeitung auf den höchstmöglichen Stand zu bringen. ...
Hier nun setzen die Bemühungen der Regierung ein, die als oberstes Gesetz nicht mehr die Wirtschaftlichkeit des einzelnen Unternehmens, sondern die Erringung der nationalen Unabhängigkeit gelten läßt."

Von anfangs rein chemischen Themen wandelt sich das Lehrbuch somit geschickt zu einem technisch-wirtschaftliche sowie politisch-deutschnationale Themen indoktrinierenden Werk. Dies setzt sich bei den lebensnahen Ausführungen über „Die Rohstoffe der Glasbereitung" sowie der Glasherstellung fort, wobei allerdings in den Abschnitt „Das Glas" auch mineralogische und geologische Elemente stärker eingestreut sind. Ansonsten beinhaltet das Lehrbuch für die 5. Klasse nur an wenigen Stellen, etwa noch auf S. 9 (Mineral Pyrit), S. 38 (Kristallbildung), S. 45 (Steinsalz-Kristalle) mineralogische Lehrgegenstände. Die zwei noch hinter das Namen- und Sachverzeichnis gesetzten Farbtafeln mit Mineral-Abbildungen wirken hierbei zwar anschaulich, aber etwas verloren.

Im Abschnitt „Luftschutz“ werden Spreng- und Splitterbomben, Funktion und Verhalten im Schutzraum, Brandbomben, Kampfstoffe sowie die Gasmaske besprochen. Im Gegensatz zum Arendt-Dörmerschen Werk finden sich hier auch Lehrerversuche und wenige Schülerübungen zur praktischen Dokumentation. Zur Vertiefung dieser Thematik wird als ergänzendes Quellenmaterial auf „Petzold-Scharf, Versuche zum Luftschutz. Leipzig und Berlin 1937, Verlag B.G. Teubner“ verwiesen.
Am Buchende befindet sich eine 1 ½-seitige „Kurze Zusammenstellung der geschichtlichen Tatsachen“. Um 3000 vor Chr. mit den alten Ägyptern beginnend und 1937 mit dem „zweiten Vierjahresplan, der Deutschlands Unabhängigkeit in bezug auf Werkstoffe und Nahrungsmittel erreichen wird“ (S. 124) schließend, werden in aufzählender Form wesentliche chemische Entdeckungen geschildert. Da durchaus auch beispielsweise englische und französische Wissenschaftler genannt werden, fällt erst bei näherer Betrachtung die Dominanz deutscher Chemieforscher auf.
Die erwünschten Quervernetzungen zur Biologie, Erdkunde, Geologie und Physik finden sich zahlreich. Sie werden durch einleitende Floskeln wie „...so lernten wir in der Physik...“ (S.1) „Aus der Biologie wissen wir ...“ (S.4), „Im Erdkundeunterricht hat jeder Junge und jedes Mädchen ...“ (S. 113) gut hervorgehoben. Auch wird des öfteren darauf verwiesen, das angeschnittene Themen in den Klassen 6 bis 8 intensiviert werden. In Fußnoten werden häufig Hinweise auf lohnende, den Unterricht vervollständigende Unterrichtsfilme sowie anschauliche chemische Modelle gegeben.
Die gewählte Sprache ist einfach und für die Altersstufe genügend leicht verständlich. Die Verfasser bemühten sich durchweg um eine lebensnahe Darstellung. Stilistisch wurde der Schüler durch verbindliche „Wir-Sätze“ sowie Fragestellungen in den Ablauf bewußt integriert. Griechische und lateinische Fremdwörter werden größtenteils erklärt; werden anfangs viele Fremdwörter noch „verdeutscht“, wobei das geläufigere Fremdwort meist in Klammern dahintergesetzt wurde, so wird mit fortschreitender Seitenzahl immer eher auf die „Verdeutschung“ verzichtet. Wissenschaftlich ist das Werk zuverlässig gestaltet. Großer Wert wird auf Verständnis, nicht aber auf umfassendes Wissen gelegt. Gegenüber dem Arendt-Dörmerschen Werk zeichnet es sich – ganz im Sinne der Richtlinien – durch weniger Tatsachenwissen und eine geringere Stoffülle aus. Während haushaltsrelevante Tips zwar ab und an Erwähnung finden, ist der technisch orientierte Part weitaus stärker repräsentiert. Aus nationalsozialistischer Sicht war das Buch somit für Jungenschulen weitaus geeigneter als für Mädchenschulen anzusehen.
Die allmähliche Hinführung mit immer deutlicheren Hinweisen auf die nationalsozialistische Interessenpolitik wirken aus ihrer sich wie selbstverständlich entwickelnden Art heraus gekonnter und weniger aufgesetzt als beim Arendt-Dörmerschen-Lehrbuch. Tatsächlich kann ein sanfter, subtiler Fingerzeig wirksamer sein als den Schüler direkt mit NS-propagandistischen Formulierungen zu überschwemmen. Im Sinne der von den nationalsozialistischen Schulpolitikern gestellten Anforderungen an Lehrplan und Lehrbuch-Ausführungen scheint der Band von Gall-Kruse für die 5. Klasse wesentlich besser gelungen zu sein.
Ein Vergleich mit dem von Otto Gall 1926 herausgegebenen „Lehrbuch der Chemie und Mineralogie für den Unterricht an höheren Lehranstalten und zum Selbststudium. 1. Teil: Untersekunda“ zeigt im Aufbau und Inhalt nur in den als weitgehend neutral und sachlich geschilderten Anfangskapiteln deutliche Übereinstimmungen. Wohl ist dort schon eine nationale, aber noch keine nationalsozialistische Ausrichtung vorzufin-

den. Die Mineralogie bekommt in einem eigenen Schlußkapitel noch wesentlich mehr Raum. Die Geschichte der Chemie, aber auch die chemische Technologie, erläutert durch Bilder, Figuren, statistische Angaben und graphische Darstellungen, hat auch hier schon deutliches Gewicht.
Am diese Schulbuchreihe fortsetzenden *Band 2 für die 6. bis 8. Klasse* für Jungenschulen war neben Otto Gall als Autor Studienrat Otto Reuber, Frankfurt / Main, – an Stelle des an einer Mädchenoberschule angestellten Julius Kruse – beteiligt[40]. In Darstellungsweise, Methodik (Arbeitsunterricht) und sprachlichem Stil sind zwischen dem Mittel- und dem Oberstufenband keine gravierenden Unterschiede auszumachen. Allerdings fehlen den Paragraphen / Kapiteln die aus Band 1 bekannten Ergebniszusammenfassungen. Auch finden sich weniger Abbildungen von Versuchsanordnungen, was sich jedoch daraus erklärt, daß die Grundlagen chemischen Versuchsaufbaus im Band für die 5. Klasse ausführlich behandelt wurden. Auf die „Verdeutschung" chemischer Fachausdrücke wird in Fortsetzung des im Mittelstufenband angeführten Trends weitgehend verzichtet. Gerne wird mit Schemen, Bildern und Metaphern gearbeitet, um Anschaulichkeit zu erreichen. Auffallend sind die noch intensiver durchgeführten Querverweise. Sowohl innerhalb des Oberstufenbandes wie auch unter Hinweis auf Band 1 werden dauernd, sogar samt Seitenzahlen chemische Bezüge hergestellt. Ebenso finden sich in noch intensiverem Maße Querverweise zu den naturwissenschaftlichen Nachbarfächern. In Fußnoten wird wieder auf Anschauungsmodelle, Filme, jedoch zusätzlich in stärkerem Rahmen auf weiterführende Literatur verwiesen, womit das intensive Studium von allen chemiedidaktischen Zeitschriften und ergänzend typisch nationalsozialistischen Schriften, wie der Zeitschrift „Der Vierjahresplan" durch die Autoren zum Ausdruck kommt. Dadurch wurden die Verfasser zum einen in puncto fächerübergreifender Arbeit den nationalsozialistischen Intentionen voll gerecht. Zum anderen entwickelten sie durch das ständige ins Blickfeld rücken von schon bekannten Sachverhalten beim Schüler ein Verständnis für chemische, soziale, wirtschaftliche und nationale Gegebenheiten – auch hier im gewünschten nationalsozialistischen Sinne. Durch die ständige Wiederholung bzw. das Ziehen von Parallelen wird der Stoff verinnerlicht.
Das Oberstufenwerk beginnt direkt mit einer chemiegeschichtlichen „Einleitung" von den Anfängen bis zur Gegenwart, die deutlich arisch-rassistische Züge trägt. Zusammen mit dem wichtigen Schlagwort „Kampf ums Dasein" (S.1) werden chemische Kenntnisse als Auslesemittel dargestellt, das starken Einfluß auf die Entwicklung des Menschen genommen habe. Von den Errungenschaften der Ägypter, der Griechen, dem Zeitalter der Alchimie und deren bedeutenden Vertreter stoßen die Autoren schnell zur modernen wissenschaftlichen Chemie vor. Hier wird hervorgehoben, daß „die Arbeiten nordisch-germanischer, insbesondere deutscher Menschen" (S.3) die chemische Wissenschaft im stärksten Maße förderten. Namentlich fallen hier mit den entsprechenden Querverweisen zu ihrer Behandlung im Lehrbuch sowie ihrer „Bedeutung für unser deutsches Volk bis in die allerneueste Zeit" (S. 3) Justus von Liebig, Friedrich Wöhler, August Wilhelm von Hofmann, Friedrich August Kekulé, Jakobus van`t Hoff, Svante Arrhenius, Emil Fischer und Wilhelm Ostwald. Direkt zu Beginn des Lehrbuches wird der Schüler so mit Zügen der nationalsozialistischen Ideologie konfrontiert.

40 Gall, O. / Reuber, O.: Lehrbuch der Chemie. Ausgabe A für die 6.-8. Klasse aller höheren Schulen für Jungen. Frankfurt / Main ^{2}1940.

Thematisch werden im Oberstufenband zum größten Teil die im Mittelstufenband angeschnittenen Themen vertieft. Gall-Reuber nehmen in Anlehnung an den Lehrplan der Richtlinien eine deutliche Trennung in Themengebiete der 6. bis 8. Klasse vor. Die 6. Klasse beinhaltet auf 60 Seiten:

A. Die Grundstoffe des Wassers. Molekular- und Atomtheorie (S. 3-25)
B. Schwefel (S. 25-37)
C. Halogene (S. 38-54)
D. Vertiefung unserer Anschauungen über chemische Vorgänge (S. 54-60)

Ganz im Gegensatz zur „Einleitung" wirkt die Stoffbehandlung für diese Klassenstufe weitgehend neutral. Pathetisch-nationalsozialistische Anspielungen finden sich nicht. Gegenüber dem Mittelstufenband treten wesentlich mehr Erklärungen hinzu; dies trifft ebenso auf das Tatsachenwissen zu. Die dahinterstehenden Ideen werden durch chemiegeschichtliche Einsprengsel zusätzlich dokumentiert. Mit 15 Seiten überraschend ausführlich gehalten sind die aufeinanderfolgenden Kapitel „§ 4. Verbindungsgesetze", „§ 5. Molekular- und Atomtheorie" und „§ 6. Äquivalentgewicht. Bestimmung der Wertigkeit". Deutlich versuchen die Verfasser hier Verständnis für die chemischen und stöchiometrischen Zusammenhänge von Atom- und Moleküllehre zu wecken – auch wenn die Staatliche Hauptstelle ein derartiges Vorgehen nicht befürwortete[41]. Die Atomistik-Darlegungen dienten allerdings keineswegs der korrekten Einführung der chemischen Formelsprache, da diese schon auf den ersten Seiten des Lehrbuches als eine Art Kurzschrift – und hier besteht wieder Übereinstimmung mit den Zielen der Staatlichen Hauptstelle – ohne nähere Erläuterung gebraucht wird.
Die behandelten Elemente (Schwefel, Halogene) werden systematisch abgehandelt nach Vorkommen, physikalischen und chemischen Eigenschaften, Darstellung bzw. Gewinnung und v.a. technischen Anwendungsmöglichkeiten. Wert gelegt wird auf Synthesen – auch im großtechnischem Maßstab –, bei Rohstoffen auch auf Deutschlands Bedarf. Unter Zuhilfenahme von Zahlen des Statistischen Jahrbuches werden tendenziöse, einfache wirtschaftsmathematische Aufgaben gestellt, die mit der Chemie selbst eigentlich nichts mehr zu tun haben (S. 33):

„Wieviel Eisenbahnwagen von 10 t Ladegewicht sind nötig, um die deutsche Tagesherstellung fortzuschaffen?

Hinweise auf Abhängigkeiten vom Ausland existieren ebenso wie Bemerkungen zur besseren Ausnutzung inländischer Vorkommen. Auch wird die Rückgewinnung erster Gebiete – etwa die Vereinigung der Ostmark mit dem Altreich (S. 34) – bezüglich des Rohstoff-Zugewinns bewertet. Der nationalsozialistische Einfluß ist somit unverkennbar. Dennoch sind die spezifisch chemischen Teile (Anorganik) in der 6. Klasse noch recht intensiv ausgeprägt. Im Vergleich zum Arendt-Dörmerschen Werk drängt sich der Eindruck auf, daß Schüler, die in der 6. Klasse mit dem Lehrbuch von Gall-Reuber unterrichtet wurden, bessere chemische Kenntnisse erlangten.
Mit der 7. Klasse wird der wirtschaftlich-technologische Part der besprochenen Chemiegebiete deutlich verstärkt. Ein Überblick über den Lehrbuchaufbau bei diesem in fünf Abschnitte und 23 Paragraphen aufgeteilten 113-seitigen-Klassenstoff zeigt mit

41 Siehe hierzu Kapitel 5.3.1.2.

den physikalisch-chemischen Gesetzmäßigkeiten und dem Periodensystem der Elemente aber noch zwei stärker theoretische Gebiete:

E. Stickstoff- und Phosphorverbindungen (S. 61-88)
F. Physikalisch-chemische Gesetzmäßigkeiten (S. 89-112)
G. Bestandteile des deutschen Bodens und ihre Nutzung (S. 112-137)
H. Gebrauchsmetalle (S. 138-167)
I. Das periodische System (S. 167-173)

Sowohl der Abschnitt „F. Physikalisch-chemische Gesetzmäßigkeiten" als auch Abschnitt „I. Das periodische System" werden im Vergleich zu den Arendt-Dörmerschen Ausführungen allerdings sehr viel einfühlsamer besprochen und besser erklärt. Viel trägt hierzu auch die allmähliche Hinführung durch schon in früheren Kapiteln immer wieder gemachte Andeutungen samt Querverweisen bei. Die theoriebehafteten Gebiete werden auch in ihrem Umfang vergleichsweise ausführlich abgehandelt. Dabei trifft die von Gutachtern beim Arendt-Dörmerschen Werk geübte Kritik[42], die wirtschaftliche Bedeutung dieser Theorieabschnitte – etwa beim Massenwirkungsgesetz die Steuerung großer chemischer Umsetzungsprozesse im Sinne der Wirtschaftlichkeit – komme nicht deutlich genug zum Tragen, bei Gall-Reuber nicht zu. Hier werden etwa anhand der Herstellung von Schwefeltrioxyd nach dem Kontaktverfahren, der Ammoniaksynthese, der Bildung von Kohlenmonoxyd im Hochofen, der Stickoxydgas-Herstellung oder beim Kalkbrennen sowie bei der Harnstoff-Synthese konkrete Verfahren spezifiziert. Im Gegensatz zu den Beanstandungen bei Arendt-Dörmer findet sich bei der Elektrolyse auch eine planmäßige Ausgestaltung des aus der Physik, Klasse 5, übernommenen Ionenbegriffs.
In den übrigen anorganischen Abschnitten der 7. Klasse, die alle direkt rohstofforientiert ausgerichtet sind, wird der systematische Aufbau durch Einteilung in Vorkommen, Gewinnung bzw. Darstellung, Eigenschaften samt Analyse, Verwendung, Verbindungen sowie Geschichtliches und Wirtschaftliches weitestgehend beibehalten. Anspielungen auf die Autarkiebestrebungen, Import/Export-Statistiken inklusive der damit zusammenhängenden Devisenwirtschaft, die Erzeugungsschlacht samt herausragender deutscher Leistungen finden sich häufiger und in größerem Rahmen dargestellt. In Abschnitt E wird der Kreislauf des Stickstoffs (S. 75 f.) ebenso behandelt wie Knochen als Rohstoff samt des Kampfes gegen den Verderb. Auf sechs Seiten folgt ausführlich die Düngelehre. Erfolgsmeldungen im Kampf um die Nahrungsmittelfreiheit werden anhand volkswirtschaftlicher Daten ebenso erwähnt, wie noch notwendige Anstrengungen, um die existierende Fett- und Eiweißlücke zu schließen. Der u.a. den Schülern im nationalsozialistischen Reich aufoktroyierte Arbeitsdienst wird hierbei als soziale Erziehung zum Wohle des Volkes dargestellt (S. 87):

„Arbeitsdienst dient der Erringung unserer **Nahrungsmittelfreiheit!**"

Abschnitt „G. Bestandteile des deutschen Bodens und ihre Nutzung" ist von „Lobeshymnen" auf nationalsozialistische und deutsche Leistungen geradezu geprägt. Hier nur einige Beispiele zur Dokumentation. In „§ 38. Gesteine" werden die Vorteile deutschen Granits herausgestellt. Dies mündet in den Sätzen (S. 122):

42 Siehe hierzu Kapitel 7.1.

„Unsere einheimischen Granite geben den schwedischen an Güte und Schönheit nichts nach, und jeder Deutsche sollte dabei helfen, daß sie sich den ausländischen Gesteinen gegenüber in steigendem Maße durchsetzen: **Deutsches Bauen mit deutschem Stein!**“

Heimatkundliche Betrachtungen, die Weckung deutsch-nationalen Gemeinschaftsgefühls und die Bedeutung deutscher Arbeit wird in „§ 39. Kalkstein. Nutzung der Gesteine“ dann intensiviert (S. 126 f.):

„Viele Fäden verknüpfen die Gesteine mit bodenständiger Arbeit, heimischem Bauwesen und heimischer Kunst. ...
Da wo Mangel an festen Steinen herrscht, bringt der Verkehr sie hin. In gewaltigen Platten deckt der dort ortsfremde **Granit** (Fichtelgebirge) den Königlichen Platz in München; herrlicher deutscher Marmor schmückt das Innere der Bauten des Führers an diesem denkwürdigen Platz sowie im neuerbauten Haus der Kunst. ...
Jahrzehntelang wurden diese wertvollen deutschen Natursteine gegenüber den Kunststeinen oder von ausländischen Gesteinen stark vernachlässigt. Die nationalsozialistische Aufbauarbeit verhilft ihnen wieder zu ihrem Recht und hat neues Leben in die oft gänzlich verödeten Steinbrüche gebracht. Dazu tut der Reichsarbeitsdienst das seine, indem er hilft, durch Verbesserung und Neuanlage von Abfuhrwegen, die oft schwierige Verfrachtung der Blöcke aus entlegenen Gebieten zu erleichtern.“

Dies setzt sich in den folgenden Paragraphen beim Mörtel und Zement mit den „Straßen des Führers“ (S. 130), beim Glas und den Tonwaren mit der Glasblasekunst und deutschen Veredelungsarbeiten als Devisenbringer fort.
Der Band enthält kein eigenständiges Kapitel „Mineralogie“ mehr. Mineralogische Elemente sind lediglich unter reinem Nutzenaspekt, also ihrem Gebrauch zur Gewinnung bestimmter Rohstoffe in Abschnitt G. erwähnt und mit Vorkommen und Eigenschaften erläutert. Die Anwendung der chemischen Substanzen in Haushalt und Technik bzw. als Heilmittel, Schädlingsbekämpfungsmittel, Düngemittel, aber auch ihr wehrchemischer Einsatz werden durchgängig behandelt.
Abschnitt „H. Gebrauchsmetalle“ legt vergleichsweise sehr viel Wert auf die Behandlung der Leichtmetalle Aluminium und Magnesium sowie der Schwermetalle Zink, Blei, Kupfer, Silber und möglicher anderer „Ersatzstoffe“. Das in Band 1 schon als eines der wichtigsten deutschen Rohstoffe besprochene Eisen erfährt auf 5 ½ Seiten nur eine kurze, nüchterne Wiederholung. Dagegen sind im Ausruf „§ 50. Rückblick. Sammelt Altmetall!“ nicht nur die Zusammenfassung einer Führerrede vom 20. Februar 1938 zum „beispiellosen Aufschwung“ (S. 165), sondern auch gute Erläuterungen zur Sammelnotwendigkeit und zum „Gebot der Sparsamkeit und der Wirtschaftlichkeit“ (S. 166) zu finden. Als neues Argument für vermehrte HJ- und Schüler-Altmaterialsammlungen wird hierbei dargelegt, daß die Altmaterial-Sammelleistung der Deutschen, v.a. gegenüber den Sammeltätigkeiten anderer Staaten, insbesondere den USA noch zurücksteht – und dies, obwohl andere Länder mehr Rohstoffe besäßen.
In der 7. Klasse ist somit eine deutliche Steigerung der Verbreitung tendenziös-nationalsozialistischen Gedankenguts auszumachen. Die Formulierungen wirken allerdings im allgemeinen nicht propagandistisch-floskelhaft, sondern gekonnt beeinflussend.
Der Lehrstoff der 8. Klasse befaßt sich dann auf 116 Seiten in sechs Abschnitten mit 39 Paragraphen primär mit der organischen Chemie:

K. Die Kohlen, der Kohlenstoff und die Kohlenwasserstoffe (S. 174-202)
L. Abkömmlinge der Kohlenwasserstoffe (S. 203-226)

Auch hier soll unter Berücksichtigung der politisch-ideologischen Interessengebiete ein Blick auf die chemischen Inhalte und einige bezeichnende Details geworfen werden. Unter Betonung des deutschen Bodens samt entsprechender atypischer chemischer Aufgabenstellung (in eine Karte von Groß-Deutschland sollen alle Kohlevorkommen eingetragen werden) geht Abschnitt K. auf die Kohle, Kohlenstoff und die Kohlenwasserstoffe ein. Im Vergleich zum entsprechenden Abschnitt in Band 1 gibt es Wiederholungen – allerdings keine wortwörtlichen – und viele Ergänzungen. Durch Ausdrücke wie „Kampf der Kohlenvergeudung" (S. 175), „Der Weltkrieg hat gelehrt, welch entscheidendes Machtmittel der Besitz ausreichender Ölmengen darstellt" (S. 187), die ausführliche Darlegung der zwei Benzinsyntheseverfahren samt ihrer historischen Entstehung durch die deutschen Forscher Bergius sowie Fischer und Tropsch, wird der Schüler geschickt beeinflußt. Bei den ungesättigten Kohlenwasserstoffen (S. 194-197) ist mit Blick auf Zwischen- und Enderzeugnisse von Kunststoffen wieder der Azetylen-Stammbaum zu finden. Das Kapitel über künstlichen Kautschuk enthält nicht nur die bei Arendt-Dörmers-Werk von Hauptgutachter Schröder vermißten historischen Abrisse der Entwicklung[43], sondern zusätzlich nationale, wehrpolitische Äußerungen.
Im nächsten Abschnitt wird die Beeinflussung des Jugendlichen bei der Behandlung des Alkohols fortgesetzt: Dargelegt wird, das Gärungsgewerbe sei zwar volkswirtschaftlich betrachtet ein bedeutender Industriezweig, unter ernährungswirtschaftlichem Gesichtspunkt jedoch unproduktiv. Alkohol trage nicht zur Nahrungsmittelfreiheit bei. Es sei ein wertloses Genußmittel, führe zu gesundheitlichen Schäden, inklusive Keimschädigungen, was volkswirtschaftlich durch „Aufwendungen für Unfallverhütung, Unfallversicherung, öffentliche Fürsorge für Trinker und ihre Familien, Irrenanstalten usw." (S. 208) zu hohen, die Volkswirtschaft belastenden Folgekosten führe. Bei der Behandlung der Kunststoffe wird auf die Fülle der deutschen Rohstoffe Kohle, Kalkstein, Wasser und Luft hingewiesen, die das Lehrgebäude der organischen Chemie begründeten und Deutschland in die Lage versetzten „durch Forschung und technisches Können die Ungunst unserer wirtschaftlichen Lage wettzumachen". (S. 214). Der Vitaminbedarf, die Fettlücke und Versuche der Abhilfe durch den Beauftragten des Vierjahresplan werden ebenfalls erörtert. Bei den Ausführungen zu Seifen werden ergänzend auch Waschtips und die „Pflicht jeder deutschen Hausfrau" zu extremer Sparsamkeit und zweckmäßiger Verwendung aller Mittel aufgeführt.
Bei den Kohlenhydraten werden die einzelnen Zuckerarten bis hin zur Stärke chemisch korrekt behandelt. Nahrungsmittelrelevante Hinweise sowie Einflechtungen zur beispiellosen Entwicklung der deutschen Forschung und Großindustrie fehlen jedoch nicht. Auch haushaltsrelevante Themen wie „Das Backen", inklusive Erläuterungen zum Backvorgang finden sich wieder. Es existiert kein Kapitel, in dem nicht auf Vierjahresplanziele abgehoben wird und entweder aus Unabhängigkeits- oder Devisenbeschaf-

43 Siehe hierzu Kapitel 7.1.

fungsgründen Sparsamkeit und Ersatzstoffsuche angemahnt werden. Dies gilt in besonderem Maße auch beim Zellstoff, bei der Papierwirtschaft, bei der ausführlichen Darlegung der Kunstseideverfahren und der Zellwollherstellung. Die Bezeichnung von Holz als „wertvollsten Erbgutes der Nation“ (S. 247) bei der Besprechung neuer Holz-Verwendungsmöglichkeiten zeigt exemplarisch den verwandten Sprachschatz. Selbst die angestrebte Verkleinerung der existierenden Eiweißlücke durch Kraftfutterherstellung mittels Holzverzuckerung wird erwähnt. Ein eigenständiges Kapitel, das konkret nur die Ernährung des Menschen behandelt, haben Gall-Reuber jedoch nicht verfaßt.
Die in Abschnitt N. behandelten aromatischen Verbindungen weisen ausgedehntere chemiegeschichtliche Abhandlungen und bei der Entstehung der Teerfarbenindustrie deutliche deutsch-nationale Züge auf. Die von Arendt-Dörmer stärker in den Vordergrund gestellten verschiedenen Färbeverfahren, die Besprechung von Kampfer, der ätherischen Öle und Terpene fehlen jedoch.
Der 12-seitige Abschnitt „Wehrchemie“ geht stärker auf die einzelnen Schieß- und Sprengstoffe als Band 1 ein. Die Kampfstoffe werden auch in ihrer chemischen Zusammensetzung und Wirkung samt tabellarischer Anordnung von erste Hilfe Maßnahmen erläutert. Auf die hierarchische Organisation des Luftschutzes bis hin zum Selbstschutz wird eingegangen, wobei nationalsozialistische Erziehungsgrundsätze herausgestellt werden (S. 269 f.):

„Trotz allen Schutzmaßnahmen erreicht der Feind mit den Luftangriffen sein Ziel, wenn die Bevölkerung infolge der ständigen Beunruhigung und Gefahr, die ja trotz Schutzräumen usw. bestehen bleiben, die innere Haltung verliert. Der künftige Krieg verlangt auch vom Zivilisten soldatische Tugenden: Selbstdisziplin, Mut, entschlossenes, aber auch überlegtes Handeln in der Gefahr, kameradschaftliche Hilfsbereitschaft, wenn nötig, Selbstaufopferung für das Ganze.“

Im Anschluß finden sich Gasmaskenaufbau, Brandschutzmaßnahmen samt Übungen sowie Verhaltensmaßregeln.
Im letzten eigenständigen Abschnitt, der faktisch eine Zusammenfassung und Wiederholung der bisher ausführlich dargelegten Rohstofflage Deutschlands, nebst der Leistungen deutscher chemischer Industrie beinhaltet, übernahmen die Autoren einen Aufsatz und einen Vortrag zweier führender Industrieller der IG Farbenindustrie (Geheimrat Prof. Dr. Carl Bosch, Vorsitzender des Aufsichtsrates; Direktor Dr. Georg von Schnitzler, Aufsichtsratsmitglied). Indem Männer der chemischen Industrie- und Wirtschaftspraxis zu Wort kamen, konnten sich Gall-Reuber einer auf nationalsozialistische Intentionen abgestellten Argumentationsbasis, die häufig auf Führerwünsche zurückgriff, sicher sein. Hier schließt sich auch der Kreis arisch-rassistischer Ausführungen, indem u.a. von Schnitzler neben der Bedeutung der Wissenschaft die dem Deutschen besondere Art des Forschens nochmals herausstellt (S. 287 f.):

„**Ohne eine fortgesetzte, manchmal vielleicht sogar unwirtschaftlich erscheinende wissenschaftliche Forschung ist die chemische Industrie nun einmal nicht denkbar,** und es ist vielleicht auch kein Zufall, daß gerade in Deutschland der chemische Fortschritt und sein Ausbau zur synthetischen Großindustrie von jeher so besonders erfolgreich war. Einer der Gründe hierfür liegt wohl in der besonderen Eigenart unseres Volkes, nämlich in der Tatsache, daß im deutschen Menschen der faustische Drang zu forschen, und die Natur zu ergründen, stets wach und lebendig gewesen ist. Carl Duisberg hat einmal gesagt: ‚Die großen Fortschritte der chemischen Technik, die von Deutschland ausgingen, wurden nur ermöglicht durch besondere Eigenschaften, die die deutsche Veranlagung und den deutschen Volkscharakter auszeichnen. Um auf chemischem Gebiet Erfolg zu haben, ist unumgänglich nötig: Ei-

ne wissenschaftliche Einstellung, die Fähigkeit zu langwierigem Experimentieren, das viel unfruchtbare Kleinarbeit, Geduld und Zähigkeit erfordert und schließlich die Bereitwilligkeit, im Vertrauen auf die organisatorische und technische Leitung ein großes Risiko einzugehen.' (Carl Duisberg, Abhandlungen, Vorträge und Reden, Bd. 2, S. 207.). ...
Der politische Umbruch in Deutschland im Jahre 1933 hat sich naturgemäß auch auf die **Wissenschaft** ausgewirkt. Aber es war eine völlige Verkennung der Sachlage, wenn man im Ausland gelegentlich glauben wollte, daß die nationalsozialistische Staatsführung den Wert von Wissenschaft und Forschung nicht hoch genug einschätze. In Wirklichkeit ist gerade das Gegenteil der Fall. Nicht nur, daß die zu lösenden großen Aufgaben zwangsläufig eine Förderung von Wissenschaft und Forschung notwendig machen, es muß vielmehr gesagt werden, daß sich ein Grundgedanke des Nationalsozialismus auch mit den Antriebskräften der Forschung deckt; denn wie wir uns im Dritten Reich in einem unaufhörlichen dynamischen Werden befinden und ein nie ruhendes Streben vorhanden ist, unser Schicksal selbst zu meistern, so ist auch bei der Forschung diese ewige innere Bewegung festzustellen, die den wahrhaften, von seiner Idee besessenen Erfinder anspornt und zu den letzten Ergebnissen der Forschung gelangen läßt."

Mit deutlichem Verweis auf die tabellarische Zusammenstellung in Band 1 folgt auf 2 ¼ Seiten eine „Kurze Zusammenstellung der geschichtlichen Tatsachen", die mit der Begründung der wissenschaftlichen Chemie im 17. Jahrhundert durch den Engländer Robert Boyle beginnt und 1938 mit der Inbetriebnahme des Werkes Schkopau zur großtechnischen Erzeugung des künstlichen Kautschuks „Buna" endet. Deutsche Erfindungen und deutsche Chemiker überwiegen in dieser Darstellung. Im gesamten Lehrbuch sind alle neun Abbildungen von chemiehistorisch relevanten Forschern entweder deutscher Abstammung oder es wird betont, ihre wissenschaftliche Heimat sei Deutschland gewesen. Bei der Vielzahl chemiehistorischer Einsprengsel mit starker Dominanz deutscher Forscher und Chemiker, manchmal sogar deutsch-national geprägten Zitaten aus den Werken dieser Chemiker sowie Äußerungen wie „Deutsche Chemikalien konnte man im Ausland zur Not nachahmen, nicht aber den deutschen Chemiker!" (S. 262) muß der Schüler fast zwangsläufig am Schulende von den herausragenden Leistungen deutsch-germanischen Blutes überzeugt sein.
Der Trend volkswirtschaftliche Daten einzubauen und Ziele und Leistungen der NS-Regierung zu verdeutlichen, setzt sich somit in der 8. Klasse in noch massiverer Form fort. Anwendungsbezogene, weniger auf haushalts- den auf kriegstechnisch relevante Bedürfnisse ausgerichtete Unterrichtseinheiten dominieren. Dennoch erscheinen die rein wissenschaftlichen Sachverhalte vertiefender als beim Arendt-Dörmerschen Werk.
Das Oberstufen-Lehrbuch von Gall-Reuber kam 1927 erstmals in einer 388 Seiten starken Auflage heraus. Schon damals erschien der gemäß der Preußischen Richtlinien aufbereitete Lehrstoff in systematischer Anordnung mit deutlichem Trend zum Arbeitsunterricht. Die Gliederung umfaßte allerdings drei Hauptabschnitte: anorganische und organische Chemie sowie als durchaus ausgeprägten dritten Part die von Reuber verfaßte Mineralogie, einschließlich ausgewählter Kapitel aus der Geologie. Die deutlich andere Stoffgewichtung kommt außer im Bereich Mineralogie auch im anorganischen Teil bei den intensiv behandelten theoretischen Abschnitten mit den physikalisch-chemischen Gesetzmäßigkeiten, dem Massenwirkungsgesetz, der Atomlehre, der Isotopie bis zur Radioaktivität – letztere wird in der besprochenen 1940er Auflage noch nicht einmal erwähnt – zum Vorschein. Zur Weimarer Zeit bestand allerdings auch schon eine Betonung der geschichtlichen Entwicklung der chemischen Wissenschaft, wobei jedoch ausländische Forscher noch öfter genannt werden. Auch die weitgehende Berücksichtigung der chemischen Technik sowie zahlreiche statistische Tabellen und Schaubilder, ebenso

v.a. im organischen Teil erste Querverweise auf die Biologie zeugen von einem modernen Lehrstil. Die 1931 unter Zusammenlegung von Mittel- und Oberstufenbuch herausgegebene gekürzte Fassung (300 Seiten) des „Lehrbuch der Chemie und Mineralogie" behielt zwar weite Teile des 1926er Band 1, schrumpfte aber bereits in weiten Teilen der physikalischen und technischen Chemie sowie der Mineralogie und Gesteinskunde. Die 2. Auflage dieser Kurzfassung erschien 1937. Der mineralogische Anhang war noch stärker eingeschränkt, ein kurzes Kapitel „Luftschutz" eingefügt. In einer Buchrezension heißt es kurz und knapp zur Umsetzung der nationalsozialistischen Wertvorstellungen[44]:

> „Es liefert das Arbeitsmaterial, das für die Förderung der Bestrebungen der Regierung (Vierjahresplan) im Chemieunterricht notwendig ist."

Bezeichnend ist, daß alle erwähnten Bücher vor der 1938er Lehrbuchreform noch gleichermaßen für Jungen und Mädchenschulen gedacht waren.
Als Resümee zeigt sich, wie oben schon angedeutet, daß Gall-Kruse bzw. Gall-Reuber ein gutes didaktisches Geschick aufwiesen, „Deutschtum", Autarkiebestrebungen samt Nahrungsmittelfreiheit sowie die entscheidende Kriegsrelevanz der Chemie im Verlauf des jeweiligen Buches immer stärker zutage treten zu lassen. Die nationalsozialistischen Werte und Zielvorgaben wurden quasi als eine Art Naturgegebenheiten in die Bände – und damit auch zwangsläufig in den Unterrichtsverlauf – integriert. Gleichzeitig stellen sie dabei ihre völlige Linientreue gegenüber dem nationalsozialistischen Staat unter Beweis. Ihre Bände entsprechen vollständig dem Lehrplan von 1938, beinhalten jedoch stärker noch politisch-ideologische Ideen des Nationalsozialismus als die Arendt-Dörmersche Lehrbuchreihe. Damit werden sie den Anforderungen der 1938er-Richtlinien entschieden besser gerecht.

7.3. Max Mittag / Walter Schäfer: Grundzüge der Chemie

Die Schulbücher von Max Mittag und Walter Schäfer, letzterer auch häufiger Autor der Zeitschrift „Praktische Schulchemie" sowie Verfasser des 1941 für Laien herausgebrachten Buches „Chemie hilft siegen"[45], stellen die Lehrreihe des Regierungsbezirks Bayern dar. *Band 1*, die „Grundzüge der Chemie *für die 5. Klasse* aller höheren Schulen" erschien mit 129 Abbildungen und 7 Kunstdrucktafeln auf 133 Seiten (ohne Namens- und Sachverzeichnis) 1939 in erster Auflage[46]. Auffallend ist ein erneut anderer Aufbau:

---

44 Bücher: Gall, O. / Kruse, J., Lehrbuch der Chemie und Mineralogie für höhere Knaben- und Mädchenschulen. Gekürzte Ausgabe in einem Bande. Frankfurt / Main 1937. In: Praktische Schulchemie 2 (1937), S. 76.

45 Schäfer, Walter: Chemie hilft siegen. Hildesheim, Leipzig 1941.

46 Mittag, M. / Schäfer, W.: Grundzüge der Chemie. Band 1 für die 5. Klasse aller höheren Schulen. Hildesheim und Leipzig [1]1939. Die 1942 erschienene 2. Auflage weist keine gravierenden Unterschiede zur ersten Auflage auf. Lediglich die theoretischen Teile wurden in dieser 9 Seiten kürzeren Auflage nochmals komprimiert, andererseits die kriegsrelevanten Aspekte sowie die Einschwörung auf nationalsozialistische Maximen etwas verstärkt.

Einleitung (S.1)

Teil I.	Der Stoffbegriff in der Chemie (S. 1-5)
Teil II.	Das Wesen chemischer Vorgänge (S. 5-13)
Teil III.	Die Luft (S. 14-18)
Teil IV.	Verbrennungen im reinen Sauerstoff (S. 18-22)
Teil V.	Das Wasser (S. 22-29)
Teil VI.	Der Wasserstoff (S. 29-37)
Teil VII.	Chemische Grundgesetze. Atomgewichte (S. 37-41)
Teil VIII.	Kochsalz. Salzsäure. Chlor (S. 41-48)
Teil IX.	Verbindungen des Schwefels (S. 48-56)
Teil X.	Merkwürdige Metalle. Ätznatron. Salzbildung (S. 56-62)
Teil XI.	Unsere wichtigsten Heiz-, Leucht- und Treibstoffe. Gasschutz im Luftschutz (S. 63-88)
Teil XII.	Kalkstein und Kohlensäure (S. 88-96)
Teil XIII.	Gewinnung und Bedeutung des Eisens (S. 96-110)
Teil XIV.	Verbindungen des Stickstoffs und des Phosphors (S. 110-119)
Teil XV.	Glas (S. 120-123)
Teil XVI.	Aus der organischen Chemie (S. 123-129)

Geschichtlicher Überblick (S. 130-133)

Zwar wurde wiederum durch die weitere Unterteilung in 56 Nummern (gleichzusetzen mit Kapiteln) sowie deren weitere Aufteilung in durch arabische Zahlen abgegrenzte Gebiete eine klare Einteilung vorgenommen. Doch der bis Teil VIII wie bei Gall-Kruse stärker methodische Aufbau wird durch eine andere Systematik ersetzt, die nicht nur Schwefel- und Phosphorverbindungen weit auseinanderreißt (Teil IX. und Teil XIV.), sondern auch die sonst hintereinander abgehandelten Kapitel der organischen Chemie (hier Teil XI. und Teil XVI.). Die Chemie des Luftschutzes erhielt kein eigenständiges, in sich geschlossenes Kapitel. Neben der partiellen Integration von Kampfstoffen und Gasmaskeneinsatz (sowohl S-Maske als auch Volksgasmaske) in Teil XI. „Unsere wichtigsten Heiz-, Leucht- und Treibstoffe" finden sich in vielen weiteren Abschnitten die entsprechenden Hinweise als Einsprengsel – beispielsweise zu Sauerstoffbedarf und Aufenthalt in Luftschutzräumen bei Luftangriffen (S. 17 f.), zum chemischen Gaskampf, dem Mittag-Schäfer in einem Völkerringen der Zukunft trotz aller vorangegangener Vereinbarungen eine wichtige Rolle zuweisen (S. 46 f.), zu Nebel- und Tarnstoffen (S. 50), zu Gasmasken mit Spezialfiltereinsätzen gegen giftiges Kohlenmonoxyd (S. 77 f.), zur Entgiftung verseuchten Geländes (S. 91), zur U-Boot-Belüftung (S. 93), zu Handfeuerlöschern (S. 95 f.), zu Brandbomben (S. 117 f.). Kriegswichtige Erkenntnisse und Abwehrmaßnahmen durchziehen dadurch das Buch. Der für die höhere Schule in den Richtlinien stichpunktartig vorgeschriebene Stoff findet sich in diesem Aufbau dennoch komplett wieder.

Die politische Indoktrination im nationalsozialistischen Sinne, geprägt von Daseinskampf und Weltanschauung, beginnt schon direkt mit der Einleitung (S. 1):

„Alle drei Wissenschaften [Biologie, Physik, Chemie] sind Dienerinnen der Gemeinschaft der Menschen. Sie sind dem Einzelmenschen wie dem ganzen Volk unentbehrlich zum Daseinskampf. Besonders das deutsche Volk, dem Lebensraum und Schätze der Natur karg zugemessen sind, weiß, daß ständige Aufwärtsentwicklung aller Naturwissenschaften und der damit verbundenen Technik zur Sicherung seines Lebens auf der Erde nötig ist. Für das Weiterschreiten der Kultur und für die Weltanschauung haben die Naturwissenschaften wesentliche Bedeutung."

Am Anfang des Bandes werden noch unter der Prämisse des Stoffbegriffes die Metalle (edle Schwermetalle, unedle Schwermetalle, Leichtmetalle) behandelt, wobei schon hier – und interessanterweise in diesem Band auch nur hier – die Bedeutung der Leichtmetalle aus Magnesium und Aluminium sowie ihrer Legierungen für Wirtschaft und Kriegswissenschaft (S. 2 f.) betont wird. Bei der folgenden Besprechung des nichtmetallischen Stoffes Schwefel (S. 3 f.) kommt neben einem kurzen mineralogischen Abschnitt auch die Devisenwirtschaft zur Erwähnung. Beim Verhalten der Metalle an der Luft wird dem „Kampf dem Verderb!“ (S. 8) unter volkswirtschaftlichen Gesichtspunkten früh Raum gewidmet. Im Unterschied zu den beiden anderen bisher besprochenen Chemiebüchern finden sich Anspielungen auf Austauschstoffe, Devisenwirtschaft, Vierjahresplanziele und Autarkiebestrebungen somit bei Mittag-Schäfer schon gleich bei der chemischen Einführung in massiver Form.
Kurz und knapp wird kurz darauf der Molekül- und Atombegriff abgehandelt, um zu chemischen Gleichungen und Formeln hinzuführen. Im Unterpunkt „Geschichtliches“ erfolgt hierbei eine irreführende Darlegung (S. 12):

„Der Begründer der neuzeitlichen Atomlehre ist der Engländer Dalton (✝ 1844). Schon lange vor ihm (1619) hat der deutsche Medizinprofessor Daniel Sennert in Wittenberg eine Lehre von den Atomen und Molekülen ausgearbeitet.“

Hier wird bewußt der völlig andersgeartete Atombegriff der „Deutschen Chemie“ integriert, um zu einer Heroisierung des Deutschtums zu gelangen – auch wenn die Schüler anhand des zitierten kurzen Abschnitts dies keinesfalls begreifen konnten. Die chemischen Grundgesetze samt Atomgewichten werden hingegen erst 25 Seiten später auf ca. 4 Seiten in der von den nationalsozialistischen Schulpolitikern gewünschten kurzen Form besprochen.
Die dazwischen liegenden Kapitel behandeln primär die Komponenten Luft und Wasser, wobei die anwendungsbezogene Chemie deutlich dominiert. So wird etwa die Bedeutung des Wassers für Haushalt, Gartenbau, Landwirtschaft sowie Klein- und Großgewerbe, ebenso hartes und weiches Wasser sowie Reinigung des Wassers beschrieben, um darzulegen, daß gutes Trinkwasser eine Grundvoraussetzung zur Erhaltung der Volksgesundheit sei (S. 27). Ebenso wird beim Wasserstoff auf die technische Anwendung als Luftschiff-Füllung verwiesen, womit Graf Zeppelin 1906 die uralte Menschheitssehnsucht nach der Beherrschung der Lüfte verwirklicht habe (S. 34). Auch autogenes Schweißen und Schneiden kommen im Anschluß bei der Besprechung des Knallgases zum Zuge.
Im Kapitel „Kochsalz, Salzsäure, Chlor“ wird letzteres besonders ausführlich behandelt, wobei Giftigkeit und Bleichkraft für Kriegsanwendung und militärische Strategien bzw. den Haushalt ihre Erwähnung finden. Der „Aufschwung der deutschen Wirtschaft seit 1933“ (S. 51) wird anhand der Schwefelsäure dokumentiert. Auf die Besprechung des Gipses, inklusive Sätzen wie „Deutscher Gips geht in alle Welt“ (S. 56), folgt eine recht ausführliche Darlegung zu den Alkalimetallen, wobei Schwerpunkt die Bedeutung der Natronlauge für die Zellwoll-Herstellung sowie der Kalisalzlagerstätten für die Kali-Düngung von Feldern ist. Anhand von Abbildungen von Versuchsfeldern kann sich der Schüler selbst vom Nutzen überzeugen.
Im Teil XI. geht es um die Holzkohle, wobei erstmals unter dem Gesichtspunkt einer wirtschaftlich sparsamen Verbrennung ein aktiver Aufruf „Kampf dem Verderb“ (S. 64)

erfolgt. Aktivkohle sowie schon erwähnt die Gasmaske werden behandelt, um dann zur Entstehung und Bedeutung der Kohle vorzudringen. Berichte von der Arbeitsweise von Bergwerken (samt Abbildungen), von der deutschen Erfindung der Brikett-Pressung, die den „Pulsschlag deutscher Arbeit" (S. 72) widerspiegele, sowie fett gedruckte Merksätze wie „Der Bergmann lebt ein stilles Heldentum aufopfernder Tat inmitten schwerer Gefahren" (S. 73) zeugen davon, daß weniger auf die Chemie, sondern vielmehr Wert auf Technik, Praxis und politische Indoktrination gelegt wird. So wird die Kohle als eines der allerwichtigsten deutschen Volksgüter dargestellt, mit dem sparsam umzugehen sei. Als alternative Energien sollten Wasser- und Windkraft ausgebaut werden. Diese auch heute noch moderne Idee wird jedoch nicht von Umweltschutzgedanken getragen, sondern entstammt den Autarkiebestrebungen einer nationalsozialistischen Politik. Staatliche Eingriffe, in diesem Fall das Gesetz zur Förderung der deutschen Energie-Wirtschaft 1935, werden so legitimiert.
Großer Wert wird kurz darauf auf Leuchtgas (Stadtgas) sowie die Teerfarbenindustrie gelegt. Hier werden – zumindest für diesen Band – die Auswirkungen des Versailler Vertrages erstmals negativ angeprangert und dabei gleichzeitig der Umschwung durch die Politik des Dritten Reiches gelobt (S. 83):

„Leider hat das Ausland im Weltkrieg und durch den Schmachfrieden von Versailles viele deutsche Farbstoffpatente beschlagnahmt und dadurch das deutsche Teerfarbenmonopol durchbrochen. Namentlich Amerika macht außerordentliche Anstrengungen, um sich von der deutschen Einfuhr zu befreien. Unsere chemische Forschung und Technik müssen deshalb in rastloser, unermüdlicher Arbeit danach streben, daß sie ihren Vorsprung vor der chemischen Industrie des Auslands behalten und sogar noch vergrößern.
In diesem Punkt erfahren sie heute von der Führung des Dritten Reiches weitgehende Anregung und Förderung."

Die kriegswichtige Bedeutung der ausreichenden Gewinnung von flüssigen Treib- und Brennstoffen aus deutschen Rohstoffen für die „Schlagkraft unserer herrlichen Luftwaffe und unseres wohlausgerüsteten zu einem wesentlichen Teil motorisierten Landheeres" (S. 87) wird im folgenden Kapitel betont. Im Vergleich wirkt hierzu „Teil XII. Kalkstein und Kohlensäure" äußerst sachlich und weitgehend neutral.
Mit 16 Seiten, zahlreiche Abbildungen inbegriffen, folgt das äußerst dominante Kapitel XIII., indem die Eisenerze, Eisenverhüttung, aber auch die wirtschaftliche und technische Ausnutzung der beim Hochofenprozeß entstehenden Gichtgase (unter Betonung dies sei ein deutscher Gedanke), die Verarbeitung des Roheisens, Schrottsammlung und -wiederaufarbeitung sowie Bedeutung des Eisens für die deutsche Industrie besprochen werden. Hierbei wird u.a. argumentiert, daß Eisen neben Kohle das wichtigste Volksgut sei, v.a. wesentlich für die Rüstung, was sich auch im Merksatz „Der Gott, der Eisen wachsen ließ, der wollte keine Knechte" (S. 97), niederschlägt. Ganz ähnlich klingt es wieder am Ende des Kapitels (S. 109):

„Das Jahr 1938 brachte Deutschland mit der Erzeugung von 24 Millionen t Stahl an die Spitze aller stahlerzeugenden Länder. In der Hand des deutschen Soldaten werden Stahl und Eisen das deutsche Volk und seine Heimat schützen."

Neben kriegswichtigen Erfindungen aus Eisen finden die Reichswerke Hermann Göring wieder besondere Erwähnung.

Im nächsten Teil kommen die „Verbindungen des Stickstoffs und des Phosphors", wobei erstere Chilesalpeter, Sprengstoffe, die technischen Leistungen der Leuna-Werke bei Merseburg und den Stickstoffdünger besonders unter die Lupe nehmen. Mittag-Schäfer sprechen direkt von der „Hauptforderung der Erzeugungsschlacht des 2. Vierjahresplans" (S. 115) genügend Stickstoffdünger zur Steigerung der Bodenerträge bereitzustellen, was sich in dem Merksatz entlädt (S. 116):

„Ohne die deutsche Stickstoffindustrie keine Wehr- und Nahrungsfreiheit des deutschen Volkes."

Auch beim Phosphor finden anwendungsorientiert und praxisnah primär Phosphorbrandbomben, Phosphorsäure-Nebel sowie Zündhölzer Erwähnung, zusammen mit der Warnung vor den volkswirtschaftlichen Folgen von Brandschäden (S. 118):

„Die durch Feuer vernichteten Sachwerte schätzt man in Deutschland auf jährlich nahezu ½ Milliarde RM. Eine solche Zerstörung seines Eigentums kann sich unser schwer um sein Dasein ringendes Volk nicht länger leisten. Sie verträgt sich auch nicht mit dem Aufbauwillen des Nationalsozialismus. Brandschäden sind bedenkliche Hemmungen des Vierjahresplans. Schlimm ist es, daß den Bränden auch Menschenleben zum Opfer fallen, in jedem Jahr gegen 3000. Das Feuer verschlingt jährlich den Nahrungsbedarf für etwa 200 000 Volksgenossen. Das ist mit der Erzeugungsschlacht durchaus unvereinbar. ...
Darum hat im Dritten Reich eine umfassende Erziehung aller Volksgenossen zur Brandschaden-Verhütung eingesetzt. ...
Die Brandstifter gehören zu unsern gemeinsten Volksfeinden.
Brandschaden ist Landschaden."

Die letzten zwei Teile des Lehrbuches sind hingegen recht kurz gehalten. Während die Besprechung des Glases nur durch erneute Betonung deutscher Leistungen auffällt, werden Zucker, Stärke, Zellstoff, Fett, Eiweiß, Gärung und Essigsäure wieder mehr unter dem Gesichtspunkt Mangel, Sparsamkeit, bewußter Verbrauchslenkung und „Kampf dem Verderb" betrachtet.
Bei Mittag-Schäfer erfolgen ebenfalls Quervernetzungen innerhalb des Buches sowie zu anderen Naturwissenschaften, interessanterweise werden aber zusätzlich Verweise zur deutschen Dichtkunst gezogen. So finden sich bei der Besprechung der aristotelischen Elemente Ausschnitte aus Schillers „Lied von der Glocke" (S. 29), beim Begriff der Affinität (chemisches Vereinigungsbestreben) mit der Übertragung der Chemie auf den Menschen Parallelen zu Goethes „Die Wahlverwandtschaften" (S. 33).
Mineralogie und Kristallographie werden ebenso wie geologische Elemente lediglich unter Nutzenaspekten eingeflochten, beispielsweise beim Eisenkies (S. 53), bei den Formen des Kalksteins (S. 91) oder bei der Entstehung der Kreide (S. 91).
Die Chemiegeschichte hingegen ist breit vertreten. Zum einen enthalten die letzten 3 ½ Seiten des Lehrbuches einen „Geschichtlichen Überblick" von den Anfängen bis zur Gegenwart der 30er Jahre. Die deutschen Chemiker und insbesondere die gegenseitige Befruchtung von Wissenschaft und Praxis werden hier herausgehoben. Das gezogene Resümee lautet (S. 133):

„**Die Arbeit des deutschen Forschers und Technikers** hat wie die jedes Berufsstandes im Dritten Reich eine neue Sinngebung erhalten. Sie trachtet heute nicht mehr ohne Rücksicht auf volkliche Belange nur nach Gewinn. Indem sie dem deutschen Volke zu Nahrung, Kleidung, Wohnung, Gesundheit, vielen unentbehrlichen Dingen des täglichen Lebens und zu starker Wehr verhilft, **gehört** sie **zu den wesentlichen Grundlagen unseres volklichen und staatlichen Lebens.**"

Zum anderen finden sich mit „Nr. 17. Zwei Begründer der wissenschaftlichen Chemie" und „Nr. 54. Justus von Liebig und seine Düngelehre" zwei eigenständige Kapitel zu großen Chemikern. Die Art der Einführung erinnert hierbei geradezu an ein typisches nationalsozialistisches Raster. So wird Georg Ernst Stahl eingeführt mit den Worten „Wir nennen zuerst einen Deutschen" (S. 21). Lavoisiers Leistungen werden anschließend zwar gewürdigt, sogar ein Zitat aus einem der Werke Lavoisiers mit der Bemerkung, das patriotische Leistungen im chemischen Labor zustande kommen können, aufgeführt. Betont wird jedoch eher der Undank der Franzosen, die ihren großen Chemiker guillotinierten. Daneben existieren zahlreiche Einsprengsel, etwa über Karl Wilhelm Scheele (S. 47), Glauber und die Alchemie (S. 51 f.), Robert Bunsen (S. 76 f.), Alfred Krupp (S. 109 f.). Diese schildern Charakterstärke, Willenskraft, Einsatzbereitschaft, Ausdauer und zähes Ringen – typische von den Nationalsozialisten hervorgehobene Tugenden also – als Grundlage für herausragende chemische Erkenntnisse.
Mittag-Schäfers Lehrbuch enthält demzufolge Aufgabenstellungen, die weniger die Chemie, sondern vielmehr die Hervorhebung deutscher Leistungen im Auge haben. Zur Dokumentation derartig fachfremder Fragestellungen zwei exemplarische Beispiele:

„Was weißt du von den Leistungen der deutschen Luftschiffe im und nach dem Weltkriege?" (S. 34)
„Unsere deutschen Heilbäder bedeuten eine wichtige Quelle der Mehrung unserer Volksgesundheit wie auch unseres Volksvermögens. Viele Ausländer suchen gerade in den deutschen vorbildlich eingerichteten Heilbädern Wiederherstellung ihrer Gesundheit. Nenne deutsche Heilbäder!" (S. 43)

Insgesamt finden sich viele Aufgabenstellungen aus der bekannten Umwelt, Schüler-Versuche sind dauernd eingeflochten, selbst der Nachbau eines kleinen Hochofens zur Eisenverhüttung mit Hilfe eines Blumentopfes (S. 98) wird vorgenommen. Der methodischen Forderung nach Arbeitsunterricht wird somit nachgekommen, wenngleich der Einbau der Experimente nicht ganz so geschickt wie bei Gall-Kruse erfolgt und häufig nur Tatsachenwissen dokumentiert. Auch die Verdeutschung chemischer Fachausdrücke wird weitgehend angestrebt. Das strikte Bemühen, die nationalsozialistischen Werte von Beginn an im Unterricht umzusetzen, führt jedoch gerade in den Anfangskapiteln zu einer wenig kindgerechten Darstellung. Dem Schüler fehlt damit die nötige Vorbereitung und Einstimmung, um sich nur auf Grundlage dieses Buches chemische Grundkenntnisse tatsächlich anzueignen.
Nicht nur der Aufbau, auch die Schwerpunktsetzung innerhalb der gemäß Richtlinien zu besprechenden Inhalte weicht somit von den beiden zuvor besprochenen Schulbuchreihen ab. Mit einem deutlich durch propagandistische Parolen geprägten Stil unter dauernder Betonung deutscher Leistungen wird eher nationalsozialistische Ideologie-Pflege denn Chemie betrieben. Das eigentlich zu vermittelnde chemische Wissen rückt hierdurch stärker in den Hintergrund. Von der nationalsozialistischen Haltung und politischen Überzeugungskraft her gesehen, ist das Werk Mittag-Schäfers am stärksten ausgeprägt. Die Art der Darbietung wirkt allerdings wesentlich plumper.
Ein überraschend anderes Bild liefert der 1942 in 3. Auflage erschienene *2. Band für die 6. bis 8. Klasse*[47]. Mit 317 Seiten (exklusive Namens- und Sachverzeichnis) hat das Werk ähnlichen Umfang wie die schon besprochenen Werke von Arendt-Dörmer und Gall-Reuber. Inhaltlich erfolgt eine systematische Gliederung in die zwei Hauptgebiete

47 Mittag, M. / Schäfer, W.: Grundzüge der Chemie. Band 2 A für die 6. bis 8. Klasse aller höheren Jungenschulen. Hildesheim, Leipzig ^{3}1942.

„Anorganische Chemie“ und „Organische Chemie“. Wie beim Arendt-Dörmerschen Werk entfällt die weitere Untergliederung in einzelne Klassenstufen. Diese ist aus den Inhalten und der Tatsache, das auch dieses Lehrbuch den stofflichen Anforderungen der Richtlinien genügt, jedoch ersichtlich. So kristallisiert sich für die 6. Klasse heraus:

Teil I.	Sauerstoff und Wasserstoff (S. 1-9)
Teil II.	Molekular- und Atomtheorie (S. 10-17)
Teil III.	Schwefelverbindungen (S. 17-25)
Teil IV.	Elektrolyse (Elektrochemie I) (S. 26-31)
Teil V.	Verbindungen der Salzbildner (Halogenverbindungen) (S. 31-36)
Teil VI.	Maßanalyse (S. 37-42)
Teil VII.	Deutsche Salzlagerstätten und ihre Ausbeutung (S. 42-50)

Während das Werk gliederungsmäßig für die 6. Klasse eher an Arendt-Dörmers-Lehrbuch erinnert, ähneln Darstellung und Stil eher dem Schulbuch Gall-Reubers. Im Vergleich zum stärker von Propagandaparolen geprägten Band 1 der Autoren Mittag und Schäfer hat sich somit ein grundlegender Wandel vollzogen. Auffallend ist, daß der Elektrolyse, der Ionenlehre, der Katalyse, aber auch der sonst in Lehrbüchern höchstens erwähnten Maßanalyse vergleichsweise breiter Raum gewidmet wird. Die Elektrolyse und Ionenlehre findet sogar in der 7. Klasse mit Teil IX. eine Fortsetzung. Daß dies durchaus positiv bewertet wird, beweist Hermann Schröder in seinem schon erwähnten Hauptgutachten des Arendt-Dörmerschen Werkes[48]: Während er deutliche Kritik an der Ausgestaltung der Ionenlehre bei Arendt-Dörmer übt[49], wird die planmäßige Weitergestaltung des Begriffs bei Mittag-Schäfer von ihm lobend erwähnt. Hintergrund für die Wertschätzung dieses Abschnitts ist die Bedeutung der Elektrolyse bei der Gewinnung verschiedener Metalle sowie ihrer Veredelung.

Die auf 7 Seiten behandelte Atom-und Molekulartheorie ist vergleichsweise kurz gehalten und trotz Bemühens um Anschaulichkeit mit viel Tatsachenwissen und einigen Vereinfachungen gespickt. Auch für dieses Lehrbuch gilt: Da die chemische Zeichensprache schon vorher verwendet wird (erstmals auf Seite 4 des Buches), dient dieser theoretische Abschnitt nicht zu ihrer Herleitung. Im Gegensatz zu Arendt-Dörmer und Gall-Reuber findet die Atom- und Molekulartheorie in den folgenden Abschnitten allerdings weiterhin Erwähnung, um Verständnis für die Formel- und Verbindungsbildung zu wecken.

Chemiegeschichtliche Einsprengsel sind in den Kapiteln für die 6. Klasse noch weitgehend rar. Bei zwar intensiver Quervernetzung innerhalb des Bandes sowie zu Band 1, noch sporadisch angewandter Verdeutschung chemischer Fachausdrücke, ausgeprägtem Arbeitsunterricht und strikter Praxisorientierung, die allerdings neben haushälterischer- und gewerblicher Anwendung auch wehrchemische Relevanz und den Autarkie-Gedanken einschließt, erscheinen die Anfangskapitel trotzdem inhaltlich weitestgehend neutral. Der willige Schüler bekommt hier sehr wohl das nötige chemische Grundgerüst und Verständnis vermittelt.

Auch der Stoff für die 7. Klasse beginnt anfangs recht neutral mit praxisorientierten Theorieabschnitten:

---

48 Hauptgutachten über Arendt-Dörmer, Grundzüge der Chemie 2. Band. Von Hermann Schröder (siehe Anm. 11), S. 57-76; hier S. 60.

49 Siehe Kapitel 7.1.

Teil VIII. Bestimmung des Molekulargewichts gelöster Stoffe (S. 50-52)
Teil IX. Ionenlehre (Elektrolyse II) (S. 53-60)
Teil X. Massenwirkungsgesetz (S. 60-64)

Im Gegensatz zu den anderen beiden Chemiebüchern wird nicht mit den Phosphorverbindungen, sondern mit Osmose, Gefrierpunktserniedrigung und Bestimmung des Molekulargewichtes gelöster Stoffe begonnen, um in Teil IX. die schon erwähnte Ionenlehre zu vertiefen. Eine allgemeinverständliche Erklärung des Massenwirkungsgesetzes wird durch die geforderten wirtschaftlichen Anwendungsmöglichkeiten, beispielsweise die Ammoniak-Synthese, untermauert. Im folgenden kommen teils sogar in eigenen Unterkapiteln Chemiehistorik und wirtschaftliche Aspekte stärker zum Tragen:

Teil XI. Stickstoffverbindungen. (S. 65-78)
Teil XII. Phosphorverbindungen. (S. 79-83)
Teil XIII. Düngelehre. (S. 83-89)
Teil XIV. Kolloide. (S. 89-94)
Teil XV. Silikatische Bestandteile des deutschen Bodens. (S. 94-111)
Teil XVI. Kalk- und Mörtelstoffe. (S. 111-118)
Teil XVII. Wichtige Gebrauchsmetalle. (S. 118-153)
Teil XVIII. Grundlagen der Fotografie. (S. 153-160)
Teil XIX. Das periodische System der Grundstoffe (PSG). (S. 160-167)

Im Kapitel Stickstoffverbindungen wird bei der Beschreibung der Schwierigkeiten, Laboratoriumsversuche großtechnisch auszugestalten, ein großes Lob auf die I.G. Farbenindustrie und die Schöpferkraft eines Deutschen (Karl Bosch) ausgesprochen. Ammoniumchlorid als Sichtschutznebel wird den Schülern nahegebracht sowie der „Opfer der Arbeit" bei einem Sprengunglück gedacht. Das Kapitel endet mit folgendem Resümee (S. 77):

„Die deutsche Stickstoffindustrie ist in wenig mehr als zwei Jahrzehnten durch den **„Griff in die Luft"** aus kleinen Anfängen zu einer Weltindustrie emporgewachsen. Sie hat Deutschland in seinem Stickstoffbedarf vom Ausland unabhängig gemacht und dadurch die deutsche Volkswirtschaft bedeutend gestärkt. Unter den Erzeugern von Stickstoffverbindungen hat Deutschland den ersten Platz erobert. Die deutsche Stickstoffindustrie liefert dem deutschen Bauern Düngemittel und sichert dadurch die Ernährung unseres Volkes. Sie schafft wertvolles Ausfuhrgut. Sie stellt ferner die zur Herstellung von Spreng- und Schießstoffen unumgänglich nötige Salpetersäure zur Verfügung und sichert somit Deutschlands Wehrhaftigkeit.

Für diese nationalwirtschaftlich bedeutungsvolle Arbeit benötigt die deutsche Stickstoffindustrie vor allem die reichlichst vorhandenen heimischen Rohstoffe.
Luft, Wasser, Kohle, Gips."

Anschließend wird Wert auf die landwirtschaftliche Bedeutung des Phosphors gelegt, was unter Bezug auf die wenigen deutschen Phosphorquellen in dem Aufruf „Führt alle Knochen der Verarbeitung zu!" (S. 82) endet. Das folgende 6 ½-seitige Kapitel „Düngelehre" beginnt dann mit der Feststellung (S. 83):

„Alle Arbeit in der deutschen Landwirtschaft hat die Aufgabe, die **„Erzeugungsschlacht"** zu **gewinnen**, d.h.

das deutsche Volk aus eigener Scholle zu ernähren."

Nach Schilderung der verschiedenen natürlichen und künstlichen Düngemittel wird dann mit der Erkenntnis geschlossen, daß mittlerweile die stolze Zahl von 25 Millionen deutscher Menschen allein aufgrund ausreichender künstlicher Düngung der deutschen Äcker versorgt werden können.
Auf das mit zahlreichen Versuchen und Quervernetzungen zur Biologie und Physik angereicherte 4 ½-seitige Kapitel „Kolloide“ folgt mit 16 ½ Seiten die Behandlung der „Silikatischen Bestandteile des deutschen Bodens“. Wohlstrukturiert werden in chemisch und technisch anwendungsbezogener Darstellungsweise Quarz, Kieselsäure, Silikatbaustoffe, Glas, Ton- und Porzellanwaren besprochen. Weitgehend frei von nationalsozialistischem Pathos fallen mitten im Text allerdings Sätze wie „Der durch den Nationalsozialismus neu geweckte Sinn für echte Werkstoffe hat die Verwendung von Naturgestein sehr gefördert.“ (S. 97) oder „Im Jahre 1937 fanden in der Wirtschaftsgruppe Stein und Erden in mehr als 10000 Betrieben etwa 370000 Gefolgschaftsmitglieder Arbeit und Brot.“ (S. 99).
Im Teil „XVI. Kalk und Mörtelstoffe“ findet sich eine Abbildung des 1936 aus Beton erstellten Gästehauses der NSDAP in Nürnberg sowie Abbildung und ergänzende Schilderung vom Bau des „unüberwindlichen Westwalles“ (S. 117), ferner Erklärungen zum Zementverbrauch der „Straßen des Führers“ (S. 117), der Reichsautobahnen. Chemisch korrekt, aber vergleichsweise auf einer Seite sehr kurz abgehandelt, wird als Unterkapitel hingegen die Wasserhärte.
Da „Eisen“ im Band 1 für die 5. Klasse sehr intensiv besprochen wird, steht es bei der Behandlung der wichtigen Gebrauchsmetalle auf knapp 6 Seiten eher nur als ein wiederholendes Unterkapitel unter dem Blickwinkel „Sicherung der Wehr- und Wirtschaftsfreiheit im Frieden wie im Kriege“ (S. 118). Daneben wird allerdings noch eisenhaltiges Wasser in seinen Eigenschaften sowie der möglichen Abhilfe durch Belüftung des Wassers, bei interessanterweise durchaus ausführlicher chemischer Analytik thematisiert. Durchgängig werden bei den weiteren Metallen Zink, Blei, Kupfer, Aluminium (mit 12 Seiten als Schwerpunkt), Magnesium und Silber Vorkommen, Gewinnung, Eigenschaften, wirtschaftliche Bedeutung sowie Anwendung besprochen. Hinweise auf Verluste durch den Versailler Vertrag, die Wiedererstarkung dank nationalsozialistischer Rückeroberung von Gebieten sowie den Devisenhandel und die Rüstungsrelevanz werden hierbei gemacht. So wird exemplarisch beim Aluminium das Thermitverfahren (Aluminothermie) ausführlich behandelt, ebenso die Bedeutung des Metalls für die Luftwaffe. Beim Magnesium werden Herstellung und Zündung einer Elektron-Thermit-Brandbombe sowie Abwehrmaßnahmen gegen Brandbomben praktisch erprobt, um mit Erklärungen zum Reichsluftschutzbund und dem Merksatz „Luftschutz ist Landesverteidigung“ (S. 152) zu schließen. Eingeflochten findet sich ein erstes chemiegeschichtliches Unterkapitel (S. 135) samt Abbildung von Agricola (Georg Bauer), in dem dargelegt wird, schon im Mittelalter sei Deutschlands Bergbau- und Hüttenwesen führend in der Welt gewesen.
Mittag-Schäfer widmen im folgenden der Fotografie auf 6 ½ Seiten praxisnah und ohne große NS-Anzeichen Raum. Die einzige nationalpolitische Äußerung findet sich im Schlußsatz, in dem die Behauptung aufgestellt wird, die deutsche Fotoindustrie habe weltweit die Vorherrschaft errungen.
Das 7. Schuljahr endet mit der Besprechung des Periodischen Systems der Grundstoffe sowohl nach Meyer-Mendelejeff als auch nach der Anordnung von Antropoff. Betont

werden schon im Physikunterricht besprochene Inhalte sowie die von deutschen Forschern gefundenen Elemente, ansonsten erfolgt die Darstellung aber korrekt mit kurzer Erklärung zum Atomaufbau sowie zur Isotopie.
Die Organische Chemie beginnt wie im Richtlinien-Lehrplan vorgesehen mit der 8. Klasse:

Teil XX.	Kohlenwasserstoffe. (S. 169-190)
Teil XXI.	Höhere Verwertungsstufen der Kohle und anderer fester Brennstoffe. (S. 190-203)
Teil XXII.	Alkohole. Äther. (S. 203-211)
Teil XXIII.	Aldehyde. (S. 212-214)
Teil XXIV.	Vom Wildkautschuk zum Buna. (S. 214-218)
Teil XXV.	Organische Säuren. (S. 219-223)
Teil XXVI.	Fette. Seifen. Kerzen. (S. 223-233)
Teil XXVII.	Ketone (S. 234-236)
Teil XXVIII.	Zucker. Stärke. (S. 236-245)
Teil XXIX.	Gärung und Gärungsgewerbe. (S. 245-247)
Teil XXX.	Zellstoff. Die deutsche Zellstoffindustrie. (S. 248-267)
Teil XXXI.	Eiweiß. (S. 268-271)
Teil XXXII.	Nahrungsstoffe und Nahrungsmittel. (S. 271-280)
Teil XXXIII.	Einige technisch und medizinisch wichtige Benzolabkömmlinge. (S. 280-293)
Teil XXXIV.	Luftschutz. (S. 293-303)
Teil XXXV.	Bedeutung der deutschen chemischen Forschung. Wirtschaftsfragen. Geschichtliches. (S. 304-313)

In einem einleitenden Kapitel werden die Leistungen und Charaktere Friedrich Wöhlers und Justus von Liebigs herausgestellt und resümiert (S. 167):

„Von allen Chemikern haben sie den größten Einfluß auf die Entwicklung der organischen Chemie gehabt, die bald einen Glanzpunkt der deutschen Wissenschaft bildete und zur wirtschaftlichen Machtstellung unseres Vaterlandes entscheidend beitrug."

Teil „XX. Kohlenwasserstoffe" behandelt anschließend Methan, Halogenmethane, weitere Kohlenwasserstoffe, Erdöl, Crack- und Polymerbenzin, Azetylen, Aetylen, ungesättigte Kohlenwasserstoffe und Benzol. Zur Formelherleitung vieler Kohlenwasserstoffe finden im Gegensatz zu den anderen beiden Chemie-Lehrbüchern tatsächlich nochmals die Gasgesetze Anwendung. Auch die Bauformeln (Strukturformeln) samt Molekülmodellen sind vergleichsweise überproportional vertreten. Die chemisch korrekte und neutrale Darstellungsweise wird ab und an durch kleinere Bemerkungen, welche die dennoch vorhandene Indoktrination erkennen lassen, durchbrochen. So finden sich Hinweise auf das „heimtückisch-giftige Phosgen-Gas" (S. 174), Chemie-untypische Fragestellungen wie „Wann und wo sind um das Erdöl Kriege geführt worden?" (S. 178) sowie Tips zur „Löschung von Ölbränden" (S. 182). Die wirtschaftliche Ausnutzung der Kohle durch Vergasung (Generatorgas, Wassergas, Kraftgas), ebenso die trockene Destillation der Kohle zur Herstellung von Treibstoffen, Sprengstoffen, Farbstoffen, Arzneistoffen, Kunst(preß)stoffen sowie die Kohleverflüssigung zur Benzinerzeugung (Bergius- und Fischer-Tropsch-Verfahren) samt Erklärung der verschiedenen großindustriellen Anlagen durch schematisierte Darstellung der Arbeitsgänge und fotografische Abbildungen finden sich in Teil XXI. Appelle zum sparsamen Energieverbrauch sind hierbei erneut integriert (S. 196):

„Angesichts der aufgezeigten Nutzungsmöglichkeiten der Kohle sollte das deutsche Volk aus nationalwirtschaftlichen Gründen möglichst nur entgaste Brennstoffe verbrauchen."

Ebenso wird suggeriert Autarkiebestrebungen seien grundsätzliches Ziel aller Länder. Anschließend werden der Teil „XXII. Alkohole und Äther" sowie „Teil XXIII. Aldehyde" mit vergleichsweise gutem chemischen und pädagogischen Einfühlungsvermögen gestaltet. Die negativen Wirkungen des Ethanolgenusses werden unter Betonung der zuständigen Institutionen und Personen (Hauptamt für Volksgesundheit der NSDAP, des Reichsgesundheitsamtes, der Reichsstelle gegen den Alkohol und Tabak und des Reichsärzteführers) sachlich erläutert. „Der Kampf gegen die Schmerzen bei Operationen" – ein in keinem der anderen bisher besprochenen Chemiebüchern zu findendes Unterkapitel – zeigt den historischen Weg zur Entwicklung von Lokalanästhetika auf unter Betonung der Errungenschaften deutscher Forscher.
Dem in Hermann Schröders Hauptgutachten über Arendt-Dörmer, Grundzüge der Chemie, 2. Band geäußerten Wunsch stärkerer historischer Erläuterungen zur Kautschuk-Gewinnung und Buna-Synthese[50] kommen Mittag-Schäfer im folgenden Teil XXIV. – erneut unter Herausstellung der deutschen Leistungen – vollkommen nach. Das 4 ½-seitige Kapitel endet mit der Bedeutung von Bunakautschuk für die motorisierte Wehrmacht „zur Erringung des Endsieges" (S. 218). Der folgende Teil „Organische Säuren", aber auch die Behandlung der „Fette, Seifen, Kerzen" ist sowohl in chemischer Hinsicht als auch in der Darstellungsweise in weiten Zügen einwandfrei. Lediglich ein strenger Maßnahmenkatalog zur Schließung der „Fettlücke" sowie die Herausstellung der „beachtlichen Erfolge der nationalsozialistischen Wirtschaftsführung" (S. 233) zeigen die Autarkiebestrebungen auf. Eine geschickte Indoktrination der Jugend mit dem Ziel, die kulturelle Auslese Deutschlands zu besiegeln, wird allerdings durchaus betrieben: So wird einerseits statistisch dargelegt, daß Deutschland den größten Pro-Kopf-Verbrauch an Waschmitteln aller Länder besitzt, andererseits folgt direkt darauf im geschichtlichen Abschnitt ein Ausspruch Liebigs, „daß der Kulturaufstieg eines Volkes mit einem größeren Seifenverbrauch verbunden sei" (S. 231).
Der Teil „XXVII. Ketone" behandelt intensiver Bromazeton als chemischen Kampfstoff des 1. Weltkrieges, wobei im chemischen Unterricht per Versuch auch die Dichteprüfung einer Gasmaske mit diesem Kampfstoff durchgeführt werden soll. Zucker, Stärke sowie Gärung samt der verschiedenen Gärungsgewerbe werden im Anschluß unter Betonung von industrieller Verfahrenstechnik und Historik besprochen.
Teil „XXX. Zellstoff. Die deutsche Zellstoffindustrie." enthält neben der Chemie und Aufbereitung wichtiger Abfallstoffe sowie der Papierherstellung u.a. ein Unterkapitel „Spreng- und Schießstoffe (Explosivstoffe)". Auf 3 ½ Seiten werden Schwarzpulver, Schießbaumwolle, Nitroglycerin (Dynamit), Pikrinsäure und Trinitrotoluol (TNT) behandelt, wobei auch die Sprengstofftechnik der Initialzündung als Alfred Nobels Errungenschaft zur Sprache kommt. Das Unterkapitel schließt mit einer Bemerkung zur Nobelpreisstiftung, welche die typisch nationalsozialistische Geisteshaltung offenbart (S. 257):

50 Hauptgutachten über Arendt-Dörmer, Grundzüge der Chemie 2. Band. Von Hermann Schröder (siehe Anm. 11), S. 57-76; hier S. 71 f. Vgl. Kapitel 7.1.

„Unter den ersten fünf Preisträgern waren 3 deutsche Professoren: der Physiker Röntgen, der Chemiker van t`Hoff und der Mediziner Behring. Mehr als ein Viertel der Preise sind auf Deutsche gefallen, ein Beweis für die hohe Weltbedeutung deutscher Geistesarbeit.
Aber dennoch lehnen heute die deutschen Forscher die weitere Annahme von Nobelpreisen ab, weil der Preisverteilungsausschuß einen deutschen Landesverräter mit einem „Friedens(!)"-Preise bedacht hat. Als Ausgleich dafür stiftete der Führer den deutschen Nationalpreis."

Auch die Kunststoffe – angefangen von der Kunstseide, Zellwolle und weitere Abkömmlinge wie Fischzellwolle, Kaseinwolle (Thiolanfasern), PC-Fasern, Zellhorn (Zelluloid), Zellon, Vulkanfiber und Viskosezellglas (Zellophan) – finden intensiver als bei Gall-Reuber oder Arendt-Dörmer ihre Würdigung sowohl in chemischer Hinsicht wie auch bezogen auf die nationalsozialistische Anwendungsrelevanz. So wird beispielsweise bei Mittag-Schäfer die Notwendigkeit der Weiterentwicklung der Seidenraupenzucht in Deutschland mit der enormen Zugfestigkeit von Naturseide für die zu Wehrzwecken wichtigen Fallschirme und Ballonhüllen begründet.
Im Teil „XXXI. Eiweiß." wird dann die Leim- und Gelatine-Industrie als typisches Beispiel dafür herausgestellt, wie auf der Grundlage von bis dato als wertlos erachteten Abfällen (Knochen, Sehnen, Knorpel, Leder- und Hautabfälle) eine volkswirtschaftlich wertvolle Industrie entstehen kann. Mit 9 ½ Seiten sehr viel ausführlicher und in der systematischen Untergliederung einleuchtender als bei Arendt-Dörmer (Gall-Reuber hat hierfür gar kein Unterkapitel reserviert) ist der Part Nahrungsstoffe und Nahrungsmittel. Ohne nähere Begründung wird hierbei die Behauptung aufgestellt, daß die Größe des täglichen Kalorienbedarfs u.a. rassebedingt sei (S. 272). Durch zahlreiche Erklärungen und ergänzende Appelle zum Verzicht auf Genußmittel wird der Schüler dann zu einer gesunden Ernährungsweise erzogen. Das Kapitel schließt mit den Worten (S. 280):

„Darum zeige, deutsche Jugend, den Erwachsenen, wie du die Pflicht der Gesunderhaltung deines Körpers und Geistes für dich und dein Volk zu erfüllen verstehst!"

Sprengstoffe, Arzneimittel und Teerfarbstoffe werden weiterhin samt historischer Rückblicke mit eindeutig deutsch-nationaler Ausrichtung im folgenden Teil XXXIII. behandelt. Insbesondere findet die Bedeutung einiger Kunststoffe als technisch wertvolle Austauschstoffe, die Bedeutung der deutschen Farbenchemie sowie die Bedeutung der deutschen Arzneimittelindustrie ihre Würdigung. Letzteres zeigt sich zudem in folgender polemischer Feststellung (S. 287):

„**Deutschland führt im Kampf gegen die Geißeln der Tropen**, obgleich haßerfüllte Politiker ihm seine eigenen Kolonien genommen haben.
Diese deutschen Erfolge sind ein Beitrag zur Widerlegung der Lüge unserer Gegner, daß Deutschland nicht kolonisieren könne."

Im Verlauf der 8. Klasse wird somit der Kampf um Deutschlands politische und wirtschaftliche Freiheit sowie die Ausrichtung der Chemie allein auf den Kriegs- und Wirtschaftsnutzen immer deutlicher. Gut 10 Seiten nimmt das Gebiet des Luftschutzes mit detaillierter Besprechung der einzelnen chemischen Kampfstoffe, ihrer physiologischen Wirkung samt anzuratender Erste-Hilfe-Maßnahmen ein. Selbst Luftschutz-Sonderfragen wie die Verwertung von mit chemischen Kampfstoffen in Berührung gekommenen Nahrungsmitteln werden hierbei angesprochen.

Das abschließende Kapitel „Bedeutung der deutschen chemischen Forschung. Wirtschaftsfragen. Geschichtliches.“ stellt dann den Höhepunkt nationalsozialistischer Indoktrination dar. Hier heißt es (S. 304):

„Doch den höchsten Einsatz um Sein und Nichtsein seines Volkes erfuhr **der deutsche Forscher** im ersten Weltkriege und erfährt er heute als **Mithelfer am deutschen Wiederaufbau sowie bei der Erringung des Sieges** in dem uns von England und seinen Mitläufern aufgezwungenen Kriege. Durch den Vierjahresplan wurden die schöpferischen Kräfte des deutschen Chemikers zur vollsten Entfaltung wachgerufen.“

Anschließend wird die deutsche Rohstoffversorgung mit folgender extremer Haltung gewürdigt (S. 306):

„Deutschland braucht Rohstoffe, damit es durch Arbeit seinen Lebensunterhalt verdienen, seinen Bedarf an Gegenständen des täglichen Lebens decken und Volk und Heimat mit der Waffe schützen kann.
...
Nur wenige machten sich klar, daß die wirtschaftliche Abhängigkeit Deutschlands zu seiner politischen Knebelung benutzt wurde. Erst der nationalsozialistische Aufbruch rüttelte mit seinem neuen Wirtschaftsdenken das deutsche Volk wieder wach und hämmerte ihm ein:
Nur durch wirtschaftliche Unabhängigkeit und Freiheit wird ein wehrhaftes deutsches Volk sein Leben und seine Kultur erhalten können. ...
Besonders hetzte das Weltjudentum zur Aussperrung deutscher Waren, damit uns die Zahlungsmittel ausgehen sollten, die nötigen Rohstoffe zu kaufen, deren Preise sie übrigens dauernd ansteigen ließen.
Da faßte der Führer Adolf Hitler den Entschluß zu einem ebenso gewaltigen wie genialen Plan der Selbsthilfe Deutschlands, dem zweiten Vierjahresplan.“

Der folgende „Geschichtliche Überblick“ liefert einen Brückenschlag vom 18. Jahrhundert über die einzelnen chemischen Spezialgebiete samt ihrer v.a. deutschen Forscher bis zur Bedeutung der Chemie für andere Wissenschaften. Hier wird tatsächlich in 7 Zeilen die Mineralogie, die insgesamt bei Mittag-Schäfers Lehrbuch nur sehr spärlich zum Zuge kommt, als erst durch die Chemie zur Wissenschaft emporgehobenen Disziplin dargestellt. Das Buch endet dann mit der Veröffentlichung eines am 23. Juli 1942 gehaltenen Rundfunkvortrages „Der Weg zum deutschen Benzin“.
Unter rein chemischen Gesichtspunkten ist das Mittag-Schäfersche Buch für die 6. bis 8. Klasse als dem Gall-Reuberschen Lehrbuch gleichwertig einzustufen. Die gleiche Einschätzung trifft für die nationalsozialistische Ausrichtung und die didaktischer Gestaltung zu. Die 6. Klasse erscheint weitgehend nüchtern und sachlich. In der 7. und 8. Klasse vollzieht sich dann ein ständiger Wechsel zwischen einerseits sachlich-neutralen Abschnitten mit chemischen und praxisbezogen-technischen Inhalten, die nur wenige nationalsozialistische Bezüge aufweisen, und anderseits direkt den Nationalsozialismus heroisierenden Gebieten. Ganz gezielt werden so allmählich die nationalsozialistische Wirtschaftspolitik, Autarkiebestrebungen, die Bedeutung der chemischen Industrie einerseits, Erzeugungsschlacht, Bauern- und Deutschtum-Heroismus andererseits, dem Schüler nahegebracht.
Der schon angesprochene stilistische und didaktische Bruch zwischen Band 1 und 2 des Mittag-Schäferschen Chemiebuches ist ganz offensichtlich. Tatsächlich erscheint nur schwer verständlich, daß Band 1 für die 5. Klasse mit seiner starken nationalsozialistischen Propaganda, die teilweise sogar Parteiparolen verbreitet, der gleichen Feder entsprungen ist.

Interessanterweise konnte zum Vergleich kein von den beiden Autoren verfaßtes Lehrbuch vor 1938 ausfindig gemacht werden. Entsprechend sind auch in keiner fachdidaktischen Zeitschrift Buchrezensionen auszumachen. Dies deutet darauf hin, daß diese „vorläufig zugelassene" Lehrbuchreihe tatsächlich gleichzeitig die Erstausgabe ist.

7.4. Karl Scheid / Wilhelm Flörke: Lehrbuch der Chemie

Der vom Chemieprofessor und Methodiker Karl Scheid begründete „Leitfaden der Chemie", schon immer in die zwei Bände Unter- und Oberstufe unterteilt, wurde im Dritten Reich von Wilhelm Flörke weiterbearbeitet. Die an den Lehrplänen von 1938 orientierte 1. Auflage für die Unterstufe erschien 1939, die 2. Auflage 1940[51]. Erneut ist der Stoffaufbau etwas anders gestaltet, lehnt sich also keineswegs strikt an die in den Richtlinien aufgeführte Reihenfolge an. Alle Themen werden jedoch behandelt:

I. Einleitung (S. 1)
II. Der Begriff des Stoffes (S. 2-5)
III. Der Begriff des chemischen Vorgangs (S. 6-18)
IV. Gesetzmäßigkeiten bei chemischen Vorgängen (S. 18-32)
V. Säuren, Basen, Salze (S. 32-50)
VI. Chemische Erkenntnisse dienen der Landesverteidigung und der Erweiterung unserer Ernährungsgrundlage (S. 50-61)
VII. Der Kohlenstoff und seine Oxyde (S. 61-68)
VIII. Die Veredelung der Mineralkohlen als Grundlage für nationalpolitisch wichtige Industrien (S. 69-81)
IX. Chemie wichtiger Lebensvorgänge (S. 82-91)
X. Werkstoff Eisen (S. 91-98)
XI. Werkstoff Glas (S. 98-101)
XII. Luftschutz, Gaswaffe und Gasschutz (S. 101-106)
XIII. Ausklang (S. 107-109)
Sachverzeichnis

Gestalterisch auffallend ist, daß grundlegende Versuche aus dem übrigen Text herausgezogen und kursiv an den Rand der Abschnitte gestellt wurden, um so eine schärfere Trennung zwischen Beobachtung und Auswertung zu erreichen. Ebenso endet jedes Kapitel mit einem recht ausführlichen Aufgabenteil[52]. Die Einleitung erklärt den Bunsenbrenner als grundlegendes chemisches Gerät, anschließend findet sich in den Kapiteln I. bis V. eine sehr praxisnahe, von empirischen Gesichtspunkten bestimmte Behandlung v.a. theoretischer Gebiete der Chemie. In einem Einsprengsel wird trotzdem schon der Chemie ihre eigentliche praxisnahe Aufgabe im völkischen Lebenskampf zugewiesen (S. 17):

„Zahllose chemisch umgeformte oder veredelte Naturstoffe und Kunststoffe sind für unser Leben wichtig geworden, seien es nun Werkstoffe oder Nahrungsstoffe, Heizstoffe oder Treibstoffe oder auch Kampfstoffe. So ist die Chemie eine praktische Wissenschaft, die besonders für das deutsche Volk bei

---

51 Scheid, K. / Flörke, W.: Lehrbuch der Chemie. Erster Teil für die 5. Klasse der höheren Schulen. Leipzig [2]1940.

52 Diese Darstellungsweise und die vergleichsweise guten Schülerübungen finden selbst im Hauptgutachten über Arendt-Dörmer, Grundzüge der Chemie 2. Band. Von Hermann Schröder (siehe Anm. 11), S. 57-76; hier S. 60, lobend Erwähnung.

der Enge seines Lebensraumes eine unentbehrliche Waffe in seinem Kampf um die Selbstbehauptung geworden ist."

Der Atom- und Molekülbegriff sowie die chemische Zeichensprache finden erstmals in groben Zügen auf S. 9/10 Erwähnung, bevor sie ihre Vertiefung in Teil „IV. Gesetzmäßigkeiten bei chemischen Vorgängen" finden. Hier werden Elemente und Verbindungen mit ersten Hinweisen auf das Periodische System der Elemente in tabellarischer Form aufgeführt (S. 22/23). Darauf folgt der Begriff der Wertigkeit samt Strukturformeln. Formelgleichungen werden somit auch hier verwendet, bevor die Atomlehre und die chemischen Grundgesetze erwähnt werden. Allerdings wird das Aufstellen der chemischen Gleichung sowie zusätzlich stöchiometrisches Rechnen ausführlicher als in den anderen Schulbuchreihen geübt und auch die Herleitung der Gesetze mittels Versuchsreihen erfolgt in vertiefter Form. Bei dem hier ebenfalls zu findenden Unterkapitel „Die technische Bedeutung des Wasserstoffs" (S. 24 f.) wird das autogene Schweißen samt genauem Aufbau eines Schweißbrenners erläutert. Weit intensiver als die anderen Chemie-Schulbücher verwirklicht Wilhelm Flörke hierbei seine selbst in den Unterrichtsblättern für Mathematik und Naturwissenschaften veröffentlichte Maxime, dies sei relevanter Schulstoff[53].
Auch mineralogisch-kristallographische Lehrgegenstände sind bei Scheid-Flörke schon sehr früh (erstmals S. 4/5) eingeflochten. Sie erfahren im weiteren Verlauf eine ständige Vertiefung und sind ebenfalls im Vergleich zu den übrigen Lehrbuchreihen deutlich stärker gewichtet. Flörke setzt somit hier prozentual wie inhaltlich seine in Fachzeitschriften geäußerten Vorstellungen um[54]. Diese zwei Beispiele (Schweißen und Mineralogiegewichtung) zeigen, daß innerhalb der von den offiziellen Richtlinien gesetzten Grenzen, die Lehrerschaft durchaus noch einen – wenn auch beschränkten – eigenen Gestaltungsspielraum besaß.
Teil „V. Säuren, Basen, Salze" zeigt neben einer guten Darstellung der chemischen Inhalte die chemische Industriebedeutung sowie haushaltsrelevante Tips auf.
Bis auf das schon genannte Einsprengsel erscheint die erste Hälfte des Lehrbuches weitgehend neutral. Die Titelgebung zeigt jedoch schon eine Zweiteilung des Lehrbuches: Im Gegensatz zu den bisher besprochenen Bänden sind neben dem Luft- und Gasschutz in weiteren zwei Teilen (VI. und VIII.) schon die Überschriften deutlich nationalsozialistisch geprägt. Die angestrebte Ausrichtung der zweiten Buchhälfte erläutert Flörke in einer vorangestellten Begründung selbst (S. 50):

„Die folgenden Teile sollen an einigen Beispielen zeigen, wie die praktische Anwendung der wissenschaftlichen chemischen Forschung für das völkische Leben Bedeutung gewinnt, und sollen lehren, in welch großem Umfang gerade deutsche Forschung hierbei fruchtbar war und ist. ...
Abschnitt VI legt am Beispiel der wichtigsten Verbindungen der Grundstoffe Stickstoff und Phosphor klar, daß die Arbeit des Chemikers unentbehrlich und notwendig ist für die Landesverteidigung und für die Sicherung der Volksernährung."

Autarkiebestrebungen, das Rühmen außerordentlicher deutscher Leistungen für Kriegsführung wie Erzeugungsschlacht klingen in den nachfolgenden Textpassagen und Kapiteln immer wieder durch.

53 Siehe hierzu Kapitel 5.2.2.2.1.
54 Siehe hierzu Kapitel 5.3.3.

Teil VII. behandelt Holzkohle, Aktivkohle und ihre Verwendung in Gasmasken, Kohlenmono- und -dioxyd samt Brandbekämpfungsmaßnahmen, Kohlensäure sowie den Kalkstein (samt Wasserhärte) in Natur und Technik. Der folgende tendenziöse Titel „Die Veredelung der Mineralkohlen als Grundlage für nationalpolitisch wichtige Industrien" sieht die Kohle nicht nur als Energiequelle für Heiz- und Treibstoffe, sondern eben auch als Rohstoff für viele weitere chemische Produkte an. Treibstofffrage und Vierjahresplan, Leistungen der chemischen Wissenschaft im Verbund mit nationalsozialistischen Staatszielen nebst Devisenwirtschaft sowie Arbeitsbeschaffungsmaßnahmen folgen im Unterkapitel „Benzin aus deutschen Rohstoffen. Wirtschaft und Staat." (S. 77-79).

Die folgende „Chemie wichtiger Lebensvorgänge" weist auf die wesentlichen Nahrungsstoffe (Kohlenhydrate, Fette, Eiweißstoffe) und Faserstoffe (Papier- und Kunstseidenherstellung) hin. Der Altstoffsammelaufruf für Knochen erfolgt hier jedoch nur am Rande, bei Behandlung des Alkohols fehlen gar die in den anderen Lehrbüchern geäußerten Warnhinweise.

Das Kapitel „Werkstoff Eisen" ist technisch ausgerichtet, korrekt und wurde erst bei den Unterkapiteln „Rosten und Rostschutz" sowie „Deutschlands Eisenwirtschaft" mit nationalsozialistischen Zielsetzungen wie Sparsamkeit, Schutz, Altmetallsammlung und Ausnutzungsmöglichkeiten eisenarmer Erze versehen. Der anschließende Teil „XI. Werkstoff Glas" umfaßt die Geschichte der Glasentwicklung bis zur Herstellungsweise einzelner Glasarten. Im folgenden Kapitel „Luftschutz, Gaswaffe und Gasschutz" wird – obwohl der Krieg schon im Gange ist – auf einen zukünftigen Krieg verwiesen, bei dem neben der militärischen Luftabwehr v.a. der zivile Luftschutz gut vorbereitet zu sein habe (S. 102):

> „Luftschutz ist Landesverteidigung. Luftschutz kann nur wirksam sein, wenn jeder an seinem Teil daran mitarbeitet. Luftschutz ist deshalb vaterländische Pflicht!"

Auch hier werden auf 5 ½ Seiten Brandbomben, chemische Waffen sowie Abwehrmaßnahmen besprochen. Die deutschen Chemiker, die es verstanden haben „immer eine bessere Waffe zu schmieden als ihre Gegner" (S. 103), werden hierbei hervorgehoben. Das Buch endet mit einem „Ausklang", der sich mit der Geschichte der chemischen Wissenschaft und Technik beschäftigt. Über die angewandte Chemie, organische Chemie und Industriechemie – wobei hier auch bedeutende ausländische Forscher genannt werden – wird die Brücke zum Dritten Reich geschlagen. Die letzten Buchsätze spiegeln das gesetzte Ziel der Chemie unter Hitlers Führung deutlich wider (S. 109):

> „In der zielklaren Führung der völkischen Wirtschaft hat die deutsche chemische Wissenschaft und Technik die große Aufgabe, durch weitergehende Ausnutzung und Veredelung der heimischen Rohstoffe all die Kulturgüter zu schaffen, deren Grundlage stofflicher Natur ist, die Erzeugung der Nahrungsmittel zu sichern, die Materialien für unsre Rüstung zu schaffen und Ausfuhrwaren zu erzeugen, mit Hilfe derer wir all die Bedarfsgüter eintauschen können, die aus eignen Boden nicht zu erlangen sind."

Die politisch-nationalsozialistischen Lehrziele sind geschickt eingebunden, die Darstellung ist der Altersstufe der Schüler angemessen. Auch zahlreiche Querverbindungen zur Physik und Biologie sowie Querverweise innerhalb des Buches werden geknüpft. Zwischendrin finden sich immer wieder chemiegeschichtliche Einsprengsel, insbesondere

von Taten und Entdeckungen deutscher Chemiker und Apotheker. Im Vergleich zu den schon besprochenen Schulbuchreihen ist dieser Part allerdings merklich kürzer und kaum von Pathos geprägt. Überhaupt hält sich Flörke stilistisch mit inbrünstig salbungsvollen Äußerungen weitgehend zurück. Auch an die angestrebte Verdeutschung chemischer Fachbegriffe hielt sich Flörke bei seiner Lehrbuchbearbeitung nicht. Statt dessen erläutert er die aus der Lateinischen oder Griechischen Sprache kommenden Begriffe.
Dennoch genügt das Werk den nationalsozialistischen Anforderungen an die neuen Lehrbücher. Durch die vergleichsweise seltenen politischen Aufrufe ist es besser lesbar und wirkt auch insgesamt neutraler.
Band 2 für die Oberstufe der Jungenschulen besitzt einen klaren, logischen Aufbau, der sich gegenüber den anderen Chemiebüchern – insbesondere dem Arendt-Dörmerschen Werk – zumindest in der wesentlichen Abfolge der Gliederung – kaum unterscheidet[55]:

Das Lehrbuch beginnt in „Rückblick und Zielsetzung“ direkt mit einem Überblick über die chemische Wissenschaft und Technik im Leben des deutschen Volkes. Geschildert werden die gewaltigen Aufgaben im Aufbau des Dritten Reiches, inklusive des Vierjahresplanes. Das folgende Kapitel „Molekül und Atom“ ist recht genau und ausführlich; es führt damit weit über die nationalsozialistischen Lehrbuchanforderungen hinaus. Die chemische Formelsprache selbst wird allerdings auch in diesem Buch – wie von den NS-Schuldidaktikern gewünscht – schon vorher eingesetzt. Zahlreiche Unterkapitel-

55 Scheid, K. / Flörke, W.: Lehrbuch der Chemie. 2. Teil für die 6. bis 8. Klasse der höheren Schulen. Ausgabe A für Jungen. Leipzig [2]1940.

Überschriften in weiteren Teilen sind schon vom Titel her nationalistisch angehaucht. So findet sich etwa in Teil III – ähnlich wie schon in Band 1 – „Das Verfahren des autogenen Schweißens und Schneidens und seine volkswirtschaftliche Bedeutung“ (S. 19 f.), in Teil IV „Deutschlands Schwefelwirtschaft“ (S. 27 f.) und in Teil V „Die deutschen Salzlager, ein wertvoller nationaler Bodenschatz“ (S. 40-42).
Dennoch sind weite Strecken des Lehrbuches recht neutral gehalten. Selbst bei der Behandlung nationalpolitisch wertvoller Rohstoffe (Kapitel IV. bis VII., X., XIII., XV. bis XX.) sind ideologisch geprägte oder pathetische Äußerungen kaum zu finden. Die sachlich-nüchterne Darlegungsweise unter Nützlichkeitsaspekten für die Innen- und Exportwirtschaft bzw. die Wehrwirtschaft herrscht vor. Autarkiebestrebungen dringen zwar öfters durch, selten jedoch so deutlich wie in Kapitel XIII. bei Besprechung der flüssigen Heiz- und Treibstoffe (S. 193):

„Der deutschen Chemie, die schon das Zucker- und Farbstoffmonopol der Sonnenländer und das Stickstoffmonopol Chiles gebrochen hat, ist es gelungen, den Weg zu weisen, auch das Monopol der Erdölländer unwirksam zu machen. Im Rahmen des Vierjahresplanes erkämpft die deutsche Wirtschaft die Unabhängigkeit der Treibstoffversorgung von natürlichem Erdöl. Kohle ist unsere nationale Energiequelle.“

Auch das Kolonialstreben Deutschlands, begründet mit außerordentlichen Leistungen der deutschen Arzneimittelindustrie im Kampf gegen Tropenkrankheiten in Kapitel XX. fällt noch etwas aus dem üblichen Rahmen heraus (S. 277):

„Deutschland hat dadurch für die kulturelle Entwicklung der kolonialen Gebiete Außerordentliches geleistet. Auch aus diesem Grunde hat es ein Anrecht darauf, wieder Kolonien zu erhalten.“

Vergleichsweise einfühlsamer als die anderen Lehrbücher wird in Teil „XVII. Die Kohlehydrate“ unter „Die Bedeutung der alkoholischen Getränke“ auf die Gefahren des Alkoholgenusses hingewiesen, keinesfalls aber für völlige Enthaltsamkeit plädiert. Dennoch verfehlt der Abschnitt beim Schüler sicher nicht seine Wirkung.
Geologie und Mineralogie sind nicht nur in zahlreichen Unterkapiteln, sondern mit den zwei Kapiteln „IX. Der stoffliche Aufbau der Erdrinde“ und „XII. Der Kristallzustand. Die Kristalle“ – ganz wie in Band 1 – überproportional vertreten. Wird unter Kapitel IX. noch der primäre Blickwinkel des Nutzenmanagements angesetzt, ist Teil XII. vergleichsweise sehr theorielastig. Das Periodensystem der Elemente und der Aufbau des Atoms werden in Teil XI. detailreicher und wissenschaftlich fundierter als in allen anderen Lehrbüchern besprochen.
Tatsächlich beginnt der eigentlich nationalsozialistische Teil des Bandes erst mit Teil „XXI. Chemie und Volkswirtschaft“. Hier wird dem Schüler verdeutlicht (S. 281):

„Die Volkswirtschaft hat die Aufgabe, dem Volke zu dienen und ihm die Waffen zu liefern in seinem Kampf um die Selbstbehauptung. Durch die Ausrichtung der Volkswirtschaft auf dieses übergeordnete Ziel wird sie zur „völkischen“ Wirtschaft. Aus einem Wirtschaftsmechanismus wird so ein Wirtschaftsorganismus, dessen einzelne Organe sich als dienende Glieder in das Ganze einfügen, einander stützen und miteinander wachsen und gedeihen und so zu höchster Leistung gelangen.“

Mit Teil „XXII. Die geschichtliche Entwicklung der Chemie. Die Bedeutung der deutschen chemischen Forschung“ vom Altertum bis zur Gegenwart im Dritten Reich findet diese Haltung ihre Fortsetzung. Da die NS-politischen Äußerungen hier mit denen der anderen Lehrbücher weitgehend identisch sind, wird auf die wiederholende Darlegung verzichtet.

Auf Band 2 trifft insofern weitgehend all das bei Band 1 für die 5. Klasse schon Erwähnte zu: Bei der Behandlung nationalpolitisch wertvoller Rohstoffe sind ideologisch geprägte, pathetische Äußerungen kaum zu finden, die sachlich-nüchterne Darlegung unter Nützlichkeitsaspekten für die Innen- und Exportwirtschaft herrscht vor. Die Kapitel sind zwar in großen Teilen volkswirtschaftlich-technisch geprägt, dennoch können sie dem Schüler ein durchaus gutes chemisches Verständnis vermitteln, da sie viel wissenschaftliches Grundlagenwissen enthalten. Qualitativ ist das Buch unter dem Gesichtspunkt, daß es in weiten Teilen neutrale Passagen enthält, durchaus mit dem Werk von Gall-Reuber vergleichbar. Da die Chemie noch stärker im Vordergrund steht, ist es diesem sogar überlegen. Denkt man sich die nicht allzu häufig auftretenden direkt nationalsozialistischen Äußerungen entfernt, könnte das Buch auch heute noch weitgehend bedenkenlos als Chemiebuch gelesen werden[56].

Andererseits gilt: Daß die Chemiebücher von Scheid-Flörke die nationalsozialistischen Anforderungen erfüllen würden, konnte auch schon aus Buchrezensionen der Werke vor der 1938er Lehrplanreform herausgelesen werden. Waren schon zu Zeiten der Weimarer Republik Umarbeitung und Erweiterung der Kapitel im Sinne einer technisch-wirtschaftlichen Ausrichtung erfolgt[57], so findet sich die ergänzende politische Indoktrination in den Überarbeitungen ab 1933 immer stärker wieder. Hans Zeitler rezensiert schließlich die 13. Auflage von 1937 folgendermaßen[58]:

„Die Abschnitte über Luftschutz und Treibstoffe, die in der 12. Auflage als Anhang erschienen, sind jetzt in den Lehrgang eingegliedert und zwar erscheint der Luftschutz als selbständiges Kapitel (mit reichlich 6 Seiten), die Treibstoffe schließen sich an das Erdöl an und sind verhältnismäßig sehr eingehend behandelt. Über Sprengstoffe wird bei der Salpetersäure und beim Salpeter einiges mitgeteilt, über Feuerlöscher bei den Natriumkarbonaten. Die Kristallkunde bisher an mehreren Stellen eingestreut wurde in einem Kapitel zusammengefaßt, was man nur begrüßen kann. Die Bedeutung der Chemie für die Technik und die nationale Wirtschaft ist gebührend hervorgehoben, wie denn überhaupt das Buch eine erfreuliche Lebensnähe zeigt. ... Zahlreiche Tabellen und schematische Übersichten erhöhen den Wert des Buches. ...
Die Einführung in die Atomlehre und die chemische Formelsprache, das Schmerzenskind so mancher chemischer Lehrbücher, ist klar und einwandfrei,... . ...
Im ganzen ist der Leitfaden von SCHEID-FLÖRKE auch in seiner 13. Auflage ein Buch, das sich durch klare und sehr geschickte Darstellung des für den Schüler oft schwierigen Stoffes auszeichnet und dessen Benutzung im Unterricht nur empfohlen werden kann.“

---

56 Tatsächlich wurden diese Chemie-Lehrbücher in entsprechend überarbeiteter Form sowie weitere Experimentier- und Methodik-Bücher zum Chemieunterricht von Wilhelm Flörke ab 1948 erneut herausgebracht.

57 Vgl. hierzu Bücher und Schriften. Leitfaden der Chemie. Von K. Scheid. I. Teil. Unterstufe. 8. Auflage. Leipzig 1928. II. Teil. Oberstufe. 6. Auflage. Leipzig 1928. In: Zeitschrift für den physikalischen und chemischen Unterricht 42 (1929), S. 237.

58 Bücherbesprechungen. Leitfaden der Chemie für höhere Lehranstalten von Professor Dr. Karl Scheid. Neu bearbeitet von Dr. W. Flörke. Unterstufe. 13. Auflage 1937. In: Unterrichtsblätter für Mathematik und Naturwissenschaften 44 (1938), S. 206 f.

Zu einem inhaltlich praktisch identischen Urteil gelangte auch der Leiter der Abteilung Chemie bei der Staatlichen Hauptstelle für den naturwissenschaftlichen Unterricht Reinhold Scharf[59].

7.5. Karl-Anton Henniger / Walther Franck: Lehrbuch der Chemie für höhere Schulen

Auch von Karl Anton Hennigers altbewährter Lehrbuchreihe der Chemie in Verbindung mit Mineralogie für höhere Lehranstalten wurde eine nationalsozialistische Neufassung „vorläufig zugelassen". Bearbeitet wurden diese Fassungen von Walther Franck. Grundlage bildeten die noch zu Weimarer-Republik-Zeiten, aber auch in den Anfängen des Dritten Reiches von ihm und Martin Heidrich verbesserten Auflagen.
Auf 106 Seiten plus Sachverzeichnis hielt Francks Bearbeitung des *Band 1*, der 1940 in dritter Auflage erschien[60], sich weitgehend an die in „Erziehung und Unterricht in der höheren Schule" aufgeführte Reihenfolge der Stoffbehandlung. Die eher systematisch, denn methodisch geprägte Abfolge des Stoffes wurde stärker als in allen anderen besprochenen Lehrbüchern beibehalten. Um dies nochmals zu verdeutlichen, der Aufbau:

I. Stoffe und Stoffumwandlungen (S. 1-5)
II. Die Luft (S. 5-13)
III. Das Wasser (S. 13-24)
IV. Ätznatron und Salzsäure, zwei wichtige Hilfsstoffe der chemischen Technik (S. 24-32)
V. Das Kochsalz / Der deutsche Salzbergbau (S. 33-37)
VI. Schwefel u. Schwefelverbindungen (S. 37-44)
VII. Phosphor und Phosphorverbindungen (S. 44-46)
VIII. Kohlenstoffverbindungen, Brenn- und Treibstoffe (S. 47-69)
IX. Eisen und Stahl (S. 69-78)
X. Sand und Glas (S. 79-81)
XI. Die deutsche Stickstoffindustrie (S. 82-90)
XII. Wehrchemie (S. 90-95)
XIII. Stoffe des Pflanzen- und Tierkörpers. Nahrungs- und Genußmittel (S. 95-103)
Aus der chemischen Wissenschaft und Technik (S. 104-106)
Sachverzeichnis

Im Gegensatz zu allen anderen Lehrbüchern finden sich Atomlehre und chemische Grundgesetze nicht in einem gesonderten Kapitel wieder. Sie sind vielmehr in den Teilen I. bis IV. als mehrere gesonderte Unterparagraphen an geeigneten Stellen eingebaut. Ob diese Streuung ein gutes chemisches Verständnis ermöglicht, kann bezweifelt werden. Allerdings wurden – und dies spricht für diese angewandte Methodik – Atomzeichen, Formeln und Gleichungen tatsächlich erst verwendet, nachdem die wissenschaftlichen Grundlagen hierfür geschaffen waren. Diesen gravierenden Unterschied zwischen den einzelnen Lehrbüchern griff auch Reinhold Scharf als Leiter der Abteilung Chemie der Staatlichen Hauptstelle auf. Bei seiner Darlegung, daß die Formelsprache ohne genauere Herleitung schon früh im Unterricht gebraucht und auch die Atom- und

59 Vgl. hierzu Bücher und Schriften. Leitfaden der Chemie für höhere Lehranstalten. Von K. Scheid, neu bearbeitet von W. Flörke. Unterstufe. 13. Auflage. Leipzig 1937. In: Zeitschrift für den physikalischen und chemischen Unterricht 51 (1938), S. 214 f.
60 Henniger, K. A. / Franck, W.: Lehrbuch der Chemie für höhere Schulen. Band 1. Leipzig [3]1940.

Molekülvorstellung schon vor einer strengeren Begründung benutzt werden soll, zieht er folgendes aufschlußreiches Resümee[61]:

„Es ist sehr lehrreich zu beobachten, wie die Lehrbuchverfasser sich mit der genannten Aufgabe auseinandergesetzt haben. Die meisten knüpfen an die Zerlegung eines Stoffes (HgO, FeS_2) an und führen zur Erklärung dieses Vorgangs den Atombegriff ein. Der Molekülbegriff konnte aus dem Physikunterricht als bekannt vorausgesetzt werden. Nur einer der Verfasser [Anm.: Henniger-Franck] verzichtet nicht auf die vorherige Einführung der Gesetze von der Erhaltung des Stoffes, der festen und der vielfachen Gewichtsverhältnisse. Diese Unterschiedlichkeit ist vorläufig durchaus begrüßenswert, damit sich während des Gebrauchs der Lehrbücher im praktischen Schulbetrieb herausstellen kann, welcher Weg vorzuziehen ist. Der gleiche Gesichtspunkt war der Grund für viele noch vorhandene Abweichungen der Bücher untereinander. Manches wird sich später noch vereinheitlichen lassen. Vieles wird auch unterschiedlich bleiben müssen, da ein „Einheitsbuch" von Herrn Reichserziehungsminister grundsätzlich abgelehnt wurde."

Querverweise zu den Nachbarfächern Physik und Biologie sowie Beobachtungen aus dem täglichen Leben sind sehr viele enthalten, ebenso eine Reihe chemischgeschichtlicher Einsprengsel. Die Geologie wird in verschiedenen Unterkapiteln, beispielsweise „§ 22. Der deutsche Salzbergbau" (Teil V.), „§ 35. Die festen Brennstoffe" (Teil VIII.), „§ 38. Die Eisenerze" (Teil IX.) primär unter wirtschaftlichen Nutzenaspekten beleuchtet. Mineralogie, Kristallographie findet sich verstreut eingebunden in „§ 23. Schwefel" (Teil VI.), „§ 31. Kohlenstoff", „§ 33. Kalkstein" (Teil VIII.) und „§ 43. Sand" (Teil X.). Auch Hinweise auf Filme der Reichsanstalt für Film und Bild in Wissenschaft und Unterricht werden geliefert, ebenso sind weiterführende Literaturangaben vorhanden.
Nationalpolitisch geprägte Inhalte durchziehen das gesamte Werk. So wird Justus von Liebig als „Vorkämpfer in der Erzeugungschlacht" (S. 90) geschildert, der Aufstieg unter der politisch-wirtschaftlichen Führung Adolf Hitlers wird wiederholt gepriesen und an Sparsamkeit, Dankbarkeit und Einsatzbereitschaft der Jugend appelliert. Um unnötige Wiederholungen zu vermeiden, sei hier – unter Ausnahme des insgesamt am neutralsten erscheinenden Scheid-Flörkeschen Werkes – auf die sehr ähnlichen Zitate der anderen Lehrbücher verwiesen.
Als eine Art Anhang folgt „Aus der Geschichte der chemischen Wissenschaft und Technik", indem dargelegt wird, „daß der Aufbau der Chemie im 19. und 20. Jahrhundert in ihren wesentlichen Teilen durch deutsche Forscher erfolgt ist" (S. 105). Das Schlußzitat des Lehrbuches spricht zusätzlich für sich (S. 106):

„Der Aufstieg der deutschen chemischen Wissenschaft und Technik ist eng verknüpft mit der Geschichte unseres Volkes. In den deutschen Laboratorien und Werkräumen sind auch früher nationale Aufgaben gelöst worden, aber noch nie waren die wissenschaftlich und technisch Schaffenden, so sehr eingeschaltet in die Arbeit für das deutsche Volk wie heute, da sie dem **Führer** Helfer sind bei dem großen Werke des **Ausbaus und der Sicherung Großdeutschlands.**

Der Aufbau des Unterrichts selbst geht im Sinne des Arbeitsunterrichts soweit wie möglich von Versuchen aus. Diese sind wieder durch besonderen Druck im Text hervorgehoben. Die Beschreibung der Versuchsanordnungen ist jedoch derart kurz gehalten, daß öfters der Gebrauch eines mit genaueren Angaben versehenen Experimentallehrbuches

61 Scharf, R.: Mitteilungen der Staatlichen Hauptstelle für den naturwissenschaftlichen Unterricht. Die neuen Lehrbücher. Chemie. In: Unterrichtsblätter für Mathematik und Naturwissenschaften 46 (1940), S. 180-182; hier S. 181.

erforderlich erscheint. Auch wird nicht zwischen Lehrer- und Schülerversuchen unterschieden, was gerade im Bereich „XII. Wehrchemie“ – etwa bei der beschriebenen Herstellung eines Brandbomben-Modells – als äußerst waghalsig erscheint, da Vorsichtsmaßnahmen und Gefahrenhinweise im Buch weitgehend fehlen.
Um die Verdeutschung chemischer Ausdrücke wird sich bemüht, die lateinisch-griechischen Herkünfte der Fachworte behalten dennoch die Oberhand. Dem Buch ist anzumerken, daß sich der Bearbeiter im diesem Punkt schwer getan hat.
Resümee: In Stil und Art ist das Henniger-Francksche Lehrbuch aufgrund seiner teilweise recht plumpen Darlegung der NS-Intentionen am ehesten mit Band 1 der Lehrbuchreihe von Mittag-Schäfer vergleichbar. Das Werk scheint zur Vermittlung eines guten chemischen Verständnisses nur bedingt geeignet.
Dem 2. Band für die 6. bis 8. Klasse wurde im anorganischen Teil im wesentlichen die gleiche übersichtliche Anordnung wie in Band 1 gegeben[62]:

Anorganische Chemie
I. Stoffe (S. 1 f.)
II. Die Luft (S. 2-6)
III. Das Wasser / Wasserstoff (S. 6-22)
IV. Der Schwefel und seine Verbindungen / Säuren, Basen, Salze (S. 22-34)
V. Die deutschen Salzlager und ihre Verwertung (S. 34-56)
VI. Phosphor und Phosphorverbindungen (S. 56-68)
VII. Die deutsche Stickstoffindustrie und ihre Grundlagen (S. 68-88)
VIII. Kohlenstoff und Kohlenoxyde (S. 89-91)
IX. Bestandteile des deutschen Bodens / Kalkstein, Sand, Silikate und ihre Nutzung (S. 91-109)
X. Gebrauchsmetalle (S. 109-146)
XI. Ordnung und Aufbau der Elemente / Entwicklung des Stoffbegriffs 7 (S. 147-152)

Die 8. Klasse enthält in einer von den in „Erziehung und Unterricht“ beschriebenen Richtlinien ebenfalls kaum abweichenden Form wieder die organische Chemie:

Organische Chemie
XII. Methankohlenwasserstoffe (S. 153-155)
XIII. Brennstoffe (S. 156-174)
XIV. Alkohole und Aldehyde (S. 175-179)
XV. Ungesättigte Kohlenwasserstoffe / Kautschuk (S. 179-185)
XVI. Fettsäuren, Ester / Die Industrie der Fette und Waschmittel (S. 186-196)
XVII. Kohlenhydrate / Zucker, Gärungs- und Zellstoffindustrie (S. 196-218)
XVIII. Harnstoff und Eiweißstoffe. Nahrungsmittel (S. 218-223)
XIX. Benzol- und Benzolabkömmlinge (S. 224-240)
XX. Wehrchemie (S. 240-248)
Aus der Geschichte der Chemie (S. 249-253)
Zeittafel (S. 253-254)
Sachverzeichnis
Anhang: Periodisches System / Atomgewichte / Umrechnung eines Gasvolums [!] u.a.

Das Buch beginnt intentional da, wo Band 1 aufgehört hat, bei der Erklärung der wichtigen Aufgaben von chemischer Forschung und Technik im nationalsozialistischen Reich (S. 1):

62 Henniger, K. A. / Franck, W.: Lehrbuch der Chemie für höhere Schulen. Band 2 A. Oberstufe für Jungen. Leipzig, Berlin ^{2}1941.

„... Rohstoffmangel hat die deutsche Arbeit auch später wieder behindert. **Es ist das große Ziel des Führers, die Wiederkehr einer solchen Zwangslage zu verhindern.** Er hat deshalb der chemischen Forschung und der auf ihr sich aufbauenden chemischen Technik die Forderung gestellt, **uns zur Sicherung unserer Ehre und unseres Lebens in allen jenen Stoffen vom Ausland unabhängig zu machen, die durch deutsche Fähigkeit selbst beschafft werden können.** ...
Die wichtigsten Rohstoffe sind Luft, Wasser, Kohle und Erdöl, die Salze der deutschen Salzlagerstätten, Schwefel und schwefelhaltige Mineralien, die natürlichen Phosphate, Kalkstein, Sand, Silikate, Erze und die Stoffe der Pflanzen und Tiere. Diese Stoffe und die Verfahren, die bei ihrer Verarbeitung angewendet werden, bestimmen deshalb auch den Inhalt dieses Buches."

Tatsächlich werden bei Besprechung der verschiedenen Rohstoffe und Chemikalien die wirtschaftstechnische und wehrchemische Bedeutung herausgestellt. Diese teilweise auch als fettgedruckte Merksätze konzipierten Passagen wirken im Gesamtzusammenhang wie selbstverständlich. Sie sind stilistisch nur sehr selten aufdringlich pathetisch gestaltet. Insofern ist auch hier – in Parallele zur Mittag-Schäferschen Lehrbuchreihe – infolge der nüchterneren Darstellungsweise ein gewisser Stilbruch zwischen Band 1 und Band 2 zu verzeichnen: Band 2 hebt sich vergleichsweise wohltuend von Band 1 ab.
Atombegriff, Molekültheorie und Gasgesetze werden ähnlich detailliert wie bei Scheid-Flörke behandelt. Über die Einführungsweise gilt das schon bei Band 1 besprochene, d.h. es gibt über verschiedene einzelne Kapitel hinweg eine Fortsetzungsserie „Entwicklung des Stoffbegriffs" in insgesamt 7 Teilen. Das gleiche trifft auch auf die vier durchnummerierten Theorieabschnitte „Energieumwandlungen bei chemischen Vorgängen" zu. Diese vier Unterkapitel „§ 16. Elektrolytische Zersetzungen" (in Kapitel IV.), „§ 26. Thermochemie" (in Kapitel V.), „§ 30. Zustände und Vorgänge in verdünnten Lösungen 1" (in Kapitel VI.) und „§ 67. Thermochemie 2" (in Kapitel XIII.) werden durchaus mit der erwünschten Praxisnähe behandelt.
Chemiegeschichte und chemischer Fortschritt samt Erkenntnisgewinn für den Schüler sind von Anfang an geschickt verknüpft, wobei auch die ausländischen Forscher zu den ihnen gebührenden Ehren kommen. Auch Kristallographie, Mineralogie und Geologie, wobei bei letzterem die „Blut- und Boden"-Ideologie immer wieder mal sanft anklingt, aber nie konkret ausgesprochen wird, finden sich eingeflochten in einzelne Unterkapitel.
Zu Versuchen und Arbeitsunterricht, Querverweisen, Literaturhinweisen sind gegenüber Band 1 keine Änderungen spürbar. Das Henniger-Francksche Chemiebuch zeichnet sich zudem durch viele industrietechnische Fotografien und Zeichnungen damals neuesten Datums aus.
Großartig neue Erkenntnisse gegenüber den schon beschriebenen Büchern für die 6. bis 8. Klasse sind nicht auszumachen. Insofern soll hier auch, um unnötige Wiederholungen zu vermeiden, auf die Inhalte der einzelnen Teile nicht mehr näher eingegangen werden. Nur das Abschlußzitat, das ähnlich wie in Band 1 gestaltet durchaus wieder Pathos enthält, und an die Jugend appelliert, sei noch erwähnt (S. 254):

„Die Geschichte der chemischen Wissenschaft und Technik ist eine **Ehrung der großen deutschen Forscher und technischen Führer der Vergangenheit;** sie bedeutet eine Forderung an die Jugend, als unserer Zukunft, sich ein auf Wissen gegründetes Verständnis für die Abhängigkeit unseres Lebens von Stoffen und stofflichen Vorgängen zu erwerben. **Nur durch ein Volk, das dieses Verständnis besitzt, kann das Werk des Führers vollendet und gesichert werden.**

Resümee: Die staatliche Lenkung aller Lebenszweige kommt in diesem Lehrbuch besonders gut zum Ausdruck. Aufgrund der vordergründigen Sachlichkeit und der korrekten, verständlichen Darstellungsweise ist Band 2 allerdings weitaus besser geeignet, chemisches Verständnis zu vermitteln.

Zum Vergleich ein kurzer Rückblick auf Ausgaben aus den Anfängen des Dritten Reiches: Die Ähnlichkeit der 1936er Ausgabe für die 5. Klasse von Hennigers „Lehrbuch der Chemie in Verbindung mit Mineralogie für höhere Lehranstalten“[63] mit der 1940er Ausgabe ist einerseits nicht zu übersehen. Andererseits sind pathetische Aufrufe und Appelle mit nationalsozialistischem Rahmen in der 1936er-Ausgabe noch nicht vorzufinden, allerhöchstens erste Hinweise auf einen wirtschaftlichen Aufschwung seit der Machtergreifung. Auch Rudolf Winderlich urteilt somit in einer Buchrezension der „Unterrichtsblätter für Mathematik und Naturwissenschaften“ noch äußerst neutral, dieses altbewährte Buch sei „das Erzeugnis von Wissenschaft in Verbindung mit Lehrgeschick“[64]. Im Vorwort der 1936er Ausgabe lassen sich tatsächlich noch sehr deutliche Hinweise auf Ziele der Preußischen Schulreform von 1924/25 finden. Erst die letzten Vorwort-Zeilen deuten die durchaus vorhandenen nationalsozialistischen Zielsetzungen an:

„Der zukünftigen Aufgabe des Chemieunterrichtes Rechnung tragend, wurden in den letzten Auflagen die schon früher sehr ausführlich gestalteten nationalwirtschaftlichen Hinweise noch erweitert, einige wehrwissenschaftliche Ergänzungen aufgenommen und ein Abschnitt über Luftschutz eingefügt. Eine weitergehende Änderung erschien im Hinblick auf die bevorstehende Unterrichtsreform nicht zweckmäßig.“

Fachausdrücke werden noch in einem Anhang erklärt, und erst nach dem Sachregister folgt als zweiter Anhang das Gebiet „Chemie und Luftschutz“.

Hennigers 1937 in 22. Auflage erschienenes „Lehrbuch der Chemie in Verbindung mit Mineralogie für höhere Lehranstalten“[65] weist nicht nur ein sehr tief gegliedertes Inhaltsverzeichnis auf, sondern ist mit 318 Seiten (exklusive Erklärung der Fachausdrücke und Register) auch über 60 Seiten länger als die nach der Schulreform 1938 erschienene Version. Große Kapitelteile entsprechen schon der späteren Ausgabe, chemietheoretische Inhalte sind allerdings noch stärker vertreten. U.a. enthält es auch noch ein eigenständiges Kapitel „XXIV. Kristalle und Mineralien“ (S. 217-224). Die Ziele dieser quasi parallel zur Schulreform entwickelten Ausgabe gibt ihr Bearbeiter Walther Franck im Vorwort folgendermaßen wieder:

„Da der Vierjahresplan des Führers in erster Linie eine Forderung an die deutsche Wissenschaft und Technik der Stoffe ist, erwächst durch ihn dem deutschen Chemieunterricht die Aufgabe, an den geistigen Grundlagen des gewaltigen Werkes mitzubauen; denn nur von einem Volke, das ein tiefes, auf Wissen gegründetes Verständnis für die Naturwissenschaften und der aus ihr entandenen Technik besitzt, können die Forderungen des Planes erfüllt und seine Ergebnisse gesichert werden. Es ist deshalb auch der chemischen Technik, ihrer politischen, wirtschaftlichen und sozialen Bedeutung der

---

63 Henniger, K. A. / Heidrich, M. / Franck, W.: Lehrbuch der Chemie in Verbindung mit Mineralogie für höhere Lehranstalten. Teil 1. Leipzig, Berlin [19]1936.

64 Bücherbesprechungen. Henniger-Heidrich-Franck. Lehrbuch der Chemie in Verbindung mit Mineralogie für höhere Lehranstalten. Teil I. 19. Aufl. Berlin, Leipzig 1936. In: Unterrichtsblätter für Mathematik und Naturwissenschaften 42 (1936), S. 271.

65 Henniger, K. A. / Heidrich, M. / Franck, W.: Lehrbuch der Chemie in Verbindung mit Mineralogie für höhere Lehranstalten. Teil II. Leipzig, Berlin [22]1937.

ihr gebührende Raum gewidmet worden. Ihre Anlagen werden durch die Wiedergabe photographischer Aufnahmen und ihre Leistungen durch statistische Angaben sowie graphische Darstellungen veranschaulicht."

Tatsächlich sind nationalsozialistische Autarkiebestrebungen und kriegswichtige Errungenschaften an diversen Stellen eingeflochten. Bewußt pathetische Formulierungen finden sich 1937 aber überhaupt noch nicht. Da kein einziges eigenständiges chemiegeschichtliches Unterkapitel zu finden ist, scheint die Heraustellung der Errungenschaften führender Chemiker hier noch zu kurz geraten zu sein.
Interessanterweise existieren von der 1937er Ausgabe zwei Versionen. Ausgabe A enthält ergänzend einen 54-seitigen Anhang „Grundzüge der Geologie", in denen zusätzlich noch Kristallographie, das Werden und Vergehen der Gesteine sowie ausgewählte geologische Inhalte besprochen werden. Dies zeigt, daß vor der Schulreform auf allgemeine Themengebiete, die nationalpolitisch von vergleichsweise geringfügiger Bedeutung waren, noch weitaus mehr Wert gelegt wurde. Die verkürzte Ausgabe B, so die Beschreibung im Vorwort der 1937er Ausgabe, wurde lediglich „für Schulen, die wegen ihrer beschränkten Unterrichtszeit oder aus anderen Gründen ein weniger umfang- und inhaltsreiches Lehrbuch wünschen" konzipiert.

7.6. Spezialausgaben für Mädchenschulen

Im Auftrag des Fachreferenten des Reichserziehungsministeriums veröffentlichte 1940 die Staatliche Hauptstelle für den naturwissenschaftlichen Unterricht grundsätzliche Anforderungen an Chemielehrbücher für die Oberstufe der Mädchenschulen[66]. Abgezielt wurde hierbei v.a. auf eine klare Abgrenzung zu benachbarten Fächern, der Physik, der Biologie sowie des Hauswirtschaftsunterrichtes – gerade bei Themengebieten, die für Überschneidungen prädestiniert sind (S. 160 ff.):

„In dem Bestreben, ein ganz auf die Eigenart und den späteren Hauptberuf, den der Frau und Mutter, zugeschnittenes Werk zu schaffen, liegt eine gewisse Gefahr: Die Lehrbuchverfasser können dazu verführt werden, Stoffgebiete zu eingehend zu behandeln, die nach E. u. U. eindeutig den Fächern des Frauenschaffens zugewiesen sind. So sehr es im Sinne der Querverbindungen zu begrüßen und übrigens in den Stoffplänen auch gefordert ist, daß die den Hausgeräten zugrunde liegenden Naturgesetzlichkeiten im Zusammenhang mit diesen Geräten im naturwissenschaftlichen Unterricht klar gemacht werden, so müssen doch alle technischen Einzelheiten der Hauswirtschaft überlassen bleiben. ...
Zum zweiten war eine klare Abstimmung der Physik- und Chemielehrbücher aufeinander zu beachten und auf eine gute Abgrenzung einzelner Stoffgebiete Wert zu legen. So werden die „Brennstoffe und ihre Verwendung im Haushalt" nach E. u. U. im Chemieunterricht durchgenommen. Die Physik übernimmt also die für sie wichtigen Ergebnisse von dort und wertet sie physikalisch aus. ... Der Bunsen- und Gasbrenner taucht in den Plänen beider Fächer auf. Die Chemie kann die frühzeitige Kenntnis der Arbeitsweise dieses viel gebrauchten Gerätes nicht entbehren, sie muß sich aber in der Behandlung so beschränken, daß der Physik nichts vorweggenommen wird. ...
Für die Chemiebücher galt insbesondere folgendes: Auch hier war durch eine sinnvolle Absteckung der Grenze dafür zu sorgen, daß einfache, nicht zu umfangreiche Bücher erschienen, die gemäß den in E. u. U. niedergelegten Vorschriften genau in den Rahmen der Unterrichtswerke der anderen Fächer hinein-

66 Staatliche Hauptstelle für den naturwissenschaftlichen Unterricht: Grundsätzliches zur Gestaltung der Physik-, Chemie- und Mathematikbücher für die Oberstufe der Mädchenschulen. In: Weltanschauung und Schule 4 (1940), S. 160-165.

paßten. ... Besonders gut muß auf eine fachgerechte Abgrenzung bei der „Chemie der Nahrungsmittel“ (Stoffplan der Klasse 7) geachtet werden. Das Chemiebuch muß sich auf das rein Chemische beschränken, alle Kochanweisungen, Beschreibungen von Konservierungsmethoden usw. sollen der Hauswirtschaft überlassen werden.
Gleichfalls in der Nahrungsmittellehre, aber auch bei den Faserstoffen, sind Einbrüche in das Gebiet der Biologie zu vermeiden. Die Randgebiete sollen zwar gestreift, auf wichtige Anknüpfungspunkte muß hingewiesen werden, das darf aber nicht dazu führen, daß diesen Fächern Lehrstoff entzogen wird.“

Tatsächlich erschien in jeder Schulbuchreihe als Pendant zu den Chemielehrbüchern der 6. bis 8. Klasse für Jungen eine gemäß den neuen Lehrplananforderungen[67] grundsätzlich anders strukturierte Mädchenausgabe. Und in allen fünf Mädchen-Chemiebüchern wurden diese Anforderungskriterien bei den hier genannten Grenzgebieten zu Nachbarfächern wunschgemäß umgesetzt.
Im 252-Seiten-Werk von Arendt-Dörmer-Sturm, an dem neben Karl-Edmund Dörmer und seinem Vater Ludwig Dörmer zusätzlich die Chemielehrerin Margret Sturm mitarbeitete, zeigen gerade die vielen frauenpolitischen Abschnitte eine stärker nationalsozialistisch-emotionale Note auf. Die Überschriften der einzelnen Kapitel sind nicht nur durch die hauswirtschaftliche Praxisorientierung des Unterrichtes geprägt, sie entsprechen auch weitgehend wortwörtlich dem in „Erziehung und Unterricht“ aufgeführten Lehrplan. Die organische Haushalts- und Küchenchemie hat eindeutig Priorität, wie der folgende Aufbau exemplarisch zeigt:

„I. Die chemische Zusammensetzung organischer Stoffe (S. 1-7)
II. Die Brennstoffe und ihre Verwendung im Haushalt (S. 7-32)
III. Die Alkohole und ihre Oxydationserzeugnisse (S. 32-41)
IV. Ester, Fette und Seifen (S. 41-55)
V. Kohlenhydrate (S. 55-61)
VI. Eiweißstoffe und Fermente (S. 62-65)
VII. Der natürliche Abbau organischer Naturstoffe und seine Verhütung (S. 65-69)
VIII. Behandlung der im Haushalt gebräuchlichen Gerätestoffe (S. 69-73)
IX. Chemie der Nahrungsmittel (S. 73-106)
X. Faserstoffe und Papier (S. 106-115)
XI. Kalkstein und Mörtelstoffe (S. 116-121)
XII. Stickstoffverbindungen (S. 121-130)
XIII. Düngelehre (S. 130-144)
XIV. Luftschutz. Schädlingsbekämpfung. Heilmittel (S. 144-157)
XV. Gewinnung und Verwendung der wichtigsten Gebrauchsmetalle
  A. Gewinnung und Verwendung des Eisens (S. 158-171)
  B. Nichteisenmetalle (S. 172-185)
XVI. Glas und Tonwaren (S. 185-196)
XVII. Farben und Anstrichmittel (S. 196-207)
XVIII. Der künstliche Aufbau von Kohlenstoffverbindungen (S. 208-216)
XIX. Die natürliche Anordnung der Grundstoffe und der Innere Bau der Atome (S. 217-223)
XX. Die Rohstofflage Deutschlands (Zusammenfassung) (S. 224-233)
XXI. Die Bedeutung der deutschen chemischen Forschung. Aus der Geschichte der Chemie und aus dem Leben und Wirken großer deutscher Chemiker (S. 233-252)
Namen- und Sachverzeichnis

67 Siehe hierzu Kapitel 4.3.

Die konkrete Arbeit im Haushalt, Tips zu dort verwendeten Chemikalien und Geräten, ihrer sparsamen, schonenden Handhabung und bestmöglichen Ausnutzung stehen im Vordergrund. „Mädchengerecht“, d.h. aufbereitet im Sinne des nationalsozialistischen Frauenverständnisses in ihrer Funktion als Hausfrau sind insbesondere die Kapitel II. bis IX. So wird beispielsweise im Kapitel „Die Brennstoffe und ihre Verwendung im Haushalt“ Bohnerwachs, Schuhcreme, Möbelpolitur (S. 10), richtiges Anheizen von Feuerstellen auch unter Wirtschaftlichkeitsaspekten (S. 11-17), Bunsen- und andere Gasbrenner in praxisnaher Anwendung samt auftretender Gefahren (S. 27-29) besprochen. Es finden sich neben der staatlichen Lenkung der Wirtschaft und den Autarkiebestrebungen praxisnahe Hinweise zur einfachen Wasserenthärtung (S. 47-51), zum Einweichen, Waschen und Bleichen von Wäsche (S. 52-55), zur Reinigung von Kochgeschirr (S. 69-73), aber auch zum Gärungsgewerbe samt Schutzmöglichkeiten vor Gärung und Fäulnis (S. 65-67). In pathetischer Form wird gerade bei diesem „§ 23. Kampf dem Verderb“ den Mädchen die ihnen zukommende Rolle und Aufgabe dargelegt (S. 67):

„In einer Zeit wie der unserigen, in der alle Kräfte eingesetzt werden, um unsere Wehr- und Nahrungsfreiheit sicherzustellen, muß dem volkswirtschaftlich untragbaren Verlust durch den Verderb von Nahrungsgütern der Kampf angesagt werden. Hier ist es vor allem die Hausfrau, die bestrebt sein muß, aus der Kenntnis der Ursachen und der Bekämpfungsmöglichkeiten des Verderbens diesen vermeidbaren Verlust auszuschalten. In dieser Erhaltungsschlacht wird die Hausfrau zur Kameradin des Landvolkes, dessen Erzeugungsschlacht sie durch ihren verantwortungsbewußten Einsatz wirkungsvoll unterstützen kann.“

Zusammensetzung und Nährwert einzelner Lebensmittel sowie die richtige Ernährung „im Einklang mit der biologischen Ordnung des Lebens“ (S. 76) folgen. Die Frau hat in der NS-Gesellschaft für die möglichst gesunde Ernährung von Mann und Kind Rechnung zu tragen, wobei der Chemieunterricht diesem Anliegen durch ausgiebige Besprechung von Milch, Eiern, Käse, Margarine, Butter, Fleisch, Mehl und Brot, Gemüsen, Obst und Gewürzen nachkommt. Indoktrinierende Aussagen sind hier inbegriffen. Zwei Beispiele (S. 83, S. 105) mögen dies dokumentieren:

„Jede gesunde Mutter nährt daher ihr Kind selbst und legt damit die Grundlage für seine Widerstandsfähigkeit gegen Krankheiten und für seine kräftige Entwicklung.“
„Von der Hausfrau wird erwartet, daß sie diese Umstellung auf eine deutsche Ernährungsgrundlage willig und mit Verständnis folgt und bei ihren Einkäufen die jeweilige Erzeugungs- und Marktlage berücksichtigt. ... Die Bestimmung, daß jedes junge Mädchen vor der Ehe gründliche hauswirtschaftliche Kenntnisse (Pflicht- und Landjahr) erwerben muß, ist deshalb von weittragender Bedeutung.“

In den Kapiteln X. bis XVIII. entsprechen große Bereiche von Themenabschnitten, die sowohl im Jungen- wie im Mädchenlehrplan stehen, wie beispielsweise Faserstoffe, Düngelehre, Metalle, Glas- und Tonwaren, Farbstoffe dem Buch für Jungen. Allerdings wird auch hier dem in „Erziehung und Unterricht in der höheren Schule“ geforderten Weg Platz eingeräumt, nach Möglichkeit die praktische Anwendung im Haushalt mit zu berücksichtigen. Herausgestellt werden muß hierunter noch Kapitel „XIV. Luftschutz. Schädlingsbekämpfung. Heilmittel“: Zum einen sind der Arzneimittel- und Schädlingsbekämpfungspart stärker ausgeprägt als im entsprechenden Jungenbuch, zum anderen wird der Frau im Luftschutz eine wichtige, eigenständige Rolle zugewiesen (S. 149):

„Eine ganz besonders verantwortliche und der Gemeinschaft verpflichtete Aufgabe fällt der **Frau** zu. Von ihrer Haltung hängt es ab, ob es gelingt, im Ernstfalle unter Vermeidung unnötiger Opfer Luftangriffe zu entwerten. Die Frau hat im Ernstfalle nicht die Unterstützung des Mannes, der an den Grenzen die Freiheit des Reiches verteidigen muß, sondern sie muß, auf sich selbst angewiesen, wichtige Entscheidungen treffen und mutig selbst zugreifen. Die Fähigkeit richtig und zweckmäßig zu handeln, kann die Frau aber nur durch gründliche Ausbildung im Luftschutz erwerben, damit sie allezeit luftschutzbereit ist.

Auffallend ist, daß die chemischen Grundgesetze in der 6. bis 8. Klasse bei den Mädchen nicht behandelt werden. Selbst das Periodensystem der Elemente findet mit Kapitel XIX. unter reiner Aufstellung von Tatsachenwissen nur eine sehr kurze Würdigung. Dagegen spiegelt innerhalb des Kapitels XX. der „§ 73. Die Bedeutung der Frau in der völkischen Stoffwirtschaft" (S. 232 f.), eingeteilt in die drei Abschnitte „Volkswirtschaft und Hauswirtschaft", „Die Hausfrau in der Ernährungswirtschaft" und „Die Frau und der Vierjahresplan" noch einmal alle an junge Mädchen zu stellende Aufgaben und Ziele innerhalb der Chemie wieder. Die nationalsozialistische Frauenpolitik wird hier gebündelt propagiert. Wer sich als Mädchen nicht zur sparsamen, der deutschen Versorgungslage angepaßten Hausfrau erziehen läßt, ist fehl am Platz, lautet die Kernaussage (S. 232):

„Als größter Verbraucherin und Wirtschaftsführerin erwachsen der Hausfrau als Walterin des größten Teiles des Volksvermögens große, verantwortungsvolle Aufgaben.
Ihre Sparsamkeit und Wirtschaftlichkeit in der Küche und im Haushalt sind wesentliche Voraussetzung für die erfolgreiche Durchführung des Vierjahresplanes. ...
Daher erkennt jedes deutsche Mädchen die Ausbildung zu einer Hausfrau mit starkem Verantwortungsgefühl den hauswirtschaftlichen Pflichten gegenüber als nationale Verpflichtung an. Jedes Mädchen muß kochen und wirtschaften können; aber das allein genügt nicht: jede Hausfrau muß sich darüber hinaus auch eine Sachkenntnis in bezug auf Erwerbung und Erhaltung aller im Haushalt notwendigen Geräte aneignen.
Die Hausfrau muß imstande sein, sich freizumachen von der alten Bequemlichkeit der stets gleichbleibenden, starren Versorgungsgewohnheiten in Küche und Haus, in der Ernährung und Kleidung; sie muß mit gutem Willen neue, der deutschen Versorgungslage angepaßte Wege beschreiten, Erfahrungen sammeln und diese der Volksgemeinschaft zur Verfügung stellen. Wer sich nicht umstellen kann, wer nicht erkennen will, daß heute manches anders sein muß als zu Mutters Zeiten, wer die Kraft nicht aufbringt oder nicht aufbringen will, dieser Umstellung zu folgen, wer noch nicht eingesehen hat, daß es auch auf ihn ankommt, der hat den Sinn seiner Zeit nicht erfaßt und kann nicht als vollwertiges Glied der Volksgemeinschaft angesehen werden."

Das abschließende historische Kapitel XXI. ist wieder mit der Ausgabe für die Jungenschulen identisch. Hingegen sind die geschichtlichen Hinweise im laufenden Text der einzelnen Kapitel im Mädchenbuch deutlich spärlicher[68].
Ein Vergleich der anderen vier vorläufig genehmigten Mädchenschulbücher[69] mit dem Arendt-Dörmer-Sturmschen Werk offenbart in der inhaltlichen Konzeption nur marginale Unterschiede:

---

68 Zur gleichen Erkenntnis kam schon Bäumer-Schleinkofer, Ä.: Wissenschaftsgeschichte als Mittel der politischen Indoktrination. Physik- und Chemiegeschichte im Schulunterricht im Dritten Reich. In: Meinel, C. / Voswinckel, P. (Hrsg.): Medizin, Naturwissenschaft, Technik und Nationalsozialismus – Kontinuität und Diskontinuitäten. Stuttgart 1994, S. 282-294; hier S. 286 f.
69 Siehe hierzu Anhang „Vorläufig zugelassene Chemielehrbücher der höheren Schule".

So spiegelt beispielsweise das ohne Namens- und Sachverzeichnis 231seitige Lehrbuch von Otto Gall und Julius Kruse[70] in der Klasseneinteilung sowie den Überschriften der Inhaltsübersicht tatsächlich vollkommen wortwörtlich den in „Erziehung und Unterricht" aufgeführten Lehrplan wieder. Die Grundgesetze der Chemie sowie Bestimmung des Molekular- und Atomgewichtes werden hier erwähnt; aus diesen kurzen Passagen chemisches Verständnis zu entwickeln, erscheint jedoch schwierig. Bei der Behandlung der Bedeutung der Frau in der völkischen Stoffwirtschaft wird zusätzlich auf die richtige Verteilung und Anwendung der Einkünfte des Haushaltes hingewiesen, so etwa auf die Bildung von Sparguthaben, die „bei der Umwandlung in Staatspapiere eine wertvolle Geldbeschaffungsquelle für den Staat" (S. 227) sind.
Das 220seitige Mädchen-Unterrichtswerk (wieder gerechnet ohne Namens- und Sachverzeichnis) von Max Mittag und Walter Schäfer[71] zeichnet sich neben zahlreichen haushaltsrelevanten Schülerversuchen durch vergleichsweise viele Abbildungen aus. Appelle zur Abfallverwertung mit praktischen Anleitungen wie „Deutsche Mädchen! Laßt auch keine Küchenabfälle in Gärung und Fäulnis übergehen! Gebt sie beizeiten dem NSB-Ernährungshilfswerk zur Schweinemast!" (S. 66) fallen auf. Auch weisen die beiden Autoren – neben den ganzen haushaltlichen Pflichten – von allen fünf Büchern am deutlichsten auf die Mutterrolle der Frau hin. Im Schlußkapitel, in dem wiederum die Bedeutung der Frau in der völkischen Stoffwirtschaft aufgegriffen ist, wird sie neben ihrer Aufgabe als Verwalterin eines beträchtlichen Teiles des deutschen Volksvermögens, als Kämpferin gegen Verderb und Schädlinge, als Altstoff- und Speisereste-verwerterin, als Landesverteidigerin, auch in ihrer Funktion als Gebärmaschine erwähnt (S. 220):

„Die deutsche Frau zeigt neben der Erfüllung ihrer heiligen Aufgabe, den Strom deutschen Lebens machtvoll weiterfließen zu lassen, auch durch ihre Mitarbeit in der deutschen Stoffwirtschaft tätigen Einsatz für eine gedeihliche Aufwärtsentwicklung ihres Volkes."

Die Chemiegeschichte wird hingegen bei Mittag-Schäfer vernachlässigt.
Tendenziöser von der Titelgebung einzelner Kapitel wie „IV. Die Chemie im Kampf um die Ernährungsfreiheit des deutschen Volkes" oder „V. Die Chemie im Dienste der Volksgesundheit" wirkt die Scheidsche Mädchenausgabe, die von Wilhelm Flörke und Wilhelm Wamser bearbeitet wurde[72]. Die ohne Namens- und Sachverzeichnis 254 Seiten umfassende Ausgabe ist von der stilistischen Darbietung der Inhalte jedoch als weitgehend neutral-sachlich anzusehen. Bei den Aufgaben der Hausfrau in der völkischen Stoffwirtschaft wird neben den schon in den anderen Büchern erwähnten Punkten allerdings explizit ihr erzieherisches Betätigungsfeld aufgeführt (S. 240):

„Nicht zuletzt aber ist die deutsche Frau berufen, durch Beispiel und Erziehung in ihren Kindern den Sinn für die Fragen der völkischen Stoffwirtschaft zu wecken und sie an praktische Mithilfe auf diesem Gebiet zu gewöhnen."

---

70 Gall, O. / Kruse, J.: Lehrbuch der Chemie. 2. Band. Ausgabe B für die 6. bis 8. Klasse der Oberschulen und Aufbauschulen für Mädchen. Frankfurt / Main [1]1940.
71 Mittag, M. / Schäfer, W.: Grundzüge der Chemie. Band 2 B für die 6. bis 8. Klasse aller höheren Mädchenschulen. Hildesheim/Leipzig [1]1940.
72 Der Analyse liegt die 1. Auflage von 1940 zugrunde.

Stilistisch am ausgeprägtesten der NS-Propaganda unterworfen wirkt das von Walther Franck herausgegebene und von Elisabeth Rüter und Ilse Beier mitbearbeitete Hennigersche Lehrbuch[73]. Dieses mit 195 Seiten ohne Namens- und Sachverzeichnis kürzeste Werk wurde, indem zuerst das Wasser behandelt wird und danach erst die Organische Chemie folgt, im Eingang etwas anders aufgebaut und eingeteilt, weicht thematisch ansonsten aber nicht ab. Es beginnt in einer Einleitung direkt mit den Aufgaben der Chemie und ihrer Bedeutung für die Frau, wobei insbesondere auf den Vierjahresplan und Autarkiebestrebungen abgehoben wird (S.1):

„**Auch die deutsche Frau nimmt teil an diesem erfolgreichen Kampf um die Rohstoffe.** Sie ist dazu berufen, neuen Erzeugnissen der Technik und des Gewerbes zur Anerkennung und Verbreitung zu verhelfen und die Bemühungen der Reichsregierung um die Verteilung und den Verbrauch von Waren verständnisvoll zu unterstützen.
Sinn und Aufgabe dieses Lehrbuches ist es, der deutschen Frau hierbei helfend und aufklärend zur Seite zu stehen. Je mehr sie in die Chemie der Stoffe eindringt, um so mehr wird sie erfolgreich mitarbeiten können, daß nach dem Willen unseres **Führers** eine Volkswirtschaft entsteht, **„die jederzeit auch gänzlich unabhängig von anderen Ländern auf eigenen Füßen stehen kann“.**

Weiter wird darauf hingewiesen, die deutsche Frau habe in ihrer Umgebung den Kampf des Hauptamtes für Volksgesundheit der NSDAP und der Reichsjugendführung gegen Alkohol- und Tabakmißbrauch zu unterstützen, um „das von Gott geschaffene Volk als Substanz körperlich und geistig gesund, ordentlich und rein zu erhalten“ (S. 65). Für die nationale Aufgabe heißt es ferner, habe „die Hausfrau ihren Nahrungsmittelverbrauch nicht durch egoistische Wünsche, sondern durch die Versorgungslage des deutschen Volkes“ (S. 72) bestimmen zu lassen. Auch in diesem Mädchen-Lehrbuch wird auf die Notwendigkeit der Frau im Luftschutz verwiesen. Unter Bezug auf Worte von Reichsmarschall Göring lautet die vordringliche Begründung hier allerdings, daß es ansonsten auf die Dauer für einen Mann schwer sein dürfte, immer tapfer zu sein und zu handeln, „wenn seine Frau feige denkt“ (S. 118).
Die Verantwortung der Frauen im Rahmen der staatlichen Verbrauchslenkung sowie ihre besonderen Aufgaben bei der Gesundheitspflege und Kindererziehung stehen somit in den fünf Chemielehrbüchern für die höhere Mädchenschule im Vordergrund. Hinweise zur volkswirtschaftlichen Bedeutung, zu Autarkiebestrebungen und damit im Zusammenhang auch der landwirtschaftlichen „Erzeugungschlacht“ sind neben der durch die NS-Frauenpolitik dominierten hauswirtschaftlichen Themenauswahl die typischen Kennzeichen. Chemisches Grundlagenwissen wird gegenüber haushaltsrelevantem Wissen deutlich vernachlässigt. Auffallend sind gegenüber den Jungenausgaben, daß wesentlich weniger geschichtliche Einsprengsel, wesentlich weniger Abbildungen und Schemata und noch weniger chemische Formeln verwendet werden. Lediglich der Stil der Darbietung zeigt ganz klar die Prägung der Lehrbücher durch die einzelnen Autoren.
Wie sehr sich Lehrbücher vor und nach der 1938er Schulreform unterscheiden können, offenbart folgender Vergleich: Basierend auf der Grundlage eines Unterstufen-Chemielehrbuches von C. W. Schmidt und Adolf Frankfurth aus Weimarer Republik-Zeiten unternahm die Studienassessorin Charlotte Karnath schon 1936/37 den Versuch,

73 Der Analyse liegt die 2. Auflage von 1941 zugrunde.

eine mädchengerechte Lehre der Chemie zu konzipieren[74]. Die hinter diesem Lehrbuch stehende Intention machte Charlotte Karnath dabei direkt in einem Vorwort deutlich:

„Für Deutschland besteht die Notwendigkeit, jeden Volksgenossen mit den Fragen und Forderungen bekannt zu machen, die ihren Ausdruck im Vierjahresplan – deutscher Nahrungsfreiheit, heimischer Rohstoffgewinnung – und Bereitstellung sowie sparsamster Wirtschaft mit vorhandenen Gütern – finden. In die einschlägigen Fragen einzuführen, ist eine der wichtigsten Aufgaben eines lebensnahen chemischen Unterrichts ganz besonders für Mädchenschulen. Das junge, heranwachsende Frauengeschlecht soll und muß durch richtigen Umgang mit den Werkstoffen verständnisvoll an seinem Platze zum Gelingen der großen Aufgabe beitragen.
Das vorliegende Ergänzungsheft für den chemischen Anfangsunterricht der höheren Mädchenbildungsanstalten will die nationalpolitische und volkswirtschaftliche Seite der Chemie besonders betonen und ihre Bedeutung für die Hauswirtschaft hervorheben.“

Diese vom Nationalsozialismus geprägten Ziele werden jedoch im ohne Sachverzeichnis 128 Seiten und 27 Bildtafeln umfassenden Buch nur unzureichend umgesetzt. Der von Charlotte Karnath selbst formulierte Anspruch stimmt nicht mit der Verwirklichung überein. Schon die Inhaltsangabe offenbart – gerade im Vergleich zu den vorläufig zugelassenen Schulbüchern nach 1938 – die aus nationalsozialistischer Sicht gesehen sehr deutlichen Mängel:

I. Die Wertmetalle (S. 7-10)
II. Die schweren Gemeinmetalle (S. 10-17)
III. Die Leichtmetalle (S. 17-22)
IV. Das Wasser (S. 23-30)
V. Sauerstoff, Wasserstoff, Luft (S. 30-35)
VI. Schwefel und seine wichtigsten Verbindungen (S. 36-44)
VII. Kochsalz, Kalisalze (S. 44-47)
VIII. Salzsäure und Halogene (S. 47-52)
IX. Verbindungen des Stickstoffes (S. 53-58)
X. Phosphor und Phosphorverbindungen (S. 59-61)
XI. Kohlenstoff und Kohlen (S. 61-65)
XII. Die Oxyde des Kohlenstoffs und das Heizen (S. 66-68)
XIII. Die kohlensauren Salze (S. 68-72)
XIV. Die Kieselsäure und ihre Verbindungen (S. 73-77)
XV. Die Kohlenwasserstoffe (S. 78-82)
XVI. Leuchtgas und Treibstoffe (S. 82-87)
XVII. Die Kohlenhydrate (S. 88-91)
XVIII. Alkoholische Gärung und Gärungsgewerbe (S. 91-94)
XIX. Die Essigsäure und andere organische Säuren (S. 94-95)
XX. Die Fette und Seifen (S. 96-99)
XXI. Die Eiweißstoffe (S. 99-102)
XXII. Der Zellstoff und seine Verwendung (S. 102-105)
XXIII. Kalziumkarbid und Azethylenverbindungen (S. 106-109)
Tabellen (S. 110-118)
Anhang (S. 118-128)
Sachverzeichnis (S. 129-137)

Das Lehrbuch wirkt nüchtern und neutral, die direkte nationalsozialistische Indoktrination fehlt. Luft- und Gasschutz finden sich – mit Ausnahme einer Tabelle „Übersicht

74 Schmidt, C. W. / Frankfurth, Ad.: Lehrbuch der Chemie. Ergänzungsheft für Mädchenschulen. Bearbeitet von Charlotte Karnath. Berlin, Dresden 1937.

über die chemischen Kampfstoffe" (S. 116) – gar nicht. Gebiete wie das Metall „Eisen" (S. 14-17), auf das die Nationalsozialisten bekanntermaßen sehr viel Wert legten, sind mit 2 ½ Seiten sehr kurz behandelt. Technologische Abschnitte fehlen im Text ganz. Die seltenen historischen Einsprengsel enthalten keine wirtschaftspolitischen und nur sehr selten chauvinistische Züge. Auch die im Vorwort noch herausgestellten Hauswirtschaftsbezüge sind nicht sonderlich betont. Sie kommen lediglich in den anhängenden Tabellen („Tabelle der wichtigsten im Haushalt gebrauchten Säuren und ihrer Salze", „Die Bleichmittel, und ihre Verwendung", „Die Treibmittel beim Backen", „Die Entfernung von Flecken", „Wasser im Haushalt", „Unterscheidungsmerkmale der Textilfasern") in kurzer Form zum Tragen. Schülerversuche existieren zwar, sind aber vergleichsweise spärlich.
Insofern könnte dieses Lehrbuches nur geringfügig umformuliert und um neue Erkenntnisse korrigiert, auch heute noch – zumindest als Repetitorium – im Chemieunterricht seine Verwendung finden. Im nationalsozialistischen Staat hingegen mußte die fehlende Praxisnähe und fehlende direkte Anwendungsorientierung fast zwangsläufig auf Ablehnung stoßen. Dies erklärt auch den in den Bücherbesprechungen der „Unterrichtsblätter für Mathematik und Naturwissenschaften" veröffentlichten Verriß dieses Mädchen-Lehrbuches[75]:

„Das Buch, das von Charlotte Karnath neubearbeitet ist und für Mädchenschulen zugeschnitten, zeigt wohl eine außerordentlich straffe Gliederung, läßt aber im übrigen eine moderne Unterrichtsauffassung und Behandlung chemischer Fragen vollständig vermissen. Die wichtigsten Verfahren, die gerade im Vierjahresplan eine große Rolle spielen, sind wohl anhangsmäßig behandelt, aber nicht in den Stoffplan entsprechend eingebaut. Außerdem ist das Buch nicht in dem entsprechenden Maße auf Mädchenschulen zugeschnitten. Es steht noch viel zu sehr das rein Theoretisch-Chemische dabei im Vordergrund. Wenn auch anerkannt werden soll, daß das Buch mancherlei Vorzüge hat, so sind doch die Mängel noch so beachtlich, daß es als ein Lehrbuch für den neuzeitlichen Unterricht (es soll dabei nicht vergessen werden, daß es bisher wenig ansprechende Chemielehrbücher gibt) nicht in Frage kommt."

Diese Schmähkritik zeigt noch einmal explizit auf, mit welcher Akribie im Dritten Reich auf die Umsetzung der Politisierung der Schule – hier im Chemieunterricht speziell durch entsprechend im nationalsozialistischen Geiste indoktrinierende Lehrbücher – geachtet wurde.

75 Bücherbesprechungen. Schmidt, G. [!] W., und Ad. Frankfurth, Lehrbuch der Chemie. Ergänzungsheft für Mädchenschulen. Bearbeitet von Charlotte Karnath. Verlag L. Ehlermann, Berlin 1937. In: Unterrichtsblätter für Mathematik und Naturwissenschaften 44 (1938), S. 32.

8. Zugelassene Chemie-Schulbücher der Mittelschulen

Per Runderlaß des Reichserziehungsministeriums für Wissenschaft, Erziehung und Volksbildung wurden – datiert auf den 30. Juli 1941 – acht chemische Lernbücher für Jungen der Klassen 4 bis 6 an Mittelschulen für vorläufig zugelassen erklärt. Nur wenig später folgte die Erlaubnis zum Vertrieb der entsprechend als Pendant zu diesen Jungenausgaben konzipierten Mädchen-Schulbücher[1]. Die Buchreihen waren – wie von den Werken für die Höhere Schule schon bekannt – auch hier nach einem staatlich festgelegten Verteilungsplan in den einzelnen Bezirken einzuführen[2].
Die wesentlichen Kriterien für die unter dem Oberbegriff Naturlehre ab der 4. Klasse in der Mittelschule präsente Chemie, wie sie in den „Bestimmungen über Erziehung und Unterricht in der Mittelschule“[3] veröffentlicht wurden, lauteten: Es sollten die Kenntnis, Bedeutung, Ordnung und Gesetzmäßigkeit der Naturstoffe eingeführt werden, „insbesondere solcher, die für das häusliche, Gewerbe- und Verkehrsleben sowie für die Staatsnotwendigkeiten der Wirtschaftsfreiheit und Landesverteidigung von Bedeutung sind“[4]. Ebenso sollte zu sparsamem und planvollen Gebrauch von Werkstoffen erzogen werden. Infolge des geforderten praxisnahen Bezugs war eine systematische Darstellung des Lehrstoffes quasi verboten. Auch in der Mittelschule wurde Wert auf Chemiegeschichte gelegt, v.a. zur Heroisierung des Deutschtums. Die schnell einzuführenden Symbole, Formeln und Wertigkeiten sollten den in Form des Arbeitsunterrichts zu gestaltenden Anschauungsunterricht von Beginn an begleiten. Waren gemäß Jungen-Lehrplan der Klasse 4 die chemischen Grundbegriffe unter gewerblich-technischer Sichtweise zu behandeln, so hatten in Klasse 5 „Deutsche Bau- und Werkstoffe. Deutschlands Kampf um seine Ernährung“ sowie in Klasse 6 „Deutschlands Ringen um seine wirtschaftliche Unabhängigkeit“ im Vordergrund zu stehen. Bei den Mädchen sollte von Beginn an die Chemie der Hauswirtschaft stärker behandelt werden und in der 5. Klasse u.a. die Verbindung mit Lebenskunde hinzukommen.
In diesem Kapitel wird nun überprüft, inwiefern die Mittelschullehrbücher diesen Anforderungen entsprachen. Um ständige Wiederholungen zu vermeiden, sollen Hauptkriterien nur die Art und Weise ihrer spezifisch nationalsozialistischen Ausrichtung und die hierdurch bedingte Indoktrination der Schüler bilden. Außerdem werden die wesentlichen Unterschiede zwischen den einzelnen Mittelschulbüchern beleuchtet und wo möglich, ein Vergleich mit den Büchern der Höheren Schule gezogen. Die Lehrinhalte selbst werden größtenteils, da sie im wesentlichen mit denen des Chemieunterrichtes für die Höhere Schule übereinstimmen nicht mehr konkretisiert.

1 Siehe hierzu Anhang „Vorläufig zugelassene Lernbücher Naturlehre – Chemie der Mittelschule“.
2 Siehe hierzu Anhang „Verteilungsplan der vorläufig genehmigten Schulbücher“.
3 Siehe hierzu auch Kapitel 4.2.
4 Bestimmungen über Erziehung und Unterricht in der Mittelschule. Berlin 1939, S. 50.

8.1. Gustav Peter: Naturlehre für Mittelschulen

1941 erschien die von Gustav Peter konzipierte „Naturlehre für Mittelschulen“ [5]. Dieses Lehrbuch für die oberen drei Mittelschulklassen fällt durch seine bewußte Kürze von 141 Seiten (ohne Namen- und Sachverzeichnis, aber inklusive Übersicht über die wichtigsten Elemente) auf. Inhaltlich wurde in 25 Paragraphen gegliedert:

§ 1. Die Luft (S. 1-3)
§ 2. Der Sauerstoff und die Verbrennung (S. 3-7)
§ 3. Gesetzmäßigkeiten bei chemischen Vorgängen (S. 7-10)
§ 4. Das Wasser (S. 11-15)
§ 5. Brennstoffe im Haushalt und in der Werkstatt. Das Kohlendioxyd und die Kohlensäure. Feuerlöscher (S. 15-22)
§ 6. Deutschlands Kohlenvorräte und Kohlenwirtschaft (S. 22-24)
§ 7. Das Kochsalz und die Soda (S. 24-29)
§ 8. Natrium und Kalium (S. 29-30)
§ 9. Das Chlor und die Salzsäure (S. 31-33)
§ 10. Der Schwefel und seine Verbindungen als Grundlage wichtiger Zweige unserer chemischen Industrie (S. 34-39)
§ 11. Der Stickstoff und die deutsche Stickstoffindustrie (S. 39-45)
§ 12. Deutsche Bau- und Werkstoffe (S. 45-61)
§ 13. Künstliche Düngung (S. 61-68)
§ 14. Unsere Hauptnahrungsmittel und die Sicherung unserer Ernährungsfreiheit (S. 68-85)
§ 15. Die Kohle als Rohstoff für die Gasgewinnung (S. 86-94)
§ 16. Gas im Haushalt (S. 94-97)
§ 17. Erdöl und Kohle als Rohstoffe für die Treibstoffgewinnung (S. 97-106)
§ 18. Buna, der deutsche Kautschuk (S. 106-108)
§ 19. Die Gewinnung des Eisens (S. 108-113)
§ 20. Die Verarbeitung des Roheisens (S. 113-116)
§ 21. Wichtige Nichteisenmetalle (S. 117-120)
§ 22. Leichtmetalle (S. 120-123)
§ 23. Aus der Chemie des Holzes (S. 123-131)
§ 24. Aus der Chemie der Sprengstoffe und des Luftschutzes (S. 131-139)
§ 25. Die Chemie im Dienste des Vierjahresplanes (S. 139-140)

Schon die Titelgebung zeigt die Praxisorientierung, die stark nationalistische Prägung und die klare thematische Ausrichtung auf deutsche Bau-, Werk- und Ersatzstoffe auf. Insgesamt 97 Abbildungen, 20 Arbeitstafeln (vier in Kunstdruck), die hauptsächlich statistische Tabellen, Auswertungen und Diagramme des Erzeugerwachstums enthalten, dokumentieren die rein auf Produktionsgewinn zugeschnittene Nutzenchemie. Querverweise innerhalb des Buches, aber auch zu Nachbarfächern – insbesondere der Physik und Lebenskunde – wurden zahlreich berücksichtigt. Auch existieren viele Hinweise auf unterstützende RfdU-Filme. Über 151 Schulversuche, fett gedruckte Ergebnisauswertungen, Zusammenfassungen, Merksätze und ergänzende Aufgabenstellungen dringt der Schüler mehr oder weniger empirisch im Lehrstoff vor. In aller Kürze – als reines Tatsachenwissen gehalten – werden allerdings die notwendigsten chemischen Grundbegriffe (chemische Zeichensprache, Wertigkeit, Konstitutionsformeln und Verbindungsgesetze) vermittelt (S. 7-10). Wirksam werden Tafeln eingesetzt, um Kohlenab-

5 Peter, G.: Naturlehre für Mittelschulen. Ausgabe für Jungen. Chemie für die Klassen 4 bis 6. Halle/Saale 1941.

bau, Bergbau, Glasbläserei, Eisen- und Stahlgewinnung sowie die dahinterstehende harte Arbeit zu demonstrieren. Zahlreiche Zeichnungen von technisch-industriellen Arbeitsgängen und dabei benötigtem Werkzeug vervollständigen die auf das wirtschaftliche Umfeld orientierte Chemie. So manche aus Werken für die Höhere Schule bekannte Abbildung findet sich wieder. Chemische Begriffe werden erklärt, eine übermäßige Verdeutschung wird jedoch nicht angestrebt. Die Darstellung ist anschaulich, in einfacher, verständlicher Sprache abgefaßt. Die erlebnisorientierte Praxisnähe steht – noch weitaus deutlicher als bei den Schulbüchern für die Höhere Schule – vor wissenschaftlichem Detailwissen.
Ständig wird anwendungsorientiert (Werkstatt, Haushalt) argumentiert. In den zahlreichen geschichtlichen Abschnitten wird weniger der Lebensweg und mehr die chemische Leistung zum Wohle des deutschen Volkes hervorgehoben[6]. Hierdurch erfolgt gleichzeitig eine Begründung für Deutschlands Vormachtstellung. Während anfangs vielfach nur in feinen Nuancen politische Stimmungsmache betrieben wird, kommen v.a. ab „§ 14. Unsere Hauptnahrungsmittel und die Sicherung unserer Ernährungsfreiheit“ wesentliche nationalsozialistische Staatsziele offen zum Tragen. Hier wird betont: Erstes Ziel sei die Sicherung des Lebensraumes, was die „Sicherung der Ernährung unseres Volkes“ (S. 68) impliziere. Daraus resultiere die innige Verbundenheit jedes Deutschen mit dem Bauern auf dem Land, „der jahraus jahrein in harter Arbeit dem Boden möglichst reiche Ernten abzuringen versucht.“ (S 68). Um sich den „Ernährungsmöglichkeiten unseres Lebensraumes“ anzupassen, müßten deshalb bevorzugt deutsche Lebensmittel gegessen werden, Lebensmittel aus dem Ausland sollten tunlichst nicht mehr auf dem Speiseplan stehen. Die praktischen Ausführungen zur Verbrauchslenkung münden in folgenden auf die Bedürfnisse des täglichen Lebens heruntergebrochenen Hinweisen (S. 80):

„E. Verbraucherpflichten, die jeder beherzigen muß.

1. Verbrauche bei deinen täglichen Mahlzeiten Erzeugnisse **deutschen** Bodens. (Bodenständige Ernährung.)
2. Kaufe stets nur solche Nahrungsmittel, welche die **jeweilige Jahreszeit** hervorbringt oder solche, die mühelos aufbewahrt werden können. (Richtiger Einkauf.)
3. Genieße ein **warmes** Abendessen aus Erzeugnissen, die zur Verfügung stehen. Weg vom ewigen Butterbrot!
4. Genieße des Morgens ein **Milchfrühstück** (Milchsuppen, Haferflocken u.ä.). Es ist bekömmlicher als Morgenkaffee!
5. Verwahre die Nahrungsmittel so auf, daß sie **nicht verderben!** Kaufe nicht mehr als notwendig ist!

Durch Befolgung dieser Pflichten hilft jeder Verbraucher mit, die Ernährung unseres Volkes sicherzustellen.“

Die Beeinflussung der Jugend geht dann beim Unterabschnitt „Alkoholgenuß und Volksgesundheit“ direkt weiter mit Feststellungen wie „Unter dem Einfluß von Alkohol werden viele Straftaten begangen.“ bzw. „Die Nachkommen von Trinkern sind in den meisten Fällen geistig und charakterlich minderwertig.“ (S. 84). Die Heilwirkungen bestimmter chemischer Substanzen, in Zusammenhang mit der Erlangung körperlicher Fitneß, werden öfter erwähnt[7]. Obwohl dauernd Hinweise auf die landwirtschaftliche Erzeugungsschlacht und in umschriebener Form auch den Vierjahresplan erfolgen, fällt

---

6 Peter (siehe Anm. 5), S. 24, 43, 51, 54, 60, 66, 67 f., 72, 73, 91 f., 93, 94, 97, 107 f., 121, 124.
7 Peter (siehe Anm. 5), S. 14, 29, 34, 40, 59, 83-85, 108.

das Wort „Vierjahresplan" als Kampfmittel für die Unabhängigkeit Deutschlands erst spät, nämlich erstmals in „§ 18. Buna, der deutsche Kautschuk" (S. 106-108). Bestrebungen durch Seidenraupenzucht Naturseide auch in Deutschland zu gewinnen, um die bisher nötige Einfuhr zu drosseln (S. 125), zeigen die Ausmaße des nationalsozialistischen Selbstversorger-Triebes auf. Wenig Raum wird hingegen selbst rein nutzenbezogenen mineralogischen Abschnitten zugestanden[8]. Das Buch endet mit der zweckgebundenen Feststellung, die Chemie sei berufen „bei der Sicherung der deutschen Rohstoffversorgung und Lebensmittelerzeugung und damit bei der Sicherung unserer politischen Freiheit mitzuwirken." (S. 140).
Ein kurzes Resümee: Die Sprache ist einfach und die Inhalte sind – wie schon erwähnt – von vergleichsweise niedrigem wissenschaftlichem Niveau. NS-Ziele werden in einem für drei Schuljahre bestimmten und dafür sehr knapp gehaltenen Lehrbuch in vergleichsweise plumper Form vertreten. Die Begründung nationalsozialistischer Politik als Lebensnotwendigkeit für das deutsche Volk ist vorrangiges Ziel. Damit wurde das Individuum und damit auch der Schüler selbst im Chemieunterricht der Mittelschule auf das vorrangige Staatsinteresse funktionalisiert.

8.2. Walter Schäfer / Willi Lange: Chemie für Mittelschulen

Mit einem Umfang von 234 Seiten (ohne Personen- und Sachverzeichnis) bildet die „Chemie für Mittelschulen" von Walter Schäfer und Willi Lange im Vergleich zu Gustav Peters Werk ein geradezu konträres Bild[9]. Hier existiert eine direkt zugeordnete Einteilung in drei Klassen. Die jeweils übergeordneten Mottos sowie die Stoffinhalte entsprechen genau dem in den „Bestimmungen über Erziehung und Unterricht in der Mittelschule" veröffentlichten Stoffverteilungsplan:

„Grundzüge der anorganischen Chemie.
Nr. 1. Einleitung (S. 1 f.)
I. Das Wesen chemischer Vorgänge. (S. 3-12)
II. Die Luft. (S. 13-25)
III. Das Wasser. (S. 25-33)
IV. Der Wasserstoff. (S. 33-37)
V. Kochsalz und Salzsäure. (S. 37-44)
VI. Schwefel. (S.44-49)
VII. Molekular- und Atomgewichte und ihre Anwendungen. (S. 49-55)
VIII. Salzbildung. (S. 55-60)
IX. Die Kohlen und ihre Verwertung. (S. 60-76)

Deutschlands Kampf um seine Ernährung. Deutschlands Bau- und Wertstoffe. Grundzüge der organischen Chemie.
X. Verbindungen des Stickstoffs und des Phosphors. (S. 77-88)
XI. Einige wichtige Natriumverbindungen. Kalisalze. (S. 89-92)
XII. Düngelehre. (S. 93-98)
XIII. Die Baustoffe Kalk und Gips. (S. 98-103)

8 Peter (siehe Anm. 5), S. 21 f., 25, 45-50.
9 Schäfer, W. / Lange, W.: Chemie für Mittelschulen. Ausgabe A für Jungen (Klasse 4 bis 6). Hildesheim, Leipzig 1942.

Das Werk ist mit 233 S/W-Abbildungen im Text und auf extra Kunstdrucktafeln sowie einer farbigen Nahrungsmitteltafel sehr intensiv illustriert. Ein größerer Teil der Abbildungen ist aus den Büchern von Mittag-Schäfer für die Höhere Schule bekannt. Ebenso finden sich im textlichen Bereich bei den Ausführungen der 4. Klasse zahlreiche Passagen des Band 1 für die 5. Klasse der Höheren Schule sowie bei den Ausführungen der Klassen 5 und 6 viele wortwörtliche Abschnitte aus Band 2 für die 6. bis 8. Klasse der Höheren Schule[10] wieder. Zahlreiche Beobachtungsaufgaben aus Umwelt und täglichem Leben an jedem Teile-Anfang, wie etwa „Beobachte den Drogisten und den Apotheker bei ihrer Arbeit!“ (S. 3) sowie ergänzende Übungen am Kapitelende wie „Warum ist das Blankscheuern der Aluminiumkochtöpfe (mit Stahlwolle) nicht empfehlenswert?“ (S. 12) zeigen jedoch die noch größere Praxisnähe. Durch die häufigen direkten Bezüge zu Kriegsanwendungen, zur volkswirtschaftlichen Relevanz von Stoffen, zu Haushalts- und Umweltvorkommen wirkt dieses Mittelschulbuch weitaus bodenständiger als die Bücher für die Höhere Schule. Die etwas andere Strukturierung und eine direkte Ansprache der Schüler im Text mit hinzukommenden direkten Verhaltensmaßregeln unterstützen dies noch. Dafür wird auch so manche stärker wissenschaftlich orientierte Bemerkung weggelassen. Das Buch ist auf alltagsorientierten, anwendungs- und industriebezogenen Erklärungen mit etwas chemischem Hintergrund aufgebaut. Eine Verdeutschung chemischer Fachausdrücke wird auch hier nicht konsequent durchgeführt.
Vom Sprachstil her ist dieses Werk im Kontrast zu dem schon besprochenen Mittelschulbuch von Gustav Peter sehr pathetisch gehalten; mit Hilfe von recht häufig angeführten Führerzitaten oder Zitaten des auch für die Umsetzung der Vierjahrespläne zuständigen Reichsmarschalls Hermann Göring wird gegen das Ausland massiv Stimmung gemacht um ein Feindbild aufzubauen. Schon die Einleitung dieses Mittelschulbuches spricht für sich (S.1 f.):

„Der Chemiker dagegen, ohne dessen einsatzbereite Tätigkeit unser Vaterland schutzlos seinen haßerfüllten Feinden preisgegeben wäre, darf über seine mühevolle und vielfach gefahrvolle Tätigkeit nicht berichten; denn gerade aus seinen Schilderungen würden Industriespione ausländischer Mächte großen Nutzen ziehen zum Schaden unseres Vaterlandes.
Eines aber weiß man:

---

10 Siehe hierzu Kapitel 7.3.

Die deutsche Chemie, die Hunderttausenden deutscher Volksgenossen Arbeit gibt, hat durch die Tätigkeit unseres Führers Gewaltiges am deutschen Wiederaufbau geleistet und steht im gegenwärtigen Kampf um unser Sein oder Nichtsein wieder in vorderster Front.

Die Chemie ist im Leben unseres Volkes und anderer Völker eine gewaltige Macht geworden.

Durch ihre fortschrittlichen Leistungen schreitet die deutsche Chemie der anderer Länder weit voran.

„Der deutsche Ingenieur und Techniker, unsere Physiker und Chemiker, sie gehören zu den Bahnbrechern auf dieser Welt."

Der Führer, Unterhaching bei München, 21.3.1934.

Der Chemieunterricht setzt sich nun das Ziel, dir in einigen Jahren ein Verständnis von dem Wesen und der Bedeutung der chemischen Arbeit im praktischen Leben und für die Wehrkraft unseres Volkes zu vermitteln."

So dominieren praktische Anwendungshinweise auf Luftschutzwirkung von Substanzen bzw. ihre Verwendung als Spreng- und Schießstoffe, auf Substanzen als Helfer in der Erzeugungsschlacht und Aufrufe zur Altstoff- und Knochensammlung. Hingewiesen wird auch auf den statistisch belegten steigenden Verzehr von Fleisch in der Bevölkerung. Im Rahmen der Verbrauchslenkung wird dies als ungesunde Entwicklung angesehen; entsprechende nationalpolitische Begründungen für staatliche Interventionen zu Gunsten des Bauerntums und der Landbevölkerung werden gleich mitgeliefert (S. 142):

„Man hat versucht, die **Ursachen** einer solchen gesundheitlich und auch nationalwirtschaftlich nachteiligen Wandlung aufzudecken. Ein Hauptgrund ist die wachsende Verstädterung unseres Volkes, die erst durch einschneidende Maßnahmen unserer Staatsführung abgestoppt worden ist. ...
Während des Krieges wird der Verbrauch an Fett, Fleisch, Eiern u.a. für jeden Volksgenossen bindend „gelenkt". Im Frieden sollte das deutsche Volk aber freiwillig mit eigener Disziplin weiterhin eine gewisse „Verbrauchslenkung" üben. Die aus nationalwirtschaftlichen Gründen an den Verbraucher gestellten Forderungen nach Ausgleich in der Wahl seiner Lebensmittel entsprechen auch den Bestrebungen zur Erhaltung und Hebung unserer Volksgesundheit (Abb. 133)."

Erste-Hilfe-Maßnahmen sowie Heilwirkungen von Stoffen werden – alles zum Wohle der Volksgesundheit – ab und an ebenfalls besprochen[11]. Auch wird die politische Forderung nach Expansion Deutschlands ganz offen mit wirtschaftlichen Gründen gerechtfertigt (S. 194):

„Wir brauchen Kolonien als Rohstoffquellen."

Die Chemiegeschichte samt Lebenswerk sowie bildlicher Abbildung großer Forscher nimmt vergleichsweise breiten Raum ein[12]. Das damit – wie in den „Bestimmungen für Erziehung und Unterricht in der Mittelschule" gefordert[13] – die Heroisierung deutscher Erfinder vorangetrieben wurde und gleichzeitig die nationalsozialistische Auffassung Verbreitung fand, der Einzelne habe mit seinen Bedürfnissen zu Gunsten des Volkswohles zurückzustehen, zeigt exemplarisch folgender Ausschnitt aus einer Schilderung der Persönlichkeitsmerkmale Alfred Krupps (S. 208):

---

11 Schäfer/Lange (siehe Anm. 9), S. 30, 38, 39, 80, 86, 90, 100, 130, 137 f., 142, 233.
12 Schäfer/Lange (siehe Anm. 9), S. 22, 43 f., 48, 70 f., 72, 81, 87, 97, 118, 121, 155, 163, 164, 172 f., 177, 208, 211, 222.
13 Siehe hierzu auch Kapitel 4.2.

„Im Deutschen Museum zu München wird das Andenken Krupps besonders geehrt, und zwar im Ehrensaal für bahnbrechende deutsche Naturforscher und Erfinder, die durch ihr Leben zum leuchtenden Vorbild für kommende Geschlechter geworden sind. Dort hängt auch das Bild von Alfred Krupp mit der Unterschrift: ‚Er hat mit eiserner Ausdauer, flammender Kühnheit und gestaltender Geisteskraft aus der Hütte des Kleinschmieds heraus die Stahlindustrie zu ihren höchsten Leistungen geführt zu Deutschlands Ehr und Wehr'. Krupp lebte nach dem Wahlspruch: ‚Der Zweck der Arbeit soll das Gemeinwohl sein. Dann bringt Arbeit Segen, dann ist Arbeit Gebet'."

Der mehr theoretische Abschnitt Teil VII. mit der Behandlung von Molekular- und Atomgewicht, chemischen Grundgesetzen, Wertigkeit und stöchiometrischem Rechnen ist mit sechs Seiten hingegen etwa genauso kurz wie in Band 1 für die 5. Klasse der Höheren Schule. Und die Mineralogie erfährt auch in diesem Mittelschulbuch unter reiner Nutzenbetrachtung eine sehr geringe Würdigung[14].
Faktisch befinden sich im Schäfer-Langeschen Mittelschulbuch somit zwar viele Propagandathesen, aber kaum ideologische Komponenten. Dennoch wird die Jugend im nationalsozialistischen Sinne indoktriniert.

8.3. Heinrich Filipp: Chemie für Mittelschulen

Mit 306 Seiten (ohne Anhang gerechnet) noch umfangreicher ist die 1942 von Heinrich Filipp herausgebrachte „Chemie für Mittelschulen"[15]. Auch hier erfolgte eine Einteilung in die einzelnen Klassenstufen. Insgesamt sind 181 Abbildungen vorhanden, hierunter sehr viele Detailskizzen technischer Natur, welche die Funktion von Geräten, Maschinen, aber auch handwerklichen Arbeitsgängen wiedergeben,. Nur sehr wenige dieser Abbildungen sind allerdings aus Büchern für die Höhere Schule bekannt. Das Buch erfüllt die wesentlichen Kriterien der „Bestimmungen über Erziehung und Unterricht in der Mittelschule"; vom Werk Schäfer-Langes weicht der Aufbau dennoch recht deutlich ab:
Klasse 4 enthält 23 lose nebeneinander stehende Kapitel. Es sind weit mehr Grundlagen experimentellen Arbeitens im Labor als bei Schäfer-Lange zu finden. Die vielen Versuche in den Anfangskapiteln, z. T. mit ergänzenden Fragestellungen, werden im Buchverlauf zwar deutlich spärlicher. Dennoch ist es dem Schüler möglich, sich vom experimentellen Standpunkt aus ein gewisses chemisches Verständnis anzueignen. Insgesamt wird dabei der Maxime Rechnung getragen, daß zugunsten weniger Gebiete, die allseitig und gründlich behandelt werden, manche systematisch eher wichtige Abschnitte nur verkürzt im Unterricht erscheinen. So werden recht bald chemische Formeln eingeführt (S. 13), später in aller Kürze Atomgewicht und Molekulargewicht, eingebettet in Kapitel „8. Wasserstoff" (S. 28-31), besprochen. Die chemischen Grundgesetze selbst finden dabei allerdings nur versteckt Erwähnung; statt Summen- oder Strukturformeln werden im weiteren Buchverlauf meist lediglich ausgeschriebene Trivialnamen angewendet. Dafür wird das weite Gebiet der Verbrennungserscheinungen mit den Kapiteln „4. Vorgänge bei der Verbrennung" (S. 17 f.), „5. Bedingungen des Brennens" (S. 19-25), „6. Feuerlöschen" (S. 25-27), „7. Etwas zum Luftschutz" (S. 27 f.), „16. Vorgänge beim Verbrennen flüssiger und fester Brennstoffe" (S. 54-58), „17. Ex-

14 Schäfer/Lange (siehe Anm. 9), S. 3, 26 f., 103 f., 110 f., 196.
15 Filipp, H.: Chemie für Mittelschulen. Zum Gebrauch in Jungenschulen. München, Berlin 1942.

plosion" (S. 59-62) und „19. Phosphor" (S. 65-67) mit dem Unterkapitel „Zündhölzer" ausführlich behandelt. Die verdeutschte Version von Fachbegriffen wird von Beginn an ergänzend verwendet. Querverweise zu Nachbarfächern wie Physik oder Lebenskunde fallen in der 4. Klasse noch selten, die Berührungspunkte sind jedoch offensichtlich. Direkt nationalsozialistische Bezüge finden sich in Klasse 4 noch nicht. Die einfache, leicht zu verstehende Sprache wirkt nüchtern, die Texte enthalten keine pathetischen Elemente.

Dies ändert sich in Klasse 5 und 6. Diese beiden Klassen sind zusätzlich mit übergeordneten Hauptüberschriften versehen, unter diese gliedern sich dann die Kapitel:

5. Klasse (Kapitel 24-61)
Deutsche Bau- und Werkstoffe (S. 81-135)
Der Erdboden als Grundlage unserer Ernährung (S. 135-148)
Stoffe des lebenden Körpers (S. 148-186)
Unsere Nahrungsmittel (S. 187-206)

6. Klasse (Kapitel 62-86)
Die Kohle als chemischer Rohstoff (S. 207-241)
Aus der Erdölindustrie (S. 241-249)
Aus der Holzchemie (S. 249-264)
Die chemische Waffe (S. 264-280)
Erze und ihre Verarbeitung (S. 280-306)

Wirtschaftliche Aspekte, NS-politische Bezüge, teilweise ideologisch gefärbt, häufen sich. Aufgabenstellungen wie „Seidenzucht ist auch in Deutschland möglich und notwendig aus wehrwirtschaftlichen Gründen. Was ist dir darüber aus dem lebenskundlichen Unterricht bekannt?" (S. 126) sprechen für sich. Auch der praktischen Kleidungsherstellung und -pflege wird – im Gegensatz zu den Büchern der Höheren Schule und dem Schäfer-Langeschen Werk – Raum gewidmet (S. 126-128). Das Buch durchziehen zahlreiche Hinweise auf gesundheitserhaltende Maßnahmen[16]; der dahinterstehende Gesichtspunkt, daß der einzelne sich zum Wohle der Volksgemeinschaft und zur Erhaltung eines hochwertigen Erbgutes, an diese Tips zu halten habe, wird bei der Besprechung der Wirkungen des Alkohols auf den menschlichen Körper am deutlichsten (S. 181):

> „Schlimmer als die körperlichen Schäden sind die Gefahren des Alkoholgenusses in sittlicher Beziehung für das Gemeinschaftsleben. Vielleicht kennst du in deinem Bekanntenkreis Fälle, in denen ‚Trunksucht' Unglück über die ganze Familie brachte. Polizei und Gerichte wissen, daß die meisten Roheitsverbrechen (Schlägereien, Messerstechereien, Sittlichkeitsverbrechen) unter der Einwirkung des Alkohols geschehen. Die Ärzte berichten, daß körperliche und geistige Verkrüppelung (Schwachsinn, Wahnsinn usw.) vielfach auf Alkoholismus der Eltern zurückzuführen ist. Der Alkohol ist ein schweres Gift für die Keimdrüsen und verschlechtert die Erbmasse."

Direkt ausgesprochen finden sich ideologische Elemente, hier in Form der „Blut und Boden"-These des Nationalsozialismus, am Ende der 5. Klasse in Kapitel „61. Sicherung der heimischen Ernährung". Dort zeigt Filipp nicht nur die innige Verbundenheit mit dem Land und die Wichtigkeit des Bauerntums auf, er liefert dem Schüler auch eine

16 Filipp (siehe Anm. 15), S. 5, 6, 34, 42, 64, 68, 90, 106, 109, 111, 112, 113, 118, 121, 131, 152, 166, 182.

auf der unmittelbaren Erfahrung aufbauende und damit argumentativ geradezu unschlagbare Begründung nationalsozialistischer Politik (S. 205 f.):

„Alles, was das deutsche Volk zu seiner Ernährung braucht, konnte Jahrtausende hindurch die heimische Landwirtschaft erzeugen. Die Entwicklung zum Industriestaat, die immer mehr Menschen vom Land in die Stadt zog, machte **Deutschland in steigendem Maße vom Ausland abhängig.** ...
Welche Folgen dieser Zustand für Deutschlands Wehrfähigkeit hatte, als der 1. Weltkrieg ausbrach, ist dir bekannt; berichte!
Nach dem Krieg wurde die Abhängigkeit noch schlimmer. Im Jahre 1928 wurden zur Ergänzung der Nahrungsmittelversorgung nahezu 5 Milliarden RM. ausgegeben (gegenüber 300-400 Millionen Einfuhrüberschuß vor dem Kriege). Das führte, weil andere Zweige der Wirtschaft durch gesteigerte Ausfuhr keinen Ausgleich schaffen konnten, zu einer immer größer werdenden Verschuldung Deutschlands.
So mußten die ersten Maßnahmen der Regierung des neuen Reiches auf wirtschaftlichem Gebiet darauf gerichtet sein, **die Ernährung des deutschen Volkes für alle Fälle sicherzustellen.** Welche Mittel im einzelnen in Frage kommen, hast du bei den einzelnen Nahrungsmitteln erkannt. Die völlige Selbstversorgung Deutschlands bietet aber Schwierigkeiten mannigfacher Art. ...
Was die Natur unserem Volke versagt, muß es durch Fleiß und Tüchtigkeit ersetzen. ...
Träger der Ernährung des Volkes aus deutschem Boden ist **der Bauernstand.** Weil er weiter den gesunden Nachwuchs auch für die städtische Bevölkerung liefern muß, also die Quelle deutschen Bodens ist, wandte die Regierung des neuen Reiches ihre besondere Fürsorge zuerst dem Bauernstande zu. Welche Maßnahmen, die diesem Zwecke dienen, sind dir bekannt?“

Die 6. Klasse wird durch ein eigenes Kapitel über Arzneimittel (S. 227-230), dauernde Hinweise auf die wirtschaftliche Unabhängigkeit durch Austauschstoffe sowie ein mit 16 Seiten sehr intensiv behandeltes Thema „Die chemische Waffe“, unterteilt in die vier Kapitel „Schieß- und Sprengstoffe“ (S. 264-268), „Feuerwaffen, Granaten und Bomben“ (S. 268-271), „Chemische Kampfstoffe“ (S. 271-278) und „Rauch und Nebel als Tarnmittel“ (S. 278-280) dominiert. Die nationalsozialistische Maxime „Gemeinnutz geht vor Eigennutz“ wird auch in diesem Buch anhand historischer Abhandlungen über die Person Alfred Krupps dem Schüler verdeutlicht (S. 300). Chemiegeschichtliche Einsprensel, die in Klasse 4 noch weitgehend vermißt werden, häufen sich mit Fortschreiten der Klassenstufen zusehends[17]. Dagegen ist der mineralogische Abschnitt in diesem Werk unterdurchschnittlich vertreten[18]. Mit einem Kapitel „86. Wege zur wirtschaftlichen und politischen Freiheit in der Metallversorgung“ und einem intensiven Plädoyer zur Altstoffsammlung schließt das Lehrbuch.

8.4. Hans Gerhardt / Albert Höfner / Heinrich Steinkopf: Lehrbuch der Chemie für Haupt- und Mittelschulen

1941 brachten Hans Gerhardt, Albert Höfner und Heinrich Steinkopf ein „Lehrbuch der Chemie für Haupt- und Mittelschulen“ heraus[19]. Schon die Einführung macht die Zielsetzung des Buches deutlich (S. 2):

---

17 Filipp (siehe Anm. 15), S. 66, 76, 95, 101, 114, 115, 117, 119, 121, 125, 133, 140, 145, 149, 157, 166, 170, 176, 220 f., 225 f., 227, 230, 232 f., 236, 239, 242, 247, 257, 271, 280 f., 298-300.

18 Filipp (siehe Anm. 15), S. 2 f., 63, 81 f., 90-92, 148.

19 Gerhardt, H. / Höfner, A. / Steinkopf, H.: Lehrbuch der Chemie für Haupt- und Mittelschulen. Bielefeld, Leipzig und Hannover 1941.

„Im Frieden wie im Kriege leistet die Chemie der deutschen Volkswirtschaft unermeßliche Dienste. Diener, Mitarbeiter an chemischen Aufgaben unserer Wirtschaft zu sein, gereicht einem deutschen Jungen zur Ehre."

Tatsächlich wird auf 296 Seiten (ohne Sachregister) in kindgerechtem Darstellungsstil versucht, Beobachtungen und Erkenntnisse aus Haushalt und Umgebung auf ihren chemischen Hintergrund zu durchleuchten. Dies wird durch großtechnische Darstellungsverfahren sowie die Besprechung bedeutender Sektoren der chemischen Industrie ergänzt. 210 Abbildungen, die allerdings im Vergleich zu den Mittelschulbüchern von Peter, Schäfer-Lange oder Filipp vergleichsweise klein konzipiert sind (ganzseitige Abbildungen fehlen ganz), sollen dabei die Vorstellungswelt des Jungen im richtigen Sinne anregen; dem gleichen Zweck dienen die Hinweise auf RfdU-Filme. Ebenso baut das Buch hierzu auf Versuchen auf, auch etwas gefährlicheren, die hierfür mit Warnhinweisen versehen wurden. Diese sowie die am Ende fast jeden Kapitels sich befindenden Aufgabenstellungen „Zur Übung und praktischen Anwendung" vermitteln empirischen Erkenntnisgewinn, der gerade bei den Anfangskapiteln, in denen es auf die Entwicklung eines chemischen Verständnisses ankommt, von hohem Wert ist. Rein grundlagenchemische Einwürfe finden sich nur wenige; die wissenschaftliche Tiefe fehlt dem Buch. Das Buch setzt somit auf den Schüler, bei dem später in Haus und Beruf so manche chemisch orientierte Frage des täglichen Lebens auftauchen wird, die er aufgrund des hier behandelten Wissens beantworten kann.

Der Stoff der 4. Klasse wird weitgehend ideologiefrei, ohne direkten NS-Bezug präsentiert. Charakteristisch für dieses Buch ist, daß nach Erklärung der chemischen Zeichensprache und des Begriffes Element, der Besprechung von Summenformeln und Gleichungen (S. 9-13) zwar wenig später der Begriff der Wertigkeit samt Strukturformel-Ermittlung (S. 33 f.) auftaucht, aber erst im letzten Kapitel der 4. Klasse die wichtigsten Grundstoffe, also das Periodensystem in anwendungsorientierter Form sowie der Begriff Atomgewicht zur Sprache kommen. Das anschließende chemische Rechnen ist vergleichsweise ausführlich und erinnert an das Scheid-Flörkesche-Chemielehrbuch für die Höhere Schule[20]. Im gesamten Schulbuch wird von diesen Erkenntnissen allerdings dann überhaupt kein Gebrauch gemacht; auch die Formelsprache wird vernachlässigt.

Klasse 5 und 6 des Gehardt-Höfner-Steinkopfschen Werkes zeigen schon im Aufbau bzw. in der Titelgebung nationalsozialistische Intentionen:

Klasse 5

IX. Werkstoff Eisen (S. 84-108)
X. Der Siegeszug des Aluminiums (S. 109-120)
XI. Der leichteste metallische Werkstoff – eine Magnesium-Legierung (S. 121-122)
XII. Buntmetalle – Sparmetalle (S. 123-127)
XIII. Neue deutsche Werkstoffe (S. 128-136)
XIV. Gesteine und ihre Verwendung (S. 137-143)
XV. Deutschland im Kampf um seine Nahrungsfreiheit (S. 144-150)
XVI. Stickstoffverbindungen (S. 151-159)
XVII. Nahrungsmittelchemie und verwandte Gebiete (S. 160-188)

20 Siehe hierzu Kapitel 7.4.

Klasse 6

Zunächst zur 5. Klasse: Stärker noch als in den Mittelschulbüchern von Peter, Schäfer-Lange bzw. Filipp wird einerseits dem Arbeiter, andererseits dem Bauern unter reinem Nutzengesichtspunkt eine für Deutschlands Vormachtstellung bedeutende Rolle zugewiesen. Der Staat sorge sich um gesunde Lebensbedingungen für sein Volk, wird als Devise ausgegeben. So heißt es etwa beim Bau der Reichswerke „Hermann Göring" als „Wahrzeichen deutschen Lebenswillens", daß in der Nähe der Grubenbetriebe und des Hüttenwerkes mustergültige Arbeitersiedlungen gebaut würden, „die den Familien eine gesunde Lebenshaltung ermöglichen" (S. 105). Bei Kapitel „XV. Deutschland im Kampf um seine Nahrungsfreiheit" wird darauf hingewiesen, wie wichtig die Nahrungsfreiheit eines Volkes für die wirtschaftliche, politische und soziale Freiheit sei, dabei deutlich das Problem der Stadt-Land-Flucht erwähnt und mit ideologischen Elementen gespickte NS-Politik verbreitet (S. 144 f.):

„Nicht nur der Bauer kann auf Grund seiner Kenntnisse von den Erfordernissen der Bodenkultur und der Tieraufzucht zur Hebung der Nahrungsfreiheit beitragen. Auch der Städter muß und kann helfen. Es erwächst ihm die Pflicht, durch natürliche Ernährungsweise – z.B. den Verzicht auf übermäßige Fleisch- und Fettnahrung – seinem Körper und der Volkswirtschaft zu dienen. Überall wächst am Rande der Städte die Zahl der Siedlergärten, und der Kleingartenbau verdient ebenso wie die Kleintierzucht besondere Förderung, bedeuten doch die bearbeiteten Flächen eine zusätzliche Nahrungsquelle für unser Volk.
Wo ein Schulgarten vorhanden ist, werden wir Gelegenheit haben, manche der gewonnenen Erkenntnisse – vor allem der Düngung – in die Praxis umzusetzen. Abgesehen von dem rein materiellen Nutzen aus der Betätigung am Gartenland machen wir uns auch dadurch frei von der verderblichen Verstädterung. Es ist an sich schon schlimm für ein Volk, wenn ¼ auf dem Lande lebt und ¾ in der Stadt mit ihren ungesunden Lebensbedingungen (um 1800 war es noch umgekehrt). Darum wollen wir uns immer auf die Kraft und den Wert unseres Bodens besinnen, der die Urquelle unserer körperlichen und seelischen Kräfte ist. Das Bauerntum bildet deshalb auch den Kern eines Volkes, und alles, was der Entstädterung dient, trägt zur Hebung der Volkskraft bei. Wer sich von euch später der Landwirtschaft mit seinem Können zur Verfügung stellt, leistet seinem Volke zum mindesten die gleichen Dienste wie der Handwerker, Techniker, Kaufmann und Beamte."

In der Folge wird dann im chemischen Rahmen der Aufbau der Pflanzen und Tiere mit den zugehörigen Grundlagen der Ernährung besprochen. Ausführlich wird auch auf die Möglichkeiten und nationalsozialistischen Anstrengungen zur Schließung der „Fettlücke" verwiesen (S. 161, 173 f.). Überraschend wenig wird hingegen über der Gesundheit dienende Mittel berichtet[21]. Dagegen weist auch dieses Buch bei Behandlung des

21 Gerhardt / Höfner / Steinkopf (siehe Anm. 19), S. 47, 51, 63, 84, 190, 213, 233.

Alkohols überaus deutlich wieder auf von der NS-Ideologie bestimmte Zielsetzungen hin und indoktiniert damit die Jugend (S. 187):

„Alkohol ist ein Keimgift. Die Nachkommenschaft von alkoholisch vergifteten Menschen weist eine höhere Sterblichkeit in den ersten Lebensmonaten auf und ist häufiger von Geburt an mißbildet oder krank und somit am Anfang ihres Lebensweges schon körperlich und geistig schlechter für den Lebenskampf gerüstet als die Kinder mäßiger Eltern."

Klasse 6 stimmt mit „XVIII. Die Aufgaben der Chemie im Rohstoffkampf" direkt wieder auf NS-Ziele ein. Der Krieg wird zum „Ausbruch des Kampfes des deutschen Volkes um seine Lebensrechte im September 1939" erklärt, was die „Berechtigung der weisen Maßnahmen der Reichsregierung" nur bestätige (S. 190). Kurz darauf zeigt Kapitel „XX. Erdölindustrie" auf, daß „eine Nation, die im Zeitalter der Technik in der Welt Geltung behalten und ihr Schicksal im Ernstfall nicht in fremde Hände legen will" (S. 215), Öl in jeder Form dringend benötige – eine Rechtfertigung der von den Nationalsozialisten geförderten Benzinsynthese. Kapitel „XXVI. Aus der Wehrchemie" zeigt sich insbesondere bei den klaren Anweisungen bzw. Ratschlägen für die erste Hilfe bei Kampfstoffschädigungen sehr praxisorientiert.
Die anwendungsorientierte Mineralogie und Geologie findet im Vergleich zu den Mittelschulbüchern von Peter, Schäfer-Lange und Filipp in der 5. Klasse mit dem Kapitel „XIV. Gesteine und ihre Verwendung" (S. 137-143), in der 6. Klasse mit Kapitel „XXIII. Von den Mineralien" (S. 249-252) sowie einigen weiteren kurzen Einsprengseln im laufenden Text eine überraschend ausführliche Würdigung[22]. In der Chemie- und Mineraliengeschichte zeigt das Gerhardt-Höfner-Steinkopfsche Werk anhand dauernder, häufig nur kurzer Einwürfe mit Betonung deutscher Errungenschaften – angefangen bei Gebrauchsgegenständen des täglichen Lebens bis zur großtechnischen Herstellung[23] – deutliche NS-Ausrichtung. Ein pathetischer Stil wird jedoch hier weitgehend vermieden. Ein Anhang ergänzt das Lehrbuch: Zeitungsberichte chemischen Inhalts zeigen dem Schüler die unmittelbare Lebensnähe auf; der Teil „Männer der Wirtschaft sprechen zu uns" (S. 282-296) enthält zwei Vorträge bzw. Ansprachen (Geheimrat Dr. Carl Bosch und Dr. Georg von Schnitzler), die auch im Höhere Schule-Lehrbuch von Gall-Kruse auftauchen[24].
Insgesamt gibt das Mittelschulbuch von Gerhardt-Höfner-Steinkopf somit ein geschlossenes Bild eines von nationalsozialistischer Indoktrination geprägten Chemiebandes ab.

8.5. Gerhard Scharnberg: Chemie für Jungenmittelschulen

„Chemie für Jungen-Mittelschulen" von Gerhard Scharnberg unter Mitarbeit von Hans Hagge gehört mit 238 Seiten (ohne Namens- und Sachverzeichnis) zu den kürzer konzipierten Lehrbüchern[25]. Es zeigt dafür ein sehr ausführlich unterteiltes Inhaltsverzeichnis

22 Gerhardt / Höfner / Steinkopf (siehe Anm. 19), S. 45, 55, 66, 253-255.
23 Gerhardt / Höfner / Steinkopf (siehe Anm. 19), S. 11, 17 f., 48, 51, 61 f., 81, 87 f., 94, 96, 97, 101-103, 109 f., 117, 121, 150, 159, 166, 169 f., 174 f., 193 f., 197, 199, 200, 203 f., 208, 213 f., 226, 228, 230, 236, 241, 242, 243, 258 f., 260, 272-276.
24 Siehe Kapitel 7.2.
25 Scharnberg, G.: Chemie für Jungen-Mittelschulen. Leipzig, Berlin 1942.

mit 30 Hauptkapiteln und 99 Paragraphen, die sich bei klarer Klassenzuweisung genau an die „Bestimmungen über Erziehung und Unterricht in der Mittelschule“ halten:

Klasse 4

Einleitung
1. Die Bedeutung der Chemie für den Lebenskampf des deutschen Volkes (S. 1 f.)
2. Wie wollen wir Chemie lernen? (S. 2 f.)

Die Grundbegriffe und wichtigsten Stoffe aus der anorganischen Chemie in ihrer Anwendung auf Haushalt, Gewerbe und Technik

I. Metalle im Haushalt und in der Werkstatt (S. 4-10)
II. Die Bedeutung der Luft für chemische Vorgänge im täglichen Leben (S. 11-14)
III. Die Bedeutung des Sauerstoffs für die Verbrennungsvorgänge und für die Technik (S. 15-29)
IV. Das Feuer im Haushalt (S. 30-35)
V. Das Wasser in der Natur, im Haushalt und in der Chemie (S. 36-45)
VI. Der Kohlenstoff und seine Verbrennungserzeugnisse in ihrer technischen und wirtschaftlichen Bedeutung (S. 45-51)
VII. Der Schwefel, ein unentbehrlicher Rohstoff unserer chemischen Technik und Wehrwirtschaft (S. 52-57)
VIII. Das Kochsalz im Leben und Haushalt des Menschen (S. 57-63)
IX. Die Salze der deutschen Salzlager als chemische Rohstoffe zur Herstellung wertvoller Verbindungen und Grundstoffe (S. 64-71)
X. Warum ist es dem Chemiker möglich, die Salze unserer Salzlager zur Herstellung neuer Stoffe auszunutzen? (S. 71-78)

Klasse 5

Deutsche Bau- und Werkstoffe

XI. Das Holz als Bau- und Werkstoff (S. 79-82)
XII. Deutsche Natur- und Kunststeine im Baugewerbe (S. 82-88)
XIII. Der Ton, einer der ältesten Werkstoffe in der Menschheitsgeschichte (S. 88-93)
XIV. Das Glas als Werkstoff (S. 93-100)
XV. Das Eisen, unser bedeutendster Bau- und Werkstoff (S. 100-105)
XVI. Nichteisen-Schwermetalle als Werkstoffe (S. 105-109)
XVII. Leichtmetalle in Gegenwart und Zukunft (S. 109-114)

Einführung in die wichtigsten Erscheinungen der organischen Chemie (S. 114-116)

XVIII. Wichtige menschliche Nährstoffe (S. 116-127)
XIX. Gärungserzeugnisse als menschliche Genußmittel (S. 128-136)
XX. Wichtige menschliche Nahrungsmittel und die in ihnen enthaltenen Wirkstoffe (S. 136-138)

Deutschlands Kampf um seine Nahrungsfreiheit

XXI. Unsere Ernährungslage (S. 139-142)
XXII. Die Chemie im Dienste des Kampfes um die Nahrungsfreiheit (S. 142-146)
XXIII. Der Kampf um die Nahrungsfreiheit im Sinne der nationalsozialistischen Wirtschaftsführung (S. 146-149)

Klasse 6

Deutschlands Kampf um seine wirtschaftliche Unabhängigkeit

XXIV. Aufbau der deutschen Stickstoffindustrie aus eigenen Rohstoffen (S. 150-160)
XXV. Die Kohle und ihre Destillationserzeugnisse, wichtigste Grundlage für unsere wirtschaftliche Unabhängigkeit (S. 161-178)
XXVI. Erdöl und Kohle als Rohstoffe zur Treibstoffgewinnung (S. 178-190)
XXVII. Die Chemie des Holzes (S. 190-200)
XXVIII. Neue Werkstoffe im Kampf um die Wirtschaftsfreiheit (S. 200-206)
XXIX. Die Verarbeitung der Mineralien als wichtige Voraussetzung unserer Metallversorgung (S. 207-221)
XXX. Wehrchemie (S. 221-238)

Mit 156 zum großen Teil Maschinen- und Werksanlagen samt Arbeitern enthaltenden Abbildungen sowie 8 S/W-Tafeln weist es – wie die schon bisher besprochenen Mittelschulbücher auch – eine sehr üppige, auf praxisnahe Anschauung bedachte Bebilderung auf. Ebenso sind zahlreiche Hinweise auf Unterrichtsfilme zu finden.
Die Absichten des Buches und die von nationalsozialistischen Zielen diktierten Inhalte werden schon in der Einleitung umrissen (S. 1 f.):

„Deutsche Jungen wissen, daß unser Vaterland einen harten Lebenskampf zu bestehen hat. Dieser Kampf gilt nicht nur unseren neidischen Gegnern, die uns unterjochen möchten. Es ist zur Hauptsache ein Kampf um unsere wirtschaftliche Freiheit. Er gilt der Sicherung unserer Ernährung aus eigenen Bodenerzeugnissen und der Versorgung mit Rohstoffen, die uns fehlen oder an denen wir Mangel haben.
Zu diesem Kampf hat **der Führer durch den Vierjahresplan auf dem Parteitag in Nürnberg 1936** aufgerufen. ...
Rückblickend müssen wir feststellen: **Die Chemie ist im Lebenskampf des deutschen Volkes ein unentbehrlicher Bundesgenosse.“**

Auch die Methode wird dargestellt: Größtenteils soll vom Versuch ausgegangen werden; durch Lernen soll nur das angeeignet werden, was die Chemiker selbst nur durch jahrelange mühevolle Forschung, gefunden haben. Diese schwere Arbeit sei dem Schüler beizubringen. Dabei wird Wert gelegt auf unbedingte Praxisnähe und deshalb für den Lehrer eine durchaus auch heute noch gültige Devise herausgegeben (S. 3):

„Jeder Junge soll später nicht etwa Chemiker werden, aber er soll Verständnis für chemische Vorgänge und Erscheinungen bekommen; er soll wissen, um was es geht, wenn neue chemische Entdeckungen gemacht worden sind; denn **ohne chemische Kenntnisse läßt sich das Leben unserer Zeit nicht mehr verstehen.“**

Dieses Konzept, nationalsozialistische Ziel- und Wertvorstellungen dem Schüler in geradezu selbstverständlich erscheinender Form darzubringen, setzt das Lehrbuch vorbildlich um.
Klasse 4 beginnt im Gegensatz zu den Mittelschulbüchern von Peter, Schäfer-Lange, Filipp oder auch Gerhardt-Höfner-Steinkopf statt mit Luft bzw. Wasser mit Gebrauchsmetallen, um hieran chemische Stoffumwandlungen, Wertigkeit, Atom, chemische Formeln und Gleichungen (S. 9 f.) zu erklären. Gefolgt von der Aufzählung wichtiger Elemente (S. 18), Strukturformeln (S. 22 f.) werden somit die Grundbegriffe wie in den „Bestimmungen für Erziehung und Unterricht“ gewünscht, sofort eingeführt. Am Ende der 4. Klasse wird dies dann durch Einführung der Begriffe Atomgewicht, Molekülgewicht und chemisches Rechnen ergänzt. Auch um die Verdeutschung chemischer Fachausdrücke bemüht sich das Buch, die deutsche Version wird dabei i. d. R. zuerst genannt. Insgesamt überwiegen jedoch sehr praxisnahe Haushalts- und Umwelttips.
Auch in der 5. und 6. Klasse wird der ausgeprägte direkte Nutzenaspekt des Lehrbuches aufrechterhalten: Rohstoffgewinnung und –veredelung, Devisenwirtschaftsgesichtspunkte, Vierjahresplanziele und Appelle zu zweckmäßiger und sparsamer Verwendung überwiegen. Selbst übergeordnete Titel wie „Einführung in die wichtigsten Erscheinungen der organischen Chemie“ weisen darauf hin, daß die dahinterstehenden Chemie- und Grundlagenbetrachtungen selbst nur spärlich sind. Zwar wird auch in diesem Buch unter „§ 65. Kampf dem Mißbrauch alkoholischer Getränke“ auf die negativen Auswirkungen des Genusses verwiesen, allerdings sehr sachlich und lediglich mit dem Hinweis

versehen: „ Die Lebenskunde und besonders die Vererbungslehre bringen für diese Tatsache die nötigen Beispiele.“ (S. 134). Wie sehr die nationalsozialistische Politik Einzug hält in den Chemieunterricht beweist dagegen eindrucksvoll der lebensmittelchemische und diätetische Schwerpunkt. Hier werden Beweise aufgeführt für die These „Das deutsche Volk, ein Volk ohne Raum“ (S. 140). Mit „§ 70. Die Besserung unserer Ernährungslage als Verdienst des Nationalsozialismus“ (S. 140-142) werden Veränderungen lobend herausgestellt. Reichserbhofgesetz und Reichsmarktordnung als wichtige Vorbedingungen zum Wiederaufbau des deutschen Bauerntums werden erstmals in diesem Buch erwähnt und auch erläutert (S. 146). Es schließen sich die Pflichten des Erzeugers (Mehrerzeugung und das Erzeugte besser ausnutzen!) sowie die Pflichten des Verbrauchers (Einschränkung, Lenkung des Verbrauchs und Kampf dem Verderb) an.
Klasse 6 ist dann ganz den Vierjahresplanzielen, dem Kampf um wirtschaftliche Unabhängigkeit samt technischer Grundlagen verschiedener Syntheseverfahren sowie der Wehrchemie gewidmet. Außer dem Unterkapitel „Teerkohlenwasserstoffe in der Heilmittelchemie“ (S. 175-177) tauchen in diesem Buch Fitneß- und Gesundheitshinweise nur vereinzelt auf[26]. Historische Betrachtungen sind ebenfalls vergleichsweise spärlich, zumindest jedesmal sehr kurz gehalten; auf die Stoffgeschichte sowie die nutzbringende Verwendung wird dabei mehr Wert als auf die Herausstellung vieler Forscherpersönlichkeiten gelegt[27]. Herauszustellen ist noch, daß der Mineralogie mit „XXIX. Die Verarbeitung der Mineralien als wichtige Voraussetzung unserer Metallversorgung“ (S. 207-221) zwar ein eigenes Kapitel gewidmet ist; doch schon der Titel stellt den reinen Nutzengesichtspunkt, nämlich die Gewinnung von Metallen aus Erzen, heraus. Ansonsten spielt die Mineralogie so gut wie keine Rolle[28].

8.6. Theodor Wältermann / Albert de Bruyn-Ouboter / Wilhelm Geilenkeuser / Ernst Halberstadt: Chemie für Mittelschulen

Mit 222 Seiten (exklusive Arbeitstafeln und anhängendem Periodischen System der Grundstoffe) ist das 1942 erschienene Mittelschulbuch der Autorengemeinschaft Theodor Wältermann, Albert de Bruyn-Ouboter, Wilhelm Geilenkeuser und Ernst Halberstadt vergleichsweise kurz gehalten[29]. 118 primär schematisch-technische Abbildungen, teilweise ganzseitige S/W-Fotos, viele Hinweise auf praxis- und berufsnahe Unterrichtsfilme sowie eine kindgerechte direkte Ansprache unter Betonung von Haushalt, Handwerk und Industrie versuchen auch hier die nationalsozialistischen Zielsetzungen zu verwirklichen.
Allerdings verblüfft gerade bei Stoffaufbau und -inhalt der 4. Klasse (59 Seiten) die große Ähnlichkeit mit dem Meyer-Geilenkeuserschen Lehrbuch von 1933[30]. In einer 1934 in der „Zeitschrift für den physikalischen und chemischen Unterricht“ veröffentlichten Buchrezension übt an diesem noch auf den Bestimmungen über Mittelschulen in

26 Scharnberg (siehe Anm. 25), S. 57, 70, 116, 117, 130, 134, 174, 231-234.
27 Scharnberg (siehe Anm. 25), S. 4 f., 30, 57 f., 64, 79, 88 f., 93, 100 f., 110, 112, 115, 118 f., 142, 155, 157, 177, 186, 196, 202.
28 Scharnberg (siehe Anm. 25), S. 47 f., 62, 84.
29 Wältermann, Th. / de Bruyn-Ouboter, A. / Geilenkeuser, W. / Halberstadt, E.: Chemie für Mittelschulen. Ausgabe A für Jungenschulen. Frankfurt / Main 1942.
30 Meyer, W. / Geilenkeuser, W.: Chemie für Mittelschulen. Frankfurt / Main 1933.

Preußen vom 1. Juni 1925 beruhenden Lehrbuch nämlich gerade Reinhold Scharf herbe Kritik[31]:

„Das Buch scheint seine Entstehung einem Mißverständnis zu verdanken, nämlich dem Mißverständnis über den Sinn und Zweck des naturwissenschaftlichen Unterrichts in der Schule. Es kann nicht die Aufgabe des Chemieunterrichts sein, Schülern ein krauses Durcheinander von chemischen Theorien und Tatsachen (richtigen und falschen) vorzusetzen und sie dann zu zwingen, dies alles auswendig zu lernen. ...
In diesem „Lehrbuch", das für die 3. bis 1. Klasse der Mittelschulen, also für Schüler von etwa 14 bis 16 Jahren, geschrieben ist, erlauben sich die Verfasser gleich auf der dritten Seite eine „Einführung in die Atomhypothese und die chemische Formelsprache". Ich glaube nicht, daß auch nur einem Schüler an Hand des Buches der Unterschied zwischen einem Molekül und einem Atom wirklich klar wird, ganz abgesehen davon, daß er wahrscheinlich gar nicht einsehen wird, aus welchen Erfahrungen heraus man denn überhaupt diese Theorien aufgestellt hat."

Zugegebenermaßen wurde das Prinzip des Arbeitsunterrichtes 1942 zwar stärker berücksichtigt; die Begriffe Atom und Molekül sowie die chemische Formelsprache (Summen- und Strukturformel) werden jedoch in der neuen Ausgabe weiterhin sehr früh (S. 4-8) und zum großen Teil mit den gleichen Formulierungen abgehandelt. Auch werden chemische Gleichungen etc. im weiteren Buchverlauf häufig angewandt und in „§ 50. Die Kohlenwasserstoffe. Die Formelsprache der organischen Chemie" (S. 150-155) sogar für die Organik vertieft. Scharf bemängelt 1934 zudem, daß so manches Fremdwort nicht immer richtig abgeleitet wird und nennt als Beispiel „Hydrogenium ist zum Beispiel kein lateinischer Name für Wassererzeuger". In der 1942er-Neuausgabe findet sich jedoch genau diese Übersetzung auf Seite 18 wieder; auch andere Übersetzungen – exemplarisch sei hier nur der Begriff „Wertigkeit (= chemischer Hunger)" (S. 7) genannt – erscheinen sehr gewagt. Positiv hervorzuheben sind hingegen die neu eingeführten „Beobachtungen und Erfahrungen" am Kapitelanfang sowie eine übersichtliche, wohlstrukturierte „Zusammenfassung" des Gelernten am Ende jedes Kapitels.
Der in Teile gegliederte Aufbau ähnelt dem der anderen Bücher und entspricht den Vorgaben der „Bestimmungen für Erziehung und Unterricht in den Mittelschulen":

Klasse 4

I. Einführung in die Chemie (S. 1-8)
II. Das Wasser und seine Bestandteile (S. 8-20)
III. Die chemische Eroberung der Luft (S. 21-33)
IV. Wichtige Grundlagen der chemischen Industrie und der chemischen Kampfstoffe (S. 33-42)
V. Das Kochsalz und verwandte Verbindungen als Helfer in Haushalt und Technik (S. 42-51)
VI. Der Kohlenstoff (S. 52-59)

Klasse 5

VII. Deutsche Bau- und Werkstoffe (S. 60-77)
VIII. Deutschlands Kampf um seine Ernährung (S. 77-129)

31 Scharf, R.: Bücher und Schriften. Chemie für Mittelschulen. Von Meyer-Geilenkeuser. Gekürzte Ausgabe C. In: Zeitschrift für den physikalischen und chemischen Unterricht 47 (1934), S. 139. Ähnlich, nur im Ton etwas weniger scharf, äußert sich Kissling, H.: Bücherbesprechungen. Meyer, W.: Chemie für Mittelschulen. Unter Mitwirkung von W. Geilenkeuser. Gekürzte Ausgabe C. In: Unterrichtsblätter für Mathematik und Naturwissenschaften 34 (1933), S. 109.

Klasse 6

IX. Deutschlands Ringen um seine wirtschaftliche Unabhängigkeit (S. 129-206)
X. Die Chemische Waffe (S. 207-222)

Physiologie und Arzneimittel finden in diesem Lehrbuch nur selten Erwähnung[32]. Die nutzenorientierte Mineralogie und Kristallographie sind insbesondere in Klasse 4 und 5 als Einsprensel vertreten; ein geringfügig größerer Abschnitt ist dann den deutschen Natursteinen gewidmet[33]. Auch in diesem Mittelschulbuch wird andauernd Chemie- und Mineralogie-, selbst Kampfstoffgeschichte in kurzen Absätzen eingebaut[34] und dabei gerade bei Besprechung der neueren Geschichte die Bedeutung der chemischen Wissenschaft für die Überlebensfähigkeit des deutschen Volkes, die hohe Leistungsfähigkeit deutscher Forscher und Erfinder, die Treue und Tüchtigkeit deutscher Facharbeiter und der Aufschwung seit der Machtergreifung herausgestellt.
Das in seiner Gesamtheit gesehen nur von wenig Pathos geprägte Buch spart zwischendrin nicht an ideologischen Bezügen: In Teil „VIII. Deutschlands Kampf um seine Ernährung“ wird beispielsweise anhand von Statistiken und Schaubildern dargelegt, daß Deutschland ein „Volk ohne Raum!“ (S. 78) sei, im 1. Weltkrieg „750 000 deutsche Frauen, Kinder und Greise Opfer der unmenschlichen Hungerblockade“ (S. 78) des Auslands gewesen seien und Erzeugungsschlacht samt Expansionsbestrebungen mit Kolonialisierung das einzige Mittel darstellten, das Überleben des deutschen Volkes zu sichern. Teil „IX. Deutschlands Ringen um seine wirtschaftliche Unabhängigkeit“ setzt diese Thesen mit Schuldzuweisungen an das Ausland sowie das Weltjudentum fort. Der Nationalsozialismus, so das Resümee, habe Deutschland von diesem Joch befreit (S. 130 f.):

> „Eine solche Rohstoffarmut war schon bei geordneten Weltwirtschaftsverhältnissen, wo man alles Fehlende aus rohstoffreichen Ländern beziehen und durch Industrieerzeugnisse bezahlen konnte, wie es weitgehend das „Zweite Reich“ vor dem Weltkriege tat, kaum tragbar. Sie wurde völlig untragbar, sobald die Weltwirtschaft nicht in Ordnung war oder in verantwortungslose Hände geriet. ... So waren wir vollständig in Abhängigkeit des internationalen Weltjudentums; dieses konnte uns nach Belieben ausbeuten, große Volksteile in das traurige Los der Arbeitslosigkeit treiben, uns diktieren, was ihm beliebte. Eine Verteidigung der Lebensinteressen des deutschen Volkes und seiner Ehre war unter diesen Verhältnissen völlig unmöglich gemacht. Erst wenn wir unsere wirtschaftliche Unabhängigkeit gewinnen konnten, war die dauerhafte Befreiung aus diesen dem deutschen Volke angelegten Sklavenketten möglich. Hier hat der Nationalsozialismus zielsicher die Wirtschaftsarbeit angesetzt.“

Kurz darauf folgen Querverweise zur Biologie sowie Rassenlehre (S. 143). Im sehr praxisnah und ausführlich gestalteten Teil „X. Die Chemische Waffe“ mit der Beschreibung von Kampfstoffen, Brandbomben, Schieß- und Sprengstoffen sowie ihrer Bekämpfung, existieren einige Abbildungen, die eine Beschriftung in der von den Nationalsozialisten präferierten Sütterlin-Schrift enthalten.
Trotz der einen oder anderen genannten Unzulänglichkeit erfüllt dieses Lehrbuch durchaus den von den nationalsozialistischen Schulpolitikern vorgegebenen Zweck, die anwendungsrelevante Chemie der Landwirtschaft, des Haushalts und einiger handwerk-

32 Wältermann (siehe Anm. 29), S. 16, 22, 36, 37, 48, 159.
33 Wältermann (siehe Anm. 29), S. 33-35, 42 f., 56, 60-65, 73 f.
34 Wältermann (siehe Anm. 29), S. 6, 20, 23, 27, 29, 40 f., 53, 74, 83, 86 f., 110, 122, 129-132, 142, 150, 153, 160, 161f., 165, 166, 170 f., 174, 179, 181, 203 f., 207.

licher Berufe zu erlernen und mit den politisch-ideologischen Zielsetzungen des Nationalsozialismus zu verbinden. Bei den politisch-ideologischen Komponenten wird dieses Werk ohnehin deutlicher als die bisher besprochenen Mittelschulbücher.

8.7. Max Kranz / Anton Ondruf / Kurt Ullrich: Chemie für Mittelschulen und Mittelschuleinrichtungen an Volksschulen

Max Kranz, Anton Ondruf und Kurt Ullrich brachten 1942 die „Chemie für Mittelschulen und Mittelschuleinrichtungen an Volksschulen" heraus[35]. Das ohne Sachverzeichnis 224-seitige Jungen-Lehrbuch weist 182 zumeist aus anderen Büchern noch nicht bekannte Abbildungen auf. Das wiederum mit klarer Klasseneinteilung versehene Inhaltsverzeichnis zeigt schon in der Titelformulierung die klare Ausrichtung auf wirtschaftsrelevante NS-Ziele:

Die Chemie im Dienste der Nation (S. 7 f.)

Klasse 4

Die chemischen Grundstoffe und ihre Verbindungen in Haushalt, Technik und Industrie

Die Luft (S. 8-14)
Vom Wasser und seinen Bestandteilen (S. 14-25)
Chlor in Wirtschaft und Technik (S. 25-30)
Salze im Haushalt (S. 30-41)
Schwefelsäure, ein unentbehrliches Erzeugnis der chemischen Industrie (S. 42-47)
Unsere Brennstoffe (S. 48-57)

Klasse 5

Bau, Werk- und Nährstoffe aus deutschem Boden

Bau- und Werkstoffe aus Holz und Stein (S. 58-71)
Andere Werkstoffe aus deutschem Boden (S. 72-84)
Nahrungsfreiheit durch ertragreiche Bodenbewirtschaftung (S. 85-101)
Zucker und Stärke, die Grundlagen unserer Ernährung (S. 102-114)
Gärungserzeugnisse (S. 115-124)
Fette und Eiweißstoffe (S. 124-136)
Weitere Bestandteile unserer Nahrungsmittel und ihre Verwendung in der Industrie (S. 136-140)

Klasse 6

Deutschlands Ringen um Wirtschafts- und Wehrfreiheit

Kohle, Rohstoff einer gewaltigen Industrie (S. 141-154)
Deutsche Treibstoffe brechen das Erdölmonopol (S. 154-162)
Die Kohleveredelung, ein Weg zur Wirtschaftsfreiheit (S. 162-174)
Holz, der neue Rohstoff unserer Faserindustrie (S. 174-183)
Die deutsche Metallwirtschaft sichert unsere Unabhängigkeit (S. 184-207)
Die chemische Waffe (S. 207-221)
Die chemische Industrie in der nationalen Wirtschaft (S. 222-224)

Im einleitenden Kapitel „Die Chemie im Dienste der Nation" wird der Schüler direkt auf Führerziele, Leistungen der Chemie im 1. Weltkrieg und im „Lebens- und Erhaltungskampf des deutschen Volkes" (S. 8) hingewiesen. Um so mehr verwundert, daß

35 Kranz, M. / Ondruf, A. / Ullrich, K.: Chemie für Mittelschulen und Mittelschuleinrichtungen an Volksschulen. Ausgabe A: Für Jungen. Klasse 4 bis 6. Breslau 1942.

sowohl die 4. als auch die 5. Klasse anschließend zwar von den NS-schulpolitischen Themen geprägt sind, ihre Ausführung jedoch weitgehend ideologiefrei, im Bericht sachlich neutral erfolgt. Eine direkte Ansprache sowie Merksätze mit verständlichen und durchaus guten Erklärungen erleichtern den Schülern – gerade in den empirisch aufgebauten Anfangskapiteln –, das Erlernte zu verstehen und auch zu behalten. Unnötige Verdeutschungen werden vermieden.
Wissenschaftlich ist das Kranz-Ondruf-Ullrichsche Buch von allen bisher besprochenen Mittelschulbüchern am detailliertesten gehalten. Es reicht in vielen Punkten, v.a. bei der Besprechung der Begriffe Atom, Molekül, Wertigkeit, chemische Gleichung (S. 21-25) an die Schulbücher für die Höhere Schule heran. Manche Kapitel, in der 5. Klasse beispielsweise „Fette und Eiweißstoffe (S. 124-136), in der 6. Klasse „Die chemische Waffe“ (S. 207-221), wobei auch die friedliche Nutzung von bestimmten Sprengstoffen im Bergbau erwähnt wird, weisen interessanterweise sogar über das Höhere Schule-Fachwissen hinaus.
Knochensammlungen, Kampf dem Verderb, deutsche Qualitätsarbeit und Devisenwirtschaft, Wirtschaftsgesichtspunkte, v.a. alle Autarkiebestrebungen beherrschen zwar das Lehrbuch; die Art der Erklärung von nationalsozialistisch relevanten Sachverhalten unterscheidet sich aber von anderen Lehrbüchern. So wird statt die Devise „Volk ohne Raum“ direkt auszugeben, sanfter formuliert und begründet mit Worten wie „Da die verfügbare Nutzfläche im Verhältnis zur Bevölkerungszahl gering ist...“ (S. 85). Der kurze Abschnitt über Lähmungen von Teilen des Zentralnervensystems durch Alkoholgenuß (S. 118) könnte in seiner nicht von Ideologie bestimmten Form auch heute noch in Lehrbüchern veröffentlicht werden.
Mit Fortschreiten des 6. Klasse-Lehrstoffes wird die nationalsozialistische Indoktrination allerdings immer stärker. Zwar wird keine Ideologie im Sinne rassistischer Äußerungen betrieben, doch die Auswirkungen des Versailler Vertrages, die Rückgewinnung ehemaliger Reichsgebiete, die positiven Auswirkungen des nationalsozialistischen Wirtschaftsprogramms erhalten immer stärkeres Lob.
Das abschließende Kapitel „Die chemische Industrie in der nationalen Wirtschaft“, u.a. mit einem Zitat des Beauftragten für den Vierjahresplan Hermann Göring gespickt, zeigt die in der Chemie ruhenden nationalsozialistischen Ziele und Aufgaben nochmals zusammenfassend auf. So wird einerseits abgezielt auf die nationalsozialistische Auffassung, der Einzelne sei nicht wichtig und Gewinnmaximierung habe hinter Gemeinnutzenaspekten zurückzustehen (S. 222):

„Nicht darauf kommt es an, daß der einzelne Unternehmer Gewinne anhäuft, sondern entscheidend ist der Einsatz und die Leistung für das Volksganze.“

Andererseits werden die Leistungen deutscher Forscher nochmals hervorgehoben und dabei an die Schüler appelliert, es diesen zum Wohle des nationalsozialistischen Staates gleichzutun (S. 224):

„Der Chemieunterricht zeigt uns, wie die chemische Wissenschaft und die Industrie unermüdlich nach Erweiterung der Rohstoffgrundlage trachten, uns Nahrung und Kleidung beschaffen, neue und bessere Wertstoffe erzeugen, das Volksvermögen erhalten, vielen Volksgenossen Arbeit und Brot geben und dauernd an der Verbesserung der Landesverteidigung arbeiten. ...
Und du, deutsche Jugend, schaue hin auf das stolze Werk zäher Arbeit und schöpferischen Suchens deutscher Wissenschaftler und Techniker! Lerne es in Bewunderung und Ehrfurcht ver-

stehen und eigne dir mit gleichem Fleiß die chemischen Kenntnisse an, die notwendig sind, um das Werk des Führers zu sichern und zu vollenden!“

Während Heilkunde oder zumindest allgemeine gesundheitliche Aspekte in diesem Lehrbuch nur als kurze Einsprengsel eine Rolle spielen[36] und Mineralogie bzw. Kristallographie wiederum nur unter Nutzenaspekten zwischendrin eingeflochten sind[37], ist der geschichtliche Part, sowohl was die Entstehungsgeschichte bestimmter Produkte als auch die Lebensgeschichte bahnbrechender Erfinder betrifft, sehr stark ausgeprägt[38]. Herauszuheben ist noch eine anhängende „Auswahl wertvoller Unterrichtsfilme aus dem Schmalfilmarchiv der Landesbildstellen nach dem Stande vom 1. August 1941“, die zur „Unterstützung, Vertiefung, Erweiterung und Belebung der chemischen Unterrichtstoffe“ (S. 225) für die 4. Klasse 9, die 5. Klasse 25 und die 6. Klasse 23 praxisnahe Filme empfiehlt.

8.8. Arthur Mergard / Wilhelm Flörke: Lehrbuch der Chemie für Mittelschulen

Das ohne Sachregister 221-seitige „Lehrbuch der Chemie für Mittelschulen“ von Arthur Mergard und Wilhelm Flörke beginnt direkt mit einem Aufruf des Vierjahresplan-Beauftragten Hermann Göring an Erfinder, Unternehmer, deutsche Arbeiter und Bauern sowie schließlich das ganze Volk, den Zielen der nationalsozialistischen Bewegung zum Gelingen zu verhelfen[39]. Das Buch weist 209 Abbildungen, darunter einige aus dem Höhere Schule-Lehrbuch von Scheid-Flörke bekannte Motive, auf. Im Aufbau wird eine direkte Klasseneinteilung nicht vorgenommen:

I. Die Chemie als Helfer in Haus und Werkstatt
Chemische Vorgänge. Die Welt der Stoffe. (S. 1-60)
II. Chemie in alter Handwerkskunst
Deutsche Bau- und Werkstoffe (S. 60-87)
III. Die Chemie als Grundlage für Gewerbe und Technik
Deutsche Metallwirtschaft (S. 88-126)
IV. Chemie und deutsches Bauerntum
Der Kampf um die Nahrungsfreiheit des deutschen Volkes (S. 127-155)
V. Chemie und deutsche Großindustrie
Der Kampf um die Wirtschaftsunabhängigkeit des deutschen Volkes (S. 156-196)
VI. Chemie und deutsche Wehrkraft
Der Kampf um die Lebenssicherheit des deutschen Volkes (S. 197-206)
VII. Chemie in Geschichte und Gegenwart
Der Kampf um die Weltgeltung deutscher Forschung und Technik (S. 206-221)

Aus den „Bestimmungen über Erziehung und Unterricht in der Mittelschule“ ist allerdings ersichtlich, daß Teil I. der 4. Klasse, Teil II bis IV. der 5. Klasse und Teil V. bis

---

36 Kranz / Ondruf / Ullrich (siehe Anm. 35), S. 14, 15, 28, 29, 32, 35, 38, 44, 108, 118, 121, 123, 129, 130, 131, 135, 141, 153, 162, 168, 202, 223.
37 Kranz / Ondruf / Ullrich (siehe Anm. 35), S. 17, 32 f., 42 f., 48 f., 51, 59 f., 62 f., 65 f., 69, 73 f., 155, 184, 202.
38 Kranz / Ondruf / Ullrich (siehe Anm. 35), S. 12, 17, 29, 47, 55, 79, 82, 85, 93, 94, 107, 114, 143, 145, 154, 159, 161, 165, 166, 168, 172, 175, 177, 178, 212.
39 Mergard, A. / Flörke, W.: Lehrbuch der Chemie für Mittelschulen. Ausgabe A für Jungen. Leipzig 1942.

VII. der 6. Klasse zuzuordnen sind. Die weitere Untergliederung des Inhaltsverzeichnisses in Abschnitte und Unterkapitel ist sehr detailliert und praxisorientiert. An jedem Abschnittsende finden sich das Gelernte rekapitulierende bzw. vertiefende Aufgabenstellungen an den Schüler. Querverweise auf den Unterricht ergänzende RfdU-Filme sowie Verdeutschungen, z.B. „Auslöser (Katalysator)“ (S. 134) sind partiell zu finden. Verstreut auf Unterkapitel „18. Zeichen, Formeln, Gleichungen. Die Kurzschrift des Chemikers“ (S. 17 f.) sowie „31. Die Mengengesetzlichkeit bei chemischen Vorgängen“, „32. Das Atomgewicht“ und „33. Wertigkeit und Bauformeln“ (S. 35-39) werden dem Schüler die Grundlagen der Atom- und Moleküllehre sowie der Formelsprache und des chemischen Rechnens in der von den NS-Schulpolitikern gewünschten kurzen, teils vereinfachten Form vermittelt. Am Buchende wird allerdings noch das Periodische System der Elemente sowie der Aufbau der Atome, inklusive der Erkenntnisse Rutherfords und des Bohrschen Atommodells, – ein in allen anderen Mittelschulbüchern vernachlässigter chemischer Inhalt – behandelt.
Kaum eine Seite vergeht ohne eine chemiegeschichtliche Anmerkung. Die zahlreichen Lebensbilder herausragender chemischer Forscher betonen deren Entbehrungen und Opferwillen deutlicher als die anderen Mittelschulbücher. So wird schon resümierend im „Rückblick und Ausblick“ am Ende der 4. Klasse dem Schüler ein mit Pathos vorgetragenes Konglomerat nationalsozialistischer Mottos und Ziele nahegelegt (S. 59 f.):

„In tiefer Ehrfurcht stehen wir der Schöpfung gegenüber. In inniger Naturverbundenheit und demütiger Verehrung der Geheimnisse des Lebens arbeitet der Chemiker. Fehlschläge sind ihm immer nur ein neuer Ansporn. Er ist ein Eroberer in der Stille. Langsam aber unaufhaltsam hat er die Welt unseres täglichen Lebens geändert, hat er durch seine Erfindungen und Entdeckungen die Machtverhältnisse auf dieser Erde verschoben. Er kennt seine Berufung, seinem deutschen Volke mit seiner Arbeit zu dienen. Die Chemie ist nicht nur ein Helfer in Haus und Werkstatt; sie soll uns auch deutsche Bau- und Werkstoffe schaffen im Dienste des deutschen Handwerkers, soll für unser deutsches Gewerbe und unsere deutsche Technik die Metallgewinnung und -verarbeitung verbessern. Sie soll den Kampf führen helfen um die Nahrungsfreiheit unseres Volkes, den unser Bauerntum als seine Aufgabe kennt, den Kampf um unsere Wirtschaftsunabhängigkeit, den die deutsche Großindustrie mit übernommen hat, den Kampf um die Lebenssicherheit des Volkes, den unsere unvergleichlich tapfere Wehrmacht führt. Wahrhaft würdige, hochgesteckte Ziele! Wert des ganzen Einsatzes ganzer Menschen, die ihre Arbeit in den Dienst ihrer Volksgemeinschaft stellen wollen!“

Neben Devisenwirtschaft und Metallverwertung wird in der 5. Klasse unter Hinweisen wie „Wir sind ein uraltes Bauernvolk.“ (S. 127) intensiv die Chemie des Ackerbaues und der Nahrungsstoffe betrieben, um – unter dem Abschnittstitel „Chemie in der Erzeugungsschlacht“ (S. 153-155) – in der wirtschaftlichen Verwertung pflanzlicher und tierischer Rohstoffe zu münden. Mineralogie und Kristallographie finden sich unter rein anwendungsorientierter Sicht ebenfalls v.a. in der 5. Klasse bei den Teilen II. und III. mit „52. Der Kalkstein in der Natur“ (S. 63-65), „54. Der Quarz, ein Rohstoff zur Glasbereitung“, „55. Kristalle“, „56. Die Kieselsäure und die Silikate“ (S. 67-70), „59. Vom Aufbau der Erdrinde“, „60. Arten der Gesteine“, „61. Die Gesteine als Werkstoffe“ (S. 76-80) sowie „68. Die Metallerze“, „69. Erzlagerstätten“, „70. Erzaufbereitung“ (S. 91-94) wieder.
Mitten in sachliche, teils sogar zur Verdeutlichung mit chemischen Reaktionsgleichungen versehene Textpassagen sind in der 6. Klasse dann nationalsozialistische Leistungen und Ziele heroisierende Sätze eingebunden. Exemplarisch sei hier bei Behandlung der Treibstoffe und Schmieröle genannt (S. 175):

„Deutsche Forscher haben in langwieriger wissenschaftlicher Arbeit die Grundlage dafür geschaffen. Aber erst die zielbewußte Staatsführung des Nationalsozialismus verlieh der Industrie die Kraft, auch die technischen und wirtschaftlichen Schwierigkeiten zu überwinden, die sich früher der Treibstoffgewinnung aus Kohle in der Technik entgegenstellten. ...
Freiheit nach außen und Gerechtigkeit nach innen sind die Ziele, die es zu verwirklichen gilt. Um sie zu erreichen, nimmt der Staat entscheidenden Einfluß auf das Wirtschaftsleben und gestaltet es so, daß es hilft, die lebenswichtigen Notwendigkeiten des deutschen Volkes durchzusetzen. Die Eigenversorgung mit Treibstoffen ist eine Voraussetzung für unsere wirtschaftliche Unabhängigkeit und unsere Wehrkraft. Die Ausnutzung eigener Rohstoffe hält das Geld im Lande. Die Förderung und vor allem die Veredelung dieser Rohstoffe schaffen Arbeit und Brot."

In einem eigenen Abschnitt über „Heilmittel" (S. 183-185) wird mit dem Paradebeispiel des „Germanin" bzw. „Bayer 205" wieder der Kolonialgedanke gepflegt. Daneben geht das Mittelschulbuch vom pharmazeutischen Gesichtspunkt aus ausführlicher auf einzelne Arzneimittelgruppen ein als das Höhere Schule-Lehrbuch von Scheid-Flörke.
Wie im Höhere Schule-Lehrbuch findet sich aber auch hier ein eigenständiger chemiegeschichtlicher Abschnitt sowie eine Betonung der Leistungen der Kaiser-Wilhelm-Gesellschaft zur Förderung der Wissenschaften bzw. der Deutschen Forschungsgemeinschaft. Die wesentlichen Kriterien für Standorte der chemischen Industrie sowie sinnvolle Wirtschaftsverflechtungen werden beleuchtet. Das Buch schließt dabei mit der Feststellung eines wirtschaftspolitisch-ideologischen Kerngedankens des Nationalsozialismus (S. 221):

„Die Volkswirtschaft hat die Aufgabe, dem Volke zu dienen und ihm die Waffen zu liefern in seinem Kampf um die Selbstbehauptung. Durch die Ausrichtung der Volkswirtschaft auf dieses übergeordnete Ziel wird sie zur „völkischen" Wirtschaft. Aus einem Wirtschaftsmechanismus wird so ein Wirtschaftsorganismus, dessen einzelne Organe sich als dienende Glieder in das Ganze einfügen, einander stützen und miteinander wachsen und gedeihen und so zu höchster Leistung gelangen."

Neben dem gestalterisch anderen Aufbau und einer großteils weniger wissenschaftlich detaillierten Darstellungsweise von Sachverhalten ist die weitaus stärker ausgeprägte Forcierung nationalsozialistischer Intentionen im Mergard-Flörkeschen Mittelschulbuch somit wesentliches Unterscheidungskriterium zum Höhere Schule-Werk der Autoren Scheid und Flörke.

8.9. Spezialausgaben für Mädchenschulen

Auch bei den Mittelschulbüchern erschien für die Klassen 4 bis 6 – jeweils als Pendant zu den acht Jungenausgaben – ein auf die Mädchen zugeschnittener Band[40]. Ausführlicher soll an dieser Stelle nur die Ausgabe B der „Chemie für Mittelschulen" von Walter Schäfer und Willi Lange behandelt werden[41]; die weiteren 7 Mädchenlehrbücher erfahren dann nur eine kurze Betrachtung. Mit 247 Seiten (exklusive Chemieformel- sowie Personen- und Sachverzeichnis) und 245 Abbildungen ist das Schäfer/Langesche-Buch geringfügig ausführlicher als das entsprechende Jungenbuch. Die detaillierte Gliederung

40 Siehe hierzu Anhang „Vorläufig zugelassene Lernbücher Naturlehre – Chemie der Mittelschule".
41 Schäfer, W. / Lange, W.: Chemie für Mittelschulen. Ausgabe B für Mädchen. Klasse 4 bis 6. Hildesheim, Leipzig 1942.

enthält alle im Lehrplan von „Erziehung und Unterricht in der Mittelschule" aufgeführten Inhaltspunkte, eine klare Einteilung in Klasse 4, 5 und 6 wurde jedoch nicht vorgenommen:

I. Nr. 1 Die deutsche Chemie hilft das Leben unseres Volkes sichern. Wie steht die deutsche Frau zur Chemie? (S. 1 f.)
II. Die Chemie befaßt sich mit Stoffen und chemischen Vorgängen. (S. 2-11)
III. Die Luft. (S. 11-22)
IV. Das Wasser. (S. 23-32)
V. Wasserstoff. (S. 33-36)
VI. Die deutschen Salzlager liefern wertvolle Stoffe für Haushalt und Volkswirtschaft. (S. 36-49)
VII. Die deutsche Stickstoffindustrie sichert unsere Ernährung und Verteidigung. (S. 50-57)
VIII. Molekular- und Atomgewichte und ihre Anwendungen. (S. 57-59)
IX. Unsere wichtigsten Heiz-, Leucht- und Treibstoffe. Gasschutz im Luftschutz. (S. 60-88)
X. Die wichtigsten Gebrauchsmetalle der Haus- und Volkswirtschaft. (S. 89-117)
XI. Unsere Nahrungsstoffe. (S. 118-140)
XII. Unsere Nahrungsmittel. (S. 140-154)
XIII. Gewürze und Genußmittel. (S. 154-156)
XIV. Kampf dem Verderb der Nahrungsmittel. (S. 156-162)
XV. Unsere Kleidung. (S. 162-182)
XVI. Farbstoffe verschönern unsere Kleidung. (S. 182-187)
XVII. Aus der Chemie des Waschens. (S. 187-196)
XVIII. Aus der Chemie der Wohnung. (S. 197-218)
XIX. Von der Heizung der Wohnung. (S. 219-228)
XX. Treibstoffe aus Kohle. (S. 228-233)
XXI. Kunststoffe. (S. 233-238)
XXII. Die deutsche Arzneimittelchemie (pharmazeutische Chemie). (S. 239-242)
XXIII. Die chemischen Grundlagen des Luftschutzes. (S. 243-247)

Eine unmittelbare Praxisnähe, die sich selbst schon im aussageorientierten Stil der hier aufgeführten Teileüberschriften bemerkbar macht, herrscht vor. Die Titelgebung der insgesamt 120 Kapitel fixiert die haushalts- und kriegsrelevante Ausrichtung weiter. Das Buch stimmt mit einem Zitat der Reichsfrauenführerin Gertrud Scholtz-Klink direkt auf die primäre Zielrichtung dieses Mädchenlehrbuches ein (S. 1):

„Weil wir heute Hauswirtschaft anders werten müssen als früher, wissen wir, daß eine gute Haushaltsführung eine für die deutsche Volkswirtschaft unersetzliche und entscheidende Leistung der Frau darstellt und deshalb für alle Mädchen Voraussetzung und Verpflichtung für ihren Einsatz in der Nation bedeutet."

Vierjahrespläne, mühevolle chemische Forschungsarbeit sowie der „Kampf um unser Sein oder Nichtsein" (S. 1) kommen direkt im Anschluß zur Sprache. Ganz offen wird in diesem einleitenden Kapitel „Die deutsche Chemie hilft das Leben unseres Volkes sichern. Wie steht die deutsche Frau zur Chemie?" dann die Vorbereitung des jungen Mädchens auf ihre spätere Rolle als Hausfrau und Mutter, die sich dem Führerwillen diesbezüglich zu unterwerfen habe, propagiert (S. 1 f.):

„Einen **wesentlichen Beitrag** zur Lösung der uns vom Führer gestellten Aufgaben **leistet die deutsche Hausfrau.** ... Die hohe Bedeutung der Frau für unsere deutsche Volkswirtschaft ergibt sich schon daraus, daß allein ¾ des Volkseinkommens von ihr verwaltet werden. Es liegt darum nicht nur im eigenen, sondern vor allem im völkischen Interesse, daß die künftigen Hausfrauen die zu ihrer späteren so verantwortungsvollen Wirtschaftsführung erforderlichen Kenntnisse schon frühzeitig erwerben. Zur Errei-

chung dieses Zieles sind neben vielem anderen **chemische Kenntnisse von besonderer Bedeutung.** Sie erst befähigen die Hausfrau, deren Arbeit in Küche und Haus von zahllosen chemischen Vorgängen umgeben und durchdrungen ist, diese hauswirtschaftlichen Arbeiten mit besonderem Verständnis auszuführen. Sie ermöglichen es ihr ferner, mit der nötigen Einsicht den Kampf gegen den Verderb aufzunehmen, verständnisvoll die neuen Roh- und Werkstoffe zu benutzen und zu pflegen und nicht zuletzt die Maßnahmen unserer Staatsführung auf dem Gebiete der Ernährung in ihrer Bedeutung zu erfassen und zu ihrer Durchführung erfolgreich beizutragen.
Der **Chemieunterricht** setzt sich nun das **Ziel,** dir in einigen Jahren ein Verständnis von dem Wesen und der Bedeutung der Chemie in Küche und Haus, im gewerblichen Leben und für die Wehr- und Wirtschaftskraft unseres Volkes zu vermitteln. In diesem Sinne erzieht auch der Chemieunterricht die künftigen Hausfrauen zu verantwortungsbewußten Mitarbeiterinnen am großen Aufbauwerk unseres Führers."

Die nationalsozialistische Frauenpolitik diktiert somit auch im Mittelschulbuch deutlich die Inhalte.
Um die Verdeutschung chemischer Fachausdrücke wird sich in diesem Buch bemüht. So manche Abbildung und so mancher Abschnitt ist mit dem Mittag-Schäferschen Höhere Schule-Lehrbuch für Mädchen identisch. Andererseits entsprechen auch durchaus große Teile – bis auf eine etwas andere Anordnung – wortwörtlich dem Jungenbuch. Natürlich fallen die stärker auf die Küchenchemie reflektierenden Beobachtungsaufgaben auf. Typisches Beispiel (S. 11): „Achte in der Küche auf den ‚Farbumschlag' beim Kochen des blauen Saftes vom ‚Rotkohl' mit Essig!".
Mit „Nr. 4. Moleküle und Atome, die Bausteine aller Stoffe" (S. 9-11), „Nr. 13. Jeder Grundstoff hat seine Wertigkeit" (S. 31 f.) und „VIII. Molekular- und Atomgewichte und ihre Anwendungen" (S. 57-59) ist chemisches Grundlagenwissen inklusive chemischem Rechnen, also der Stöchiometrie, immerhin vorhanden, wenngleich weitaus knapper gehalten als ohnehin schon im Jungenbuch. Die Formelsprache wird insgesamt nur spärlich verwendet.
Auffallend neu ist hingegen der unmittelbare und gleichzeitig recht ausgedehnte Einzug nationalsozialistischer Kriegspropaganda. So ist unter „Nr. 41. Eisen, das wertvollste Metall" zu lesen (S. 89):

„Ob im gegenwärtigen Kriege unsere Panzer an den Brennpunkten der Kämpfe durch ihren ungestümen Einsatz den entscheidenden Durchbruch erzwingen, ob unsere Geschütze die den Vormarsch hemmenden Bunker aus Beton und Stahl zerhämmern und die Panzerplatten der feindlichen Kriegsschiffe sowie der verzweifelt eingesetzten gegnerischen Tanks durchschlagen, ob unsere Maschinengewehre und Flakgeschütze Sperre schießen, ob die Behelfsbrücke hält, ob die Stiefelwecken den Vormarsch überdauern – immer sind es deutsche Eisen und deutscher Stahl, mit denen der deutsche Soldat von Sieg zu Sieg eilt."

Während Teil II. bis X. – sieht man von vereinzelten Kapiteln wie „Nr. 45. Was die Hausfrau vom Rostschutz wissen muß" (S. 103 f.) ab – ansonsten noch große Ähnlichkeit mit dem Jungenbuch aufweist, zeigen sich in den folgenden Abschnitten die Themengebiete, die besonders ausführlich in den Mädchenschulen behandelt werden sollen. Vitamine, Erzeugungsschlacht, Ernährungswirtschaft, Ziele der deutschen Ernährungsreform, einzelne Nahungsmittel und ihre ernährungsphysiologische Zubereitung werden in den Teilen XI. bis XIII. weitaus ausgiebiger als im Jungenbuch besprochen. Typische Unterkapitel sind: „Unsere Kost muß Nährsalze enthalten" (S. 142 f.), „Fleisch, unsere wichtigste Eiweißquelle" (S. 143 f.), „Auch die Fische sind wertvolle Eiweißlieferer" (S. 144), „Was den Wert des Hühnereies ausmacht" (S. 144 f.), „Milch, ein Vollnahrungsmittel vielseitigster Verwendung“ (S. 145-148), „Mehl und Brot, zwei Hauptstützen unserer Ernährung“ (S. 148 f.), „Die Kartoffel, ein weiterer Hauptträger der deutschen Ernährung“ (S. 149-151), „Gemüse und Hülsenfrüchte, wichtige Bestandteile unserer Mischkost“ (S. 151 f.) oder „Obst, eine gesunde Beikost“ (S. 152 f.). Nationalsozialistische Grundanschauungen und Erziehungsgrundsätze werden dabei immer wieder angeführt. Blind gehorchende Geschöpfe haben die Mädchen zu sein (S. 139):

„Die Beschränkungen in der Nahrungswahl, die der einzelne sich aufzuerlegen hat, sind nur ein geringes Opfer. Sie erscheinen jedem Deutschen selbstverständlich, der für all sein Handeln nur eine Richtschnur kennt:

Einsatz für sein Volk!

Die deutsche Frau wird sich schon als Mädchen willig den Maßnahmen der Menschenführung auf dem Ernährungsgebiet unterordnen, um wieder ihrerseits später den ihr Anvertrauten ein menschlich und politisch richtig führendes Vorbild sein zu können.“

Unter „Nr.71. Genußmittel sind entbehrlich“ zeigt sich der chauvinistische Einschlag der NS-Frauenpolitik besonders deutlich – auch wenn natürlich die gesundheitliche Aussage, daß Rauchen schädlich ist, stimmt (S. 155):

„Das rauchende Mädel bedenke, daß es sein Verblühen beschleunigt, daß es kommendes Leben gefährdet, und daß die wertvollsten Männer die späteren Frauen und Mütter ihrer Kinder anders zu sehen wünschen.“

Konservierungsmethoden und Schädlingsbekämpfung kommen dann in Teil XIV. zum Zuge. In den ausführlichen Abschnitten über Kleidungsfasern, ihrer Herstellung, Verarbeitung (S. 162-181) und Färbung (S. 182-186) sowie bei Behandlung der Möglichkeiten des Waschens und Bleichens (S. 187-196), inklusive Wasserenthärtung sowie faser- und farbschonender Waschvorgänge, zeigt sich die Rolle der zukünftigen Frau als „Heimchen am Herd“ besonders deutlich. Dies setzt sich in den direkt anschließenden Teilen zur Verschönerung und Heizung der Wohnung mit der Vermittlung genauer Kenntnisse zu Reinigungsmitteln für Haushaltsgeräte (S. 216-218), des brennstoffsparenden Heizens (S. 221 f.) oder der Abbrandeigenschaften verschiedener Kohlearten (S. 224-227) fort.

Chemiegeschichtliche Einsprengsel werden ausreichend berücksichtigt, sind gegenüber der Jungenausgabe in der Ausführung allerdings etwas gekürzt. Deutsches Forschertum sowie die Erfolge rastloser Arbeit um des Fortschritts Willen werden auch im Mädchenschulbuch dabei immer wieder herausgestellt. Dies gilt besonders auch für die eigenständigen Abschnitt „Die deutsche Arzneimittelchemie (pharmazeutische Chemie)“ (S. 239-241).

Die Bedeutung des Luftschutzes und die herausragende Rolle der Frau hierbei wird durch „Nr. 9. Warum wir uns bei Fliegeralarmen im Luftschutzraum ruhig verhalten“ (S. 21 f.), „Nr. 33. Die Volksgasmaske“ (S. 62-65) und im abschließenden Teil „XXIII. Die chemischen Grundlagen des Luftschutzes“ (S. 243-247) Rechnung getragen.

Auffallend kurz fallen für die Mädchen dagegen Abschnitte zu Bau- und Werkstoffen, zur Treibstofffrage sowie zu wichtigen Kunststoffen aus; zum Vergleich: Bei den Jungen nehmen diese Gebiete große Teile der 5. und 6. Klasse ein. Die Mineralogie wird ebenfalls nochmals wesentlich weniger berücksichtigt, als dies in der Jungenausgabe

schon der Fall ist. Zudem steht dabei höchstens der Gesichtspunkt im Blickpunkt, daß aus Erzen Metalle zur Stärkung der Wehrkraft gewonnen werden.
Die aus dem Jahre 1939 stammende, durch den Erlaß von 1941 genehmigte „Naturlehre für Mittelschulen. Ausgabe für Mädchen. Chemie für die Klassen 4 bis 6" der beiden Autoren Gustav Peter und H. Schmidt[42] ist mit 163 Seiten (inklusive der Übersicht über die chemischen Grundstoffe) etwas länger als das entsprechende Jungenbuch; dennoch ist sie insgesamt die kürzeste Mädchenausgabe. Auch hier existiert keine direkte Klasseneinteilung. Legt man den in den „Bestimmungen über Erziehung und Unterricht in der Mittelschule" aufgeführten Lehrplan zugrunde, bilden jedoch die ersten 15 Paragraphen (bis Seite 51) die 4. Klasse, §§ 16 bis 29 (S. 52-90) die 5. Klasse und §§ 30 bis 61 (S. 91-160) die 6. Klasse. Die Dominanz der Haushalts- und Nahrungsmittelchemie wird nicht nur im Inhaltsverzeichnis, sondern auch durch zahlreiche Arbeitstafeln im Text offensichtlich. Neu und für die Hausfrau als äußerst relevant bezeichnet wird hier insbesondere eine Tafel mit „Nährgeldwerten", das ist eine Berechnung der „Anzahl der Wärmeeinheiten, die man beim Einkauf von Lebensmitteln für 1 RM. erhält." (S. 112). Typisch praxisnah mit einer Zusammenstellung notwendiger Arzneimittel und Geräte versehen, ist „§ 59. Die Haus- und Luftschutzapotheke" (S. 158 f.). Angereichert um diese Küchenchemie und -wirtschaft, haushaltsrelevante Tips und etwas Physiologie sind ansonsten jedoch weite Teile – nicht unbedingt in der räumlichen Aneinanderreihung, jedoch in Inhalt und Formulierung – mit dem Jungenbuch identisch. Daß die „Chemie der Lichtbildkunst" (S. 89-91) im Mädchenbuch, aber nicht im Jungenschulbuch auftaucht, verwundert etwas. Die Grundgesetze der Chemie werden nur am Rande erwähnt; die chemische Formelsprache bleibt ebenfalls äußerst rar. Der Stil ist sachlich, ideologische oder pathetisch-nationalsozialistische Äußerungen sind bei Peter / Schmidt nicht zu finden.
Die „Chemie für Mittelschulen. Zum Gebrauch in Mädchenschulen" von Heinrich Filipp[43] ist mit 243 Seiten in der 1. Auflage von 1942 etwa 60 Seiten kürzer als das entsprechende Jungenbuch. Tatsächlich sind sehr viele Parallelen zum Arbeitsbuch für Jungen zu erkennen. Bis auf vergleichsweise wenige Anspielungen auf Versailler Diktat und Autarkiebestrebungen existieren keine direkten nationalsozialistisch begründete Formulierungen; meist folgt eine rein sachliche Darlegung der Sachverhalte. Wir-Formulierungen herrschen vor, um das Gemeinschaftsgefühl zu betonen. Die Stoffverteilung für die „Grundständige Mittelschule für Mädchen", wie sie in den Bestimmungen für Erziehung und Unterricht niedergelegt ist, wird quasi direkt abgearbeitet. Nur die stärkere Konzentration auf Heilmittel, Ernährung, Reinigungs- und Waschvorgänge mit zahlreichen praktischen Tips hierzu, also typische Hausfrauenarbeiten, weisen auf die vom Nationalsozialismus propagierte Rollenverteilung hin.
An der noch 1941 erschienenen „Ausgabe B für Mädchen" des Chemie-Lehrbuches für Haupt- und Mittelschulen von Hans Gerhardt, Albert Höfner und Heinrich Steinkopf war als zusätzliche Autorin die Chemielehrerin Anna Pfeiffer beteiligt[44]. Die 228 Seiten (ohne Sach- und Namensverzeichnis) sind nicht nur wesentlich kürzer als das

42 Peter, G. / Schmidt, H.: Naturlehre für Mittelschulen. Ausgabe für Mädchen. Chemie für die Klassen 4 bis 6. Halle / Saale 1939.
43 Filipp, H.: Chemie für Mittelschulen. Zum Gebrauch in Mädchenschulen. München, Berlin 1942.
44 Gerhard, H. / Höfner, A. / Steinkopf, H.: Lehrbuch der Chemie für Haupt- und Mittelschulen. Ausgabe B für Mädchen. Unter Mitarbeit von A. Pfeiffer. Bielefeld, Hannover, Leipzig 1941.

Jungenpendant, sie weisen zudem 72 Abbildungen weniger auf. Von Beginn an ist mit der Betonung der Rolle des Mädchens im NS-Staat, insbesondere unter dem Blickwinkel ihrer in der Chemie wurzelnden Aufgabenstellungen sowie der Quervernetzung mit der Lebenskunde, eine deutlich nationalsozialistische und zudem andere Gewichtung als im Jungenwerk auszumachen (S. 2):

„Das Mädchen wird als zukünftige Hausfrau und Mutter die Hüterin und Wahrerin der Gesundheit und Lebenstüchtigkeit der kommenden Geschlechter. Die Chemie kann uns zur Erreichung dieser großen Ziele wichtige Dienste leisten. So wird in Haus und Beruf manche Frage auftauchen, die wir auf Grund unseres chemischen Wissens beantworten können. In der Erziehung zur Sparsamkeit mit den uns zur Verfügung stehenden Gütern aller Art liegt eine weitere Aufgabe der Chemie als Dienerin der Hauswirtschaft. Endlich wird durch dieses Buch ein Beitrag zum Aufbau des Weltbildes gegeben, wie es von der Chemie aus gesehen wird."

Ausführliche, kindgerecht aufbereitete und äußerst praxisnah mit Tips versehene Kapitel folgen: „Vom richtigen Heizen" (S. 71-75), „Gebrauchsmetalle in der Hauswirtschaft" (S. 124-135), „Unsere Kleidung" (S. 170-179), „Die gesunde Wohnung" (S. 180-183), „Fleckenmittel" (S. 184-186), „Die Hausapotheke" (S. 187), „Chemie des Waschens und Bleichens" (S. 191-199), als Unterkapitel „Die Färberei im Hause" (S. 189 f.) bzw. „Luftschutz-Hausapotheke" (S. 227 f.) – um nur die allertypischsten, immer wieder die Aufgaben der Frau für die Familie betonenden Titel zu nennen.
Gerhard Scharnberg bearbeitete zusammen mit Hans Finnern die 206seitige (ohne Namen- und Sachverzeichnis) „Chemie für Mädchen-Mittelschulen"[45]. Das Buch ist praxisnah tendenziös gestaltet, was schon die großen Haupttitel „Einführung in die Chemie der Hauswirtschaft" (S. 4-97), „Aus der Chemie der Ernährung" (S. 98-148), „Die Chemie der Kleidung" (S. 149-169), „Von der Chemie der Wohnung" (S. 171-188), „Von der Chemie des Verkehrs" (S. 189-199) und „Chemische Kampfstoffe" (S. 200-206) wiedergeben. Chemisches Grundlagenwissen wurde lediglich da, wo es unbedingt notwendig erschien, in den hausstandsrelevanten Grundtenor eingebettet. So erscheinen beispielsweise der Atom- und Molekülbegriff, chemische Wertigkeit, Zeichen- und Formelsprache sowie chemische Gleichungen in äußerster Kurzfassung schon sehr früh (S. 7-9) unter dem Themenrahmen „§ 2. Warum silberne oder versilberte Geräte schwarz anlaufen, und was wir daraus lernen können". Das Buch wurde im Sinne der NS-Frauenpolitik damit äußerst mädchengerecht zugeschitten; nur in manchen Abschnitten tauchen aus dem Jungenpendant wortwörtlich bekannte Teile auf. Familien- und Volkswohl werden über alle anderen Ziele gestellt (S. 85):

„Eine Hausfrau dient in der Verwaltung ihres Haushalts nicht nur der eigenen Famile, sondern dem Wohl des ganzen Volkes."

Selbst die Abbildung einer jungen Mutter mit Baby, die als Heilmittel gegen Rachitis „Vigantol" (Vitamin D) in die Kleinkindernahrung gibt (S. 122) findet sich in diesem Chemie-Lehrbuch. Die Chemiegeschichte wurde bei Scharnberg-Finnern hingegen stark vernachlässigt.

---

45 Scharnberg, G. / Finnern, H.: Chemie für Mädchen-Mittelschulen. Leipzig, Berlin 1942.

Als Pendant zum De Bruyn-Ouboter-Wältermannschen Jungenwerk erschien 1942 ebenfalls das Mädchenmittelschulbuch[46] – konzipiert von den Mittelschullehrern Ernst Hoffmann und Theodor Wältermann unter der Mithilfe von Margarete Chall als Fachlehrerin. Mit 210 Seiten (ohne Anhang, der u.a. das Perdiodische System der Grundstoffe enthält) ist es nicht wesentlich kürzer als das Jungenbuch. Auch die ersten vier Teile entspechen inhaltlich – nicht wortwörtlich – weitgehend der Jungenausgabe. Erst ab S. 43 „Die Brennstoffe und ihre Verwendung im Haushalt" kommt der Haushaltsbezug direkt zum Tragen. Die „Pflicht jedes deutschen Mädels" (S. 107) wird aufgeführt; diese erstreckt sich erstens in der „Sorge für die Gesundheit und das Wohlergehen der Familie", zweitens auf die nationalsozialistische Wirtschaftsführung und die darauf zurückzuführenden sparsamen, ausgewählten Einkaufsaktionen, die Ersatzstoffe hinreichend zu berücksichtigen hat, sowie drittens auf einen vehementen „Kampf dem Verderb" (S. 119). Die Intention des Chemieunterrichtes für Mädchen wird somit auch in diesem Buch offen angesprochen.
In seiner Ausführlichkeit und im Detailbemühen mit dem Jungenbuch vergleichbar, in seiner Ausgestaltung jedoch weitaus tendenziöser und stärker mit nationalsozialistischer Propaganda gespickt, erscheint das 208 Seiten (ohne Unterrichtsfilm- und Sachverzeichnis-Anhang) umfassende Mädchen-Lehrbuch von Max Kranz, Anton Ondruf und Max Ullrich[47]. Hier wird unter dem einleitenden Titel „Chemie, ein Wegbereiter deutscher Leistung und deutscher Arbeit" als Aufgabenstellung direkt die Vermittlung der Haushaltschemischen Kenntnisse an das deutsche Mädchen formuliert wird. Auffallend sind zudem einige Abbildungen: Bilder von BDM-Mädchen beim Ernteeinsatz (S. 65), zur Dokumentation der Bedeutung der Nahrungsfreiheit durch Bodenbewirtschaftung, einer Hausfrau bei der Gewinnung von Süßmost (S. 86) bei der alkoholischen Gärung, spielender Kinder vor einem im Grünen gelegenen Eigenheim und darunter der vielsagende Titel „Gesunde Wohnungen – gesunde Menschen" (S. 98), einer Bauernfrau beim Decken des sonntäglichen Kaffeetisches (S. 115) oder einer Hausfrau mit ihren zwei Kindern, die beide genüßlich Pellkartoffeln mit Quark verspeisen (S. 134) sprechen für sich. Deutlich auf die Pflichten der Frau wird dann gerade in den Abschlußkapiteln hingewiesen. Hier heißt es u.a. (S. 197):

> „Zu den Pflichten der Frau zählt nicht nur das richtige Haushalten, sondern sie hat darüber hinaus als Mutter jenen Zielen zu dienen, die für die Erhaltung der Volkskraft von großer Bedeutung sind. Sie muß für die richtige Ernährung sorgen, sich um Körperpflege und Lebensführung jedes einzelnen Familienmitgliedes kümmern. Ihrem mütterlichen Sinn ist dies eine Selbstverständlichkeit.
> Trotz sorgsamster Lebenshaltung stellen sich jedoch in jeder Familie Unpäßlichkeiten, Krankheiten und Unfälle ein, bei denen ärztliche Hilfe kaum sofort zur Stelle ist, oft auch nicht schnell genug herbeigeholt werden kann. In diesen Fällen ist die Frau und Mutter die erste Helferin."

Daß bei all diesen Pflichten immer das Volkswohl erste Priorität hat, wird zusätzlich betont (S. 206 ff.):

46 Hoffmann, E. / Wältermann, T.: Chemie für Mittelschulen. Bearbeitet in Verbindung mit M. Chall. Ausg. B für Mädchenschulen. Kl. 4 bis 6. Frankfurt / Main 1942.
47 Kranz, M. / Ondruf, A. / Ullrich, K.: Chemie für Mittelschulen und Mittelschuleinrichtungen an Volksschulen. Breslau 1942.

„Das deutsche Ringen um Nahrungs- und Rohstofffreiheit kann nur dann ein voller Erfolg sein, wenn die Millionen der unbekannten Führerinnen der Haushaltungen ihre Wirtschaftsführung so einrichten, wie es der große Haushalt des Staates erfordert. ...
Auch du, deutsches Mädchen, sollst einmal Führerin eines Haushalts werden und wertvolles Volksgut zu treuen Händen empfangen und verwalten! Blicke dabei stets auf dein Volk und beachte, was es von dir fordert!“

Das 205 Seiten (ohne Sachverzeichnis) umfassende Mädchenschulbuch für die Mittelschule von Arthur Mergard, entstanden unter Mitarbeit von Wilhelm Flörke und Wilhelm Wamser[48], kann hingegen in großen Zügen als Konglomerat des Jungen-Mittelschulbuches mit eingebauten mädchenspezifischen Elementen aus dem Scheid-Flörkeschen Höhere Schule-Lehrbuch für Mädchen[49] bezeichnet werden. Neue Erkenntnisse ergeben sich hieraus deshalb nicht. Das Unterkapitel „Die Aufgaben der Hausfrau in der völkischen Wirtschaft“ (S. 203-205) entspricht – und das ist exemplarisch – wortwörtlich dem Höhere Schule-Lehrbuch. Atom- und Moleküllehre sowie eine Besprechung des Periodischen Systems der Elemente kommen nicht vor.
Ein kurzes Resümee: Die wenigen ideologisch angehauchten Inhalte dieser Spezialausgaben für Mädchen werden von der deutlichen thematischen Ausrichtung einer Erziehung des Mädchens zur zukünftigen Hausfrau und Mutter überlagert. Die nationalsozialistische Frauenpolitik dominiert bei allen Ausgaben.

48 Mergard, A. / Flörke, W. / Wamser, W.: Lehrbuch der Chemie für Mittelschulen. Ausgabe B für Mädchenschulen. Leipzig 1942.
49 Vgl. hierzu Kapitel 7.6.

TEIL IV: DIE ROLLE DES CHEMIEUNTERRICHTES IM RAHMEN DER NATURWISSENSCHAFTLICHEN NACHBARDISZIPLINEN

9. Blick auf die naturwissenschaftlichen Nachbardisziplinen

Um Stellenwert, Funktion und schulische Ausgestaltung des Chemieunterrichtes im naturwissenschaftlichen Fächerkanon der NS-Zeit besser einordnen zu können, empfiehlt sich der Blick auf die Nachbardisziplinen. Bei deren Bearbeitung konnte teils auf ausführliche Analysen zurückgegriffen werden; in Physik läßt der Bearbeitungsstand noch etwas zu wünschen übrig. Hauptaugenmerk dieser Arbeit konnte es nicht sein, diesen Mangel zu beheben; Zielsetzung war vielmehr, nur die relevanten Tendenzen und Parallelen der einzelnen Fächer für den Schulalltag aufzuzeigen.

9.1. Physikunterricht im NS-Staat

9.1.1. Die Stellung des Physikunterrichtes: In der Weimarer Republik und während des Nationalsozialismus

In der preußischen Schulreform von 1924/25 gelang es den Fachvertretern der Höheren Schule (v.a. dem Deutschen Verein zur Förderung des mathematischen und naturwissenschaftlichen Unterrichtes[1]) zwar, große Teile ihres Physik-Lehrplanentwurfs umzusetzen[2]. Auf der politisch-pädagogischen Reaktion mit Ablehnung der im Volksschulbereich sich mehr und mehr durchsetzenden Reformpädagogik aufsetzend und als Ausfluß konservativer, rechtsgerichteter Gesinnung unter Wahrung der Standesinteressen der naturwissenschaftlichen Lehrer höherer Schulen dominierte im Physiklehrplan so ein überladener Stoffkatalog. Da der Physikunterricht gleichzeitig aber leichte zeitliche Einbußen erfuhr, schürte dieser Mißstand – zusammen mit dem immer schlechter werdenden ökonomischen Status der Lehrerschaft – in der ohnehin ungeliebten Weimarer Republik starke Unzufriedenheit. Die wissenschaftsfeindlichen Äußerungen Adolf Hitlers[3] und seines Umfeldes[4] schürten allerdings ebenfalls die Angst um ein Absinken des Schulfaches in die Bedeutungslosigkeit mit weiterer Stundenzahlreduktion. Dies führte unmittelbar nach der Machtergreifung zu einem Kampf um die Existenzberechti-

---

1 Zum Förderverein als Institution zur Steuerung der Lehrerschaft für Mathematik, Physik und Chemie sowie dem Reichssachgebiet Mathematik und Naturwissenschaften im NSLB siehe auch Kapitel 2.5.2.3. Auf die Zeitschrift „Unterrichtsblätter für Mathematik und Naturwissenschaften“, bis 1934 Organ des Fördervereins, später Zeitschrift des Reichssachgebiets Mathematik und Naturwissenschaften des NSLB und ab 1938 dessen alleiniges Fachorgan stützen sich große Teile der Untersuchung.

2 Vgl. hierzu Brämer, R. / Kremer, A.: Physikunterricht im Dritten Reich. Marburg 1980. Mit dem naturwissenschaftlichen Unterricht in der Weimarer Republik unter Schwerpunktlegung auf Physik beschäftigen sich die Seiten 31-50, mit Ausführungen zum Physikunterricht des Dritten Reiches dann die Seiten 51-76. Auf den weitaus umfangreicheren Seiten 93 bis 245 sind „Dokumente zur Geschichte des gymnasialen Physikunterrichtes im ‚Dritten Reich‘“ gelistet, aus denen sich – gemäß Wunsch der Autoren – der Leser selbst einen Eindruck von der politisch-sozialen Eingebundenheit des Physikunterrichtes verschaffen soll.

3 Siehe hierzu Kapitel 2.1.

4 Siehe hierzu Kapitel 2.2. und 2.3.

gung und Bedeutung des Faches. Die Physiklehrer warben – ähnlich der Chemie[5] – in ihrer Rechtfertigungspolitik mit folgenden Argumenten[6]:

1. Die Physik hat Bedeutung für die Kriegsführung, insbesondere im Bereich der Luftfahrt.
2. Die Physik liefert durch ihre Naturuntersuchungen die Grundlage für ein arisches Weltbild. Damit trägt sie zur Bekämpfung des Materialismus bei.
3. Der Physikunterricht erzieht die Schüler zu deutschem Forschergeist.
4. Die Betonung der Leistungen deutscher Physiker im Physikunterricht weckt den Nationalstolz.

Die Jahre 1933 bis 1935 sind in den fachdidaktischen Zeitschriften durch entsprechende Legitimationskaskaden und die Bearbeitung neuer wehrwissenschaftlicher Unterrichtsthemen geprägt[7], die – mittels Unterwerfung unter NS-Ziele – das didaktisch-standespolitische Grundkonzept aus Weimarer Republik-Zeiten jedoch weitgehend beibehalten konnten. Alternativen zum die kriegswissenschaftlichen Aspekte betonenden Physikunterricht, der 1933 mit dem programmatischen Aufsatz „Die Bedeutung des Physikunterrichts für die Erziehung zur Wehrhaftigkeit“[8] von Erich Günther, einem der engagiertesten Physikdidaktiker der NS-Zeit[9], postuliert wurde, konnten sich dabei nicht durchsetzen[10]. Günther trieb auch konsequent ein Zweckbündnis mit der Wehrmacht voran.

Der im November 1934 ergangene Runderlaß des Reichserziehungsministers zur „Pflege der Luftfahrt in den Schulen“, der mit Nachdruck „auf die Bedeutung und Wichtigkeit der Pflege und der Förderung des Luftfahrtgedankens in den Schulen und Hochschulen zwecks Sicherstellung des Nachwuchses für alle auf dem Gebiet des noch neuen Flugwesens wissenschaftlich, technisch, praktisch und fliegerisch tätigen Kräfte“[11] hinwies, und dem eine Reihe von Ausführungserlassen[12] folgten, förderte zugleich die Physik. Jeder Schüler sollte die physikalischen Grundlagen des Fliegens kennenlernen, in ihm sollte Flugbegeisterung geweckt und entsprechende Berufswünsche sollten gefördert werden. Das so von außen herangetragene Stoffgebiet „Fluglehre“ diente als unmittelbare Vorbereitung auf den Dienst in der Luftwaffe. Um die Lehrer auf dieses neue Gebiet einzuarbeiten, veranstalteten der Förderverein, der NSLB, aber auch die

5 Siehe hierzu Kapitel 3.

6 Vgl. hierzu Bäumer-Schleinkofer, Ä. / Zinser, M.: Physikunterricht im Dritten Reich. In: Bäumer-Schleinkofer, Ä.: NS-Biologie und Schule. Frankfurt / Main 1992, S. 231-243; hier S. 231.

7 Zur Wehrerziehung im Physikunterricht vgl. Willer, J.: Physikunterricht unter der Diktatur des Nationalsozialismus. In: Dithmar, R. (Hrsg.): Schule und Unterricht im Dritten Reich. Neuwied 1989, S. 187-204; hier S. 194-197.

8 Günther, E.: Die Bedeutung des Physikunterrichts für die Erziehung zur Wehrhaftigkeit. In: Unterrichtsblätter für Mathematik und Naturwissenschaften 39 (1933), S. 230-235.

9 Erich Günther, frühes NSDAP-Mitglied, war bis 1937 erster Vorsitzender des „Deutschen Vereins zur Förderung des mathematischen und naturwissenschaftlichen Unterrichtes“; er wurde nach dem körperlichen Anschluß des Fördervereins an den NSLB Gausachbearbeiter für Physik im Gau Sachsen.

10 Vgl. hierzu Brämer / Kremer (siehe Anm. 2), S. 61 f.

11 Erlaß vom 17. November 1934 (R III Nr. 10.1). Zitiert nach Willer (siehe Anm. 7), S. 195.

12 Vgl. hierzu u.a. Pflege der Luftfahrt in den Schulen. In: Deutsche Wissenschaft Erziehung und Volksbildung. Amtsblatt des Reichsministeriums für Wissenschaft Erziehung und Volksbildung und der Unterrichtsverwaltungen der Länder (RMinAmtsblDtschWiss). 1 (1935), S. 321; Pflege der Luftfahrt in den Schulen. In: RMinAmtsblDtschWiss. 1 (1935), S. 481 f. Pflege der Luftfahrt in den Schulen. In: RMinAmtsblDtschWiss. 2 (1936), S. 183. Die Luftfahrt im physikalischen Unterricht. Anlage 1 aus: Pflege der Luftfahrt in den Schulen. In: RMinAmtlblDtschWiss. 5 (1939), S. 86 f.

„Staatliche Hauptstelle für den naturwissenschaftlichen Unterricht“ – häufig in Zusammenarbeit – ab 1935 regelmäßig Luftfahrt-Lehrgänge.
In das Jahr 1935 fiel auch die erstmalige Veröffentlichung der „Vorschläge zur Verdeutschung physikalischer Fachausdrücke“[13], die hier wie auch in anderen Naturwissenschaften mit dem Ziel das Deutschtum, die deutsche Sprache zu fördern, dagegen Fremdes zu eliminieren, vorgenommen wurden. Während zahlreiche Übersetzungen durchaus eingängig und sinnvoll wirken, existieren daneben doch einige sprachliche Blüten: „Tangentialbündel“ mit „felgengerechtes Büschel“, „Meßpipette“ mit „Meßpfeifchen“, „Objektiv“ mit „Dingteil“, die Farbe „Ultraviolett“ mit „Kleinflied“ oder „Infrafrot“ mit „Großrot“ zu übersetzen – dies nur eine kleine Auswahl –, wirkt abstrus, bizarr komisch und war sicherlich der gewünschten Übernahme in den Schulunterricht nicht förderlich. Die starke Konzentration auf die Gebiete Mechanik und Optik, die in der physikalischen Wehrerziehung eine große Rolle spielen, ist offensichtlich[14].
Ab 1936 trat die Wehrphysik immer mehr in den Vordergrund. Die umfassende Ausrichtung der Schulphysik auf die qualifikatorischen und ideologischen Bedürfnisse der gesamten Wehrmacht[15] wurde wiederum durch Erich Günther, der ein Handbuch „Wehrphysik“[16] herausbrachte, forciert. Schon ab 1934 waren auf den Hauptversammlungen des Fördervereins Wehrmachtsvertreter anwesend. 1936 war die physikalische Fachsitzung ganz dem Thema Flug- und Wehrphysik gewidmet, das Zentralinstitut für Erziehung und Unterricht bot entsprechende Schulungslager zur „Wehrerziehung im mathematischen und naturwissenschaftlichen Unterricht“ an. Auf der unter dem Tagungsthema „Wehrmacht, Wirtschaft, Wissenschaft“ stehenden 1937er Hauptversammlung des Fördervereins proklamierte im Einführungsvortrag Generalleutnant Karlewski, Kommandeur der Lufttechnischen Akademie, offen das Bündnis zwischen Wehrmacht und Naturwissenschaft. Fünf Offiziere trugen am ersten Versammlungstag wehrwissenschaftliche Anforderungen (Mathematik und Physik für Artilleristen, Fernsprech- und Funktechnik, Ballistik, Schallmessungen) vor, kriegskundige Zivilisten hielten Vorträge über Flugnavigation und Flugabwehr. Die Gefahr einer Abwertung der Physik war damit endgültig gebannt, Wehrwissenschaft und -technik avancierten in der Folge zu Hauptthemen in den Unterrichtsblättern[17].
Die Überführung des Physikunterrichtes in einen – zumindest in den Anwendungen – vorrangig wehrtechnischen Unterricht schon lange vor Ausbruch des Krieges rettete vor schulischer Bedeutungslosigkeit: Die Fachphysik wertete sich so durch Anbindung an den Kern nationalsozialistischer Politik und das völkische Selbstbewußtsein auf.

13 Hillers, W.(Berichterstatter) / Günther, E. / Berlage, F.: Vorschläge zur Verdeutschung physikalischer Fachausdrücke. In: Unterrichtsblätter für Mathematik und Naturwissenschaften 41 (1935), S. 304-311.
14 Vgl. hierzu Bäumer-Schleinkofer (siehe Anm. 6), S. 243.
15 Vgl. hierzu Brämer / Kremer (siehe Anm. 2), S. 63.
16 Günther, E. (Hrsg.): Wehrphysik. Ein Handbuch für Lehrer. Frankfurt / Main 1936.
17 Die primär von wissenschaftlich-fachlichen Themen diktierte „Zeitschrift für den physikalischen und chemischen Unterricht“ konnte sich hingegen ganz ähnlich der Chemie (siehe Kapitel 5.1.2.) zwar nicht unbedingt in der thematischen Ausrichtung, sehr wohl aber inhaltlich eine sachlich-neutralere Behandlung bewahren.

9.1.2. Nationalsozialistisch relevante Komponenten des Physikunterrichtes

Im Physikunterricht lassen sich mit allerdings unterschiedlicher Schwerpunktsetzung, v.a. auch mit zeitlichen Verschiebungen und Höhepunkten in den fachdidaktischen Zeitschriften, z. T. auch aus den Lehrplänen der NS-Zeit vier Hauptkomponenten ausmachen: 1. Ganzheitliche Naturbetrachtung, 2. Wehrphysik, 3. Nationalstolz und Physikgeschichte sowie 4. Nachwuchsrekrutierung.

Zu 1.: Infolge einer ganzheitlich-organischen Betrachtungsweise der Natur sollten physikalische Einzelgebiete wie Mechanik, Wärmelehre, Akustik nicht mehr für sich behandelt werden, sondern – im Rückgriff auf die Physik des 19. Jahrhunderts – „als stoffliche Bewegungen..., also als Mechanik in einem übergeordneten Sinne“[18] aufgefaßt werden. Indem Kenntnisse der modernen Physik dabei eher außer acht gelassen wurden, sollte allmählich – in enger Verknüpfung mit naturwissenschaftlichen Nachbarfächern – die Allgemeingültigkeit von Naturgesetzen bewiesen werden und so einer „umfassenden Weltanschauung“[19] vorgearbeitet werden.

Zu 2.: Das – infolge des Bündnisses mit der Wehrmacht – mit Abstand wichtigste Thema, die Wehrphysik, läßt sich in die Gebiete Ballistik, Optik und Flugphysik unterteilen[20]. Die enge Zusammenarbeit mit dem Wehrsport (Geländeübungen, Schießstand) war dabei, auch im Sinne einer Quervernetzung der Fächer, erwünscht[21].

Die schon ab 1934 mit dem ersten „Erlaß zur Pflege der Luftfahrt in den Schulen“[22] geförderte Flugphysik befaßte sich mit Strömungslehre, Photogrammetrie, Gesetzen des Widerstandes und des Auftriebs, Wirkungsweise der Luftschraube, Motorenkunde, Flugdynamik, Statik und Festigkeitslehre, Messungen mit einem kleinen Windkanal, aber auch Fragen der Flugabwehr und des gezielten Bombenabwurfs aus Flugzeugen.

Der ab 1936 hinzutretende Stoff der Ballistik umfaßte Versuche zur Bestimmung von Geschoßflugbahnen (schiefer Wurf) sowie -geschwindigkeiten (Time-of-flight bzw. ballistisches Pendel), auch praktisch mit Pistolen oder der Schulkanone.

In der Wehroptik standen apparative Fragen, etwa optische Instrumente (Spiegel, Prismen, Linsen, Stereoskope, Kameras, Fernrohre, Entfernungsmesser), optische Versuche vom Tripelspiegel über das Periskop bis zum Fernrohr, die optische Nachrichtenübermittlung sowie Auswertung von Luftbildern im Vordergrund.

Der Kriegsbeginn trug zur weiteren Aufwertung der wehrwissenschaftlichen Unterrichtsinhalte bei. Dabei meldete neben der bislang bevorzugten Luftwaffe auch die Kriegsmarine verstärkt ihre Wünsche und Ansprüche an den Physikunterricht an[23].

Auch wenn die dahinterstehenden physikalischen Gesetze sowie große Darbietungsteile der Experimentalphysik im heutigen Schul- wie anfänglichen Hochschulunterricht ebenfalls behandelt werden, unterscheiden sie sich doch grundsätzlich in der dahinterstehenden Intention: Indem die Schüler der NS-Zeit direkt wichtige militärische Fähigkeiten (Zielen, Geräteablesen, Geländebeobachtung, akustische Wahrnehmung) schul-

18 Erziehung und Unterricht in der Höheren Schule. Berlin 1938, S. 173-186; hier S. 178.

19 Erziehung und Unterricht (siehe Anm. 18), S. 178.

20 Vgl. hierzu Bäumer-Schleinkofer / Zinser (siehe Anm. 6), S. 234-238. Brämer / Kremer (siehe Anm. 2), S. 61, nehmen hingegen eine Unterteilung in übliche physikalische Gebiete vor, also Mechanik (Ballistik, Festigkeitslehre), Optik (Ziel- und Suchgeräte), Akustik (Schallmessungen und Resonanz), sowie Elektrizitätslehre (Funk- und Fernsprechtechnik).

21 Vgl. hierzu Brämer / Kremer (siehe Anm. 2), S. 64.

22 Siehe hierzu Kapitel 9.1.1.

23 Vgl. hierzu Brämer / Kremer (siehe Anm. 2), S. 71 f.

ten, wurden sie wehrtüchtig gemacht und auf ihre spätere militärische Aufgabe eingestimmt.
Zu 3. Der Blick in die Physikgeschichte sollte die Leistungen deutscher Forscher herausstellen und damit Nationalstolz fördern, gleichzeitig zum deutschen Forschergeist erziehen und Verständnis für die physikalische Denkweise und Bedeutung der Technik wecken. Diese schon 1933 als Rechtfertigungsargument auftauchende These wurde u.a. im Lehrplan für die Höhere Schule 1938 manifestiert und findet sich ab 1939 verstärkt auch in Zeitschriftenaufsätzen wieder[24]. Dabei ging es nicht allein darum, große Leistungen deutscher Forscher in der Vergangenheit aufzuzeigen, sondern es kam noch darauf an, im Sinne der Blut- und Bodenmystik völkisches Bewußtsein zu schaffen und die typisch deutsche Art des jeweiligen Forschers aufzuzeigen. Dies gipfelte in Auswüchsen, die z.B. der Person Georg Simon Ohm zugeschriebene typisch deutsche Eigenschaften sogar rassisch aufspalteten[25] bzw. allein den „nordischen Forscher als Träger des Fortschritts"[26] gelten ließen.
Zu 4.: Einen relevanten Beitrag hatte der Physikunterricht zur breitgefächerten Nachwuchsrekrutierung, insbesondere zur Ausbildung zukünftiger Offiziere und Militäringenieure, aber auch technisch gebildeter Mannschaften zu liefern[27]. Infolge des sich immer stärker abzeichnenden „Gespenst des Nachwuchsmangels"[28] im Verlauf des Dritten Reiches wurde es immer notwendiger, die vorhandenen Physik-Begabungen wirklich den naturwissenschaftlichen Ausbildungsberufen bzw. Hochschulstudien zuzuführen.

9.1.3. Die „Deutsche Physik" und der Physikunterricht

Der Begriff „Deutsche Physik"[29] kennzeichnet eine Bewegung innerhalb der Physik zwischen 1920 und 1945, die inhaltlich noch auf der mechanistischen Physik des 19. Jahrhunderts fußt. Romantisches Gedankengut der Naturphilosophie, extremer Nationalismus und v.a. die nationalsozialistische Rassenideologie, also der Rassegedanke in seiner speziellen antisemitischen Ausformung stellen die relevanten außerphysikalischen Quellen dar. Getragen wurde das Phänomen „Deutsche Physik" durch eine Grup-

---

24 Vgl. hierzu Bäumer-Schleinkofer, Ä.: Wissenschaftsgeschichte als politische Indoktrination: Physik- und Chemiegeschichte im Schulunterricht im Dritten Reich. In: Meinel, Ch. / Voswinckel, P. (Hrsg.): Medizin, Naturwissenschaft, Technik und Nationalsozialismus – Kontinuität und Diskontinuitäten. Stuttgart 1994, S. 282-294.

25 Piel, C.: Georg Simon Ohm. Zur 150. Wiederkehr seines Geburtstages am 16. März 1939. In: Unterrichtsblätter für Mathematik und Naturwissenschaften 45 (1939), S. 273-278; hier S. 273.

26 Wesch, L.: Die Zukunft der deutschen Physik. Eine Betrachtung zur Schulphysik. In: Der Deutsche Erzieher. Reichszeitung des NSLB 1939, S. 27-29; hier S. 27 f.

27 Vgl. hierzu Brämer / Kremer (siehe Anm. 2), S. 61 und 72; vgl. auch Bäumer-Schleinkofer / Zinser (siehe Anm. 6), S. 235.

28 Wesch (siehe Anm. 26), S. 27.

29 Zur „Deutschen Physik" vgl. Bäumer-Schleinkofer / Zinser (siehe Anm. 6), S. 239-243. Beyerchen, A.: Wissenschaftlicher unter Hitler: Physiker im Dritten Reich. Frankfurt 1982. Richter, S.: Die „Deutsche Physik". In: Richter, S. / Mehrtens, H. (Hrsg.): Naturwissenschaft, Technik und NS-Ideologie. Beiträge zur Wissenschaftsgeschichte des Dritten Reiches. Frankfurt 1980, S. 116-141. Richter, S.: Die Kämpfe innerhalb der Physik in Deutschland nach dem ersten Weltkrieg. In: Sudhoffs Archiv 57 (1973), S. 195-207; Kleinert, A. (Hrsg.): Stark, J.: Erinnerungen eines deutschen Naturforschers. Mannheim 1987; Stark, J.: Zu den Kämpfen in der Physik während der Hitler-Zeit. In: Physikalische Blätter 3 (1947), S. 271 f.

pe nationalsozialistischer Physiker, unter denen die mit Arbeiten der Experimentalphysik bekanntgewordenen Nobelpreisträger Philipp Lenard (1905) und Johannes Stark (1919) die entscheidenden Hauptvertreter darstellen. Entsprechend ihren Vorkämpfern bestand die eigentliche Theorie der „Deutschen Physik" aus zwei Teilgebieten, Starks Axialatomtheorie[30] und Lenards Äthertheorie[31], die beide durch die moderne Physik des 20. Jahrhunderts, ausgehend von Max Plancks Quantentheorie und Albert Einsteins Relativitätstheorie, faktisch bereits überholt waren. In den zwanziger Jahren führten Lenard und Stark hierzu mit Einstein wissenschaftliche Kontroversen, die etwa ab 1920 die inhaltliche Ebene verließen und in mit unsachlichen Mitteln ausgetragene persönliche Angriffe übergingen.
In der Ablehnung der Relativitätstheorie des Juden Albert Einstein und weiter folgend der Quantentheorie, des Bohrschen Atommodells und der Maxwellschen Elektrodynamik bestand innerhalb der ansonsten kein geschlossenes Gebilde darstellenden Bewegung „Deutsche Physik" – Stark und Lenard traten noch nicht einmal untereinander für ihre Theorien ein – die größte Einigkeit. Die Relativitätstheorie, die im Mittelpunkt der Angriffe stand, wurde u.a. zu „belanglosen Einfällen von Mathematikern", „theoretischer Magie", zur „großen Intrige und Massensuggestion", zum „großen Meisterstück talmudistischer Inflationsphysik" und zum „großen jüdischen Weltbluff" erklärt[32]. Schließlich wurden alle modernen Theorien mit „jüdischer Physik" gleichgesetzt, die die „arteigene" deutsche Physik bedrohten. Im Sinne der nationalsozialistischen Rassenideologie wurde die These aufgestellt, nur der arische Mensch sei fähig wirkliche Physik zu betreiben. Beobachtung und Experiment, also die schlichte Empirie, fanden methodisch als einzige Basis wissenschaftlicher Forschung Anerkennung. Kennzeichen „Deutscher Physik" sollte sein, mit möglichst wenig Mathematik auszukommen, da die „Klarheit nordischen Denkens durch ein Übermaß von Mathematik"[33] zerstört werde.
Diese proklamierte theoriefeindliche, von Antisemitismus geprägte, antimathematische „Deutsche Physik" konnte – da sie in ideologischem Einklang mit dem Nationalsozialismus stand – nach der Machtergreifung in Forschung und Lehre wesentlichen Aufschwung erfahren und bis 1939 an Terrain gewinnen. Außer Lenard, Stark und deren Schüler setzten sich dennoch keine anerkannten Physiker der Zeit für die „Deutsche Physik" ein. Da sie zudem für die Wirtschaft und den Kriegsnutzen unfruchtbar war, die moderne Kernphysik auch in militärischer Hinsicht aber immer mehr an Bedeutung gewann, verlor das Phänomen „Deutsche Physik" auch bei führenden Nationalsozialisten ab 1940 spürbar an Rückhalt[34].
Doch nicht nur auf Hochschulforschung und -lehre, auch auf die Schulphysik versuchte die „Deutsche Physik" Einfluß zu nehmen. Lenard fand in den Unterrichtsblättern für Mathematik und Naturwissenschaften als verdienter deutscher Physiker Erwähnung,

30 Starks Axialatomtheorie ging von ausgezeichneten Achsen der Atome aus und ließ ringförmige Elektronen um den Atomkern rotieren. Vgl. hierzu Richter 1980 (siehe Anm. 29), S. 122.

31 Lenards Äthertheorie diente zur Deutung der Probleme der Elektrodynamik bewegter Körper, aus der auch die Relativitätstheorie entstanden war. Die Welt sollte demnach von einem räumlich diskontinuierlich bewegten, durchdringenden, Masse besitzenden Äther erfüllt sein, dessen Teile sich reibungslos bewegen und sich gegenseitig völlig durchdringen. Jede Materie besaß dabei ihren eigenen Äther und all diese noch nicht näher spezifizierten Äther wurden dann zu einem einzigen hypothetischen Urstoff, dem „Uräther", vereinigt. Vgl. hierzu Richter 1980 (siehe Anm. 29), S. 121.

32 Vgl. hierzu Richter 1980 (siehe Anm. 29), S. 124.

33 Lenard, Ph.: Deutsche Physik. Vier Bände. München 1936/37. Vorwort zum ersten Band, S. 9. Zitiert nach Richter 1980 (siehe Anm. 29), S. 122.

34 Vgl. hierzu Richter 1973 (siehe Anm. 29), S. 206; Brämer / Kremer (siehe Anm. 2), S. 74.

sein ab 1935 in insgesamt drei Auflagen erschienenes vierbändiges Werk „Deutsche Physik“ wurde im Reichsministeriellen Amtsblatt „Deutsche Wissenschaft, Erziehung und Volksbildung“ der Jugend und Lehrerschaft sogar eindringlich empfohlen[35]. Auf dem Höhepunkt ihrer „Macht“, also in den Jahren 1938/39 konnte die „Deutsche Physik“ in fachdidaktischen Zeitschriften für die Schule ebenfalls eine – allerdings episodenhaft bleibende – Konjunktur erleben: Immer mehr Autoren forderten eine stärkere Berücksichtigung der Einsichten der „Deutschen Physik“ im Schulunterricht[36].
Herauszuheben sei hier zum einen Ludwig Wesch, der sich 1939 in einem Aufsatz über „Die Zukunft der deutschen Physik“[37] vehement für Philipp Lenard und dessen Äthertheorie einsetzte. Diese sollte nach Weschs Ansicht im Physikunterricht behandelt werden, weil sie „ein Stück erkannter Natur“ (S. 31) sei, und nicht die jüdische Quantenmechanik und Relativitätstheorie, durch die nur ein „volksfremdes Geschlecht von Emporkömmlingen“ (S. 28) mit „fremden jüdischen Irrlehren“ (S. 29) versuchen wolle, die Physik zu zerstören.
Johannes Stark selbst äußerte sich ebenfalls 1939 „Zur Neuordnung des physikalischen Unterrichts“[38]. Hier zeigt er sich erfreut, daß die 1938er-Richtlinien für die Höhere Schule des Reichserziehungsministeriums zum Ziel des Unterrichtes nicht die Vermittlung von Wissen erklärt haben, sondern die „Erziehung zum Beobachten und Denken in dem Geiste, aus dem heraus die nordisch-germanischen Forscher die Naturwissenschaften geschaffen haben“ (S. 81). Die Beschränkung des physikalischen Unterrichtsstoffes auf ein Mindestmaß, „damit er nicht zu einem praktisch unberechtigten, geistig schädigenden Memorierstoff herabsinkt“ (S. 82) hält er durch eine Beschränkung der Physik auf nur wenige Wochenstunden für sinnvoll. Anschließend lehnt er die Aufnahme „jüdisch-dogmatischer Theorien“ (S. 82), wie die Einsteinsche Relativitätstheorie, die Quantentheorie und die Bohrsche Atomtheorie, in Schullehrbücher strikt ab, wobei er deren hohe Abstraktion und Mathematisierung sowie angeblich erwiesene Fehlerhaftigkeit argumentativ ins Feld führt. Unter der These „Keine Judenpropaganda in einem deutschen Schulbuch!“ (S. 83) nennt er anschließend weitere auszumerzende Lehrbuchverfehlungen. Die meisten von jüdischen oder halbjüdischen Physikern gemachten Forschungsergebnisse schreibt er dabei anderen Personen zu; diese sollen an deren Stelle in den Schulbüchern genannt werden. Die Entdeckung der elektromagnetischen Wellen durch den Halbjuden Heinrich Hertz, dessen Assistent Philipp Lenard gewesen war, läßt er zwar bestehen; eine herausragende Würdigung, indem dieser der deutschen Jugend im Bilde vorgeführt wird, hält er jedoch für absolut unnötig.
Die gymnasiale Fachdidaktik, die sich keineswegs mit der von Stark geforderten Stundenzahlverkürzung einverstanden erklären konnte, ging in ihren Fachaufsätzen nicht auf diese Proklamation Starks ein. Ein Streit um die moderne Physik fand in den fachdidaktischen Zeitschriften[39] nicht statt. Statt dessen entzog sich die Schuldidaktik durch Ausweichen und Verschweigen. Bis 1936 wurde die Gültigkeit der modernen Physik mit der speziellen und allgemeinen Relativitätstheorie und Quantenmechanik als selbst-

35 Willer (siehe Anm. 7), S. 188.
36 Vgl. hierzu Brämer / Kremer (siehe Anm. 2), S. 73 f.
37 Siehe Anm. 26.
38 Stark, J.: Zur Neuordnung des physikalischen Unterrichts. In: Unterrichtsblätter für Mathematik und Naturwissenschaften 45 (1939), S. 81-83.
39 Am genauesten wurden hierbei die „Unterrichtsblätter für den mathematischen und naturwissenschaftlichen Unterricht“ untersucht. Aber auch in der „Zeitschrift für den physikalischen und chemischen Unterricht“ finden sich keine Hinweise eines etwaigen Grundsatzdisputs.

verständlich angenommen und auch entsprechend erklärt. Im Jahre 1936 vollzog sich dann ein Wandel: Der Hauptvertreter der modernen, theoretischen Physik Albert Einstein fand beispielsweise keinerlei namentliche Erwähnung mehr. Da die Energetik von Kernreaktionen ohne die Formel $E = m\,c^2$, die Behandlung des Photoeffektes ohne Einsteins Quanteninterpretation des Lichtes, die Formel $\frac{1}{2}\,m\,v^2 = h\,\nu - P = h\,(\nu-\nu_0) = eV$, jedoch nicht möglich war, wurden die Formeln in den weiteren Jahren einfach ohne Herleitung, Erklärung oder Namensnennung der Urheber verwendet. Das Totschweigen der Leistungen jüdischer Forscher und neuer Forschungsergebnisse etwa in den Unterrichtsblättern führte dabei zu einer immer stärkeren Entfremdung von Forschung und Schullehre[40]. Ab 1939 finden sich nur noch selten Beiträge zu ‚nichtklassischen' Themen, wie dem Gebiet der Röntgenstrahlen oder der Kernreaktionen[41].
Insgesamt läßt sich das Resümee ziehen: Die „Deutsche Physik" bemühte sich auf den Physikunterricht Einfluß zu nehmen. Die Distanz der Schuldidaktik gegenüber der „Deutschen Physik" nahm im Laufe der nationalsozialistischen Entwicklung jedoch eher zu; eine klare Stellungnahme blieb allerdings aus. Die „Deutsche Physik" hinterließ – gerade in Bezug auf Physikgeschichte, Behandlung der modernen Physik und ihrer Theorien – sicherlich gewisse Spuren[42]. Dennoch kann nicht von einem direkten Einfluß der „Deutschen Physik" auf den Physikunterricht gesprochen werden. Die Schulphysiker vertraten und unterstützten in den fachdidaktischen Zeitschriften Wehrphysik als primäre Aufgabe des Physikunterrichtes entschieden deutlicher als die Verleugnung der modernen Physik durch die „deutschen Physiker".

9.1.4. Die offiziellen Lehrpläne und Richtlinien für den Physikunterricht

In den Ende 1939 veröffentlichten Richtlinien für die gesamte Volksschule wurde nur ansatzweise zwischen Physik und Chemie[43] differenziert, stärker wurde als praktisch übergeordnetes Fach „Naturlehre" präsentiert. Da nicht so sehr die Kenntnis physikalischer Naturgesetze im Vordergrund stand, sondern vielmehr für das praktische Leben relevante Erscheinungen besprochen werden sollten, der Stoff sich dabei „aus der Aufbauarbeit des nationalsozialistischen Staates" [44] zu ergeben hatte, standen gesellschaftsnahe Themen der Technik und Produktion, z.B. Energiegewinnung, Fluglehre und Luftfahrt thematisch im Vordergrund. Bei Mädchen sollte der spezifische Schwerpunkt auf hauswirtschaftlichen Inhalten liegen. Eine explizite Lehrplanaufstellung überließen die Richtlinien den einzelnen Schulen. Bayern stellte 1940 verbindliche Ergänzungsrichtlinien auf, die detaillierte stoffliche Bestimmungen enthielten[45]:

---

40 Vgl. hierzu Bäumer-Schleinkofer / Zinser (siehe Anm. 6), S. 241-243.
41 Einige der wenigen rühmlichen Ausnahmen sind Graewe, H.: Die Spektroskopie der Röntgenstrahlen. In: Unterrichtsblätter für Mathematik und Naturwissenschaften 45 (1939), S. 52-57, 92-97, 125-129 und 157-161. Wietig, E.: Fortschritte auf dem Gebiet der künstlichen Kernumwandlungen. In: Unterrichtsblätter für Mathematik und Naturwissenschaften 46 (1940), S. 33-40 und 57-62. Graewe, H.: Prüfung der Durchlässigkeit von Metallen für Röntgenstrahlen (Filterung). In: Unterrichtsblätter für Mathematik und Naturwissenschaften 47 (1941), S. 78-81.
42 Siehe Kapitel 9.1.6.
43 Siehe hierzu Kapitel 5.1.
44 Erziehung und Unterricht in der Volksschule. Berlin 1939, S. 23. Ebenfalls abgedruckt bei Fricke-Finkelnburg, R.: Nationalsozialismus und Schule. Opladen 1989, S. 44.
45 Erziehung und Unterricht in den bayerischen Volksschulen. München 1940, S. 65 f. Die spezifisch physikalischen Themen wurden herausgefiltert.

„**6. Schuljahr:**

1. Das Fahrrad oder (allgemein begrifflich ausgedrückt): vom Gleichgewicht und der Bewegung fester Körper.
2. Unsere Wasserleitung oder: die Mechanik der flüssigen Körper.
3. Unser Pumpbrunnen (im Heimgarten) oder: von der Mechanik der luftförmigen Körper.
4. Die Geige (oder Mundharmonika) oder: vom Schall.
5. Der Spiegel oder: von der Zurückwerfung des Lichtes.
6. Das Augenglas oder: von der Brechung des Lichtes.
7. Der Regenbogen oder: von der Zerlegung des Lichtes.

...

7. Schuljahr:

...

1. Unser Ofen oder: von der Verbrennung und Wärme (Wärmeleitung, Wärmestrahlung). ...
3. Das Auto oder: die Anwendung der Explosionskraft.

...

8. Schuljahr:

1. Die elektrische Klingel oder: die elektrischen Grunderscheinungen (Galvanismus und Elektromagnetismus); Anwendungen.
2. Das elektrische Licht und die elektrische Wärme (Bügeleisen usw.).
3. Das Telephon oder: von Induktionsströmen und ihrer Verstärkung, vom Mikrophon.
4. Die Straßenbahn oder: vom elektrischen Kraftstrom: Dynamo, Elektromotor, Transformator, Widerstand, Akku).
5. Zusammenfassung: Energiearten, Umformung – Energiequellen.
6. Vom Flugzeug: Formbedingtheiten – Vom Auftrieb – Vom Sog und Druck – Entstehen der Zugkraft – Motor – Vom Leitwerk – Vom Segelflug – Auftrieb, Aufwind, Startarten."

Der NSLB Sachsen veröffentlichte 1941 einen Stofflehrplan mit klarer Ausrichtung auf kriegswichtige Themen wie Fahrzeugtechnik, Feuerwaffen, Flugzeuge und Luftschutz, der eindeutig die Absicht einer direkten Vorbereitung auf den Kriegsdienst erkennen läßt[46].

Daß sich der Physikunterricht im NS-Staat zu einem in diesem Ausmaß bisher unbekannten kriegswissenschaftlichen Unterricht entwickelte, zeigen auch die ebenfalls im Dezember 1939 erschienenen Mittelschulrichtlinien[47]. Ein begrenzter systematischer Überblick über die wichtigsten physikalischen Erscheinungen, insbesondere auf den Gebieten Mechanik, Optik und Elektrizität wurde gefordert, ein mathematischer Ausdruck physikalischer Gesetze, die wichtigsten Berechnungen sowie maßvolle Anwendung der Formelsprache waren hier erlaubt; in der Stoffverteilung offenbart sich allerdings, daß die klassischen Stoffgebiete dabei primär auf die technischen Anforderungen des Krieges abgestimmt wurden (Schall und Licht in der Landesverteidigung; Nachrichten- und Meldedienst; Flug- und Schießlehre). Die gesamte Naturlehre (zusammen mit Chemieinhalten) sollte in der 5. und 6. Mittelschulklasse zwei bis vier Wochenstunden einnehmen, bei Mädchen zusammen mit hauswerklicher Arbeit in der 5. Klasse vier bis fünf bzw. in der sechsten Klasse fünf bis sechs Wochenstunden betragen.

Gemäß der Richtlinien von 1938 für die Höhere Schule[48] sollte der Physikunterricht nicht die neuesten Forschungsergebnisse vermitteln, auch nicht möglichst viele Forschungsergebnisse bekannt machen, sondern in die physikalische Arbeits- und Denk-

---

46 Vgl. hierzu Brämer / Kremer (siehe Anm. 2), S. 57.

47 Bestimmungen über Erziehung und Unterricht in der Mittelschule. Berlin 1939.

48 Siehe Erziehung und Unterricht (siehe Anm. 18), S. 173-186.

weise einführen. Mathematische Gesetze hatten nur wo unbedingt nötig Verwendung zu finden. Zusammen mit dem Chemieunterricht sollte das Verständnis der Jugend für die Bedeutung der Technik im Volksleben geweckt und die entsagungsvolle, wissenschaftliche Arbeit in Bezug zur Arbeitswelt gestellt werden. Sonderbegabungen sollten herausgefiltert werden, um dann Nachwuchs insbesondere für die deutsche Technik und Wehrmacht auszubilden. Insbesondere Fragen der Wehrtechnik und Luftfahrt sollten inhaltlich in kindgerechter Form behandelt werden. Die Physikgeschichte wurde, explizit um die Leistungen und den hohen Anteil deutscher Forscher am Ausbau der Naturwissenschaft und Technik herauszustellen, unter erzieherischen Gesichtspunkten einbezogen. Im Stoffplan, der zwischen ein und zwei Wochenstunden für Physik vorsah, dominieren demzufolge praxisorienterte Themen der Mechanik, Wärmelehre, Akustik und Optik, wobei die Einteilung der einzelnen Gebiete zugunsten einer ganzheitlichen Naturbetrachtung aufgelockert erscheint. Die 4. Klasse beschäftigte sich primär mit Meßkunde, einfachsten Maschinen, Wärmezustand der Körper, wetterkundlichen Grundlagen, Schallausbreitung und Schallmessung sowie physikalischen Grundlagen optischer Instrumente wie Auge, Kamera, Bildwerfer, Lupe, Mikroskop und Fernrohr. Spektrum und Spektralfarben, Erdmagnetismus, elektrischer Strom, sowie die elektrische Nachrichtenübermittlung durch Draht (Klingel, Telegraph, Fernsprecher) sollten in der 5. Klasse folgen. Kraft, Bewegung, Energie bildeten den Schwerpunkt der 6. Klasse, elektrische und magnetische Felder den der 7. Klasse – jeweils mit dazugehörigen technischen Anwendungen. Wellenlehre, inklusive der drahtlosen Nachrichtenübermittlung via Rundfunk und Fernsehen sollten in der 8. Klasse besprochen werden.
Insofern tauchen die Schwerpunkte Wehrtechnik und Luftfahrt zwar direkt in den primären Zielen, jedoch nur getarnt im Stoffplan auf.
Methodisch wurden reformpädagogische Ansätze, wie sie schon in der Weimarer Zeit formuliert wurden, in modifizierter Form übernommen und ausgebaut: Lebensnähe, das Anknüpfen an die Umwelterfahrungen und Vorstellungen der Schüler, praktisch verwertbare Kenntnisse für Industrie, Haushalt, Technik und Wehrerziehung, auch in Quervernetzung zu anderen Fächern (v.a. der Chemie, ansonsten naturwissenschaftliche Gesamtschau), organisch in den Unterricht eingebaute Schülerübungen, speziell Versuchsreihen als „Eigenart physikalischer Arbeitsweise im Unterricht“ (S. 175) wurden gefordert. Unterrichtsfilme, entsprechend praxisnahes Schrifftum in Schülerbibliotheken, Betriebsexkursionen gehörten unterstützend hierzu – jedoch immer mit streng politisch-nationalsozialistischer Ausrichtung. „Kreidephysik“ (S. 176) wurde abgelehnt.
In keinem der Lehrpläne gemäß 1938/39er Schulreform sind Belege zum Thema „deutsche“ oder „jüdische“ Physik enthalten[49]. Willer weist allerdings darauf hin, „die Tatsache, daß die Lehrpläne jeden Hinweis auf das Weltbild der modernen Physik vermeiden“, ließe sich dennoch in diesem Sinne deuten[50].

49 Brämer / Kremer (siehe Anm. 2), S. 70 f. vertreten sogar die Ansicht, gegenüber der Weimarer Zeit sei in den 1938er-Lehrplänen „fast alles beim alten geblieben“ (S. 70). Relativ geringe Stundeneinbußen einerseits, andererseits aber weiterhin hohe Stofffülle und mangelnde Möglichkeiten der Praxisumsetzung der geforderten Methodik – infolge fehlender Unterrichtsmittel sowie mangelhafter Fachlehrerausbildung – sprächen hierfür. Die Bündnisstabilisierung mit der Wehrmacht hätte durch das Ventil kriegswissenschaftlicher Anwendung vor stärker rassisch-ideologischer Ausrichtung bewahrt. Keineswegs wird damit die Umfunktionierung des naturwissenschaftlichen in einen inhaltlich kriegswissenschaftlichen Unterricht für gut geheißen.
50 Vgl. hierzu Willer (siehe Anm. 7), S. 194.

9.1.5. Physikunterricht für Mädchen

Auf die geschlechtsspezifische Rolle der Frau in Staat und Familie im Sinne der NS-Frauenideologie, v.a. die vorbildliche Tätigkeit als Hausfrau und Mutter hatte der Physikunterricht hinzuwirken. Gemäß Lehrplan der hauswirtschaftlichen Form der Oberschule[51] sollten demzufolge die Gesetze der Mechanik an Hand der verschiedenen im Haushalt gebräuchlichen Maschinen und Waagen (Fruchtpresse, Nähmaschine) behandelt werden, die Energiewirtschaft des Haushalts samt Wärmeleitung und -strömung anhand Kochkiste, Kochhaube, Zentralheizung und Eisschrank. Der Tauchsieder, der elektrische Kochherd, elektrische Sicherungen im Haushalt, elektrische Warmwasserspeicher, Motoren im Haushalt, Schwachstromtechnik des Haushalts (Klingel, Fernsprecher), Wärmestrahler, Höhensonne sowie Gefahrenverhütung beim Umgang mit elektrischen Geräten und die Physik in der Gesundheitspflege standen thematisch für den typisch weiblichen Physikunterricht an. Auch die volkswirtschaftliche Komponente, die Verpflichtungen der Hausfrau gegenüber der völkischen Energiewirtschaft galt es zu beachten. Diese auf volkstümliche Anwendungsorientierung aufbauende Physik schloß dabei nur physikalische Grundkenntnisse ein, eine Vertiefung physikalisch-technischer Einzelheiten oder gar Aufschluß über die Entwicklungen der modernen Physik war nicht erwünscht[52]. Demzufolge wurde auch die mathematische Formelsprache sowie die Ableitung von Gesetzen auf ein Minimum reduziert[53]. Typische Forderungen hierzu schlugen sich auch in den grundsätzlichen Anforderungen an die Physiklehrbücher für die Oberstufe an Mädchenschulen nieder (S. 162):

> „Die Einheiten Henry und Farad können bei der Kürze der Zeit nicht zu festsitzenden Begriffen werden. Da mit Halbheiten nichts geschafft ist, werden sie also nicht besprochen. Damit fällt auch die Thomsonsche Formel.“

Bei den Physikdidaktikern scheint die anwendungsorientierte Umsetzung des mädchengerechten Physikunterrichtes allerdings nicht auf allzuviel Interesse gestoßen zu sein: Die Unterrichtsblätter für Mathematik und Naturwissenschaften enthalten hierzu im Zeitraum 1933 bis 1943 nur drei Aufsätze, die allesamt aus dem Jahr 1939, also dem Jahr der unmittelbaren Lehrplaninterpretation stammen[54].

Daneben sollte die wehrerzieherische Potenz des Physikunterrichtes auch bei den Mädchen nicht unterschätzt werden. Schon vor Kriegsbeginn wurde auf ihre Bedeutung als moralische Unterstützung der im Felde stehenden Männer ebenso hingewiesen, wie auf

---

51 Erziehung und Unterricht (siehe Anm. 18), S. 182-184.

52 Vgl. hierzu Hahn, K.: Physik. Vorträge von der ersten Tagung des Reichssachgebietes Mathematik und Naturwissenschaften. Methodische und didaktische Erläuterungen zu den neuen Lehrplänen in Mathematik, Physik, Chemie und Biologie. In: Unterrichtsblätter für Mathematik und Naturwissenschaften 44 (1938), S. 130-162, hier S. 132-152 und insbesondere Abschnitt X. Bemerkungen zum Unterricht in den Mädchenschulen (S. 151 f.).

53 Staatliche Hauptstelle für den naturwissenschaftlichen Unterricht. Grundsätzliches zur Gestaltung der Physik-, Chemie- und Mathematikbücher für die Oberstufe der Mädchenschulen. In: Weltanschauung und Schule 4 (1940), S. 160-165.

54 Schneeweiß, V.: Der Kohlebadeofen im Physikunterricht. In: Unterrichtsblätter für Mathematik und Naturwissenschaften 45 (1939), S. 22 f. Odern, H.: Hauswirtschaftliche Physik an Oberschulen für Mädchen. In: Unterrichtsblätter für Mathematik und Naturwissenschaften 45 (1939), S. 27-30. Gentil, K.: Elektrowärmegeräte für den Haushalt. Beitrag zum Physikunterricht in der Klasse 7 der Mädchenoberschule. In: Unterrichtsblätter für Mathematik und Naturwissenschaften 45 (1939), S. 167-172. Vgl. hierzu Bäumer-Schleinkofer / Zinser (siehe Anm. 6), S. 234.

ihr Leistungspotential, Männer auf ihren Arbeitsplätzen, speziell in der Rüstungsindustrie zu vertreten[55].

9.1.6. Die Neugestaltung von Physik-Ergänzungsheften und -Schulbüchern

In der Weimarer Republik zählte – den Schulbüchern nach zu urteilen – die Einsteinsche Relativitätstheorie ebenso wie die Lenardsche Äthertheorie zum regulären Unterrichtsstoff[56]: Es wurde der jeweiligen experimentellen Befunde sowie der jeweiligen Schöpfer der Theorien gedacht. Die Schulbücher jener Zeit spiegeln somit sehr deutlich, die damals in der Physik herrschenden aktuellen Auseinandersetzungen wider.
Nach der Machtergreifung 1933 verschwanden sowohl die Relativitätstheorie samt der Person Einsteins als auch die Äthertheorie aus neu veröffentlichten Lehrbuch-Ausgaben. Dies kann, zum einen als Erfolg für die Durchsetzung antisemitischer Tendenzen im Physikunterricht gewertet werden, als auch als Akt der passiven Resistenz, da Lenards seltsames Gegenkonzept einer „Deutschen Physik" sich ebenfalls nicht halten konnte[57].
Beginnend mit dem Jahr 1933 wurden zudem sehr schnell Beiträge zur Wehrphysik in Neuauflagen der alteingeführten Schulbücher aufgenommen bzw. zahlreiche, v.a. flugphysikalische Ergänzungshefte zu diesen Unterrichtswerken konzipiert[58], die auch militärische Anwendungen physikalischer Erkenntnisse enthielten.
Mit der nationalsozialistischen Schulbuchreglementierung ab 1938 waren für die Höhere Schule ab 1939 noch sechs Schulbuchreihen[59] und für den Physikteil der Naturkunde an Mittelschulen ab 1940 ebenfalls sechs Schulbuchreihen[60] amtlich zum Unterrichtseinsatz erlaubt. Dabei setzten die Schulbehörden zum einen ihre Forderung, daß Geschichte der Physik als Geschichte arischer Forschung dargestellt werde und demzufolge verschwiegen werden müsse, was Juden in der Physik geschaffen haben (antisemitische Ideologie) in den Schulbüchern mit Erfolg durch. Die Schulbücher integrierten die Physikgeschichte in den Unterricht und besprachen hierbei insbesondere deutsche Leistungen mittels Lebensbeschreibungen und bildlichen Abbildungen, u.a. um den Nationalstolz zu pflegen. Leistungen von Forschern anderer Nationalität werden nur kurz erwähnt oder ganz totgeschwiegen. Dabei zeichnet sich v.a. der von Erich Günther herausgegebene „Grundriß der Physik"[61] durch entsprechend nationalsozialistische Prägung aus, indem auf einen typisch deutschen Forschergeist abgehoben wird und deutsche Leistungen mit klarer Wertung überbetont dargestellt werden. Die Herausgeber

---

55 Vgl. hierzu Brämer / Kremer (siehe Anm. 2), S. 58.
56 Vgl. hierzu Willer (siehe Anm. 7), S. 191-194.
57 Lenard selbst hat darüber in den Vorworten zu den vier Auflagen seines Werkes „Deutsche Physik" erbittert Klage geführt. Vgl. hierzu Willer (siehe Anm. 7), S. 194.
58 Vgl. hierzu Brämer / Kremer (siehe Anm. 2), S. 63.
59 Physiklehrbücher für Höhere Schulen (E III P 321 vom 23.5.1939). In: RMinAmtsblDtschWiss. 5 (1939), S. 328.
60 Einführung neuer Lernbücher für Mittelschulen. Für den Unterricht in Naturlehre – Physik (E II d 240 vom 4.10.1940). In: RMinAmtsblDtWiss. 6 (1940), S. 479.
61 Günther, E.: Grundriß der Physik. Band 2 A für die Klassen 6 bis 8 der Höheren Schulen für Jungen. Hildesheim / Leipzig 1939.

bzw. Bearbeiter realisierten das vorgeschriebene Lehrziel in den Physikbüchern demzufolge je nach politischem Engagement in unterschiedlicher Ausprägungsstärke[62].
Schießkunde, die Abwurfbahn einer Fliegerbombe, Horchgeräte für den Luftschutz, Flakscheinwerfer, Blinkgeräte für die Nachrichtentruppe, Raumbildentfernungsmesser für See- und Luftkrieg, Sehrohre, Scherenfernrohre und optische Entfernungsmesser, Panzerkampfwagen, Panzerschiffe und U-Boote, Kampf- und Jagdflugzeuge in Abbildungen samt entsprechender Erläuterungen zeigen zudem ganz offensichtlich die militärische Anwendung physikalischer Erkenntnisse. Die Wehrphysik als Unterrichtsthema findet sich in anschaulicher, wirklichkeitsnaher Umsetzung wieder.
Resümee: Das auf die nationalsozialistische Rassenideologie zurückzuführende weitgehende Verschweigen moderner Physik in den Fachzeitschriften zeigt sich mit dem Hinweis in den Richtlinien für die Höhere Schule von 1938 wieder, daß Zielrichtung des Physikunterrichtes die Vermittlung der typisch physikalischen Denkweise und nicht die Herausstellung neuester Forschungsergebnisse sei. Die neu konzipierten Physiklehrbücher folgen dann genau diesen Vorgaben. Insgesamt dominieren wehrphysikalische Inhalte, verbunden mit Physikgeschichte. Die Physikbücher spiegeln somit die besprochenen nationalsozialistisch relevanten Komponenten des Physikunterrichtes[63] – ausgenommen die aus Lehrbüchern nicht entnehmbare Sondierung von Sonderbegabungen – genau wieder.

9.1.7. Zusammenfassung und Bewertung

Im NS-Staat unterzog sich der Physikunterricht durch einseitige Ausrichtung auf wehrphysikalische, nationalpolitische Inhalte, bei gleichzeitiger Weckung von Kampffreude und Begeisterung auf diesen Themengebieten einer grundlegenden Umorientierung und Unterwerfung unter die allgemeinen Ziele nationalsozialistischer Bildungspolitik. Das Fach Physik wurde Mittel zum Zweck, die Schüler auf ein völkisches und militärisches Leben vorzubereiten. Die noch auf der mechanistischen Physik des 19. Jahrhunderts aufbauende „Deutsche Physik", die aus politischen Gründen im Hochschulsektor großen Einfluß hatte, konnte sich dabei in der Schulphysik nicht durchsetzen. Allerdings fand trotzdem durch Vereinfachung, Weglassen oder gar völliges Verschweigen die sogenannte moderne Physik mit neuen physikalischen Forschungsergebnissen kaum noch Zugang zur Schulphysik. Dieser bewußte Verzicht auf die schon verstandesmäßige Erfassung aktueller Forschungsergebnisse im Schulalter machte, verbunden mit dem 1943/44 immer stärker andere Komponenten überlagernden Nachwuchsproblem, auf physikalisch-anwendungsorientiertem Gebiet (militärische Nutzung der Kernspaltung, Radioaktivität) dem NS-Staat immer mehr zu schaffen.
Da sich in den fachdidaktischen Zeitschriften zum großen Teil aber auch „neutrale", klassische physikalische Themengebiete befinden, die in dem nur ein bis zwei Wochenstunden umfassenden Physikunterricht ebenfalls behandelt werden sollten, muß zugestanden werden, daß die Möglichkeiten der Umsetzung der im nationalsozialistischen Sinne indoktrinierenden Ziele durchaus beschränkt waren.

---

62 Die aufgestellte „Verdeutschungsliste" physikalischer Fachausdrücke (siehe Kapitel 9.1.2.) fand in den Lehrbüchern ebenfalls unterschiedlichen, im Grundsätzlichen jedoch keinen durchschlagenden Eingang. Vgl. hierzu Brämer / Kremer (siehe Anm. 2), S. 69.
63 Siehe hierzu Kapitel 9.1.2.

Fußte die Rettung vor der Gefahr einer ideologiegeprägten, systemimmanenten Bedeutungslosigkeit des Chemieunterrichtes primär auf dem Bündnispartner Wirtschaft, so war es bei der Physik v.a. die Wehrmacht. Innerhalb der naturwissenschaftlichen Fächer lassen sich – bedingt sicherlich auch durch die ohnehin starke verwandtschaftliche Beziehung – zwischen Chemie und Physik somit die größten Parallelen ziehen[64].

9.2. Schulunterricht im Zeichen der NS-Biologie[65]

9.2.1. Nationalsozialistische Institutionen zur Steuerung der Biologie[66]

9.2.1.1. Deutscher Biologen-Verband, Reichssachgebiet Biologie im NSLB und Reichsbund für Biologie – eine Entwicklungsgeschichte

Die wirtschaftlich äußerst stark angespannten Verhältnisse in der Endphase der Weimarer Republik, die von zahlreichen Biologen infolge unzureichender Förderung als äußerst bedrohlich für ihre Wissenschaft empfunden wurde, veranlaßte einige Fachvertreter unter Führung von Ernst Lehmann, Direktor des Botanischen Instituts der Universität Tübingen, 1931 zur Herausgabe der neuen Zeitschrift „Der Biologe. Monatsschrift zur Wahrung der Belange der deutschen Biologen". Schon das im völkisch gesonnenen Verlag von Julius Friedrich Lehmann, München, erschienene erste Heft rief zur Gründung eines „Deutschen Biologen-Verbandes" (DBV) auf, der Sprachrohr für die Pflege der biologischen Belange in Forschung und Lehre (Hochschule / Schule / Museen) sein sollte. Auf der ersten Mitgliederversammlung am 24. September 1932 wurde der den Nationalsozialisten wohlgeneigte Ernst Lehmann zum Vorsitzenden des DBV gewählt sowie die Einrichtung einer Pressestelle zwecks Volksaufklärung über biologische Sachverhalte und neue Forschungsergebnisse beschlossen. Diese Bemühungen des Biologenverbandes kamen den Nationalsozialisten sehr entgegen. Schon bald nach der Machtergreifung existierten enge Kontakte. 1934 wurde vom DBV-Vorsitzenden Ernst Lehmann uneingeschränkt unterstützt – er betonte die starke Geistesverwandtschaft zwischen „Deutscher Biologie" und NS-Ideologie – der „Deutsche Biologenverband in Übereinkunft mit dem Führer" an den Nationalsozialistischen Lehrerbund (NSLB) körperschaftlich angeschlossen; gleichzeitig wurde der Verband zum „Mitglied des Reichsausschusses für Volksgesundheit". Entsprechend änderte sich der Untertitel des Fachorgans: „Der Biologe" war nun die „Monatsschrift zur Wahrung der Belange der Biologie und der deutschen Biologen, Organ des deutschen Biologen-Verbandes (DBV) und des Sachgebietes Biologie im N.S.L.B.". Zusammen mit den „Unterrichtsblättern für Mathematik und Naturwissenschaften" wurde „Der Biologe" nun zum Organ für Publikationen des NSLB zum Thema „Biologie und Schule". Reichssachbearbeiter für Biologie war Ernst Lehmann, der gleichzeitig weiterhin erster Vorsitzender des DBV blieb. Als erste gemeinsame Aktivitäten wurden die pädagogische Auswertung der bio-

64 Siehe hierzu Kapitel 10.
65 Prof. Dr. Dr. Änne Bäumer-Schleinkofer veröffentlichte unter dem Titel „NS-Biologie und Schule". (Frankfurt / Main 1992). eine weitgehende Untersuchung zu diesem Thema. Diese bildet – ergänzt durch ihre weiteren Forschungen auf diesem Gebiet – die hauptsächliche Grundlage dieser Zusammenfassung.
66 Bäumer-Schleinkofer (siehe Anm. 65), S. 11-38. Bäumer, Ä.: Die Zeitschrift „Der Biologe" als Organ der NS-Biologie. In: Biologie in unserer Zeit 20 (1990), S. 42-47.

logischen Erkenntnisse der Schule (schulbiologische Methoden) sowie der Ausbau der Schulgärten, die Pflege des biologischen Unterrichtes in den Landschulheimen und Lehrausflüge festgesetzt. NSLB-Schulungslager für Lehrer sollten die – scheinbar wissenschaftlich legitimierten – „biologischen" Inhalte der nationalsozialistischen Weltanschauung in „richtiger" Weise verbreiten, ausgehend von den Worten des 1935 verstorbenen NSLB-Reichswalters Hans Schemm „Nationalsozialismus ist politisch angewandte Biologie". Die entsprechend geschulten Lehrer sollten dann nicht nur bei ihren Schülern in Fragen der Erblehre und Rassenpflege Aufklärungsarbeit betreiben, sondern als „Volkserzieher" in Fragen der Rassenhygiene auch Eltern und Dorfgemeinschaft einbeziehen. 1936 kristallisierte Karl Zimmermann[67], Reichssachbearbeiter für das Sachgebiet Rassenkunde beim NSLB, in einem Erzieherbrief fünf entscheidende Themen des neuen Biologieunterrichtes heraus: 1. Biologie als Grundlage der nationalsozialistischen Weltanschauung 2. Biologie, Rasse, Volk 3. Biologie und Boden 4. Biologie, Staat und Kultur 5. Biologie und Ganzheitsbetrachtung. Vom 11. bis 17. Oktober 1936 fand der erste „Reichslehrgang für Gausachbearbeiter Biologie" in Tübingen statt. Hier wurden die großen Aufgaben angesprochen, die das Reichssachgebiet Biologie im Rahmen des nationalsozialistischen Erziehungsprogramms zu erfüllen hatte: Thematisch stand die Erb- und Rassenkunde in der Schule im Mittelpunkt. Die Bedeutung der biologischen Arbeit für den Bestand des deutschen Volkes wurde betont. Daneben hatten Kolonial- und Meeresbiologie, Schadenverhütung, Erzeugungsschlacht, Schädlingsbekämpfung und die Heilpflanzenbewegung ihren Platz. Der offizielle „Lehrplanentwurf für den biologischen Unterricht an höheren Schulen" des Sachgebietes Biologie im NSLB, verfaßt von Studienrat Hermann Linder, überarbeitet von Oberregierungsrat Reinhold Lotze, tätig am Württembergischen Kultusministerium, fand auf dieser Gausachbearbeiter-Tagung allgemeine Zustimmung[68]. Die Begründung der Stoffauswahl in diesem Lehrplanentwurf des NSLB zeigt, daß Biologieunterricht und Nationalsozialismus zu diesem Zeitpunkt untrennbar verknüpft waren[69].

Durch Beschluß der Mitgliederversammlung am 5. Mai 1939 wurde der körperschaftlich schon dem NSLB angeschlossene „Deutsche Biologen-Verband" noch unter Federführung Ernst Lehmanns in den „Reichsbund für Biologie" (RfB) umgewandelt und durch Angliederung an das „Ahnenerbe"[70] direkt dem Reichsführer SS Heinrich Himmler unterstellt. Bundesleiter des Reichsbundes war Walter Greite, der Leiter der Forschungsstätte Biologie im „Ahnenerbe" der SS. Die im Reichsbund eingerichtete Arbeitsgemeinschaft „Biologie und Schule" leitete als Verbindungsmann zum NSLB zunächst Ferdinand Roßner[71], später der Reichssachbearbeiter für Rassefragen Werner Dittrich. Die Zusammenarbeit zwischen dem NSLB und dem RfB sollte noch enger gestaltet werden als die mit dem DBV zuvor. Das Fachorgan „Der Biologe" wurde jetzt zum „amtlichen Mitteilungsblatt der Unterabteilung Rasse- und Lebenskunde" erklärt. Faktisch wurde die Biologie damit noch enger an das Nazi-Regime gebunden. Als Cha-

---

67 Dr. Karl Zimmermann, wurde als Nachfolger Lehmanns später Reichssachbearbeiter für Rassen- und Lebenskunde (Biologie).

68 Vgl. hierzu Bäumer-Schleinkofer (siehe Anm. 65), S. 99 f.

69 Vgl. hierzu Bäumer-Schleinkofer, Ä.: Biologie unter dem Hakenkreuz. Biologie und Schule im Dritten Reich. In: Universitas 47/1 (1992), S. 48-61; hier S. 57.

70 Siehe hierzu Kapitel 9.2.1.2.

71 Prof. Dr. Ferdinand Roßner, Hochschule für Lehrerinnenbildung, Hannover, wurde 1939 zum Wehrdienst einberufen.

rakteristika der NS-Biologie mit daraus resultierenden Aufgaben für den Reichsbund für Biologie wurden jetzt hervorgehoben:

1. Biologisches Denken beherrscht den Sprachgebrauch.
2. Die Gesetze werden auf „biologischer Grundlage" erlassen, nämlich auf der Basis der „Lebensgesetze".
3. Die primäre Aufgabe der Biologie ist die Erforschung dieser „Lebensgesetze".
4. Biologie soll Grundlagenforschung für angewandte Gebiete wie Land- und Forstwirtschaft leisten.

Kriegsbedingt wurde die Arbeit des NSLB offiziell am 18. Februar 1943 eingestellt, die des Reichsbundes für Biologie und des „Ahnenerbes" stark eingeschränkt.

9.2.1.2. Das Ahnenerbe

Die „Studiengesellschaft für Geistesurgeschichte ‚Deutsches Ahnenerbe'" (Gesellschaft für Germanenforschung) wurde am 1. Juli 1935 in Berlin unter Mitwirkung des Reichsführers der Schutzstaffel (RFSS) Heinrich Himmler gegründet. Schon bald dehnte das „Ahnenerbe" seinen Tätigkeitsbereich auf viele Gebiete der Geistes- und Naturwissenschaften aus, auch auf solche, die mit dem ursprünglichen Zweck nicht das geringste zu tun hatten. Auch geriet es immer mehr in die Abhängigkeit Himmlers, der seine Macht im „Ahnenerbe" stetig ausbaute, es als eine Art wissenschaftlicher Beraterstab betrachtete und schließlich 1938/39 vollständig in die SS (Hauptamt „Persönlicher Stab, RFSS") eingliederte. In der dritten, endgültigen Satzung vom 1. Januar 1939 wurde der Verein „Das Ahnenerbe" zu einer diktatorisch geleiteten Forschungs-, Lehrüberwachungs- und Steuerungsorganisation erweitert und als Ziel formuliert, „Raum, Geist, Tat und Erbe des nordrassigen Indogermanentums zu erforschen, die Forschungsergebnisse lebendig zu gestalten und dem Volke zu vermitteln". Germanenkunde, gesteigert bis zu einer absonderlichen Art „Germanomanie" bildete das hauptsächliche Tätigkeitsgebiet. Die Zeitschrift „Germanien" wurde allmählich zum Organ des „Ahnenerbes". Daneben stand als Aufgabe die „Sicherung von Kulturgut" in den besetzten Gebieten, die meist in der Deportation der Kunstschätze nach Deutschland bestand. Auch die Rassenkunde nahm im „Ahnenerbe" eine zentrale Stelle ein. Das 1942 gegründete „Institut für Wehrwissenschaftliche Zweckforschung", das in Konzentrationslagern Versuche mit Häftlingen durchführte, nahm unter den vielfältigen Aufgaben, die sich das „Ahnenerbe" aneignete, eine besonders unrühmliche Rolle ein. Die „wissenschaftliche" Tätigkeit im „Ahnenerbe" stand auf sehr niedrigem Niveau. Viele wissenschaftliche Verbände, Vereine und Gesellschaften wurden allerdings teils freiwillig, teils unter Druck dem „Ahnenerbe" angeschlossen[72]. Kriegsbedingt siedelte 1943 die Reichsgeschäftsstelle des „Ahnenerbes" von Berlin nach Waischenfeld in Franken um, wo sie am 14. April 1945 von den Amerikanern kampflos besetzt wurde.

72 So auch der Reichsbund für Biologie (RfB), hervorgegangen aus dem Deutschen Biologen-Verband (DBV). Siehe Kapitel 9.2.1.1.

9.2.2. Die Stellung des Biologieunterrichtes: In der Weimarer Republik und während des Nationalsozialismus[73]

Durch die preußische Schulreform von 1924/25 erfuhr der Biologieunterricht offiziell zwar eine Aufwertung: Biologie wurde auf der Oberstufe der höheren Schule wieder eingeführt, wenngleich nur mit einer geringen Stundenzahl (drei Wochenstunden ein halbes Jahr lang), in der Mittelstufe wurde der Biologieunterricht dafür aber allgemein gestrichen. Der Biologieunterricht hatte schon politische Funktionen im Rahmen staatsbürgerlicher und nationaler Erziehung zu erfüllen[74]:

„... erfüllt die Biologie die Seele des Schülers mit dem Geist der Gesetzmäßigkeit alles Geschehens, zeigt ihm die Naturgebundenheit des Menschen und der menschlichen Kultur und leistet damit für die Charakter- und Willensbildung des Schülers einen wesentlichen Beitrag. Die biologischen Einsichten werden darüber hinaus für die persönliche Lebensführung, nicht zuletzt für das staatsbürgerliche Handeln, wirksam gemacht werden können.
... Wenn die pflanzlichen und tierischen Erzeugnisse der Kolonialländer mit ihrer wirtschaftlichen Verwertung besprochen werden, wird die Notwendigkeit deutschen Kolonialbesitzes deutlich. Ein vertieftes Verständnis des reiferen Schülers für das Wesen einer Lebensgemeinschaft wird ihn auch den Staat als eine solche erkennen lehren und ihm die unlösliche Verbundenheit seiner Glieder zeigen. Ist der Schüler an biologisches Denken gewöhnt, so wird er die biologischen Wahrheiten auch auf das Leben der Menschen untereinander anwenden und sie damit für sein persönliches und öffentliches Leben fruchtbar machen wollen."

So legten die Lehrpläne von 1925 zumindest die Wurzeln für die nationalsozialistische Lehre von „Blut und Boden". Die schlechten Berufsaussichten für Biologiestudenten, die Sparverordnungen gegen Ende der Weimarer Republik, die insgesamt stiefmütterliche Behandlung der Biologen schürte unter diesen eine starke Unzufriedenheit. Die Biologen beklagten immer wieder die Unterrepräsentation ihres Faches in den Lehrplänen der Schulen. Schon vor 1933 erschienen zahlreiche Schriften, die eine Berücksichtigung der Rassenlehre und Rassenhygiene im Biologieunterricht forderten bzw. die pädagogische Bedeutung „ganzheitlicher Naturauffassung" inklusive Naturschutz und Eugenik formulierten. Gegen Ende der Weimarer Republik gewannen politisch-weltanschauliche Gesichtspunkte zunehmend die Oberhand im Biologieunterricht. Da die Nazis sowohl die Aufnahme der geforderten Themen als auch den Ausbau des Schulfaches versprachen, setzten die meisten Hochschul- und Schullehrer der Biologie ihre Hoffnungen auf das neue Regime.
Bereits am 1. Oktober 1933 wurde von den Nationalsozialisten in Preußen, 1935 im ganzen Reich, eine Prüfung aller Abschlußklassen in Erb- und Rassenlehre vorgeschrieben[75]:

„Die Grundlage wird dabei im wesentlichen die Biologie geben müssen, der eine ausreichende Stundenzahl – 2 bis 3 Wochenstunden, nötigenfalls auf Kosten der Mathematik und Fremdsprachen – sofort einzuräumen ist. Da jedoch biologisches Denken in allen Fächern Unterrichtsgrundsatz werden muß, so sind auch die übrigen Fächer, besonders Deutsch, Geschichte, Erdkunde in den Dienst dieser Aufgabe zu stellen. Hierbei haben sie mit der Biologie zusammenzuarbeiten."

---

73 Bäumer-Schleinkofer (siehe Anm. 65), S. 39-47, 51 f., 79-82, 95-100, 103-107, 111-129.
74 Richtlinien für die Lehrpläne der höheren Schulen Preußens Teil I. In: Beilage zum „Zentralblatt für die gesamte Unterrichtsverwaltung" 1925, Heft 8; hier S. 36 und 38; zitiert nach Bäumer-Schleinkofer (siehe Anm. 65), S. 82.
75 Fricke-Finkelnburg, R.: Nationalsozialismus und Schule. Amtliche Erlasse und Richtlinien 1933-1945. Opladen 1989, S. 214; zitiert nach Bäumer-Schleinkofer (siehe Anm. 65), S. 39.

Damit erhielt die Biologie eine Schlüsselfunktion. Da viele das damalige Geistesleben beherrschende Begriffe wie „Art und Rasse, Sippe und Gattung, Lebens- und Volksgemeinschaft, Auslese und Führertum, Vererbung, Entartung, Aufartung" biologische Begriffe waren, sollte die Biologie auch Grundlage für andere Unterrichtsfächer sein. Die Biologie sollte, indem sie selbst kulturelle Werte schaffte, das relevante Bindeglied zwischen Geistes- und Naturwissenschaft darstellen.
Unmittelbar nach der Machtergreifung wurden auch erste Vorschläge für die Umstrukturierung des Biologieunterrichtes an den Schulen vorgelegt. Bereits 1933 erschien ein Band „Biologie, Nationalsozialismus und neue Erziehung"[76], maßgeblich von Karl Zimmermann verfaßt, der eindeutig Stellung zur Rolle der Biologie im neuen Erziehungsprogramm bezieht und alle wesentlichen Charakteristika zumindest andeutet: Biologie als Kernfach neben Deutsch und Geschichte müsse durchgehend in allen Klassen über zwei, wenn nicht sogar drei Wochenstunden verfügen. Biologisches Denken habe allgemeines Unterrichtsprinzip und Lebensnähe das Auswahlkriterium für den biologischen Lehrstoff zu sein. Hauptaufgabe sei Verantwortungsgefühl gegenüber Rasse und Volk zu wecken, Rassesinn und -stolz zu pflegen und das deutsche Rassenideal zu entwickeln. Bildungsziel sei die „Erziehung und Bildung des deutschen Menschen in seiner naturgebundenen Verbundenheit mit Volk und Boden"[77]. Die entsprechende Durchbildung breiter Massen (Volksschule) wurde 1935/36 besonders betont[78]. Auch erste „Vorschläge zur Verdeutschung biologischer Fachaudrücke"[79] (z.B. Immunisierung = Waffnung; Agglutine = Verklebungsstoffe), die zukünftig bei Vorträgen, Aufsätzen und Lehrbüchern verwendet werden sollen, um zum allgemeinen Fach-Sprachgebrauch zu werden, fallen in diese Zeit. Das Wechselspiel zwischen völkischem Denken (definiert als Bekenntnis zu Reichskanzler Adolf Hitler, seinem Staatenaufbau und unbedingter Pflichterfüllung gegenüber dem Volkskörper, auch bei persönlicher Aufopferung), biologischem und nationalsozialistischem Denken mit dem Tenor „Nationalsozialistisches Denken muß biologisches Denken sein!"[80], gab ebenfalls 1936 Studienrat Erich Stengel richtungweisend im Aufsatz „Die Ausrichtung des biologischen Unterrichtes" bekannt. Der heranwachsenden Jugend war in jahrelanger Arbeit diese lebensnotwendige Einstellung einzuprägen und Verständnis für die Propagandathese „Blut und Boden" zu vermitteln. Methodisch, so Stengel, sollte dies durch „Ganzheitsschau" gelingen, wo-

76 Zimmermann, K. / Donath, F.: Biologie, Nationalsozialismus und neue Erziehung. Leipzig 1933. Erschienen in der Reihe: Zimmermann, K. (Hrsg.): Das Dritte Reich, Bausteine zum neuen Staat und Volk. Die wesentlichen Punkte wurden 1936 unter dem Titel „Biologie und Nationalsozialismus" auch noch einmal in Band 1 der maßgeblichen Zeitschrift des NSLB „Nationalsozialistisches Bildungswesen", S. 16-29, veröffentlicht, um den Lehrern die Bedeutung der Biologie für die nationalsozialistische Ideologie und den deutschen Staat noch einmal offiziell vor Augen zu führen. Vgl. hierzu Bäumer-Schleinkofer (siehe Anm. 65), S. 40 f.

77 Zimmermann / Donath (siehe Amn. 76), S. 39, zitiert nach Bäumer-Schleinkofer (siehe Anm. 65), S. 40.

78 Pietsch, A.: Der Biologieunterricht in der Volksschule. In: Der Biologe 4 (1935), S. 37-40 und Höft, A.: Arbeitsplanung des Volksschulbiologen. In: Der Biologe 5 (1936), S. 397-403. Vgl. hierzu Bäumer-Schleinkofer (siehe Anm. 65), S. 44-46.

79 Schäffer, C.: Vorschläge für die Verdeutschung biologischer Fachausdrücke. In: Unterrichtsblätter für Mathematik und Naturwissenschaften 41 (1935), S. 231-238.

80 Stengel, E.: Die Ausrichtung des biologischen Unterrichtes. In: Der Biologe 5 (1936), S. 175-186; hier S. 176. Vgl. hierzu Bäumer-Schleinkofer (siehe Anm. 65), S. 52-54 sowie Bäumer-Schleinkofer, Ä.: Biologie unter dem Hakenkreuz. Biologie und Schule im Dritten Reich. In: Universitas 47/1 (1992), S. 48-61; hier S. 51 f.

durch der Schüler langsam „in die lebensgemeinschaftlichen Gesetze von Heimat und Volk" hineinwachse, er u.a. vom „Ich"-Denken zum „Wir"-Denken geführt werde.
Einer der Repräsentanten der Biologiedidaktik des Dritten Reiches, Paul Brohmer (1885-1965), Professor an der Hochschule für Lehrerbildung in Kiel, ist auch heute noch den Biologen aus nach 1945 veröffentlichten Bestimmungsbüchern bekannt. Seine 1923 erschienene „Erziehung zur Staatsgesinnung durch arbeitskundlichen Biologieunterricht"[81] stellte schon ethische und weltanschauliche Komponenten über das Fachwissen und betonte die später im Nationalsozialismus übliche Organismusmetapher (der menschliche Staat als Individuum höherer Ordnung, dessen Gemeinwohl sich der Einzelne, das Individuum gleichsam als Organ bedingungslos unterzuordnen, zu unterwerfen habe). Im Juni 1933 erschien sein Buch „Biologieunterricht und völkische Erziehung"[82], in dem er eine komplette Umgestaltung des Biologieunterrichtes in allen Schultypen forderte und den Mensch als Maß aller Dinge in den Mittelpunkt stellte. 1936 wurde in dritter Auflage dann der „Biologieunterricht unter Berücksichtigung von Rassenkunde und Erbpflege"[83] veröffentlicht, in dem Ganzheitsschau, die Forderung überindividueller Einsatzbereitschaft sowie die allgemeinen Lebensgesetze als grundlegend zu vermittelnde Erkenntnisse des Biologieunterrichtes betrachtet werden. Neben detaillierten didaktischen Hinweisen für die Behandlung einzelner Themen steht als typisches Lehrverfahren die Selbstbetätigung des Schülers (Beobachtung und Versuch), das Lesen geeigneten Schrifttums, die Vorführung von Schmalfilmen, der Besuch von Vorträgen, die Durchführung von Exkursionen und die Einrichtung von Schulgärten. Der ganze Biologieunterricht sollte in der Darstellung des Staates als Lebensgemeinschaft gipfeln.
Die zahlreichen Veröffentlichungen zum biologischen Denken, zur Stoffanordnung, Stoffbehandlung im Biologieunterricht samt anzuwendender Methodik ebbten in Erwartung der neuen Richtlinien ab 1937 erst einmal ab. Später wurde verstärkt auf den neuen Lehrplänen aufbauend kommentiert.
Biologieunterricht wurde so letztlich zum Weltanschauungsunterricht. Er sollte die wissenschaftlichen Grundlagen der NS-Ideologie aufzeigen, also die „wesentlichsten, dieser Gemeinschaft zugrundeliegenden Lebensgesetze" (Führerwort)[84]. Der Biologieunterricht hatte den Schüler zu einem gläubigen, bedingungslos Folge leistenden Bürger zu erziehen, der aufgrund seiner biologischen Kenntnisse die Richtigkeit der Grundthesen nationalsozialistischer Weltanschauung uneingeschränkt und kritiklos anerkennt. Nationalsozialismus wurde so als wissenschaftlich biologisch legitimierte Weltanschauung angesehen zu der die Schüler religiöse Bindungen aufbauen sollten. Die Ideologie fungierte als Ersatzreligion, sollte unvergeßlich in die Seelen der Kinder eingeprägt werden.

---

81 Brohmer, P.: Erziehung zur Staatsgesinnung durch arbeitskundlichen Biologieunterricht. (Zur Theorie und Praxis der Arbeitsschule, 12). Osterwieck 1923. Vgl. hierzu Bäumer-Schleinkofer (siehe Anm. 65), S. 113 f.

82 Brohmer, P.: Biologieunterricht und völkische Erziehung. Frankfurt 1933. Vgl. hierzu Bäumer-Schleinkofer (siehe Anm. 65), S. 123-126.

83 Brohmer, P.: Biologieunterricht unter Berücksichtigung von Rassenkunde und Erbpflege. (Die nationalsozialistische Erziehungsidee im Schulunterricht). 3Osterwieck / Berlin 1936. Vgl. hierzu Bäumer-Schleinkofer (siehe Anm. 65), S. 126-129.

84 Zitiert nach Bäumer-Schleinkofer (siehe Anm. 65), S. 44.

9.2.3. Nationalsozialistische Themen des Biologieunterrichtes[85]

Die Themen des Biologieunterrichtes im Dritten Reich waren im Grunde dieselben, die allgemein die nationalsozialistische Biologie kennzeichneten. Die Schule wurde Keimzelle der biologischen Volksbildung. Mit allerdings unterschiedlicher Gewichtung und Verschiebungen schon während der NS-Zeit kristallisieren sich hierbei heraus: 1. Heimatkunde und Naturschutz, 2. Ganzheitliche Naturauffassung, 3. Unterrichtsprinzip Lebensgemeinschaft, 4. Vererbungslehre und Rassenkunde, 5. Erzeugungsschlacht.

Zu 1.: Heimatkunde und Naturschutz sollten im Biologieunterricht stärker als in Weimarer Republik-Zeiten besonders in Volksschule, Mittelschule und unteren Klassenstufen der Höheren Schule betont werden. Neben Wissensaspekten (Kenntnis der heimischen Tiere und Pflanzen, des Nahrungs- und gewerblichen Rohstoffaktors heimischer Tiere und Pflanzen, der Bewirtschaftung und Schädlingsbekämpfung etc.) hatte im Sinne der nationalsozialistischen „Blut und Boden"-These auch der irrational emotionale Faktor der Gemütsbindung hohen Stellenwert.

Zu 2.: Abgeleitet aus Ernst Haeckels Monismus sollte die ganzheitlich-organische Betrachtungsweise die Allgemeingültigkeit von Naturgesetzen sowie ihre Anwendbarkeit auf den Menschen und den menschlichen Staat beweisen (Lebensgesetze). V.a. die Forderung „Gemeinnutz geht vor Eigennutz" und die Auffassung von Gesellschaft und Volk als organischem Volkskörper, als Organismus, galt es biologisch herzuleiten. Der Unterrichtsstoff sollte demzufolge nicht mehr in zergliedernder Darstellungsweise behandelt werden, vielmehr hatte eine dynamische Betrachtungsweise mit Blick auf das Ganze und dem Aufzeigen von Beziehungen untereinander im Vordergrund zu stehen.

Zu 3.: Die Lebensgemeinschaft wurde von den Nationalsozialisten zum entscheidenden Unterrichtsprinzip erhoben, da in der NS-Ideologie dieser Begriff neben Lebensraum, insgesamt der „Blut und Boden"-These die entscheidende Rolle spielte. Herausgearbeitet werden sollte dabei, daß das Leben sich nur in Gemeinschaften verschiedener Organismen verwirklichen läßt (Lebensgemeinschaft als allgemeine Ökologie, Wissenschaft vom Haushalt der Natur), hierbei jedoch oberstes Primat nicht die Umwelt an sich (Lamarckismus), sondern die Auslesewirkung der Umwelt (Lebensgesetz der Auslese) mit Rassenunterschieden als erbbedingten Wesensunterschieden ist.

Zu 4.: Das mit Abstand wichtigste nationalsozialistische Thema Vererbungslehre und Rassenkunde war laut Rassenerlaß[86] besonders ausführlich in den Abschlußklassen aller Schultypen zu behandeln. Die Mendelschen Gesetze, Mischlingsforschung, die Gesetze der Auslese sowie die praktische Anwendung der Erblehre auf die Züchtung von Haustieren und Kulturpflanzen wurde schon in unteren Klassen behandelt. Zellenlehre, Ergebnisse der Zwillings- und Familienforschung und die Bedeutung der Vererbung gegenüber den Einflüssen der Umwelt folgten dann in den höheren Schulklassen. Neben der Vererbungslehre waren Familienkunde (Ahnenforschung, Stammbaum) und Bevölkerungspolitik (Kinderreichtum, Großstadtfeindlichkeit), Rassenkunde (Entwicklungs- und Abstammungslehre mit dem Gedanken der Höherentwicklung, „Kampf ums Dasein") sowie Rassenhygiene weitere Themengebiete. Adolf Hitler hatte schon in seinem Buch „Mein Kampf"[87] die Grundlagen für den „Kampf dem Geburtenrückgang,

85 Bäumer-Schleinkofer (siehe Anm. 65), S. 52-78.

86 Siehe hierzu Kapitel 9.2.4.2.

87 Die Begründung und Rechtfertigung des Dogmas von einer rassischen Ungleichwertigkeit der Menschen und Völker und die „Apotheose fortpflanzungskräftiger Volksgesundheit" im biologisch materia-

Kampf der erblichen Unterwertigkeit und Kampf der Rassenmischung“[88] gelegt. Ständige Judenhetze einerseits, Loblieder auf die arisch-germanische Rasse andererseits untermauerten dies. Maßnahmen der Rassenhygiene und Eugenik (Auslese) mußten angesichts der „gefährdeten“ Lage des deutschen Volkes, die bevölkerungsstatistisch belegt wurde, als unbedingt notwendig erscheinen. Die arisch reinen Schüler wurden bewußt dazu aufgefordert, an der „rassischen Aufartung des deutschen Volkes“[89] mitzuarbeiten. Die nationalsozialistische Gesetzgebung wurde insgesamt als völlig natürlich und damit richtig (Naturgesetze, Lebensgesetze) hingestellt[90].
Zu 5.: Die nationalsozialistischen Autarkiebestrebungen des ersten und später auch zweiten Vierjahresplanes wurden ab 1936 auf die allgemeine landwirtschaftliche Versorgungslage (Streben nach Selbstversorgung Deutschlands mit Nahrungsmitteln und Rohstoffen) reflektiert. Zur volkswirtschaftlich-konstitutionellen Betrachtungsweise hatte hierbei die volkspolitisch-erbbiologische („Blut und Boden“-Propagandathese) zu treten. D. h. der Unterricht über den „Boden“, also die landwirtschaftliche Erzeugungsschlacht mußte im Sinne einer nationalsozialistischen „Ganzheitsbetrachtung“ das Thema „Blut“, also die Rassenkunde miteinbeziehen. Der Nutzen eines „gesunden berufsklugen und verantwortungsbewußten Bauernstandes“ als „Lebensquell des Volkes“ wurde gleichzeitig demonstriert.
Neben diesen fünf Hauptkomponenten spielte thematisch die Herausstellung des Führers Hitler als Retter Deutschlands und insbesondere zu Kriegszeiten die Wehrbiologie (u.a. Biologie und Luftfahrt)[91] noch eine Rolle.

9.2.4. Die offiziellen Lehrpläne und Richtlinien für den Biologieunterricht[92]

Die neuen Richtlinien von 1938/39 des Reichsministeriums für Wissenschaft, Erziehung und Volksbildung betonten die Ideologie-Relevanz. Gleichzeitig wurde zwischen Wissens-, Könnens- und weltanschaulich-ideologischen Überzeugungs- und Verhaltenszielen differenziert. Ende 1939 erschienen die Richtlinien für die gesamte Volks-

---

listischen Sinne hatte Adolf Hitler schon in seinem Buch „Mein Kampf“ niedergeschrieben. In unkritischem, rein emotionalem Rückgriff auf ältere biologische Theorien hatte er die Inhalte sozialdarwinistischer Programmschriften, die Rassenlehre Chamberlains und Gobineaus sowie Einzelheiten aus wissenschaftlichen Arbeiten zur Humangenetik, Rassenhygiene, Anthropologie und Bevölkerungslehre miteinander verbunden. Da Hitler sich somit vielen zeitgenössischen Strömungen der Biologie annäherte, erklärt dies auch die leichte Aufnahme der NS-Ideologie in die Biologie und die breite Zustimmung namhafter Wissenschaftler. Siehe hierzu auch Bäumer-Schleinkofer, Ä.: Die Politisierung der Biologie zur Zeit des Nationalsozialismus. In: Biologie in unserer Zeit 19 (1989), S. 76-80.

88 Dobers, E.: Biologie. In: Dobers, E./ Higelke, K.: Rassenpolitische Unterrichtspraxis: Der Rassengedanke in der Unterrichtsgestaltung der Volksschulfächer. Leipzig 1938, S. 205-252; hier S. 206. Zitiert nach Bäumer-Schleinkofer (siehe Anm. 65), S. 70.

89 Fricke-Finkelnburg (siehe Anm. 75), hier S. 216; zitiert nach Bäumer-Schleinkofer (siehe Anm. 65), hier S. 64.

90 Vgl. hierzu auch Kattmann, U.: Rasse als Lebensgesetz. Rassenbiologie im Unterricht während des Nationalsozialismus. In: Naturwissenschaftliche Rundschau 11 (1988), S. 1662-1664 und Seidler, H.: Herrschaft der Rasse. Zur Perversion der Rassenlehre im Nationalsozialismus. In: Naturwissenschaftliche Rundschau 11 (1988), S. 1657-1661.

91 Luftfahrt und Biologie. Anlage 1 aus Pflege der Luftfahrt in den Schulen. In: RMinAmtblDtschWiss. 5 (1939), S. 88. Vgl. hierzu auch Metzner, K.: Luftfahrt, Luftschutz und ihre Behandlung im Unterricht. Leipzig 1937, S. 213-229.

92 Bäumer-Schleinkofer (siehe Anm. 65), S. 82-93.

schule, die für die sogenannte „Lebenskunde" vom 5. bis 8. Schuljahr durchgehend zwei Wochenstunden vorsahen. Den „Einklang der nationalsozialistischen Lebens- und Volksauffassung mit den Gesetzmäßigkeiten des organischen Lebens aufzuzeigen und die Notwendigkeit der Erhaltung und Pflege der rassischen Werte unseres Volkes eindringlich und verpflichtend herauszustellen"[93] bildete das Fundament des Unterrichts. Lebenskundliches Denken und Handeln, Einordnung in das Leben der Volksgemeinschaft, gesunde Lebensweise und planmäßige Körperpflege hatten als angestrebte Überzeugungs- und Verhaltensziele höchste Priorität. Erste Hilfe sowie für Mädchen Säuglings- und Krankenpflege waren Könnensziele. Als Wissensziele wurden einfachste Grundlagen der Erblehre und Entwicklungstheorie, die wesentlichen Lebensgesetze bei Pflanze, Tier und Mensch sowie wesentliche Erkenntnisse der Erzeugungsschlacht formuliert. Der gleichzeitig mit den Richtlinien veröffentlichte „Lehrplanentwurf der Reichswaltung des NSLB" ist ausführlicher, stimmt in den grundsätzlichen Gedankengängen aber mit den Richtlinien überein. In der Volksschule wurde insgesamt Wert auf unbewußte Indoktrination gelegt.

Die im Kontrast hierzu gerade auch im Sektor Biologie ausführlich gehaltenen Richtlinien samt Lehrplänen für die Höhere Schule von 1938 sahen durchgehend zwei Wochenstunden in allen Klassenstufen vor, was die deutliche Aufwertung des Faches gegenüber Weimarer Republik-Zeiten noch untermauert. Die Biologie erhielt eine zentrale Erziehungsfunktion, drei weltanschauliche Erziehungsziele wurden angestrebt: Rassebewußtsein zu bilden, völkisches Denken zu entwickeln und die Gedanken der Auslese und Ausmerze – inklusive Euthanasie und Vernichtung „lebensunwerten" Lebens – zu verbreiten. Rassenpflege, Rassenhygiene, Familien- und Bevölkerungspolitik (richtige Gattenwahl, hohe Kinderzahl), Abhängigkeit von den unumstößlichen Lebensgesetzen waren hauptsächliche Lehrziele, die Inhalte der NS-Ideologie sollten gleichzeitig wissenschaftlich begründet und damit „bewiesen" werden. Wissensziele waren darüber hinaus Tiere und Pflanzen der Heimat als wirtschaftliche Grundlage des deutschen Volkes (Garten- und Ackerbau, Forstwirtschaft, Viehzucht, Jagd, Fischfang, Fischzucht), Lebens- und Naturgesetze, Erb- und Rassenlehre, Lebensgemeinschaften, Naturschutz. Für Mädchenschulen war Säuglings- und Gesundheitspflege als Könnensziel vorgeschrieben. Die 1. bis 7. Klasse der Höheren Schule war im Stoffplan der Richtlinien, wie auch im 1938er Lehrplan-Entwurf allerdings noch vorwiegend von fachbiologischen Themen geprägt, die auf die geballten weltanschaulichen Ziele der 8. Klasse vorbereiten sollten. Per Erlaß vom 30. August 1943 wurde der Lehrplan für die Oberstufe nochmals geändert, zugunsten einer stärkeren weltanschaulichen Komponente bereits in der 7. Klasse[94]:

„Klasse 6:
Der Stoffwechsel.
Der Stoffwechsel der Pflanze und seine Organe. Bau- und Betriebsstoffwechsel bei Pflanze und Tier unter energetischen Gesichtspunkten. Der Kreislauf der Stoffe. Vitamine und Hormone. Bakterienkunde (Bakterien im Haushalt der Natur und als Krankheitserreger). Selbstschutz des Körpers (Impfung, Immunitätslehre).

93 Erziehung und Unterricht in der Volksschule. Berlin 1940, S. 22. Ebenfalls abgedruckt bei Fricke-Finkelnburg (siehe Anm. 75), S. 43.

94 Zitiert nach Fricke-Finkelnburg (siehe Anm. 75), S. 130 f. Nicht zuletzt könnte die 1942 geäußerte Kritik der Parteikanzlei an der allgemeinen Lehrplanentwicklung, insbesondere den als noch zu gering erachteten weltanschaulichen Zielsetzungen im Biologieunterricht, diese Umstellung mitbewirkt haben.

Von der Einzelzelle zum Zellstaat.
Die Zelle als selbständiger Organismus. Zusammenschluß von Einzelzellen zu Zellgemeinschaften. Arbeitsteilung, Gewebe, Organbildung. Der Zellstaat.
Untersuchung der Abhängigkeitsbeziehungen in einer Lebensgemeinschaft.

Klasse 7:
Fortpflanzung und Keimesentwicklung.
Nur das im Hinblick auf das Verständnis für Erblehre Notwendige.
Vererbung.
Vertiefte Behandlung der Erblehre auf Grund des Versuchs und der Zellforschung. Die Chromosomen als Träger der Erbanlagen, Koppelung von Erbanlagen, Geschlechtsbestimmung und geschlechtsgebundene Vererbung; Zusammenwirken mehrerer Erbanlagenpaare. Variabilität. Erbanlage und Umwelt. Erbänderung. Keimschädigung. Anwendung der Erblehre auf die Pflanzen- und Tierzüchtung. Die Vererbung beim Menschen. Stammbaum- und Zwillingsforschung; Erbanlage und Umwelt beim Menschen, die Vererbung körperlicher und geistig-seelischer Anlagen (Leib-Seele-Einheit), Erbkrankheiten.
Die biologisch-rassischen Grundlagen der Volksgemeinschaft und der Staatsführung.
Abstammungslehre und Stammesentwicklung: Überblick über die Entwicklung des Lebens im Lauf der Erdgeschichte. Das natürliche System als Ausdruck der inneren Verwandtschaft. Tatsachen aus der Versteinerungskunde, der vergleichenden Anatomie, der Keimesentwicklung und der Verbreitung der Lebewesen. Lamarckismus und Darwinismus und ihre weltanschaulichen und politischen Auswirkungen.
Ursprung und Entwicklung des Menschen und seiner Rassen in kurzem Überblick. Rasse als Grundlage körperlicher Erscheinung und geistig-seelischer und sittlicher Haltung. Volk und Rasse. Die Rassenbestandteile des deutschen Volkes. Die biologischen Ursachen des Verfalls von Kulturvölkern.
Bevölkerungspolitik und Rassenpflege: Die zahlenmäßige Erhaltung des deutschen Volkes. Die Lebenskurven und der Altersaufbau, die Ursachen und die Folgen des Geburtenrückganges in Deutschland. Die Geburtenbewegung in anderen Ländern. Wege zur Erhaltung und Mehrung der gesunden Erbstämme. Die Erhaltung der Erbgesundheit. Die erbbiologische Bestandsaufnahme des deutschen Volkes. Die Gefahr kranken Erbgutes für den Volkskörper. Die gesetzgeberischen Maßnahmen, auch in anderen Ländern. Die Erhaltung der Rassenreinheit. Die Vermischung mit Fremdrassen und ihre Gefahren. Die Judenfrage. Die Nürnberger Gesetze. Rassische Aufartung durch die Weltanschauung und die Gesetzgebung des Nationalsozialismus."

Hier zeigt sich, wie die weltanschaulichen Maximen detailliert und konkret umgesetzt werden sollten, um die nationalsozialistische Weltanschauung der bürgerlichen Bildungselite näherzubringen.
Die im Dezember 1939 erlassenen Mittelschulrichtlinien sahen von der 1. bis 4. Klasse je zwei Wochenstunden „Lebenskunde" vor, in der 5. Klasse 3 bis 4, in der 6. Klasse sogar 3 bis 5 Stunden – hier zusammen mit Gartenbau. Ziel des Unterrichts war, „die Übereinstimmung der nationalsozialistischen Weltanschauung und Lebensführung mit der Gesetzmäßigkeit des organischen Lebens" erkennen zu lassen[95]. Tiere und Pflanzen der Heimat, die Natur als ökologische Grundlage des deutschen Volkes, der menschliche Körper, die wichtigsten Tatsachen aus Vererbungslehre, Rassenkunde, Bevölkerungspolitik und Sippenkunde, Lebensgesetze und die Stellung des Menschen in der Natur bildeten die Themeninhalte. Sollten die ersten vier Klassen noch Einzellebewesen betrachten, stand die „Ganzheitsschau" in den oberen Klassen im Mittelpunkt. Rassenkunde und Vererbungslehre sollte als „lebenskundliche Verankerung der nationalsozialistischen Weltanschauung und Lebens- sowie Staatsführung"[96] in der Abschlußklasse den Schwerpunkt bilden. Bei den Mädchen gehörte ein zweiwöchiger Dienst in Säuglingsheimen oder im Kindergarten zum Unterrichtsprogramm.

95 Bestimmungen über Erziehung und Unterricht in der Mittelschule. Berlin 1939, S. 41.
96 Bestimmungen (siehe Anm. 95), S. 46.

Die ideologische Durchdringung des Biologieunterrichtes in den Lehrplänen ging den nationalsozialistischen Machthabern, wie u.a. eine Kritik der Parteikanzlei vom Januar 1942 offenbart[97], allerdings noch nicht weit genug.

9.2.5. Biologieunterricht für Mädchen[98]

Maßnahmen der öffentlichen Gesundheitspflege, durch Genußmittel verursachte Schäden sowie Kranken- und Säuglingspflege waren als Themengebiete der Menschenkunde schon in den „Richtlinien zur Aufstellung von Lehrplänen für die oberen Jahrgänge der Volksschule" vom 15. Oktober 1922, also zur Zeit der Weimarer Republik vorgesehen[99]. Die nationalsozialistische Frauenpolitik, die den Frauen keine höhere geistige Bildung zusprach, sondern in der künftigen Hausfrau und Mutter das Lebensziel aller heranwachsenden Mädchen definierte, griff diese Inhalte auf. Im zum Weltanschauungsunterricht aufgewerteten Biologieunterricht sollte das arisch reine Mädchen allerdings seine Lebensaufgabe v.a. darin erblicken, im Sinne der NS-Rassenlehre zusammen mit einem ausgewählten, arischen Partner möglichst viele reinrassige, nordische Kinder zu gebären, die Mutterpflichten zu erfüllen und sich dem Wohl der Familie zu widmen. Der Biologieunterricht hatte „dem heranwachsenden Mädchen die Bedeutung der Frau als Erhalterin des Volkskörpers, als Pflegerin der Familie, als Erzieherin und Trägerin wertvollen Erbgutes" beizubringen[100]. Nicht das persönliche Glück, sondern die Pflicht gegenüber der Volksgemeinschaft hatten im Vordergrund zu stehen. V.a. Frauen (Wera Pischel-Preiser 1935; Hildegard Lutz 1937)[101] lehnten die Koedukation von Jungen und Mädchen vehement ab und setzten sich für einen entsprechend mädchengerechten Biologieunterricht, der möglichst von Lehrerinnen durchzuführen sei, ein. Beobachtungen zur Brutpflege und Fürsorge für die Nachkommen in der Tierwelt, praktische Kenntnisse zur Pflege des Menschen, insbesondere des Säuglings und des Kleinkindes, Weckung des mütterlich-pflegerischen Triebes im Mädchen und des fraulichen Strebens das Heim zu schmücken, standen neben der Verantwortung im Rahmen der volkswirtschaftlichen Aufgaben staatlicher Verbrauchslenkung – der Erziehung zur sparsamen, planvollen Hausfrau – im Vordergrund. Praktische Tätigkeiten im Haus- und Schulgarten, Gewinnung und Anwendung von Nähr- und Werkstoffen des Pflanzen- und Tierreiches, sowie Übungen in Erste Hilfe, Kranken- und Säuglingspflege ergänzten dies. In den nach 1938 herausgegebenen Sonderausgaben der Biologieschulbücher für Mädchenschulen wurden diese Lehrplanforderungen auch in die Praxis umgesetzt.

---

97 Siehe Anm. 94.

98 Bäumer-Schleinkofer (siehe Anm. 65), S. 47-50, 101-103, 202-204, 213-216. Bäumer-Ä.: Das Mädchen als künftige Hausfrau und Mutter. Biologieunterricht für Mädchen im Dritten Reich. In: Biologie in unserer Zeit 22 (1992), S. 151-156.

99 Keckstein, R.: Die Geschichte des biologischen Schulunterrichtes in Deutschland. Sonderheft der Zeitschrift für Didaktik der Biologie. In: biologica didactica 3 (1980), S. 1-99; hier S. 57.

100 Erziehung und Unterricht in der höheren Schule. Berlin 1938, S. 153.

101 Pischel-Preiser, W.: Sonderaufgaben des Biologieunterrichts für Mädchen. In: Der Thüringer Erzieher. Päd. Halbmonatszeitschrift des N.S.L.B. Gau Thüringen. Sonderheft Biologie. 3. Jg. Weimar, 16. August 1935, Heft13/14, S. 451-453. Lutz, H.: Der Biologieunterricht an der Mädchenschule. In: Der Biologe 6 (1937), S. 25-27. Vgl. hierzu Bäumer-Schleinkofer (siehe Anm. 65), S. 47-50, 101-103.

9.2.6. Die Neugestaltung von Biologie-Ergänzungsheften und -Schulbüchern[102]

Da bereits 1933 die Rassen- und Erblehre als neuer verbindlicher Unterrichtsstoff für den Biologieunterricht an allen Schultypen vorgeschrieben worden war, erschienen ab 1934 Ergänzungshefte für Vererbungslehre und Rassenkunde. Hauptaugenmerk wurde hierbei auf NS-Intentionen und die Einstellung der Autoren zum nationalsozialistischen Staat, die Vorbereitung der gesetzgeberischen Tätigkeiten der Regierung gelegt. D.h. die Belehrungen über Vererbungslehre und Rassenkunde hatten bewußt politische Färbungen zu bekommen, wobei sowohl Verstand als auch Gemüt des Kindes erfaßt werden sollten. Andere Bücher wurden zumeist gar nicht verfaßt bzw. waren nicht zum Druck oder zur Verwendung in der Schule erlaubt. Erblehre, Rassenkunde, Rassenpflege (Rassenhygiene), Familienkunde und deutsche Bevölkerungspolitik waren aufgrund des starken Nachholbedarfs, der für Lehrer wie Schüler in Inhaltsfragen gerade in diesem Punkt gesehen wurde, vordringlich und wurden in Lehrer- und Schülerheften für Volks-, Mittel- und höhere Schule gesondert behandelt. Eingearbeitet finden sich die ganzheitlich-organische Betrachtungsweise und das Unterrichtsprinzip der Lebensgemeinschaft.

Nach Erscheinen der Richtlinien und Lehrpläne 1938/39 wurden anerkannt neu konzipierte Schulbücher vorläufig zugelassen: Für den Biologieunterricht an Höheren Schulen standen ab 1939 vier Schulbuchreihen[103], für den sogenannten Lebenskundeunterricht in den Mittelschulen ab 1940 fünf Schulbuchreihen[104] zur Verfügung. Ideologisch-politische Inhalte, die das Schulbuch zum „Sprachrohr der Ideologie" machten, waren jeweils in den Abschlußklassen vorgesehen, in der Mittelschule also in den Klassen 5 und 6, in der Höheren Schule in Klasse 5 und 8, dagegen in Klasse 6 und 7 vergleichsweise etwas mäßiger. Die Klassen eins bis vier hatten die weltanschaulichen Lehrinhalte vorzubereiten. Die Schulbücher boten zwar durchaus fachbiologische Themen mit den aktuellen Ergebnissen der damaligen Forschung. Diese wurden aber von der propagandistischen Deutung im Sinne nationalsozialistischer Dogmen überlagert. So wurden die tatsächlich vorhandenen Ungleichheiten von Menschen, Rassen und Völkern zu einem Ungleichwertigkeitsdogma verabsolutiert und dieses als wissenschaftlich legitimierte schlechthin gültige Wahrheit ausgegeben. Das Dogma, das nicht alle Menschen gleiche Lebensansprüche hätten, da einige wie die Erbkranken und Juden („Maßnahmen zur Lösung der Judenfrage"[105]), den Forderungen nach völkischer Erbgesundheit

102 Bäumer-Schleinkofer (siehe Anm. 65), S. 103-105, 133-146, 147-216 sowie Bäumer-Schleinkofer, Ä.: Sprache und Verstehen im Biologieunterricht in der NS-Zeit. In: Entrich, H. / Staeck, L. (Hrsg.): Sprache und Verstehen im Biologieunterricht. Bericht über die 8. Internationale Arbeitstagung der Sektion Fachdidaktik Biologie im VDBiol zum Thema „Sprache und Verstehen" im Biologieunterricht in Bad Zwischenahn vom 30.09.91 bis 04.10.1991. Leuchtturm-Unterricht-Paperbacks, Bd. 15, Albach / Bergstr. 1992, S. 59-75.

103 Roßner, F.: Die neuen Biologieschulbücher für die Höhere[n] Schulen. In: Der Biologe 9 (1940), S. 56 f.

104 Biologie und Schule. Amtliche Verfügungen für den lebenskundlichen Unterricht. In: Der Biologe 10 (1941), S. 32-35; hier S. 34.

105 Graf, J.: Biologie für Oberschulen und Gymnasien. 3. Band für Klasse 5. Der Mensch und die Lebensgesetze. München 1940, S. 153 f. Jakob Graf, Studienrat aus Rüsselsheim, verfaßte bereits 1930 ein Lehrbuch „Vererbungslehre und Gesundheitspflege", 1934 ein Schüler-Ergänzungsheft „Familienkunde und Rassenbiologie für Schüler". Seine ab 1939 erschienene Schulbuchreihe „Biologie für Oberschule und Gymnasien" stellt das NS-Gedankengut so überzeugend eingearbeitet in die Biologie dar, daß es selbst dem modernen Leser manchmal schwerfällt, sich nicht mitreißen zu lassen. Bäumer-

und Reinerhaltung der Rasse im Wege stünden, wurde so permanent untermauert. Gelegentliche Hinweise auf germanische Kultur und Bräuche, Naturmythen zur Weckung des Gefühls der Naturverbundenheit, Äußerungen zu nationalsozialistischen Maximen, Einsprengsel von Bauernideologie, der Einheit von Blut und Boden, Anspielungen auf Autarkiebestrebungen, Mahnungen zu volksbewußtem Handeln und volkswirtschaftlich richtigem Konsumverhalten sowie Aufrufe zur körperlichen Ertüchtigung sind politisch-ideologischer Tenor.

Anschaulichkeit und eine einfache, leicht verständliche Sprache[106] zeichnen alle Lehrbücher aus, auch geht eine starke Praxisorientiertheit mit den neuen Büchern einher. Die Mittelschulbücher sind verständlicherweise durch weniger wissenschaftliche Details geprägt. Unterschiede zwischen den einzelnen Lehrbuchreihen lassen sich insbesondere im pädagogisch-didaktisch geschickten Vermitteln nationalsozialistischer Lehrinhalte ausmachen, der Vorbereitung stark indoktrinierender Inhalte, der überzeugend begeisternden Darstellungsweise und der dem Schüleralter angemessenen Form (Stil, Bilder, graphische Darstellungen). Gerade Illustrationen eigneten sich besonders gut, schon den Jugendlichen durch Gegenüberstellung von Vertretern der reinen arischen Rasse und „erbkranken“ Individuen die „Unterschiede“ unvergeßlich einzuprägen.

Die wichtigsten in den Fachzeitschriften sowie Richtlinien und Lehrplänen schon zuvor aufgetauchten und beschriebenen weltanschaulich-ideologischen Erziehungsziele bzw. nationalsozialistischen Themenschwerpunkte der Biologie manifestierten sich somit in ganz praxisorientierter Weise auch in den Schulbüchern.

Auch Filme und Diapositive wurden in der NS-Zeit, da „lebendiger“ Unterricht betrieben werden sollte, unentbehrliches Hilfsmittel der Unterrichtsgestaltung[107].

Sieht man von den ideologisch gefärbten Themen ab, hatte die nationalsozialistische Schulreform somit auch positive Auswirkungen auf den Biologieunterricht. Erstmals wurde nicht mehr Fachwissen in steriler Form präsentiert, sondern es wurde sich um Anschaulichkeit und altersbezogene Darstellungsformen bemüht.

9.2.7. Zusammenfassung und Bewertung

Die Biologie gewann im Dritten Reich höchstes Ansehen, da sie die nationalsozialistische Weltanschauung (NS-Ideologie) wissenschaftlich untermauern, d.h. letztlich die unumstößliche Richtigkeit der nationalsozialistischen Postulate und Propagandathesen beweisen sollte. Allen Verordnungen, Lehrplänen und Unterrichtsgestaltungsvorschlägen wurde die These „Nationalsozialismus ist politisch angewandte Biologie“ (NSLB-Reichsamtsleiter Hans Schemm) zugrunde gelegt. Die ursprünglich aus der Medizin stammende Rassenlehre wurde zum Lebensgesetz, zum „Überorganismus, der das Leben des einzelnen zu bestimmen hat“, so Ulrich Kattmann[108]. Und als diese „Univer-

---

Schleinkofer (siehe Anm. 65), S. 160, bezeichnet sie als „die nationalsozialistischen Biologieschulbücher überhaupt“.

106 Die geforderte Verdeutschung biologischer Fachausdrücke (Kapitel 9.2.1.1.) ist in den Schulbüchern nur bedingt verwirklicht. Damit zumindest in der Erblehre als Kernstück der nationalsozialistischen Biologie eine Vereinheitlichung auftrat, stimmte das Reichsministerium zusammen mit dem Rassenpolitischen Amt der NSDAP eine „Liste der zu verwendenden Ausdrücke“ ab. Vgl. hierzu Bäumer-Schleinkofer (siehe Anm. 65), S. 103-105.

107 Vgl. hierzu Bäumer-Schleinkofer (siehe Anm. 65), S. 133-146.

108 Kattmann, (siehe Anm. 90), S. 1662.

salwissenschaft“ vom Leben erhielt die Biologie im NS-Staat einen unvergleichlichen, nie dagewesenen und auch nie wieder erreichten Stellenwert, der einen Vergleich mit der zwar NS-politisch mißbrauchten, aber in ein ideologisches Korsett nur ansatzweise preßbaren Chemie kaum zuläßt. Die Wissenschaft Biologie wurde keineswegs bloß politisch mißbraucht oder ideologisch verführt. Einige einflußreiche Biologen sahen die Anschauungen zu Erb- und Rassenlehre tatsächlich als direktes Resultat ihrer Wissenschaften an.
Das Fach Biologie erhielt im NS-staatlichen Schulsystem so eine Schlüsselfunktion, Es war als sogenannte „Lebenskunde“ Kernfach und „Keimzelle der biologischen Volksbildung“. Der Biologieunterricht hat sich direkt zum Werkzeug, zum Verbündeten des nationalsozialistischen Programms der Volkserneuerung mittels Erb- und Rassenlehre machen lassen. Erziehung zu Heimatliebe und Naturschutz, zu einer ganzheitlich-organischen Naturauffassung, das Lebensgemeinschaftsprinzip und die Erzeugungsschlacht sind daneben weitere relevante Themenkomponenten.
Das Beispiel der Biologie im Dritten Reich zeigt gleichzeitig, wie ein diktatorischer Staat mit seiner Ideologie auch Sprache und Verstehen einer Wissenschaft veränderte. Begriffe wie Rasse, Art, Vererbung, Lebensgemeinschaft und Lebensraum, Blut und Boden, Volk und Volkskörper, Lebensgesetze, biologisch Leben wurden im Sinne der Ideologie modifiziert und mit fest definierten Inhalten versehen. Als geschickte Didaktiker veränderten sie auch die anzuwendende Lehrmethode entsprechend, um die politisch-ideologischen Inhalte des Biologieunterrichtes, die Gesetzgebung und Politik der Nationalsozialisten in die Herzen der Schüler zu brennen.

9.3. Geographieunterricht in der NS-Zeit[109]

9.3.1. Die Entwicklung der Reichssachgebiete Erdkunde und Geopolitik im NSLB

9.3.1.1. Die Entwicklung des Reichssachgebietes Erdkunde[111]

Der Nationalsozialistische Lehrerbund (NSLB) bemühte sich unmittelbar nach der Machtergreifung 1933 alle bestehenden Lehrerverbände aufzulösen[112]. Sowohl der kleine Verband deutscher Hochschullehrer der Geographie als auch der größere Verband der Deutschen Schulgeographen leisteten bei diesem Gleichschaltungsprozeß keinen merklichen Widerstand. Beide Verbände gaben sehr schnell ihre Selbständigkeit auf und stellten sich bereits im Juni 1933 klar hinter die nationalsozialistische Bewegung. 1934 wurden sowohl die Hochschullehrer als auch der Verband Deutscher Schulgeographen ganz offiziell in das Reichssachgebiet Erdkunde des NSLB eingegliedert. Grundstock dieses neugegründeteten Reichssachgebietes bildeten diejenigen Regionalgruppen des Verbandes Deutscher Schulgeographen, die sich durch entsprechende Rechenschaftsberichte ihrer bisherigen Tätigkeit sowie entsprechende Programmentwürfe

109 1988 promovierte Henning Heske an der Philosophischen Fakultät der Universität Düsseldorf zu diesem Thema. Seine anschließend unter dem Titel „... und morgen die ganze Welt...“ (Erdkundeunterricht im Nationalsozialismus. Gießen 1988) veröffentlichte Untersuchung bildet die hauptsächliche Grundlage dieser Zusammenfassung.
110 Vgl. hierzu Heske (siehe Anm. 109), S. 51-112.
111 Vgl. hierzu Heske (siehe Anm. 109), S. 51-85.
112 Siehe hierzu auch Kapitel 2.5.1.2.

künftiger Arbeit besonders im Sinne nationalsozialistischer Erziehung bewährt hatten. Reichssachbearbeiter für Erdkunde wurde Albrecht Burchard, frühes NSLB- sowie NSDAP-Mitglied und Hochschullehrer. Sein Stellvertreter und nach seinem Tod im Dezember 1939 Nachfolger wurde Friedrich Knieriem, ein Studienrat, der nach 1933 zum Professor für Geographie an verschiedenen Lehrerbildungsanstalten aufstieg. In der gesamten Organisationsstruktur des Reichssachgebietes Erdkunde dominierten Akademiker, insbesondere Lehrer der Höheren Schule. Offizielles Verbandsorgan war der „Geographische Anzeiger" (1900-1944), zuvor das Fachblatt des Verbandes Deutscher Schulgeographen[113].

Zur Aufgabe machte sich das Reichssachgebiet Erdkunde u.a. die geographische Schulung aller Erzieher durch Vorträge, Arbeitsgemeinschaften, Schulungswochen, Exkursionen und Ausstellungen. Die inhaltliche Ausrichtung des Erdkundeunterrichtes im Rahmen des nationalsozialistischen Erziehungsprogramms wurde allerdings erst auf der ersten Tagung der „Gaureferenten der Sachgruppe Geographie" am 17./18. November 1934 in Eisenach diskutiert. Auf der Tagesordnung stand die Hochschulgeographie und ihr Einfluß auf die Schulgeographie, die Stellung der Erdkunde im Unterricht, geographische Bildungsforderungen, die Bedeutung der Rassenfrage für die Schulgeographie sowie Geopolitik. Geopolitik als Unterrichtsgegenstand wurde zu diesem Zeitpunkt zwar noch mehrheitlich abgelehnt, in der Rassenfrage gab es jedoch schon deutliche Konzessionen an die NS-Ideologie. Im Einklang mit der häufiger gestellten Forderung eines drei- bis vier Wochenstunden umfassenden Erdkundeunterrichtes auf allen Klassenstufen, sahen die Geographen anscheinend die Chance, ihrer Disziplin eine herausragende Stellung im Rahmen der nationalen Bildung verschaffen zu können. Selbstanpreisende Denkschriften an die Reichsleitung des NSLB geben hiervon zusätzlich Zeugnis[114]. Anfang 1935 veröffentlichte das Reichssachgebiet Erdkunde – nach Aufforderung des kolonialpolitischen Amtes der NSDAP – selbst eine Denkschrift, die fast ausschließlich von nationalpolitischen Erziehungszielen her argumentierend, Begründungen für den Einbau des Kolonialgedankens in den Schulunterricht lieferte. Auf der zweiten Tagung der Gausachbearbeiter für Erdkunde vom 4. bis 5. Januar 1936 in Frankfurt an der Oder wurde dann allerdings offenbar, daß die inhaltliche Arbeit im Reichssachgebiet Erdkunde stockte. Ein Konzept für den Erdkundeunterricht in der nationalsozialistischen Erziehung mit klaren Zielsetzungen fehlte[115]. Auch hatten die einzelnen Gaue zwar durchaus viele Gemeinsamkeiten, jedoch infolge fehlender Vorgaben durch Reichssachbearbeiter Burchard in den ersten Jahren nach der Machtergreifung sehr unterschiedliche Aktivitäten und Schwerpunkte entwickelt. Im Sommer 1936 gab

---

113 Vgl. hierzu die Untersuchung der geographischen Fachorgane durch Heinrich, H.-A.: Politische Affinität zwischen geographischer Forschung und dem Faschismus im Spiegel der Fachzeitschriften. Ein Beitrag zur Geschichte der Geographie in Deutschland von 1920 bis 1945. Gießen 1991.

114 Die mit dem 27.9.1933 datierte Denkschrift von Ludwig Mecking, damals noch in seiner Eigenschaft als erster Vorsitzender des Verbandes deutscher Hochschullehrer der Geographie, ist unter allen Schriften die bedeutendste. Sie nimmt bereits die Propagandathese „Blut und Boden" und anderes nationalsozialistisches Vokabular auf. Trotz der vielen NS-ideologischen Bezüge und zahlreicher positiver Resonanz, vermißte ein Gutachter dieser Meckingschen Denkschrift allerdings noch das Grenz- und Auslandsdeutschtum sowie eine genügende nationalpolitische Ausrichtung des Unterrichtes. Vgl. hierzu Heske (siehe Anm. 109), S. 59-62.

115 Vermutlich sollte eine offizielle Diskussion um die Neukonzeption des Erdkundeunterrichtes auch gar nicht mehr geführt werden, da zur gleichen Zeit das Reichserziehungsministerium an den neuen Richtlinien und Lehrplänen arbeitete: Ein Indiz für den begrenzten Einfluß des Reichssachgebiets Erdkunde und insgesamt des NSLB auf die offiziellen Erlasse. Vgl. hierzu Heske (siehe Anm. 109), S. 64.

Burchard schließlich der geographischen Heimatkunde und Landesforschung Priorität innerhalb des Sachgebietes. Mit der 3. Reichstagung der Gausachbearbeiter für Erdkunde vom 14. bis 19. Juni 1938 in Bayreuth traten die 1936 postulierten, vermehrt außerschulisch stattfindenden heimatkundlichen Aktivitäten in den Hintergrund. Die neuen Lehrpläne und ihre praxisnahe Ausgestaltung sowie geopolitische Fragen nahmen jetzt breiten Raum ein. Noch im gleichen Jahr wurde ein eigenständiges Reichssachgebiet Geopolitik innerhalb des NSLB ins Leben gerufen[116]. Mit Beginn des Zweiten Weltkrieges fand schließlich die Wehrerziehung verstärkten Eingang in die Geographie (Wehrgeographie). Kriegspolitische Ziele und politisch-propagandistische Schulung, inklusive Besprechung der Neuordnung Europas und der Welt, der Schaffung neuer Großwirtschaftsräume und Kolonien in Afrika standen nun – in enger Zusammenarbeit mit dem Wehrpolitischen Institut, Berlin – im Vordergrund der Arbeit des Reichssachgebietes Erdkunde. Die vierte und letzte Reichstagung der Gausachbearbeiter für Erdkunde Ende Februar, Anfang März 1942 in Donndorf bei Bayreuth setzte ebenfalls mit Geopolitik und Wehrgeographie ihre Schwerpunkte, betonte erneut aber auch die Heimatkunde und nahm kartographische Fragen, wie die „wirklichkeitsnähere Darstellung" von Volksatlanten und Landkarten auf. Die Stillegung des NSLB am 18. Februar 1943 bedeutete offiziell auch das Ende des Reichssachgebietes Erdkunde.

9.3.1.2. Die Entwicklung des Reichssachgebietes Geopolitik[117]

Im Februar 1932 entstand auf Anregung von Rudolf Heß, des späteren Stellvertreters Hitlers, die „Arbeitsgemeinschaft für Geopolitik" (AfG). Die Agrarpolitische Abteilung bei der Reichsleitung der NSDAP gründete sie mit den Zielen geopolitische Forschung (Geopolitik brachte den Terminus Lebensraum in die NS-Ideologie ein), Beratung, Schulung und Propaganda zu betreiben. Offizielles Veröffentlichungsorgan wurde die „Zeitschrift für Geopolitik" (1924-1944), deren Verleger und Schriftleiter Kurt Vowinckel, zugleich Geschäftsführer der AfG, trieb die Arbeit maßgeblich voran. 1933 wurde die „Geopolitik" von der AfG im Sinne einer Politik im Dienst des Staates, als Konzept für politisches Handeln definiert und als vergleichende Wissenschaft empfunden[118]:

> „Geopolitik betrachtet den Staat als Lebensform, sucht das Zusammenwirken der im Staatsleben wirksamen Kräfte zu erfassen, das nächste Schicksal des Staates in seinen Möglichkeiten zu erforschen und dem Staatsmann Handhaben für die Staatsführung zu bieten."

Die AfG-Forderung nach Zusammenlegung von Erdkunde und Geschichte zu einem Geopolitikunterricht konnte sich allerdings nicht durchsetzen. Auch hatte die AfG – da noch unterschiedliche Geopoltik-Auffassungen nebeneinander existierten – beträchtliche Schwierigkeiten, ihre Disziplin zu einer NS-ideologisch konformen Schulmeinung zu zwingen. Geopolitik sollte ab 1935 allerdings als eine „neue Haltung" den Unterricht, v.a. in den Fächern Erdkunde, Geschichte, Deutschkunde und Biologie durchdringen. Auch erkannte der NSLB Geopoltik als eine Grundsäule nationalsozialistischer Erziehung an; ab 1935 existierten deshalb bereits Kreis- und Gausachbearbeiter für

---

116 Vgl. hierzu Kapitel 9.3.1.2.

117 Vgl. hierzu Heske (siehe Anm. 109), S. 85-112. Schöller, P.: Wege und Irrwege der Politischen Geographie und Geopolitik. In: Erdkunde 11 (1957), S. 1-50.

118 Zitiert nach Schöller, P. (siehe Anm. 117), S. 3.

Geopolitik. Geopolitische Schulungslager wurden bis 1937 jedoch ausschließlich vom AfG gemeinsam mit dem Zentralinstitut für Erziehung und Unterricht durchgeführt. Anfang 1937 wurde der körperschaftliche Anschluß des NSLB an die AfG – forciert u.a. durch den Reichswalter des NSLB, Fritz Wächtler – vollzogen. Erst Ende 1938 fand sich mit Johann Ulrich Folkers, Professor für Geschichte an der Hochschule für Lehrerbildung in Rostock, ein geeigneter Leiter für die neugegründete „Reichsarbeitsgemeinschaft für Geopolitik" im NSLB. Aufgabe der AfG innerhalb der Reichsarbeitsgemeinschaft blieb die Erforschung und Verbreitung der wissenschaftlichen Grundlagen der Geopolitik. Die geopolitischen Arbeitskreise des NSLB sollten hingegen die pädagogische Arbeit der geopolitischen Erziehung in der Schule übernehmen. Der Name „Reichsarbeitsgemeinschaft" wurde Ende 1938 mehr und mehr durch das Wort „Reichssachgebiet" ersetzt, 1939 hieß es offiziell „Reichssachgebiet Geopolitik".
1941 veröffentlichte Reichssachbearbeiter Folkers[119] seine programmatischen „Leitsätze geopolitischer Erziehung". Durch Heraushebung der rassischen Eigenschaften als die entscheidenden Merkmale eines Volkes machte er deutliche Konzessionen an die NS-Ideologie und schuf damit eine neue Geopolitik-Definition[120]:

„Die Geopolitik ist die Lehre von den Beziehungen zwischen Rasse und Raum im Völkerschicksal. In diesem aber ist die Rolle der Rasse und des Raumes weder gleichartig noch gleichwertig. Die Geschichte macht nicht der Raum, sondern das Volk nach Maßgabe des Könnens seiner Führung und der Leistungsfähigkeit der in ihm verfügbaren rassischen Kräfte. Der Raum stellt dem Volke die Aufgaben, an denen seine rassischen Kräfte sich bewähren oder versagen."

Diese Definition samt der zugehörigen Leitsätze wurde weitgehend akzeptiert und auf Gausachbearbeiter-Lehrgängen als Unterrichtsgrundlage empfohlen. In den vierziger Jahren führten die Reichssachgebiete Erdkunde und Geopolitik oftmals Lehrer-Schulungen gemeinsam auf Gauebene durch. Diese wurden mit fortschreitender Kriegsdauer immer weniger. Die Stillegung des NSLB Anfang 1943 bedeutete auch das Ende des Reichssachgebietes Geopolitik.

9.3.2. Die Stellung des Erdkundeunterrichtes: In der Weimarer Republik und während des Nationalsozialismus[121]

Durch die preußische Schulreform von 1924/25 erfuhr der Erdkundeunterricht zwar offiziell eine Aufwertung und Anerkennung: Erdkunde wurde zu einem der deutsch- und damit kulturkundlichen Kernfächer. Auch wurde hier schon der Grundstock für die Hervorhebung der nationalen Bedeutung des Faches, seine völkisch-nationalen Bildungsinhalte gelegt, indem das Unterrichtsziel des Erdkundeunterrichtes für die Höhere Schule lautete[122]:

---

119 Im Gegensatz zu den Reichssachbearbeitern für Erdkunde, Burchard und Knieriem, profilierte sich Folkers v.a. durch inhaltliche Arbeiten. Vgl. hierzu Heske (siehe Anm. 109), S. 92-97.

120 Folkers, J. U.: Leitsätze geopolitischer Erziehung. In: Geographischer Anzeiger 42 (1941), S. 4 f.; zitiert nach Heske (siehe Anm. 109), S. 90 f.

121 Vgl. hierzu Heske (siehe Anm. 109), S. 35-50 sowie S. 113-148.

122 Richtlinien für die Lehrpläne der höheren Schulen Preußens (U II 800.1 vom 6.4.1925). Beilage zum „Zentralblatt für die gesamte Unterrichts-Verwaltung in Preußen" 67, Heft 8; hier S. 1; zitiert nach Heske (siehe Anm. 1), S. 37.

„Der Unterricht in der Erdkunde soll in Arbeitsgemeinschaft mit den anderen Kernfächern im Schüler die Liebe zu Scholle, Heimat und Vaterland wecken und pflegen, zum Verständnis der deutschen Kultur in Vergangenheit und Gegenwart beitragen und den Schüler zum deutschen Staatsbürger erziehen helfen."

Die trotzdem nicht in allen Schulgattungen verwirklichte zweistündige Wochenstundenzahl des Faches, die von den Schulgeographen als Mindeststundenzahl für notwendig erachtet wurde, sowie die allgemein missliche wirtschaftliche Lage der Lehrerschaft schürte jedoch Unzufriedenheit. Insbesondere gegen Ende der Weimarer Republik wurde der Entwissenschaftlichung des Erdkundeunterrichtes durch Politisierung, v.a. durch irrationale Betonung des Grenz- und Auslandsdeutschtums, bereits Vorschub geleistet. Wie obiges Zitat verdeutlicht enthielt die inhaltliche Konzeption des Erdkundeunterrichtes der Weimarer Republik aber bereits alle wesentlichen Komponenten, die später NS-ideologisch aufgegriffen und besetzt wurden.
Übereifrig und ohne merklichen politischen Vorbehalt wurde nach der Machtergreifung die nationalsozialistische Idee als willkommener Mittler gesehen, um der Geographie eine noch bessere, zentrale Stellung im Schulunterricht zu verschaffen[123]. Die theoretischen Grundlagen für die ideologische Gleichschaltung der Erdkunde lieferte v.a. Emil Hinrichs, einflußreichster Erdkundefachdidaktiker der NS-Zeit[124], mit seinem 1933 erschienenen programmatischen Aufsatz „Nationalsozialismus, Erziehung und Geographie"[125]. Von geisteswissenschaftlicher Seite her argumentierend, nannte er hierbei die „Erkenntnis des völkischen Lebensraumes und seines Verhältnisses zu anderen Lebensräumen und Kulturen" (S. 255) als Hauptaufgabe der Geographie, für die drei Schulwochenstunden mindestens notwendig seien. Aufgrund opportunistischer Lobhudelei auf den Nationalsozialismus und exzentrischer Formulierungen etwas weniger bedeutsam wurden Siegfried Passarges Vorstellungen einer naturwissenschaftlichen Geographie, mit den erzieherischen Hauptzielen Charakter, Nationalstolz und Vaterlandsliebe[126]. Mit den fünf Themen „Leistungen der deutschen Forschungsreisenden", „Geschichte der Geographie", „Leistungen der Deutschen in ihren Kolonien", „Geographie der Kriegsschauplätze" und „Geographie der auslandsdeutschen Gebiete" sollte im Erdkundeunterricht das Nationalgefühl geweckt werden. V.a. 1933/34, aber auch in den folgenden Jahren erschienen noch zahlreiche Veröffentlichungen mit Plädoyers für einen erweiterten Erdkundeunterricht, die häufig einzelne Aspekte eines ideologisierten Gesinnungsunterrichtes aufgriffen. Teilweise entwickelte sich hierbei ein Begriffswirrwar von „nationaler Erdkunde", „vaterländischer Erdkunde", „Geographieunterricht im na-

---

123 Heinrich (siehe Anm. 113), S. 388 f., widerspricht in diesem Punkt der Einschätzung Heskes. An Stelle eines Anpassungsprozesses sieht er direkte Kontinuität: Die Geographen hätten ab 1933 lediglich die Chance ergriffen, sich offen äußern zu können.

124 Emil Hinrichs (1890-1975), Studienrat, wurde 1934 Gausachbearbeiter für Erdkunde im Gau Lübeck, 1935 Professor an der Hochschule für Lehrerbildung in Weilburg/Lahn, ab 1940 entsprechend in Hamburg. 1934 verfaßte er ein erdkundliches Lese- und Arbeitsheft, 1939 zusammen mit W. Weber ein Erdkunde-Ergänzungsheft, 1939-1943 gab er das achtbändige „Erdkundebuch für höhere Schulen", 1941-1943 zusammen mit Mittelschullehrer Friedrich Plümer das sechsbändige „Erdkundebuch für Mittelschulen" heraus; seit 1936 war er Mitherausgeber der „Zeitschrift für Erdkunde" (1933-1944). Er wirkte entscheidend am Erdkundelehrplan für die Höhere Schule mit. Vgl. hierzu Heske (siehe Anm. 1), S. 115 f.

125 Hinrichs, E.: Nationalsozialismus, Erziehung und Geographie. In: Geographischer Anzeiger 34 (1933), S. 249-260; vgl. hierzu Heske (siehe Anm. 1), S. 131 f.

126 Passarge, S.: Geographie und nationale Erziehung. In: Geographische Wochenschrift 1 (1933), S. 985-1000; vgl. hierzu Heske (siehe Anm. 109), S. 132 f.

tionalpolitischen Sinne", „völkische Geographie", „völkisch-politische Erdkunde", „nationalpolitische Erdkunde" oder es wurden regionale Lehrpläne vorgestellt, ohne daß hierbei ein schlüssiges Konzept einer nationalsozialistischen Erdkunde entstand.
Die Diskrepanz zwischen den alten Lehrbüchern aus der Weimarer Zeit und den geforderten neuen, wenn auch noch uneinheitlichen Inhalten des Erdkundeunterrichtes (prinzipiell bestand nur bezüglich stärkerer Berücksichtigung von Rassenkunde und Wehrgeographie Einigkeit) trat zunehmend hervor. 1937 veröffentlichten deshalb Emil Hinrichs und Walter Weber zur Überbrückung dieser Lücke in der „Zeitschrift für Erdkunde" eine Aufsatzreihe, um den nach ihrer Ansicht maßgeblichen Stoff für den Lehrer aufzubereiten[127]: 1. Der Neuaufbau des Reiches, 2. Über die Rassen, 3. Die deutschen Stämme, 4. Volkszahl und Volksvermehrung im Deutschen Reich, 5. Die bäuerliche Siedlung, 6. Von der Überwindung der Arbeitslosigkeit, 7. Von unseren Kolonien. Fast im Propagandastil wurde hier die NS-Ideologie gerechtfertigt. Die theoretische Diskussion über die Gestaltung des Erdkundeunterrichtes ebbte im gleichen Jahr in Erwartung der neuen Lehrpläne deutlich ab.

9.3.3. Komponenten und Ziele des Erdkundeunterrichts[128]

Die Analyse der fachdidaktischen Lehrerzeitschriften ergibt für den nationalsozialistischen Erdkundeunterricht fünf Hauptkomponenten, die im Verlauf des Dritten Reiches unterschiedliche Gewichtung erhielten: 1. Heimatkunde, 2. Geopolitik und Politische Geographie, 3. Rassenkunde, 4. Kolonialgeographie und kolonialer Gedanke, 5. Wehrgeographie und wehrgeistige Erziehung.
Zu 1.: Den Bildungswert der Heimatkunde betonte bereits die Weimarer Zeit mit deutlich nationaler Ausrichtung. V.a. in der ersten Phase des Nationalsozialismus als integrierendes Ideologem gebraucht und gerne mit dem „Blut- und Boden"-Mythos belegt, weitete sich der Heimatkundebegriff zu gefühlsbetonter, irrationaler Heimat- und Vaterlandsliebe sowie Großstadtfeindlichkeit.
Zu 2.: Die Geopolitik wurde 1924 publik, war während der Weimarer Zeit auf dem Vormarsch (in der Schule etwa in geopolitischen Arbeitsgemeinschaften) und gelangte mit der Machtergreifung 1933 zum Durchbruch. Mit imperialistischem Grundverständnis ausgestattet standen die Schlagworte und bis zum Ende des Nationalsozialismus diffus bleibenden Begriffe „völkischer Lebensraum" und „Volk ohne Raum" im Mittelpunkt der Betrachtungen. Nach Etablierung der Geopolitik als Unterrichtsgegenstand traten 1936 interne Auffassungsprobleme offen zu Tage: Das traditionelle geodeterministische Geopolitikverständnis (Einflüsse des jeweiligen Raumes prägen ein Volk stärker als angeborene rassische Eigenschaften) stand im offenen Widerspruch zur NS-Rassenideologie, nach der die Rasse der prägende Faktor eines Volkes war. Dieser jahrelang schwellende Konflikt „Rasse gegen Raum" wurde im Sinne der parteikonformen „Arbeitsgemeinschaft für Geopolitik" (AfG) zugunsten des nationalsozialistischen Geopolitikbegriffes entschieden[129]. Die Konzeption des geopolitischen Unterrichtes in

127 Hinrichs, E. / Weber, W.: Das neue Reich im Erdkundeunterricht. In: Zeitschrift für Erdkunde 5 (1937), S. 782-794, 838-851, 884-897. Diese Aufsatzreihe war auch Grundlage des 1939 erschienenen gleichnamigen Ergänzungsheftes. Vgl. hierzu Heske (siehe Anm. 109), S. 136 f.
128 Vgl. hierzu Heske (siehe Anm. 109), S. 148-185.
129 Siehe hierzu Kapitel 9.3.1.2.

der Schule blieb allerdings während der NS-Zeit so uneinheitlich, wie die verschiedenen Ansätze der Geopolitik selbst. Zu Beginn des Zweiten Weltkrieges stand das Grenz- und Auslandsdeutschtum im Vordergrund, u.a. um auf deren schwierige Lage hinzuweisen und ein Zusammengehörigkeitsgefühl zu vermitteln. Mit zunehmender Dauer des Zweiten Weltkrieges wurden viele geopolitische Gedankenspiele von der Realität überrollt. Die Geopolitik verlor zugunsten der Wehrgeographie an Bedeutung.
Zu 3.: Erst mit der Machtübernahme wurde die Einbeziehung von Rassenforschung und Familienkunde in den Erdkundeunterricht Thema. Noch stand dabei die Wechselbeziehung „Rasse und Raum“ im Vordergrund, die der NS-Ideologie entsprechende eindeutige Dominanz der Rasse trat erst mit dem Erlaß über „Vererbungslehre und Rassenkunde im Unterricht“[130] vom Januar 1935 ein. Danach galt es im Erdkundeunterricht v.a. „die Verbreitung der auf deutschem Volksboden vorkommenden Rassen mit ihren körperlichen und geistig-seelischen Eigenschaften zu betonen und dabei besonders die nordische Rasse als das Verbindende, das Judentum als das Trennende zu werten“ (S. 45). V.a. Nicht-Geographen trugen die NS-Rassenideologie in die Erdkunde hinein.
Zu 4.: Die mit dem Versailler Vertrag verloren gegangenen deutschen Kolonien führten schon in den zwanziger Jahren zu einer revisionistischen Einstellung. Durch Behandlung der ehemals deutschen Kolonien im Erdkundeunterricht sollte den Schülern ein irrationales Nationalgefühl vermittelt werden. Mit der Machtübernahme 1933 wurden kolonialpolitische Themen in der Schule – noch mit Rücksicht auf das Ausland zunächst vorsichtig – forciert. Auch in der Kolonialgeographiemachte sich v.a. der Gedanke des Kampfes um „Lebensraum“ breit.
Zu 5.: Die Wehrgeographie besaß zwar eine lange Tradition, aber erst mit der geistigen und militärischen Aufrüstung des Nationalsozialismus fand sie im Rahmen der forcierten wehrgeistigen Erziehung immer stärkeren Eingang in die Schule, v.a. im Erdkundeunterricht. Die 1933/34 geführte Diskussion um Definition, Stellung und Inhalt der Wehrgeographie offenbarte, daß von militärischer Landschaftskunde über geographische Beschreibungen von Grenzen und Kriegsschauplätzen bis zu zweckgerichteter Kriegsforschung alles darunter verstanden wurde. Die enge Beziehung zwischen Militär, Politik und Geographie war letztlich auch Grundlage für die Behandlung von Luftschutz- und Luftfahrtsfragen im Erdkundeunterricht. In den neuen Lehrplänen für die Höhere Schule findet sich die Forderung nach wehrgeographischen und wehrpolitischen Inhalten dokumentiert. Ab 1941 drängte die Wehrgeographie die Geopolitik immer stärker zurück. Die Hinwendung des Erdkundeunterrichts als Vorbereitung für Schüler zum Einsatz im totalen Krieg wurde immer größer.

9.3.4. Die offiziellen Lehrpläne und Richtlinien für den Erdkundeunterricht

1937 erschienen für die vier unteren Jahrgänge der Volksschule die ersten reichseinheitlichen Richtlinien. Hier wurde zwar kein gesonderter Erdkundeunterricht ausgewiesen, zentrale Stellung samt Vermittlung einer gefühlsmäßigen Bindung hatte aber die Heimatkunde. So wurde die stoffliche Vorgabe geliefert, um im 5. Schuljahr mit der Behandlung Deutschlands fortzufahren. Die Ende 1939 herausgekommenen Richtlinien für die gesamte Volksschule sahen vom 5. bis 8. Schuljahr je zwei Wochenstunden

130 Vererbungslehre und Rassenkunde im Unterricht (R U II C 5209.1 vom 15.1.1935). In: Deutsche Wissenschaft, Erziehung und Volksbildung 1 (1935), S. 43-46.

Erdkunde vor. Die ideologisch besetzte „Wechselwirkung von Volk und Raum, von Blut und Boden“[131] sowie politisches Verständnis für die Lage Deutschlands in der Welt und das Werk des Führers bildeten die Leitgedanken. Die Ausrichtung auf die Einheiten „Volk“ und „Lebensraum“, rassenkundliche, geopolitische, wehrgeographische, kolonialgeographische Betrachtungen sowie Himmels- und Kartenkunde waren zu vermitteln. Die insgesamt knapp gehaltenen Volksschul-Richtlinien verzichteten auf eine explizite Lehrplan-Aufstellung.

Die 1938 erlassenen Richtlinien samt Lehrplänen für die Höhere Schule waren im Kontrast dazu recht ausführlich gehalten. Mit durchgehend zwei Wochenstunden Erdkunde bei allen höheren Schultypen erreichten die Schulgeographen eine deutliche Aufwertung ihres Faches. Zur wichtigsten Aufgabe der Erdkunde wurde „die Erforschung und Darstellung der Erdräume unter besonderer Berücksichtigung der sie bewohnenden Völker und Rassen“[132] deklariert. Oberster Unterrichtsgrundsatz bildete die Heimatkunde, daneben spielten Rassenkunde, Geopolitik und Wehrgeographie entscheidende Rollen. Im Stoffplan war eine dreimalige Behandlung Deutschlands vorgesehen:

1. Klasse:	Deutschland
2. Klasse:	Die außerdeutschen Länder und Völker Europas
3. u. 4. Klasse:	Die außereuropäischen Erdteile und Weltmeere
5. Klasse:	Deutschland
6. Klasse:	Die Erde als Lebensraum
7. Klasse:	Die staatliche und wirtschaftliche Gestaltung der Erde
8. Klasse:	Deutsches Volk und deutsches Land. Das Deutsche Reich und seine Stellung in der Welt

So war in der 1. Klasse die staatliche Gliederung des Deutschen Reiches zu behandeln, in der 5. Klasse das deutsche Volk in seinen Stämmen bzw. Volksgruppen und seinem Lebensraum in Mitteleuropa, in der 8. Klasse der auf Deutschland bezogene wirtschaftsgeographische und geopolitische Schwerpunkt. Das europäische Grenz- und Auslanddeutschtum bestimmten die 2. Klasse, die „deutschen Kolonien“ in Afrika die 3. und 4. Klasse. Für die 7. Klasse waren politisch-geographische Inhalte wie die „machtpolitische Aufteilung der Erde“[133] vorgeschrieben.

Indem der deutsche Mensch bzw. sein „Volk“ und seine „Rasse“ in den Mittelpunkt der Betrachtungen gestellt wurde, bestimmte eine nationalistische, weitgehend ideologisch besetzte Anthropogeographie den Erdkundeunterricht. Die eigentlich physische Geographie, die Länderkunde geriet in den Hintergrund.

Die im Dezember 1939 veröffentlichten „Bestimmungen über Erziehung und Unterricht in der Mittelschule“[134] sahen ebenfalls in allen Schulformen zwei Wochenstunden Erdkundeunterricht vor. Ziel des Unterrichts war hier die Vertiefung der Heimat- und deutschen Vaterlandsliebe sowie die Schaffung von Nationalstolz durch Hervorheben von Leistungen der Deutschen bei der Prägung der Kulturlandschaft und als „Kulturträger in allen Zonen der Erde“[135]. Der Stoffplan, der außerdem Kartenkunde, Himmelskunde sowie Wetterkunde vorschrieb:

131 Erziehung und Unterricht in der Volksschule. Berlin 1940, S. 20.
132 Erziehung und Unterricht in der höheren Schule. Berlin 1938, S. 105.
133 Erziehung und Unterricht (siehe Anm. 132), S. 120.
134 Bestimmungen über Erziehung und Unterricht in der Mittelschule. Berlin 1939.
135 Erziehung und Unterricht (siehe Anm. 134), S. 32.

1. Klasse: Heimatkunde: Süd- oder Mittel- und Norddeutschland
2. Klasse: Die übrigen deutschen Landschaften sowie die Alpen und der Donauraum
3. Klasse: Ost- und Nordseeraum, Mittelmeerraum, Balkanhalbinsel, Osteuropa
4. Klasse: Die übrigen Erdteile sowie die Weltmeere und Polargebiete
5. Klasse: Heimatgau, „Der deutsche Lebensraum als Reich", Grenz- und Auslandsdeutschtum
6. Klasse: Deutschland, „Volk ohne Raum", Kolonien, Großmächte

Die nationalistische Ausrichtung des Erdkundeunterrichtes mit Heimatkunde als Unterrichtsgrundsatz und „Deutschland" als Unterrichtsmittelpunkt trat im Mittelschul-Lehrplan somit noch unverblümter zutage. Die ausdrücklichen Hinweise dem Geodeterminismus entgegenzuwirken und rassenkundliche Betrachtungen einzubeziehen, zusätzlich klare Stoffbeschränkungen bei der Behandlung außerdeutscher Gebiete, machen die ideologische Bedeutung des Erdkundeunterrichtes deutlich.

9.3.5. Erdkundeunterricht für Mädchen[136]

Obwohl die allgemeine Konzeption des nationalsozialistischen Erdkundeunterrichtes fast ausschließlich auf männliche Berufe und Ideale ausgerichtet war, stand bei den Mädchen zusätzlich zu Heimatkunde, Geopolitik, Rassenkunde, Kolonial-, Wehr- und Wirtschaftsgeographie die einseitige rollenspezifische Erziehung der Mädchen zur „deutschen Hausfrau und Mutter" im Mittelpunkt. Die spezielle Ausrichtung sollte durch die Einbeziehung hauswirtschaftlich relevanter Teilgebiete erfolgen, so wie 1935 in den „Vorläufigen Richtlinien für die ein- und dreijährigen Frauenschulen"[137] Erdkunde auch nicht den kulturkundlichen, sondern den hauswirtschaftlichen Fächern zugeschlagen wurde. Themenvorschläge[138] wie „Wohnung und Kleidung in Abhängigkeit von der Natur des Landes", „Versorgung mit Nahrungsmitteln und deren Zubereitung", die Besprechung der dem gefühlsbetonten Wesen der Frau innewohnenden Gebundenheit an Scholle und Bewohner, auf erdkundlichen Erkenntnissen begründetes Einkaufen, Wirtschaften und Marktwesen sollten den erdkundlichen Mädchenunterricht befruchten. Daneben war auch die Vermittlung der Himmelskunde stark frauenorientiert, da gerade diese „viel Sinn für Beobachtung des gestirnten Himmels"[139] besäßen.

9.3.6. Die Neukonzeption von Erdkunde-Ergänzungsheften und -Schulbüchern[140]

Die Vielzahl der eingeführten, verschiedenartigen Erdkunde-Lehrbücher aus Weimarer Republik-Zeiten mußte unter Kontrolle des Reichserziehungsministeriums bis zu Konzeption der neuen Lehrpläne und Richtlinien 1938/39 noch geduldet werden. Ab 1934 existierten deshalb Ergänzungshefte (bekanntermaßen zwei Stück) in mehreren Aufla-

136 Vgl. hierzu Heske (siehe Anm. 109), S. 186 f.
137 Vorläufige Richtlinien für die ein- und dreijährigen Frauenschulen (E III e 1130/35.1. vom 23.5.1935). In: Deutsche Wissenschaft, Erziehung und Volksbildung 1 (1935), S. 233-238.
138 Bobzin, E.: Erdkunde in der deutschen Mädchenerziehung. Leitgedanken für den erdkundlichen Oberstufen-Unterricht an höheren Mädchenschulen, insbesondere Frauenschulen. Leipzig 1935, S. 20; zitiert nach Heske (siehe Anm. 109), S. 186.
139 Bobzin (siehe Anm. 138), S. 16; zitiert nach Heske (siehe Anm. 109), S. 186.
140 Vgl. hierzu Heske (siehe Anm. 109), S. 196-249.

gen, die wesentliche nationalsozialistische Elemente – weitgehend beschränkt auf folgende vier Themenbereiche – in den Erdkundeunterricht hineintragen sollten:
1. Innenpolitische Maßnahmen des Nationalsozialismus
2. Rassenkundliche und bevölkerungsgeographische Grundlagen
3. Wehrgeographie
4. Die ehemals deutschen Kolonien
Die Neukonzeption der Erdkundebücher konnte erst beginnen, nachdem die neuen Lehrpläne geheim vorab den Schulbuchverlegern zugeleitet worden waren. Nach Mängelkorrekturen, teils auch größeren Überarbeitungen wurden für die Höhere Schule ab Mai 1939 vier Schulbuchreihen[141], für die Mittelschule ab Dezember 1940 sechs Schulbuchreihen[142] vorläufig zugelassen. Diese sind nach der fachdidaktischen Diskussion in Zeitschriften und Büchern, nach den Lehrplänen und Richtlinien die dritte und letzte Stufe der Entwicklung eines nationalsozialistischen Erdkundeunterrichtes. Gleichzeitig vermitteln sie einen Eindruck von der praktischen Umsetzung der Konzeption im Schulunterricht.
Die ideologischen Motive des Erdkundeunterrichtes, wie sie die Schulbücher widerspiegeln, lassen sich nach einer qualitativen Inhaltsanalyse in 6 Kategorien einteilen[143]:

1. *Heimatkunde*
   1. Liebe zur Heimat und Liebe zur Natur
   2. Vaterlandsliebe – Nationalstolz – Opferbereitschaft
   3. Großstadtfeindlichkeit
   4. „Blut und Boden"-Ideologie

2. *Geopolitik und Politische Geographie*
   1. Das „Diktat von Versailles" und seine Überwindung
   2. Deutschlands bedrohte Grenzen und seine Lage in Mitteleuropa
   3. Grenz- und Auslandsdeutschtum
   4. Geopolitische Weltlage und ihre Neuordnung
   5. Frankreich, Großbritannien, USA und Sowjetunion als Feinde Deutschlands
   6. Italien und Japan als Verbündete
   7. Erläuterung des Krieges
   8. „Lebensraum"-Ideologie

3. *Rassenkunde*
   1. Die nordische Rasse als herausragende Rasse
   2. Rassenhygiene (Minderwertigkeit von Mischrassen)
   3. Minderwertige Rassen
   4. Die Juden

---

141 Erdkundelehrbücher für Höhere Schulen (E III P 340 vom 23.5.1939). In: RMinAmtsblDtWiss. 5 (1939), S. 330-331 sowie Erdkundelehrbücher für Höhere Schulen (E III P 600 vom 6.11.1940). In: RMinAmtsblDtWiss. 6 (1940), S. 522.
142 Einführung neuer Lernbücher für Erdkunde an Mittelschulen (E II d 314 vom 24.12.1940). In: RMinAmtsblDtschWiss. 7 (1941), S. 30. Weitere Erlasse folgten in RMinAmtsblDtWiss. 7 (1941), S. 366; 8 (1942), S. 55, 78, 145, 234, 280; 9 (1943), S. 33, 47, 165, 200.
143 Vgl. hierzu Heske (siehe Anm. 109), S. 206.

4. *Wehrgeographie und wehrgeistige Erziehung*
   1. Sicherung der bedrohten deutschen Grenzen
   2. Militärische Geländebeschreibung
   3. Wehr- und Opferbereitschaft
   4. Wehrgeographie von Großräumen

5. *Kolonialgeographie und kolonialer Gedanke*
   1. Die Rückforderung der deutschen Kolonien
   2. Afrika als wirtschaftlicher Ergänzungsraum Europas
   3. Die Deutschen als glorreiche Entdecker und koloniale Wohltäter
   4. Die Weißen als Herren der Eingeborenen
   5. Untaten anderer Kolonialmächte

6. *Sonstige ideologische Elemente*
   1. Hitler als Mythos

Die fünf beschriebenen Komponenten des nationalsozialistischen Erdkundeunterrichtes[144] finden sich somit nicht nur in den Fachdidaktikzeitschriften sowie den Lehrplänen und Richtlinien, sondern auch den Schulbüchern wieder. Neu ist das ideologische Element „Hitler als Mythos". Durch die Personifizierung des Deutschen Reiches mit dem „größten Deutschen"[145] Adolf Hitler, dem Retter Deutschlands vor dem Niedergang nach dem Ersten Weltkrieg, sollte dem Führer höchste Ergebenheit und Dankbarkeit zuteil werden.
Bis zum Ende des Dritten Reiches erfolgte keine amtliche Genehmigung eines Volksschulbuches. Hauptunterrichtsmittel wurde hier der Ende 1942 erschienene reichseinheitliche Deutsche Schulatlas.

9.3.7. Zusammenfassung und Bewertung

Die inhaltliche Konzeption des Geographieunterrichtes zu Weimarer Republik-Zeiten enthielt – zumindest in Motivform – schon die grundlegenden Komponenten des späteren NS-Erdkundeunterrichtes. Unzufriedenheit über die vermeintlich schwache Stellung des Geographieunterrichtes in den zwanziger Jahren und die damit verbundene erwartete Aufwertung unter einer nationalsozialistischen Regierung führten zu einer raschen Selbstgleichschaltung der Schulgeographen nach 1933. Die verschiedenen Stadien der erdkundlichen Ausgestaltung dokumentieren Parallelen zum Fach Chemie: 1933 bis 1936 zeigt die Anbiederung an den NS-Staat gleichzeitig die Suche nach Inhalten und Zielen des Erdkundeunterrichts auf. Die Jahre 1937 bis 1940 sind von der Konzeption bis zur Umsetzung durch die amtlichen Richtlinien und Lehrpläne geprägt. Diese werden durch die Kriegspolitik überlagert, die Bedeutung des Faches wird durch wehrgeographische Gesichtspunkte aber eher noch gehoben. An die Stelle technologisch nutzbaren Wissens trat – zumindest bis zu einem kriegsbedingten Wendepunkt 1943/44 mit der Folge inneren Zerfalls – zunehmend politische Propaganda. Die „völkische Lebens-

144 Siehe hierzu Kapitel 9.3.3.
145 Hinrichs, E. (Hrsg.): Erdkundebuch für höhere Schulen. Band 5 für die 5. Klasse aller höheren Schulen. Frankfurt / Main 1940, S. 181.

raum“-Ideologie manifestierte sich durch „Volk ohne Raum“ und „Blut und Boden“-Termini, welche an Stelle einer traditionellen Länderkunde die deutsche Jugend auf die rassistisch begründete Expansionspolitik vorbereiten bzw. diese rechtfertigen sollten. Erdkundeunterricht diente im NS-Staat somit in erster Linie der Integration in die „Volksgemeinschaft“ und der Ideologievermittlung. Dabei prägten die stark emotional ausgerichteten Komponenten Heimatkunde, Geopolitik und politische Geographie (inklusive deutscher Raum und Osteuropa-Expansion), Rassenkunde, Kolonialgeographie und kolonialer Gedanke, Wehrgeographie und wehrgeistige Erziehung sowie das „Hitler als Mythos“-Element den Unterricht. Der geopolitische Wandlungsprozeß vom Geodeterminismus zum Rassendeterminismus ist dabei typisch für die NS-konforme Anpassung. Gleichzeitig zeigt der Erdkundeunterricht im Gesamtsystem der nationalsozialistischen Schule eine Art Zwitterfunktion zwischen den eher Wissen vermittelnden naturwissenschaftlichen Fächern und den fast ausschließlich der Indoktrination dienenden geisteswissenschaftlichen Fächern Deutsch und Geschichte[146]. Als ideologisch relevantes Fach genoß Erdkunde hohes Ansehen.
Auffallend ist nicht nur die schon angesprochene Kontinuität der Fachdidaktik aus der Zeit vor 1933. Auch nach 1945 konnten sich viele in der NS-Zeit hervorgetretene Schulgeographen in leitenden Funktionen halten[147]. Zwei Jahre nach Kriegsende schob der international renommierte Geograph Carl Troll die politische Verstrickungen und Verantwortung in erster Linie auf den „ungeographischen“ Sprößling Geopolitik ab[148]. Die nationalsozialistische Geschichte der geographischen Disziplin wurde danach über vierzig Jahre lang totgeschwiegen.

146 Vgl. hierzu Heske (siehe Anm. 109), S. 256.
147 Vgl. hierzu Heske (siehe Anm. 109), S. 115.
148 Vgl. hierzu Heske (siehe Anm. 109), S. 14 und 250.

10. Gesamtüberblick

10.1. Die Stellung des Chemieunterrichtes: In der Weimarer Republik und während des Nationalsozialismus

Die Nationalisierung des Chemieunterrichtes, die enge Verknüpfung mit haushalts- und volkswirtschaftlich relevanten Zielen, die Methodik des Arbeitsunterrichtes und die Quervernetzung – insbesondere der naturwissenschaftlichen Fächer – wurde theoretisch schon bei der Neuordnung des Höheren Schulwesens Preußens 1924/25 formuliert. Die inhaltliche Konzeption des Chemieunterrichtes enthielt damit schon eine Reihe von Komponenten, die später die Nationalsozialisten aufgriffen und vertieften. In der Weimarer Repubik-Zeit ließen jedoch die gleichzeitig im Rahmenlehrplan noch festgelegte Stofffülle, die reduzierte Stundenzahl, die im Gymnasium gar in einem lediglich halbjährigen zweistündigen Chemieunterricht in der Untersekunda mündete, bei ansonsten vorgesehenen halb- bis ganzjährigen Pausen im Chemieunterricht, eine Umsetzung der geforderten reformpädagogischen Ansätze kaum zu. Auch waren hierfür die Chemielehrer unzureichend ausgebildet. Selbstgeschaffene innere Gegebenheiten (ungünstige Chemie-Stundentafeln, mangelnde Chemielehrerausbildung) und äußere Umstände (Wirtschaftskrise, Spargesetze) frustrierten die Lehrerschaft. Die Chemie führte nur noch ein Schattendasein. So wurde Ende der Weimarer Republik unter den Chemiedidaktikern schon eine Diskussion über Sinn und Zweck des Chemieunterrichtes geführt. Diese mündete in einer Art Rechtfertigungspolitik, die nach der Machtergreifung intensiviert und mit irrationalen, NS-ideologisch angereichterten Argumenten vervollständigt wurde.
Hitlers Erziehungskonzept in „Mein Kampf" und resultierende wissenschaftsfeindliche Äußerungen führender Nationalsozialisten ließen eine weitere Zurückdrängung der Naturwissenschaft Chemie, die bis dato vergleichsweise hohe Theorie- und Wissensansprüche hatte, im Unterricht vermuten. Aus der Angst des Absinkens der Naturwissenschaft in die Bedeutungslosigkeit resultierte unmittelbar nach der Machtergreifung eine ideologische Anbiederung durch den „Deutschen Verein zur Förderung des mathematischen und naturwissenschaftlichen Unterrichts". Mittels eines klaren nationalsozialistischen Bekenntnisses unter Aufforderung, die Unterrichtsbehörden mögen sich des Fördervereins für anstehende Schulreformen willig bedienen, sowie Resolutionen, u.a. zur Intensivierung des Gas- und Luftschutzes im Unterrichtsfach Chemie, biederte sich auch die Front der Chemiedidaktiker im Förderverein, vorwiegend Lehrer der Höheren Schule, den neuen Machthabern an. Gleichzeitig wurde versucht, einen noch zu Zeiten der Weimarer Republik innerhalb der Chemielehrerschaft entstandenen Streit um den Bildungswert des Faches, eine insgesamt unfruchtbare, destruktive Diskussion, schnellstmöglich zu beenden. Um eine Diskriminierung der Chemie zu vermeiden, wurde primär argumentiert:
1. Die Chemie hat große Bedeutung für die Wirtschaft: Chemische Industrie und landwirtschaftliche Produktionssteigerungen mit Hilfe der Chemie sind existentiell für die deutsche Volkswirtschaft.
2. Die Chemie ist wichtig für die Wehrhaftigkeit: Gas und Luftschutz, Behandlung der Kampfstoffe sowie charakterliche Stärkung der Wehrgesinnung werden herausgestellt.
3. Chemische Forschung führt zu einer idealistischen Weltbetrachtung: Sie bekämpft damit den Materialismus, aber auch Intellektualismus und Utilitarismus.

4. Chemieunterricht ist „Dienst am Volk“: Die erzieherische Komponente zur Charakterstärkung, zur bedingungslosen Einbindung in die Volksgemeinschaft, unter Hintanstellung persönlicher Ziele, bei Mädchen die Erziehung zur freudig verrichteten Hausarbeit werden ebenso genannt, wie die Bedeutung für die Elitebildung und zur Erkenntnis der Arbeitswelt.
5. Aus der erblich bedingten eigenen Wesensart des Deutschen ergibt sich seine Prädestination für die Chemie. Die Betonung der Leistungen deutscher Chemiker weckt den Nationalstolz und erzieht zu deutschem Forschergeist.
Die Beweisführung verbreiteten Sonderkundgebungen, Rundfunkvorträge, v.a. aber die jährlich stattfindenden Hauptversammlungen des Fördervereins samt dessen Fachorgan, die „Unterrichtsblätter für den mathematischen und naturwissenschaftlichen Unterricht“, wenn möglich aber auch weitere, z.T. fachübergreifende Zeitschriften (Einzelaufsätze in „Nationalsozialistisches Bildungswesen“, „Monatschrift für die Höhere Schule“). Insbesondere die Unterrichtsblätter sind gerade zwischen 1933 bis 1935 neben einer 1934 neueingerichteten Rubrik „Wehr-Ecke“ und einer 1935 hinzugefügten Rubrik „Vom Sinn der Mathematik und Naturwissenschaften“ primär mit wehr- und wirtschaftschemischen Themen und Legitimationen durchsetzt. Den Weg zu einer nationalsozialistischen Ausrichtung der gesamten chemischen Unterrichtsthemen ebneten insbesondere 1934 die Studienrätin Ilse Beier mit einem Übersichtsartikel „Chemieunterricht und Erziehung im Dritten Reich“ sowie im gleichen Jahr einer der engagiertesten Chemiedidaktiker der NS-Zeit Walther Franck, Vorstandsmitglied des Fördervereins und ab 1936 Reichsreferent für Chemie im NSLB, mit einem Aufsatz „Zur Schulreform. Ziele des Chemieunterrichts“.
Hierzu trieb Franck auch konsequent ein Zweckbündnis mit der neu erstarkten Wehrmacht, v.a. aber der Wirtschaft (IG Farbenindustrie) voran. Durch diese Interessenbündnisse ersparte sich die Chemie ein allzu erzwungenes Eingehen auf rassenideologische Ansprüche, was ihren Ruf neutrale Sachwalter der Naturbeherrschung zu sein, gefährdet hätte.
Durch den Aufruf Hermann Görings im April 1934, jeder Deutsche möge sich in den Dienst des Luftschutzes stellen, und den im November folgenden Runderlaß zur „Pflege der Luftfahrt in den Schulen“ mit allen nachfolgenden Ergänzungserlassen erhielt in der Schule der Chemieunterricht zusätzlich Auftrieb. Der Gas- und Luftschutz war noch stärker zu intensivieren und die Ausbildung von „Luftschutzhelfern“ zu unterstützen. Vorträge des Fördervereins, Lehrgänge der Staatlichen Hauptstelle für den naturwissenschaftlichen Unterricht, aber auch des NSLB und des Reichsluftschutzbundes bereiteten die Chemielehrer auf diese Wehr-Thematik vor und schulten sie gleichzeitig ideologisch. Chemische Ergänzungshefte für Schüler und Lehrer der Jahre 1933 bis 1935 befaßten sich vorwiegend mit dem Gebiet Kampfstoffe, Gas- und Luftschutz. Ab 1936 folgten dann Lehrhilfen zum chemierelevanten Gebiet des Vierjahresplans.
Der nationalsozialistischen Grundforderung Fremdwörter zu eliminieren, folgten 1935 erste „Vorschläge zur Verdeutschung chemischer Fachausdrücke“ durch einen extra hierfür eingeführten Ausschuß. Übersetzungen wie „aliphatisch = zur Fettreihe gehörig“, „Elektrolyse = Stromzerlegung“, „Isotop = Gleichortgrundstoff“ wirken für den modernen, an fremdsprachliche Fachtermini gewöhnten Leser aber eher wie eine Verballhornung des Faches Chemie. In der Praxis konnten sich weder in Fachaufsätzen der Zeitschriften noch in den neukonzipierten Lehrbüchern diese Verdeutschungen nennenswert durchsetzen.

1936 wurde als Beiheft der Zeitschrift „Praktische Schulphysik" die „Praktische Schulchemie" ins Leben gerufen, die zu einem nationalsozialistisch zuverlässigen Berater für alle Chemielehrer ausgestaltet werden sollte, den Sprung zur selbständigen Zeitschrift allerdings nicht schaffte.
Ab 1936 trat mit Hitlers auch öffentlich bekannt gemachten Vierjahresplanäußerungen die Wirtschaftschemie mit Erzeugungsschlacht und Umsetzung der Autarkiebestrebungen zunehmend stärker hervor. Nun dominierten in den Unterrichtsblättern, etwa mittels der neu eingeführten Rubrik „Chemieunterricht und Vierjahresplan", die dem Chemielehrer zu seiner Fortbildung spezielle Buch- und Aufsatzbesprechungen zur Behandlung des deutschen Wirtschaftsaufbaus im Chemieunterricht nahelegten, und selbst auch in der technisch-nüchterner, insgesamt neutraler ausgerichteten „Zeitschrift für den physikalischen und chemischen Unterricht" praxisnahe, vertiefende Wirtschaftsthemen. Exemplarisch sei hier auch die in den Zeitschriften „Pädagogischer Umbruch" und „Niedersächsischer Erzieher" veröffentlichte Ausführung „Zur Behandlung des zweiten Vierjahresplans im Chemieunterricht" des engagierten Chemielehrers Johannes Reinsch aus dem Jahr 1938 genannt.
Die 1933 begonnene Interessenkoalition zwischen „Wehrmacht, Wirtschaft, Wissenschaft" wird faktisch auf der unter dem gleichnamigen Motto stehenden 39. Hauptversammlung des deutschen Fördervereins Ostern 1937 in Nordhausen als Bündnis besiegelt. Namhafte Vertreter aus Schulpolitik, Militär und der IG Farbenindustrie vertraten und verkündeten hier ihr direktes praktisches Interesse u.a. an der Chemie.
Erst ab 1939 sind in den Unterrichtsblättern jedoch rein chemiegeschichtliche Abhandlungen, v.a. Lebensbeschreibungen von Wissenschaftlern wie Johann Wolfgang Döbereiner oder Wilhelm Scheele zu finden.
Die Strategie der Anpassung an die nationalsozialistischen Bildungsziele, indem Chemie-Beiträge zur Verwirklichung einer Erziehung im nationalsozialistischen Sinn gesucht wurden, ging auf. Die Chemie-Fachdidaktiker schafften, insbesondere mit der IG Farbenindustrie als starkem Bündnispartner, über alle Schultypen hinweg mindestens ihre Stellung zu behaupten. Nach ersten erlösenden Worten im März 1934 – mit entsprechender Wertschätzung der deutschen Chemiker-Leistungen durch Adolf Hitler – erfolgte schließlich keine Stundenzahlreduzierung. Mit der 1938er-Schulreform konnte die Höhere Schule ihre Stundenzahl sogar erweitern.

10.2. Nationalsozialistisch relevante Komponenten des Chemieunterrichtes

Differenziert man die neuen Schwerpunkte des Schulfaches Chemie in der NS-Zeit, so ergeben sich: 1. Ganzheitlichkeit, 2. Wehrchemie (im engeren Sinne), 3. Wirtschaftschemie, 4. Chemiegeschichte und 5. Nachwuchsrekrutierung. Im übergeordneten Sinne hatten allerdings alle Chemiethemen wehrerzieherische Relevanz. Insbesondere diente die Chemie des Vierjahresplans, der Erzeugungsschlacht, auf die Landwirtschaft und die technische Großindustrie bezogen, dem Ziel der Kriegstauglichkeit.
Zu 1.: So wie Gesellschaft und Volk als organischer Volkskörper betrachtet wurden und die These „Gemeinnutz geht vor Eigennutz" ihre Verbreitung fand, hatte auch ganzheitliche Naturauffassung und Betrachtungsweise den Chemieunterricht zu bestimmen. Die normalerweise durch klare Systematik und Zergliederung bestimmte Chemie wurde diesem Prinzip untergeordnet. Statt Aufsplitterung in einzelne Spezialgebiete hatten die

chemischen Inhalte eher eine übergeordnete organisch entwickelte Betrachtung zu erfahren, was sich auch in der Stoffanordnung niederschlug. Der natürliche Zusammenhang zwischen den verschiedenen Naturwissenschaften sollte hergestellt und einer zu großen Aufsplitterung der Naturwissenschaften in Spezialdisziplinen entgegengewirkt werden.

Zu 2.: Das schon vor der Machtergreifung als relevant erachtete Thema erhielt 1933 bis 1935 breite Aufmerksamkeit und wurde nach Kriegsbeginn zum wichtigsten Unterrichtsgegenstand.

Giftstoffe, chemische Kampf- und Abwehrstoffe (Staub- und Nebelstoffe, Blau-, Grün- und Gelbkreuz-Gasbomben, Schieß- und Sprengstoffe, wie Brandbomben, Brisanzbomben, Schwarzpulver), Grundlagen der Kriegführung, v.a. des chemischen Krieges galt es beim Gas- und Luftschutz zu besprechen. Schutz- und Abwehrmaßnahmen, wie Löschung, Verhaltensregeln, erste Hilfe, Absorption und Unschädlichmachung von Gasen, Gasmaske, Unterstützung der Ausbildung zum „Luftschutzhelfer" und die allgemeine Erziehung zum Wehrwillen und zur Wehrbereitschaft traten hinzu.

Für die Luftfahrt hatte die Chemie als anorganisches Gebiet die Luft, Füllgase für Luftschiffe und Ballone, wie Wasserstoff, Leuchtgas, Helium und andere Edelgase, Wasser, die Gewinnung und Veredelung der Metalle, insbesondere Leichtmetalle und Eisen, Ermüdungs- und Korrosionserscheinungen zu besprechen. Der Organik-Teil befaßte sich vorwiegend mit den Treibstoffen und Schmiermitteln.

Neben der Luftwaffe meldete ab Kriegsbeginn dann auch die Kriegsmarine verstärkt ihre Ansprüche an den Chemieunterricht an.

Die Rohstofffrage zur Gewinnung der einzelnen Kampfstoffe und Abwehrmaßnahmen sowie die für die Luftfahrt relevanten chemischen Stoffe schufen gleichzeitig eine Brücke zur wirtschaftlichen Situation und Leistungsfähigkeit Deutschlands, also der Wirtschaftschemie.

Zu 3.: 1936 wurde das wehrchemische Gebiet des Gas- und Luftschutzes zunächst von „Vierjahresplan" und landwirtschaftlicher „Erzeugungsschlacht" und den daraus resultierenden chemischen Anstrengungen abgelöst. Die Konzentration auf Wirtschaftsbedürfnisse (Rohstoffe und Erzeugnisse nur aus Deutschland, „Kampf um die Rohstofffreiheit"), Umsetzung der Autarkiebestrebungen mittels als gleichwertig ausgegebener Ersatzstoffe, Altstoffsammlungen, Appelle zu sparsamem, sorgfältigen Rohstoff- und Nahrungsmittel-Umgang („Kampf dem Verderb"), Zweitverwertungen, volkswirtschaftliche Bedeutung der Stoffe, Produktionssteigerungen sowie die Devisenwirtschaft bestimmen diesen Abschnitt. Die Bedeutung der Metallrohstoffe, v.a. Eisen, Aluminium, Magnesium sowie die Aufgaben und Techniken der metallerzeugenden und -verarbeitenden Industrie, ihre Nutzung auch außerhalb der Luftfahrt, bessere Ausnutzung der Bodenschätze, Aufbereitung „minderwertiger" Erze, Korrosionsbekämpfung, Wiederaufbereitung, Ersatzwerkstoffe hat der Chemieunterricht zu besprechen. Flüssige, gasförmige und feste Treibstoffe, samt Synthese und technischen Anwendungen – hier auch außerhalb der Luftfahrt –, Kunststoffherstellung, Kunstfasererzeugung, Kunstdünger zur Steigerung der Ernährungsgrundlage auf deutscher Scholle, Anstrengungen zur Schließung der Fett- und Eiweißlücke, Fettveredelung, Holzverzuckerung, Heilmittel und Vitamine, selbst praxisnah Schweiß- und Brennschneideverfahren sind Thema. Vor lauter Einzelheiten durfte dabei allerdings nicht der Blick für das große Ganze (siehe zu 1.) des Vierjahresplan-Ziels verlorengehen.

Mit Kriegsbeginn hatte die Wehrchemie im engeren Sinne (Kampfstoffe, Luftschutz), insbesondere aber die grundsätzlich zur Verwirklichung aller Kriegspläne notwendige Nutzenchemie (Rohstoff- und Ernährungsfragen), einen weiteren Aufschwung.
Zu 4.: Die Beschäftigung mit der Chemiegeschichte hatte die nationalsozialistisch-politische Indoktrination zum Ziel. Hebung von Nationalstolz, ja Nationalbegeisterung und Rassebewußtsein, Erziehung zu Tugenden wie Zuverlässigkeit, Gewissenhaftigkeit und Genauigkeit ließen sich mit den Lebensbeschreibungen und der dargelegten Praxisnähe experimentell wissenschaftlich arbeitender bedeutender deutscher Chemiker am ehesten erzeugen. Das hervorragende Zusammenspiel zwischen der harten, entbehrungsreichen Arbeit des Forschers, des technischen Führers und des ausführenden Werkmannes wurde anhand historischer technischer Leistungen der chemischen Industrie belegt. Völkisches Bewußtsein sollte gerade mit der dadurch angeblich dokumentierten „typisch deutschen Art zu forschen" geschaffen werden. Gleichzeitig wurden das „falsche Weltbild des Materialismus" bekämpft, dagegen Führerprinzip und Führerkult gefestigt.
Zu 5.: Der Chemieunterricht hatte auch der Nachwuchsrekrutierung zu dienen, v.a. für das Militär, aber auch die Wirtschaft. Der zunehmende Fachkräftemangel führte zu Aufrufen an die Chemielehrerschaft, die Schüler zu selektieren und in ihrer zukünftigen Berufswahl zu beeinflussen. Besonders geeignete Schüler sollten v.a. der Luftfahrt bzw. Kriegsmarine zugeführt werden. Aber auch der Bündnispartner IG Farbenindustrie benötigte Nachwuchskräfte (Arbeiter, chemische Hilfskräfte, Chemikanten, Chemiker). Anstrengungen naturwissenschaftliche Sonderlehrgänge für hochbegabte und interessierte Schüler zu initiieren, wurden jedoch erst im Dezember 1944 gemacht.
Dagegen sind keine Ansätze gefunden worden, den Sennertschen Atomistik-Begriff bzw. dessen Fortentwicklungen zum Gestaltatom oder die nach diesen Gesichtspunkten geordneten Elementensysteme („Deutsche Chemie") in den Chemieunterricht einzubauen.
Andere Themengebiete vernachlässigten die Nationalsozialisten deutlich: Schwierige fachwissenschaftliche Inhalte wurden zugunsten dem Nationalsozialismus nützender Themen vereinfacht oder gar weggelassen. Auch die chemische Formelsprache war möglichst knapp zu halten. Zwar diskutierten Chemiedidaktiker-Kreise 1933 bis 1935 im Grundsätzlichen, danach eher im Detail die didaktisch sinnvolle Einführung in die chemische Systematik, das Periodensystem der Elemente und die Atomistik mit den dahinter stehenden komplexeren Hypothesen und Theorien. Und trotz sonstiger Kontroversen und Gegensätze bestand unter den sich öffentlich äußernden Chemielehrern Einigkeit darüber, daß eine Besprechung notwendig ist. Die Staatliche Hauptstelle für den naturwissenschaftlichen Unterricht entschied jedoch 1940, daß die hinter diesen Erkenntnissen stehenden vergleichsweise schwierigen Gesetze und Schlußfolgerungen vom Hauptziel des nationalsozialistischen Chemieunterrichtes wegführten und nicht behandelt werden sollten.
Die Mineralogie, der noch in der Weimarer Republik großer Platz eingeräumt worden war, wurde auf die Gesichtspunkte Rohstofffrage und nationalpolitische Schulung reduziert. Erst ab 1940 sind in den Fachzeitschriften überhaupt ausführlicher Gedanken zum Kern der Mineralogie zu finden. Sie änderten das geschaffene Faktum aber nicht mehr.

10.3. Die offiziellen Lehrpläne und Richtlinien für den Chemieunterricht

Wissens-, Könnens- und nationalsozialistische Verhaltensziele stehen im Mittelpunkt aller Richtlinien. Inhaltliche Bestandteile werden nur angeschnitten, methodisch-didaktische Ziele und praktische Unterrichtsgestaltung haben Vorrang.
Die am 15. Dezember 1939 erlassenen Volksschul-Richtlinien gaben den „vollen Einsatz für Führer und Volk", Heimat- und Volkstum-Verwurzelung als Hauptaufgabe der Schule direkt vor. Eine „wenn auch noch so einfache Kenntnis der physikalischen oder chemischen Naturgesetze in einem auch an die Wissenschaft anschließenden systematischen Aufbau" wurde negiert; es sollten lediglich chemische Erscheinungen, in einem für das praktische Leben ausreichenden Verständnis erschlossen werden. Haus und Hof, Landwirtschaft und heimische Industrie lieferten die Grundlage. Den Mädchen wurde direkt die hauswirtschaftliche Orientierung zugewiesen. Die „Naturlehre", die nicht genau zwischen Physik und Chemie differenzierte, sollte von der 6. bis 8. Klasse bei den Mädchen durchgängig mit drei, bei den Jungen ab 7. Schuljahr mit vier Wochenstunden durchgeführt werden.
Da eine konkrete Lehrplanaufstellung den einzelnen Schulen überlassen wurde, ist in einer NSLB-Arbeitskreis-Interpretation aus dem Jahr 1940 Chemie – explizit aufgeführt – lediglich im letzten Schuljahr zu finden.
Ergänzungsrichtlinien mit konkret genannten stofflichen Bestimmungen wurden in Bayern ab August 1940 Pflicht. Die Gauwaltung Sachsen des NSLB veröffentlichte dann 1941 einen noch detaillierteren Lehrplan mit genauer Stoff- und Zeiteinteilung. Der „totale Krieg" und alle kriegsrelevanten chemischen Erfordernisse standen im Mittelpunkt.
In den ebenfalls im Dezember 1939 herausgekommenen „Bestimmungen über Erziehung und Unterricht in der Mittelschule" sollten im Gegensatz zur Volksschule schon „Kenntnis, Bedeutung, Ordnung und Gesetzmäßigkeit der Naturkräfte und -stoffe" berücksichtigt werden. Der Fokus auf Gewerbe- und Verkehrsleben, Staatsnotwendigkeiten der Wirtschaftsfreiheit und Landesverteidigung sowie die Hauswirtschaft bestand aber auch hier. Verstärkt wurde Wert auf die Heroisierung von Chemiewissenschaftlern gelegt. Für Jungen-Mittelschulen gab es ab der 6. Schulklasse zunächst zwei, ab der 8. Klasse zwei bis vier Wochenstunden Naturlehre. Für Mädchen-Mittelschulen waren in der 8. Klasse zwei, in der 9. Schulklasse – als Indiz für Quervernetzung und unbedingte hauswirtschaftliche Ausrichtung zusammen mit dem Fach „Hauswerk" – vier bis fünf, in der Abschlußklasse sogar 5 bis sechs Wochenstunden Naturlehre vorgesehen.
Kernstück nationalsozialistischer Umgestaltung bildete jedoch die Höhere Schule. Die im Januar 1938 erlassene „Neuordnung des höheren Schulwesens" sah als Überzeugungsziele der Chemie für die Schüler vor: „Gesamtschau der Natur", weg vom „Materialismus"; Aufgabe, Wert und Leistung chemischer Forschung und die Produktivität gerade nordisch-germanischer Männer darin; stetige, ziel- und praxisorientierte, bewußte Arbeit in Naturwissenschaft und Technik sichern den wirtschaftlichen und kulturen Hochstand des deutschen Volkes mit.
Könnensziele waren in der Mithilfe zur Luftschutzausbildung, bei den Mädchen zusätzlich im sparsamen Umgang mit Rohstoffen im Haushalt zu sehen.
Das Wissen war hingegen eingeengt auf wenige, grundlegend notwendige Vorgänge der Stoffumwandlung, die Behandlung heimatlicher Roh- und Wertstoffe, Chemie der

Land- und Forstwirtschaft und der Nahrungsmittel, ebenso der Kampfstoffe. In einer bisher nicht bekannten Konzentration sollte kriegswichtige Chemie betrieben werden.
Die neuen Lehrpläne verwirklichten den lange geforderten von der 9. bis zur 12. Klasse (Abschluß) durchgehenden Chemieunterricht, wobei die Oberschule in Aufbauform für Jungen mit durchgängig zwei Wochenstunden den größten Anteil hatte. Das Gymnasium, dem im Rahmen der Preußischen Schulreform lediglich ein halbes Jahr zwei Stunden Chemie in der 10. Klasse zugeteilt worden war, konnte immerhin zusammen mit Physik jetzt durchgängig (9. bis 12. Klasse) zwei Wochenstunden –im Schnitt also eine Stunde – aufweisen. Trotz der erreichten Verbesserungen wurde von NSLB-Seite (Walther Franck) weiter Kritik wegen zu geringer Stundenzahl geübt.
Die „Deutsche Chemie" findet sich in keinem der Lehrpläne auch nur ansatzweise.
Naturwissenschaftlich-mathematische Arbeitsgemeinschaften (AGs) sollten v.a. an den Jungen-Oberschulen als ein Prozeß nationalsozialistisch geprägter Elitebildung bestimmte chemische Sachgebiete vertiefen und die fächerübergreifende Themenbehandlung forcieren.
Viele Forderungen an die methodische Umsetzung des Unterrichtes entsprachen der modernen und reformpädagogischen Unterrichtspraxis. Es ging nicht mehr um bloßes Auswendiglernen, das Repetieren von Wissensstoff, sondern um praktisch orientiertes Lernen als Selbstbetätigung in Arbeitsgemeinschaften und Projekten. Der Chemieunterricht hatte erlebnisorientiert zu sein, viele Experimente (v.a: Schülerübungen, weniger Lehrerdemonstrationen) und Exkursionen hatten die Schüler mit dem realen Leben zu konfrontieren. Neben dem typischen Lehrverfahren (Beobachtung und Versuch) wurden unterrichtliche Zusammenfassungen allerdings von Zeit zu Zeit für nötig erachtet, um dem Schüler den Überblick über die Gesamtbedeutung der Chemie zu wahren. Vorträge, Lichtbildvorführungen (Dia oder von der RfdU genehmigte Filme), Besuche von Ausstellungen und Exkursionen zu industriellen Chemiewerken bzw. deren Nachbau im Kleinformat unterstützten den Versuch als Hauptverfahrensweise. Der formalerzieherische Wert dieser Arbeitsmethodik wurde in genauer Beobachtungsschulung, klarer gedanklicher Erfassung des Wesentlichen, Schulung der Auffassungsgabe, Erhöhung des Verantwortungsbewußtseins, Ausbildung handwerklich-technischer Fähigkeiten und dem Lernen schneller Handlungsfähigkeit gesehen.

10.4. Chemieunterricht für Mädchen

Die Mädchen sollten gemäß nationalsozialistischer Frauenpolitik nicht mit Blickrichtung auf einen zukünftigen Beruf, sondern ganz auf die ihnen zugedachte spätere Rolle als Hausfrau und Mutter getrimmt werden. Jungen- und Mädchenerziehung hatten kein gemeinsames Bildungsziel. Die Koedukation wurde strikt abgelehnt. Mädchen hatten eigene Mädchenschulen zu besuchen, was besonders in ländlichen Gebieten, erst recht aber im Kriegszustand auf Schwierigkeiten stieß. Erlasse vom August 1938 und Januar 1939 regelten explizit den Schulbesuch von „Mädchen an Jungenschulen". V.a. hatten die Mädchen auch dort theoretisch nach dem Lehrplan für Mädchenschulen unterrichtet, und der Unterricht von Lehrerinnen erteilt zu werden.
Der Mädchen-Chemieunterricht hatte die notwendigen Voraussetzungen für die sogenannten Fächer des Frauenschaffens zu liefern. Hauswirtschaftschemie und Luftschutz dominierten demzufolge thematisch in den neuen Lehrplänen. In enger Verbindung mit

der Lebenskunde stand die organische Chemie (Kohlenhydrate, Fette, Eiweiß, Gärung), also der stoffliche Vorgang in der Küche, im Vordergrund. Aber auch die leichten und schweren Gebrauchsmetalle für den Haushalt (Anorganik) zusammen mit Belehrungen zur Reinigung und pfleglichen Behandlung der Haushaltsgeräte sollten besprochen werden. Erste Hilfe, Hausapotheke, einzelne relevante Arzneimittel, Genuß- und Lebensmittelchemie, Textilchemie (Stoffherstellung, Färben, Bleichen, Waschen), Heiz- und Treibstoffe, Kunst- und Kampfstoffe (auch Schädlingsbekämpfung) sowie Verhalten im Luftschutz – die damalige Chemie des Alltags – waren zu lehren. Die Rolle der Frau in der Stoffwirtschaft wurde zu einem für die Volkswirtschaft ganz entscheidenden Faktor erkoren, der Dienst an der Volksgemeinschaft zur Pflicht erhoben. „Weichliche Gefühlsschwärmerei", aber auch jede gedächtnismäßige Wissensüberladung wurde abgelehnt, statt dessen hatte die praktische Tätigkeit Priorität. Auslassungen, Vereinfachungen und eine noch spärliche Verwendung der Formelsprache als ohnehin schon im Jungenunterricht waren die Folge.
In den Mädchenausgaben der Chemiebücher wurden diese Lehrplanforderungen dann in die Praxis umgesetzt. Das Interesse der Chemiedidaktiker selbst an der Ausarbeitung mädchengerechter Chemie war allerdings gering, wie vergebliche Aufrufe zu mehr Veröffentlichungen – z.B. in den „Unterrichtsblättern für den mathematischen und naturwissenschaftlichen Unterricht" – belegen.

10.5. Die Neugestaltung von Chemie-Ergänzungsheften und Schulbüchern

Erst mit den neuen Lehrplänen ab 1938 war die umfassende Neugestaltung der Chemie-Schulbücher nach vorgegebenen nationalsozialistischen Kriterien überhaupt möglich. Da sich aber nach der Machtergreifung sehr schnell herauskristallisierte, daß Chemie für den Aufbau praktischer Gas- und Luftschutzkenntnisse den Hauptbeitrag zu leisten hat, kamen bald chemische Ergänzungshefte, wie „Schulversuche zur Chemie der Kampfstoffe" (Walter Kinttof), „Schulversuche zum Luftschutz" (Walther Morgner) oder „Einführung in Fluglehre und Luftschutz (Wilhelm Meyer / Wilhelm Geilenkeuser) heraus. Sie waren für unterschiedliche Zielgruppen bestimmt. Lehrerhefte lieferten mehr Hintergrundwissen, aktuelle Forschungsergebnisse und Vorschläge für die didaktische Gestaltung. Schülerhefte zum praktischen Gebrauch im Unterricht waren eher mit einer vergleichsweise einfachen Sprache und propagandistischen Äußerungen durchsetzt. 1937 findet sich dann ein Ergänzungsheft zur chemischen Aufbereitung von Vierjahresplanzielen. Mit der Schulreform und der Herausgabe der neuen Schulbücher verlor eine Vielzahl der kürzeren Ergänzungshefte – v.a. auf dem Gebiet der Luftschutzchemie und der Kampfstoffe – an Bedeutung.
Als unmittelbare Folge der Schulreform trat in auch dann noch veröffentlichten Ergänzungsheften zunächst die „mädchenspezifische Chemie" stärker hervor. „Schulversuche zur Küchenchemie" (Teil 1 und 2, Willmar Grüntzig) und chemische Arbeitshefte, wie „Brennstoffe (Feuerungs- und Kraftstoffe) und ihre Verwendung im Haushalt", „Chemisches über die verschiedenen Reinigungsvorgänge", „Chemisches über Nahrungsmittel, Gärung und Fäulnis", „Physiologisch-chemische Vorgänge (Verdauung – Resorption – Vitamine – Hormone)" (Hrsg. Hans Lüthje) zeigen die Dominanz der Hauswirtschaftschemie. Erst zu Kriegszeiten wurde Ergänzungsheften zu autarkie- und kriegsrelevanten Rohstoffen wieder stärker Augenmerk geschenkt.

Nach Erscheinen der Richtlinien und Lehrpläne 1938 wurden vom Reichserziehungsministerium für die Höhere Schule fünf Schulbuchreihen vorläufig zugelassen, die nach einem feststehenden Verteilungsplan in den einzelnen Bezirken und Gauen einzuführen waren. Alle Lehrbücher sollten eine einheitliche Ausrichtung im gewünschten nationalsozialistischen Sinne erhalten, die Gegenwartsaufgaben der Chemie, den Dienst zum Wohl des Volkes, also eine enge Verflechtung von Kriegs- und Volkswirtschaft betonen. Geringe Stofffülle, organische Stoffvermittlung, Anschauungsunterricht mit Praxisnähe und Selbstätigkeit sowie fächerübergreifende Verbindungen waren weitere von der Staatlichen Hauptstelle für den naturwissenschaftlichen Unterricht herausgegebene Anforderungen.

Das von Karl-Edmund Dörmer und seinem Vater Ludwig Dörmer fortgeführte Lehrbuchwerk des verstorbenen Chemiedidaktikers Rudolf Arendt wurde in der Form umgestaltet, daß nicht wissenschaftliche Systematik, sondern die von den Nationalsozialisten geforderten Gegenwartsaufgaben den Lehrbuchinhalt bestimmten. Sachlich-fachlich korrekt und gleichzeitig leicht verständlich in der Darstellung, wurde auch von den NS-Gutachtern die politische und wissenschaftliche Zuverlässigkeit der Schulbücher betont. Allerdings kritisierten sie den zu sachlichen Stil der Verfasser, die wenig packende Darbietung, gar den „trockenen Leitfadenstil“. Aus heutiger Sicht wirkt diese Exaktheit erfreulich nüchtern. Daß viele Schulversuche nicht ins Lehrbuch integriert wurden, sondern ein Verweis auf Arendts in letzter Ausgabe 1925 erschienenes Experimentalbuch erfolgte, ist ein weiterer von den Gutachtern dargelegter Mangel.

Die Lehrbuchreihe von Otto Gall, Julius Kruse und Otto Reuber hielt sich vorbildlich an die „Grundsätzlichen Anweisungen zur Ausgestaltung der Lehrbücher“. Von anfangs rein chemischen Themen wandelt sich die Reihe geschickt zu einem technisch-wirtschaftliche sowie politisch-deutschnationale Themen indoktrinierenden Werk. Im Vergleich zur Arendt-Dörmer-Reihe ist es durch weniger Tatsachenwissen und geringere Stofffülle geprägt. Die einfache Sprache ist für die jeweilige Altersstufe gut geeignet, verbindliche „Wir“-Sätze und direkte Fragestellungen vermochten sicher den Schüler zu binden. Zudem ist der Sprachschatz biologisch-rassistisch orientiert. Der „Kampf ums Dasein“, chemische Kenntnisse als Auslesemittel mit starkem Einfluß auf die Entwicklung des Menschen weisen in sanfter, subtiler, aber äußerst wirksamer Form auf die NS-Interessen hin. Der Schüler muß am Schulende fast zwangsläufig von den herausragenden Leistungen deutsch-germanischen Blutes überzeugt sein.

Die Schulbuchreihe von Max Mittag und Walter Schäfer ist die einzige von der keine Vorgängerfassung (Weimarer Republik oder Anfangsjahre des Dritten Reiches) bekannt ist. Das Lehrbuch der 5. Klasse weicht in Aufbau und Schwerpunktsetzung deutlich von Arendt-Dörmer und Gall-Kruse ab. Der von propagandistischen Parolen geprägte Stil unter dauernder Betonung deutscher Leistungen betreibt eher NS-Ideologiepflege als konkrete Chemie. Von der NS-Haltung und der politischen Überzeugungskraft her betrachtet, wird hier – alle Lehrbuchreihen im Vergleich betrachtet – am stärksten indoktriniert. Das übertrieben wirkende Bemühen NS-Werte von Beginn an im Unterricht zu integrieren, führt aber gerade in den Anfangskapiteln zu wenig kindgerechter Darstellung. Als Kontrast wirkt der für die 6. Klasse gedachte Lehrbuchteil dagegen fast neutral. Der Inhalt für die 7. Klasse weist dann eine geschickte Indoktrination der Jugend mit dem Ziel auf, die kulturelle Auslese Deutschlands zu besiegeln.

Das von Karl Scheid begründete und im Dritten Reich von Wilhelm Flörke weiterbearbeitete Buchwerk zeigt, daß innerhalb der von den offiziellen Richtlinien gesetzten

Grenzen, die Lehrerschaft durchaus noch einen – beschränkten – eigenen Gestaltungsspielraum besaß. Die Darstellung ist der Altersstufe der Schüler angemessen. Die sachlich-nüchterne Darlegungsweise unter Nützlichkeitsaspekten für Innen-, Export- und Wehrwirtschaft herrscht vor. Weite Strecken des Lehrbuches wirken neutral.
Die Lehrbuchreihe von Karl-Anton Henniger wurde zunächst zu Weimarer Republik-Zeiten, aber auch in den Anfängen des Dritten Reiches von Martin Heidrich und Walther Franck, nach den neuen Lehrplanvorstellungen nur noch von Walther Franck weiterbearbeitet. Das Werk für die 5. Klasse ist in Stil und Art mit seinen teilweise recht plumpen Darlegungen der chemierelevanten NS-Intentionen am ehesten mit dem entsprechenden Mittag-Schäferschen Band vergleichbar. Zur Vermittlung chemischer Kenntnisse ist es nur bedingt geeignet. Band 2 für die 6. bis 8. Klasse ist ebenfalls vordergründig sachlich-nüchterner, wobei durchaus bei Behandlung von Kristallographie, und Mineralogie, die „Blut- und Boden"-Ideologie sanft anklingt. Die staatliche Lenkung aller Lebenszweige kommt in diesem Lehrbuch besonders gut zum Ausdruck.
Per Runderlaß vom Juli 1941 wurden acht chemische Lernbücher für Mittelschulen vorläufig zugelassen. Auch hier war ein festes Verteilungsschema vorgeschrieben. Die erlebnisorientierte Praxisnähe stand hier – noch weitaus deutlicher als bei den Schulbüchern für die höhere Schule – vor wissenschaftlichem Detailwissen. Anschauung und Anwendungsorientierung dominieren. Individuum und Schüler werden auf das vorrangige Staatsinteresse funktionalisiert. Häufig wird Stimmung gegen das Ausland betrieben, um ein entsprechendes Feindbild aufzubauen. Ebenso werden gerne im Rahmen der Verbrauchslenkung nationalpolitische Begründungen für staatliche Interventionen zu Gunsten des Bauerntums geliefert. Die Sprache ist einfach und sehr verständlich, aber kampfbetont und emotional durchsetzt. Statt sachlicher Tatsachenberichte herrschen klare Wertungen vor.
Bei allen Schulbüchern wurde – wenn auch in unterschiedlichem Stil – die nationalsozialistische Indoktrination in den Abschlußklassen immer besonders intensiv vorgenommen.

10.6. Vergleich mit den naturwissenschaftlichen Nachbardisziplinen

1. Die in Kapitel 2.4. dargestellten drei Phasen der nationalsozialistischen Erziehungspolitik (1933-1935 Machtergreifung und -sicherung; 1936-1942 Machtdarstellung, Kriegsvorbereitung und Machtausweitung; 1942-1945 innerer Zerfall) korrespondieren mit den Entwicklungsphasen auf dem Gebiet des Chemieunterrichtes. Somit lassen sich die drei Hauptphasen der Fächerentwicklung bei allen vier Fächern (Physik, Biologie, Geographie und Chemie) gleichermaßen nachvollziehen.
2. Die Fachlehrer hegten – im Vergleich zur Weimarer Republik – jeweils Hoffnung auf Verbesserung ihres Faches und ihres Status. Während an erster Stelle die Biologie, aber auch die Geographie aufgrund ihrer zentralen Bedeutung für das gesamte nationalsozialistische Gedankengut jedoch hierfür in der nationalsozialistischen Machtsicherungsphase keine aktive Rechtfertigungskomponente benötigten, hatten Physik und Chemie um ihr Dasein zu kämpfen.
3. Das Mädchen wurde in allen Fächern reduziert auf die Frau- und Mutterrolle. Alle im Mädchenunterricht behandelten fachwissenschaftlichen Inhalte hatte unmittelbare Aus-

wirkungen auf die Erhaltung des Volkskörpers, Wohl der Volksgemeinschaft, Pflege der Familie und sparsame Haushaltung.
4. Je weniger Ideologie-Inhalte – bedingt durch die Natur des Faches – vermittelt werden konnten, desto stärker wurden andere, der nationalsozialistischen Politik Nutzen bringende Argumente herangezogen.
Gerade der letzte Punkt soll noch einmal im naturwissenschaftlichen Fächervergleich näher beleuchtet werden:
Erste Tendenzen einer staatsbürgerlichen und nationalen Erziehung im Biologieunterricht sind schon 1922 (Volksschulrichtlinien) und 1924/25 (Preußische Schulreform für die Höhere Schule) auszumachen. Mit der Machtübernahme 1933 wurde die Biologie dann zum Schlüsselfach nationalsozialistischer Erziehung. Bereits ab Oktober 1933 sollten alle Abschlußklassen in Erb- und Rassenlehre geprüft werden. Biologisches Denken herrschte über allem. „Ganzheitsschau", überindividuelle Einsatzbereitschaft und die Erforschung der „Lebensgesetze" wurden primäre Biologie-Aufgaben. Verantwortungsgefühl gegenüber Rasse und Volk, Rassesinn und -stolz, das deutsche Rassenideal, Verständnis für die „Blut und Boden"-These war dem Schüler zu indoktrinieren. Biologieunterricht wurde zum Weltanschauungsunterricht aufgewertet und erhielt einen unvergleichlich hohen Stellenwert. Die fünf Hauptthemen des Biologieunterrichtes im Dritten Reich waren demzufolge: 1. Heimatkunde und Naturschutz, 2. Ganzheitliche Naturauffassung, 3. Unterrichtsprinzip Lebensgemeinschaft, 4. Vererbungslehre und Rassenkunde, 5. Erzeugungsschlacht. Judenhetze einerseits, Loblieder auf die arisch-germanische Rasse andererseits, Maßnahmen der Rassenhygiene und Eugenik (Auslese) sowie die resultierende deutsche Bevölkerungspolitik finden sich auch in den Schulbüchern.
Ganz ähnlich verhielt es sich in der Geographie: Die primäre Funktion des Erdkundeunterrichtes im NS-Staat reduzierte sich auf die Vermittlung eines Volksgemeinschaftsgefühls sowie von nationalsozialistischer Ideologie. Die Qualifikationsfunktion wurde bis kurz vor Kriegsende weitgehend vernachlässigt, Wissensvermittlung diente v.a. propagandistischen Zwecken. Dies dokumentieren auch die fünf wesentlichen Komponenten des Erdkundeunterrichtes im Dritten Reich: Heimatkunde, Geopolitik und Politische Geographie, Rassenkunde, Kolonialgeographie und kolonialer Gedanke sowie Wehrgeographie und wehrgeistige Erziehung mit direkter vormilitärischer Ausbildung. Die Weckung von Nationalstolz und Vaterlandsliebe sowie die Schlagworte „Blut und Boden", „Volk ohne Raum", „völkischer Lebensraum" bestimmten den Unterricht in weiten Zügen. Mit zunehmender Dauer des Krieges rückte die Wehrgeographie stärker in den Mittelpunkt, während das Interesse an der Geopolitik ab 1941 deutlich nachließ. Der geopolitische Wandlungsprozeß vom Geodeterminismus zum Rassendeterminismus ist dennoch ein typisches Beispiel für NS-konforme Anpassung.
Der Chemie hingegen waren im Vergleich zur Biologie bzw. Geographie rassistische Züge weitgehend fern; die sogenannte „Deutsche Chemie" konnte sich nicht durchsetzen. Versuche direkt rassenkundliche Elemente auch in die Chemie hineinzutragen scheiterten. Dennoch war auch Chemie als eher nüchtern-exaktes naturwissenschaftliches Fach von NS-Gedankengut durchdrungen und eindeutig politisch bestimmt. Die Schulchemiker haben sich in der Hoffnung auf Aufwertung ihres Faches von nationalsozialistischen Ideologemen und Zielsetzungen weitgehend vereinnahmen lassen. Zumindest die großen deutschen Chemiker (Chemiegeschichte) konnten auch mit der den Deutschen eigenen Art zu forschen und nordisch-germanischen Zügen belegt werden.

Die Physik weist insgesamt die größeren Parallelen zur Chemie auf: Die Unzufriedenheit mit der Schulsituation in der Weimarer Republik mündete hier ebenfalls in einer aktiven Rechtfertigungspolitik, die insbesondere die Bedeutung der Physik für die Luftfahrt und Kriegsführung hervorhob. Das entstehende „Bündnis" mit der Wehrmacht ist Resultat dieser auf gegenseitigen Nutzen reflektierenden Strategie. Die weiteren Rechtfertigungselemente (Physik als Lieferant eines arischen Weltbildes, das den reinen „Materialismus" bekämpft; Erziehung zu deutschem Forschergeist und unter physikgeschichtlichen Blicken Weckung von Nationalstolz) sind mit denen der Chemie praktisch identisch. Gegenüber der Weimarer Republik-Zeit wurde eine gewisse Stundenreduktion in Physik allerdings dennoch vorgenommen. Quantitativ sind die Physikstunden aber weiterhin über der Chemie angesiedelt.
Die „Deutsche Physik" konnte anfangs einen stärkeren Einfluß als die „Deutsche Chemie" ausüben, sich letztlich aber ebenfalls nicht durchsetzen. Die dennoch ideologisch bedingte Vereinfachung oder gar völliges Verschweigen moderner physikalischer Erkenntnisse im Schulunterricht bereitete dem NS-Staat gerade in den letzten Jahren zunehmend Probleme.
Vier Hauptkomponenten dominieren im Physikunterricht: 1. Ganzheitliche Naturbetrachtung, 2. Wehrphysik (Ballistik, Optik, Flugphysik), 3. Nationalstolz und Physikgeschichte, 4. Nachwuchsrekrutierung. Daß gerade die wehrphysikalischen Unterrichtsinhalte mit Kriegsbeginn einen weiteren Schub erhielten, ist verständlich. Es zeigt aber erneut die deutliche Parallele zur Chemie (Wehrchemie-Forcierung mit Fortschreiten des Krieges) auf, also die vom Pragmatismus geförderte Tendenz, weg von der kompromißlosen Ideologie hin zum kriegsrelevanten Nutzensegment.
Im Fächerkanon lassen sich bei der Einordnung der einzelnen Fächer deutliche Verschiebungen ausmachen: Erdkunde wird – dokumentiert in den Richtlinien für die Höhere Schule – sogar explizit den deutschkundlichen Fächern zugerechnet. Beide Disziplinen – Erdkunde und Biologie – zeigen tatsächlich im Gesamtsystem der nationalsozialistischen Schule jedoch eine Art Zwitterfunktion zwischen den eher Wissen vermittelnden naturwissenschaftlichen Fächern und den fast ausschließlich der Indoktrination dienenden geisteswissenschaftlichen Fächern Deutsch und Geschichte. Die Biologie hatte im Rahmen der ideologischen Indoktrination hierbei eine noch wichtigere Funktion als die Erdkunde. Die zwar gegenüber der Weimarer Republik Abstriche zu verzeichnende Physik weist dennoch insgesamt mehr Unterrichtsstunden und in den untersuchten Fachzeitschriften mengenmäßig mehr Umfang auf als die Chemie. Eine Fächergewichtung mit abnehmendem Schwerpunkt würde – nur unter dem Gesichtspunkt rassenideologischer Indoktrination und NS-spezifischer Bedeutung angelegt – demzufolge diese Reihenfolge ergeben: Biologie, Geographie, Physik, Chemie.

10.7. Schlußbetrachtung

Die nationalsozialistischen Tendenzen und Einflüsse im Chemieunterricht sind unübersehbar. Politische Werte bzw. Parteiinstanzen bestimmten die Bildungsinhalte des Chemieunterrichts. Während zur Zeit der Weimarer Republik die Einführung moderner und reformpädagogischer Unterrichtspraxis nicht geschafft wurde, setzten die Nationalsozialisten dies durch. Dabei darf allerdings nicht vergessen werden, daß die NS-Schulpolitiker mit diesen Methoden keineswegs die Ziele geisteswissenschaftlicher Pä-

dagogen vom Anfang des 20. Jahrhunderts verfolgten, sondern Charakterbildung im Sinne der rassistisch, nationalsozialistischen Ideologie.
Inwieweit die einzelnen Lehrer die neuen Unterrichtspflichten, Empfehlungen und Vorschläge aktiv umsetzten, hing sicherlich vom jeweiligen politischen Engagement ab und kann rückwirkend kaum beurteilt werden. Der Trend zu massiver Beeinflussung läßt sich jedoch nicht ableugnen. Parallel zur Schulreform hatte aus NS-Sicht auch die Hochschulausbildung der Lehrerschaft Reformbedarf. Neben der v.a. politischen Indoktrination in den Lehrer-Schulungslagern für schon aktive Lehrer sollten insbesondere neuformierte Hochschulen für Lehrerbildung, Lehrerbildungsanstalten (LBAs) die Ausbildung der Chemie-Lehramtskandidaten auf die in den Schullehrplänen angesprochenen Erfordernisse abstimmen. Die Konsequenzen einer solchermaßen von Grund auf im nationalsozialistischen Geist erzogenen Lehrerschaft auf die Schüler wäre unabsehbar, hätte nicht die Kapitulation des Deutschen Reiches 1945 – und im Vorfeld die durch die Kriegswirren stark eingeschränkte Realisierung dieser Reformen – diesen Plänen Einhalt geboten. Die tatsächliche Realisierung im Schulalltag mußte – aufgrund der äußeren Bedingungen – somit weit hinter den schriftlich niedergelegten Forderungen zurückbleiben.
Eine zumindest in Andeutungen kritische Reflexion des chemischen Schulunterrichts der NS-Zeit mit Hinweisen auf künftige Verbesserungen konnte lediglich 1950 beim zum Oberstudiendirektor der Liebigschule in Gießen aufgestiegenen Wilhelm Flörke gefunden werden. Flörke, der – wie erwähnt – vergleichsweise wenig NS-politisches Engagement gezeigt und auch die politisch neutralste Chemielehrbuchreihe der NS-Zeit herausgebracht hatte, schrieb ein Buch über die Neugestaltung des chemischen Unterrichts auf der höheren Schule[1]. Die Jugend sollte hierbei „zu den geistigen und sittlichen Grundlagen des menschlichen Seins"[2] zurückgeführt werden. Ganzheits- und Zusammenschau sowie das Lehrverfahren des praxisnahen Arbeitsunterrichts wurden weiterhin betont. Chemische Zeichensprache, chemische Gleichungen, strukturmorphologische Betrachtungen, Grundbegriffe und chemische Grundgesetze sollten nun forciert behandelt werden, die Lehrgegenstände nicht mehr „hinter dem jeweiligen Stand der Forschung zurückbleiben"[3] und die „Darstellung technologischer Prozesse kein wesentliches Anliegen"[4] mehr sein. V.a. aber war Ziel und Aufgabe des Chemieunterrichts jetzt[5]:

> „Unsere Schüler sollen erfahren, daß nicht Angehörige eines Volkes allein durch ihr Beobachten, ihr Experimentieren und ihr Denken die Rätsel der Natur entschleiert haben, sondern daß ein gemeinsames Band die Naturforscher aller Völker verbindet und sie in ihrem Streben vereint.
> Wir weisen dem naturwissenschaftlichen Unterricht eine wahrhaft humanistische Aufgabe zu und haben ihn zu lösen aus der Fachenge und der rein utilitaristischen Orientierung, die sein Gesicht in der Vergangenheit oft bestimmt haben."

Flörke stieg in der Nachkriegszeit zu einem führenden Chemiedidaktiker auf.
Ansonsten fanden große Teile des Chemie-Schulungsmaterials nach 1945 – zunächst lediglich um die propagandistischen und nationalsozialistischen Passagen inklusive Wehrchemie und Vierjahresplan-Aussagen gekürzt – weiter auf dem Lehrmittelmarkt

1 Flörke, W.: Methode und Praxis des chemischen Unterrichts. Heidelberg, Offenburg / Baden 1951.
2 Flörke (siehe Anm. 1), S. 9.
3 Flörke (siehe Anm. 1), S. 14.
4 Flörke (siehe Anm. 1), S. 14.
5 Flörke (siehe Anm. 1), S. 10.

Verwendung. Beispielsweise von Otto Gall, Otto Reuber (zusammen mit Hans Lüthje), Karl- Edmund Dörmer und seinem Vater Ludwig Dörmer sowie vom mittlerweile zum Oberstudiendirektor beförderten Walther Franck finden sich Chemie-Lehrbücher in derartigen Neuauflagen.

Anhang

Genehmigte Chemie-Lehrbücher von der Richertschen Schulreform bis zur Machtergreifung

1926

Versuchsweise genehmigte Bücher Mittelschulen

§	Autor	Titel	Sonstiges	Verlag	Bekanntmachung	Datum
52	Löwenhardt / Groß / Haase	Chemie für Mittelschulen.		B.G. Teubner, Leipzig	U III D 6096/25	23.01.1926
354	Geilenkeuser / Meyer	Physik und Chemie für Mittelschulen.	Heft 1 und 2	M. Diesterweg, Frankfurt a.M.	U III D 4476	23.07.1926
420	Groß / Haase	Chemie für Mittelschulen und Anstalten mit verwandten Zielen.	Ausgabe A: für Knabenschulen.	B.G. Teubner, Leipzig		

Genehmigte Bücher Höhere Schulen

§	Autor	Titel	Sonstiges	Verlag	Bekanntmachung	Datum
54	Löwenhardt E.	Grundzüge der Chemie.	Für Knaben und Mädchenschulen gymnasialer Richtung.	B.G. Teubner, Leipzig/Berlin	U II 15312	25.01.1926
54	Bohn H.	Leitfaden der Physik.	Ausgabe A für die Unterstufe mit chemischem Anhang von O. Nitsche.	Quelle & Meyer, Leipzig	U II 15312	25.01.1926
54	Meyer G.	Leitfaden der Gegenwartchemie für höhere Schulen.	I. Anorganische Chemie.	Georg Thieme, Leipzig	U II 15312	25.01.1926
54	Rüdorff F.	Grundriß der Chemie.	Ausgabe B. 18. Auflage. Bearbeitet von H. Petzold.	H. W. Müller, Berlin	U II 15312	25.01.1926
105	Henniger	Lehrbuch der Chemie in Verbindung mit Mineralogie für höhere Lehranstalten.	Teil 1 für gymnasiale Anstalten und die Mittelstufe von Realanstalten. 12. u. 13. Auflage, neubearbeitet von M. Heidrich und W. Franck.	B.G. Teubner, Leipzig/Berlin	U II 15753	25.02.1926
224	Nolda E. / Schneider A.	Lehrbuch der Chemie für Gymnasien, Lyzeen und verwandte Anstalten.	2. umgearbeitete und verbesserte Auflage.	Quelle & Meyer, Leipzig	U II 16556	10.05.2026
295	Halberstadt W.	Lehrbuch der Chemie für höhere Lehranstalten.		Quelle & Meyer, Leipzig	U II 17020	24.06.1926
404	Kleiber J. / Scheffler H.	Elementarphysik mit Chemie für die Unterstufe.	19. Auflage.	R. Oldenburg, Berlin-München	U II 17645	10.09.2026
404	Dörrie / Jäckel	Physikalisch- chemisches Unterrichtswerk für höhere Schulen, Lehrbuch der Chemie.	Von W. Jäckel. 1. Teil.	F. Hirt, Breslau	U II 17641	10.09.2026
404	Mannheimer E.	Grundriß der Chemie und Mineralogie.	Teil 1: Für Realschulen, Lyzeen und die Mittelstufe von Vollanstalten.	B.G. Teubner, Leipzig	U II 17641	10.09.2026

Bedingt genehmigte Bücher Höhere Schulen

§	Autor	Titel	Sonstiges	Verlag	Bekanntmachung	Datum
224	Meyer G.	Leitfaden der Gegenwartchemie.	II Organische Chemie.	Georg Thieme, Leipzig	U II 16556	10.05.2026

Genehmigte Chemie-Lehrbücher von der Richertschen Schulreform bis zur Machtergreifung

1927

Versuchsweise genehmigte Bücher Mittelschulen

§	Autor	Titel	Sonstiges	Verlag	Bekanntmachung	Datum
63	Meyer W.	Physik und Chemie für Mittelschulen.	Ausgabe B, Teil III und IV.	M. Diesterweg, Frankfurt a.M.	U III D 275	21.01.1927
63	Haack / Holzfuß / Putzar	Naturlehre für Mittelschulen und verwandte Anstalten.	2. Heft Chemie und Mineralogie.	Quelle & Meyer, Leipzig	U III D 275	21.01.1927
63	Meyer W.	Naturlehre (Physik, Chemie und Mineralogie).	Für Mädchen- Mittelschulen.	M. Diesterweg, Frankfurt a.M.	U III D 275	21.01.1927
63	Meyer W.	Chemie für Mittelschulen mit besonderer Berücksichtigung der Mineralogie und Technologie.	Ausgabe A.	M. Diesterweg, Frankfurt a.M.	U III D 275	21.01.1927
273	Schreiber / Müller	Chemie für Mittelschulen.	Außerdem für den Gebrauch in den Provinzen Ostpreußen, Grenzmark, Pommern, Niederschlesien, Oberschlesien, Brandenburg - Berlin, Sachsen, Rheinland und Westfalen.	Hermann Schroedel, Halle a. S.	U III D 20445	19.05.1927
409	Ernst G.	Naturkunde für Mittelschulen und verwandte Anstalten.	2. Teil: Chemie. Neubearbeitet von Th. Bertallot.	Carl Meyer, Hannover	U III D 21485	09.09.1927

Genehmigte Bücher Höhere Schulen

§	Autor	Titel	Sonstiges	Verlag	Bekanntmachung	Datum
19	Gall O.	Lehrbuch der Chemie und Mineralogie.	Für den Unterricht an höheren Lehranstalten und zum Selbstunterricht. Teil 1 (Untersekunda).	M. Diesterweg, Frankfurt a.M.	U II 18631	23.12.1926
19	Löwenhardt E.	Chemisches Unterrichtswerk. Lehrbuch der Chemie für höhere Mädchenbildungsanstalten.	Teil II. Bearbeitet von E. Thieme. Mit Anhang: Mineralogie und Ausgabe A: Geologie. Bearbeitet von F. Meinecke. Ausgabe B: Ohne Geologie.	B.G. Teubner, Leipzig	U II 18631	23.12.1926
19	Henniger	Lehrbuch der Chemie in Verbindung mit Mineralogie für höhere Lehranstalten.	Teil II. 16. Auflage. Neubearbeitet von M. Heidrich und W. Franck. Ausgabe A (mit Anhang: Elemente der Geologie). Ausgabe B (ohne Anhang).	B.G. Teubner, Leipzig/Berlin	U II 18631	23.12.1926
19	Fock E.	Physik und Chemie.	Für Lyzeen, Realschulen und die Mittelstufe der Vollanstalten 1. Heft.	O. Salle, Berlin	U II 18631	23.12.1926
64	Arendt A. / Dörmer L.	Leitfaden für den Unterricht in der Chemie und Mineralogie. An höheren Lehranstalten.	Unterstufe. 16. Auflage.	L. Voß, Leipzig	U II 15230	25.01.2027
64	Ebeling M.	Lehrbuch der Chemie und Mineralogie für höhere Lehranstalten.	Teil 1: Anorganische Chemie. 6. Auflage, bearbeitet von O. Curio.	Weidmannsche Buchhandlung Berlin	U II 15230	25.01.2027
173	Scheid K.	Leitfaden der Chemie.	Unterstufe: 5. Auflage. Oberstufe: 4. Auflage.	Quelle & Meyer, Leipzig	U II 15926	26.03.1927
277	Löwenhardt E.	Chemisches Unterrichtswerk. Lehrbuch der Chemie für höhere Mädchenbildungs-anstalten.	Unterstufe. 6. umgearbeitete Auflage.	B.G. Teubner, Leipzig	U II 16470	25.05.2027
318	Mannheimer E.	Grundriß der Chemie und Mineralogie.	Teil 2: für die Oberstufe von Knaben- und Mädchenschulen realer Richtung.	B.G. Teubner, Leipzig/Berlin	U II 16758	24.06.1927

Genehmigte Chemie-Lehrbücher von der Richertschen Schulreform bis zur Machtergreifung

Genehmigte Bücher Höhere Schulen

§	Autor	Titel	Sonstiges	Verlag	Bekanntmachung	Datum
353	Schön Fr.	Einführung in die Chemie, Mineralogie und Geologie.	Ein Hilfsbuch für den Unterricht an höheren Lehranstalten auf allen Stufen.	Quelle & Meyer, Leipzig	U II 16980	26.07.1927
353	Arendt R. / Dörmer L.	Grundzüge der Chemie und Mineralogie.	Gesamtausgabe: Für die Ober- und Unterstufe realer Lehranstalten. 14. Auflage.	L. Voß, Leipzig	U II 16980	26.07.1927
353	Püning / Speitkamp / Oebike	Grundzüge der Chemie und Mineralogie.	Für die Mittelstufe der höheren Lehranstalten. 2. Auflage.	Aschendorff, Münster	U II 16980	26.07.1927
427	Börner / Semiller	Lehrbuch der Physik.	3. Teil: Vorschule der Chemie und Mineralogie von H. Semiller. 6. Auflage.	Weidmannsche Buchhandlung, Berlin	U II 17477	26.09.1927
427	Molthan A. / Winderlich R.	Lehrbuch der Chemie.	Für Lyzeen und verwandte höhere Mädchenbildungsanstalten.	Fr. Vieweg & Sohn, Braunschweig	U II 17477	26.09.1927
458	Fock E.	Physik und Chemie für höhere Schulen.	Lyzeen, Realschulen und die Mittelstufe der Vollanstalten. 2. Heft: Obertertia.	O. Salle, Berlin	U II 17680	25.10.2027
458	Gall O.	Lehrbuch für Chemie für höhere Schulen.	Teil 2: Oberstufe, mit Anhang Geologie von O. Reuber.	M. Diesterweg, Frankfurt a.M.	U II 17680	25.10.2027
490	Schmidt / Frankfurth A.	Lehrbuch der Chemie für höhere Lehranstalten.	Unterstufe.	L. Ehlermann, Dresden	U II 18015	25.11.1927
506	Strößе	Lehrbuch der Chemie und Mineralogie, der Gesteinskunde und der Geologie für höhere Lehranstalten.	Neubearbeitet von Pauli und Rücker. 2. Teil, nebst Anleitung zu chemischen Übungen für die Unterstufe.	Quelle & Meyer, Leipzig	U II 18220	12.12.1927

Bedingt genehmigte Bücher Höhere Schulen

§	Autor	Titel	Sonstiges	Verlag	Bekanntmachung	Datum
19	Püning / Speitkamp / Oebike	Grundzüge der Chemie und Mineralogie.	Für die Mittelstufe der höheren Lehranstalten. Bearbeitet von H. Speitkamp und J Oebike.	Aschendorffsche Verlagsbuchhandlung, Münster	U II 18631	23.12.1926
64	Meyer G.	Leitfaden der Gegenwartchemie.	Teil II:Organische Chemie.	G. Thieme, Leipzig	U II 15230	25.01.2027

Genehmigte Bücher nicht in Schulgattung einzuordnen!

§	Autor	Titel	Sonstiges	Verlag	Bekanntmachung	Datum
64	John G.	Schulchemie.	6. Auflage.	Quelle & Meyer, Leipzig	U II 15230	25.01.2027
173	Schwarze W.	Vorschule der Chemie.	3. Auflage.	L. Voß, Leipzig	U II 15926	26.03.1927

Genehmigte Chemie-Lehrbücher von der Richertschen Schulreform bis zur Machtergreifung

1928

Versuchsweise genehmigte Bücher Mittelschulen

§	Autor	Titel	Sonstiges	Verlag	Bekanntmachung	Datum
16	Filipp H.	Chemie für Mittelschulen.		R. Oldenbourg, München	U III D 22447	16.12.1927
306	Waebers R.	Leitfaden der Chemie.	Bearbeitet von Laue und Grube.	F. Hirt & Sohn, Leipzig	U III D 21633	22.06.1928

Genehmigte Bücher Höhere Schulen

§	Autor	Titel	Sonstiges	Verlag	Bekanntmachung	Datum
92	Petzold H.	Einführung in die Chemie.	Für den Anfangsunterricht an höheren Lehranstalten.	H.W. Müller, Berlin	U II 15430	13.02.1928
92	Valentin H.	Leitfaden der praktischen Chemie.	Kurzes Lehrbuch nebst praktischen Versuchen für den Unterricht an höheren Lehranstalten und zum Selbstunterricht. (Für Gymnasien und die Unter- und Mittelstufe der Realgymnasien und Oberrealschulen.).	R. Müller, Eberswalde	U II 15430	13.02.1928
122	Möbuß A. / Lüthje H.	Lehrbuch der Chemie und Mineralogie.	Anorganische Chemie Teil 2: Oberstufe, Teil 3: Organische Chemie von Möbuß. 2. Auflage.	Schlimpert und Püschel, Meißen	U II 15600	27.02.1928
122	Lipp / Reitinger	Lehrbuch der Chemie.	Ausgabe für höhere Lehranstalten mit verkürztem durchgehenden Unterricht (für die Oberstufe der Realgymnasien und Oberlyzeen der Oberrealschulrichtung). Bearbeitet von J. Reitinger.	B.G. Teubner, Leipzig/Berlin	U II 15600	27.02.1928
239	Lipp / Reitinger	Lehrbuch der Chemie.	Ausgabe für höhere Lehranstalten mit verkürztem durchgehenden Unterricht. Bearbeitet von J. Reitinger. Nunmehr ohne Einschränkung genehmigt. (War durch Erlaß vom 27.02.1928 - U II 15600 nur für bestimmte höhere Schulen genehmigt!).	B.G. Teubner, Leipzig/Berlin	U II 16231	10.05.2028
239	Ebeling M.	Lehrbuch der Chemie und Mineralogie.	Für höhere Lehranstalten. 2. Teil: Organische Chemie.	Weidmannsche Buchhandlung, Berlin	U II 16231	10.05.2028
294	Strößе	Lehrbuch der Chemie und der Mineralogie.	Bearbeitet von O. Pauli und A. Rücker. Anleitung zu organisch-chemischen Übungen für die Oberstufe.	Quelle & Meyer, Leipzig	U II 16579	11.06.1928
294	Meyer G.	Leitfaden der Gegenwartchemie.	2. Teil: Organische Chemie. (Endgültig genehmigt).	G. Thieme, Leipzig	U II 16579	11.06.1928
294	Aselmann E.	Chemie für Lyzeen und Studienanstalten.	Mittelstufe (Chemische Grundbegriffe.).	F. Hirt, Breslau	U II 16579	11.06.1928
294	Winderlich R.	Lehrbuch der Chemie für höhere Lehranstalten.	Teil 1: Unterstufe. 3., verbesserte Auflage.	Fr. Vieweg & Sohn, Braunschweig	U II 16579	11.06.1928
329	Henniger / Heiderich / Franck	Lehrbuch der Chemie.	Verkürzte Ausgabe für die Oberstufe höherer Knaben- und Mädchenschulen. Ausgabe A mit Anhang: Grundzüge der Kristallographie. Ausgabe B: ohne Anhang.	B.G. Teubner, Leipzig/Berlin	U II 16830/28	11.07.1928

Genehmigte Chemie-Lehrbücher von der Richertschen Schulreform bis zur Machtergreifung

Bedingt genehmigte Bücher Höhere Schulen

§	Autor	Titel	Sonstiges	Verlag	Bekanntmachung	Datum
25	Möbuß A. / Lüthje H.	Lehrbuch der Chemie und Mineralogie.	Anorganische Chemie. 1. Teil: Unterstufe. 3. Auflage.	Schlimpert & Püschel, Meißen	U II 18400	27.12.1927

1929

Genehmigte Bücher Höhere Schulen

§	Autor	Titel	Sonstiges	Verlag	Bekanntmachung	Datum
43	Winderlich R.	Lehrbuch der Chemie für höhere Lehranstalten.	Teil 2: Oberstufe. Ausgabe für Gymnasien, Realgymnasien und Mädchenbildungsanstalten.	Fr. Vieweg & Sohn, Braunschweig	U II 15060	10.01.1929
43	Löwenhardt	Chemisches Unterrichtswerk.	Grundzüge der Chemie für höhere Knaben- und Mädchenschulen mit verkürztem Chemieunterricht. Teil 2.	B.G. Teubner, Leipzig/Berlin	U II 15060	10.01.1929
316	Schettler / Eppler / John	Lehrbuch der Chemie mit Einführung in die Mineralogie und Geologie.	Für Realschulen, Lyzeen, höhere Mädchenschulen und verwandte Anstalten. Neubearbeitet von E. John.	Quelle & Meyer, Leipzig	U II 16280	28.05.1929

Bedingt genehmigte Bücher Höhere Schulen

§	Autor	Titel	Sonstiges	Verlag	Bekanntmachung	Datum
94	Koep / Henf / Trummel	Lehrbuch der Chemie und Mineralogie.		Aschendorff, Münster i. W.	U II 15300	09.02.1929
316	Frankfurth A. / Schmidt C.W.	Lehrbuch der Chemie für höhere Lehranstalten.	Teil 2: Oberstufe.	L. Ehlermann, Dresden	U II 16280	28.06.1929

1930

Genehmigte Bücher Höhere Schulen

§	Autor	Titel	Sonstiges	Verlag	Bekanntmachung	Datum
138	Nolda E. / Dietzel M.	Lehrbuch der Chemie für die Oberstufe.	Für Studienanstalten Oberlyzeen und für höhere Fachschulen für Frauenberufe und Frauenoberschulen.	Quelle & Meyer, Leipzig	U II 15600	27.03.1930
138	Mannheimer E.	Grundriß der Chemie und Mineralogie.	Ungeteilte Ausgabe, enthaltend den gesamtan Lehrstoff für höhere Lehranstalten.	B.G. Teubner, Leipzig	U II 15600	27.03.1930
173	Dorner A.	Kurzgefaßter Leitfaden der Chemie.	Für die Untersekunda der höheren Schulen. 2. Auflage.	E. Freytag A.G., Leipzig	U II 15750	14.04.1930

Genehmigte Chemie-Lehrbücher von der Richertschen Schulreform bis zur Machtergreifung

Bedingt genehmigte Bücher Höhere Schulen

§	Autor	Titel	Sonstiges	Verlag	Bekanntmachung	Datum
14	Dörrie / Jäckel	Physikalisch-chemisches Unterrichtswerk für höhere Schulen.		F. Hirt, Breslau	U II 17479	27.12.2029

1931

Versuchsweise genehmigte Bücher Mittelschulen

§	Autor	Titel	Sonstiges	Verlag	Bekanntmachung	Datum
94	Elfers / Stockfisch / Gräber	Lehrbuch der Chemie für Mittelschulen.		Aschendorffsche Verlagsbuchhandlung, Münster i. W.	U III D 6091/31	20.02.1931

Genehmigte Bücher Höhere Schulen

§	Autor	Titel	Sonstiges	Verlag	Bekanntmachung	Datum
214	Mittag M.	Anfangsgründe der Chemie und Mineralogie.	12. Auflage.	A. Lax, Hildesheim/Leipzig	U II 16020	15.05.1931
214	Gall / Kruse / Reuber	Lehrbuch der Chemie und Mineralogie.	Gekürzte Ausgabe in einem Bande.	M. Diesterweg, Frankfurt a.M.	U II 16020	15.05.1931
214	Lipp A.	Lehrbuch der Chemie und Mineralogie.	Teil 2: Anorganische Chemie für die Oberstufe höherer Lehranstalten, bearbeitet von J. Reitinger. 11. Auflage.	B.G. Teubner, Leipzig	U II 16020	15.05.1931
214	Lipp A.	Lehrbuch der Chemie und Mineralogie.	Teil 3: Organische Chemie für die Oberstufe höherer Lehranstalten, bearbeitet von E. Löwenhardt und J. Reitinger. Ausgabe A mit Anhang: Grundzüge der Geologie von Fr. Schöndorf. Ausgabe B ohne Anhang. Beide 2. Auflage.	B.G. Teubner, Leipzig	U II 16020	15.05.1931
214	Löwenhardt E.	Lehrbuch der Chemie für höhere Knabenschulen.	Teil 2. Bearbeitet von Löwenhardt und Prölß. Ausgabe A mit Anhang: Geologie von Fr. Meinecke. 4. Auflage. Ausgabe B ohne Anhang.	B.G. Teubner, Leipzig	U II 16020	15.05.1931
408	Meinke G.	Chemie für Klassenunterricht und praktische Arbeiten höherer Schulen.	Teil 1: Für die Mittelklassen aller Schulen und Oberklassen mit verkürztem Unterricht.	A. Lax, Hildesheim	U II 17320	25.11.1931

1932 wurden keine neuen Chemiebücher zugelassen!

Schulreform 1938 / 39

Die Volksschule

Ab der 5. Klasse soll für Mädchen und Jungen Naturkundeunterricht gelehrt werden. Inhaltlich gliedert sich *Naturkunde* in:

Naturlehre	*Lebenskunde*
(unbelebte Natur)	(belebte Natur)
- Naturerscheinungen werden praktisch orientiert erläutert	- Pflanzen und Tierleben
- Chemische Grundinhalte sind erst ab 6. Schuljahr zu finden	- Leben des Menschen
	- Ernährung und wirtschaftliche Bedeutung

Stundentafel für Jungen

Fach	1.	2.	3.	4.	5.	6.	7.	8.
	Schuljahr							
Leibeserziehung	16	3	3	4	5	5	5	5
Deutsch		11	12	13	7	7	6	7
Heimatkunde					—	—	—	—
Geschichte		—	—	—	2	2	3	3
Erdkunde		—	—	—	2	2	2	2
Naturkunde		—	—	—	3	3	4	4
Musik		1	2	2	2	2	2	2
Zeichnen und Werken		—	2	2	3	3	3	3
Rechnen und Raumlehre		4	4	4	4	4	5	5
Konfessioneller Religionsunterricht	2	2	2	2	2	2	2	1
	18	21	25	27	30	30	32	32

Stundentafel für Mädchen

Fach	1.	2.	3.	4.	5.	6.	7.	8.	
	Schuljahr								
Leibeserziehung	16	2	3	4	5	5	5	3	(5)*
Deutsch		11	12	13	7	7	6	7	
Heimatkunde					—	—	—	—	
Geschichte		—	—	—	2	2	3	3	
Erdkunde		—	—	—	2	2	2	2	
Naturkunde		—	—	—	3	3	3	3	
Musik		1	2	2	2	2	2	2	
Zeichnen		1	3	3	1	2	2	3	(2)*
Handarbeiten					2	2	3		(3)*
Hauswerk		—	—	—	—	—	—	4	(—)*
Rechnen und Raumlehre		4	4	4	4	4	4	4	
Konfessioneller Religionsunterricht	2	2	2	2	2	2	2	1	
	18	21	25	27	30	31	32	32	(10)

* Wo für Mädchen Unterricht im Hauswerk nicht eingeführt ist, weil die äußeren Verhältnisse es noch nicht gestatten, gelten die in der Stundentafel für Mädchen eingeklammerten Zahlen.

Quelle: Deutsche Schulerziehung. Berlin 1939, S. 174. Stundentafel auch abgedruckt bei Fricke-Finkelnburg, R.: Nationalsozialismus und Schule. Amtliche Erlasse und Richtlinien 1933 - 1945. Opladen 1989, S. 51 f.

Die Mittelschule

Übersicht über die Stundenverteilung in der Fächergruppe III (u.a. Naturlehre)

Schultyp	Fächergruppe und Fächer		Klasse 1	2	3	4	5	6	Zusammen
Mittelschule für Jungen	III.	Lebenskunde	2	2	2	2	3-4	3-5	14 - 17
		Gartenbau	—	—	—	—			
		Naturlehre	—	—	2	2	2-4	2-4	8 - 12
		Rechnen und Raumlehre	4	4	5	5	4-5	4-5	26 - 28
		Zeichnen und Werken	3	3	3	2(4)*	2(4)*	2(4)*	15 (6)*
Aufbauzug an Volksschulen für Jungen	III.	Lebenskunde			2	2	3	3	10
		Gartenbau			—	—			
		Naturlehre			—	2	2	2	6
		Rechnen und Raumlehre			5	5	5	5	20
		Zeichnen und Werken			4	2(4)*	2(4)*	2(4)*	10 (16)*
Mittelschule für Mädchen	III.	Lebenskunde	2	2	2	2	3-4	3-4	14 - 16
		Gartenbau	—	—	—	—			
		Naturlehre	—	—	—	2	4-5	5-6	10 - 12
		Hauswerk							
		Zeichnen Werken Handarbeit	4	4	4	4	3-4	3-4	22 - 24
		Rechnen und Raumlehre	4	4	4	4	3-4	3-4	22 - 24
Aufbauzug an Volksschulen für Mädchen	III.	Lebenskunde			2	2	3	3	10
		Gartenbau			—	—			
		Naturlehre			—	2	4	5-6	11 - 12
		Hauswerk			—	—			
		Zeichnen							
		Werken			4	4	4	3-4	14 - 15
		Handarbeit							
		Rechnen und Raumlehre			4	4	4	3	15

* Die Stunden des unverbindlichen Unterrichts stehen in Klammern ( ).

Zusammengestellt nach: Bestimmungen über Erziehung und Unterricht in der Mittelschule. Berlin 1939, S. 10-13. Stundentafeln auch abgedruckt bei Fricke-Finkelnburg, R: Nationalsozialismus und Schule. Amtliche Erlasse und Richtlinien 1933 - 1945. Opladen 1989, S. 67-70.

Die Höhere Schule

1. Vereinheitlichung des höheren Schulwesens (äußere Form):

Der Aufbau der Höheren Schule

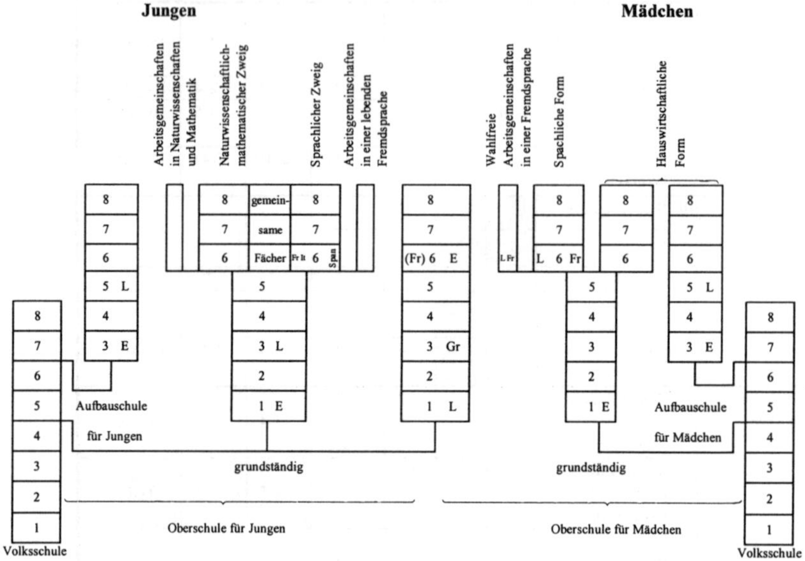

Es wurde – ganz im Sinne der Ablehnung von Koedukation – zwischen der Oberschule für Jungen und der Oberschule für Mädchen unterschieden. Für beide Geschlechter existierte als Hauptformen eine grundständige Oberschule (Klasse 1 bis 8) sowie eine Aufbauschule (Klasse 3 bis 8)

a) Jungen: Die Oberstufe der grundständigen Oberschule (Klasse 6 bis 8) der Jungen gliederte sich in einen naturwissenschaftlich-mathematischen Zweig sowie einen sprachlichen Zweig (Gabelung). Zusätzlich sollten Arbeitsgemeinschaften in Naturwissenschaften bzw. einer lebenden Sprache durchgeführt werden. Die Aufbauform der Oberschule für Jungen zeigte in der Oberstufe keine Aufgliederung.
b) Mädchen: Die Oberstufe der grundständigen Oberschule für Mädchen (Klasse 6 bis 8) gliederte sich in einen hauswirtschaftlichen Zweig und/oder einen sprachlichen Zweig. Die Aufbauschule hatte grundsätzlich hauswirtschaftliche Ausrichtung.

Die Beibehaltung eines Gymnasiums bedurfte der besonderen Genehmigung des Reichserziehungsministers.
Die Oberstufe wurde nicht gegabelt, Mädchen hatten in der Regel keinen Zugang.
(Sonderformen wie „Zubringeschulen“, NPEAs, Adolf-Hitler-Schulen wurden hier nicht berücksichtigt)

2. Übersicht über die Stundenverteilung in der Fächergruppe III (u.a. Chemie)

Schultyp	Fächergruppe und Fächer		Klasse 1	2	3	4	5	6 *)		7		8		Zusammen	
Oberschule für Jungen **)	III.	Biologie	2	2	2	2	2	2		2		2		16	
								Natur-wiss-mathem. Zweig	Sprach-licher Zweig	Natur-wiss-mathem. Zweig	Sprach-licher Zweig	Natur-wiss-mathem. Zweig	Sprach-licher Zweig	Natur-wiss-mathem. Zweig	Sprach-licher Zweig
		Chemie	—	—	—	—	—	2	(3) 2	2	2	2	2	17(16)	11 (12)
		Physik	—	—	—	2	3	2		2		2			
		Rechnen und Mathematik	4	4	4	3	3	4	(3) 2	4	2	4	2	30(29)	24(25)
Oberschule in Aufbauform (Aufbauschule) für Jungen **)	III.	Biologie			2	2	2	2		2		2		12	
		Chemie			—	—	3	2		2		2		17	
		Physik			—			2		2		2			
		Rechnen und Mathematik			5	5	4	3		3		3		23	
Gymnasium	III.	Biologie	2	2	2	2	2	2		2		2		16	
		Chemie	—	—	—	—	2	2		2		2		10	
		Physik	—	—	—	2									
		Rechnen und Mathematik	4	4	4	3	3	3		3		3		27	
Oberschule für Mädchen	III.	Hauswirtschaftliche und Sprachliche Form													
		Biologie	2	2	2	2	2	2		2		2		16	
		Chemie	—	—	—	—	3	3		3		3		14	
		Physik	—	—	—	2									
		Rechnen und Mathematik	4	4	4	3	3	2		2		2		24	
Oberschule in Aufbauform (Aufbauschule) für Mädchen	III.	Biologie			2	2	2	2		2		2		12	
		Chemie			—	—	2	3		3		3		15	
		Physik			—	2	2								
		Rechnen und Mathematik			4	3	3	2		2		2		16	

*) Für die Übergangszeit bis zum Ausbau des mittleren Schulwesens wird die 6. Klasse nur in den Arbeitsgemeinschaften gegabelt; es gelten daher in Chemie, Physik, Mathematik und in den Fremdsprachen die eingeklammerten Stundenzahlen.

**) Mit Erlass vom 20. März 1940, E III a 640/40 R V E I (a), RMinAmtsblDtschWiss. 1940, S. 212, wurde für die Kriegszeit die Stundentafel der Oberschule für Jungen vereinfacht: die Gabelung in mathematischen - naturwissenschaftlich und sprachlichen Zweig entfiel, von der 5. bis 8. Klasse sollten grundsätzlich 2 Wochenstunden Chemie gegeben werden.

Zusammengestellt nach: RMinAmtsblDtschWiss. 1938, S.54-56 bzw. Deutsche Schulerziehung 1939, S. 231-235. Stundentafeln auch abgedruckt bei Fricke-Finkelnburg, R.: Nationalsozialismus und Schule. Amtliche Erlasse und Richtlinien 1933 - 1945. Opladen 1989.

Musterbeispiel für die Durchführung der Arbeitsgemeinschaften

Schuljahr 1939/40					Schuljahr 1940/41					Schuljahr 1941/42				
Arbeitsstoff	Nummern des Musterbeispiels	Fach des leitenden Lehrers	Anzahl der Wochenstunden der Arbeitsgemeinschaften	Bearbeitungsdauer in Jahren	Arbeitsstoff	Nummern des Musterbeispiels	Fach des leitenden Lehrers	Anzahl der Wochenstunden der Arbeitsgemeinschaften	Bearbeitungsdauer in Jahren	Arbeitsstoff	Nummern des Musterbeispiels	Fach des leitenden Lehrers	Anzahl der Wochenstunden der Arbeitsgemeinschaften	Bearbeitungsdauer in Jahren
Fluglehre	1	Physik	2	2	Fluglehre	1	Physik	2	2					
Düngelehre	4	Biologie	2	2	Düngelehre	4	Biologie	2	2	Gewässer	6	Biologie	2	2
Biotechnik	7	Biologie	1	2	Biotechnik	7	Biologie	1	2					
Hüttenkunde	25	Chemie	3	1						Fluglehre	1	Physik	2	2
Mathematik und					Gewässer	6	Chemie	1	2	Wehrmathematik	22	Mathematik	2	1
Kunst	-	Mathematik	1	1	Bildmessungen	24	Physik	1	1	Holz	10	Biologie	1	2
					Bodenschätze	12	Chemie	2	1	Geologie	11	Chemie	2	2
Lehrerstunden			9		Lehrerstunden			9		Lehrerstunden			9	

Quelle: RMinAmtsblDtschWiss 1940, S.95. Aus Anlage 3 des Erlasses Kib 8700/30.12.39 (282) E I,E II,E III, E IV, W, Insp. d. NPEA. (a).

Auflistung der nachweislich durchgeführten Versuche im Bereich Wehrchemie[1]:
(in fachdidaktischen Zeitschriften)

1. Zeitschrift für den physikalischen und chemischen Unterricht:
1933:
Römisch, H.: Zwei Vorschläge zur Herstellung eines Minimaxfeuerlöschapparates. S. 165-167.
Flörke, W.: Versuche zur Bildung künstlichen Nebels. S. 211.
1934:
Scharf, R.: Chemische Schulversuche zum Luftschutz. S. 54-63.
1936:
Regel, K.: Wirkungsweise der aktiven Kohle und Versuche zur Brandlöschung. S. 166 f.
1937:
Eberhart, E.: Ein einfaches Schwebstofffilter. S. 65 f.
1938:
Flörke, W.: Versuche mit Atemfiltern. S. 27-29.
Flörke, W.: Gerät zur Zerteilung der Kampfstoffattrappen. S. 161-162.
1939:
Flörke, W.: Losantin statt Chlorkalk im Laboratorium. S. 59 f. Anm.: Verbesserungsvorschlag unter Sicherheitsaspekten
Albach, W.: Vorsicht bei Versuchen mit Tetrachlorkohlenstoff. S. 64 f. Anm.: Verbesserungsvorschlag unter Sicherheitsaspekten
Bahrdt, W.: Eine neue kalorimetrische Bombe zur Messung der Explosionswärme von Sprengstoffen im Schulunterricht. S. 149-156.
1942:
Machleidt, D.: Die Chemie des Kesselspeisewassers und des Kesselschutzes auf den Schiffen der Kriegsmarine. S. 151-157.

2. Unterrichtsblätter für Mathematik und Naturwissenenschaften:
1933:
Empson, J.: Versuche zur Luftschutzchemie. S. 327-330.
1934:
Schmidt, A.: Einige Versuche über Gasschutz im Chemieunterricht. S. 131-133.
Petzold, H.: Schulversuche auf dem Gebiete des Luftschutzes. S. 368-373.
1937:
Cuny, K.H.: Schulversuche zum Atemschutz mit genormten Geräten. S. 51-56.
Römisch, H.: Versuchsausführung zur Untersuchung der Filterwirkung von Löschkarton gegenüber Rauch- und Nebelstoffen. S. 138 f.
1942:
Wunder, L.: Über die gefahrlose Darstellung und Vorführung von Nitroglyzerin. S. 30-32.
Scharf, R.: Schulversuche mit Sprengstoffen. S. 117-119. Anm.: Anforderungen an die Versuche

3. Praktische Schulchemie:
1937:
Kinttof, W.: Versuche über Schwefeltrioxyd mit Anwendungen auf das Kontaktverfahren und auf Luftschutzversuche. S. 12-20.
1939:
Schäfer, W.: Einige praktische Versuche über Verbrennung und Explosion. S. 15 f.
Staber, F.: Ein Explosionsversuch. S. 26.
Kinttof, W.: Umsetzung von metallischem Magnesium mit Wasserdampf. S. 47 f.

---

[1] Es wurden bewußt nur die eindeutig zuordbaren Versuche ausgewählt. Die vergleichsweise geringe Zahl veröffentlichter Schulversuche zum Gebiet Luftschutz und Wehrchemie in den fachdidaktischen Zeitschriften erklärt sich durch zahlreiche, das Thema vertiefend behandelnde Buchveröffentlichungen.

4. Zeitschrift für den mathematischen und naturwissenschaftlichen Unterricht:
keine Aufsätze, nur Buchrezensionen vorhanden

Auflistung der nachweislich durchgeführten Versuche zur Wirtschaft und zum Vierjahresplan[2]:
(in fachdidaktischen Zeitschriften)

1. Zeitschrift für den physikalischen und chemischen Unterricht:
1933:
Römisch, H.: Das Spinnen von Kunstseide im Schulversuch. S. 27-30.
1935:
Nelkenbrecher, R.: Die Bodenazidität in Unterrichtsversuchen. S. 241-257.
Winderlich, R.: Schwimmaufbereiten. S. 22.
Lindner, H.: Die Herstellung von Kunstharzen im Schulversuch. S. 215 f.
1936:
Scharf, R.: Die Bestimmung der Explosionsgrenzen von Benzin und anderen brennbaren Flüssigkeiten. S. 78-80
Scharf, R.: Herstellung von Kunstseide nach dem Kupferverfahren. S. 119 f.
Scharf, R.: Die Herstellung von Aluminium als Unterrichtsversuch. S. 163-166.
1937:
Scharf, R.: Herstellung von Kunstseide nach dem Kupferverfahren. S. 21 f.
Anm.: Verbesserungsvorschlag
Scharf, R.: Holzzucker. S. 202-204.
1938:
Scharf, R.: Holz - Zellstoff - Zellwolle. S. 155-161.
1939:
Doermer, L.: Ein einfacher Crackversuch (Paraffinölspaltung). S. 17-21.
Albach, W.: Versuche zur Löslichkeit des Wasserstoffs in Eisen. S. 22.
Flörke, W.: Die Darstellung von Anilin im Kleinversuch. S. 23 f.
Schmidt, K.A.F.: Moderne Kunststoffe im chemischen Unterricht. S. 181-185.
1940:
Brandes, J.: Herstellung von Aluminium als Unterrichtsversuch. S. 51 f.
Anm.: Verbesserungsvorschlag
Schmidt, K.A.F.: Farbreaktionen zur Kennzeichnung von Kunststoffen. S. 71-75.
1941:
Limbach, S.: Fettsäuresynthese mit einfachen Laboratoriumsmitteln. S. 135-139.
1942:
Flörke, W.: Die hüttenmännische Darstellung des Zinks im Schauversuch. S. 98-100.

2. Unterrichtsblätter für Mathematik und Naturwissenschaften:
1933:
Menke, H.: Chemische Untersuchung des Erdbodens im chemisch-biologischen Unterricht der höheren Schule. S. 318-322.
1937:
Maurer, R.: Altmetall im Chemieunterricht. S. 235.
Schneeweiss, V.: Versuche zur Kunstfasererzeugung. S. 184 f.
Zeitler, H.: Die Darstellung des Magnesiums aus Karnallit als Unterrichtsversuch. S. 277-284.

---
[2] Es wurden bewußt nur die eindeutig zuordbaren Versuche ausgewählt. Selbstverständlich existieren zahlreiche weitere Versuche, beispielsweise Vorschläge für gasvolumetrische Analysen und Synthesen, zur Elementaranalyse, für Molekulargewichtsbestimmungen, zur versuchsmäßigen Ableitung der Essigsäureformel, Versuche mit Wasserstoff und Luft. Doch wirken diese zumindest vordergründig nicht mit nationalsozialistischen Intentionen besetzt.

Bieling, I.: Schwefeldioxyd aus Gips (Laboratoriumsversuch). S. 251.
1938:
Zeidler, W.: Das Viskoseverfahren (Schulversuch). S. 262-264.
1939:
Korn, K.: Gewinnung von Öl aus Kaffeesatz mit dem Soxhletschen Fettextraktionsapparat. S. 250-251.
Zeitler, H.: Nachtrag zu der Arbeit „Die Darstellung des Magnesiums als Unterrichtsversuch". S. 109-110. Anm.: Verbesserungsvorschlag
1940:
Gross, R.: Propan. S. 178 f.
Scharf, R.: Preßstoffe. S. 145-147.
Zglinicki, W.: Gewinnung und Verarbeitung des Mansfelder Kupferschiefers. S. 73-78 und S. 106-110.
Anm.: gleichzeitig Verknüpfungspunkt zur Mineralogie
1941:
Tödt, F.: Einfache Untersuchungen von Boden und Wasser. S. 40-45
Flörke, W.: Hitzespaltung des Schwefeltrioxyds. S. 176 f.
1942:
Golombeck, H.: Kunstfasern nach dem Azetatverfahren. S. 45 f.
Fabry, R.: Einige wichtige bodenkundliche Untersuchungen für den naturwissenschaftlichen Unterricht. S. 140-144.
1944 (= Mathematik und Naturwissenschaft im Unterricht):
Flörke, W.: Die Sulfochlorierung und Gewinnung von Seifenaustauschstoffen. S. 48 f.

3. Praktische Schulchemie:
1936:
Lindner, H.: Die Herstellung von Pollopas im Schulversuch. S. 21-23.
Flohr, F.: Einfache Versuche mit Kraft- und Schmierstoffen. S. 25-31.
Kinttof, W.: Aethan aus Acetylen. S. 42-44.
1937:
Kinttof, W.: Versuche über Schwefeltrioxyd mit Anwendungen auf das Kontaktverfahren und auf Luftschutzversuche. S. 12-20.
Lindner, H.: Zur Technologie der Aktiv-Kohle. S. 25-30.
Lindner, H.: Azetylzellulose. S. 77-81.
1938:
Wüstner, H.: Chemisch-technologische Versuche im Rahmen des Vierjahresplanes. S. 1-6.
Flörke, W.: Zündpunktprüfer für Treibstoffe. S. 6-8.
Flörke, W.: Versuchsanordnungen zur Aufbereitung von Erzen und mineralogischen Rohstoffen. S. 9-15.
Kinttof, W.: Das Crackverfahren im Unterricht (mit Versuchen). S. 25-32.
Flohr, F.: Herstellung gleichmäßiger Kunstseidenfäden. S. 47.
1939:
Flörke, W.: Papierbereitung im Unterricht. S. 12-15.
Kinttof, W.: Das Acetylen im organisch-chemischen Unterricht der Oberstufe. Acetylenversuche. S. 28-32, fortgesetzt auf S. 33-40, S. 41-46.
Schäfer, W.: Zum Papierbereitungsversuch von Flörke. S. 48. Anm.: Verbesserungsvorschlag
1940:
Matouch, R.: Das Verschwelen und Verkoken von Kohle im Unterricht. Leuchtgasbereitung, Herstellung von Koks, Teer und Ammoniaksalzen. S. 9-12.

4. Zeitschrift für den mathematischen und naturwissenschaftlichen Unterricht:
1936:
Arzt, Th.: Die Wasseraufnahme und die Wasserleitung bei den höheren Pflanzen und ihre Beziehungen zu Physik und Chemie. S. 341-345 und S. 385-391. Anm.: Hauptziel ist nicht der Vierjahresplan, sondern die gedankliche Einheit der Naturwissenschaften herzustellen.

Vorläufig zugelassene Chemie-Lehrbücher der Höheren Schule

Von 1933 bis 1938 wurde in Erlassen jeweils darauf verwiesen, daß mit der Einführung neuer Lehrbücher ganz bewußt und beabsichtigt (noch) nicht zu rechnen sei. So findet sich in RMinAmtsblDtWiss. 1936, § 376, S. 298: "Von der Prüfung und Einführung neuer Lehrbücher ist bis auf weiteres abzusehen. Meine weitere Entscheidung bitte ich abzuwarten. Berlin, den 10. Juni 1936. Der Reichs- und Preußische Minister für Wissenschaft, Erziehung und Volksbildung. Im Auftrag: Ehrlicher."

Vorläufig genehmigte Bücher Höhere Schule 5. Klasse

(grundständige Oberschulen, Oberschulen in Aufbauform, Gymnasien)

§	Erlaß vom:	Erlaß Nr.:	Autor	Titel	Sonstiges	Verlag
295	23.05.1939	E III P 322	Arendt-Dörmer	Grundzüge der Chemie für den Unterricht an Höheren Schulen. Unterstufe.	Von Karl-Edmund Dörmer in Verbindung mit Professor Dr. L. Dörmer. 1939	Barth in Leipzig
295	23.05.1939	E III P 322	Gall-Kruse	Lehrbuch der Chemie.	1. Band: für die 5. Klasse aller Höheren Schulen. Von Dr. O. Gall und Dr. F. Kruse. 1939	Diesterweg in Frankfurt a.M.
295	23.05.1939	E III P 322	Mittag-Schäfer	Grundzüge der Chemie.	1. Band: für die 5. Klasse aller Höheren Schulen. 1. Auflage. Von Max Mittag und Dr. Walter Schäfer. 1939.	Lax in Hildesheim
295	23.05.1939	E III P 322	Scheid-Flörke	Leitfaden der Chemie.	1. Teil: für die 5. Klasse der Höheren Schulen. Bearbeitet von Dr. Wilhelm Flörke. 1939.	Quelle und Meyer in Leipzig
295	23.05.1939	E III P 322	Henniger-Franck	Lehrbuch der Chemie für Höhere Schulen.	Von Professor Dr. W. Franck. Band 1. 1938.	Teubner in Leipzig

Vorläufig genehmigte Bücher Höhere Schule 6. bis 8. Klasse Jungen

§	Erlaß vom:	Erlaß Nr.:	Autor	Titel	Sonstiges	Verlag
590	27.10.1939	E III P 679	Arendt-Dörmer	Grundzüge der Chemie für den Unterricht an Höheren Schulen.	Band 2 für Jungen: 6. bis 8. Klasse. Bearbeitet von Karl-Edmund Dörmer in Verbindung mit Professor Dr. L. Dörmer. 1939/40.	Barth in Leipzig
590	27.10.1939	E III P 679	Gall-Reuber	Lehrbuch der Chemie für Höhere Schulen.	Band II Ausgabe A für Jungen: 6. bis 8. Klasse. Bearbeitet von Dr. O. Gall und Dr. O. Reuber. 1939.	Diesterweg in Frankfurt a.M.
590	27.10.1939	E III P 679	Mittag-Schäfer	Grundzüge der Chemie für Höhere Schulen.	Band II A für Jungen: 6. bis 8. Klasse. Von Max Mittag und Dr. Walter Schäfer. 1939.	Lax in Hildesheim
590	27.10.1939	E III P 679	Scheid-Flörke	Lehrbuch der Chemie für Höhere Schulen.	Teil II Ausgabe A für Jungen: 6. bis 8. Klasse. Bearbeitet von Dr. Wilhelm Flörke. 1939.	Quelle und Meyer in Leipzig
590	27.10.1939	E III P 679	Henniger-Franck	Lehrbuch der Chemie für Höhere Schulen.	Band II A Oberstufe für Jungen: 6. bis 8. Klasse. Von Professor Dr. W. Franck. 1939.	Teubner in Leipzig

Vorläufig genehmigte Bücher Höhere Schule 6. bis 8. Klasse Mädchen

§	Erlaß vom:	Erlaß Nr.:	Autor	Titel	Sonstiges	Verlag
304	25.05.1940	E III P 370/40	Arendt-Dörmer-Sturm	Grundzüge der Chemie für den Unterricht an Höheren Schulen.	Ausgabe für Mädchen Band 2: 6. bis 8. Klasse. Bearbeitet von Karl-Edmund Dörmer in Verbindung mit Professor L. Dörmer und Dr. Margret Sturm. 1939/40.	Barth in Leipzig
304	25.05.1940	E III P 370/40	Gall-Reuber*	Lehrbuch der Chemie.	2. Band Ausgabe B: für die 6. bis 8. Klasse der Oberschulen und Aufbauschulen für Mädchen. Bearbeitet von Dr. O. Gall und Dr. O. Reuber. 1939/40.	Diesterweg in Frankfurt a.M.
304	25.05.1940	E III P 370/40	Mittag-Schäfer	Grundzüge der Chemie für höhere Schulen.	Band II B für Mädchen: 6. bis 8. Klasse. Bearbeitet von Dr. Max Mittag und Dr. Walter Schäfer. 1939/40.	Lax in Hildesheim
304	25.05.1940	E III P 370/40	Scheid-Flörke	Lehrbuch der Chemie.	II. Teil Ausgabe B: für die 6. bis 8. Klasse der Höheren Schule für Mädchen. Bearbeitet von Dr. Wilhelm Flörke und Dr. Wilhelm Wamser. 1939/40.	Quelle & Meyer in Leipzig
304	25.05.1940	E III P 370/40	Henniger-Franck	Lehrbuch der Chemie für Höhere Schulen.	Band II B, Oberstufe für Mädchen: 6. bis 8. Klasse. Von Professor Dr. W. Franck unter Mitarbeit von Dr. E. Rüter und Dipl.-Ing. I. Beier. 1939/40.	Teubner in Leipzig

* Hier ist eine Namensverwechslung im Erlaß anzunehmen. Statt Otto Reuber hat Julius Kruse die Mädchenausgabe mitgestaltet.

Ausdrücklich wird in den jeweiligen Erlassen darauf hingewiesen, daß die endgültige Genehmigung der vollständigen Unterrichtswerke erst nach längerer Bewährung im Unterricht erfolgen wird.

Verteilungsplan der vorläufig genehmigten Schulbücher

(gemäß Runderlaß vom 23. Mai 1939, E III P 322)

Regierungsbezirk (Kreishauptmannschaft), Land	Verlag	Regierungsbezirk (Kreishauptmannschaft), Land	Verlag	Regierungsbezirk (Kreishauptmannschaft), Land	Verlag	Regierungsbezirk (Kreishauptmannschaft), Land	Verlag
Königsberg	Barth	Tiergarten	Teubner	Lüneburg	Quelle & Meyer	Bez. Freiburg	Diesterweg
Gumbinnen	Barth	Treptow	Diesterweg	Münster	Diesterweg	Bez. Karlsruhe	Quelle & Meyer
Allenstein	Barth	Wedding	Teubner	Minden	Diesterweg	Bez. Mannheim	Diesterweg
Marienwerder	Diesterweg	Weißensee	Diesterweg	Arnsberg	Teubner	Thüringen	Barth
Frankfurt a./O.	Diesterweg	Wilmersdorf	Quelle & Meyer	Kassel	Quelle & Meyer	Hessen	Quelle & Meyer
Potsdam	Barth	Zehlendorf	Quelle & Meyer	Wiesbaden	Diesterweg	Hamburg:	
Berlin:		Stettin	Barth	Koblenz	Diesterweg	West-Nord-Teil	Barth
Bezirksamt Charlottenburg	Quelle & Meyer	Röslin	Barth	Düsseldorf	Quelle & Meyer	Süd-Ost-Teil	Teubner
Horst Wessel	Teubner	Schneidemühl	Diesterweg	Köln	Teubner	Saarland	Barth
Köpenick	Diesterweg	Breslau	Diesterweg	Trier	Diesterweg	Mecklenburg	Barth
Kreuzberg	Teubner	Lignitz	Barth	Aachen	Teubner	Oldenburg	Barth
Lichtenberg	Diesterweg	Oppeln	Barth	Sigmaringen	Teubner	Braunschweig	Barth
Mitte	Teubner	Magdeburg	Diesterweg	Bayern	Lax	Anhalt	Quelle & Meyer
Neukölln	Diesterweg	Merseburg	Teubner	Sachsen:		Bremen	Barth
Pankow	Diesterweg	Erfurt	Teubner	Chemnitz	Barth	Lippe	Barth
Prenzlauer Berg	Teubner	Schleswig Holstein	Barth	Dresden-Bautzen	Teubner	Schaumburg-Lippe	Teubner
Reinickendorf	Diesterweg	Hannover	Teubner	Leipzig	Barth		
Schöneberg	Quelle & Meyer	Aurich	Teubner	Zwickau	Barth		
Spandau	Quelle & Meyer	Stade	Teubner	Württemberg	Teubner		
Steglitz	Quelle & Meyer	Hildesheim	Quelle & Meyer	Baden:			
Tempelhof	Diesterweg	Osnabrück	Quelle & Meyer	Bez. Konstanz	Diesterweg		

Die Chemie Schulbücher der jeweiligen Verlage wurden jeweils Bezirken zugeordnet. Dort hatten die Schulen diese Bücher einzuführen und nach ihnen zu unterrichten.
Der aufgeführte Verteilungsplan galt für die 5. bis 8. Klasse aller Höheren Schulen und sowohl für Jungen- wie Mädchen-Schulbücher.

Vorläufig zugelassene Lernbücher Naturlehre - Chemie der Mittelschule

Vorläufig genehmigte Bücher Mittelschule 4. bis 6. Klasse Jungen

§	Erlaß vom:	Erlaß Nr.:	Autor	Titel	Sonstiges	Verlag
441	30.07.1941	E II d 343	G. Peter	Naturlehre für Mittelschulen.	Ausgabe für Jungen, Chemie für die Klassen 4 bis 6	H. Schroedel in Halle a.S.
441	30.07.1941	E II d 343	Dr. Schäfer und W. Lange	Chemie für Mittelschulen.	Ausgabe A: für Jungen	August Lax in Hildesheim
441	30.07.1941	E II d 343	H. Filipp	Chemie für Mittelschulen.		R. Oldenbourg in München
441	30.07.1941	E II d 343	H. Gerhard, A. Höfner und H. Steinkopf	Lehrbuch der Chemie.	Ausgabe A: für Jungen	Velhagen & Klasing in Bielefeld, Carl Meyer (Gustav Prior) in Hannover und Julius Klinkhardt in Leipzig
441	30.07.1941	E II d 343	G. Scharnberg	Chemie für Jungenmittelschulen.		B. G. Teubner in Leipzig
441	30.07.1941	E II d 343	A. de Bruyn-Ouboter, W. Geilenkeuser, E. Halberstadt und Th. Wältermann	Chemie für Mittelschulen.	2. Teil	Moritz Diesterweg in Frankfurt a.M.
441	30.07.1941	E II d 343	M. Kranz, A. Ondruf und K. Ullrich	Chemie für Mittelschulen und Mittelschuleinrichtungen an Volksschulen.	Ausgabe A: für Jungen	F. Hirt in Breslau
441	30.07.1941	E II d 343	A. Mergard und W. Flörke	Lehrbuch der Chemie für Mittelschulen.	Ausgabe A: für Jungenschulen	Quelle & Meyer in Leipzig

Vorläufig genehmigte Bücher Mittelschule 4. bis 6. Klasse Mädchen

§	Erlaß vom:	Erlaß Nr.:	Autor	Titel	Sonstiges	Verlag
500	06.09.1941	E II d 395	G. Peter und H. Schmidt	Naturlehre für Mittelschulen, Chemie.	Ausgabe für Mädchen, für die Klassen 4 bis 6, von G. Peter unter Mittwirkung von H. Schmidt	Hermann Schroedel in Halle a.S.
500	06.09.1941	E II d 395	Dr. Walter Schäfer und Willi Lange	Chemie für Mittelschulen.	Ausgabe B: für Mädchen, herausgegeben von Dr. Walter Schäfer unter Mitarbeit von Willi Lange	August Lax in Hildesheim
500	06.09.1941	E II d 395	Heinrich Filipp	Chemie für Mittelschulen.	Zum Gebrauch an Mädchenschulen	R. Oldenbourg in München
500	06.09.1941	E II d 395	H. Gerhardt, Dr. A. Höfner und Dr. H. Steinkopf A. Pfeiffer	Lehrbuch der Chemie für Mittelschulen.	Ausgabe B: für Mädchen, für die Klassen 4 bis 6, herausgegeben von H. Gerhardt, Dr. A. Höfner und Dr. H. Steinkopf unter Mitwirkung von Anna Pfeiffer	Velhagen & Klasing in Bielefeld, Carl Meyer (Gustav Prior) in Hannover und Julius Klinkhardt in Leipzig
500	06.09.1941	E II d 395	G. Scharnberg und Dr. H. Finnern	Chemie für Mädchenmittelschulen.	Bearbeitet von G. Scharnberg und Dr. H. Finnern	B. G. Teubner in Leipzig
500	06.09.1941	E II d 395	E. Hoffmann, Th. Wältermann, M. Chall	Chemie für Mädchenmittelschulen.	Bearbeitet von E. Hoffmann, Th. Wältermann in Verbindung mit Margarete Chall, für die 4. bis 6. Klasse	Moritz Diesterweg in Frankfurt a. M.
500	06.09.1941	E II d 395	M. Kranz, A. Ondruf und K. Ullrich	Chemie für Mittelschulen und Mittelschuleinrichtungen an Volksschulen.	Ausgabe B: für Mädchen, Klasse 4 bis 6	Ferdinand Hirt in Breslau
500	06.09.1941	E II d 395	A. Mergard, Dr. W. Flörke und Dr. M. Wanser*	Lehrbuch der Chemie für Mittelschulen.	Herausgegeben von A. Mergard unter Mitarbeit von Dr. W. Flörke und Dr. M. Wanser, Ausgabe B: für Mädchenschulen	Quelle & Meyer in Leipzig

* Richtigerweise müßte es Dr. W. Wamser lauten.

Verteilungsplan der vorläufig genehmigten Mittelschulbücher

(gemäß Runderlaß vom 30. Juli 1941, E II d 343)

Regierungsbezirk bzw. Reichsgau bzw. Land	Verleger	Regierungsbezirk bzw. Reichsgau bzw. Land	Verleger	Regierungsbezirk bzw. Reichsgau bzw. Land	Verleger	Regierungsbezirk bzw. Reichsgau bzw. Land	Verleger
Königsberg	Diesterweg	Zichenau	Diesterweg	Schleswig	Schroedel	Lothringen	Quelle & Meyer
Gumbinnen	Lax	Potsdam	Teubner	Hannover	Velhagen & Klasing	Elsaß	Quelle & Meyer
Allenstein	Diesterweg	Frankfurt a.O.	Teubner	Hildesheim	Lax	Danzig-Westpreußen	Hirt
Berlin	Diesterweg	Köln	Diesterweg	Lüneburg	Lax	Wartheland	Hirt
Stettin	Schroedel	Trier	Diesterweg	Stade	Lax	Mecklenburg	Schroedel
Köslin	Schroedel	Aachen	Diesterweg	Osnabrück	Lax	Oldenburg	Oldenbourg
Schneidemühl	Schroedel	Sigmaringen	Teubner	Aurich	Velhagen & Klasing	Braunschweig	Lax
Breslau	Teubner	Württemberg	Teubner	Münster	Velhagen & Klasing	Anhalt	Lax
Liegnitz	Teubner	Baden	Teubner	Minden	Velhagen & Klasing	Bremen	Teubner
Oppeln	Diesterweg	Sachsen	Oldenbourg	Arnsberg	Teubner	Lippe	Velhagen & Klasing
Kattowitz	Diesterweg	Thüringen	Velhagen & Klasing	Kassel	Diesterweg		
Magdeburg	Lax	Hessen	Velhagen & Klasing	Wiesbaden	Velhagen & Klasing		
Merseburg	Teubner	Hamburg	Teubner	Koblenz	Diesterweg		
Erfurt	Velhagen & Klasing	Westmark	Quelle & Meyer	Düsseldorf	Oldenbourg		

Die Chemie Schulbücher der jeweiligen Verlage wurden jeweils Bezirken zugeordnet. Dort hatten die Schulen diese Bücher einzuführen und nach ihnen zu unterrichten. Der aufgeführte Verteilungsplan galt für die 4. bis 6. Klasse aller Mittelschulen und sowohl für Jungen- wie Mädchen-Schulbücher.

Personenindex[1]:

---

1 Die kurze Biographie zum Namensindex wurde zusammengestellt aus:
Kürschners Deutscher Gelehrten-Kalender 1940/41. Hrsg. von Dr. Gerhard Lüdke. 6. Aufl. Bd. 1 und 2. Berlin 1941.
Neue Deutsche Biographie (NDB). Hrsg. v. d. Historischen Kommission bei der bayerischen Akademie der Wissenschaften. Berlin. Bd.1 (1953)-19 (1999).
Krafft, F. (Hrsg.): Große Naturwissenschaftler. Biographisches Lexikon. Düsseldorf [2]1986.
Pötsch, W. R. / Fischer, A. / Müller, W. (Hrsg.): Lexikon bedeutender Chemiker. Leipzig 1988.
NSLB-Kartei im Bundesarchiv Berlin.
Bei NSLB-Mitgliedern ließen sich z.T. die Geburtsdaten recherchieren. Sterbedaten sind nur angeführt soweit ganz offiziell veröffentlicht. Bei einigen Personen konnten trotz intensiver Suche keine näheren Daten eruiert werden.

Peter Lang · Europäischer Verlag der Wissenschaften

Gert Geißler

Geschichte des Schulwesens in der Sowjetischen Besatzungszone und in der Deutschen Demokratischen Republik 1945 bis 1962

Frankfurt/M., Berlin, Bern, Bruxelles, New York, Oxford, Wien, 2000. 590 S.
ISBN 3-631-36445-8 · br. DM 128.–*

Die Arbeit befaßt sich mit den wichtigsten schulpolitischen Entscheidungsprozessen in der SBZ/DDR bis zu Beginn der sechziger Jahre. Dabei reicht die Darstellung von der Exilplanung der KPD bis zum Beginn der Ausformung des Schulwesens nach dem Mauerbau. Untersucht wird vorrangig die Entwicklung des schulpolitischen Herrschaftssystems. Gleichfalls im Blickfeld stehen Fragen des Schulalltags, der politischen Prägung von Lehrer- und Schülerschaft sowie Kontroversen in der Erziehungswissenschaft.

Aus dem Inhalt: Anfänge der neuen Administration · Schulreformpolitik in den Ländern der SBZ · Schulsystem und Schulpolitik nach der Staatsgründung · Suche nach neuen Modellen Mitte der fünfziger Jahre · Schule vor und nach dem Mauerbau

Frankfurt/M · Berlin · Bern · Bruxelles · New York · Oxford · Wien
Auslieferung: Verlag Peter Lang AG
Jupiterstr. 15, CH-3000 Bern 15
Telefax (004131) 9402131

*inklusive Mehrwertsteuer
Preisänderungen vorbehalten

Homepage http://www.peterlang.de